**GMP-Qualifizierung und
Validierung von Wirkstoffanlagen**

*Ralf Gengenbach*

*Weitere interessante Titel zu diesem Thema*

Kutz, Gerd / Wolff, Armin (Hrsg.)

**Pharmazeutische Produkte und Verfahren**

2007
ISBN: 978-3-527-31222-1

Kessler, Waltraud

**Multivariate Datenanalyse**

für die Pharma-, Bio- und Prozessanalytik

2007
ISBN: 978-3-527-31262-7

Gehlen, Patrick

**Funktionale Sicherheit von Maschinen und Anlagen**

Umsetzung der Europäischen Maschinenrichtlinie in der Praxis

2006
ISBN: 978-3-89578-281-7

Ermer, J., Miller, J. H. McB. (Hrsg.)

**Method Validation in Pharmaceutical Analysis**

A Guide to Best Practice

2005
ISBN: 978-3-527-31255-9

*Ralf Gengenbach*

*Mit Beiträgen von
Dr. Hans-Georg Eckert und Wolfgang Hähnel*

# GMP-Qualifizierung und Validierung von Wirkstoffanlagen

Ein Leitfaden für die Praxis

WILEY-VCH Verlag GmbH & Co. KGaA

**Autor**

*Dipl.-Ing. Ralf Gengenbach*
GEMPEX GmbH
Besselstr. 6
68219 Mannheim

Kapitel 4.11 von
*Wolfgang Hähnel*
GEMPEX GmbH
Besselstr. 6
68219 Mannheim

Kapitel 4.12 von
*Dr. Hans-Georg Eckert*
GEMPEX GmbH
Besselstr. 6
68219 Mannheim

1. Auflage 2008

■ Alle Bücher von Wiley-VCH werden sorgfältig erarbeitet. Dennoch übernehmen Autoren, Herausgeber und Verlag in keinem Fall, einschließlich des vorliegenden Werkes, für die Richtigkeit von Angaben, Hinweisen und Ratschlägen sowie für eventuelle Druckfehler irgendeine Haftung.

**Bibliografische Information**
**Der Deutschen Nationalbibliothek**
Die Deutsche Nationalbibliothek verzeichnet diese Publikation in der Deutschen Nationalbibliografie; detaillierte bibliografische Daten sind im Internet über <http://dnb.d-nb.de> abrufbar.

© 2008 WILEY-VCH Verlag GmbH & Co. KGaA, Weinheim

Alle Rechte, insbesondere die der Übersetzung in andere Sprachen, vorbehalten. Kein Teil dieses Buches darf ohne schriftliche Genehmigung des Verlages in irgendeiner Form – durch Photokopie, Mikroverfilmung oder irgendein anderes Verfahren – reproduziert oder in eine von Maschinen, insbesondere von Datenverarbeitungsmaschinen, verwendbare Sprache übertragen oder übersetzt werden. Die Wiedergabe von Warenbezeichnungen, Handelsnamen oder sonstigen Kennzeichen in diesem Buch berechtigt nicht zu der Annahme, dass diese von jedermann frei benutzt werden dürfen. Vielmehr kann es sich auch dann um eingetragene Warenzeichen oder sonstige gesetzlich geschützte Kennzeichen handeln, wenn sie nicht eigens als solche markiert sind.

Printed in the Federal Republic of Germany.
Gedruckt auf säurefreiem Papier.

**Satz** Hagedorn Kommunikation GmbH, Viernheim
**Druck** Strauss GmbH, Mörlenbach
**Bindung** Litges & Dopf GmbH, Heppenheim
**Umschlaggestaltung** Grafik-Design Schulz, Fußgönheim

**ISBN** 978-3-527-30794-4

## Geleitwort Storhas

Ein Wort zuvor soll die vielen Worte danach anpreisen, vielleicht auch rechtfertigen, erklären, dem skeptischen Leser also den Einstieg ins Abenteuer, in die zunächst scheinbar schwere Lektüre schmackhaft machen, quasi als Aperitif fungieren, damit der Hauptgang um so mehr „mundet".

Von einer solchen Verantwortung distanziert sich dieses Vorwort, weil zu viel Vorgeplänkel eher aufhält, vom schnellen Einstieg in die Lektüre, auf die die Fachwelt lange, fast zu lange warten musste!

Weit zurück schon hat man erkannt, dass die ausschließlich wirtschaftliche Ausrichtung einer Prozessentwicklung, ohne Beachtung der Anforderungen an die Zuverlässigkeit von Einzelheiten, Apparategruppen, der gesamten Einheit (Produktionsanlage), zur reproduzierbaren Herstellung von Produkten und letztendlich der Einhaltung der Produktqualität eine zu enge Denkweise darstellt. Solche Denkweisen können ein fatales Suboptimum zur Folge haben, weil die bewertende Funktion „Qualität" das Ergebnis (den Wert) auch in wirtschaftlicher Hinsicht bestimmt. Produkte sind somit direkt und unausweichlich mit der Qualität, besser noch mit der Zuverlässigkeit, die angepriesene Qualität eines Produktes zu erreichen, verknüpft. Insbesondere die Herstellung von Wirkstoffen, die für den Pharmabereich bestimmt sind, muss davor gefeit sein, zur Nebenwirkungsstofffertigung zu werden.

Für biotechnologische Produktionsanlagen ist z. B. die Sterilität bzw. Fremdkeimfreiheit nicht nur im Endprodukt von Bedeutung, sondern auch schon während der Produktbildung im Bioreaktor, denn ohne diese Voraussetzung ist eine solche Produktion erst gar nicht möglich. Der Qualifizierung der Anlage und der Validierung des Prozesses, insbesondere aber der Risikoanalyse, kommt daher eine große Bedeutung zu, was eine fundierte Betrachtung der Zusammenhänge voraussetzt.

Sterilisation im Kontext biotechnologischer Prozesse ist die Symbiose von Inaktivierung, aber insbesondere von Konstruktionsdetails und im besonderen Maße von organisatorischen Vorkehrungen, die eine definierte Vorgehensweise erforderlich macht. Vorgehensweisen, wie sie in den GMP-Regeln und insbesondere im Zusammenhang mit Qualifizierung und Validierung gefordert werden. Aus dieser Sicht muss GMP als essenzieller Begleiter einer jeden verfahrenstechnischen Entwicklung verstanden und als letzter, essenzieller Schliff für eine Anlage und den Prozess gesehen werden.

*GMP-Qualifizierung – Validierung.* Edited by Ralf Gengenbach
Copyright © 2008 WILEY-VCH Verlag GmbH & Co. KGaA, Weinheim
ISBN: 978-3-527-30794-4

Es ist also leicht einzusehen, dass es bisher nur unter erschwerten Bedingungen möglich war, mehr oder weniger sicher, eher aber unsicher an die Entwicklung und die Ausführung eines Produktionsprozesses zur Herstellung sensibler Produkte zu gehen. Das vorliegende Buch soll für alle, die sich an die Entwicklung und den Betrieb einer Produktionsanlage machen, ein unentbehrlicher Helfer und Ratgeber und darüber hinaus schließlich ein zuverlässiger Begleiter sein.

Natürlich kann dieses Buch nur in Ansätzen den richtigen Weg weisen, aber verloren muss sich deshalb niemand vorkommen, denn auch bei der Suche nach einer passenden und ergänzenden professionellen Hilfe kann es weiter helfen. Niemand wird allein gelassen!

Prof. Dipl.-Ing. Winfried Storhas
Dozent für Bioverfahrenstechnik an der Hochschule Mannheim

# Geleitwort Behrendt

Es gibt kaum eine andere Abkürzung, die in industriellen, administrativen und akademischen Organisationen so leicht und so viele personelle und finanzielle Kapazitäten freisetzen kann, wie die drei magischen Buchstaben „GMP", Garant für eine „Good Manufacturing Practice". Die Gesundheits- und Überwachungsbehörden, allen voran die amerikanische Food and Drug Administration (FDA), verlangen seit 1978 den Nachweis, dass Produktionsverfahren für Arzneimittel reproduzierbar das leisten, was sie leisten sollen. Die Qualifizierung und Validierung von Produktionsanlagen ist dabei ein wesentlicher Baustein, diesen Nachweis zur Erreichung einer hohen Produktionssicherheit zu erbringen. Da Validierungen immer produkt- und firmenspezifisch sind, kann es getrieben von Unwissenheit, Unsicherheit oder einer risikoscheuen Vorsorgementalität, gepaart mit einem Hang zum Perfektionismus, leicht dazu führen, dass an der einen Stelle zuviel und an anderen Stellen zu wenig des Guten getan und der primäre Aspekt der Arzneimittelsicherheit und der Sicherung der Marktversorgung aus den Augen verloren wird. Wenn es gelingt die Sinnhaftigkeit und ein wissenschaftliches Rational, kombiniert mit einer vernünftigen Risikobewertung, in den Vordergrund zu stellen, dann lösen die drei magischen Buchstaben keine administrative Kettenreaktion aus, sondern tragen wesentlich zu einer „Good Manufacturing Performance (GMP)" bei, die wiederum ein positiver Beitrag nicht nur in finanzieller Hinsicht für ein „Generate More Profit (GMP)" ist.

Dem vorliegenden Leitfaden für die Praxis ist zu wünschen, dass er allen, die mit der pharmazeutischen Herstellung von Arzneimitteln und deren Wirkstoffe befasst sind, ein konstruktiver Begleiter ist, sei es nun in der Forschung, der Entwicklung, der Produktion, dem Management oder der Planung, sowohl in kleinen als auch großen Firmen bis hin zu denjenigen, die bei den Gesundheits- und Überwachungsbehörden die öffentlichen Interessen zu vertreten haben.

Dr. Ulrich Behrendt
Vorstandsvorsitzender der Vereinigung Deutscher Biotechnologie Unternehmen (VBU) in der Dechema e.V.

# Inhaltsverzeichnis

|  | Geleitwort Storhas  *V* |
|---|---|
|  | Geleitwort Behrendt  *VII* |
|  | Vorwort  *XVII* |
|  | Abkürzungsverzeichnis  *XXIII* |
| **1** | **Einführung**  *1* |
| **2** | **GMP-Grundlagen**  *7* |
| 2.1 | Der Begriff GMP  *7* |
| 2.2 | Geltungsbereich von GMP  *10* |
| 2.2.1 | GMP – für welche Produkte?  *10* |
| 2.2.2 | GMP – ab welcher Entwicklungsstufe?  *12* |
| 2.2.3 | GMP – ab welcher Verfahrensstufe?  *15* |
| 2.2.4 | Zusammenfassung  *20* |
| 2.3 | GMP-Regelwerke  *22* |
| 2.3.1 | Historische Entwicklung  *22* |
| 2.3.2 | GMP-Regeln der WHO  *26* |
| 2.3.3 | GMP-Regeln der Pharmaceutical Inspection Convention (PIC bzw. PIC/S)  *28* |
| 2.3.4 | GMP-Regeln der EU  *31* |
| 2.3.5 | GMP-Regeln der USA  *35* |
| 2.3.5.1 | FDA Guidance documents  *37* |
| 2.3.5.2 | FDA Guide to Inspections  *38* |
| 2.3.5.3 | FDA Compliance Program Guidance Manuals – CPGM  *38* |
| 2.3.5.4 | FDA Compliance Policy Guides – CPG  *39* |
| 2.3.5.5 | FDA Human Drug cGMP Notes  *39* |
| 2.3.6 | GMP-Regeln in Asien  *40* |
| 2.3.7 | Die Wirkstoffproblematik  *42* |
| 2.3.7.1 | Wirkstoffe in den USA  *42* |
| 2.3.7.2 | Wirkstoffe in der BRD  *43* |

*GMP-Qualifizierung – Validierung.* Edited by Ralf Gengenbach
Copyright © 2008 WILEY-VCH Verlag GmbH & Co. KGaA, Weinheim
ISBN: 978-3-527-30794-4

| | | |
|---|---|---|
| 2.3.8 | GMP für Hilfsstoffe, Kosmetika und andere Produkte | 46 |
| 2.3.8.1 | Hilfsstoffe | 46 |
| 2.3.8.2 | Kosmetikprodukte | 47 |
| 2.3.8.3 | Lebensmittel und Lebensmittelzusatzstoffe | 49 |
| 2.3.8.4 | Futtermittel und Futtermittelzusatzstoffe | 50 |
| 2.3.9 | Harmonisierte GMP-Regeln, ICH | 51 |
| 2.3.10 | Verbindlichkeit von GMP-Regeln | 53 |
| 2.4 | GMP-Inhalte und Kernforderungen | 55 |
| 2.5 | Weitergehende Interpretationen | 59 |
| 2.6 | Inspektionen und Zertifizierung | 61 |
| 2.6.1 | GMP-Inspektionen | 61 |
| 2.6.2 | GMP-Zertifikate | 64 |
| | | |
| **3** | **Grundlagen der Validierung** | **67** |
| 3.1 | Rechtsgrundlagen | 67 |
| 3.2 | Begriffe und Definitionen | 70 |
| 3.2.1 | Validierung | 70 |
| 3.2.2 | Elemente der Validierung | 72 |
| 3.2.3 | Methoden der Validierung | 73 |
| 3.2.4 | Revalidierung | 75 |
| 3.3 | Anforderungen aus den Regelwerken (WHO, FDA, PIC etc.) | 76 |
| 3.3.1 | FDA-Anforderungen an die Validierung | 77 |
| 3.3.2 | WHO-Anforderungen an die Validierung | 80 |
| 3.3.3 | PIC/S-Anforderungen an die Validierung | 81 |
| 3.3.4 | Nationale Anforderungen an die Validierung | 83 |
| 3.4 | Formaler Ablauf der Validierung | 84 |
| | | |
| **4** | **Validierungs-„How-to-do"** | **89** |
| 4.1 | Das optimale Validierungskonzept | 89 |
| 4.2 | Mindestanforderungen an ein gutes Validierungskonzept | 90 |
| 4.3 | Ablauf eines Validierungsprojekts | 94 |
| 4.4 | Die GMP-Einstufung | 98 |
| 4.4.1 | Grundsätzliche Bedeutung | 98 |
| 4.4.2 | Erläuterung der Inhalte (Musterbeispiel) | 99 |
| 4.4.2.1 | Allgemeines | 99 |
| 4.4.2.2 | GMP-Einstufung und Regelwerke | 101 |
| 4.4.2.3 | Produkt- und Reinheitsanforderungen | 103 |
| 4.4.2.4 | Anlage und Verfahren | 107 |
| 4.4.2.5 | Gebäude und Räumlichkeiten | 118 |
| 4.4.2.6 | Dokumentation | 120 |
| 4.4.2.7 | Validierung | 121 |
| 4.4.2.8 | Weitere Vorgehensweise | 121 |
| 4.4.3 | Abschließende Bemerkung | 122 |
| 4.5 | Das Validierungsteam | 123 |
| 4.5.1 | Validierungsverantwortlicher | 123 |

| | | |
|---|---|---|
| 4.5.2 | Validierungsteam | 124 |
| 4.5.3 | Validierungskoordinator | 124 |
| 4.5.4 | Allgemeine Aspekte | 125 |
| 4.6 | Der Validierungsmasterplan | 126 |
| 4.6.1 | Grundlegende Forderungen | 126 |
| 4.6.2 | Der Validierungsmasterordner | 127 |
| 4.6.2.1 | Aufbau und Inhalt | 127 |
| 4.6.2.2 | Projektspezifischer Masterplan | 133 |
| 4.6.2.3 | Projektpläne Qualifizierung und Validierung | 135 |
| 4.6.2.4 | Pflege und Fortführung | 137 |
| 4.7 | Die Risikoanalyse | 138 |
| 4.7.1 | Begriffe und Bedeutung | 138 |
| 4.7.2 | Methoden der Risikoanalyse | 140 |
| 4.7.2.1 | Übersicht über die gängigsten Methoden | 140 |
| 4.7.2.2 | Die FMEA-Methode | 141 |
| 4.7.2.3 | Die HACCP-Methode | 148 |
| 4.7.2.4 | Die freie Risikoanalyse | 156 |
| 4.7.2.5 | Vor- und Nachteile der einzelnen Methoden | 157 |
| 4.7.3 | Forderungen aus den Regelwerken | 158 |
| 4.7.4 | Allgemeine Kriterien zur Durchführung | 159 |
| 4.7.4.1 | Zeitpunkt der Risikoanalyse | 159 |
| 4.7.4.2 | Formale Voraussetzungen | 161 |
| 4.7.4.3 | Gliederung | 162 |
| 4.7.5 | Details zur Durchführung | 162 |
| 4.7.5.1 | Risikoanalyse „Herstellungsverfahren" | 162 |
| 4.7.5.2 | Risikoanalyse „Reinigung" | 169 |
| 4.7.5.3 | Risikoanalyse „Anlage" | 176 |
| 4.7.5.4 | Abschluss der Risikoanalyse | 181 |
| 4.7.6 | Risikomanagement nach ICH Q9 | 181 |
| 4.8 | Prospektive Anlagenqualifizierung (DQ, IQ, OQ, PQ) | 183 |
| 4.8.1 | Allgemeines | 183 |
| 4.8.2 | Definition der Anforderungen | 185 |
| 4.8.2.1 | GMP-gerechtes Design – Anforderungsliste | 185 |
| 4.8.2.2 | Betreiberanforderungen – Lastenheft | 198 |
| 4.8.2.3 | Technische Spezifikation – Ausschreibung | 216 |
| 4.8.2.4 | Lieferantenausführung – Pflichtenheft | 218 |
| 4.8.3 | Designqualifizierung – DQ | 220 |
| 4.8.3.1 | Hintergründe und Ziel der DQ | 220 |
| 4.8.3.2 | Voraussetzungen für die DQ | 221 |
| 4.8.3.3 | Erstellung DQ-Plan | 222 |
| 4.8.3.4 | Durchführung DQ | 225 |
| 4.8.3.5 | Erstellung DQ-Bericht | 228 |
| 4.8.3.6 | Lasten-, Pflichtenheftabgleich als DQ | 229 |
| 4.8.4 | Realisierung und Installation | 230 |
| 4.8.4.1 | Herstellung und Factory Acceptance Tests (FAT) | 230 |

| | | |
|---|---|---|
| 4.8.4.2 | Installation und Site Acceptance Tests (SAT) | 233 |
| 4.8.5 | Installationsqualifizierung – IQ | 237 |
| 4.8.5.1 | Voraussetzungen für die IQ | 237 |
| 4.8.5.2 | Erstellung IQ-Plan | 238 |
| 4.8.5.3 | Durchführung IQ | 242 |
| 4.8.6 | Inbetriebnahme | 250 |
| 4.8.7 | Funktionsqualifizierung | 251 |
| 4.8.7.1 | Voraussetzungen für die OQ | 251 |
| 4.8.7.2 | Erstellung OQ-Plan | 253 |
| 4.8.7.3 | Durchführung OQ | 256 |
| 4.8.8 | Leistungsqualifizierung | 265 |
| 4.8.8.1 | Bedeutung, Abgrenzung und Durchführung | 265 |
| 4.8.8.2 | Der PQ-Plan | 268 |
| 4.8.9 | Der Qualifizierungsabschlussbericht | 272 |
| 4.9 | Qualifizierung bestehender Anlagen | 275 |
| 4.9.1 | Der Begriff „retrospektive Anlagenqualifizierung" | 275 |
| 4.9.2 | Regulatorische Anforderungen | 276 |
| 4.9.3 | Einschränkungen bei bestehenden Anlagen | 278 |
| 4.9.4 | Ablauf Qualifizierung bestehender Anlagen | 280 |
| 4.9.4.1 | Schritt 1: Projektplanung (Masterplan) | 280 |
| 4.9.4.2 | Schritt 2: GMP-Studie (URS) | 281 |
| 4.9.4.3 | Schritt 3: Bestandsaufnahme | 282 |
| 4.9.4.4 | Schritt 4: Risikoklassifizierung | 282 |
| 4.9.4.5 | Schritt 5: Risikobewertung | 284 |
| 4.9.4.6 | Schritt 6: As-built-Prüfung (IOQ) | 286 |
| 4.9.4.7 | Schritt 7: Leistungsbewertung (PQ) | 287 |
| 4.9.4.8 | Schritt 8: Erfahrungsbericht | 288 |
| 4.9.4.9 | Schritt 9: RQ-Plan/-Bericht | 288 |
| 4.9.5 | Kritische Aspekte bei Altanlagen | 289 |
| 4.9.6 | Abschließendes Fazit | 290 |
| 4.10 | Gerätequalifizierung | 291 |
| 4.10.1 | Validierungsmasterplan | 292 |
| 4.10.2 | Risikoanalyse | 292 |
| 4.10.3 | Lasten- und Pflichtenheft, DQ | 293 |
| 4.10.4 | Basisqualifizierung, IQ, OQ | 293 |
| 4.10.5 | Leistungsqualifizierung, PQ | 294 |
| 4.10.6 | Technische Dokumentation | 295 |
| 4.11 | Kalibrierung und Wartung | 296 |
| 4.11.1 | Bedeutung im Rahmen der Instandhaltung | 296 |
| 4.11.2 | Gesetzliche Anforderungen | 298 |
| 4.11.2.1 | Forderungen aus dem Eichgesetz | 298 |
| 4.11.2.2 | Forderungen aus der Eichordnung | 299 |
| 4.11.2.3 | Forderungen aus dem Arzneimittelgesetz, AMG | 299 |
| 4.11.2.4 | Forderungen aus der Arzneimittel- und Wirkstoffherstellungsverordnung, AMWHV | 299 |

| | | |
|---|---|---|
| 4.11.2.5 | Forderungen aus dem EU-GMP-Leitfaden, Teil 1 „Mindestanforderungen an Arzneimittel" | 299 |
| 4.11.2.6 | Forderungen aus den US-cGMP-Regeln, 21CFR210/211 | 300 |
| 4.11.2.7 | Forderungen aus den GLP (Good Laboratory Practice)-Regeln | 300 |
| 4.11.3 | Wartung und Wartungskonzepte | 301 |
| 4.11.3.1 | Verantwortlichkeiten | 301 |
| 4.11.3.2 | Vorgehensweise | 303 |
| 4.11.3.2.1 | Erfassung neuer Ausrüstungsgegenstände | 305 |
| 4.11.3.2.2 | Terminüberwachung | 305 |
| 4.11.3.2.3 | Durchführung der Wartung | 306 |
| 4.11.3.2.4 | Wartungsdokumentation | 307 |
| 4.11.3.2.5 | Rückmeldung und Abschluss der durchgeführten Wartung | 308 |
| 4.11.4 | Wartungsinhalt und -umfang | 308 |
| 4.11.5 | Kalibrierung im Rahmen der Wartung | 309 |
| 4.11.6 | Kalibrierung im GMP-Umfeld | 311 |
| 4.11.6.1 | Verantwortlichkeiten | 311 |
| 4.11.6.2 | Erfassung, Einstufung und Kennzeichnung | 311 |
| 4.11.6.3 | Festlegung der Kalibrier-Eckdaten | 313 |
| 4.11.6.4 | Terminüberwachung | 315 |
| 4.11.6.5 | Kalibrierdokumentation | 316 |
| 4.11.6.6 | Durchführung der Kalibrierung | 317 |
| 4.11.6.7 | Datenerfassung und Auswertung | 320 |
| 4.11.6.8 | Abschluss der Kalibrierung | 321 |
| 4.11.6.9 | Funktionsprüfungen und Prüfungen nach Arzneibuch | 322 |
| 4.12 | Validierung von Herstellungsprozessen | 322 |
| 4.12.1 | Validierung von Herstellungsprozessen – ein Überblick | 322 |
| 4.12.2 | Formalrechtliche Anforderungen an die Prozessvalidierung | 326 |
| 4.12.3 | Wertschöpfung durch Validierung | 326 |
| 4.12.4 | Voraussetzungen für die Prozessvalidierung | 327 |
| 4.12.5 | Prozessvalidierung – Planung | 330 |
| 4.12.6 | Prozessvalidierung – Aktivitäten | 330 |
| 4.12.7 | Prozessvalidierung – Risikoanalyse | 331 |
| 4.12.8 | Prospektive Prozessvalidierung – Vorgehensweise bei der Durchführung der Validierungsaktivitäten | 333 |
| 4.12.9 | Prospektive Prozessvalidierung – Kritische Prozessschritte | 335 |
| 4.12.10 | Prospektive Prozessvalidierung – Konsistenz | 337 |
| 4.12.11 | Prospektive Prozessvalidierung – Dokumente | 337 |
| 4.12.12 | Retrospektive Prozessvalidierung | 339 |
| 4.12.13 | Prozessvalidierung – Revalidierung | 340 |
| 4.13 | Validierung computerisierter Systeme | 341 |
| 4.13.1 | Begriffe und Definitionen nach GAMP 4.0 | 341 |
| 4.13.2 | Vorgehen nach dem V-Modell | 343 |
| 4.13.3 | DQ, IQ und OQ am Beispiel PLS | 348 |
| 4.13.3.1 | Festlegung der Anforderungen – DQ | 348 |
| 4.13.3.2 | Nachweis der korrekten Umsetzung – IQ, OQ | 351 |

| | | |
|---|---|---|
| 4.13.4 | Abgrenzung automatisierter Systeme | 354 |
| 4.13.5 | Part 11 und seine Bedeutung für die Validierung | 356 |
| | | |
| **5** | **Integrierte Anlagenqualifizierung** | **361** |
| 5.1 | GEP kontra GMP | 361 |
| 5.2 | Idealisierter Ablauf | 364 |
| 5.2.1 | Die Hauptprojektphasen | 364 |
| 5.2.2 | Planungsphase | 365 |
| 5.2.3 | Ausarbeitungsphase | 368 |
| 5.2.4 | Durchführungsphase | 370 |
| 5.2.5 | Übersicht Phasen der Qualifizierung | 374 |
| | | |
| **6** | **Outsourcing von Validierungsaktivitäten** | **377** |
| 6.1 | Die Anbieter | 377 |
| 6.2 | Die Anforderungen an die Anbieter | 378 |
| 6.3 | Die Stärken und Schwächen der Anbieter | 380 |
| 6.4 | Die Abgrenzungsmatrix | 381 |
| 6.5 | Der optimale Qualifizierer | 383 |
| | | |
| **7** | **Change Control** | **385** |
| 7.1 | Erhalt des validierten Zustandes | 385 |
| 7.2 | Abweichung oder Änderung | 386 |
| 7.3 | Formaler Ablauf Change Control | 387 |
| 7.4 | Startzeitpunkt und Arten Change Control | 390 |
| 7.5 | Qualitätskritische Änderungen | 392 |
| 7.6 | Change Control in der Praxis | 393 |
| | | |
| **8** | **Der Validierungsingenieur als neuer Beruf** | **397** |
| | | |
| **9** | **Literatur** | **399** |
| | | |
| **10** | **Verzeichnisse und Anlagen** | **405** |
| 10.1 | Abbildungen | 405 |
| 10.2 | Anlage 1: GMP-Studie | 407 |
| | Anlage 2: Projektzeitplan | 414 |
| | Anlage 3: Validierungsmasterplan | 416 |
| | Anlage 4: Projektplan Qualifizierung | 420 |
| | Anlage 5: Projektplan Validierung | 422 |
| | Anlage 6: Qualifizierungsmatrix | 423 |
| | Anlage 7: Formblatt Risikoanalyse nach FMEA | 424 |
| | Anlage 8: Formblatt Risikoanalyse HACCP, Teil 1 | 425 |
| | Anlage 9: Formblatt Risikoanalyse HACCP, Teil 2 | 426 |
| | Anlage 10: Formblatt tabellarische Risikoanalyse, Variante 1 | 427 |
| | Anlage 11: Formblatt tabellarische Risikoanalyse, Variante 2 | 428 |
| | Anlage 12: Formblatt freie Risikoanalyse | 429 |

Anlage 13: Bewertungsblatt Reinigung   432
Anlage 14: GMP-Anforderungsliste   433
Anlage 15: IQ-Plan Deckblatt   434
Anlage 16: OQ-Plan Deckblatt   435
Anlage 17: OQ-Plan Funktionsprüfprotokoll   436
Anlage 18: PQ-Plan Deckblatt   439
Anlage 19: Qualifizierungsbericht   440
Anlage 20: Wartungsplan Musterformular   441
Anlage 21: Wartungsplan Wartungsprotokoll   442
Anlage 22: Messstellenverzeichnis Musterformular   443
Anlage 23: Kalibrierungsplan Musterformular   444
Anlage 24: Verantwortungsabgrenzung PLS-Validierung   446
Anlage 25: Change Control Formblatt   447

10.3   Glossar   450

**Index**   459

## Vorwort

Es war im Spätsommer 1987, konkret an einem Montag, dem 03. August. Es war noch dunkel und leichter Nieselregen erschwerte die Sicht beim Fahren durch den morgendlichen Berufsverkehr. Für mich war es das erste Mal, dass ich mich zu dieser Zeit genau wie alle anderen eingereiht in langen Blechkolonnen auf dem Weg zur Arbeit befand. Ich spüre heute noch die Nervosität und den leichten Druck in der Magengegend, wenn ich mich daran erinnere, wie ich mich langsam aber sicher dem südlichsten Tor des Werkes, konkret dem Tor 7 der BASF in Ludwigshafen näherte. Ein Gefühl, das sicher jeder Berufsanfänger kennt. Es war mein erster Berufstag nach erfolgreich abgeschlossenem Studium des Chemieingenieurwesens, welches ich an der Technischen Universität in Karlsruhe absolviert hatte.

1987 war auch die Zeit, als am Standort Deutschland die Biotechnologie noch ihre Hochphase hatte und mit der alles revolutionierenden Idee, Mikroorganismen – und insbesondere gentechnisch veränderte Mikroorganismen – als kleine chemische Fabriken zu nutzen, die Industrie geradezu in einen Entwicklungsrausch versetzte. Schier unbegrenzt schienen die Möglichkeiten, neue und innovative Produkte auf den Markt zu bringen. Allen voran zeigte dabei die pharmazeutische Industrie den größten Optimismus, schien es jetzt doch greifbar nahe, sehr gezielt wirkende, auf spezifische Erkrankungen ausgerichtete Arzneimittel, die den körpereigenen Stoffen immer ähnlicher wurden, herzustellen. Doch nicht nur Positives war mit der neuen Entwicklung verbunden. Wie immer in der Geschichte der Menschheit bringen neue Entwicklungen und neue Technologien neben dem Fortschritt auch neue Gefahren mit sich und wecken neue Ängste. Sensibilisiert durch die Ära der Kernenergie beobachtete die Bevölkerung die Entwicklungseuphorie mit sehr gemischten Gefühlen, und es dauerte auch nicht sehr lange, bis sich eine entsprechende Gruppe entschiedener, ja geradezu fanatischer Gegner herauskristallisiert hatte, deren erklärtes Ziel es war, diese Technologie und die damit eventuell verbundenen Risiken zumindest aus Deutschland zu verbannen. Der Gesetzgeber, in seinem Bemühen kein zweites Atomkraftwerkszenario zu gestalten, versuchte die Angelegenheit im Rahmen der 4. Novelle der Bundesimmissionsschutzverordnung zu regeln, indem er entsprechende Verfahren – insbesondere gentechnologisch basierte Verfahren – zur Offenlegung gegenüber der Bevölkerung anordnete. Jedes Unternehmen, welches mit gentechnologisch modifizierten Mikroorganismen entsprechend innovative Produkte herstellen wollte, musste also zunächst sein Vorhaben, das Produkt, das Verfahren und die geplante Anlage der Öffentlichkeit darlegen und die möglichen Risiken und deren Abwendung öffentlich diskutieren. So hilfreich in Bezug auf die Sicherheit der Bevölkerung diese Entscheidung auch gewesen sein mag, so tödlich war sie in der damaligen Zeit für die dahinter stehende Innovation. Allen voran durfte dies die damalige Hoechst AG mit ihrer Anlage zur biotechnologischen Herstellung von Insulin erfahren, die – fertig gestellt für einen mehrstelligen Millionenbetrag – am Standort Hoechst ihren Betrieb lange Zeit nicht aufnehmen durfte. Auch andere Firmen machten vergleichbare Erfahrungen, und es lag nahe, dass diese Firmen sich mehr und mehr mit dem Gedanken auseinandersetzten, den Standort Deutschland zumindest mit dieser Technologie zu verlassen, wobei es beim Gedanken allein nicht blieb. Ein Grund, warum man die mittlerweile sehr weit entwickelte Biotechnologie überwiegend in den USA antrifft, während in Deutschland sich erst jetzt wieder erste Ansätze einer Wiederauferstehung ankündigen.

In genau diese Zeit fiel mein Berufsstart, und ich konnte mich glücklich schätzen, meine ersten Erfahrungen nicht nur in einem äußerst interessanten Fachbereich – nämlich der Biotechnologie – zu sammeln, sondern auch in Bezug auf alle damit verbundenen rechtlichen und normativen Anforderungen und in Bezug auf die Anstrengungen, die unternommen werden müssen, um ein solches Projekt umzusetzen und die entsprechende Anlage zum Laufen zu bringen. In den frühen Neunzigerjahren war es der BASF gelungen, ein solches gentechnologisch basiertes Verfahren zur Herstellung eines Pharmaproteins durch das öffentliche Anhörungsverfahren und zur Genehmigung zu bringen, und es war meine Aufgabe, diese Anlage in einem damals auf Forschung und Entwicklung ausgelegten Umfeld nun als echte Produktionsanlage zu realisieren – unter Berücksichtigung aller im Genehmigungsverfahren diskutierten Sicherheitsvorkehrungen. Es war auch die Zeit, in der ich zum ersten Mal mit den mir damals nichts sagenden drei Buchstaben „GMP" konfrontiert wurde. Neben die Anforderungen an den Schutz der Bevölkerung traten jetzt auf einmal weitere, mir bis dahin noch völlig unbekannte Anforderungen zum Schutz des Produktes bzw. des Endproduktverbrauchers. Die mit der Qualitätssicherung beauftragten Personen legten in ersten Projektgesprächen diese Anforderungen – damals noch sehr vage und wenig greifbar – in einer Fülle von Dokumenten auf den Tisch und als verantwortlicher Ingenieur sah ich mich auf einmal mit Unterlagen konfrontiert, die mir – wenn auch in englisch geschrieben – doch alles in allem sehr spanisch vorkamen. Da gab es Abkürzungen wie PIC und FDA, Definitionen zu IQ, OQ und PQ, Darstellungen zu Abläufen im Rahmen einer mir völlig unbekannten Validierung und vieles mehr, was ich zum damaligen Zeitpunkt weder verstehen, geschweige denn richtig greifen konnte. Es begannen die Jahre der harten Schule, in denen ich mir durch sehr vertieftes Studium und auch mithilfe externer Beratung und externer Schulungen das notwendige Wissen aneignete und mir die Verbindung zwischen all den Begriffen nach und nach mühsam klar machte. Ich entwickelte mich – so glaubte ich zumindest damals – zum BASF-internen GMP- und Validierungsspezialisten und übernahm zunehmend die Aufgabe, das erworbene Wissen auch in andere Projekte einzubringen. Schnell jedoch musste ich feststellen, dass das soeben mühsam erworbene Wissen gar nicht so ohne Weiteres auf das nächste Projekt transferiert werden konnte. Andere Randbedingungen in der Technik, in der Betriebsorganisation und Diskussionen mit anderen Personen zwangen immer wieder dazu, Vorgehensweisen, Ablaufmodelle und Schemata, insbesondere den durch GMP geprägten Formalismus bzw. die Dokumentation betreffend, zu hinterfragen, abzuändern, anzupassen oder gar neu zu entwickeln. Gerade das Thema eines einheitlichen, allen Anforderungen gerecht werdenden formalen Validierungskonzeptes, ein Kernthema der GMP-Regelwerke, schien sich hier immer mehr zum Gordischen Knoten zu entwickeln.

Heute, nach mehr als 20 Jahren Berufserfahrung in diesem Themenfeld, bin ich um die Erkenntnis reicher, dass es bei diesem Wissensgebiet kein festes und starres, geschweige denn ein optimales Schema für die Umsetzung gibt und auch nicht geben kann. Beschreiben die drei Buchstaben „GMP" die Regeln der Good Manufacturing Practice – den groben normativen Rahmen, den man bei der Herstellung entsprechend regulierter pharmazeutischer und chemischer Produkte beachten muss – so steckt in Wahrheit hinter diesen drei Buchstaben die ganze Welt der Naturwissenschaften und der modernen Technologien. Wer sich mit GMP beschäftigt, beschäftigt sich in Wirklichkeit mit Physik, Chemie, Biotechnologie und Verfahrenstechnik und dem Bemühen, damit zusammenhängende Prozesse unter Beachtung gesetzlicher Anforderungen in einen formalen und dokumentierten Ablauf zu zwängen. Und so unterschiedlich wie die Prozesse, so individuell müssen die entsprechend formalen Konzepte, zum Beispiel auch ein Validierungskonzept sein.

Spannend bei all dem ist nur, dass gerade um dieses Thema, das doch überwiegend nur durch Formalismus, durch die geeignete und geschickte Gestaltung von Prüf- und Checklisten und technische Grundlagen geprägt ist, oft eine Art Geheimnis gemacht wird, die Vertraulichkeit besonders hoch gehoben wird und die damit konfrontierten Personen genau aus diesem Grunde das Thema immer nur hinter einer gewissen Dunstwolke sehen. Nur wenig konkrete, einen Überblick verschaffende Fachliteratur existiert, wenn es um das „Wie" z. B. bei der Qualifizierung und Validierung geht und auch mit Blick auf entsprechende Vorträge und Seminare können nur jene zitiert werden, die immer wieder mit der Frage auf mich zukommen: „Wo kann ich denn konkret etwas zu dem Thema GMP und Validierung lernen?" Vielleicht ist es aber gar nicht die Vertraulichkeit, sondern eher die Schwierigkeit, ein solches Thema wirklich konkret und all umfassend bzw. auch wissenschaftlich fundiert darzustellen, eine Schwierigkeit, der auch sicher ich mich beim Schreiben dieses Buches in weiten Teilen ausgesetzt sah.

Was auch immer die Gründe dafür sein mögen, dass es hier noch an entsprechend gutem und tief gehendem Lehrstoff mangelt, Tatsache ist, dass es sich um ein essenzielles, aber auch um ein spannendes Themenfeld handelt, das mit Blick auf das Ziel – nämlich den Schutz des Verbrauchers – zwingend behandelt, auf sinnvolle Rationale zurückgeführt und auch ausreichend kommuniziert werden muss. Es muss all jenen, die sich von Berufs wegen damit beschäftigen, ein Leitfaden an die Hand gegeben werden, der das „Wie" skizziert, aber auch das „Warum" dahinter erläutert. Mit genau diesem Anspruch und mit dieser Motivation wurde das vorliegende Buch geschrieben. Es soll eine komprimierte Darstellung des nunmehr über 20 Jahre gesammelten Wissens sein und auch der Versuch, bestimmte notwendige Abläufe und Vorgehensweisen im Zusammenhang mit GMP, Qualifizierung und Validierung konkreter zu fassen. Es soll aber auch ein Übersichts- und Lehrwerk sein, das die Gesamtzusammenhänge aufzeigt, das „Warum" erläutert und Hintergrundinformationen zu bestimmten, nicht immer nachvollziehbaren Entwicklungen gibt. Es soll helfen, das Thema Arzneimittelsicherheit, GMP, Qualifizierung und Validierung als Einheit zu erfassen und die Zusammenhänge zu verstehen. Es soll ein Handbuch sein, in dem das eine oder andere auch bei Bedarf mal nachgeschlagen werden kann. Es soll die beschriebene „Dunstwolke" zumindest ein wenig lichten.

All jenen, die dann doch wieder das eine oder andere Detail vermissen, die ihr individuelles Problem nicht behandelt oder gelöst sehen, sei schon jetzt entschuldigend entgegengehalten, dass man in einem einzigen Werk, insbesondere in einem Werk, das sich auf die Gesamtzusammenhänge konzentriert, eben nicht die ganze Welt der chemischen und pharmazeutischen Technik darstellen kann. Ebenso sei schon jetzt darauf hingewiesen, dass auch in dem einen oder anderen Kapitel, das sich mit regulatorischen Anforderungen auseinandersetzt, eine Information, insbesondere zu zitierten Regelwerken gegebenenfalls schon wieder veraltet sein kann, da gerade die Welt des Pharmarechtes hier leider sehr schnelllebig ist. Ungeachtet dessen hofft und wünscht der Autor all jenen, die das Buch in die Hand nehmen, dass sie viel spannende Lektüre, viel Hilfreiches finden, das sich in der Praxis anwenden lässt. Ebenso freut sich der Autor über jeden kritischen Kommentar und jede Anregung, hat er doch gelernt, dass man dem Expertentum immer einen Schritt hinterherrennt und dass konstruktive Kritiken die Vitaminspritzen für die erforderliche Kondition darstellen.

Da ein Vorwort für den Autor zumeist auch der Abschluss seines Werkes ist, möchte ich es an dieser Stelle natürlich nicht versäumen, mich bei all denen zu bedanken, die mich auf diesem nun doch langen Weg zur Entstehung des Buches direkt oder indirekt unterstützt haben. Hier gilt zunächst mein Dank Herrn Dr. Hubert Pelc, ehemals Wiley Verlag, der die grundlegende Idee hatte und mich diesbezüglich motivierte und redaktionell begleitete. Es gilt aber auch all den betreuenden Personen beim Wiley Verlag mein ganzer Dank, da sie – trotz der zeitlichen Verzögerung – an dem Buchprojekt festgehalten und stetig ermuntert haben. Mein Dank gilt den Herren Prof. Winfried Storhas (Hochschule Mannheim), Dr. Ulrich Behrendt (ex. Roche Penzberg), Herrn Matthias Klein (CSL Behring) und Herrn Horst Bergs (ex. Sanofi Aventis), mit denen ich in vielen Diskussionen das „Für und Wieder" zu diesem doch komplexen Thema behandeln durfte, und von denen ich auch immer wieder in den Diskussionen wertvolle Anregungen aufgenommen habe. Ein besonderer Dank gilt Herrn Dr. Andreas Kreimeyer, ehemaliger Technikumsleiter Biotechnikum A30 und heutiger Vorstand der BASF, hat er doch nicht unwesentlich zu meinem damaligen Werdegang beigetragen und mich als Jungingenieur zu dem Thema GMP geführt. Weiter möchte ich mich herzlichst bedanken bei meinen Kollegen und Mitstreitern Peter Bappert,

Wolfgang Hähnel und Dr. Hans-Georg Eckert (alle gempex GmbH), die nicht nur durch konstruktive Diskussionen, sondern auch durch die direkte Beisteuerung einzelner Kapitel einen nicht unwesentlichen Beitrag geleistet haben. Auch Frau Petra Schillakowski, welche oft an Wochenenden Abschnitte meiner Arbeiten zu Papier brachte, gilt mein besonderer Dank.

Was wären Freunde, wenn sie nicht bereit wären zu tolerieren, dass man nicht immer Zeit für den doch eigentlich so wichtigen Privataustausch hat. Hier möchte ich den ganzen treuen Freunden und Bekannten in meiner nahen und fernen Umgebung für diese Toleranz danken, insbesondere auch meinem Nachbarn, Freund und Ortsvorsteher Thomas Trisch und Frau, die mit Witz und geschärftem Wort mich immer wieder an mein Werk erinnerten.

Der größte Dank gilt aber sicher meiner Familie, meiner Frau Ulrike, meiner Tochter Carola und meinem Sohn Markus, die mit unendlicher Geduld ertragen, toleriert und gestützt haben, dass ich diese doch nicht unerhebliche und wertvolle Zeit für dieses Projekt aufgewendet habe. Ohne diese Unterstützung wäre das vorliegende Buch sicher nie entstanden, mit dem ich nun dem geneigten Leser viel Spaß und Erfolg wünsche.

Karlsruhe, im April 2008                                                            Ralf Gengenbach

# Abkürzungsverzeichnis

| | |
|---|---|
| 3 A | 3-A Sanitary Standards Inc. (www.3-a.org) |
| 483er | Nummer des von der FDA genutzten Mängelformulars |
| AA | Arbeitsanweisung |
| AB | Arzneibuch |
| AHU | Air Handling Unit |
| AMG | Arzneimittelgesetz |
| AMWHV | Arzneimittel- und Wirkstoffherstellungsverordnung |
| API | Active Pharmaceutical Ingredient |
| APIC | Active Pharmaceutical Ingredient Committee (http://apic.cefic.org) |
| ASMF | Active Substance Master File |
| ASTM | American Society for Testing and Materials |
| BAH | Bundesfachverband der Arzneimittelhersteller e.V. (www.bah-bonn.de) |
| BASF | Badische Anilin und Soda Fabrik (www.basf.com) |
| BfArM | Bundesinstitut für Arzneimittel und Medizinprodukte (www.bfram.de) |
| BP | Britisch Pharmacopoeia (www.pharmacopoeia.org.uk) |
| BPC | Bulk Pharmaceutical Chemicals (u. a. Wirk- und Hilfsstoffe) |
| BPCC | Bulk Pharmaceutical Chemicals Committee |
| BPI | Bundesverband der pharmazeutischen Industrie e.V. (www.bpi.de) |
| CBER | Centre for Biologics Evaluation and Research (www.fda.gov/cber) |
| CC | Change Control |
| CCP | Critical Control Point |
| CDER | Centre of Drug Evaluation and Research (www.fda.gov/cder) |
| CEFIC | European Chemical Industry Council (www.cefic.be) |
| CEP | Certification of Suitability to the Monographs of the European Pharmacopoeia |
| CFR | Code of Federal Regulation |
| CFU | Colony forming Unit |
| cGMP | current Good Manufacturing Practice |
| CIP | Cleaning in Place |
| CPG | Compliance Policy Guide |
| CPGM | Compliance Program Guidance Manuals |
| CPP | Certificate of Pharmaceutical Products |
| CR | Change Request |
| CTD | Common Technical Document |
| DAB | Deutsches Arzneibuch (Bezugsquelle s. BfArM) |
| DEHS | Diethylhexylsebacat |
| DHHS | Department of Health and Human Services |
| DIN | Deutsches Institut für Normung (www.din.de) |
| DKD | Deutscher Kalibrierdienst (www.dkd.eu) |
| DOP | Dioctylphthalat |

*GMP-Qualifizierung – Validierung.* Edited by Ralf Gengenbach
Copyright © 2008 WILEY-VCH Verlag GmbH & Co. KGaA, Weinheim
ISBN: 978-3-527-30794-4

| | |
|---|---|
| DQ | Design Qualification |
| DMF | Drug Master File |
| EC | European Community (http://europa.eu) |
| EDMF | European Drug Master File |
| EDQM | European Department for the Quality of Medicines (www.edqm.eu) |
| EFfCI | Europe Federation for Cosmetic Ingredients (www.effci.com) |
| EFPIA | European Federation of Pharmaceutical Industries Associations (www.efpia.org) |
| EFTA | European Free Trade Association (www.efta.int) |
| EG | Europäische Gemeinschaft (http://europa.eu) |
| EHEDG | European Hygienic Engineering and Design Group (www.ehedg.de) |
| EHS | Environment, Health, and Safety |
| EMEA | European Medicines Evaluation Agency (www.emea.europa.eu) |
| EMSR | Elektro-, Mess-, Steuer- und Regelungstechnik |
| EP | Europäische Pharmacopoeia (Bezugsquelle s. EDQM) |
| EPC | Engineering, Procurement and Construction |
| ERES | Electronic Record, Electronic Signature |
| ERP | Enterprise Ressource Planning |
| EU | Europäische Union (http://europa.eu) |
| EWG | Europäische Wirtschaftsgemeinschaft (s. EU) |
| FAMI QS | European Feed Additives and Premixtures Quality System (www.fami-qs.org) |
| FAT | Factory Acceptance Test |
| FDA | Food and Drug Administration (www.fda.gov) |
| FD&C Act | Food Drug and Cosmetic Act |
| FID | Flammenionisationsdedektor |
| FIFO | First In First Out |
| FIP | Fédération Internationale Pharmaceutique (www.fip.org) |
| FMEA | Fehlermöglichkeits- und Einflussanalyse |
| FMECA | Failure Mode Effects and Criticality Analysis |
| FOI | Freedom of Information |
| FTA | Failure Tree Analysis |
| GAMP | Good Automated Manufacturing Practice (www.vdi.de/gma/gamp-dach/) (s. auch ISPE) |
| GC | Gaschromatographie |
| GCLP | Good Control Laboratory Practice |
| GCP | Good Clinical Practice |
| GDP | Good Distribution Practice |
| GEP | Good Engineering Practice |
| GLP | Good Laboratory Practice |
| GMP | Good Manufacturing Practice |
| GSP | Good Storage Practice |
| GxP | Good x Practice (x = Platzhalter) |
| HACCP | Hazard Analysis Critical Control Point |
| HAZOP | Hazard and Operability Studies |
| HEPA | High Efficient Particulate Air |
| HHS | Health & Human Services |
| HOSCH | Hochleistungsschwebstofffilter |
| HPLC | High Performance Liquid Chromatography |
| HTP | Health Technology and Pharmaceutical Department of WHO |
| HVAC | Heating Ventilation and Air Conditioning |
| ICH | International Conference on Harmonization (www.ich.org) |
| ISO | International Organisation for Standardization (www.iso.org) |
| IKW | Industrieverband Körperpflege und Waschmittel e.V. (www.ikw.org) |
| I/O | Input/Output |
| IPEC | International Pharmaceutical Excipients Council (www.ipec.org) |

| | |
|---|---|
| IPK | In-Prozess Kontrolle |
| IQ | Installation Qualification |
| ISPE | International Society for Pharmaceutical Engineering (www.ispe.org) |
| IVSS | Internationale Vereinigung für Soziale Sicherheit (www.ivss.org) |
| JPMA | Japanese Pharmaceutical Manufacturing Association (www.jpma.or.jp/english) |
| KBE | Koloniebildende Einheiten |
| KFDA | Korean Food and Drug Administration (www.kfda.go.kr) |
| LF | Laminar Flow |
| LFGB | Lebensmittel- und Futtermittelgesetzbuch |
| LIMS | Laboratory Information Management Systems |
| LMBG | Lebensmittel- und Bedarfsgegenständegesetz |
| LMHV | Lebensmittelhygieneverordnung |
| M+A | Maschinen und Apparate |
| MCA | Medicines Control Agency (UK) |
| MCB | Master Cell Bank |
| MHW | Ministry of Health and Welfare (www.mhlw.go.jp/english) |
| MP | Master Plan |
| MRA | Mutual Recognition Agreement |
| MSR | Mess-, Steuer- und Regelungstechnik |
| NAMUR | Normenausschuss Mess- und Regelungstechnik (www.namur.de) |
| NtA | Notice to Applicants |
| OOS | Out of Specification |
| OQ | Operational Qualification |
| ORA | Office of Regulatory Affairs (www.fda.gov/ora) |
| OTC | Over the Counter |
| PAAG | Prognose, Auffinden der Ursache, Abschätzen der Auswirkungen, Gegenmaßnahmen |
| PAR | Proven Acceptable Range |
| PAT | Process Analytical Technologies |
| PDA | Parenteral Drug Association (www.pda.org) |
| PEI | Paul Ehrlich Institut (www.pei.de) |
| PHA | Preliminary Hazard Analysis |
| PharmBetrV | Pharmabetriebsverordnung |
| PhEur | Pharmacopoeia Européan (Bezugsquelle s. EDQM) |
| PhRMA | Pharmaceutical Research and Manufacturer Association (www.phrma.org) |
| P&ID | Piping and Instrumentation Diagram |
| PIC | Pharmaceutical Inspection Convention (www.picscheme.org) |
| PIC/S | Pharmaceutical Inspection Convention Scheme (www.picscheme.org) |
| PLS | Prozessleitsystem |
| PLT | Prozessleittechnik |
| PPQ | Projektplan Qualifizierung |
| PPV | Projektplan Validierung |
| PQ | Performance Qualification |
| PTB | Physikalisch Technische Bundesanstalt (www.ptb.de) |
| PV | Process Validation |
| PW | Purified Water |
| QA | Quality Assurance |
| QC | Quality Control |
| QM | Qualitätsmanagement |
| QMP | Qualification Master Plan |
| QK | Qualitätskontrolle |
| QS | Qualitätssicherung |
| RPZ | Risikoprioritätenzahl |
| RQ | Retrospektive Qualifizierung |

| | |
|---|---|
| SAT | Site Acceptance Test |
| SFDA | State Food and Drug Administration (China) (www.sda.gov.cn/eng) |
| SIP | Sterilization in Place |
| SOP | Standard Operation Procedure |
| SPS | Speicherprogrammierbare Steuerung |
| TOC | Total Organic Carbon |
| URS | User Requirement Specification |
| USP | United States Pharmacopoeia |
| VA | Verfahrensanweisung |
| VDI | Verband deutscher Ingenieure (www.vdi.de) |
| VFA | Verband der forschenden Arzneimittelhersteller (www.vfa.de) |
| VMP | Validation Master Plan |
| WCB | Working Cell Bank |
| WFI | Water for Injection |
| WHO | World Health Organization (www.who.int) |
| WIP | Washing in Place |
| WirkBetrV | Wirkstoffbetriebsverordnung |
| ZLG | Zentralstelle der Länder für Gesundheitsschutz (www.zlg.de) |

# 1
# Einführung

Arzneimittel sind aus unserem täglichen Leben nicht mehr wegzudenken. Keine Errungenschaft hat die Gesellschaft je so umfassend geprägt und so wesentlich verändert, wie die in vielfältigsten Formen für unterschiedlichste Zielrichtungen und Anwendungsfälle eingesetzten pharmazeutischen Produkte. Ob zum Zwecke der Heilung oder um Schmerzen zu lindern, ob zur Vorbeugung und Kräftigung oder nur, um der Schönheit zu dienen. Jene kleinen Pillen, die schnell und einfach geschluckt dem Magendruck entgegenwirken, die Spritze beim Arzt, die vorbeugend jenen notwendigen Impfschutz verleiht, der beruhigt der Schnupfenzeit entgegensehen lässt. Die Wunddesinfektion, die verhindert, dass die kleinen Mikroben ihr Unwesen treiben – wer wollte, wer könnte auf all diese Errungenschaften verzichten. Die Entwicklungen haben Jahre gedauert, aber auch Jahre gebracht – Lebensjahre in einer immer älter werdenden Gesellschaft. Ohne Medizin und Arzneimittel nicht denkbar.

Arzneimittel sind nicht neu. Von alters her beschäftigen sich die Menschen sehr intensiv mit den heilenden, den stärkenden und lebensverlängernden Wirkungen von Extrakten und Tinkturen, ursprünglich ausschließlich aus dem Reich der Natur gewonnen. Studiert werden die Auswirkungen auf Seele und Geist, auf das psychische und physische Wohlbefinden des Menschen mit dem Ziel, diesem das Erdendasein so lang und so angenehm als möglich zu gestalten. Mit dem Studium der Substanzen, dem Eindringen in die Welt der Moleküle und dem gesamten sich offenbarenden Reich der Chemie schienen den Möglichkeiten auch kaum noch Grenzen gesetzt zu sein. Nur die Errungenschaften der modernen Biotechnologie konnten diesem Thema nochmals einen gewaltigen Schub verleihen. Die klare Erkenntnis von Ursache und Wirkung und die daraus abgeleitete Entwicklung notwendiger Substanzen, die zielgerichtet und wirksam alles Leid verhindern, scheint in greifbare Nähe gerückt zu sein, der Traum von idealen Arzneimitteln.

Wo solche Errungenschaften gegeben sind, überwiegen jedoch nicht nur die positiven Aspekte. Scharlatanerie, Betrug und Missbrauch sind dort nicht weit, wo man Vorteile in finanzieller Sicht oder auch mit Blick auf Macht erringen kann. Dies haben unsere Vorfahren im Mittelalter zur Genüge erfahren, wenn Händler mit billigen Tinkturen über Land zogen und diese als Wunderheilmittel anpriesen oder Quacksalber sich mit selbigen Zugang zu den höchsten Fürsten- und Königshäusern verschaffen. Hatte man Glück, so war es nur Wasser. Im schlimmeren

*GMP-Qualifizierung – Validierung.* Edited by Ralf Gengenbach
Copyright © 2008 WILEY-VCH Verlag GmbH & Co. KGaA, Weinheim
ISBN: 978-3-527-30794-4

Fall – wie nicht selten vorgekommen – waren es verunreinigte oder sogar giftige Substanzen, die so manchem Gutgläubigen den Tod brachten, der eigentlich das ewige Leben erwartete.

Doch was heißt Mittelalter? Auch wenn man in unserer heutigen, hoch technologisierten Zeit nicht unbedingt mehr von Scharlatanerie sprechen mag, so ist der Handel mit jenen Glücksbringern, vielleicht etwas moderner, über die mittlerweile sehr offenen Ländergrenzen und Kontinente hinweg nicht immer von der gewünschten notwendigen Seriosität geprägt. Und die Etikettierung von Billigprodukten als Markenartikel darf auch heute noch als Betrug bezeichnet werden, genauso wie der Konsum von Drogen unter die Kategorie Missbrauch fällt. Es sind aber nicht immer nur jene absichtlich betrügerischen und missbräuchlichen Vorgehen, die in diesem Umfeld Sorgen bereiten. Das komplexe und nicht ganz simple Thema der Arzneimittelherstellung birgt darüber hinaus eine Fülle an nicht immer frühzeitig erkennbaren Gefahren für den späteren Verbraucher. Ob es nun jene unglücklicherweise immer wieder im Betriebsalltag vorkommenden menschlichen oder technischen Fehler sind, die zu physikalischen, chemischen oder mikrobiellen Verunreinigungen führen oder ob eine neue Verfahrensvariante im Rahmen der Prozessoptimierung zu einer ungewollt negativen Veränderung im Reinheitsprofil führt – all dies sind Risiken. Zusammen mit jenen Risiken, die aus unter Umständen nicht vollständig erforschten Wirkungsweisen eines Medikaments resultieren, lassen sie den Ruf nach mehr Schutz des Verbrauchers laut werden, den Ruf nach Arzneimittelsicherheit.

Das Thema „Arzneimittelsicherheit" ist komplex und lässt sich sicher nicht nur auf eine einzelne Maßnahme reduzieren. Ganz im Gegenteil, heute nimmt dieses Thema einen sehr breiten Raum ein und eine Vielzahl von Institutionen und Einrichtungen beschäftigt sich ausgiebig damit, Regeln, Überwachungs- und Kontrollmaßnahmen sowie alle erforderlichen Hilfsmittel bereitzustellen, die dazu beitragen sollen, dass Arzneimittel mit dem Höchstmaß an Sorgfalt und Sicherheit entwickelt und hergestellt werden, um somit den notwendigen Verbraucherschutz gewährleisten zu können. Anhand von Abb. 1.1 soll auf diese heute bestehenden Maßnahmen und Instrumentarien kurz eingegangen werden.

Der Entwicklungsweg eines Arzneimittels ist mittlerweile geprägt von einer Entwicklungszeit, die nicht selten deutlich über 10 Jahren liegt und durch Entwicklungskosten, die sich zunehmend der Grenze von 1 Mrd. Euro nähern. Eine überdimensionale Wandtafel im Deutschen Museum in München [1] stellt diese Entwicklung eindrucksvoll dar. Dabei findet der erste Schritt im Rahmen der Wirkstoffsuchforschung noch immer überwiegend im Labor statt, auch wenn die moderne Computertechnologie mit Molecular Modelling bereits ganz andere Wege aufzeigt. Im Labor werden, die Entwicklung der ersten Verfahrensschritte eingeschlossen, zunächst alle notwendigen Daten zur Substanz sowie zu den möglichen Synthese- und Herstellungswegen erarbeitet und dokumentiert. Es wird die Datenbasis für das spätere Arzneimittel und dessen Herstellung geschaffen. Dabei ist einerseits zu unterscheiden zwischen der Herstellung des reinen Wirkstoffs (der eigentlich wirksame Bestandteil eines Arzneimittels) und andererseits der Entwicklung der geeigneten Darreichungsform (z. B. Tablette, Kapsel

## Arzneimittelsicherheit bei Entwicklung und Herstellung

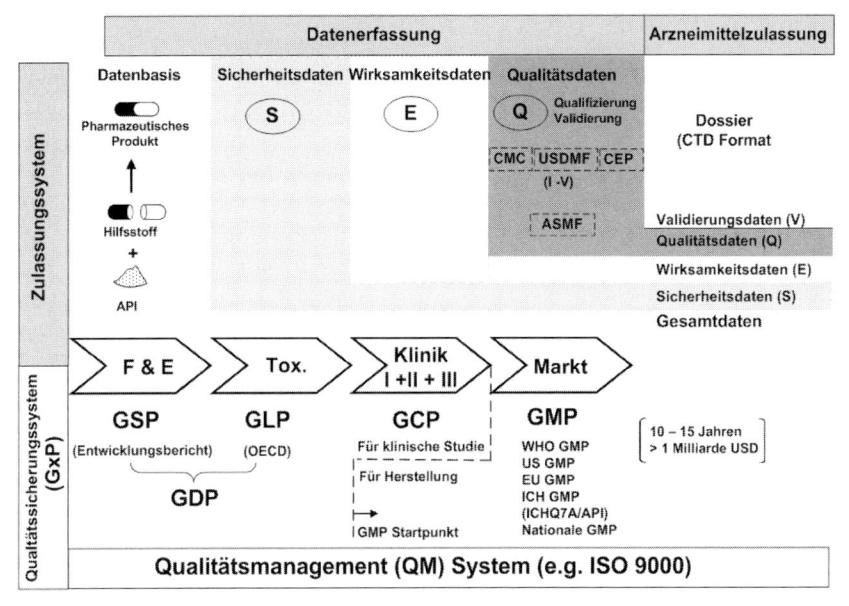

**Abb. 1.1** Maßnahmen zur Arzneimittelsicherheit.

oder Spritze), bei der Wirk- und Hilfsstoff (z. B. Wasser, Glucose, Gelatine etc.) in der sogenannten galenischen Entwicklung zum anwendungsfertigen Endprodukt formuliert, d. h. zusammengebracht werden.

Liegen erste Erfolg versprechende Ergebnisse vor, so werden diese im nächsten Schritt im Rahmen der toxikologischen Studien weitergehend, jetzt schwerpunktmäßig mit Blick auf mögliche, von der Substanz ausgehende Gefahren, abgesichert. Reagenz-, aber auch Tierversuche werden herangezogen, um nun den die Sicherheit des Arzneimittels betreffenden Datenpool im Rahmen der sogenannten präklinischen Studien zu schaffen.

Ist auch diese Hürde genommen, so folgt der langwierigste und auch teuerste Abschnitt in der Entwicklung eines Arzneimittels, die klinischen Studien. In insgesamt drei in diesem Bereich formal ausgewiesenen Untersuchungsphasen (Phase I bis III) werden noch einmal die sicherheitskritischen Aspekte in der Anwendung, nun aber direkt am Menschen, ausgetestet [2, 3]. Es werden Untersuchungen zur geeigneten Dosierung, zur Wirkungsweise, zu Unverträglichkeiten und ggf. Nebenwirkungen sowohl an einzelnen Probanden als auch an einem immer größer werdenden Versuchskollektiv ausgetestet. Die Wirksamkeit, der eigentliche Zweck des Arzneimittels, steht jetzt unter Abwägung von Nutzen und Risiko im Mittelpunkt der Betrachtungen. Es gibt auch noch eine Phase IV, die unter dem Begriff der Pharmacovigilance [4] läuft. Hierbei handelt es sich aber um eine Langzeitverifizierung des sich bereits auf dem Markt befindlichen Produkts, die in dem hier dargestellten Entwicklungspfad noch keine Rolle spielt.

Parallel zur klinischen Prüfung laufen die verfahrenstechnischen Entwicklungen auf Hochtouren. Es gilt den geeigneten und – jetzt auch wirtschaftlich – optimalen Herstellungsweg zu finden. Ausgehend von ersten Versuchen im Labor führt der Weg oft über kleinere Pilotanlagen und über Technikumsentwicklungen schließlich in die für die Vermarktung vorgesehene Produktionsanlage. Dabei ist es wichtig, dass mit Beginn der klinischen Studien, spätestens aber ab Phase II, das Verfahren schon weitgehend entwickelt ist und für die Probanden Produkte eingesetzt werden, die mit der späteren Marktware vergleichbar bzw. identisch sind. Gegebenenfalls sind zusätzliche, ein mögliches Scale-up betreffende Nachweise zu erbringen, die belegen, dass das Produkt aus den klinischen Prüfungen die gleichen Qualitäten und Eigenschaften zeigt wie jenes Produkt, das in der endgültigen Produktionsanlage hergestellt wird (s. Abschnitt 3.2.1).

In Bezug auf die von dem Arzneimittel eventuell ausgehenden Risiken und die zum Schutz des Verbrauchers zu ergreifenden Maßnahmen sind zwei wesentliche Aktionsfelder zu unterscheiden: die Arzneimittelzulassung, in deren Rahmen heute sehr intensiv und nach sehr strikten und strengen Regeln geprüft wird, ob ein Arzneimittel überhaupt auf den Markt verbracht werden darf und die Implementierung von Qualitätssicherungssystemen, nach denen auf den unterschiedlichen Stufen gearbeitet werden muss und die teilweise der behördlichen Überwachung unterliegen, um sicherzustellen, dass über die Prozesse die notwendige Qualität gewährleistet ist.

Die Arzneimittelzulassung beruht im Wesentlichen auf Daten, die auf den unterschiedlichsten Entwicklungsstufen, die ein Arzneimittel durchläuft, systematisch gesammelt und ausgewertet werden (s. oberer Teil in Abb. 1.1), schließt aber am Ende auch Ergebnisse aus Audits ein, im Rahmen derer das jeweils implementierte Qualitätssicherungssystem überprüft und beurteilt wird. Die Daten stammen aus der Phase der Entwicklung, der toxikologischen und der klinischen Studien sowie aus der endgültigen Produktion. Man spricht von den Basisdaten (body of data), den sicherheitsrelevanten Daten (safety data), den die Wirksamkeit betreffenden Daten (efficacy data) und den Qualitätsdaten (quality data), die am Ende noch um die Validierungsdaten ergänzt werden. All diese Daten müssen säuberlichst zusammengetragen und nach Vorgaben, die in nationalen und internationalen Regelwerken [5, 6] ausführlich beschrieben sind, in einem Zulassungsdossier erfasst und beurteilt werden. Dabei ist nach einem festen Format und einer fest vorgegebenen Gliederung vorzugehen, die unter dem Begriff „Common Technical Document" (CTD-Format) zusammengefasst sind [7]. Auch die Prüfung des Dossiers durch Behörden und Fachexpertengremien ist sehr detailliert in Regelwerken vorgegeben, soll hier aber nicht weiter vertieft werden. Der für Wirkstoffe hinsichtlich Zulassung wichtige und interessante Teil befindet sich dabei im Abschnitt des sogenannten Modul 3 gemäß ICH-Leitfaden M4, in dem die für die Herstellung und Qualitätssicherung wichtigen Daten und Informationen untergebracht sind. Diese Informationen zum Zulassungsdossier können dabei auf unterschiedlichste Art und Weise mit entsprechenden Vor- und Nachteilen vom Wirkstoffentwickler bzw. -hersteller an die Behörde bzw. den Endarzneimittelhersteller weitergegeben werden. Die bekanntesten Varianten sind der Drug Master File (DMF, heute in Europa ASMF = Active Substance Master File) und das CEP (Certification of Suitability to the Monographs of the European Pharmacopoeia) [8].

Was jedoch nutzen die einmalig gesammelten, bewerteten und aufgezeichneten Daten, wenn im Rahmen der Herstellung durch menschliches oder technisches Versagen Fehler auftreten, die die Qualität des Arzneimittels im Nachhinein negativ beeinflussen? Oder wenn gar die für das Zulassungsverfahren erarbeiteten Daten nicht verlässlich und aussagekräftig sind, weil nicht nach entsprechenden Standards gearbeitet und dokumentiert wurde? Die gewünschte Sicherheit und Zuverlässigkeit lässt sich also nur erreichen, wenn zusätzlich zu den etablierten Zulassungsabläufen auch Verfahren und Vorgehensweisen fixiert werden, welche sowohl im Bereich der Entwicklung als auch bei der späteren Produktion die dauerhafte Qualität der Erzeugnisse sicherstellen. Diese üblicherweise in Anweisungen (Verfahrens- oder Arbeitsanweisungen) zusammengefassten und festgeschriebenen Standards stellen das als Pendant zur Zulassung geforderte Qualitätssicherungssystem dar (s. unterer Teil der Abb. 1.1), wobei die hierzu zumeist offiziell erlassenen Vorgaben heute weltweit als „Good-Practices"-Regeln bekannt, etabliert und in weiten Teilen behördlich gefordert sind. Im Labor- bzw. Entwicklungsbereich spricht man allgemein von den „Good Science Practices" (GSP) bzw. den „Good Laboratory Practices" (GLP), wobei beiden die Forderung nach „Good Documentation Practices", d. h. die Forderung nach einer guten, ausführlichen, aussagekräftigen und zuverlässigen Dokumentation gemein ist. Die klinischen Studien unterliegen den „Good-Clinical-Practices" (GCP)-Regeln, während die eigentliche Herstellung sowohl des Produkts, welches in der Klinik Anwendung findet, als auch des fertigen Marktprodukts den „Good-Manufacturing-Practices" (GMP)-Regeln folgen muss. Die „Good-Practices"-Regeln sind dabei stets der sehr weit gefasste und offen formulierte, auf die Produktqualität ausgerichtete Rahmen, der von den Anwendern in spezifische Regeln umgesetzt werden muss und der in das gesamtgültige Qualitätsmanagementsystem des jeweiligen Unternehmens eingebettet sein sollte.

Man erkennt, das Thema der Arzneimittelsicherheit ist so komplex und umfassend, dass es in einem Werk allein sicher nie oder nur sehr oberflächlich beschrieben werden kann. Die nachfolgenden Kapitel konzentrieren sich daher auch allein auf das Thema „GMP", d. h. auf jenes für die Herstellung relevante Qualitätssicherungssystem und dort auch nur auf ein spezielles Unterthema, die Qualifizierung und Validierung, welches eine Hauptforderung aus den GMP-Regeln darstellt. Im Brennpunkt stehen dabei Anlagen zur Herstellung von Wirkstoffen, also die pharmazeutisch aktiven Bestandteile eines Arzneimittels.

Zur Übersicht: In Kapitel 2 wird zunächst auf den Begriff GMP, seine Historie und Bedeutung eingegangen. Das Kapitel 3 vermittelt die wesentlichen Grundlagen zu dem zentralen Thema „Validierung", die jeder kennen sollte, wenn er sich eingehender mit der Thematik beschäftigen will. In Kapitel 4, dem zentralen Kapitel, werden dann detaillierte Informationen und Empfehlungen zur Umsetzung gegeben, wobei im Wesentlichen von einem „Musterkonzept" ausgegangen wird, welches sich über Jahre hinweg in zahlreichen Projekten bewährt hat. Es erhebt nicht den Anspruch, in jedem Punkt optimal und für jeden Fall geeignet zu sein und dass ihm vonseiten des Lesers zwingend gefolgt werden muss, wenn dieser bereits bessere oder vergleichbare Lösungen für seinen Anwendungsfall hat. Dennoch können den Ausführungen sicher die einen oder anderen wertvollen Anregungen entnommen werden. Kapitel 5 behandelt das spannende Thema der integrierten Anlagenqualifizierung bzw. die Fragestellung, wie planende und bauende Ingenieure mit Qualifizierungsingenieuren so optimiert Hand in Hand arbeiten können, dass die notwendigen Qualifizierungsmaßnahmen mit einem Minimum an Zeit- und Kostenaufwand erledigt werden können. Kapitel 6 greift das Thema der externen Vergabe von Qualifizierungs- bzw. Validierungsleistungen auf und gibt Tipps, was dabei beachtet werden sollte. Kapitel 7 beschäftigt sich mit dem Erhalt des validierten bzw. qualifizierten Zustands und der sich daraus ableitenden Daueraufgabe, während das letzte Kapitel 8 die für viele sicher interessante Frage aufwirft, ob die Qualifizierung und Validierung den Ruf nach einem neuen Berufsbild laut werden lässt.

Dem Leser seien viel Spaß und nützliche Anregungen gewünscht.

# 2
# GMP-Grundlagen

## 2.1
### Der Begriff GMP

Good Manufacturing Practice – oder kurz GMP – ist ein Schlagwort, dem heute kaum jemand entgehen kann, wenn er im pharmazeutischen Umfeld tätig ist, ob als Hersteller, als Zulieferer oder Dienstleister. Die Regeln der Guten Herstellungspraxis – wie es im Deutschen heißt – sind ein auf die Produktqualität ausgerichtetes Qualitätssicherungssystem, das darauf abzielt, Produkte stets in gleichbleibender und zuverlässiger Qualität herzustellen und damit letztendlich den Anwender, in den meisten Fällen den Patienten, vor unerwünschten Nebenwirkungen zu schützen.

Eine „Ganze Menge Probleme" oder eine „Ganze Menge Papier" (engl.: „Give me more paper") sind andere vielfach zu findende Übersetzungen für die Abkürzung GMP. Sie machen deutlich, dass es sich hierbei wohl um ein Thema handelt, das nicht gänzlich unumstritten und auch nicht ohne Fragen ist. Gerade Anfang der Neunzigerjahre hatte man GMP auch sehr eng mit den DIN ISO 9000 Qualitätsnormen in Verbindung gebracht und das Ganze als Steigerung dieser ohnehin schon sehr umstrittenen Standards angesehen. Als deutlich überzogene Forderungen und als reine Geschäftemacherei wurden die GMP-Regeln teilweise in der Presse dargestellt.

In der Tat, so alt das Thema auch sein mag (erste Grundregeln wurden 1968 von der WHO eingeführt), birgt es noch immer viele Unsicherheiten, gerade auch dann, wenn es um die inhaltliche Umsetzung geht. Wer konkret muss denn eigentlich nach GMP-Regeln arbeiten? Gilt dies schon im Labor oder auch bei sehr frühen Prozessstufen? Wie weit reicht GMP in der Prozesskette zurück? Welche Regelwerke gibt es und wie verbindlich sind diese? Was steht konkret in diesen Regeln? Was muss ich tun oder beachten und wie setze ich GMP-Anforderungen konkret um? Wie sieht eine GMP-gerechte Produktionsanlage aus? Was ist an Kosten und zusätzlichem Personalaufwand zu erwarten und habe ich überhaupt eine Chance, bezogen auf meine Produkte, all diese Anforderungen wirtschaftlich vernünftig umzusetzen?

Diese oder ähnliche Fragen stellen sich heute immer noch sehr viele Betriebe, die mit dem Thema zu tun haben. Insbesondere die Hersteller von Wirkstoffen,

*GMP-Qualifizierung – Validierung.* Edited by Ralf Gengenbach
Copyright © 2008 WILEY-VCH Verlag GmbH & Co. KGaA, Weinheim
ISBN: 978-3-527-30794-4

d. h. die Chemische Industrie, haben das grundlegende Problem, sehr häufig mit großen Mengen an Niedrigpreis-Produkten im Vergleich zu den Hochpreis-Produkten der pharmazeutischen Industrie auf den Markt gehen zu müssen. Solche Chemieprodukte tragen oft nur schwer diese zusätzlichen Aufwände und Kosten. Erschwerend kommt hinzu, dass in der chemischen Industrie oftmals keine reinen GMP-Betriebe, sondern Mischungen von GMP- und Nicht-GMP-Betrieben vorkommen. Und zu guter Letzt machen die zunehmend steigende Anzahl an Kunden- und Behördenaudits und die damit verbundenen Forderungen die Situation für die Verantwortlichen auch nicht gerade einfacher (Abb. 2.1).

Heute lassen sich die Probleme mit GMP speziell im Wirkstoffbereich auf drei wesentliche Kernpunkte zusammenfassen:

1. Nicht in allen Fällen ist es klar und eindeutig, ob GMP-Regeln aus gesetzlicher Sicht eingehalten werden müssen oder nicht. Während es für Fertigarzneimittelhersteller hier keine Diskussionen gibt, da der Gesetzgeber dies klar und eindeutig für alle Phasen des Prozesses zwingend vorgeschrieben hat, hängt es bei den Herstellern von aktiven pharmazeutischen Bestandteilen (engl.: API = Active Pharmaceutical Ingredient = Wirkstoff) und Herstellern von Hilfsstoffen (engl.: excipient) von unterschiedlichsten Faktoren ab, wie z. B. der Verfahrensstufe, auf der sich das hergestellte Produkt befindet, der Entwicklungsstufe, auf der sich das Verfahren befindet und dem für das Produkt vorgesehenen Markt, d. h. vom vorgesehenen Exportland.

2. GMP-Regelwerke, -Richtlinien, ergänzende -Leitfäden, -Standards und -Empfehlungen existieren mittlerweile in einer nahezu unüberschaubaren Fülle, sodass kaum noch jemand wirklich in der Lage ist, all diese Regelwerke im Detail zu kennen und zu beherrschen. Jedes Jahr geben Behörden und Industrieverbände eine Vielzahl neuer Entwürfe und Diskussionsgrundlagen heraus, stets mit dem Ziel, schon bestehende GMP-Regeln um weitergehende Interpretationen

**Abb. 2.1** Probleme rund um GMP.

zu ergänzen. Die Flut an Regularien, Richtlinien und Standards wächst kontinuierlich an.
3. Selbst das intensive Lesen und Studieren all dieser Regeln, Leitlinien und Dokumente führt oft nicht zum gewünschten Ergebnis, d. h. diejenige Lösung zu finden, nach der man konkret sucht. Zu unterschiedlich sind die Produkte, zu verschieden die Prozesse und Verfahren und die vorgegebenen Randbedingungen, als dass es wirklich möglich wäre, Regeln derart zu gestalten, dass all diese Aspekte im Detail je berücksichtigt werden könnten. Demzufolge sind und bleiben GMP-Regelwerke und -Richtlinien stets sehr allgemein, ohne wirklich ins Detail zu gehen und spezifische Probleme zu beschreiben. Der große Interpretationsfreiraum ist das Markenzeichen der GMP-Regeln und kann auf der einen Seite als ein herausragender Vorteil gesehen werden, da er die notwendige Flexibilität bietet, stellt aber gleichzeitig auf der anderen Seite für den nach einer konkreten Lösung Suchenden oft ein unüberwindbares Hindernis dar. Fluch und Segen liegen hier dicht beieinander und lassen zentrale Fragen offen:
– Wo beginnt GMP?
– Welche Regelwerke gibt es?
– Wie verbindlich sind die Regelwerke?
– Wie setze ich die Anforderungen konkret um?

Umso wichtiger ist es, zum einen die Anforderungen und die Bedeutung von GMP in vollem Umfang und richtig zu erfassen und zu interpretieren und zum anderen pragmatische Lösungswege zu finden, um auf der einen Seite nicht zu viel, auf der anderen Seite aber auch nicht zu wenig für die Umsetzung zu tun. Was heißt nun GMP konkret und welche Anforderungen verstecken sich dahinter?

Good Manufacturing Practice (GMP) (dt.: Gute Herstellungspraxis) ist ein Begriff, der erstmals 1962 von der US-amerikanischen Überwachungsbehörde Food and Drug Administration (FDA) eingeführt wurde. Er steht synonym für eine Sammlung von Verhaltensmaßnahmen und Vorschriften, die bei der Herstellung und beim Umgang mit bestimmten Produkten (z. B. Arzneimittelprodukte) beachtet und eingehalten werden müssen. Eine erste offizielle von der EG 1989 herausgebrachte und noch heute gültige Definition besagt: „GMP ist der Teil der Qualitätssicherung, der gewährleistet, dass Produkte gleichbleibend nach den Qualitätsstandards produziert und geprüft werden, die der vorgesehenen Verwendung entsprechen" [9].

Aus dieser Definition wird zum einen deutlich, dass GMP ein Qualitätssicherungssystem nicht ersetzen kann, da es lediglich einen Teilaspekt davon darstellt bzw. abdeckt („.... Teil der Qualitätssicherung"). Zum anderen kann man der Definition entnehmen, dass die Zielrichtung von GMP auf der Produktqualität, ganz besonders auf einer reproduzierbaren Produktqualität liegt („.... gleichbleibend nach den Qualitätsstandards produziert ..."). Die Qualitätsanforderung ist dabei wesentlich vom Einsatz und von der Verwendung des Endprodukts abhängig („... Qualitätsstandards ... die der vorgesehenen Verwendung entsprechen."). Vereinfacht lässt sich sagen, dass „GMP" ein Überbegriff ist für eine Sammlung von

Regeln und Vorgaben, die bei der Herstellung und beim Umgang mit bestimmten Produkten beachtet und befolgt werden müssen, um deren reproduzierbare Qualität sicherzustellen. Dabei ist auch der Begriff „Qualität" in einer besonderen Weise definiert. So versteht man unter „Qualität" laut Deutschem Arzneimittelgesetz „die Beschaffenheit eines Arzneimittels, die nach Identität, Gehalt, Reinheit, sonstigen chemischen, physikalischen, biologischen Eigenschaften oder durch das Herstellungsverfahren bestimmt wird" [10].

Hierbei ist besonders die Nennung des Herstellungsverfahrens in der Definition hervorzuheben, was bedeutet, dass man sich bei der Herstellung solcher Produkte nicht allein auf die Prüfung der Qualität mithilfe der sonst üblichen analytischen Methoden verlässt, sondern, dass man erwartet, dass die Qualität auch schon durch das Herstellungsverfahren selbst gesichert, d. h. in das Produkt hinein produziert wird. Hierauf wird in Abschnitt 2.4 „GMP-Inhalte und Kernforderungen" noch detaillierter eingegangen.

Zusammenfassend lässt sich also sagen, dass GMP ein auf die Produktqualität ausgerichtetes Regelwerk ist, das alle Aspekte rund um einen herstellenden Betrieb erfasst, angefangen beim Personal über die genutzten Gebäude und Räumlichkeiten, die eingesetzten Anlagen und Hilfseinrichtungen und die zugrunde gelegte Dokumentation bis schließlich hin zur Lagerung und Verteilung des hergestellten Produkts.

Eine gute und übersichtliche Darstellung und Erläuterung zum Begriff GMP einschließlich Antworten zu häufig gestellten Fragen sowie eine Übersicht über die Historie bietet unter anderem die WHO auf ihren Internetseiten für „Medicines" [11].

## 2.2
**Geltungsbereich von GMP**

### 2.2.1
**GMP – für welche Produkte?**

Im vorhergehenden Kapitel wurde darauf abgehoben, dass GMP ein auf die Produktqualität ausgerichtetes Regelwerk ist und für ganz bestimmte Produkte und deren Herstellung Gültigkeit besitzt. Es stellt sich daher nun als Nächstes die Frage, um welche Produkte es sich hierbei im Detail handelt, wer also heute konkret nach den GMP-Regeln arbeiten muss.

Als GMP in den frühen Sechzigerjahren seinen Einzug hielt, waren vornehmlich die Fertigarzneimittelhersteller, d. h. die Hersteller von Human- und Tierarzneimitteln betroffen. Die pharmazeutische Industrie war der erste Industriezweig, der aktiv in die Umsetzung von GMP-Anforderungen eingebunden war. Später dann wurde, basierend auf verschiedenen Vorkommnissen, von den Behörden realisiert, dass nicht nur die Prozesse zur Herstellung der Fertigarzneimittel Quellen unerwünschter Kontaminationen sein können, sondern genauso gut, wenn nicht sogar noch stärker, die Prozesse zur Herstellung der dafür benötigten Aus-

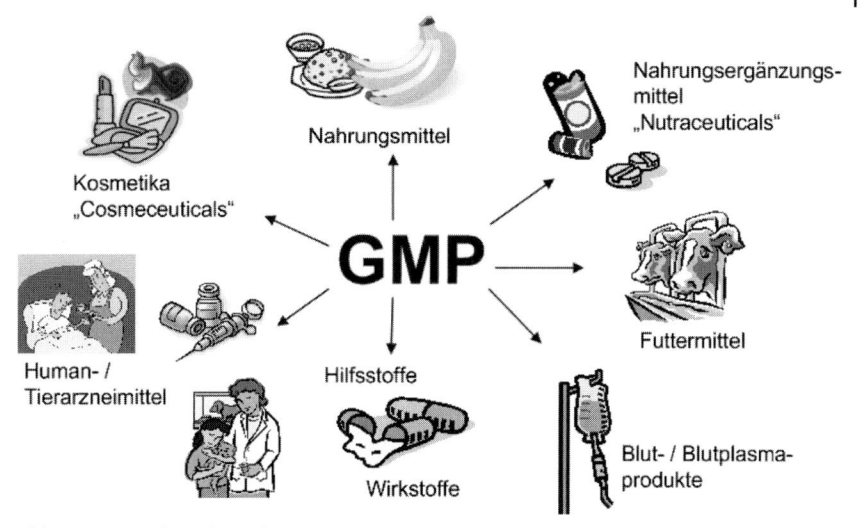

**Abb. 2.2** Anwendungsbereich von GMP.

gangs- und Startmaterialien. Da der Fertigarzneimittelhersteller diese Substanzen oft nur noch physikalisch, ohne zusätzliche größere Aufreinigungsschritte weiterverarbeitet, können Verunreinigungen aus den frühen Herstellungsprozessen unmittelbar in das Endprodukt und damit bis zum Verbraucher gelangen.

Basierend auf diesem Wissen fand – und findet zum Teil noch heute – eine Rückwärtsintegration im Anwendungsbereich, schwerpunktmäßig mit Blick auf die GMP-Startmaterialien, d. h. mit Blick auf die Wirk- (API) und Hilfsstoffe statt. In den Neunzigerjahren waren gerade die GMP-Regeln für die Wirkstoffe das herausragende Thema weltweit, was insbesondere die chemische Industrie stark beschäftigte. Weitere Healthcare- und vergleichbare Produkte folgten und wurden mit Anforderungen einer Guten Herstellungspraxis bedacht.

Heute geht der Geltungsbereich von GMP weit über die Herstellung von reinen Fertigarzneimitteln hinaus. Hilfsstoff-, Wirkstoffhersteller, Hersteller von Tierarzneimitteln, Nahrungsmitteln, Nahrungsergänzungsmitteln, Kosmetikprodukten, Tierernährungsmitteln, Blut-, Blutplasma- oder Medizinprodukten – all diese Industriezweige sind gleichermaßen von den Anforderungen der Regeln einer Guten Herstellungspraxis betroffen und müssen diese in ihren Herstellungsprozessen entsprechend berücksichtigen (Abb. 2.2).

Aber nicht nur diejenigen, die die Produkte selbst herstellen, müssen sich mit dieser Thematik auseinandersetzen. Auch die gesamte Zulieferindustrie kann sich davor nicht verschließen. Wie eingangs erwähnt, behandeln GMP-Regelwerke alle Aspekte einschließlich Rohmaterialien, Gebäude und Ausrüstung. Aus diesem Grund müssen auch Rohstofflieferanten, Lieferanten von Packmaterialien, Maschinen- und Apparatebauer genauso wie planende Ingenieurunternehmen ausreichende Kenntnisse über die den GMP-Regelwerken zugrunde liegenden Anforderungen mitbringen.

## 2.2.2
### GMP – ab welcher Entwicklungsstufe?

Bevor ein entsprechendes Produkt die Marktreife erlangt und verkauft werden kann, muss es üblicherweise eine Vielzahl von Entwicklungsschritten und -stufen durchlaufen. Speziell pharmazeutische Produkte brauchen hierfür im Allgemeinen mehr als 10 Jahre, bis sie ausgehend von der ersten Laborsynthese die Produktion im Großmaßstab erreicht haben. Abbildung 2.3 zeigt vereinfacht die typischen Einzelschritte, die im Entwicklungsprozess eines Arzneimittels normalerweise durchlaufen werden.

An die im Allgemeinen sehr umfangreiche und aufwändige Wirkstoffsuchforschung schließen sich, nach Auffinden einer entsprechend geeigneten Wirksubstanz und der Entwicklung des Syntheseweges, die ersten toxikologischen Untersuchungen an, die im Wesentlichen dem Zweck dienen, wichtige Basisdaten und Informationen über die Toxizität und damit hinsichtlich der Möglichkeit einer weiteren Entwicklung zu erhalten (Abwägung von Nutzen/Risiko). Genauer handelt es sich hierbei um sogenannte präklinische Untersuchungen, die sowohl chemische als auch pharmazeutisch-technologische und tierpharmakologische Studien umfassen. Teils werden diese Daten im Labor, teils in Tierversuchen ermittelt. Die Herstellung der hierzu benötigten Substanzmengen erfolgt meist in sehr kleinem Maßstab, z. B. im Schüttelkolben, kann aber durchaus auch schon in einer Pilotanlage (Kilogramm-Maßstab) stattfinden. Geben die Ergebnisse Anlass

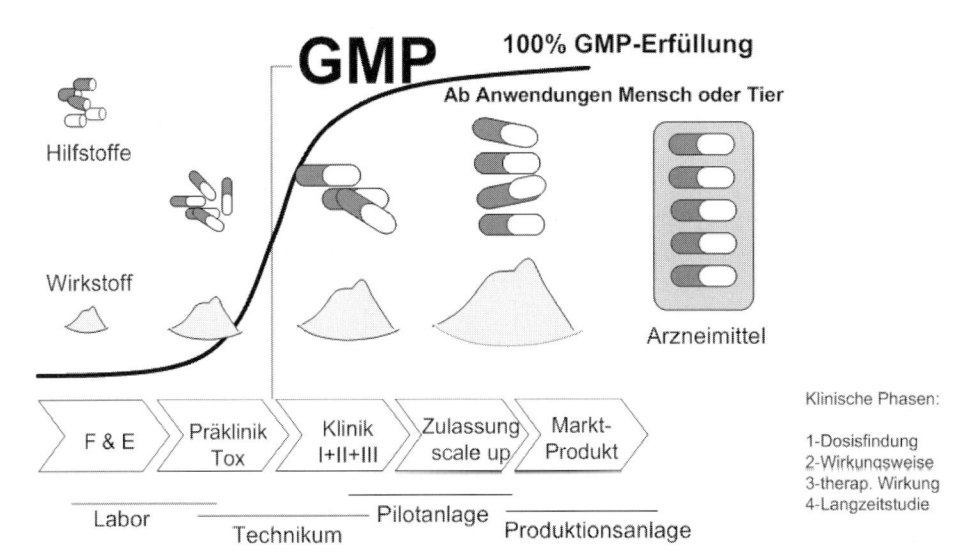

**Abb. 2.3** Entwicklungsschritte eines Arzneimittels.

zur Hoffnung auf eine weiterhin erfolgreiche Entwicklung, so folgen den toxikologischen Untersuchungen im Allgemeinen die klinischen Studien. Insgesamt unterscheidet man hierbei drei, genauer vier unterschiedliche Phasen.

Die klinische Prüfung Phase 1 ist diejenige Phase, bei der das potenzielle Arzneimittel erstmalig am Mensch angewendet wird, mit dem Ziel der allgemeinen Dosisfindung. Hierbei wird ein kleiner Kreis freiwilliger gesunder oder auch spezifisch erkrankter Probanden ausgewählt und das Arzneimittel in langsam gesteigerten Dosen verabreicht. Die pharmazeutische Formulierung, d. h. die endgültige Darreichungsform des Arzneimittels (z. B. Tablette oder Spritze) sollte nach Möglichkeit bereits jener entsprechen, die später für die therapeutische Anwendung vorgesehen ist. Dies schließt auch die Verwendung des korrekten, später vorgesehenen Hilfsstoffs mit ein. Die Formulierung erfolgt zu diesem Zeitpunkt noch in der Galenik, d. h. im Forschungsbereich, der sich mit der Entwicklung solcher Darreichungsformen beschäftigt.

An dieser Stelle sei in Bezug auf den Sprachgebrauch kurz erläutert, dass man unter einem Hilfsstoff (engl.: excipient) jeden nicht wirksamen Stoff versteht, der in der im Endprodukt verwendeten Dosierung ohne pharmakologische Bedeutung ist und lediglich der Herstellung einer optimalen Darreichungsformen dient. Im Gegensatz dazu versteht man unter einem Wirkstoff (engl.: API = Active Pharmaceutical Ingredient) jeden Stoff, der dazu bestimmt ist, bei der Herstellung von Arzneimitteln als arzneilich wirksamer Bestandteil verwendet zu werden. Das Fertigarzneimittel (engl.: drug product) ist die dann endgültige Darreichungsform (Tabletten, Ampullen) die in einer zur Abgabe an den Verbraucher bestimmten Verpackung in den Verkehr gebracht wird [12].

Die klinische Prüfung Phase 2 dient dem Nachweis der Wirkungsweise eines neuen Arzneimittels einschließlich des Nachweises der Unbedenklichkeit. Hierzu wird das neue Arzneimittel erstmalig therapeutisch, immer noch an einer kleinen Anzahl von Probanden, angewendet, jetzt jedoch zwingend in der für die endgültige Nutzung vorgesehenen Formulierung. Die Dauer dieser Studie liegt im Bereich von einigen Monaten. Es schließt sich die klinische Prüfung Phase 3, die Absicherung der therapeutischen Wirkung, an. Im Unterschied zur klinischen Prüfung Phase 2 erfolgen jetzt die Untersuchungen an einem sehr breit angelegten, zahlenmäßig großen Kollektiv. Der Test erfolgt unter sehr realistischen Bedingungen – entweder in den jeweiligen Kliniken oder unter Praxisbedingungen. Diese Studie dient im Wesentlichen der Erfassung und Absicherung aller notwendiger Informationen über die therapeutische Wirkungsweise einschließlich der Feststellung von Nebenwirkungen, die durch das neue Arzneimittel ggf. ausgelöst werden können. Die Zeitdauer der Phase 3 kann sich über mehrere Jahre erstrecken, wobei die dabei erhaltenen Daten wesentliche Grundlage für die spätere Zulassung des Arzneimittels durch die zuständige Behörde sind. Den Abschluss bildet die Phase 4, die sogenannte Langzeitstudie, die theoretisch so lange läuft wie sich das Arzneimittel auf dem Markt befindet. Hier werden dauerhaft Erfahrungen, Informationen und Daten gesammelt, um abgesicherte Erkenntnisse über die Langzeitwirkung zu bekommen. Diese Phase läuft üblicherweise jedoch nach Markteinführung des Produkts.

Die Mengen an Wirksubstanz, die für die klinischen Prüfungen benötigt werden, bewegen sich üblicherweise noch im Kilogrammbereich, d. h. ihre Herstellung erfolgt zumeist im Labor-, Technikums- oder Pilotmaßstab. Erst wenn das Produkt die Klinik verlässt und größere Mengen benötigt werden, erfolgt ggf. ein Scale-up und das Verfahren wechselt in die eigentliche Produktionsanlage.

Wo aber beginnen die GMP-Regeln zu greifen? Ab welcher Entwicklungsstufe muss man die Anforderungen beachten? Müssen schon die Mengen für die Toxikologie oder erst die Produktionschargen nach GMP hergestellt werden?

Von regulatorischer Seite aus gesehen, ist die Antwort eindeutig. Völlig unabhängig vom Produktionsmaßstab sind die GMP-Anforderungen immer dann einzuhalten, wenn das hergestellte Produkt direkt am Mensch oder – bei Tierarzneimitteln – am Tier zur Anwendung kommt. Dabei spielt es überhaupt keine Rolle, ob die Herstellung im Labor (Schüttelkolben), im Technikum (Pilot-Anlage) oder in der endgültigen Produktionsanlage erfolgt. Der Produktionsmaßstab ist nicht ausschlaggebend für die GMP-Relevanz. GMP kann durchaus auch im Labor gefordert sein.

Ganz so scharf wie oben beschrieben, lässt sich in Realität die Notwendigkeit zur Erfüllung von GMP-Anforderungen aber nicht abgrenzen. Vielmehr gibt es hier Einschränkungen hinsichtlich des Erfüllungsgrades der GMP-Anforderungen, die ihren Niederschlag unter anderem auch in dem ergänzenden Kapitel 19 des ICH-GMP-Leitfadens Q7A finden [13]. So kann z. B. in der frühen Entwicklungsphase eine Verfahrens- oder auch Reinigungsvalidierung schwierig oder gar unmöglich sein, auch wenn speziell die Verfahrensvalidierung bereits mit der revidierten Fassung der Pharmabetriebsverordnung seit 2004 fest für Entwicklungsprodukte gefordert wird [14] und diese Forderung auch in der neuen AMWHV [15] bestehen blieb. Auch die endgültige Festlegung von Produktspezifikationen ist zu diesem Zeitpunkt nur schwer möglich. Viele, insbesondere das Verfahren betreffende Faktoren ändern sich noch im Rahmen der stetig laufenden Prozessoptimierung bzw. Verfahrensentwicklung. Dennoch sind gerade die Anforderungen an die Ausrüstung und Räumlichkeiten mit gleicher Sorgfalt zu beachten, wie bei den letztendlich für die Marktproduktion genutzten Produktionsanlagen. Auch im „kleinen" Maßstab muss aus technischer Sicht schon alles unternommen werden, um mögliche Kontaminationen, insbesondere Kreuzkontaminationen, sicher und zuverlässig auszuschließen.

Umgekehrt fallen im Bereich der Datenermittlung (Phase F & E bzw. Präklinik), also in jenem Bereich, in dem GMP streng genommen nicht gefordert wäre, eine Vielzahl von Aktivitäten und Informationen an, die für den späteren GMP-Prozess von essenzieller Bedeutung sind. So z. B. das Austesten der unterschiedlichen Parametergrenzen, was zu Ergebnissen und Daten führt, die für die spätere Verfahrensvalidierung unbedingt benötigt werden. Der Entwicklungsbericht (engl.: development report), ein Dokument, welches alle relevanten Entwicklungsdaten und Begründungen für wesentliche Prozessparameter enthält, mag hier nur ein Beispiel für eine typische GMP-relevante Aktivität sein, die im vorderen Teil der Entwicklungskette anfällt. Es ist daher realistisch und sinnvoll, nicht von einem scharfen Startpunkt, sondern eher von der in Abb. 2.3 eingezeichneten GMP-Erfüllungskurve auszugehen.

### 2.2.3
**GMP – ab welcher Verfahrensstufe?**

Für die Festlegung der GMP-Relevanz ist jedoch nicht nur die historische Entwicklung – Labor bis Produktionsmaßstab – zu betrachten, sondern auch die Entwicklung des Produkts über die einzelnen Verfahrensstufen, ausgehend von den Rohstoffen bis hin zum fertigen Endprodukt. Dass die endgültige Arzneimittelformulierung, d. h. das Zusammenfügen von Wirk- und Hilfsstoff zum fertigen Arzneimittel beim Fertigarzneimittelhersteller unter GMP-Bedingungen erfolgen muss, ist dabei selbstverständlich. Wie aber sieht es im Bereich der Wirkstoffherstellung aus? Hier wird die entsprechende chemisch aktive Substanz oft über eine Vielzahl von Verfahrensstufen, die sowohl chemische als auch physikalische Umwandlungsschritte beinhalten, hergestellt, wobei in Bezug auf die Produktqualität sicherlich mit steigenden Anforderungen zu rechnen ist, je mehr man sich den letzten Prozessschritten nähert. Muss aber auch schon die erste Stufe hier unter GMP betrachtet werden? Wie weit geht man zurück (back to wind, earth and fire)? Wo genau setzt man den Schnitt? Eine Frage, die in der Vergangenheit schon viel Diskussion ausgelöst hat und selbst heute noch nicht in letzter Konsequenz für jeden Einzelfall beantwortet werden kann. Eine klare eindeutig Aussage wie im vorherigen Kapitel ist hier leider nicht möglich.

Der große Vorteil des Wirkstoffherstellers gegenüber dem Fertigarzneimittelhersteller besteht eben gerade darin, dass die betrachteten Verfahren eine Vielzahl der zuvor genannten Umwandlungsschritte beinhalten, die wesentlich zur Reinigung des Produkts, hier des Wirkstoffs, beitragen und damit die Möglichkeit bieten, sich über eine solche Abstufung der GMP-Relevanz bzw. über einen Startpunkt der GMP-Anforderungen Gedanken zu machen. Der Fertigarzneimittelhersteller hat diesen Vorteil nicht. Er hat es in den meisten Fällen mit einfachen mechanischen Behandlungsschritten wie Mahlen, Sieben, Pressen oder Abfüllen zu tun: Schritte, die eben nicht, wenn nicht ein entsprechend zusätzlicher Schritt eingebaut ist, zur Reinigung des Produkts beitragen. Sicher – es gibt auch Verfahren, bei denen der Fertigarzneimittelhersteller entsprechend sterile Produkte herstellt, die dann noch individuelle aufreinigende und keimabtötende Behandlungsstufen durchlaufen. In den meisten Fällen sind dies sogenannte Parenteralia – also Produkte, die unter Umgehung des Magen-Darmtrakts verabreicht werden, wie etwa Infusionslösungen. An deren Qualität und damit auch an die Qualität des eigentlichen Wirkstoffs werden noch höhere Anforderungen gestellt, als an ein Produkt, welches später nur oral – d. h. über den Mund – verabreicht wird.

Zur Klärung der Frage, ab welcher Verfahrensstufe man nun den GMP-Regeln folgen muss, sei hier zunächst auf ein vereinfachtes Schema verwiesen (Abb. 2.4), wie es in ähnlicher Form von Edwin Riviera Martinez, einem sich schwerpunktmäßig mit Wirkstoffen befassenden FDA-Inspektor beim Symposium im Oktober 1994 in Wien vorgestellt wurde [16].

## GMP - ab welcher Verfahrensstufe?
Definitionen nach US FDA

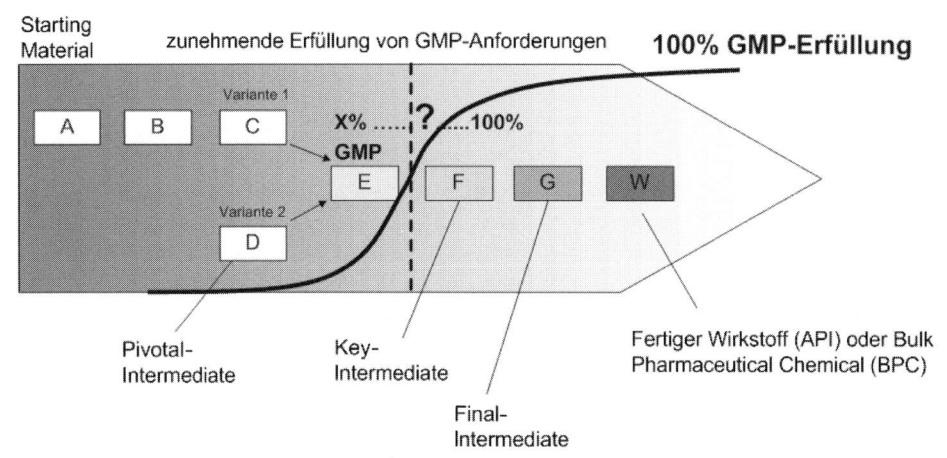

**Abb. 2.4** Startpunkt von GMP in der Herstellung.

Dieses Schema zeigt symbolisch die Herstellung eines Wirkstoffs über ein vielstufiges Verfahren, beginnend mit dem entsprechenden Ausgangsmaterial (A), welches über verschiedene Synthese- und Reinigungsschritte in unterschiedliche Zwischenprodukte und letztendlich in den gewünschten Wirkstoff (W) überführt wird. Dabei wurden speziell vonseiten der FDA zur damaligen Zeit folgende wesentliche Begriffe geprägt, die auch heute noch häufig anzutreffen sind und daher nachfolgend kurz erläutert werden sollen. So versteht man unter:

**Starting-/Rawmaterials** (dt.: Ausgangs-/Rohstoffe): Jede Substanz, die mit einer definierten Qualität im Herstellungsprozess eingesetzt wird, mit Ausnahme von Packmaterialien. Speziell von Ausgangsstoffen spricht man dann, wenn die entsprechende Substanz wieder als Teil oder Ganzes in der molekularen Struktur des Endprodukts erscheint. Von Rohstoffen spricht man, wenn die entsprechenden Substanzen nicht wieder im Endprodukt auftauchen, wie z. B. im Falle von Lösemittel oder Katalysatoren. An dieser Stelle sei explizit darauf hingewiesen, dass der Begriff „Start-" bzw. „Ausgangsmaterial" im Rahmen der pharmazeutischen Begriffsbestimmung anders verwendet wird, als es hier im Wirkstoffbereich geschieht. So spricht der Pharmazeut von Startmaterialien und meint damit den für den Formulierungsprozess einzusetzenden Wirk- bzw. Hilfsstoff, während der Wirkstoffhersteller hiermit eindeutig seine chemischen Ausgangssubstanzen bezeichnet. Es ist also äußerst wichtig, im Rahmen der Begriffsbestimmung genau zu wissen über was man redet bzw. Begriffe rechtzeitig, eindeutig und schriftlich zu definieren.

**Pivotal-Intermediate** (dt.: entscheidendes Zwischenprodukt): ein über ein oder mehrere Verfahren herstellbares Zwischenprodukt, das als Ausgangsstoff für die Wirkstoffsynthese eingesetzt wird. Dabei kann ein solches Zwischenprodukt (Ausgangsstoff) entweder über verschiedene Synthesewege selbst hergestellt oder kommerziell zugekauft werden. In Abb. 2.4 ist dies durch die parallel laufenden Synthesestränge dargestellt.

**Key-Intermediate** (dt.: Schlüsselzwischenprodukt): das isolierbare und charakterisierbare Zwischenprodukt in einer mehrstufigen Synthese, in dem erstmals die für die pharmakologische bzw. physiologische Wirkung verantwortliche Molekülstruktur auftritt.

**Final-Intermediate** (dt: endgültiges Zwischenprodukt): das letzte im Herstellungsprozess isolierte und überprüfte Zwischenprodukt, bevor der eigentliche Wirkstoff hergestellt wird. Schritte wie Salzbildung und Veresterung werden vonseiten der FDA grundsätzlich nicht als chemische Umwandlungsschritte gewertet, da es sich hierbei lediglich um die Überführung des Endprodukts in eine chemisch lagerstabile Form handelt. Die FDA will hiermit ganz eindeutig vermeiden, den nach GMP kritischen Schritt auf eine solch späte Stufe im Verfahren zu legen.

Als Letztes sei hier noch auf den Begriff „**Bulk Pharmaceutical Chemicals**" (BPC) hingewiesen, der lange Zeit von der FDA im Zusammenhang mit der Wirkstoffherstellung verwendet worden war (z. B. „FDA Guide to Inspection of Bulk Pharmaceutical Chemicals"). Hierunter versteht man grundsätzlich alle Bestandteile, Wirkstoffe genauso wie Hilfsstoffe, die im fertigen Arzneimittel eingesetzt werden. Erst später wurde hier weitergehend differenziert, und so spricht man heute im Zusammenhang mit Wirkstoffen nur noch von Active Pharmaceutical Ingredients, kurz API.

Zurück zum Syntheseschema und der Frage, auf welcher Stufe man sinnvollerweise mit der Umsetzung von GMP-Anforderungen beginnen sollte. Hier sei noch einmal ein Blick in den oben bereits erwähnten „FDA Guide to Inspection of Bulk Pharmaceutical Chemicals" geworfen und die FDA wie folgt zitiert: „... vernünftigerweise sollte GMP ab dem Verfahrensschritt beginnen, ab dem Ausgangsstoffe in einer biologischen oder chemischen Synthese oder in einer Reihe von Verfahrensschritten eingesetzt werden, von denen bekannt ist, dass das Endprodukt ein pharmazeutischer Bestandteil (BPC) sein wird" [17].

Dabei stuft die FDA ihrem Leitfaden folgend eine Industriechemikalie grundsätzlich dann als pharmazeutischen Bestandteil ein, wenn:

a) es außer der pharmazeutischen keine anderweitig bekannte kommerzielle Anwendung gibt,
b) sie den Punkt innerhalb der Isolierung und Aufreinigung erreicht hat, ab dem beabsichtigt ist, diese Substanz in einem pharmazeutischen Endprodukt einzusetzen oder
c) der Hersteller das Produkt an eine pharmazeutische Firma verkauft oder zum Kauf anbietet, die es ihrerseits in einem pharmazeutischen Produkt einsetzen will.

Hierbei wird schnell die ganze Tragweite einer solchen Definition offenbar, da diese Aussage darauf abzielt, grundsätzlich den gesamten Herstellungsprozess, von der ersten Stufe beginnend, den GMP-Anforderungen zu unterwerfen. Ganz abgesehen von der Schwierigkeit, wirklich in allen Fällen vorhersagen zu können, ob es sich bei der Industriechemikalie in Zukunft tatsächlich um ein solches BPC-Produkt handeln könnte oder nicht. Das Ganze wird jedoch relativiert, folgt man den Ausführungen der FDA weiter, die da sagt: „... bei den meisten Wirkstoffprozessen ist es weder möglich noch erforderlich, strenge Kontrollen schon während der frühen Prozessschritte durchzuführen. ... die Anforderungen sollten vielmehr basierend auf vernünftigen Begründungen zunehmend erhöht werden, je mehr man sich der Endstufe nähert".

Es wird weiter ausgeführt, dass: „...die vollständige Dokumentation (einschließlich der 100 %igen Umsetzung von GMP-Konzepten) mindestens vorliegen sollte ab dem Schritt, ab dem:
– der Wirkstoff zum ersten Mal identifiziert und quantifiziert wird...,
– begonnen wird, eine Kontaminante, eine Verunreinigung oder eine andere Substanz, die die Produktqualität nachteilig beeinflusst, zu entfernen oder
– begonnen wird, das gewünschte Produkt als definiertes Isomer z. B. aus einem racemischen Gemisch zu isolieren.

Damit wird unter anderem ganz klar gesagt, dass das im Schaubild dargestellte Key-Intermediate eine solche Stufe sein könnte, ab der die 100 %ige Umsetzung von GMP-Anforderungen erwartet wird. Es wird jedoch auch gesagt, dass das Key-Intermediate nicht den Sprung zwischen 0 % und 100 % GMP-Erfüllung darstellen soll, sondern dass man auch hier einen Übergang dergestalt erwartet, dass vor dem Key-Intermediate bereits einige Anforderungen erfüllt werden und dass diese Anforderungen über dieses Schlüsselzwischenprodukt hinaus deutlich zunehmen müssen. Es ergibt sich in Abb. 2.4 daher ein ähnlicher Verlauf hinsichtlich des GMP-Erfüllungsgrads, wie bei der Diskussion der Entwicklungsstufen.

Die Vergangenheit hat jedoch gelehrt, dass diese Definitionen alles andere als unumstritten sind. So gab es stets heftige Debatten darüber, ob eine chemische Substanz, die in der Grundstruktur schon sehr dem Endprodukt ähnelt, der aber die für die eigentliche Wirksamkeit wesentliche Seitenkette fehlt, nun als Key-Intermediate zu definieren ist oder nicht. Am Ende war es dann stets eine Von-Fall-zu-Fall-Entscheidung, bei der ganz erheblich der Verfahrensgeber oder der Herstellungsleiter in der Verantwortung stand, hier die richtige Entscheidung zu treffen. Unter Umständen folgten im Rahmen von Audits dann weitere, diesen Punkt betreffende Diskussionen, die das Thema nicht einfacher machten.

Heute folgt man hier einem anderen Modell, das seinem Grundwesen nach nicht mehr von einem solchen Schlüsselzwischenprodukt ausgeht, sondern sogenannte Wirkstoff-Startmaterialien (engl.: API starting materials) definiert und den Startpunkt von GMP dahin setzt, wo diese Startmaterialien in den Prozess eingeführt werden. Die Startmaterialien selbst müssen als solche eindeutig identifizierbar und spezifizierbar sein. Dieses Modell ist festgeschrieben in dem heute für Wirkstoffe weltweit akzeptierten ICH-Q7A-Leitfaden, der für unterschiedliche Herstellwege eine entsprechende Tabelle enthält, die zeigen soll, wo sich abhängig von einer chemischen, biologischen oder anderen Synthese mögliche Startpunkte festlegen lassen (s. Abb. 2.5).

## Entscheidungsmatrix des ICH Q 7A

Startpunkt von GMP mit der Einbringung des „API starting materials"

|  | Harvesting |  |  |  | Packaging |
|---|---|---|---|---|---|
| Biotechnology: fermentation/ cell culture | Establishment of master cell bank and working | Maintenance of working cell bank | Cell culture and/or fermentation | Isolation and purification | Physical processing and packaging |
| „Classical" fermentation to produce an API | Establishment of cell bank | Maintenance of the cell bank | Introduction of the cells into fermentation | Isolation and purification | Physical processing and packaging |

Increasing GMP requirements →

**Abb. 2.5** Startpunkt von GMP nach ICH Q7A (Auszug).

So sagt der ICH-Q7A-Leitfaden konkret: „Ein Wirkstoff-Startmaterial (API starting material) ist ein Rohmaterial, Zwischenprodukt oder Wirkstoff, der für die Produktion eines Wirkstoffs verwendet wird und der als wichtiges Strukturelement in die Struktur des Wirkstoffs eingebaut wird."

Dabei kann nach Aussagen des ICH-Leitfadens ein Wirkstoff-Startmaterial sowohl ein Handelsartikel als auch ein von einem oder mehreren Lieferanten im Rahmen eines Lohnauftrags oder eines Handelsübereinkommens erworbenes Material oder ein in der eigenen Anlage produziertes Material sein. Es wird fortgeführt, dass „... Wirkstoff-Startmaterialien im Regelfall definierte chemische Eigenschaften und eine definierte Struktur haben".

Für die eigentliche Festlegung des relevanten GMP-Startpunkts folgen dann die wesentlichen Aussagen: „Firmen sollten eine Begründung für den Punkt, an dem die Produktion eines Wirkstoffs beginnt, festlegen und dokumentieren. Bei synthetischen Prozessen ist dies bekanntlich der Punkt, an dem die Wirkstoff-Startmaterialien in den Prozess eingeführt werden....". Es folgt weiter: „Ab diesem Punkt sollten geeignete GMP-Maßnahmen gemäß dem vorliegenden Leitfaden auf die folgenden Zwischenprodukt- und/oder Wirkstoff-Herstellungsschritte angewendet werden". Und als abschließender, wichtiger Satz: „Dies schließt die Validierung kritischer Prozessschritte, deren Einfluss auf die Qualität des Wirkstoffs festgestellt wurde, ein".

Aber auch dieses Modell ist nicht unumstritten und kann nicht sorglos hingenommen werden. So wird der genaue Leser erkennen, dass im Vorspann des ICH-Leitfadens explizit darauf hingewiesen wird, dass diese Tabelle nicht wirklich den Anspruch erhebt, einen allgemeingültigen Startpunkt von GMP zu definieren, sondern dass hiermit lediglich ausgesagt wird, dass die in dem vorliegenden Leitfaden (ICH Q7A) beschriebenen GMP-Grundsätze auf die in der Tabelle entsprechend markierten Schritte anzuwenden sind, andere gültige Regelwerke aber durchaus andere Grenzen bestimmen könnten. Ein typisches Beispiel hierfür sind gerade die biotechnologischen Verfahren, bei denen z. B. die Stammhaltung (master cell bank – mcb und working cell bank – wcb) entsprechend diesem Leitfaden aus den GMP-Betrachtungen ausgenommen sind. Jeder der sich mit solchen Verfahren jedoch beschäftigt weiß, dass man gerade hier höchste Sorgfalt walten lassen muss, da Veränderungen in den Mikroorganismenstämmen die Produktqualität letztendlich sehr stark beeinflussen können. Aus diesem Grund gibt es hierzu, zumindest im Europäischen Raum, auch einschlägige Normen, die den sorgfältigen Umgang mit solchen Stämmen regeln (z. B. DIN EN 1619 zu „Management and Organization for Strain Conservation Procedures").

Eine andere Lücke im Zusammenhang mit der neuen Definition nach ICH Q7A wird deutlich, betrachtet man beispielsweise Verfahren, bei denen ein Wirkstoff aus einer natürlich vorhandenen Ressource gewonnen wird, z. B. hochreine Salze für Infusionslösungen. Hier kann dem Schema nicht entnommen werden, auf welche Stufe des Prozesses man sinnvollerweise den GMP-Startpunkt legt, liegt doch der eigentlich wirksame Bestandteil bereits im Bergwerk, dem „Syntheseort" vor. Hier sind durchaus wieder die Definitionen aus dem älteren FDA-BPC-Leitfaden hilfreich, die empfehlen, jenen Schritt auszudeuten, bei dem z. B. begonnen wird, gezielt eine Verunreinigung – hier aus den Rohsalzen – zu entfernen.

Die gesamten Ausführungen lassen erkennen, dass wie eingangs bereits erwähnt, hier leider keine abschließende und wirklich zufriedenstellende Aussage getroffen werden kann, wie man in einheitlicher Übereinstimmung einen GMP-Startpunkt für ein vielstufiges Syntheseverfahren festlegt. Es werden also auch weiterhin genau an dieser Stelle der gesunde Menschenverstand und das Verständnis für die Verantwortung, die man bei der Herstellung solcher Produkte übernimmt, gefordert bleiben.

Unabhängig von allen diskutierten Definitionen und der damit verbundenen Probleme bleibt jedoch eine feste Forderung bestehen, um die man im Allgemeinen nicht herumkommt. Der Startpunkt im Verfahren, ab dem mit GMP-Maßnahmen begonnen wird, muss basierend auf vernünftigen Begründungen festgelegt werden. Dies sollte in jedem Fall schriftlich erfolgen und am Anfang aller GMP-Aktivitäten stehen. Die Entscheidung kann z. B. im Rahmen der frühen Risikobetrachtung gefällt werden oder sogar noch früher, im Rahmen der in Abschnitt 4.4 beschriebenen GMP-Einstufung.

### 2.2.4
**Zusammenfassung**

Zusammenfassend kann also festgehalten werden, dass es sich bei GMP, den Regeln der Guten Herstellungspraxis, um Richtlinien und Vorschriften handelt, die stets dann zu befolgen und einzuhalten sind, wenn man es mit der Herstellung und Handhabung von Produkten zu tun hat, die im weitesten Sinne die Gesundheit und Lebensqualität von Menschen (und Tieren) beeinflussen können. Das Ziel dieser Regelwerke besteht in der Sicherstellung der Produktqualität und damit letztendlich im Schutz des Verbrauchers.

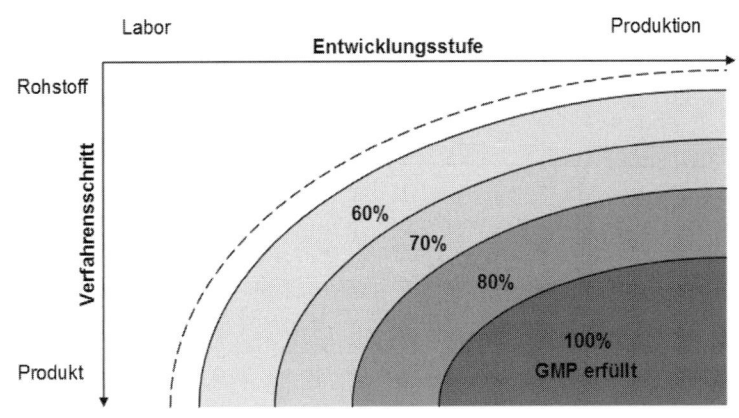

**Abb. 2.6** Geltungsbereich von GMP – qualitativ.

Die Regeln sind stets dann anzuwenden, wenn die hergestellten Produkte am Mensch bzw. bei Tierarzneiprodukten am Tier angewendet werden. Wie im Detail ausgeführt, spielt hierbei der Produktionsmaßstab keine Rolle, die Herstellung kann also im 1-Liter-Erlenmeyer-Kolben oder im 2-m³-Reaktor erfolgen.

Bei vielstufigen Synthesen sind die einzelnen Schritte im Detail zu beleuchten und der Startpunkt von GMP dort festzulegen, wo die nachfolgenden Schritte die Qualität des Endprodukts ganz maßgeblich beeinflussen. Nach ICH Q7A ist dies der Schritt, an dem eindeutig spezifizierte Wirkstoffstartmaterialien in den Prozess eingeführt werden, nach ursprünglicher FDA-Philosophie der Schritt der Herstellung des Schlüsselzwischenprodukts (Key-Intermediate) bzw. maßgebliche Reinigungsschritte, wenn der Wirkstoff aus natürlichen Quellen stammt.

Abbildung 2.6 zeigt in einer zusammenfassenden Darstellung die Abhängigkeit der GMP-Relevanz von der Entwicklungs- bzw. Verfahrensstufe. Daraus wird erkennbar, dass im Bereich sehr früher Vorstufen oder umgekehrt in sehr frühen Entwicklungsphasen GMP noch eine untergeordnete Rolle spielt. Bei späten Verfahrensstufen bzw. im Umfeld der Marktproduktion ist die Erfüllung von GMP-Anforderungen essenziell.

Es ist klar, dass die Angabe von prozentualen Erfüllungsgraden, wie im Diagramm zu Erläuterungszwecken dargestellt, natürlich nur dann Sinn macht, wenn hinter diesen Zahlen ganz eindeutig definierte Anforderungen stehen. Eine Schwierigkeit, die für GMP symptomatisch ist.

## 2.3
## GMP-Regelwerke

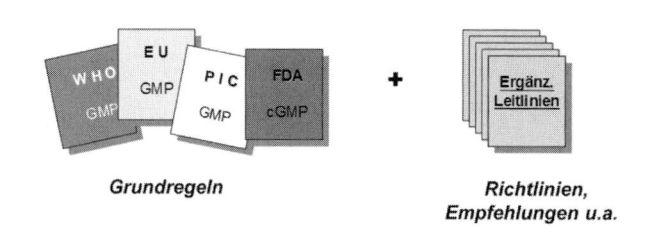

### 2.3.1
### Historische Entwicklung

Nachdem in den vorangegangenen Kapiteln sehr intensiv auf die Bedeutung und den Geltungsbereich von GMP und der damit verbundenen Probleme eingegangen wurde, sollen in den folgenden Kapiteln nun die Regelwerke selbst, ihre Herkunft und ihre jeweilige Rechtsverbindlichkeit näher beleuchtet werden. Dabei wird der Schwerpunkt vornehmlich auf die für Wirkstoffe gültigen Regelwerke gelegt.

Wer sich schon einmal damit beschäftigt hat und selbst das eine oder andere Regelwerk suchen musste, kennt die Schwierigkeiten, auf Anhieb das richtige Dokument, das für den betreffenden Fall anzuwenden ist, zu finden. Schnell wird er bemerkt haben, dass es leider nicht „das GMP-Regelwerk" gibt, sondern, dass er es mit einer nahezu unüberschaubaren Flut von GMP-Grundregeln, ergänzenden Richtlinien, Leitfäden, Empfehlungen und Standards aus unterschiedlichen Quellen und mit unterschiedlichen Zielrichtungen zu tun hat. Und in der Tat ist es heute so, dass es abhängig von

– der Art des Produkts (ob Fertigarzneimittel, Wirkstoffe, Hilfsstoffe, Kosmetik-, Lebensmittelprodukte oder andere),
– den besonderen Anforderungen im Bereich der Herstellung (z. B. Herstellung steriler Produkte),
– der späteren Darreichungsform des Endprodukts (z. B. orale, parenterale, topische, transdermale oder andere Applikationsformen) oder
– vom Herstellungs- und/oder Lieferort (z. B. USA, Europa, Asien etc.)

**Abb. 2.7** GMP-Grundregeln und Ergänzungen.

sehr unterschiedliche Anforderungen und damit auch unterschiedliche Regelwerke gibt (Abb. 2.7).

Dabei findet man sehr häufig ein sogenanntes GMP-Grundregelwerk, welches durch eine Fülle themenspezifischer Leit- bzw. Richtlinien ergänzt wird. Auch die Autoren, d. h. die herausgebenden Institutionen, sind hier sehr unterschiedlich, was insbesondere Auswirkungen auf die Verbindlichkeit der einzelnen Vorgaben und Empfehlungen hat. Auf der einen Seite sind es die Behörden, die ein berechtigtes Interesse haben, mit der Herausgabe dieser Regelwerke die Qualität der entsprechenden Produkte zu sichern und sich gleichzeitig damit eine Inspektionsgrundlage zu schaffen. Auf der anderen Seite stehen die Firmenverbände, die ihrerseits versuchen, über herausgegebene Leitfäden und Standards die Interessen ihrer Mitglieder zu wahren und zu vertreten, indem sie versuchen, Behördenvorgaben weitergehend zu interpretieren und ggf. zu korrigieren und um die Möglichkeiten für technischen Fortschritt offen zu halten, der sicherlich nicht durch zu restriktive Maßnahmen behindert werden soll.

Trotz der sicherlich sehr positiven Absichten, die sich im Einzelnen dahinter verbergen mögen, haben diese Intentionen letztendlich zu einer ungeheuren Flut an regulatorischen und standardisierenden Dokumenten beigetragen, für die es heute schon wieder Bestrebungen gibt, diese international zu harmonisieren und damit für eine gewisse Übersichtlichkeit und Einheitlichkeit zu sorgen (s. auch Bestrebungen der ICH unter www.ich.org). Dennoch wird man es nicht schaffen, die Anforderungen auf ein einziges GMP-Regelwerk zu konzentrieren – zu unterschiedlich sind hier die Interessen, zu unterschiedlich die einzelnen Anwendungsfälle und Randbedingungen.

Um einen Überblick über die aktuell bestehenden Regelwerke, Richtlinien und Leitfäden zu erhalten, ist es sinnvoll und hilfreich zunächst einen Blick in die Vergangenheit, d. h. in die Historie von GMP zu werfen und sich die Entwicklungsgeschichte genauer anzusehen, was letztendlich auch zu einem besseren Grundverständnis beiträgt. Die wichtigsten Meilensteine der GMP-Entwicklung sind übersichtlich in der folgenden Zeittafel (Tab. 2.1) zusammengefasst. Eine sehr ausführliche Beschreibung der historischen Entwicklung, speziell in den

**Tab. 2.1** Historische Entwicklung von GMP als qualitätssichernde Maßnahme.

| Jahr | Ereignis |
|---|---|
| 1883 | Erste Empfehlungen für ein „Food and Drug Act" für Lebensmittel |
| 1906 | Erlass „Pure Food and Drug Act" → Reinheit |
| 1927 | Spezielle Überwachungsbehörde (spätere FDA) |
| 1938 | Sulfanilamid in Diethylglycol führt zu über 100 Todesfällen Erlass „Federal Food, Drug and Cosmetic Act"→ Sicherheit |
| 1962 | Einführung des Begriffs „GMP" und staatliche Überwachung |
| 1968 | Gesammelte Erfahrungen in den GMP-Grundregeln der WHO |

USA, findet man auch auf der Homepage des heutigen CDER (Center for Drug Evaluation and Research der FDA) [18].

Man sagt, es wäre der US-amerikanische Schriftsteller Upton Sinclair gewesen, der mit seinem Roman „The Jungle" den Ausschlag für erstes „hygienisches Denken" gegeben habe. In der Tat beschreibt er in seinem 1905 veröffentlichten Roman sehr detailliert und anschaulich die verheerenden Zustände in den Schlachthöfen Chicagos zu Zeiten Roosevelts [19]. Er hebt dabei insbesondere auf die stark unhygienischen Zustände und den Verkauf zum Teil verdorbener oder mit Ungeziefer kontaminierter Ware ab. Der Roman löste heftige Proteststürme unter der Bevölkerung aus und es wurde allgemein der Ruf nach Regelungen und Überwachung laut. Roosevelt selbst bezeichnete Sinclair als „Skandalmacher" und forderte ihn auf, sich mehr der Schriftstellerei als der Politik zuzuwenden.

Ob Sinclair damit tatsächlich den Ausschlag für die späteren GMP-Regeln gegeben hat, sei dahingestellt. Tatsächlich unterstützte er jedoch damit eine Initiative, die ihren Ursprung bereits 25 Jahre früher hatte, als Dr. Harvey Willey, der spätere Vorsitzende der Division of Chemistry, USA, bereits begann, Lebensmittel und Arzneimittelzubereitungen systematisch zu untersuchen und 1883 eine erste Empfehlung für einen „Food and Drug Act" für Lebensmittel herausgab, der wesentlich auf die Hygiene bei der Lebensmittelherstellung abzielte. Jedoch erst im Jahre 1906 kam es, getrieben durch Sinclairs Roman, zum eigentlichen Erlass des „Pure Food and Drug Act" und weitere 21 Jahre später, 1927, wurde die heutige Überwachungsbehörde, die Food and Drug Administration (FDA) – allerdings noch unter anderem Namen – ins Leben gerufen, die die Einhaltung dieses Gesetzes sicherstellen sollte. Die FDA hatte zu diesem Zeitpunkt noch keine ausreichenden Kompetenzen und Befugnisse. Das Gesetz selbst hatte zunächst verstärkt die Reinheit der Produkte zum Ziel.

Konkrete Vorfälle, bei denen Kontaminationen in Arzneimitteln zu Todesfällen führten, gaben letztendlich den Ausschlag, die zunächst auf Hygiene ausgerichteten Regelwerke zunehmend auch auf die Arzneimittelsicherheit und damit auf den Verbraucherschutz zu lenken. So wurde 1938 offiziell der verstärkt auf Sicherheit ausgelegte „Federal Food, Drug and Cosmetic (FD & C) Act" erlassen, nachdem mehr als 100 Menschen an einer Lösung von Sulfanilamid in giftigem Diethylglycol gestorben waren. Bereits 1902 war aufgrund einer Kontamination eines Diphtherie-Impfstoffs mit lebenden Tetanus-Bazillen, die zum Tode von insgesamt 12 Kindern geführt hatte, der „Biologic Control Act" verabschiedet worden. Weitere tödliche Zwischenfälle in den 1940er und 1950er Jahren verstärkten die Bestrebungen der Behörden, herstellende Betriebe hinsichtlich ihrer Produktionspraktiken genauer zu kontrollieren und Vorschriften zu erlassen, die die Sicherheit dieser Produkte garantieren sollten. Diese verschärften Anforderungen der FDA in Bezug auf Herstellungs- und Qualitätskontrollbedingungen, später unter dem Begriff GMP zusammengefasst, wurden teilweise ergänzt durch die Einführung sogenannter Chargen-Zertifikate, wie sie z. B. 1941 für Insulin und 1945 für Penicillin vorgeschrieben worden waren. Die in den 1960er Jahren in Europa durch den nicht ausreichend untersuchten Wirkstoff Thalidomid ausgelösten Contergan-Fälle haben schließlich dazu geführt, neben Hygiene und Sicherheit auch die für die beabsichtigte Verwendung erforderliche Wirksamkeit eines Arzneimittels in den Blickpunkt der Überwachung zu rücken und diese durch entsprechende Tests an Tieren und in klinischen Studien durch den Hersteller nachweisen zu lassen. Im Jahr 1962 wurde durch die FDA schließlich der Begriff der Guten Herstellungspraxis (GMP) offiziell geprägt, unter dem alle an die Hersteller von Arzneimitteln zu richtenden Anforderungen und Vorgaben zusammengefasst wurden, ergänzt um die staatliche Überwachung der herstellenden Betriebe, die dann im Abstand von zwei Jahren regelmäßig inspiziert wurden.

Erst 1968 übernahm dann die WHO die Aufgabe, sämtliche gesammelten Erfahrungen zum Thema der Guten Herstellungspraxis in den ersten „GMP-Grundregeln" zusammenzufassen und den Text 1969 zu veröffentlichen. Es gibt zwar Hinweise, dass bereits 1957 erste GMP-Regeln von der Kanadischen Behörde herausgegeben wurden (bekannt als QUAD-Regulation), diese waren aber wohl ausschließlich auf solche Hersteller ausgerichtet, die Arzneimittel für das Kanadische Militär herstellten. Im Jahr 1975 folgte dann nach weitergehender Überarbeitung eine bis 1992 gültige Fassung mit dem Titel: „Good Practices in the Manufacture and Quality Control of Drugs" und ab 1992 die endgültige Version der heutigen WHO-GMP-Regeln [20].

Ausgehend von diesen Basis-GMP-Regeln hat sich bis heute weltweit eine Fülle weiterer nationaler und internationaler GMP-Regelwerke und -Richtlinien entwickelt. In den USA sind dies konkret die cGMP-Regeln, veröffentlicht in Kapitel 21 des „Code of Federal Regulation (CFR)", ergänzt durch Industrie- und Inspektionsrichtlinien und Leitfäden. In Europa, konkret in Großbritannien, der „Orange Guide", in Frankreich der „Guide Verde" und in der Bundesrepublik Deutschland die ehemalige Betriebsverordnung für pharmazeutische Unternehmer – allesamt Regelwerke, die im Rahmen der Europäisierung im EG-GMP-Leitfaden zusammengefasst wurden [21]. Auch in Asien und an anderen Stellen der Welt haben sich entsprechende GMP-Regelwerke entwickelt. Auf die wichtigsten soll in den nachfolgenden Kapiteln näher eingegangen werden.

In den meisten Fällen war und ist auch heute noch die Entwicklung der GMP-Regelwerke leider von negativen Ereignissen geprägt. So führte die 1989 aufgetretene Kontamination von L-Tryptophan (Nahrungsergänzungsmittel), ausgelöst durch ein abgeändertes und nicht ausreichend abgesichertes Aufreinigungsverfahren, nicht nur zur schweren Erkrankung von über 1.500 Personen mit mindestens 37 nachweislichen Todesfällen, sondern auch zur verstärkten Überwachung von Wirkstoffen (Active Pharmaceutical Ingredients). Der 1992 aufgetretene Generika-Skandal beispielsweise, bei dem Generika-Hersteller nach Bestechung bewirkt haben, dass ihre Präparate basierend auf eingereichten Falschproben (zum Teil Proben der Originalhersteller) zugelassen wurden, hat zu der Verabschiedung des „Generic Drug Inforcement Act" geführt. Aber nicht nur negative Ereignisse, auch innovative Entwicklungen und die Nutzung neuer Technologien bewirkten Veränderungen im regulatorischen Umfeld. So hat der verstärkte Einsatz computerisierter Systeme dazu geführt, dass sich auch hier die Behörde mit dem Ziel der Qualitätssicherung und damit des Verbraucherschutzes eingeschaltet hat und entsprechende Regularien, z. B. der bekannte Part 11 (21 CFR 11) herausgegeben wurden. Gerade der Wunsch nach verstärkter Nutzung von Innovationen und das Bemühen um ein tiefergehendes Verständnis bezüglich der Handhabung von Prozessen bei den Herstellern stellt derzeit die größte Triebfeder in der Entwicklung der GMP-Regelwerke dar. So hat die US-amerikanische FDA ein Programm mit dem Titel „Pharmaceutical cGMPs for the 21st Century: A Risk Based Approach" aufgesetzt, in dessen Rahmen allein bis zum Abschluss im Jahr 2004 bis zu zehn verschiedene Richtlinien überarbeitet bzw. neu herausgebracht worden waren [22]. Weitere werden vonseiten der FDA sicher noch folgen.

Auf die wichtigsten nationalen und internationalen Entwicklungen soll in den folgenden Kapiteln näher eingegangen werden. Dabei wird nicht der Anspruch erhoben, dass diese Darstellung vollständig und allumfassend ist, sondern vielmehr wird auf jene Regelwerke abgehoben, die verstärkt für Wirkstoffhersteller und das Thema „Validierung" von Bedeutung sind.

### 2.3.2
### GMP-Regeln der WHO

Die WHO wurde als Vertretung der Vereinten Nationen am 7. April 1948 ins Leben gerufen mit dem Ziel, für alle beteiligten Nationen den höchst möglichen Gesundheitsstandard anzustreben und zu erreichen. Dabei ist „Gesundheit" im Sinne der WHO definiert als „die Gesamtheit aus physischem, mentalem und sozialem Wohlbefinden" und schließt damit das Vorhandensein von Krankheiten nicht explizit aus. Heute hat die WHO insgesamt 192 Mitglieder und agiert über ein weltweites Netz von Regionalbüros, Ländervertretungen sowie operativ, wissenschaftlich und strategisch wirkenden Partnern.

Die Arbeiten werden über insgesamt 8 Headquarters (Cluster) gesteuert, die ihrerseits wiederum in einzelne Departments unterteilt sind [23]. Speziell die Qualität und Sicherheit von Medizinprodukten betreffend, sind die Aktivitäten innerhalb der WHO im Headquarter „Health Technology and Pharmaceuticals (HTP)" angesiedelt. Insgesamt drei verschiedene Abteilungen, das „Department of Technical Cooperation for Essential Drugs and Traditional Medicine (HTP/TCM)", das „Department of Medicines Policy and Standards (HTP/PSM)" und das „Department of Essential Health Technology (HTP/EHT)" kümmern sich hier um die mit Arzneiprodukten im Zusammenhang stehenden Regulierungen, einschließlich der Ausarbeitung entsprechender Richtlinien und Regelwerke, wobei bei den Richtlinien das HTP/PSM die führende Rolle einnimmt. Eine Übersicht über die organisatorische Einbindung findet man im Internet [24] bzw. zeigt die Abb. 2.8 in vereinfachter Weise.

Wie bereits erwähnt, begann die WHO erstmals 1968 GMP-Grundregeln als Mindeststandard herauszubringen, die auch weltweit Anerkennung fanden. Der Entwurf hierzu entstand bereits 1967 basierend auf einer Resolution (WHA 20.34) der 20. Weltgesundheitsversammlung, welche dann während der 21. Weltgesundheitsversammlung offiziell diskutiert und verabschiedet wurde [25]. Im Jahr 1971 wurden die GMP-Grundregeln auch als Anhang zur zweiten Ausgabe der Internationalen Pharmakopöe (Internationales Arzneibuch) herausgebracht. Seitdem

## 2.3 GMP-Regelwerke | 27

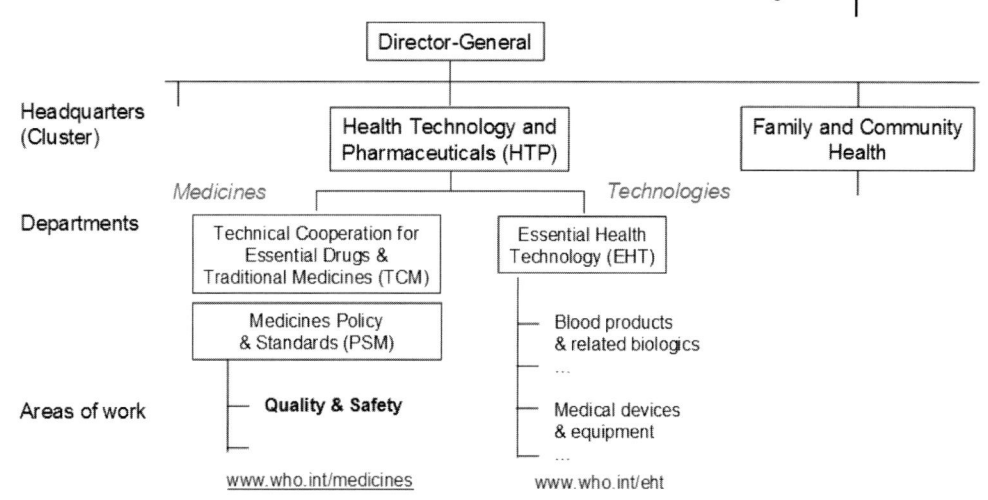

**Abb. 2.8** GMP-Aktivitäten innerhalb der WHO (World Health Organization)

wurden diese Regeln mehrfach überarbeitet (z. B. englische Fassung von 1975, deutsche Übersetzung von 1977). Die wichtigste revidierte Fassung stammt von 1992 und trägt den Titel „Good Manufacturing Practices for Pharmaceutical Products", veröffentlicht in den WHO Technical Report Series, Nummer 823 [26]. Die letzte aktualisierte Fassung stammt aus dem Jahre 2003 und wurde in den WHO Technical Report Series, Nummer 908 publiziert. Diese Fassung berücksichtigt insbesondere die weltweite Entwicklung auf dem Gebiet GMP sowie das mittlerweile sehr wichtig gewordene Thema „Validierung" [27]. Neben den GMP-Grundregeln hat die WHO noch eine ganze Reihe weiterer sogenannter „Supplementary Guidelines" zu unterschiedlichsten Spezialthemen herausgebracht. Dabei unterscheidet man nochmals zwischen den GMP-Regeln für die sogenannten „starting materials", d. h. den Richtlinien für Active pharmaceutical ingredients – bulk drug substances (Wirkstoffe) [28] und Pharmaceutical Excipients (Hilfsstoffen) [29] und den GMP-Regeln für spezifische Produkte bzw. für spezifische Themen, z. B. für:
– sterile pharmazeutische Produkte,
– biologische Produkte,
– Produkte für die klinische Prüfung,
– Gute Lagerungspraxis [30],
– Validierung von Herstellungsprozessen,
– Validierung von Analysenmethoden [31] etc.

Die Anzahl der Regelwerke wird schließlich vervollständigt durch solche, die sich ausschließlich mit dem Thema „Inspektionen" und dem Zertifikatssystem der WHO beschäftigen, welches im internationalen Welthandel mit pharmazeutischen Produkten von besonderer Bedeutung ist.

Schwerpunktmäßig sind die Dokumente heute in einem 2-bändigen Kompendium zusammengefasst. Band 1 beschäftigt sich mit der nationalen Regulierung und Registrierung und umfasst ca. 22 Einzeldokumente. Band 2 behandelt die GMP-

Regeln und Inspektionen [32] und ist in 4 Kapitel unterteilt. Die neu gefassten WHO-Regelwerke im Überblick:
- Volume 1: Quality assurance of pharmaceuticals, das ca. 22 verschiedene guidelines integriert,
- Volume 2: Good manufacturing practices and inspections
  - Chapter 1: GMP main principles for pharmaceutical products
  - Chapter 2: GMP starting materials
  - Chapter 3: GMP specific pharmaceutical products
  - Chapter 4: Inspection.

Einen guten Einstieg erhält man im Internet ausgehend von der WHO-Homepage über „Programmes and projects", „Medicines", „Areas of work" und dort unter „Quality & Safety" und „Quality assurance of medicines". Abhängig von der Aufgabenstellung kann man dann die Seiten für Produktion, Distribution, Qualitätskontrolle oder andere auswählen und findet die relevanten Regelwerke direkt zum Download vor. Neben den im Volltext vorhandenen GMP-Regelwerken und -Richtlinien bietet die WHO-Medicines-Homepage auch den einzigartigen Service, zu nahezu allen Themen rund um GMP ausführliches Trainingsmaterial in Form von kommentierten PowerPoint-Präsentationen herunterladen zu können. Dies zeigt einmal mehr, wie wichtig es an dieser Stelle gesehen wird, das Ziel der GMP, den Verbraucherschutz, zu erreichen – wichtiger als nur einen finanziellen Vorteil zu erzielen.

Die Regeln der WHO besitzen keinen rechtsverbindlichen Charakter. Sie bilden vielmehr die Grundlage für die einzelnen, auf nationaler Ebene erstellten GMP-Regelwerke bzw. sind von Bedeutung für diejenigen Staaten, die keine eigenen nationalen GMP-Regelwerke besitzen. Darüber hinaus repräsentieren sie im Zweifelsfall den „Stand des Wissens und der Technik" und sind zugleich die technische Grundlage für das WHO-Zertifikations-System über die Qualität von Arzneimitteln im internationalen Handel.

Für Wirk- und Hilfsstoffhersteller sind insbesondere die GMP-Regelwerke für „starting materials" von Bedeutung. Der Inhalt und Aufbau ähnelt dabei sehr den Europäischen GMP-Regelwerken.

### 2.3.3
**GMP-Regeln der Pharmaceutical Inspection Convention (PIC bzw. PIC/S)**

Historisch gesehen haben sich die GMP-Regeln der „Pharmaceutical Inspection Convention", kurz PIC genannt, deutlich vor denen der Europäischen Gemeinschaft entwickelt, weshalb die PIC hier thematisch zuerst behandelt werden soll.

Die Gründung der PIC geht zurück auf ein im Jahre 1970 zwischen den damaligen 10 EFTA-Staaten (Österreich, Dänemark, Finnland, Island, Liechtenstein, Norwegen, Portugal, Schweden, Schweiz und England) geschlossenes zwischenstaatliches Abkommen zur gegenseitigen Anerkennung von Inspektionen betreffend der Herstellung pharmazeutischer Produkte. Wesentlicher Hintergrund war, dass solche Inspektionen grundsätzlich auf einer einheitlichen, zuvor zwischen den Mitgliedern vereinbarten Basis stattfinden sollten und basierend auf einem darauf aufbauenden Zertifikatssystem die jeweils anderen Mitgliedstaaten die Inspektionsresultate zu akzeptieren haben. Es sollte damit einem gewissen Inspektions-Tourismus, wie er heute leider allzu oft anzutreffen ist, vorgebeugt werden. Darüber hinaus bestand das allgemeine Interesse, Informationen zwischen den Mitgliedern auszutauschen, um nicht unnötige Handelshemmnisse aufgrund unterschiedlicher Anforderungen aufzubauen. Im Verlauf der Zeit schlossen sich weitere Mitglieder, darunter Ungarn, Irland, Rumänien, Deutschland, Italien, Belgien, Frankreich und Australien an. Das Eintritts-Abkommen mit Deutschland wurde im Jahre 1983 von Helmut Kohl als amtierendem Bundeskanzler unterzeichnet. Insgesamt 18 Staaten traten diesem Abkommen bei, darunter die meisten der EU-Mitgliedstaaten.

Anfang der Neunzigerjahre musste man jedoch erkennen, dass die Aktivitäten der PIC mit den Aufgaben der Europäischen Gemeinschaft kollidierten und es war nach Zugang von Australien im Jahre 1993 keinem weiteren Land mehr möglich, sich diesem Abkommen anzuschließen. Um dennoch die ursprünglichen Interessen zu wahren und mindestens den Informationsaustausch aufrechtzuerhalten wurde das PIC/S, das „Pharmaceutical Inspection Co-Operation Scheme" (dt.: PIC Kooperationsvorhaben) ins Leben gerufen:

– PIC, Pharmaceutical Inspection Convention (*1971): zwischenstaatliches Abkommen (Konvention) zur gegenseitigen Anerkennung von Inspektionsberichten innerhalb der PIC-Mitgliedsländer,
– PIC/S, Pharmaceutical Inspection Co-operation Scheme (*1997): Übereinkommen (engl.: scheme) zwischen den Arzneimittelbehörden der PIC-Mitgliedsländer, da die EU-Gesetzgebung eine Erweiterung der PIC nicht mehr zulässt.

Hierbei handelt es sich um die Zusammenkunft von Vertretern der zuständigen Behörde der Vertragsstaaten. Die ehemalige PIC und PIC/S arbeiten heute nebeneinander mit insgesamt 32 Mitgliedern und der EMEA, der EDQM, der UNICEF und der WHO als Beobachtern (Tab. 2.2).

**Tab. 2.2** Mitglieder der PIC/S (www.picscheme.org/accession-daks.php).

| Staat | Mitglied PIC seit | Mitglied PIC/S seit |
|---|---|---|
| Austria | May 1971 | November 1999 |
| Denmark | May 1971 | November 1995 |
| Finland | May 1971 | January 1996 |
| Iceland | May 1971 | November 1995 |
| Liechtenstein | May 1971 | November 1995 |
| Norway | May 1971 | November 1995 |
| Portugal | May 1971 | January 1999 |
| Sweden | May 1971 | February 1996 |
| Switzerland | May 1971 | February 1996 |
| United Kingdom | May 1971 | June 1999 |
| Hungary | August 1976 | December 1995 |
| Ireland | December 1977 | February 1996 |

**Tab. 2.2** Mitglieder der PIC/S (Fortsetzung).

| Staat | Mitglied PIC seit | Mitglied PIC/S seit |
| --- | --- | --- |
| Romania | May 1982 | November 1995 |
| Germany | September 1983 | December 2000 |
| Italy | August 1990 | February 2000 |
| Belgium | September 1991 | February 1997 |
| France | December 1992 | February 1997 |
| Australia | January 1993 | November 1995 |
| Netherlands | – | November 1995 |
| Czech Republic (SÚKL) | – | January 1997 |
| Slovak Republic | – | January 1997 |
| Spain | – | January 1998 |
| Canada | – | January 1999 |
| Singapore | – | January 2000 |
| Greece | – | January 2002 |
| Malaysia | – | January 2002 |
| Latvia | – | January 2004 |
| Czech Republic (USKVBL) | – | July 2005 |
| Poland | – | January 2006 |
| Estonia | – | January 2007 |
| South Africa | – | July 2007 |
| Argentina | – | January 2008 |
| Malta | – | January 2008 |

Die Basis für eine einheitliche Durchführung von Inspektionen bildeten dabei die speziell von der PIC herausgegebenen PIC-Richtlinien, insbesondere GMP- und Inspektions-Standards, die erstmals 1972 in dem Dokument PH 1/72 veröffentlicht wurden. Eine weitgehende inhaltliche Angleichung an die von der WHO herausgegebenen Standards erfolgte im Jahre 1983. Mit Übernahme der Aufgaben durch die Europäische Union wurden von dieser auch die GMP-Grundregeln und ergänzenden Leitfäden neu aufgelegt. Dabei orientierte man sich jedoch bereits an den durch die PIC festgelegten Inhalten. Die mit der EU abgeglichene, nahezu identische Version der Grundregeln einer Guten Herstellungspraxis für pharmazeutische Produkte, wurde schließlich 1989 mit dem PIC-GMP-Leitfaden PH 5/89 publiziert und danach noch mehrfach revidiert.

Der Grundaufbau der PIC/S GMP-Regelwerke und -Richtlinien entspricht heute weitestgehend dem der EU, d. h. es gibt die allgemeinen GMP-Grundregeln für pharmazeutische Produkte (aktuell das Dokument PE 009), welches durch verschiedene mit der EU identische Annexe ergänzt wird. Jedoch folgt man heute inhaltlich nicht mehr konsequent den Vorgaben der EU, wie dies das Beispiel des Annex 16 zum Thema der „Qualified Person" zeigt, der bis heute nicht von der PIC/S angenommen wurde. Wichtige PIC/S Regelwerke sind:
– GMP-Leitfaden für pharmazeutische Produkte
  PIC-Doc. PH5/89 GMP-Grundregeln → neu PE 009 (I)

PIC-Doc. PH"/87 speziell für Wirkstoffhersteller → neu PE 009 (II) (entspricht ICH Q7A)
- Ergänzende Leitlinien (PE 009 Annexes 1–19) für:
  - sterile pharmazeutische Produkte,
  - Liquida, Cremes, Salben,
  - Probenahme bei Ausgangsstoffen und Verpackungsmaterial,
  - computergestützte Systeme,
  - ...

Von der Nomenklatur unterscheidet man Dokumente für den externen Gebrauch (z. B. Leitfäden für die Industrie), die einheitlich mit dem Kürzel PE und einer fortlaufenden Nummer bezeichnet werden. Demgegenüber werden Dokumente für den internen Gebrauch (z. B. Leitfäden für die PIC/S selbst und für Inspektoren) einheitlich mit dem Kürzel PI und einer fortlaufenden Nummer gekennzeichnet. Ergänzt werden diese Dokumente durch eine Fülle weiterer Empfehlungen, erklärender Anmerkungen, Standard-Verfahrensanweisungen und sogenannter Aide-Mémoires (Gedächtnisstützen).

Als wesentliche Dokumente für den Wirkstoffbereich sind neben dem oben bereits erwähnten GMP-Grundregelwerk sicherlich noch das Dokument PH 2/87 zu erwähnen, ein sehr dünnes Papier, welches speziell die wirkstoffspezifischen Anforderungen behandelte und lange Zeit als Grundlage für die Zertifizierung der entsprechenden Einrichtungen diente, bevor es durch den heute gültigen ICH-Q7A-Leitfaden (PE 009-II) abgelöst wurde. Ferner die internen Empfehlungen (PI 006) zum Validierungsmasterplan (IQ, OQ, PQ) und zur Reinigungsvalidierung. Dieses Dokument stellt bis heute den einzigen Leitfaden dar, der aus Behördensicht detailliertere Informationen zu den Anforderungen an die Qualifizierung und Validierung gibt. Einen Überblick über wichtige PIC/S-interne Richtlinien im Zusammenhang mit der Validierung gibt die folgende Aufzählung:
- PI 006 Recommendation on Validation Master Plan, IQ, OQ ...,
- PI 007 Recommendation on the Validation of Aseptic Processing,
- PI 009 Aide-Mémoire – Inspection of Utilities
- PI 011 Guidance on Good Practices for Computerized Systems in regulated GxP Environments.

Auch die PIC/S bietet heute den Service, einen Großteil der wichtigsten Regelwerke und Richtlinien direkt vom Internet teilweise kostenfrei herunterladen zu können. Den direkten Einstieg findet man über die neu gestaltete Homepage www.picscheme.org unter der Rubrik „Publications".

### 2.3.4
**GMP-Regeln der EU**

Neben den oben beschriebenen PIC/S-GMP-Regelwerken kommen bei der Herstellung und dem Vertrieb von Arzneimitteln im Europäischen Wirtschaftsraum heute überwiegend die GMP-Grundregeln der EU zum Tragen, verankert in den entsprechenden Richtlinien und erweitert durch eine Vielzahl ergänzender Leitlinien, die sich mittlerweile als Annexe 1 bis 20 zu den GMP-Grundregeln finden und im Wesentlichen inhaltlich mit den Annexen der PIC bzw. PIC/S übereinstimmen.

Historisch gesehen haben sich die von der WHO abgeleiteten EU-GMP-Regeln erst spät entwickelt. So wurden die GMP-Grundregeln erst 1989 mit der Richtlinie 89/341/EWG [33] zur staatlichen Verpflichtung. In dieser Richtlinie wurde erstmals gefordert, dass mindestens eine sachkundige Person mit akademischem oder gleichwertigem Grad für die ordnungsgemäße Herstellung und Prüfung einer Arzneimittel-Charge verantwortlich sein muss. Ferner wurde ausgeführt, dass die im Gemeinschaftsrecht festgehaltenen Grundsätze und Leitlinien guter Herstellungspraktiken (GMP) für Arzneimittel zwingend einzuhalten sind und dass diese Grundsätze und Richtlinien durch eine alle Mitgliedsstaaten verpflichtende Rechtsakte verbindlich festgelegt werden. Bis zu diesem Zeitpunkt gab es in Europa im Wesentlichen drei Richtlinien, welche sich mit der Harmonisierung von Arzneimitteln beschäftigten:
– 65/65/EWG, Richtlinie des Rates vom 26. Januar 1965 zur Angleichung der Rechts- und Verwaltungsvorschriften über Arzneimittel,
– 75/318/EWG, Richtlinie des Rates vom 20. Mai 1975 über die analytischen, toxikologischen, pharmakologischen und ärztlichen oder klinischen Vorschriften und Nachweise über Versuche mit Arzneispezialitäten und
– 75/319/EWG, Richtlinie des Rates vom 20. Mai 1975 zur Angleichung der Rechts- und Verwaltungsvorschriften über Arzneispezialitäten.

All diese sind zusammen mit weiteren Arzneimittelrichtlinien der EU seit 2001 einer einzigen Richtlinie 2001/83/EC [34] zusammengefasst.

Im Jahr 1991 wurden mit der Richtlinie 91/356/EWG [35] die wesentlichen Prinzipien der EU-GMP-Regeln gesetzlich verbindlich vorgeschrieben, die – wie oben erwähnt – bereits zwei Jahre zuvor (1989) als EG-GMP-Leitfaden mit den zugehörigen Annexen erschienen waren. Am 1. Januar 1992 wurden die Richtlinien und damit GMP für die Mitgliedsstaaten verbindlich gemacht.

Die Vorschriften, die Herstellung und den Umgang von Human- und Tierarzneimitteln betreffend, sind heute in der Europäischen Gemeinschaft einheitlich in den sogenannten „Regelungen der Arzneimittel in der Europäischen Gemeinschaft", (engl.: The rules governing medicinal products in the european union) in insgesamt zehn Bänden (engl.: volumes) niedergelegt. Diese finden sich einschließlich der zugehörigen Richtlinien, Verordnungen, Anweisungen und Empfehlungen übersichtlich geordnet auf der Homepage der Europäischen Kommission – Enterprise and Industry DG – Direktorat F, „Consumer goods" unter http://ec.europa.eu/enterprise/pharmaceuticals/eudralex/eudralex_en.htm. Auch hier ist es möglich, die entsprechenden Dokumente kostenfrei und in verschiedenen Sprachen im Volltext herunterzuladen.

Insgesamt lassen sich die Vorschriften für die Herstellung, die Genehmigung, die Kennzeichnung, die Einstufung, den Vertrieb und die Werbung von Arzneimitteln in der Europäischen Gemeinschaft übersichtlich wie folgt darstellen.
Der Gemeinschaftskodex:
– für Humanarzneimittel, Richtlinie 2001/83/EC [36] (Band 1) und
– für Tierarzneimittel in der Richtlinie 2001/82/EC [37] (Band 5).

Die Grundprinzipien einer Guten Herstellungspraxis (Band 4):
– für Humanarzneimittel in der Richtlinie 2003/94/EC [38] vom 8. Oktober 2003 (ersetzt die ursprüngliche Richtlinie 91/356/EEC) und
– für Tierarzneimittel in der Richtlinie 91/412/EEC [39].

Basisanforderungen Part I und II mit ergänzenden Leitlinien für:
– sterile pharmazeutische Produkte,
– Liquida, Cremes und Salben,
– Probenahme bei Ausgangsstoffen und Verpackungsmaterial,
– computergestützte Systeme und
– Wirkstoffe.

Grundprinzipien, Basisanforderungen und die bereits erwähnten 20 Anhänge, die die wesentlichen europäischen GMP-Grundlagen darstellen, finden sich im Band 4 der „Rules governing the medicinal products in the european union".

Wirkstoffe wurden zunächst durch den Annex 18 „Good manufacturing practices for active pharmaceutical ingredients" vom Juli 2001 abgedeckt. Dabei handelte es sich inhaltlich um die Anforderungen des international anerkannten ICH-Q7A-Leitfadens, der hier in europäisches Recht übernommen worden war. Aufgrund der Wichtigkeit der GMP-Regeln im Bereich der Wirkstoffherstellung bzw. der Wichtigkeit der Wirkstoffqualität für die Endproduktqualität wurden die Wirkstoff-GMP-Regeln in ihrer Bedeutung gleich mit den GMP-Regeln für Fertigarzneimittel gesetzt. Man findet sie heute als „Part II, Basic Requirements for Active Substances used as Starting Material", in Kraft seit Oktober 2005, auf der Homepage der Europäischen Kommission.

Zu erwähnen sind sicher noch der Annex 15, „Qualification and Validation" vom Juli 2001, der grob die Inhalte des PIC/S Dokumentes PI 006 wiedergibt bzw. der Annex 11 zum Thema „Computerised Systems", der hier im weitergehenden Sinne mit einem FDA-Dokument, dem 21 CFR Part 11 verglichen werden kann, insgesamt jedoch sehr oberflächlich und dünn gehalten ist.

Hervorzuheben ist noch eine weitere Entwicklung aus dem Jahre 2004. Hier wurden die beiden Richtlinien 2001/83/EG für Humanarzneimittel und 2001/82/EG für Tierarzneimittel grundlegend revidiert. Speziell die Humanarzneimittel betreffend wurde durch die Richtlinie 2004/27/EG mit Wirkung vom 31. März 2004 festgelegt, dass nunmehr die im Annex 18 bzw. heute im Part II beschriebenen GMP-Regeln für Wirkstoffhersteller verbindlich einzuführen sind. Fertigarzneimittelhersteller sollen zukünftig Startmaterialien (Wirkstoffe und ausgewählte, noch zu listende Hilfsstoffe) grundsätzlich nur noch von solchen Herstellern beziehen dürfen, die nachweislich unter Beachtung der entsprechenden GMP-Regularien arbeiten. Ferner ist vorgesehen, unangemeldet Inspektionen bei Wirkstoffherstellern durchzuführen, wann immer hierzu Anlass gegeben ist, z. B. wenn die Vermutung besteht, dass in dem jeweiligen Wirkstoffbetrieb nicht nach GMP gearbeitet wird. Damit wurden bezüglich der Wirkstoff-GMP-Regeln im europäischen Wirtschaftsraum die letzten Unsicherheiten hinsichtlich der Verbindlichkeit ausgeräumt. Allerdings – und das sollte hier nicht unerwähnt bleiben – sieht die Europäische Kommission nach wie vor die Hauptverantwortung zur Sicherstellung einer GMP-gerechten Wirkstoffherstellung beim Hersteller des Fertigarzneimittels, konkret bei der entsprechenden „Qualified Person", die an entsprechender Stelle im Zulassungsdossier eine klare Stellungnahme (engl.: declaration) zur GMP-Compliance des Wirkstoffherstellers abgeben muss.

Bei der Diskussion des europäischen Wirtschaftsraums sollte die EMEA, die „European Medicines Agency" nicht unerwähnt bleiben. Es handelt sich hierbei um eine europäische Behörde mit Hauptsitz in London, die erst im Jahre 1993 basierend auf der europäischen Verordnung 2303/93/EWG ins Leben gerufen wurde und ihre Aktivitäten in 1995 erstmalig aufnahm. Neben dem Verwaltungsrat sind es heute im Wesentlichen sechs Ausschüsse, die sich um die Beurteilung, Überwachung und Genehmigung von Arzneimitteln im Rahmen des zentralen Zulassungsverfahrens innerhalb Europas kümmern (Tab. 2.3).

Zwar gibt die EMEA selbst keine eigenen GMP-Regelwerke heraus, jedoch ist sie aktiv bei der Durchsprache und inhaltlichen Gestaltung mitbeteiligt bzw. ergänzt die bestehenden Regelwerke und Richtlinien durch eine Fülle zusätzlicher Positionspapiere, Notes for Guidances, Opinions etc. Als Beispiel sei zitiert die „Note for guidance on quality of water for pharmaceutical use", in der Revison vom Mai 2002 [40]. In diesem Papier werden wesentliche Empfehlungen bzw. Vorgaben zur Wasserqualität gemacht, die in Abhängigkeit von Produktspezifikation, Anwendung des Produkts und Verfahrensstufe im Prozess eingesetzt werden soll. Eine Vorgabe, die nicht unwesentlich ist, wenn man GMP-Anforderungen erfüllen möchte. Ein anderes, ebenso wichtiges Dokument ist z. B. die „Note for guidance on process validation" vom März 2001 [41], welche konkrete Empfehlungen im Zusammenhang mit der Verfahrensvalidierung enthält. Weitere wichtige Dokumente findet man auch hier online und im Volltext zum freien Download auf der Homepage der EMEA unter www.emea.europa.eu und dort unter „Human Medicines". Auf sie soll hier zunächst nicht weiter eingegangen werden.

**Tab. 2.3** Aufbau und Struktur der EMEA.

| | |
|---|---|
| Gründung und Aufbau | am 22. Juli 1993 gegründet, basierend auf der Verordnung 2303/93/EWG bestehend aus: Verwaltungsrat (je 2 Vertreter aus den Mitgliedsstaaten) und 6 Ausschüssen: <br> – CHMP – Humanarzneimittel <br> – CVMP – Veterinärarzneimittel <br> – COMP – Seltene Leiden <br> – HMPC – Pflanzliche Arzneimittel <br> – PDCO – Pädiatrie <br> – CAT – Advanced Therapies (ab Ende 2008) |
| Hauptaufgaben | – Beurteilung <br> – Überwachung <br> – Genehmigung (über EU-Kommission) <br> von neuen Arzneimitteln |
| Wichtige Guidelines | Wasserguide CPMP/QW P/158 <br> Validierung CPMP/QUP/848/96 |

## 2.3.5
**GMP-Regeln der USA**

In Abschnitt 2.3.1 „Historische Entwicklung" wurde im Zusammenhang mit der Historie von GMP mehr oder weniger auch schon die Historie der amerikanischen Food and Drug Administration (FDA) beleuchtet, da diese Hand in Hand mit der Entwicklung der entsprechenden Regularien, insbesondere den GMP-Regeln zu sehen ist. Heute ist die FDA eine sehr mächtige Behörde in den USA, die weit mehr als nur die ordnungsgemäße Herstellung von Medizinprodukten regelt bzw. überwacht und die, bedingt durch den speziell für Pharmaprodukte interessanten US-Markt, bereits weltweit einen nicht zu übersehenden Einfluss gewonnen hat. Wer heute Arzneimittel herstellt und in den Verkehr bringt, liefert diese mit großer Wahrscheinlichkeit auch nach USA und muss daher den Anforderungen der FDA genügen. Dabei ist es nicht selten, dass hierzu zuerst ein FDA-Audit (pre-approval audit) bestanden werden muss. Wen wundert es daher, dass die FDA mehr und mehr den Standard in Bezug auf GMP-Anforderungen setzt und US-amerikanische Regelwerke nahezu immer an erster Stelle zitiert werden, unabhängig davon, wo sich der Produktionsstandort befindet.

Die FDA, eine Sektion innerhalb des US Departments of Health & Human Services (HHS, s. Organigramm unter: http://www.hhs.gov/about/orgchart.html), hat ihren Sitz, das Headquarter, in Rockville, Maryland, wobei sie zukünftig zusammen mit der General Services Administration (GSA) in einen neuen Gebäudekomplex in White Oak, Montgomery Country, Maryland einziehen wird und so die bisher verstreuten Aktivitäten der einzelnen Centers und Offices zusammengezogen und an einer Stelle konzentriert werden sollen. Mehrere Centers und Offices arbeiten themenbezogen u. a. an Arzneimittelzulassungen, Zulassungen von Nahrungs- Nahrungsergänzungsmitteln und Medizinprodukten sowie an deren ständiger Überwachung und Kontrolle. Mit Blick auf GMP-Regeln im Bereich Human-Arzneimittel und Arzneiwirkstoffe sind sicher vorrangig das Center for Drug Evaluation and Research (CDER) sowie das Center for Biologics Evaluation and Reserach (CBER) zu benennen, die auf diesem Feld ganz maßgeblich Regelwerke, Richtlinien und weitergehende Interpretationen und Empfehlungen herausbringen und damit die GMP-Landschaft bestimmen.

Rechtlich aufgehängt sind die GMP-Regeln in den USA im Federal Food, Drug & Cosmetic Act (FD & C Act), dem bereits erwähnten 1938 erstmals in Kraft getretenen Gesetzeswerk, welches die Grundlage für den Verbraucherschutz darstellt. Dort wird darauf verwiesen, dass alle „drugs" entsprechend den geltenden und aktuellen Regeln der guten Herstellungspraxis produziert und gehandhabt werden müssen. Die GMP-Regeln selbst wiederum sind im Sinne einer weitergehenden Verordnung im US-amerikanischen „Bundesgesetzblatt", dem Code of Federal Regulation Titel 21, kurz 21 CFR, veröffentlicht und haben, anders als bei den bisher besprochenen GMP-Regelwerken, aufgrund der Art ihrer Einbindung bereits Gesetzeskraft. Das Nichterfüllen von GMP-Regeln bedeutet einen klaren Gesetzesverstoß. Insgesamt gliedert sich der 21 CFR in 9 Volumes, die sich mit unterschiedlichen Schwerpunktthemen beschäftigen und die über das Internet als

## 2 GMP-Grundlagen

**Tab. 2.4** Volumes des Code of Federal Regulation-CFR Titel 21.

| Volume | Thema |
| --- | --- |
| 1: Parts 1–99 | General Regulations, Enforcement of the Act, ... |
| 2: Parts 100–169 | Food Standards, Special Dietary Food, GMP for Food, ... |
| 3: Parts 170–199 | Food Additives |
| 4: Parts 200–299 | General Drug Labelling Regulations, ... GMP for Drugs |
| 5: Parts 300–499 | Antibiotic Drugs, Investigational und New Drug Regulation |
| 6: Parts 500–599 | Animal Drugs, Feeds, and Related Products |
| 7: Parts 600–799 | Cosmetics, Biologics |
| 8: Parts 800–1299 | Radiological Health, Medical Devices, and Miscellaneous Regulations |
| 9: Parts 1300–end | Regulations of the Drug Enforcement Administration ... |

Volltext abgerufen werden können (http://www.gpoaccess.gov/cfr/index.html). Tabelle 2.4 zeigt die neun Themenfelder des Code of Federal Regulation Titel 21.

Die US-GMP-Regeln für „drug products" finden sich konkret im Volume 3 als Title 21, Code of Federal Regulation Parts 210 und 211 oder kurz 21 CFR 210/211 wieder. Dabei spricht man bei den amerikanischen GMP-Regeln stets von den cGMP-Regeln, d. h. den current (= laufend aktualisiert) GMP-Regeln, weil diese jährlich zum 1. April als neue Revision herausgebracht werden, unabhängig davon, ob sich etwas geändert hat oder nicht. Damit möchte man grundsätzlich die Aktualität dieser sicher sehr wichtigen Regelwerke sicherstellen. Wenn also von cGMP die Rede ist, so weiß man, dass damit grundsätzlich die amerikanischen GMP-Regelwerke der FDA gemeint sind. Wichtig zu wissen ist auch, dass Änderungen und Ergänzungen zunächst im öffentlichen Register der FDA, d. h. dem Federal Register (vergleichbar dem Bundesanzeiger) mit entsprechenden Kommentierungen bekannt gemacht werden. Oft gehen diese Kommentierungen über das Vielfache des Umfangs der eigentlichen regulatorischen Änderung hinaus und enthalten wichtige Informationen zum grundlegenden Verständnis der Regelwerke bzw. geben sehr oft in detaillierter Form das Grundverständnis und die Interpretation der FDA zum jeweiligen Thema wieder. Man tut also gut daran, zum jeweiligen Gesetzestext bzw. der Änderung auch immer die Kommentierung im Federal Register detailliert zu lesen und zu studieren.

Vergleichbar mit den bisher besprochenen GMP-Regelwerken der WHO, der PIC und der EU gibt es auch in den USA sogenannte GMP-Grundregeln (z. B. 21CFR 210/211 für Humanarzneimittel oder 21 CFR 110 für Lebensmittel), die dann weitergehend durch themen- bzw. produktspezifische Richtlinien und Leitfäden, sogenannte „supplementary guidelines", ergänzt und vertieft werden (Tab. 2.5).

**Tab. 2.5** FDA additional guidelines.

| Guideline | Internet-Adresse | Themen |
|---|---|---|
| FDA Guidelines on/for ... Industry Guidelines | http://www.fda.gov/cder/guidance/ | – Manufacturing, Processing or Holding of API's<br>– Process Validation<br>– Investigation OOS Results<br>– ... |
| FDA Guide to Inspections of ... Inspection Guidelines | http://www.fda.gov/ora/inspect_ref/igs/ | – Validation of Cleaning Processes<br>– Highly Purified Water Systems<br>– ... |
| FDA Compliance Program Guidance Manual ... FDA training | http://www.fda.gov/ora/cpgm/default.htm | – Pre Approval<br>– Process Validation |
| cGMP Notes ... FAQs for GMP | http://www.fda.gov/cder/dmpg/cgmpnotes.htm | – 1995–2000 |

Dabei ist die Fülle solcher ergänzender Dokumente speziell in den USA schon nahezu unüberschaubar geworden. So unterscheidet man zusätzlich zwischen folgenden FDA additional guidelines [42].

### 2.3.5.1 FDA Guidance documents (http://www.fda.gov/cder/guidance/index.htm)

Hierbei handelt es sich um Dokumente, welche die aktuelle Denkweise bzw. Grundeinstellung der FDA zu einem spezifischen Thema wiedergeben und grundsätzlich dazu gedacht sind, der Industrie in Bezug auf die weitergehende Interpretation von GMP-Regelwerken zu helfen. Die FDA weist explizit darauf hin, dass diese Dokumente keineswegs bindend oder verpflichtend weder gegenüber der FDA noch irgendeiner anderen Person sind und dass der Anwender jederzeit auf alternative Möglichkeiten ausweichen kann, die gleichwertig oder besser als die angegebene Methode sind. Als wichtigste Dokumente im Zusammenhang mit GMP und Validierung wären hier sicher zu nennen:
– Manufacturing, Processing, or Holding Active Pharmaceutical Ingredients (4/17/1998),
– General Principles of Process Validation (May 19987),
– Part 11, Electronic Records, Electronic Signatures – Scope and Application (9/3/2003),
– Quality Systems Approach to Pharmaceutical cGMP Regulations (9/29/2004) etc.

Auch die ICH-Richtlinien werden interessanterweise hier aufgeführt, was bedeutet, dass die FDA diese Dokumente hinsichtlich ihrer eigenen Philosophie durchaus akzeptiert, sie aber keinesfalls gleichsetzt mit den gesetzlich geltenden US-GMP-Regelwerken. Die Vorsicht, mit der die FDA stellenweise agiert wird auch deutlich an dem zuerst zitierten Guideline für Active Pharmaceutical Ingredients. Obwohl heute bei nahezu jedem FDA-Audit im Zusammenhang mit Wirkstoffherstellern der ICH-Q7A-Leitfaden zugrunde gelegt wird, wird dieser, speziell für Wirkstoffhersteller ursprünglich herausgebrachte Guide nicht wirklich offiziell zurückgezogen. Man lässt sich also immer noch eine Hintertür offen.

### 2.3.5.2  FDA Guide to Inspections (http://www.fda.gov/ora/inspect_ref/igs/)

Auch bei diesen, für FDA Inspektoren gedachten Dokumenten weist die Behörde explizit darauf hin, dass es sich rein um Trainingsmaterialien handelt, welche neben den Inspektoren auch durchaus der Industrie zugänglich gemacht werden können und sollen, damit diese erkennt, worauf es bei einer Inspektion ankommt bzw. um einmal mehr die Grundphilosophie von GMP zu verbreiten und damit die angestrebte Produktsicherheit bzw. den Verbraucherschutz zu garantieren. Hier findet sich eine ganze Reihe, bereits in die Jahre gekommener Richtlinien, die aber durchaus heute noch ihre Bedeutung und Wichtigkeit haben, u. a.:
– Guide to Inspections of Bulk Pharmaceutical Chemicals (9/91),
– Guide to Inspection of High Purity Water Systems (7/93),
– Guide to Inspection of Validation of Cleaning Processes und
– Biotechnology Inspection Guide.

Diese Dokumente sind in der Tat sehr wertvoll, weil man an manchen Stellen zum Teil sehr detaillierte Angaben zur Umsetzung von GMP-Anforderungen findet. So sind beispielsweise gerade im Leitfaden zu den „High Purity Water Systems" jede Menge Designkriterien in Bezug auf die konstruktive Ausführung gegeben. Dies geht so weit, dass z. B. Angaben darüber gemacht werden, dass sogenannte „tote" Leitungsäste maximal 6-mal so lang wie der zugehörige Leitungsdurchmesser sein dürfen, gemessen von der Mittelachse der Hauptleitung. Oder die Angabe, dass das Gefälle einer Leitung mit Blick auf die Entleerbarkeit mindestens 1 % betragen muss. Beliebig weitere solcher Beispiele ließen sich dafür anführen, dass GMP durchaus mit konkreten und sehr detaillierten Forderungen in Verbindung gebracht werden kann. Und dass dies von FDA Inspektoren zum Teil nachgeprüft und auch nachgemessen wird, haben manche Firmen schon leidvoll im Rahmen von Inspektionen erfahren müssen.

### 2.3.5.3  FDA Compliance Program Guidance Manuals – CPGM (http://www.fda.gov/ora/cpgm/default.htm)

Diese noch mehr ins Detail gehenden Dokumente sind ebenfalls im Zusammenhang mit der Schulung und Ausbildung von FDA-Inspektoren zu sehen. Auch diese Dokumente werden nicht als bindend betrachtet. Es werden jederzeit alternative Lösungen akzeptiert. Für den Wirkstoffbereich wären hier vorrangig zu nennen:
– 7356.002 Drug Manufacturing Inspections (allgemein),
– 7356.002F Active Pharmaceutical Ingredients (nicht sterile Wirkstoffe) und
– 7356.002A Sterile Drug Process Inspections (sterile Wirkstoffe).

Sehr detailliert wird hierin festgelegt, auf was der jeweilige Inspektor im Detail zu achten hat, welche Dokumente er von dem auditierten Betrieb verlangen soll, auf welche Anlageneigenschaften er achten muss und welche typischen Abweichungen er üblicherweise in den Produktionsstätten antrifft. Auch Hinweise darauf, wie er mit dem entsprechenden Headquarter zu kommunizieren hat, welche Informationen weiterzuleiten sind, welche Proben vom auditierten Betrieb anzufordern sind und vieles mehr findet sich in diesem Manual. Ein prinzipiell hilfreiches Dokument für all diejenigen, die sich sehr intensiv auf ein Audit vorbereiten möchten.

### 2.3.5.4 FDA Compliance Policy Guides – CPG
(http://www.fda.gov/ora/compliance_ref/cpg/default.htm)

Diese mit FDA-internen „Statements" vergleichbaren Dokumente verfolgen das Ziel, bei der FDA ein einheitliches Meinungsbild in Bezug auf die cGMP-Compliance, d. h. die Übereinstimmung mit cGMP-Anforderungen zu schaffen. Man möchte vermeiden, dass vonseiten der FDA von unterschiedlichen Inspektoren unterschiedliche Meinungen bzw. Interpretationen geäußert werden. Ein verständlicher, aber gerade im Zusammenhang mit GMP nicht einfach zu erfüllender Wunsch.

Die Dokumente werden bei der FDA heute von der Divison of Compliance Policy, dem Office of Enforcement und dem Office of Regulatory Affairs (ORA) nach einem festen Schema erstellt, geprüft, freigegeben und intern bei der FDA verteilt. Dabei handelt es sich oft um ganz konkrete Fragestellungen im Zusammenhang mit Compliance-Problemen, die dann mehr oder weniger ausführlich beantwortet bzw. diskutiert werden. In jedem Fall helfen diese Statements, sich grundsätzlich ein Bild über die Denkweise der FDA zu machen oder mögliche Fragen zu beantworten.

### 2.3.5.5 FDA Human Drug cGMP Notes
(http://www.fda.gov/cder/dmpq/cgmpnotes.htm)

Hier handelt es sich um eine Art Gesprächsnotiz (engl.: memo), welche zu unterschiedlichsten Fragen aus der Industrie im Zusammenhang mit Compliance-Problemen aufgezeichnet wurden. Herausgeber war Paul J. Motise, FDA, Division of Manufacturing and Product Quality, Center for Drug Evaluation and Research (CDER). Diese Notes erfreuten sich insgesamt großer Beliebtheit, handelte es sich doch um wichtige, die Industrie im Zusammenhang mit GMP stark drängende Fragen, die hier sozusagen öffentlich unter Berücksichtigung der FDA-Philosophie regelmäßig beantwortet wurden. Leider stoppte diese Aktion im Jahre 2000.

Die Notes findet man zwar noch im Internet, allerdings nur für den Zeitraum 1993–2000. Ersetzt wurde diese Aktivität durch eine im Rahmen der neuen FDA-Initiative zur öffentlichen Nutzung bereitgestellten Diskussionsplattform. Diese findet man im Internet unter http://www.fda.gov/cder/guidance/cGMPs/default.htm. Leider ist sie nicht so komfortabel angelegt, dass man auf den ersten Blick finden würde, an wen man seine Frage richten kann. Und auch die Fülle der bisher auf dieser Plattform beantworteten Fragen spricht nicht für eine intensive Nutzung und Akzeptanz.

Neben diesen hier aufgelisteten Dokumenten findet man auf der FDA-Homepage noch eine Fülle schier unerschöpflicher Informationen, Hinweise und weitergehender Unterlagen. Ob dies am Ende immer so nützlich ist, bleibt zu bezweifeln, findet man doch kaum noch durch diesen unendlichen Dokumentendschungel hindurch. Geschweige denn, dass man am Ende noch den Überblick hat, was nun wirklich rechtsverbindlich und wichtig ist. Auf eine besondere Art von Information sei aber abschließend noch hingewiesen. Es handelt sich hier um die Auditberichte der FDA, die entweder in einem entsprechenden Mängelbericht (Formular Nr. 483) oder in einem sogenannten „Warning Letter" ihren Niederschlag finden. Während der Mängelbericht immer im Zusammenhang mit einem durchgeführten Audit erstellt wird und sozusagen den „normalen" Bericht (genauer Mängelbericht) darstellt, handelt es sich bei dem zweiten Dokument um eine Maßnahme seitens der FDA, die nur dann ergriffen wird, wenn unverkennbare und schwerwiegende Mängel im Zusammenhang mit GMP-Anforderungen beim Audit festgestellt worden sind. Im Rahmen des in den USA bestehenden Freedom of Information Act (FOI) werden diese Mängelbescheide, vorwiegend die Warning Letters, regelmäßig im Internet veröffentlicht, wobei jeweils nur die Produkte und Verfahren betreffenden sensitiven Informationen geschwärzt werden. Diese Dokumente stellen damit eine hervorragende Wissensquelle in Bezug auf GMP dar, lernt man doch aus nichts so gut wie eben aus gemachten Fehlern. Das eben haben auch entsprechende Verlage entdeckt, die diese Informationen heute z. B. als sogenannte „GMP-Trends" für Geld vertreiben.

Sicher könnte man hier noch, insbesondere die FDA betreffend, eine Fülle weiterer Dokumente und Informationsquellen aufführen. Mit Blick auf das behandelte Schwerpunktthema „Qualifizierung und Validierung" sind mit den oben angesprochenen Quellen die wichtigsten genannt, die man auf alle Fälle kennen oder von denen man zumindest wissen sollte.

### 2.3.6
**GMP-Regeln in Asien**

Auch in Asien spielt GMP mittlerweile eine ganz entscheidende Rolle, nicht zuletzt deshalb, weil immer mehr europäische Firmen ihre Produktionsstätten aus Kostengründen dorthin verlagern. Aber auch die asiatischen Pharma- und Wirkstoffbetriebe sind heute durchaus soweit, dass sie mit ihren Produkten verstärkt auf den europäischen bzw. US-amerikanischen Markt drängen und sich daher an den lokal und international geltenden GMP-Regeln orientieren müssen. Im Land selbst wehrt man sich gegen die zunehmend von außen eindringende Pharmaindustrie und versucht vorrangig, die im Lande durch heimische Firmen hergestellten Produkte auch im Heimatland selbst zu vertreiben.

Aus Verbraucherschutzgründen, aber auch aus Gründen des Wettbewerbs war es daher nahe liegend, entsprechende Überwachungsbehörden einzurichten und sich dem allgemeinen Standard, insbesondere der Einführung und Einhaltung von GMP-Vorschriften anzuschließen. Dass dies letztendlich mehr oder weniger gut bzw. konform mit den bereits andernorts schon bestehenden Richtlinien geschah, ist sicher nicht allein auf das sprachliche Problem zurückzuführen, kann aber auch nicht ganz von der Hand gewiesen werden.

So gibt es heute zum Beispiel in Korea geltende GMP-Regeln [43], die im Lande selbst gesetzliche Verpflichtung sind und nach denen die Zertifizierung durch die Koreanische Food and Drug Administration (KFDA) zwingend vorgeschrieben ist, will man das hergestellte Produkt in Korea auch vermarkten. Dass man die GMP-Regeln nicht neu erfinden würde, war klar. Vielmehr wurde hier auf den amerikanischen Standard zurückgegriffen und mithilfe zweier Professoren eine entsprechende koreanische Übersetzung bzw. ein Extrakt angefertigt. Ob es nun mit Blick auf wirtschaftspolitische Ziele beabsichtigt war oder nur die Schwierigkeit, die bestehenden Regelwerke richtig zu interpretieren, sei dahingestellt. Tatsache ist, dass die Anforderungen an pharmazeutische Endprodukte, ob sterile oder unsterile Fertigung und die Anforderungen an die Wirkstoffherstellung bunt gemischt wurden. Insbesondere werden sehr hohe Anforderungen an die Schlüsselpersonen im Wirkstoffbereich gestellt, müssen doch in Korea auch der Herstellungsleiter und die für die Qualitätseinheit verantwortlichen Personen ausgebildete Pharmazeuten mit Nachweis entsprechender Erfahrung sein, wie man es im Westen eigentlich nur von den pharmazeutischen Betrieben kennt. Wird im Regelwerkstext noch deutlich zwischen Pharmaendprodukten und Wirkstoffen unterschieden, so findet man diesbezüglich in den für eine Zulassung auszufüllenden Formularen kaum noch einen Unterschied. Anforderungen an Wirkstoffe werden nahezu gleichgesetzt mit den Anforderungen an pharmazeutische Endprodukte. Der Standard ist hoch angesetzt. Allerdings bestehen aktuell Bestrebungen, sich speziell in Bezug auf die Wirkstoffe den international anerkannten ICH-Q7A-GMP-Regeln anzuschließen.

Ähnliche Probleme zeichnen sich bei den chinesischen GMP-Regelwerken ab [44]. Hier ist die sogenannte State Food and Drug Administration (SFDA) verantwortlich für die Vorgabe und Überwachung der Einhaltung der entsprechenden chinesischen GMP-Regeln. Diese scheinen beim ersten Durchlesen und Studieren eine wilde Mischung aus typischen GMP-Grundregeln und sämtlichen bekannten Annexen, z. B. der europäischen Regelwerke, darzustellen. In der Tat beruht der Inhalt im Wesentlichen auf den WHO- bzw. europäischen und amerikanischen GMP-Regelwerken. Eine deutliche Vorliebe erkennt man beim Thema „Reinräume". So kann man sich nicht ganz des Gefühls erwehren, dass dieses Thema gleichgesetzt wird mit der Erfüllung von GMP-Anforderungen. Und in der Tat beobachtet man bei entsprechend weit entwickelten Firmen, dass das Hauptaugenmerk auch und gerade bei Wirkstoffherstellern eindeutig auf die Gestaltung und den Ausbau von Reinräumen gelegt wird. Nicht selten schießt man dabei über das Ziel hinaus und „übererfüllt" die eigentlichen (westlichen) Anforderungen, zumindest in den allerletzten Verfahrensschritten, während man den vorderen Teil des Prozesses, der durchaus noch den GMP-Bedingungen zuzurechnen ist, vernachlässigt.

Ungeachtet dessen ist die Entwicklung heute durchaus so weit, dass neu errichtete Produktionsstätten in China auf alle Fälle geltende GMP-Anforderungen erfüllen müssen, um die für die Produktion erforderliche Lizenz zu erhalten. Und diese Anforderungen sind durchaus dicht an den europäischen und amerikanischen Standards.

Bleibt noch ein kurzer Blick nach Japan, einem aus wirtschaftlicher Sicht sicher nicht uninteressanten Land. Auch hier haben sich über Jahre hinweg, angelehnt an die Vorgeschichte der USA, Standards in Bezug auf GMP-Anforderungen entwickelt, die ebenfalls ihre Probleme zeigten, weil einerseits deutlich zu hohe Maßstäbe gesetzt wurden (z. B. Forderung nach viel zu detaillierten Stellenbeschreibungen für alle denkbaren Positionen), andererseits an wesentlichen Stellen die Grundphilosophie nicht verstanden und daher nicht entsprechend umgesetzt war. Heute (seit etwa 2000), hat man sich dem westlichen Standard aber deutlich angenähert und u. a. auch mit Europa ein Abkommen auf gegenseitige Anerkennung (MRA, Mutual Recognition Agreement) hinsichtlich dieser Standards geschlossen. Zuständig für die GMP-Regeln ist in Japan das Ministry of Health and Welfare (MHW). Da Japan ein wesentlicher Partner der International Conference on Harmonisation (ICH) ist, dürfte es selbstverständlich sein, dass man die Wirkstoffherstellung betreffend den Vorgaben des ICH-Q7A-Leitfadens folgt.

Bleibt abschließend festzuhalten, dass heute auch die Länder, die bis vor kurzem entwicklungstechnisch noch weit zurücklagen, deutlich aufgeholt haben und wenn man auch noch nicht an allen Stellen die tiefergehende Philosophie der Regeln einer Guten Herstellungspraxis verinnerlicht und entsprechend umgesetzt hat, so orientiert man sich doch mehr und mehr am westlichen Standard und wird im Rahmen der allgemeinen Harmonisierung diesen auch sicher bald erreicht haben (s. auch Abschnitt 2.3.9).

### 2.3.7
**Die Wirkstoffproblematik**

#### 2.3.7.1 Wirkstoffe in den USA

Spricht man das Thema der unterschiedlichen Anforderungen an, die an Wirkstoffe und pharmazeutische Endprodukte gestellt werden, so muss man nicht unbedingt zu den wirtschaftlich noch nicht so weit entwickelten Ländern blicken, um entsprechende Probleme hinsichtlich der notwendigen Differenzierung zu erkennen. Auch in den Ländern, in denen der Grundgedanke von GMP letztendlich geprägt und entwickelt wurde, hat man durchaus seine liebe Müh und Not, jene notwendigen Unterscheidungen vorzunehmen, die den unterschiedlichen Anforderungen in Bezug auf die stark differierenden Herstellungsprozesse gerecht werden.

Klar ist, dass die Entwicklung der Regeln der Guten Herstellungspraxis ausgehend von den Anforderungen an die Qualität pharmazeutischer Endprodukte stattgefunden hat. Wirkstoffe kamen deutlich später in den Blickpunkt. Erst Ende der Achtziger-, Anfang der Neunzigerjahre wurde offen darüber diskutiert, dass die Verunreinigungen eines Wirkstoffs sich je nach Prozess bis in das pharmazeutische Endprodukt fortsetzen und damit dessen Qualität maßgeblich beeinträchtigen können. Es war damit offensichtlich, dass der Grundgedanke von GMP nur dann Sinn macht, wenn man auch den Prozess der Wirkstoffherstellung näher betrachtet und den vergleichbaren Anforderungen mit Blick auf eine Gute Herstellungspraxis unterwirft. Zugegeben, die Prozesse im Bereich der Wirkstoffherstellung unterscheiden sich doch deutlich von denen im Bereich der pharmazeutischen Endproduktherstellung – z. B. viele chemische Umwandlungs- und Reinigungsschritte im Verhältnis zu überwiegend physikalischen Verfahren bei Arzneimitteln. Deshalb können die GMP-Anforderungen für Arzneimittel nicht eins zu eins übertragen werden. Dies sollte auch seinen Niederschlag in den entsprechenden Regelwerken für Wirkstoffhersteller finden.

In den USA gelten aber nach wie vor die im 21 CFR 210/211 für pharmazeutische Endprodukte festgelegten cGMP-Regeln im gleichen Umfang auch für die zugehörigen Wirkstoffe. Kein Unterschied wird hier in Bezug auf die unterschiedlichen Produktklassen gemacht. Der aufmerksame Leser wird beim Studium der cGMP-Regeln zwar erkennen, dass im Vorwort eindeutig auf die Gültigkeit des 21 CFR 210/211 für Fertigarzneimittel hingewiesen wird, jedoch findet sich im FDA Guide to Bulk Pharmaceutical Chemicals und an anderen Stellen der klare Kommentar [45]: „Obwohl die unter 21 CFR, Parts 210/211 beschriebenen GMP-Regelwerke nur auf pharmazeutische Endprodukte angewendet werden sollen, fordert der „Food Drug and Cosmetic Act" in Abschnitt 501 (a) (2):

„A drug or device shall be deemed to be adulterated ... (B) if it is a drug and the methods used in, or the facilities or controls used for, its manufacture, processing, packing, or holding do not conform to or are not operated or administered in conformity with current good manufacturing practice to assure that such drug meets the requirements of this Act as to safety and has the identity and strength, and meets the quality and purity characteristics, which it purports or is represented to possess" ...

d.h., dass grundsätzlich alle „drugs" in Übereinstimmung mit den cGMP-Regeln herzustellen, zu handhaben und zu verpacken sind. Kein Unterschied wird gemacht zwischen Wirkstoffen und fertigen pharmazeutischen Produkten. „Die Nicht-Einhaltung der cGMP-Regeln bedeutet ein Nicht-Einhalten der gesetzlichen Anforderungen".

Das heißt: Obwohl die FDA in den USA den Unterschied zwischen der Herstellung von Wirkstoffen und der Herstellung pharmazeutischer Endprodukte klar erkannt und herausgearbeitet hat und auch speziell für Wirkstoffe eine Vielzahl eigener Richtlinien und Inspektionsleitfäden, die gerade diesem Unterschied gerecht werden, veröffentlicht hat, und obwohl heute vonseiten der FDA auch durchaus die Vorgaben des überregional anerkannten ICH-Q7A-Leitfadens für Wirkstoffhersteller akzeptiert werden, verzichtet man in letzter Konsequenz doch nicht auf die Gültigkeit der Basis-cGMP-Regeln im Zusammenhang mit der Herstellung pharmazeutischer Wirkstoffe. Der Wirkstoffhersteller, der seine Produkte auch nach USA vermarktet, tut also gut daran, von Zeit zu Zeit auch nochmals einen Blick in den 21 CFR 210/211 zu werfen.

### 2.3.7.2 Wirkstoffe in der BRD

In der Bundesrepublik ist der Wirkstoffbegriff seit der 4. Novelle AMG [46] vom 11.04.1990 fest im Arzneimittelgesetz verankert. Dort findet man unter § 4 Abs. 19 als offizielle Definition: „Wirkstoffe sind Stoffe, die dazu bestimmt sind, bei der Herstellung von Arzneimitteln als arzneilich wirksame Bestandteile verwendet zu werden". Ebenso wurde mit dieser Novelle gleichzeitig die Überwachung der

Wirkstoffhersteller geregelt: § 64 Abs. 1 sagt zum Thema Überwachung: „… Die Herstellung, Prüfung, … von Wirkstoffen sowie die Entwicklung von Arzneimitteln und Wirkstoffen unterliegen der Überwachung, soweit sie durch eine Rechtsverordnung nach § 54 geregelt sind. …".

Vier Jahre später, 1994, wurden mit der 5. Novelle AMG [47] die Themen „Herstellerlaubnis" und „Anzeigepflicht" aufgegriffen. So regelt §13 Abs. 1 die Herstellerlaubnis wie folgt: „Wer … Wirkstoffe, die menschlicher oder tierischer Herkunft sind oder auf gentechnischem Wege hergestellt werden, … herstellen will, bedarf einer Erlaubnis der zuständigen Behörde. …". Und hinsichtlich Anzeigenpflicht liest man unter § 67 Abs. 1: „Betriebe und Einrichtungen, die Arzneimittel entwickeln, herstellen, klinisch prüfen …haben dies … der zuständigen Behörde anzuzeigen. … Die Sätze 1 bis 4 gelten entsprechend für Betriebe und Einrichtungen, die Wirkstoffe herstellen …soweit diese Tätigkeiten durch eine Rechtsverordnung nach § 54 geregelt sind."

Alle Festlegungen verweisen dabei auf eine nach § 54 zu erlassende Betriebsverordnung für Wirkstoffhersteller. Diese wurde dann auch alsbald im ersten Entwurf im Oktober 1994 von den hierzu ermächtigten Bundesministerien herausgebracht, jedoch wurde sie nie in Kraft gesetzt [48]. Was war passiert?

Zunächst war es allein das Problem, dass die Bundesrepublik innerhalb der Europäischen Gemeinschaft keinen „Alleingang" unternehmen konnte und deshalb die offizielle Inkraftsetzung der WirkstoffBetrV verhindert wurde. Ein ungefähr in diesem Zeitraum erarbeitetes Papier der BPCC (Bulk Pharmaceutical Chemicals Committee, die heutige APIC = Active Pharmaceutical Ingredients Committee), einer Untergruppe des europäischen Verbands der Chemischen Industrie CEFIC, gab neben anderem dann den Anlass für eine verstärkte Initiative zur Erstellung spezifischer GMP-Regeln für Wirkstoffhersteller. In Zusammenarbeit mit der EFPIA, dem europäischen Verband der Pharmazeutischen Industrie, wurde basierend auf Vorarbeiten einer Britischen Arbeitsgruppe und des VfAs (Verband forschender Arzneimittelhersteller) ein entsprechend harmonisiertes Papier herausgebracht [49]. Dieses Papier wurde u. a. auch Grundlage für die von der Europäischen Kommission ausgehenden Bemühungen zur Neuregelung von Ausgangsstoffen.

Ein wahrer Sturm entbrannte in dieser Zeit mit Blick auf die Erstellung eines ersten ausführlichen Regelwerks, welches die speziellen Bedürfnisse der Wirkstoffhersteller ausreichend berücksichtigen und dabei auf der einen Seite ausreichend detailliert sein sollte, auf der anderen Seite aber auch nicht zu konkret gefasst werden konnte, um die Wirkstoffhersteller nicht zu sehr einzuschränken. Unzählig sind die Dokumente, die in der damaligen Zeit entstanden. Kaum ein Fachverband, kaum eine Behörde, die nicht in irgendeiner Form an GMP-Regeln für Wirkstoffhersteller gearbeitet hätte. Die Europäische Kommission, die Europäischen Industrieverbände CEFIC und EFPIA, deutsche Fachverbände (VfA), die damalige Schweizer Behörde IKS, die FDA, Japanische Behörden, Amerikanische Fachverbände (PhRMA), alle arbeiteten „wie wild" an der Erstellung dieses ersten nutzbaren GMP-Regelwerks. Der folgende Überblick zeigt eine Auswahl der wichtigen Regelwerke im Wirkstoffbereich, die im angesprochenen Zeitraum entstanden sind:

- PIC – Richtlinien für die Herstellung pharmazeutischer Wirkstoffe, PH 2/87, Juni 1987,
- WHO – Good Manufacturing Practices for Active Pharmaceutical Ingredients (Bulk Drug Substances), 1992,
- FDA – Guide to Inspections of Bulk Pharmaceutical Chemicals, Mai 1994,
- BMG – Betriebsverordnung für die Herstellung von Wirkstoffen für Arzneimittel, Entwurf, Oktober 1994,
- CEFIC/EFPIA – GMP for Active Ingredient Manufacturers, August 1996,
- PhRMA – Guidelines for the Production, Packing, Repacking or Holding of Drug Substances, September 1997,
- FDA – Guidance for Industry, Manufacture, Processing or Holding of Active Pharmaceutical Ingredients, März 1998,
- PIC – International harmonisierter GMP-Leitfaden für Wirkstoffe, API-Guide, September 1997,
- ICH – Good Manufacturing Practice Guide for Active Pharmaceutical Ingredients, Draft 6, Dezember 1999,
- EU – Draft Proposal for a European Parliament and Council Directive on Good Manufacturing Practice for Starting Materials and Medicinal Products and Inspection of Manufactures, Februar 1999.

Es wäre müßig und für den Leser wenig nutzbringend, hier mit Blick auf die Historie alle Einzelheiten aufzulisten, resultiert das Ergebnis heute doch eindeutig in dem ICH-Q7A-Leitfaden, mit dem man sich nun weltweit arrangiert hat. Wichtiger dagegen ist die aktuelle Situation in Deutschland.

Da die Wirkstoffbetriebsverordnung (WirkBetrV) in dem gesamten Zeitraum nie in Kraft trat, waren auch die oben zitierten, im AMG festgeschriebenen Regelungen, welche sich auf die WirkstoffBetrV stützten, ohne jegliche rechtliche Grundlage und damit ohne Bedeutung. Die Hersteller von Wirkstoffen schwebten im rechtsfreien Raum. In Europa und speziell in Deutschland gab es somit keine rechtsverbindliche Verpflichtung, Wirkstoffe zwingend unter GMP-Bedingungen zu produzieren. Lediglich wer seine Produkte in Ländern vermarktete, in welchen GMP Gesetz war (z. B. USA), musste sich zwingend an die dort geltenden Vorschriften halten. Darüber hinaus galten nur noch die zwischenstaatlichen Vereinbarungen, wie im Falle der Lieferung in ein PIC-Mitgliedsland oder die eigenverantwortliche Einhaltung der WHO-GMP-Regeln als Stand des Wissens und der Technik, um nicht im Falle eines entsprechenden Vorkommnisses Haftungsansprüchen ausgesetzt zu sein. Einen Verstoß im Sinne des Strafrechts musste man jedoch nicht befürchten. Allerdings – und das ist sicherlich positiv anzumerken – hatte sich gerade in den vergangenen Jahren die Industrie ungeachtet der Rechtssituation in den meisten Fällen bereits freiwillig an die allgemein bekannten ICH-Anforderungen gehalten und diese nach und nach umgesetzt.

Eine erste wesentliche Änderung für Wirkstoffhersteller ergab sich erst mit der Neufassung der Richtlinie 2001/83/EG durch die Richtlinie 2004/27/EG, mit der seit Oktober 2005 die Einhaltung der Wirkstoff-GMP-Regeln, damals noch festgelegt im Annex 18 des Volume IV, The Rules Governing Medicinal Products in the European Community (entspricht ICH Q7A), verbindlich gefordert wird

(s. auch Abschnitt 2.3.4). Allerdings liegt – zumindest nach europäischer Sichtweise – die Verpflichtung zur Sicherstellung der Einhaltung von GMP immer noch beim Fertigarzneimittelhersteller und nicht unmittelbar beim Wirkstoffhersteller. Die sogenannte „Sachkundige Person (Qualified Person)" des Fertigarzneimittelherstellers hat – wie bereits angesprochen – in dem entsprechenden Zulassungsdossier die GMP-Konformität der Wirkstoffherstellung zu bestätigen, die zuvor z. B. im Rahmen eines Lieferantenaudits geprüft werden muss.

Der eigentliche Durchbruch kam aber erst am 9. November 2006 mit der neuen Arzneimittel- und Wirkstoffherstellungsverordnung (AMWHV). Waren aufgrund des 12. Gesetzes zur Änderung des Arzneimittelgesetzes und der damit verbundenen Revision der Pharmabetriebsverordnung bereits Wirkstoffe, die Blut oder Blutzubereitungen sind und Wirkstoffe menschlicher, tierischer und mikrobieller Herkunft bzw. Wirkstoffe, die auf gentechnischem Wege hergestellt werden, erfasst, so wurden jetzt – 12 Jahre nach dem ersten Entwurf einer Wirkstoffbetriebsverordnung – alle relevanten Wirkstoffe sowie ausgewählte Hilfsstoffe in den uneingeschränkten Geltungsbereich der gesetzlichen Regelungen verbracht und damit unter die Kontrolle der Überwachungsbehörden der Bundesländer gestellt. Eine lang und viel diskutierte Lücke war geschlossen.

Als Fazit gilt: Wer Wirkstoffe und ausgewählte Hilfsstoffe – genauer Arzneiträgerstoffe – herstellt, mit ihnen umgeht, handelt oder sie in den Verkehr bringt, unterliegt in Deutschland den Regelungen des Arzneimittelgesetzes und den weitergehenden Anforderungen resultierend aus der AMWHV, insbesondere der gesetzlichen Verpflichtung, dies unter Einhaltung der Regeln einer Guten Herstellungspraxis, beschrieben in den „Rules Governing Medicinal Products in the European Union, Part II", zu tun. Dies wiederum schließt die Notwendigkeit zur Qualifizierung und Validierung ein.

### 2.3.8
### GMP für Hilfsstoffe, Kosmetika und andere Produkte

Bisher wurden schwerpunktmäßig die GMP-Regeln für Arzneimittel- und Wirkstoffhersteller angesprochen. Aber nicht nur diese, sondern wie eingangs bereits erwähnt, auch die Hersteller von Kosmetikprodukten, Hilfsstoffen, Nahrungsmittelhersteller, Hersteller von Nahrungsergänzungsmitteln, Futtermittelhersteller u. a. unterliegen heute den Regeln einer Guten Herstellungspraxis. Dabei ist es nicht immer nur gesetzliche Verpflichtung, welche dies vorschreibt, vielmehr sind es Industrieverbände und das Bekenntnis zur Selbstverpflichtung – oft auch aus reinen Wettbewerbsgründen – was zur freiwilligen Einhaltung solcher Regeln animiert. Im Folgenden sollen nur kurz – als schneller Abriss – die wichtigsten GMP-Regelwerke genannt werden, die im Zusammenhang mit den oben aufgeführten Produkten zu berücksichtigen sind.

#### 2.3.8.1 Hilfsstoffe
Neben den pharmazeutischen Wirkstoffen sind ganz sicher die pharmazeutischen Hilfsstoffe als Erstes zu betrachten. Auch hier herrscht schon seit Längerem eine

gewisse Unsicherheit, was die rechtliche Verbindlichkeit von GMP-Regeln anbelangt. In der Tat gibt es bislang im Wesentlichen die GMP-Regeln der WHO, veröffentlicht in den Technical Report Series No. 885, Annex 5 von 1999, GMP-Regeln für Hilfsstoffe, denen ein gewisser „rechtlicher" Charakter zukommt. Diese sind außer im WHO Report auch in der amerikanischen Pharmakopöe, d. h. dem amerikanischen Arzneibuch, veröffentlicht.

Darüber hinaus sind noch GMP-Regeln der IPEC (International Pharmaceutical Excipient Council) zu erwähnen, ein internationaler Industrieverband, der es sich zur Aufgabe gemacht hat, hier eine gewisse Standardisierung einzuführen. Ähnlich der ICH (s. Abschnitt 2.3.9) setzt sich die IPEC aus unabhängigen Industrieverbänden in Europa, Amerika und Japan zusammen. Entsprechend unterscheidet man eine IPEC Americas, IPEC Europe und eine IPEC Japan [50]. Zentrales Ziel ist die Harmonisierung von Anforderungen, welche die Hersteller pharmazeutischer Hilfsstoffe berücksichtigen sollen. Eine aktuelle Version von Hilfsstoff-GMP-Regeln findet man mit der revidierten Ausgabe von 2006 [51].

Die Richtlinie gilt schwerpunktmäßig für solche Hilfsstoffe, die ihren Einsatz in Human- oder Tierarzneimitteln oder in Biologics finden. Eine Anwendung der Richtlinien für Hilfsstoffe zum Einsatz in kosmetischen oder Nahrungsmittelprodukten ist nicht direkt erkennbar. Inhaltlich nimmt sie starken Bezug auf die Qualitätsnormen einer DIN ISO 9001:2000, insbesondere was die Gliederung betrifft. Bereits in der älteren Fassung vom November 2001 wurde das Thema „Verfahrensvalidierung" als feste Forderung an die Hilfsstoffhersteller mitaufgenommen. Wichtige Themen jedoch, wie die explizite Reinigungsvalidierung oder Anlagenqualifizierung, fehlen. Dabei macht gerade Letzteres gewisse Schwierigkeiten, weiß man doch, dass eine entsprechende Validierung eigentlich nur mit einer qualifizierten Anlage möglich ist, Auch das Thema „Kalibrierung" findet keine explizite Erwähnung.

Die Realität hat jedoch gezeigt, dass sich schon heute viele Hilfsstoffhersteller entweder freiwillig oder aufgrund entsprechender Kundenforderungen an die Vorgaben des ICH Q7A halten. Die FDA erwähnt explizit in einigen ihrer Wirkstoff-Guidelines, dass diese durchaus auch auf Hilfsstoffe angewendet werden können. Die revisionierte Richtlinie 2001/83/EG schließlich erwähnt, dass die GMP-Regeln des Annex 18 (ICH Q7A bzw. Part II) auch für einige ausgewählte Hilfsstoffe gelten, die im Einzelnen noch benannt werden sollen.

Es bleibt also abzuwarten, ob hier eventuell noch eine Harmonisierung stattfindet, so dass man zukünftig nicht mehr zwingend zwischen Hilfs- und Wirkstoffen unterscheidet. Das würde in gewissem Maße auch Sinn machen, kommen Verunreinigungen im Hilfsstoff doch genauso ins Endprodukt wie Verunreinigungen des entsprechenden Wirkstoffs. Lediglich das Thema „Wirksamkeit" spielt bei Hilfsstoffen und speziell bei der Betrachtung möglicher Kreuzkontaminationen keine entscheidende Rolle. Einzig der im Dezember 2006 herausgegebene Hilfsstoff-GMP-Leitfaden spricht gegen eine solche Harmonisierung

### 2.3.8.2 Kosmetikprodukte
Hier sind mehrere Unterscheidungen zu treffen, einmal regional und in Bezug auf die Art der kosmetischen Produkte.

In den USA spricht die FDA von der „Fine Line between Cosmetics and Drugs" [52] und unterscheidet damit solche Kosmetikprodukte, die lediglich der Schönheit und der Körperpflege dienen und solchen, die auch eine gewisse gesundheitsfördernde oder -erhaltende Wirkung haben. Alle Kosmetikprodukte sind generell im übergeordneten Federal Food Drug & Cosmetic Act geregelt. Bei der erstgenannten Kategorie hat die FDA jedoch zunächst keinerlei Einflussmöglichkeit hinsichtlich einer präventiven Überwachung und Kontrolle. Erst im Falle von unerwünschten Vorkommnissen kann die Behörde dahin gehend einschreiten, dass sie die betroffenen Produkte gezielt überprüft und ggf. vom Markt nimmt. Lippenstifte, Gesichtscremes oder Parfüms wären typische Vertreter aus dieser Kategorie. Dann jedoch gibt es jene Kosmetikartikel, die u. a. auch dazu dienen, Krankheiten zu behandeln oder vor solchen zu schützen. Beispiele hierfür sind typischerweise Fluor-Zahnpasten, Sonnenschutzcremes, Schweiß hemmende Deodorants etc. Hier spricht die FDA eindeutig von pharmazeutischen Kosmetikprodukten und hat in diesem Zusammenhang das Kunstwort „Cosmeceuticals" geprägt, welches diesen Sachverhalt darstellen soll. Die zugehörigen Wirkstoffe, z. B. UV-Adsorber in den Sonnenschutzcremes, sind im Sinne der amerikanischen Behörde damit ganz klar „drugs" und müssen ohne Einschränkung entsprechend den geltenden cGMP-Regeln (festgelegt im 21 CFR Parts 210/211) hergestellt werden, wie manch Hersteller schon im Rahmen eines FDA-Audits leidvoll erfahren durfte. Dass dann nochmals unterschieden wird, je nachdem, welchen Sonnenschutzfaktor das Endprodukt hat, macht die Abgrenzung sicher nicht gerade einfacher.

In Europa sind Kosmetikprodukte ähnlich eingebunden wie Arzneiprodukte, d. h. es gibt auf EU-Ebene eine Richtlinie 76/768/EWG vom 27. Juli 1976 über kosmetische Mittel, mehrfach und zuletzt überarbeitet im Rahmen der Richtlinie 2006/78/EG, welche besagt, dass kosmetische Mittel einschließlich der zugehörigen Wirkstoffe nach Kosmetik-GMP-Regeln hergestellt werden müssen. Wörtlich wird in Abschnitt M21, Artikel 7a ausgeführt: *„The manufacturer ... for placing an imported cosmetic product on the Community market shall for control purposes keep the following information readily accessible to the competent authorities ..."*, wobei hier dann unter Abschnitt (c) genannt wird: *„the method of manufacture complying with the good manufacturing practice laid down by Community law or, failing that, laid down by the law of the Member State concerned."* Unglücklicherweise oder aber auch glücklicherweise gab es in Bezug auf die Kosmetikprodukte bis dato keine amtlichen Ausführungsbestimmungen, sodass die Industrie hier noch recht frei agieren konnte. Es war der Industrieverband Körperpflege und Waschmittel e.V. (IKW), der 1997 zum ersten Mal entsprechende Kosmetik-GMP-Regeln für die Industrie herausbrachte, an denen man sich auch lange Zeit orientierte.

Ganz aktuell werden GMP-Regeln für Kosmetikprodukte nun auch vom Europäischen Verband für Kosmetische Bestandteile EFfCI (European Federation for Cosmetic Ingredients) herausgegeben. Erstmals erschien ein Entwurf hierzu Ende 2004 [53]. Man darf gespannt sein, welche Entwicklungen sich hier noch abzeichnen werden. Ungeachtet dessen bleibt noch zu erwähnen, dass vergleichbar mit den Regelungen für Medizinprodukte die EU auch sogenannte „Rules governing cosmetic products in the European Union" in Form eines „CosmetLex", einem Sammelband für Cosmetic Legislation u. a. im Internet veröffentlich hat. Drei Bände sind hierbei zu unterscheiden: Volume 1: Legislation, Volume 2: Methods of analysis und Volume 3: Guidelines.

### 2.3.8.3 Lebensmittel und Lebensmittelzusatzstoffe

Auch hierfür gibt es Regeln der Guten Herstellungspraxis, welche als solche eindeutig in den USA ausgewiesen sind und sich entsprechend den pharmazeutischen GMP-Regeln im 21 CFR Part 110 finden. Bei Lebensmitteln steht verstärkt die Hygiene und Sauberkeit im Vordergrund. Wirksamkeit spielt hier zum Beispiel nicht die Rolle wie bei Medizinprodukten. Das Vermeiden verdorbener Waren, welche insbesondere mit Blick auf mikrobiologische Kontaminationen genauer zu betrachten sind, ist hier ein Thema. Ebenso das Vermeiden von Kontaminationen durch Schmutz, Staub oder gar Holz- und Glassplitter. Aus diesem Grund findet man in Europa auch nicht zwingend den Begriff GMP, sondern vielmehr den Begriff der Hygiene, welcher sich u. a. in der EG Verordnung 852/2004 (ehemals EU Richtlinie 93/43/EWG) für Lebensmittelhygiene und in der EG Verordnung 882/2004 (ehemals Richtlinie 89/397/EWG) wiederfindet, welche sich schwerpunktmäßig mit der Lebensmittelüberwachung auseinandersetzt.

Auf Länderebene, d. h. konkret in der Bundesrepublik Deutschland, fanden die Interpretationen der Europäischen Richtlinien u. a. ihren Niederschlag in der Lebensmittelhygieneverordnung (LMHV) und dem Lebensmittelbedarfsgegenständegesetz (LMBG), welche im Rahmen jüngster Entwicklungen durch das übergreifende Werk des Lebensmittel- und Futtermittelgesetzbuchs [54] (LFGB) abgelöst wurden.

Ähnlich wichtig wie die Validierung im Bereich GMP-geregelter Produkte, ist im Bereich der Lebensmittel das Thema „Critical Control Points" zu sehen. Hierunter versteht man für die Qualität der Produkte kritische Verfahrensschritte, bei welchen wesentliche Kontaminationseinflüsse zuverlässig und reproduzierbar überwacht und geregelt werden (control = regeln). Das Auffinden dieser CCPs erfolgt dabei mithilfe einer weitgehend vorgegebenen und stark systematisierten Risikoanalyse, der HACCP (Hazard Analysis, Critical Control Points), welche als solche heute auch sehr stark im GMP-Bereich Anwendung findet (s. Abschnitt 4.7.2.3). Eine detaillierte Anleitung und Erklärung hierzu kann man u. a. im sogenannten „Codex Alimentarius" [55] nachlesen, einem Standardwerk, welches von der FAO (Food & Agriculture Organization) und der WHO in Kooperation herausgegeben wurde und das Thema „HACCP" zusammen mit Lebensmittelhygiene weltweit und tiefgehend behandelt. Dabei ist wichtig zu wissen, dass Hygiene und HACCP zwei voneinander getrennt zu betrachtende Themenschwerpunkte sind, die sich keinesfalls gegenseitig ausschließen.

Dass gerade im Lebensmittelbereich die herstellenden Firmen ein besonderes Interesse daran haben, dass ihre Waren ordnungsgemäß, sauber und nicht kontaminiert bzw. verdorben in den Markt gelangen, mag sicherlich auch am Imageschaden liegen, den ein Vorfall, wird er erst einmal publik gemacht, anrichten kann. Auf der anderen Seite ist natürlich auch die Zahl der Anwender (Verbraucher) und damit das allgemeine Risiko entsprechend hoch. Aus diesem Grund erscheint es auch verständlich, dass sich die Firmen zum Teil selbst hier sehr hohe Hürden auferlegen, wie dies am Beispiel des AIB [56] (American Institute of Baking) zu erkennen ist. Dies hat eigene und sehr detaillierte, auf Hygiene ausgerichtete Regeln für Lebensmittelprodukte herausgebracht, die u. a. ein hohes Maß an Selbstkontrolle erfordern und gleichzeitig die Einhaltung über ein strenges Punktesystem verfolgen. Vom AIB durchgeführte Audits sind als streng und sehr detailliert bekannt und werden überwiegend von den Kunden der herstellenden Betriebe selbst ausgelöst. Wer seine vorgegebene Punktzahl nicht erreicht, hat keine Chance, sein Produkt an den Mann (Kunden) zu bringen.

#### 2.3.8.4 Futtermittel und Futtermittelzusatzstoffe

Heute ist die Nahrungsmittelkette nahezu jedermann bekannt. Kaum einer, der nicht weiß, dass das was heute auf das Feld ausgetragen oder gesprüht wird, morgen im Fleisch, der Milch oder den Eiern bei uns auf dem Tisch landet. Also auch hier ist eine entsprechende Sorgfaltspflicht nötig, um neben Umwelt und Tier auch den Menschen als Verbraucher und Ende der Nahrungsmittelkette zu schützen. Regelungen sind gefordert. Und so haben auch in diesem Bereich GMP-Regeln ihren unaufhaltsamen Einzug gehalten.

GMP+ werden zum Beispiel jene Vorgaben genannt, welche ihren Ursprung in den Niederlanden haben. Der Niederländische Marktverband Tierfutter (www.pdv.nl) hat es zum Beispiel als Aufgabe übernommen, hier entsprechende Anforderungen zu formulieren, welche ähnlich dem Vorgehen im Lebensmittelbereich den Fokus auf Hygiene und die Durchführung einer Risikoanalyse nach dem HACCP-Konzept legen. Das + bedeutet dabei, die Anwendung von GMP-Regeln, ergänzt (+) um die Risikoanalyse nach HACCP. Bei den GMP-Regeln handelt es sich dabei um speziell auf die Futtermittelherstellung ausgerichtete Anforderungen, welche zusätzlich mit den Anforderungen der Qualitätsnorm ISO 9001:2000 in Verbindung gebracht werden. Verknüpft mit entsprechenden Inspektionen und Zertifizierungen, durchgeführt durch den oben genannten Marktverband, wird so mehr Sicherheit und Vertrauen beim Kunden geschaffen.

Wieder ist es die Industrie selbst, die zur Vorbeugung eventueller Schäden, vielleicht manchmal auch aus Gründen des Wettbewerbs, sich hier selbst zum Teil recht strenge Richtlinien auferlegt. Qualitätsstandards zu generieren und am Ende die Produkte mit einem entsprechenden Gütesiegel verkaufen zu können, ist dabei sicher ein vorrangiges Ziel, welches zum Beispiel auch die FAMI QS (www.fami-qs.org) verfolgt. Dies ist ein Verband der Hersteller von Futtermitteladditiven und Premixtures, die als Reaktion auf den Vorschlag der Europäischen Kommission, eine entsprechende europaweit geltende Regelung einzuführen, mit einem „Code of Practice for Feed Additives and Premixtures" geantwortet haben. Nicht dass man damit in Vorleistung treten wollte. Vielmehr war es erklärtes Ziel, sich zum einen die „angemessenen" Regeln einer Guten Herstellungspraxis selbst vorzugeben und zu überwachen, zum anderen in Richtung einer Harmonisierung mit Blick auf die schon recht zahlreichen, in diesem Bereich existierenden Regelungen hinzuwirken.

Man könnte die Liste derartiger Regeln, Richtlinien und Vorgaben, welche sich auf bestimmte Produktgruppen beziehen und von Behörden, Internationalen Organisationen und Verbänden ständig neu herausgebracht werden, noch beliebig fortsetzen. Dies wird aber in Anbetracht der hier zu behandelnden Thematik als nicht sinnvoll erachtet und daher dem Einzelnen überlassen, inwieweit er in dieser Beziehung in die Tiefe recherchieren möchte. Glücklicherweise bietet das Internet heute hierzu ausreichend die Möglichkeit; die entsprechend relevanten Stellen wurden oben bereits angegeben.

### 2.3.9
### Harmonisierte GMP-Regeln, ICH

Der geneigte Leser wird – sollte er sich bis hierher durchgekämpft haben – sicher tief durchatmen und sich zu Recht fragen, wer soll bzw. wer kann das überhaupt noch alles lesen und verarbeiten, vom Anwenden einmal ganz abgesehen. In der Tat ist die Flut an Richtlinien, Regelwerken, ergänzenden Leitlinien, Industriepapieren und -vorschlägen nahezu unüberschaubar und erdrückend. Gleichzeitig ist natürlich damit auch die Gefahr verbunden, dass man den Überblick verliert und unter Umständen der Umsetzung falsche Richtlinien zugrunde legt oder wesentliche rechtliche Vorgaben gar vergisst. Umso größer dürften daher die Erleichterung und die Freude darüber sein, dass es vehemente Bestrebungen zur Harmonisierung und Vereinheitlichung all dieser Dokumente und Regelwerke gibt.

Im Jahr 1990 wurde bei einem internationalen Treffen in Brüssel, ausgerichtet durch den europäischen Verband der pharmazeutischen Industrie EFPIA, ein Projekt ins Leben gerufen, was genau dieses Ziel zur Aufgabe hatte, die Harmonisierung unterschiedlichster Richtlinien und Regelwerke, allerdings nur im Zusammenhang mit pharmazeutischen Produkten, die zur Anwendung am Menschen bestimmt sind. Dabei standen die wissenschaftlichen und technischen Aspekte im Zusammenhang mit der behördlichen Zulassung solcher Produkte im Vordergrund. Die Grundsteine zu diesem Vorhaben wurden bereits einige Jahre zuvor gelegt. Drei Regionen haben sich zu dieser sicher sehr anspruchsvollen und herausfordernden Arbeit zusammengeschlossen: Amerika, Europa und Japan. Aus jeder Region wurden dabei sowohl Behördenvertreter als auch Vertreter maßgebender Industrieverbände an den Tisch geholt. Amerika, vertreten durch die FDA und die PhRMA (Pharmaceutical Research Manufacturing Association), Europa durch die Europäische Kommission DG III und den europäischen Verband der Pharmazeutischen Industrie EFPIA und Japan durch das Ministry of Health, Labor and Welfare (MHLW) und die Japanese Pharmaceutical Manufacturing Association JPMA. Ferner sind als ständige Beobachter die WHO, die EFTA (European Free Trade Association), vertreten durch die Swissmedic und die Health Canada zugegen (Abb. 2.9). Unter dem Titel „International Conference on Harmonization", kurz ICH (www.ich.org), wurden diese weitreichenden Arbeiten aufgenommen.

Von Anfang an wurden diese Arbeiten an den Anforderungen, die an ein in der Zulassung befindliches Arzneimittel gestellt werden, ausgerichtet und strukturiert. Aus diesem Grund hatte man schon sehr früh eine Kategorisierung für zu

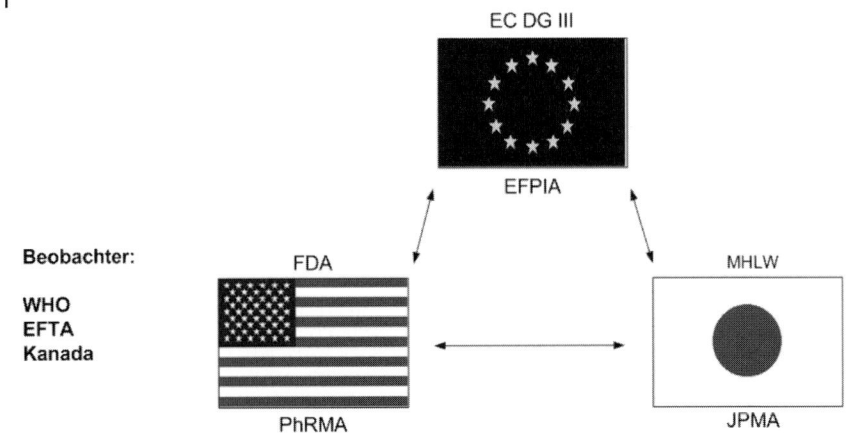

**Abb. 2.9** Organisation der ICH (International Conference on Harmonization).

erstellende Dokumente und entsprechende Richtlinien geschaffen, welche sich an den Themenschwerpunkten Safety (S), Quality (Q) und Efficacy (E), den wesentlichen Eigenschaften eines Arzneiprodukts, orientierten. Später wurden diese um das Themenfeld Multidisciplinary (M) ergänzt. Entsprechend findet man heute harmonisierte von der ICH herausgegebene Richtlinien, die weltweit anerkannt, mindestens in den drei teilnehmenden Regionen Gültigkeit haben und mit den Kennungen S, Q, E und M versehen sind. Im Zusammenhang mit der Wirkstoffherstellung und dem Thema „Validierung" finden sich die wichtigsten und relevanten Richtlinien in der Gruppe Quality. Explizit zu nennen sind hier:

– Q 2A, Text on Validation of Analytical Procedures (Oktober 1994),
– Q 2B, Validation of Analytical Procedures: Methodology (November 1996), heute überarbeitet und einheitlich zusammengefasst in dem Leitfaden Q2 (R1), „Validation of Analytical Procedures: Text and Methodology" vom November 2005,
– Q 7A, Good Manufacturing Practice Guide for Active Pharmaceutical Ingredients (November 2000), heute als Q7 bezeichnet (ohne A),
– Q 8, Pharmaceutical Development (Nov. 2005, step 5),
– Q 9, Quality Risk Management (Nov. 2005, step 5) und
– Q 10, Quality Management (Mai 2007, step 3).

Speziell mit dem ICH-Leitfaden Q7A ist im Bereich der Wirkstoffherstellung sicher ein eindeutiger Durchbruch erzielt worden. Nach langen und intensiven Diskussionen, nach einer schier unendlichen Anzahl unterschiedlichster Richtlinien, Leitfäden und Empfehlungen zum Thema „GMP in der Wirkstoffherstellung", war erstmals mit dem Q7A-Dokument weitestgehend Ruhe eingekehrt und eine Basis geschaffen worden, auf der heute Wirkstoffhersteller der ganzen Welt ihre Produktion ausrichten und Behördenvertreter eine einheitliche, harmonisierte Inspektion durchführen können. Ob damit wirklich alle Details und offenen Fragen geklärt sind, sei dahingestellt. Zumindest diskutiert man nicht mehr über die regulatorische Basis.

Nachdem das Kapitel Q 7 bei der ICH ursprünglich zum Thema „GMP for Pharmaceutical Ingredients (active and non active)" eingeführt und der für die Active Ingredients gültige Teil mit Q 7A bezeichnet worden war, war zu hoffen bzw. zu erwarten, dass es auch im Hilfsstoffbereich einmal eine ähnliche Harmonisierung und Anpassung geben würde, um auch dort die entsprechenden Diskussionen zu beenden und Klarheit zu schaffen. Leider deutet die Tatsache, dass man auf der ICH-Homepage nur noch die Bezeichnung Q 7 findet, nicht mehr darauf hin.

### 2.3.10
**Verbindlichkeit von GMP-Regeln**

Bei der Abhandlung der einzelnen Behörden und Institutionen und der von ihnen herausgebrachten GMP-Regelwerke wurde u. a. auch auf die Verbindlichkeit von GMP-Anforderungen eingegangen. Dies stellt sich abhängig von der Region und dem jeweiligen in die Betrachtungen einzubeziehenden Land sehr unterschiedlich dar. Während in den USA und auch zum Teil in Asien die Situation schon früh geklärt war, nämlich dass GMP-Anforderungen dort gesetzlich verbindlich sind und eine Missachtung einen Verstoß gegen geltendes Gesetz bedeutet, war lange Zeit die Situation in Europa und speziell in der Bundesrepublik Deutschland gerade bei Wirkstoffen nicht ganz so eindeutig (s. Abschnitt 2.3.7.2). Eine endgültige Klärung kam hier erst mit der europäischen Richtlinie 2004/27/EC bzw. mit der deutschen Arzneimittel- und Wirkstoffherstellungsverordnung (AMWHV), die in den Jahren 2005 bzw. 2006 in Kraft traten. Einen gesammelten Überblick über die derzeitige Situation einschließlich Harmonisierung gibt die Abb. 2.10.

Die gesetzliche Verbindlichkeit zur Einhaltung von GMP-Regeln ergibt sich grundsätzlich über die jeweiligen übergeordneten Gesetze. GMP-Regeln selbst befinden sich im Allgemeinen nicht im Status eines Gesetzes. So steht in den USA z. B. der Food, Drug & Cosmetic Act an übergeordneter Stelle, wobei die GMP-Regeln unmittelbar darunter im Code of Federal Register angeordnet sind. In Deutschland ist es das Arzneimittelgesetz, welches die Verbindlichkeit bestimmt. Darin wird über die darunterliegende Verordnung (AMWHV) auf die GMP-Regeln und damit auf ihre Gültigkeit verwiesen. GMP-Regeln bilden in Deutschland zum Beispiel lediglich den Stand des Wissens und der Technik ab und sind damit in ihrer hierarchischen Bedeutung u. a. mit Normen oder Arzneibüchern gleichzusetzen. Die Pyramide in Abb. 2.11 soll dies nochmals veranschaulichen.

Neben dieser Abhängigkeit ist aber auch noch ein anderer wichtiger Weg zu beachten, über den die Einhaltung von GMP-Regeln gefordert wird, nämlich über die Arzneibücher, die Pharmakopöen. So findet man in den entsprechenden Vorworten dieser für Pharmazeuten sehr wichtigen Standardwerken den Hinweis, dass die darin monographierten Substanzen im Allgemeinen nach den geltenden Regelwerken einer Guten Herstellungspraxis (GMP) hergestellt sein müssen. Eine als USP-Ware deklarierte Substanz (eine Substanz, die in der US-Pharmakopöe monographiert ist) unterliegt damit also ganz eindeutig den GMP-Anforderungen und muss unter GMP-Bedingungen hergestellt werden.

## 2 GMP-Grundlagen

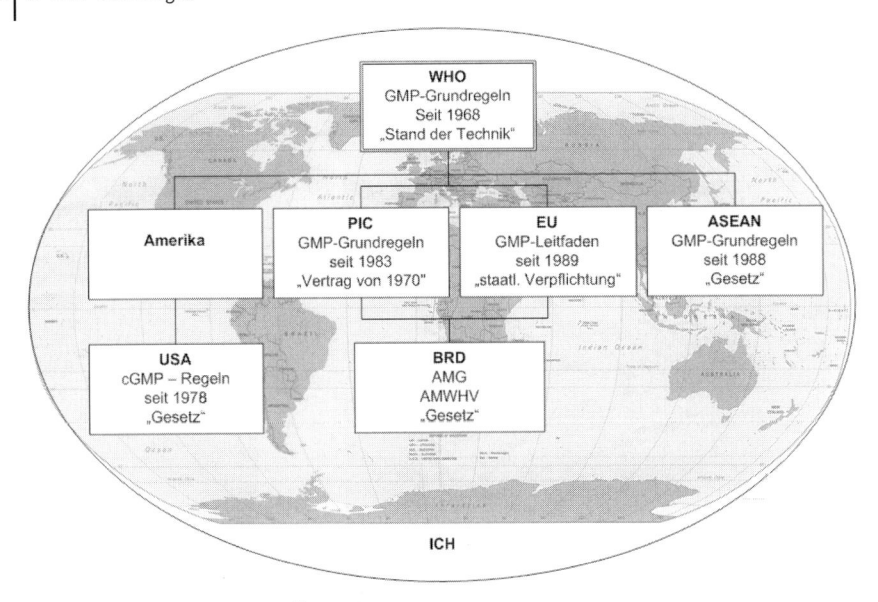

**Abb. 2.10** GMP-Grundregeln, Übersicht.

Diagramm (Weltkarte) mit folgenden Elementen:

- **WHO** – GMP-Grundregeln, Seit 1968, „Stand der Technik"
- **Amerika**
- **PIC** – GMP-Grundregeln, seit 1983, „Vertrag von 1970"
- **EU** – GMP-Leitfaden, seit 1989, „staatl. Verpflichtung"
- **ASEAN** – GMP-Grundregeln, seit 1988, „Gesetz"
- **USA** – cGMP – Regeln, seit 1978, „Gesetz"
- **BRD** – AMG, AMWHV, „Gesetz"
- **ICH**

Abschließend lässt sich als Zusammenfassung zum Thema „GMP-Regelwerke" sagen, dass es heute eigentlich keinerlei Diskussion mehr darüber bedarf, ob man bei den entsprechenden Produkten nun GMP-Anforderungen zwingend einhalten muss oder nicht, ob es sich um gesetzliche Anforderungen handelt oder lediglich um Empfehlungen. Diese Diskussionen sind müßig. GMP-Anforderungen sind heute bei allen Produkten, bei denen es um Qualität, Sicherheit und Wirksamkeit

**Verbindlichkeit über nationale Gesetze**

Pyramide:
- §§ Gesetz
- Verordnungen
- Stand des Wissens und der Technik „Normen – Pharmakopöen – GMP-Regeln"

**Abb. 2.11** Hierarchische Einbindung der GMP-Regeln.

geht, eindeutig ein „muss", und wenn dies nicht unmittelbar über die Gesetze vorgegeben ist, so dann doch letztendlich über die Eigenverantwortlichkeit derer, die diese Produkte herstellen, mit ihnen umgehen oder sie in den Verkehr bringen. Ihnen obliegt letztendlich die Sorgfaltspflicht mit Blick auf den Verbraucherschutz.

Demzufolge kann es heute auch nicht mehr die Frage sein, ob man GMP umsetzt oder nicht. Richtig muss die Frage lauten, wie man GMP praxisgerecht, zielorientiert und der Sache dienlich umsetzt. Einen Weg, zumindest mit Blick auf das Schwerpunktthema „Validierung", sollen die weitergehenden Kapitel in diesem Buch aufzeigen.

## 2.4
## GMP-Inhalte und Kernforderungen

Nachdem zunächst schwerpunktmäßig die GMP-Regelwerke selbst behandelt wurden, soll nun näher auf die Inhalte eingegangen werden. Es stellt sich natürlich die Frage, mit welchen Themen beschäftigt sich die Gute Herstellungspraxis – GMP? Was wird konkret vorgeschrieben, was von den Herstellern solcher Produkte genau gefordert bzw. erwartet?

Wirft man einen Blick in die Inhaltsverzeichnisse der unterschiedlichen GMP-Grundregeln – z. B. auch in das des mehrfach angesprochenen ICH-Q7A-Leitfadens – so erkennt man eine gewisse Ähnlichkeit untereinander, aber auch eine Ähnlichkeit mit den Kapiteln, die man üblicherweise von den Qualitätsnormen der ISO 9001ff kennt. Typische Themen sind:
– Personal,
– Räumlichkeit,
– Ausrüstung,
– Betriebshygiene,
– Dokumentation,
– Herstellung,
– Qualitätskontrolle,
– Etikettierung und Verpackung,
– Lagerung und Vertrieb,
– Beanstandung und Produktrückruf,
– Selbstinspektion.

In der Tat beschreiben die GMP-Regelwerke mehr oder weniger alle Aspekte rund um einen Herstellungsprozess bzw. Herstellungsbetrieb. Das heißt, es werden alle Komponenten wie z. B. Personal, Gebäude, Ausrüstung, Prozesse, Dokumentation, Lagerung, Produktrückruf, Selbstinspektionen usw. behandelt.

Geht man weiter in die Details, so kann man z. B. in Kapitel 4 des ICH-Q7A-Leitfadens zum Kapitel „Gebäude und Anlagen" und dort unter „Design und Bauart" die folgenden Forderungen nachlesen:
– *„4.10 Die ... verwendeten Gebäude und Anlagen sollten so gelegen, beschaffen und konstruiert sein, dass sie die für die Art und Stufe der Herstellung geeignete Reinigung*

*und Wartung sowie die entsprechenden Betriebstätigkeiten erleichtern. ... dass das Kontaminationspotenzial minimiert wird."*
– *„4.11 ... genügend Raum ..., um Verwechslungen zu vermeiden ..."*
und anderes mehr.

Diese Aussagen sind zunächst erschreckend allgemein und scheinbar nichtssagend. Hinzu kommt, dass stets nur mit Ausdrücken wie „sollte" und „anforderungsgerecht" oder „entsprechend" operiert wird. Manch einer mag hierüber verblüfft, wenn nicht sogar enttäuscht oder gar wütend sein. Tatsache ist aber, dass GMP-Regeln grundsätzlich nur sagen „was" man beachten muss, nie aber „wie" man etwas im Detail ausführen soll. Dies ist auch verständlich, berücksichtigt man, dass GMP-Regeln grundsätzlich für eine Vielzahl unterschiedlichster Produktionsstätten, Prozesse und Produkte Gültigkeit haben müssen, was nur geht, wenn man die Formulierungen allgemein und offen hält und die wesentlichen Anforderungen auf das „Was" konzentriert, das „Wie" aber dem jeweiligen Betreiber überlässt. Dies macht Sinn und bietet auch hinsichtlich der Umsetzung in Bezug auf die Interpretationsfreiheit Vorteile. Doch wie so oft liegen Fluch und Segen dicht beieinander. Was dem einen alle Freiheiten bietet, bereitet dem anderen Probleme, weil ihm die konkreten Anweisungen, das „How-to-do" fehlt.

Im Hinblick auf die für GMP typische Formulierung „sollte" müssen allerdings all jene enttäuscht werden, die glauben, sie hätten hiermit alle Freiheiten und keinerlei Verpflichtung. Liest man die Regelwerke genau, so findet man beispielsweise gerade in der Einleitung des ICH Q7A jenen wichtigen Hinweis der besagt:

*„... weist der Begriff „sollen" auf Empfehlungen hin, von deren Anwendbarkeit auszugehen ist, es sei denn, sie sind nachweislich nicht anwendbar oder sie wurden durch eine, mindestens ein gleichwertiges Maß an Qualitätssicherung bietende Alternative, ersetzt."*

Im Klartext heißt dies: „Sollen" bedeutet in den GMP-Regelwerken mit den angegebenen Einschränkungen „müssen". Die in den Regelwerken formulierten Anweisungen müssen also umgesetzt werden. Wie aber können GMP-Regeln weiterhelfen, wenn sie – natürlich mit Ausnahmen – nicht klar sagen, was gemacht werden muss?

Auch wenn die GMP-Regelwerke scheinbar so allgemein gehalten sind, so versteckt sich doch am Ende in den einzelnen Sätzen eine Fülle von Forderungen und Vorgaben, die man erst dann erkennt, wenn man sich weitergehend und intensiv damit auseinandersetzt. Letztendlich lassen sich die für die Qualität, die Wirksamkeit und Unbedenklichkeit der hergestellten Produkte grundlegenden Ansprüche bei übergeordneter Betrachtung auf die folgenden drei wesentlichen Kernforderungen zurückführen:

1. Vermeidung jeglicher Art von Kontaminationen

   Das heißt: Unabhängig von der Art und dem Umfang der jeweils durchgeführten Aktivitäten muss alles unternommen bzw. beachtet werden, was dazu beiträgt chemische, physikalische und mikrobielle Verunreinigungen zu vermeiden, die durch Umwelt, Mensch, Anlage und/oder das Verfahren selbst verursacht werden könnten.

2. Reproduzierbarkeit der Prozesse
Das heißt: Es müssen ausreichend Kenntnisse über Anlage und Verfahren vorliegen, die es ermöglichen, die Prozesse so zu gestalten, dass sie reproduzierbar zu einem stets gleichbleibenden und erwarteten, d. h. vorgegebenen Ergebnis führen. Die Anlagen müssen qualifiziert, die Verfahren validiert sein.
3. Rückverfolgbarkeit
Das heißt: Es muss eine vollständige, umfassende und aussagekräftige Dokumentation vorliegen, die es zu jedem Zeitpunkt erlaubt im Falle einer Abweichung oder eines anderen Vorkommnisses eine Fehlersuche in die Wege zu leiten und Ursachen nach Möglichkeit ausfindig zu machen.

Diese drei Kernforderungen bestimmen ganz wesentlich das heutige Bild und den Betrieb einer GMP-Anlage. Während die erste Forderung sich maßgeblich auf das Design, die Werkstoffauswahl und die Ausführung der Anlagen nebst Gebäude und Räumlichkeiten auswirkt, hat die zweite Kernforderung das Thema Validierung einschließlich Qualifizierung zur Folge. Die dritte Kernforderung schließlich bewirkt, dass GMP heute noch oft mit einer „Ganzen Menge Papier" übersetzt wird. GMP-Betriebe müssen „alles und jedes" dokumentieren. Ohne Dokumentation geht im GMP-Umfeld grundsätzlich gar nichts. Ungeachtet der jeweiligen Details lassen sich unter Berücksichtigung dieser Aussagen und unter Einsatz des „gesunden Menschenverstandes" oftmals schon viele Anforderungen aus den GMP-Regelwerken erfüllen, ohne dass man hierzu gleich ein GMP-Experte sein muss.

Nun kann man sich vielleicht noch fragen, warum man eigentlich diesen ganzen Aufwand treibt und sich nicht einfach auf die Endproduktqualität konzentriert, welche ja ohnehin stets überwacht und geprüft wird. Hierzu sei abschließend noch auf die wesentliche Grundthese von GMP verwiesen, welche heute weithin bekannt ist und besagt:

– „Qualität kann man nicht in ein Produkt hineinprüfen, Qualität muss erzeugt werden" und ergänzend:
– „Man kann nicht finden, wonach man nicht sucht".

Dies bedeutet zusammengefasst, dass eine Endproduktprobe und -analyse stets nur ein stochastisches Experiment ist, bei dem ein definiertes Aliquot aus einer Gesamtheit gezogen und überprüft wird. Dabei ist die Aussagekraft einer einzelnen Probe sicher in vielen Fällen zu hinterfragen. Stellt man sich eine Probe von 0,5 l aus einem 50.000 l Fermenter vor, zur Feststellung des sterilen Zustandes, oder denkt man an eine Probenahme eines Feststoffs aus einem mehrere Tonnen umfassenden Silo, so wird einem sicher schnell klar, dass diese Analysen nur sehr begrenzte Aussagekraft haben können. Und bedenkt man weiter – in Bezug auf die zweite oben genannte Aussage –, dass man sicher nie eine Verunreinigung finden wird, die man gar nicht vermutet und daher analytisch auch nicht abdeckt, so wird verständlich, dass man ein Maximum an Sicherheit nur dann erreicht, wenn wirklich alle an der Herstellung beteiligten Komponenten für sich geprüft und in Ordnung sind, wenn man Qualität im Sinne von GMP erzeugt. Die wesentlichen Komponenten, die dabei eine Rolle spielen und das GMP-Gebäude ausmachen, zeigt die Abb. 2.12.

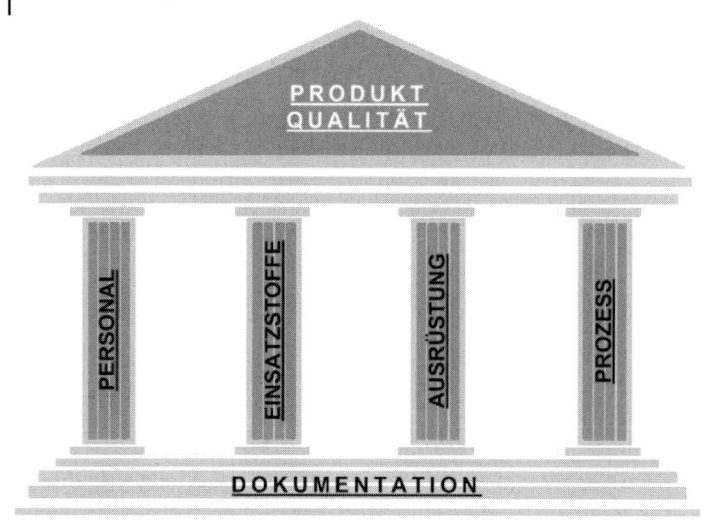

**Abb. 2.12** Angriffspunkte der GMP-Regeln.

Aus dem oben Gesagten wird deutlich, was einen GMP-Betrieb ausmacht, aber auch, was ihn belastet, welche Mehrarbeiten auf ihn zukommen und was er berücksichtigen muss.

Häufig wird die Frage gestellt, was einen GMP-Betrieb von einem Nicht GMP-Betrieb am stärksten unterscheidet. Hier sind sicher die zwei Komponenten Dokumentation und Validierung vorrangig zu nennen. Zum einen kann ein GMP-Betrieb heute eigentlich kaum irgendeine Aktion durchführen, ohne dass diese dokumentiert ist. Jede Aktion, jede Vorgabe und jedes Ergebnis muss entsprechend in Dokumenten verzeichnet sein. Die Betriebe kämpfen mit der Fülle an Papier und Formalismus. Zum anderen ist sicher die Validierung eine Besonderheit, die – mit ganz wenigen Ausnahmen – eigentlich nur die GMP-Betriebe kennen. Eine Besonderheit mit Auswirkungen auf die Flexibilität und natürlich auch wieder auf den Umfang der Dokumentation. Validierungsdokumente kommen hier zusätzlich hinzu. Was Besonderheiten in einem GMP-Betrieb sind und worauf Inspektoren ganz besonders achten, zeigt die folgende Auflistung der Inspektionsschwerpunkte. Hierzu gehören:

- Anlagenqualifizierung, Kalibrierung und Wartung,
- Prozessvalidierung,
- Reinigungsvalidierung,
- Validierung von Wassersystemen,
- Verunreinigungsprofil, Validierung der Analytik,
- Validierung computerisierter Systeme,
- Change-Control-System,
- GMP-Schulung,
- Konsistenz der eingereichten Dokumente mit der Vor-Ort-Situation (DMF),
- Durchsicht der Chargendokumentation,
- Entwicklungsbericht,
- Qualitätsmanagementsystem,

- Abweichungen von der Produktspezifikation,
- Fehleruntersuchung,
- Langzeitstabilität,
- jährliche Produktionsbewertung.

## 2.5
### Weitergehende Interpretationen

Dass GMP-Regeln sehr allgemein gefasst sind und dies auch sein müssen, wurde ausführlich dargelegt. Dass sich dennoch konkrete Ansprüche, insbesondere wichtige Kernforderungen dahinter verstecken, wurde ebenso diskutiert. Und dass GMP-Regeln damit einen Interpretationsspielraum bieten, der hilfreich, aber auch hinderlich sein kann, wurde letztendlich wohl jedem klar. Bleibt also die Frage, woher man jene notwendigen Detailinformationen bekommt, die man benötigt, um GMP-Anforderungen sachgerecht in die Praxis umsetzen zu können.

Detaillierte und weitergehende Interpretationen findet man heute hauptsächlich in Publikationen von Industrie- und Fachverbänden. Diese haben es als wesentliche Aufgabe übernommen, eben jenes auf Fachebene benötigte und diskutierte Detailwissen zu erarbeiten und in entsprechenden Leitlinien und Industrie-Guidelines bereitzustellen. Wer also wissen möchte, wie Reinräume im Detail technisch auszuführen sind, findet seine Antworten nur bedingt in GMP-Regelwerken, vielmehr muss er seine Suche auf Technische Datenblätter und Normen ausdehnen, wie z. B. die ISO Norm 14644. Technische Gestaltungshinweise zur Ausführung eines CIP-fähigen (Cleaning in Place), auf Hygieneanforderungen ausgerichteten Rührkesselreaktors wird man ebenfalls vergeblich in den GMP-Regelwerken suchen. Hier sind Richtlinien der entsprechenden Verbände wie EHEDG (European Hygienic Engineering and Design Group), 3-A (US Verband) u. a. deutlich aussagekräftiger und geben von Zahlenwerten und Materialempfehlungen bis zur konstruktiven Ausführung alles Wissenswerte an. Tabelle 2.6 gibt eine grobe, nicht auf Vollständigkeit ausgelegte Übersicht über technische Regelwerke und Normen.

Fachverbände sind heute sowohl national als auch international tätig. Allerdings zeichnet sich auch hier bereits das Problem ab, dass man bei der Vielzahl an Publikationen und Interpretationshilfen schon bald den Überblick darüber verliert, welche Fachverbände es gibt und für welchen Fachbereich bzw. für welche Spezialthemen diese zuständig sind. Wichtige nationale und internationale Vereinigungen, die man im Zusammenhang mit GMP kennen sollte, sind:

- PhRMA, Pharmaceutical Research and Manufacturing Association,
- PDA, Parenteral Drug Association,
- ISPE, International Society of Pharmaceutical Engineering,
- IPEC, International Pharmaceutical Excipient Council,
- VfA, Verband forschender Arzneimittelhersteller,
- CEFIC, Europäischer Verband der chemischen Industrie,
- EFPIA, Europäischer Verband der pharmazeutischen Industrie,

Tab. 2.6 Technische Regelwerke und Normen.

| Regelwerk/Norm | Inhalt |
| --- | --- |
| Informationsstelle Edelstahl Rostfrei, Düsseldorf | Materialeigenschaften Edelstahl |
| VdTÜV Merkblatt Schweißtechnik 1163 | Materialverarbeitung (Orbitalschweißen) |
| 3-A Sanitary Standard | Lebensmitteltechnologie (Hygiene) |
| VDMA 24 431/24 432 | keimarme/sterile Verfahrenstechnik |
| European Hygienic Equipment Design Group (EHEDG) | Design-Kriterien für Lebensmittelanlagen (CIP) |
| DECHEMA Standardisierungs- und Ausrüstungsempfehlungen | für Bioreaktoren und periphere Einrichtungen (SIP) |
| ISO 14644/Fed. Stand. 209E | Reinraumtechnologie |
| DIN 12950 | Sicherheitswerkbänke |
| DIN 58950 | Sterilisatoren |
| u. a. | |

– 3-A Sanitary Standard Inc.,
– EHEDG, European Hygienic Equipment Design Group.

Ein Fachverband, der mit dem hier behandelten Thema der Validierung und Qualifizierung besonders eng verknüpft ist und daher zwingend erwähnt werden sollte, ist die International Society for Pharmaceutical Engineering (ISPE). Sie hat es sich zur Aufgabe gemacht, gerade im Ingenieurbereich Dokumente (ISPE-Guidelines) zu veröffentlichen, welche sich sehr stark auf die technische Ausführung und Umsetzung konzentrieren. In einer Matrix aus sogenannten vertikalen (produktorientierten) und horizontalen (prozessorientierten) Themen sind insgesamt 9 „Baseline"-Dokumente angedacht, von denen bereits eine ganze Reihe erschienen ist:

– Vertical Baseline Handbooks
  – Active Pharmaceutical Ingredients,
  – Oral Solid Dosage Forms,
  – Sterile Manufacturing Facilities,
  – Biopharmaceuticals,
  – R & D Laboratories,
– Horizontal Baseline Handbooks
  – Water and Steam,
  – Commissioning and Qualification,
  – Packaging, Labelling, and Warehousing Operations,
  – Maintenance,
  – Risk Map.

Neben diesen für Gestaltung und technische Ausführung sicher sehr wichtigen Dokumenten werden von der ISPE auch noch „Good Practice Guidelines" und andere, nützliche Publikationen vertrieben. Als wichtigste sei noch kurz der sogenannte GAMP (Good Automated Manufacturing Practice) erwähnt. Er ist heute „die Bibel" für alle, die sich mit dem Thema IT-Validierung auseinandersetzen. Speziell auf die von der ISPE herausgebrachten Dokumente wird in den jeweilgen Kapiteln noch verstärkt eingegangen.

## 2.6
## Inspektionen und Zertifizierung

### 2.6.1
### GMP-Inspektionen

Ist das Qualitätssicherungssystem „GMP" erst einmal implementiert, so gilt es, dieses in die Praxis umzusetzen, es zu leben und ständig zu verbessern. Viele kennen dieses Thema aus dem Bereich der DIN-ISO-9000-Zertifizierung. Egal wie umfangreich und genau die Abläufe in Dokumenten beschrieben sind und wie viel Mühe und Aufwand man in die Erstellung des Systems gesteckt hat, kaum eines wird von Anfang an wirklich fehlerfrei und ohne Abweichung funktionieren oder ohne Lücken sein. Aus diesem Grund fordern die GMP-Regeln selbst und auch die überwachenden Behörden, dass es eine ständige Kontrolle des Systems, d. h. Inspektionen geben muss, die insbesondere den Verbesserungsprozess und die Schließung von eventuell bestehenden Lücken unterstützt und vorantreibt. Eine – wie jeder, der mit solchen Systemen arbeitet, weiß – sicher sehr sinnvolle Forderung. Aber auch die prinzipielle Sicherstellung, dass überhaupt nach GMP gearbeitet wird und ein solches System eingeführt ist, ist natürlich ein Anliegen. Zu unterscheiden sind dabei drei Arten von Inspektionen:
- Selbstinspektionen,
- Kundeninspektionen,
- Behördeninspektionen.

Selbstinspektionen werden direkt in den Regelwerken (z. B. ICH Q7A, Kapitel 2.4 „Interne Audits, Selbstinspektionen") erwähnt und beschrieben. Es wird erwartet, dass regelmäßig entsprechende interne Audits durchgeführt und erkannte Mängel u. a. an das Management weitergemeldet werden. Vorgeschrieben ist – wie bei GMP nicht anders zu erwarten –, dass dies nach einem festen schriftlichen Plan zu erfolgen hat, genauso wie die sich an das Audit anschließende Mängelbeseitigung. Ein konkretes Zeitintervall für die Durchführung wird nicht vorgegeben, jedoch ist es heute üblich, diese Audits mindestens einmal pro Jahr stattfinden zu lassen. Bei gerade implementierten GMP-Systemen werden diese Audits zu Beginn auch häufiger durchgeführt und erst nach geraumer Zeit, wenn die Mängelquote abnimmt, auf ein- bis zweimal pro Jahr reduziert. Zumeist werden Audits verantwortlich von der Qualitätseinheit, jedoch stets zusammen mit dem Betrieb durchgeführt. Sinnvoll ist sicher, dass man sich bei den eigenverantwortlichen Audits hauptsächlich auf die doch meist bekannten Schwachstellen konzentriert. Nur so hat man eine Gewähr, dass der Aufwand, den man dann damit verbindet, auch einen echten Nutzen, nämlich eine Verbesserung bringt.

Kundenaudits sind ein anderes und zugleich kritisches Thema. Hat man es früher schon nicht besonders gerne gesehen, dass „Fremde", oftmals sogar als Wettbewerber zu bezeichnende Kunden, durch die eigene Betriebsstätte laufen und sich für jedes Detail interessieren, so ist es heute erst recht zu einem Dilemma und zu einer nur schwer zu verkraftenden Belastung geworden. Kundenaudits sind aus Sicht von GMP ein „Muss" und durch die Richtlinie 2004/27/EC erst recht forciert worden. Mit der darin enthaltenen Forderung, dass Fertigarzneimittelhersteller nur noch Ausgangsstoffe von nachweislich nach GMP arbeitenden Lieferanten beziehen dürfen und dass dieser Nachweis u. a. durch ein Audit beim Lieferanten zu erbringen ist, wurde eine wahre Audithysterie ausgelöst. Manch einer spricht hier bereits vom „Audittourismus", was manchmal nicht so einfach von der Hand zu weisen ist, hat man doch das Gefühl, dass bei diesen Audits oft auch ein gewisses Maß an Neugierde überwiegt, gemäß dem Motto: „Mal sehen, wie es die anderen machen".

Kundenaudits sind von Grund auf problematisch auch und gerade deshalb, weil nicht immer sichergestellt ist, dass diese von ausreichend erfahrenen Personen durchgeführt werden. Schnell kann – und das hat die Erfahrung mehrfach gezeigt – eine Unsicherheit beim Auditor und der gleichzeitige Wunsch des Auditierten, das Audit schnell und gut zu absolvieren, dazu führen, dass ungerechtfertigte und nicht immer sinnvolle Anforderungen gestellt werden, die dann natürlich auch entsprechend unsinnige Maßnahmen auslösen. Aber selbst wenn der Auditor sehr erfahren ist, bleibt als weitere Unsicherheit, ob dieser nicht Anforderungen stellt, die mehr aus firmeninternen Richtlinien als tatsächlich aus den GMP-Regelwerken selbst resultieren. Dieses Problem hat man sehr häufig, wenn ein großes und etabliertes Pharmaunternehmen seinen Wirkstoffhersteller auditiert. Sicher zu Recht und auch aus der Erfahrung, welcher generelle und Imageschaden mit einer Produktreklamation oder einem Produktrückruf verbunden sind, werden dort oft sehr weitreichende Firmenpolicies erarbeitet, die hinsichtlich der Anforderungen oft deutlich über denen der GMP-Regelwerke liegen. Stülpt man diese dann aber einem Wirkstoffhersteller über, so ist nicht immer die Verhältnismäßigkeit und oft auch nicht die wirtschaftliche Tragfähigkeit gegeben.

Allein die Regelwerke und der Gesetzgeber fordern die Durchführung solcher Kundenaudits, weshalb man sich in letzter Instanz nicht dagegen wehren kann. Es wurden jetzt Programme ins Leben gerufen, mit denen im gewissen Umfang Abhilfe geschaffen werden soll. Man spricht von sogenannten „Third Party Audits" und meint damit Audits, die von einer dritten unabhängigen Partei im Auftrag des Kunden oder des Wirkstoffherstellers selbst durchgeführt werden. Die Vorteile liegen auf der Hand. Die unabhängige Partei kann entsprechend ihrer Fachexpertise gewählt werden und stellt mit Blick auf die Geheimhaltung in gewissem Umfang eine Verbesserung dar, weil nun nicht mehr der Kunde selbst in die Anlage schaut. Auch wird bereits heftig darüber diskutiert und teilweise auch schon praktiziert, die so erstellten Auditberichte mehrfach zu nutzen und sie mehreren Kunden zugänglich zu machen, d. h. Audits zusammenzufassen.

Dies ist, gerade auch mit Blick auf wirtschaftliche Aspekte, sicher ein sehr sinnvolles Vorgehen.

Ein solches „Third Party Audit", wie es zum Beispiel sehr detailliert und strukturiert von der APIC aufgesetzt wurde (s. APIC-Homepage), ist vonseiten der Behörden mittlerweile anerkannt. Bedingungen an Qualität, Unabhängigkeit und Dokumentation sind festgelegt. Dennoch: Die größten Probleme an dieser Stelle verursacht die Industrie selbst. In vielen Fällen akzeptieren die Kunden diese Berichte nicht, weil sie entweder an der Unabhängigkeit der „Third Party" zweifeln oder weil sie sich doch lieber selbst von der Situation vor Ort überzeugen wollen oder – und dies dürfte der überwiegende Problempunkt sein – weil man nicht bereit ist, den Inhalt des Auditberichts aus Gründen der Geheimhaltung an andere interessierte Firmen weiterzugeben. Da die Zahl der Audits, die ein Unternehmen über sich ergehen lassen muss, ständig wächst, die Zahl der im Jahr zur Verfügung stehenden Wochen aber gleich bleibt, ist hier sicher eine Abhilfe dringend erforderlich. Ob es letztendlich auf die alleinige Durchführung gegenseitig anerkannter Behördenaudits oder auf das Thema „GMP-Zertifikat" hinausläuft, bleibt abzuwarten.

Behördenaudits – die dritte Kategorie – werden und wurden schon immer durchgeführt, in Anzahl und Umfang aber sicher nicht vergleichbar mit Kundenaudits. Behördenaudits waren bisher vornehmlich ein Thema bei Lieferung von Wirkstoffen in die USA. Ausschlag dafür, dass die FDA einen Wirkstoffbetrieb in Europa überhaupt besucht und auditiert, geben dabei meist anhängige Zulassungsverfahren für Fertigprodukte, in denen der Wirkstoff verwendet wird. Es können aber auch bereits auf dem Markt befindliche Produkte sein, die ein regelmäßiges Audit auslösen, oder aber ein in den USA erkannter Mangel mit einem bereits auf dem Markt befindlichen Produkt.

FDA-Inspektionen gelten als grundsätzlich streng und schwierig, wobei aus eigener Erfahrung berichtet werden kann, dass sich gerade diese – im Vergleich zu den Kundenaudits – immer als sehr kompetent und fair dargestellt haben. FDA-Inspektoren führen die Audits stets sehr eng angelehnt an die für sie geltenden internen Richtlinien und „Compliance Program Guidance Manuals" (s. Abschnitt 2.3.5), den Inspektionsleitfäden, durch. Bei Wirkstoffherstellern wird durchgängig der ICH Q7A als Anforderungsgrundlage herangezogen, auch wenn die Inspektoren in ihren Anschreiben und Eingangsstatements beim Audit stets darauf hinweisen, dass auch für Wirkstoffe die in den USA allgemein anerkannten cGMP-Regeln gemäß 21CRF 210/211 gelten. Mängel, die während des Audits erkannt werden, sind direkt in einem Mängelformular zu erfassen, welches die berühmte Formularnummer „483" trägt und daher heute als sogenannter „483er"-Mängelbericht in aller Munde ist. Dramatische, die GMP-Compliance in Frage stellende Abweichungen oder fortgesetzte Bemängelungen ohne Korrekturmaßnahmen werden von der FDA in der Regel mit einem sogenannten „Warning Letter" beschieden, was in der Regel dazu führt, dass vor Mängelbeseitigung die entsprechenden Produkte nicht mehr vertrieben werden können. Dass Mängelberichte und Warning Letters zudem auch im Rahmen des in den USA geltenden „Freedom of Information Act" im Internet veröffentlicht werden [57], trägt ein Übriges dazu bei, dass Firmen vor FDA-Inspektionen grundsätzlich sehr nervös und natürlich stets bemüht sind, solche Mängel zu beseitigen bzw. von vornherein zu vermeiden. Nicht selten korreliert nämlich der Aktienkurs eines Unternehmens direkt mit der Veröffentlichung eines „Warning Letters".

Behördliche Audits gab und gibt es im Wirkstoffbereich aber auch im Zusammenhang mit dem durch die PIC repräsentierten Abkommen auf gegenseitige Anerkennung von Inspektionen. Dieses Audit musste bzw. muss jedoch durch den Betrieb, der das Audit erfährt, selbst initiiert, d. h. beantragt werden. Hier wird die regional zuständige Behörde – z. B. die zuständige Stelle des Regierungspräsidiums – angefragt, ein entsprechendes GMP-Compliance-Audit durchzuführen und die GMP-Tauglichkeit in einem entsprechenden PIC-Zertifikat zu bescheinigen. War die Basis des Audits früher die für Wirkstoffhersteller relevanten GMP-Regeln, festgelegt in dem Dokument PH2/87, so ist es heute auch hier der allgemein anerkannte ICH-Q7A-Leitfaden. Ziel und Zweck dieses Audits war und ist es auch heute, Audits durch Behörden anderer PIC-Mitgliedsländer bei Lieferung des Produkts in diese Länder zu vermeiden. Damit wird aber gleichzeitig auch die Einschränkung des Audits deutlich, da es nur innerhalb der PIC-Community von Bedeutung ist. Außerhalb und insbesondere in den USA ist dieses Zertifikat bedeutungslos und ohne jede Anerkennung.

Heute hat sich in Bezug auf Behördenaudits die Situation allerdings dramatisch geändert. Mit Einführung der AMWHV (s. Abschnitt 2.3.7.2) sind auch die Forderungen aus dem Arzneimittelgesetz nach regelmäßiger Überwachung und damit die Forderung nach der Durchführung von Behördenaudits zur gesetzlichen Verpflichtung geworden. Auch wenn derzeit die zuständigen Behörden sicher noch mit Kapazitätsproblemen zu kämpfen haben, ist doch zu erwarten, dass hier in absehbarer Zeit ein zusätzlicher Aufwand auf die Wirkstoffhersteller zukommen wird, dem man ganz gerne dadurch begegnen würde, dass man gerade in diesem Bereich vermehrt mit Zertifikaten arbeitet.

### 2.6.2
**GMP-Zertifikate**

Anders als im Bereich der Qualitätsnormen DIN ISO 9000:2000, wo Zertifikate alltäglich und auch Aushängeschild sind, haben sich diese im GMP-Umfeld bisher nicht wirklich durchsetzen können. Obwohl von vielen Seiten sehr gewünscht, ist es bisher nicht geglückt, mit einem einzigen offiziellen Nachweisdokument, einem Zertifikat, den abgesicherten und anerkannten Nachweis zu führen, dass man sich an alle notwendigen, die Qualität sichernden Vorgaben hält. Dabei scheiterte es bislang hauptsächlich an der globalen und länderübergreifenden Anerkennung.

Zertifikate gab es im Wirkstoffbereich vornehmlich im Zusammenhang mit den bereits erwähnten PIC-Inspektionen. Die Gültigkeitsdauer ist hier auf zwei Jahre beschränkt, wobei auch das Nachaudit wiederum von dem Wirkstoff herstellenden Betrieb selbst initiiert werden muss. Die Akzeptanz des Zertifikats beschränkt sich jedoch – wie oben bereits angemerkt – allein auf die PIC-Mitgliedsstaaten. Erst mit Erweiterung der Pharmabetriebsverordnung auf Wirkstoffe, die menschlicher, tierischer oder mikrobieller Herkunft sind bzw. die auf gentechnischem Wege hergestellt werden, wurde ein weiteres, behördlich ausgestelltes GMP-Compliance-Zertifikat – zumindest für diese Art von Wirkstoffen – möglich bzw. sogar verpflichtend. Dies gilt auch mit der neuen AMWHV. Die klassischen Wirkstoffe sind hier allerdings teilweise noch außen vor – zumindest nicht in der Routine – und eine Anerkennung ist nur sehr begrenzt und in den USA gar nicht gegeben. Ursprünglich angestrebte Vereinbarungen zwischen Europa und den USA in Bezug auf die gegenseitige Anerkennung solcher Inspektionen und damit von Zertifikaten – sogenannte „Mutual Recognition Agreements (MRA)" – sind bislang alle gescheitert.

Auch bei FDA-Inspektionen gab und gibt es auch heute noch keine Zertifikate. Lediglich ein abschließender Auditbericht könnte hier als Nachweis der GMP-Compliance dienen. Aber auch dieser hat keinen Zertifikatscharakter und wird aus Gründen der Geheimhaltung und Vertraulichkeit von den Firmen nur ungern bzw. gar nicht offengelegt.

Spricht man über Zertifikate und Nachweisdokumente in Bezug auf die Einhaltung und Erfüllung von GMP-Standards, so dürfen zumindest das WHO-Zertifikatsschema und die zulassungsrelevanten „Drug Master File" bzw. „Certificate-of-Suitability"-Dokumente nicht unerwähnt bleiben.

Speziell für die Einfuhr von Arzneimitteln, einschließlich der Wirkstoffe für die Herstellung dieser Arzneimittel in Ländern, die hinsichtlich GMP nur schwach oder gar nicht reguliert sind, hat die WHO zur Vereinfachung der Abläufe und zur Unterstützung der Behörden in den einführenden Ländern ein allgemeines Zertifikatsschema herausgebracht, auf dessen Basis eine schnelle Marktzulassung und damit ein schneller Zugang der jeweiligen Bevölkerung zu wichtigen Arzneimitteln ermöglicht werden soll. Verkürzt dargestellt bestätigt die zuständige und kompetente Behörde des exportierenden Lands in einem auf Vorlage der WHO erstellten Zertifikat, dass
– das jeweilige Produkt in dem ausliefernden Land eine Marktzulassung besitzt (ggf. den Grund, warum es in dem Land keine Zulassung besitzt),
– die Produktionsstätten einer regelmäßigen Überwachung unterliegen,
– die Regeln einer Guten Herstellungspraxis eingehalten werden und
– alle eingereichten Produktinformationen einschließlich Informationen zu Verpackung und Kennzeichnung im exportierenden Land von der zuständigen Behörde bewertet und autorisiert wurden [58].

Diese als „Certificate of Pharmaceutical Products – CPP" bekannten „GMP-Zertifikate" haben jedoch die Einschränkung, dass sie bis jetzt vorwiegend auf Fertigarzneimittel ausgerichtet sind und Wirkstoffe in Bezug auf GMP-Compliance nur schwach berücksichtigen und dass auch nicht alle Länder sich dem WHO Zertifikatsschema angeschlossen haben und die Zertifikate akzeptieren. Der Wunsch nach einem allumfassenden und uneingeschränkt anerkannten Zertifikat wird also auch hier nicht wirklich erfüllt [59].

Bleiben noch die oben erwähnten „Drug Master Files" bzw. das „Certificate of Suitability", genauer das „Certificate of Suitability to the Monograph of the European Pharmacopoeia", kurz CEP. Bei diesen Dokumenten handelt es sich genau genommen aber nicht um Zertifikate (Ausnahme CEP), sondern um ausführliche

Prozess- und Produktbeschreibungen einschließlich der Beschreibung der Prozessanlage und der zugehörigen Analytik, die im Falle eines „Drug Master Files" Bestandteil eines gesamten Zulassungsdossiers bzw. im Falle eines CEPs der dokumentierte Nachweis sind, dass die hergestellten Substanzen in allen Punkten mit den Vorgaben im Europäischen Arzneibuch übereinstimmen (Übereinstimmung mit der entsprechenden Monographie). Drug Master Files gibt es z. B. in den USA (US DMF) und auch in Europa (ASMF = Active Substance Master File). Sie stellen ein beliebtes Instrumentarium für den Wirkstoffhersteller dar, seine Informationen vertraulich und nur der Behörde gegenüber zu veröffentlichen – und ansonsten in seiner Zulassung auf die Nummer des Drug Master Files zu verweisen –, während der den Wirkstoff abnehmende, das Fertigarzneimittel herstellende Kunde lediglich einen Teilbereich davon zu Gesicht bekommt (open part). Das CEP bzw. die dahinter liegende Dokumentation, gibt es dagegen nur in Europa.

Die Erstellung, d. h. Inhalt und Gliederung solcher zulassungs- bzw. qualitätsrelevanter Dokumente wird ausführlich und detailliert in unterschiedlichsten Regelwerken und Richtlinien der entsprechenden Behörden beschrieben. Dies ist jedoch ein völlig eigenes Kapitel und soll hier nicht weiter vertieft werden. Wichtig ist nur zu wissen, dass im Falle des Drug Master Files – sowohl in den USA als auch in Europa – nicht immer zwingend auch ein Audit durch die überwachende Behörde verbunden sein muss und schon gar nicht die Ausstellung eines Zertifikats erfolgt. Im Falle eines Audits werden lediglich die GMP-Compliance des Wirkstoffherstellers bzw. festgestellte Abweichungen davon in einem Auditbericht dokumentiert und in der Bewertung der Zulassung des jeweiligen Fertigarzneimittels entsprechend berücksichtigt.

Anders im Falle eines CEPs. Hier wird zwingend von der zuständigen europäischen Einrichtung (EDQM) immer ein Audit bei dem jeweiligen Wirkstoffhersteller durchgeführt und am Ende sowohl die GMP-Compliance als auch die Übereinstimmung aller Anforderungen mit der Europäischen Monographie in einem Zertifikat offiziell bestätigt. Wenn man so will, wäre das CEP-Zertifikat also das einzig mögliche GMP-Zertifikat für Wirkstoffhersteller. Allerdings gibt es auch hier deutliche Einschränkungen. Neben der offenkundigen Tatsache, dass dieses Zertifikat nur für den Europäischen Raum von Bedeutung ist, ist es grundsätzlich auch nur für solche Substanzen bzw. Wirkstoffe erhältlich, die im europäischen Arzneibuch monographiert sind. Für eine nicht monographierte Substanz lässt sich kein CEP beantragen. Darüber hinaus liegt bei dieser Zertifizierung, das Audit eingeschlossen, der Fokus sicher deutlich mehr auf der Analytik und der Einhaltung vorgegebener Spezifikationskriterien und weniger auf den betrieblichen Abläufen und Prozessen, auch wenn diese bei der Gesamtbeurteilung sicher in gewissem Umfang Berücksichtigung finden.

Als Fazit lässt sich also festhalten, dass es bis heute im gesamten GMP-Umfeld kein allgemeingültiges und uneingeschränkt anerkanntes Zertifikat gibt, welches dem Wirkstoffhersteller die Chance bieten würde, sein Produkt als nachweislich „GMP-gerecht" hergestellte Ware anzupreisen und sich gleichzeitig von der Flut an Audits zu entlasten. Da hilft es auch wenig, wenn gerade im asiatischen Raum mit DMF, CEP oder gar Zulassungsnummern als Zertifikatsersatz geworben wird.

# 3
# Grundlagen der Validierung

## 3.1
### Rechtsgrundlagen

Wie im vorhergehenden Kapitel bereits ausgeführt, behandeln die Regeln der Guten Herstellungspraxis grundsätzliche alle an einem Herstellungsprozess beteiligten Faktoren wie Personal, Gebäude, Räumlichkeiten, Maschinen und Apparate, Dokumentation, Qualitätskontrolle etc., die einen erkennbaren Einfluss auf die Produktqualität oder auf deren Überwachung bzw. Nachprüfung haben. Daneben taucht jedoch noch ein weiteres Thema auf, das auf den ersten Blick nicht selbsterklärend ist – die Validierung. Wer sich heute mit GMP beschäftigt, muss sich unweigerlich auch mit dem Thema „Validierung" auseinandersetzen. Dabei wird derjenige nicht nur schnell erkennen, dass es sich bei der Validierung um eine kosten-, zeit- und personalintensive Angelegenheit handelt, er wird darüber hinaus mit allen Schwierigkeiten einer genauen Definition und Interpretation und mit der Fragestellung konfrontiert: „Wie führe ich die Validierung konkret durch?"

Die Validierung als eine spezielle Qualitätssicherungsmethode ist eine eindeutige Forderung aus den GMP-Regelwerken und heutzutage gesetzlich vorgeschrieben. Dabei sind nicht nur die Fertigarzneimittelhersteller betroffen. Auch die Hersteller von Wirk- und Hilfsstoffen unterliegen der Forderung zur Validierung. Historisch gesehen geht das Thema zurück bis in die Achtzigerjahre. Speziell über die Entwicklungsgeschichte in Europa findet man hierzu eine gute Ausarbeitung von Lingnau [60]. Demnach beschäftigte sich bereits 1979 die FIP (Féderation International de Pharmaceutique) intensiv mit diesem Thema bei ihrem Kongress in Brighton und entschloss sich zum Thema „Validierung" eine eigene Richtlinie herauszubringen. Diese 1980 bei einem Kongress in Madrid vorgestellte Richtlinie [61] wurde 1982 von der Pharmazeutischen Inspektions-Convention (PIC) anerkannt und übernommen. Auf die Ausarbeitung einer eigenen Richtlinie wurde vorerst verzichtet. Nach Lingnau sind die Kernaussagen der FIP-Richtlinie, dass
- Validierung ein wichtiger Beitrag zur Arzneimittelsicherheit und damit eine Ergänzung der GMP-Regeln ist,
- Validierung von Bedeutung ist bei der Entwicklung, Herstellung und Kontrolle von Arzneimitteln,
- wesentlich veränderte Herstellungs- und Kontrollmethoden zu validieren sind,

– Validierung in der Verantwortung des Herstellers liegt und
– die Überwachungsbehörde lediglich zu überprüfen hat, ob der Arzneimittelhersteller nach dem Stand von Wissenschaft und Technik validiert.

Aus diesen Aussagen ist erkennbar, dass der Schwerpunkt bei der Validierung zunächst auf den Verfahren lag. Daran ändert auch die Tatsache nichts, dass in der von der FIP herausgebrachten Definition der Validierung auf „wesentliche Arbeitsschritte und Einrichtungen" verwiesen wird. Erst in den „Grundregeln für die sachgemäße Herstellung pharmazeutischer Produkte" – PIC Basic Standards vom Juni 1983 wird zwischen der „Qualifizierung von Ausrüstungsgegenständen" und der „Validierung von Methoden" unterschieden [62]. Eine Unterscheidung, die sich heute in allen relevanten Regelwerken und Guidelines findet.

Die gesetzliche Verpflichtung zur Validierung ergab sich für Fertigarzneimittel in Deutschland konkret aus der Betriebsverordnung für pharmazeutische Unternehmer (PharmBetrV) [63], die ihrerseits über den § 54 Abs. 1-2a des Arzneimittelgesetzes (AMG) [64] Rechtsgültigkeit hatte. Dort wurde bereits in § 5 Herstellung und § 6 Prüfung gefordert, dass die zur Herstellung und Prüfung angewandten Verfahren und Geräte nach dem jeweiligen Stand der Technik zu validieren, die Ergebnisse zu dokumentieren sind. An dieser Verpflichtung hat sich auch mit der Herausgabe der neuen AMWHV nichts geändert. Dort wird eher noch detaillierter auf dieses Thema eingegangen. So findet sich bereits in § 6 (Hygienemaßnahmen) der Verweis, dass die Wirksamkeit von Reinigungs- und Sterilisationsverfahren über die Validierung nachzuweisen ist, ebenso wie nach § 10 (Allgemeine Dokumentation) entsprechend eingesetzte elektronische, fotografische und andere Dokumentenverwaltungssysteme zu validieren sind. Die ursprüngliche Forderung nach Validierung gemäß der ehemaligen PharmBetrV finden sich nun in den §§ 13 (Herstellung) und 14 (Prüfung) der AMWHV, wobei der Geltungsbereich – mit geringen Einschränkungen – heute bereits auch auf Entwicklungsprodukte ausgedehnt ist.

Eine vergleichbare Forderung ergibt sich EU-weit aus den „Rules governing medicinal products in the European Community" (Band 2, „Notice to Applicants") für die Zulassung neuer Arzneimittel, die die Validierung kritischer Verfahren voraussetzt. Aber auch in den USA und auch beim Export in die USA ist die Validierung eine Grundvoraussetzung für den Erhalt der Zulassung, weshalb speziell die Validierung stets im Mittelpunkt von FDA-Inspektionen steht. Festgeschrieben ist die Forderung nach Validierung auch in den cGMP-Regeln, 21CFR210/211, die ihrerseits Rechtsgültigkeit über den Food Drug & Cosmetic Act, Abschnitt 501(a)(2)(B) haben (s. auch Abschnitt 2.3.7.1).

War die Forderung nach qualifizierten Anlagen und validierten Verfahren für die Herstellung pharmazeutischer Wirkstoffe in den frühen Regelwerken [65–67] – wenn auch spartanisch – schon fest verankert, so nahm das Thema in den darauf folgenden Jahren drastisch an Bedeutung zu und in den erschienenen Guidelines [68, 69] zunehmend breiteren Raum ein.

Abbildung 3.1 verdeutlicht diese Entwicklung. Der ICH-Q7A-Leitfaden, der heute als das weltweit führende GMP-Regelwerk für Wirkstoffhersteller gilt, widmet zum Beispiel ein komplettes Hauptkapitel ausschließlich der Validierung. Auch

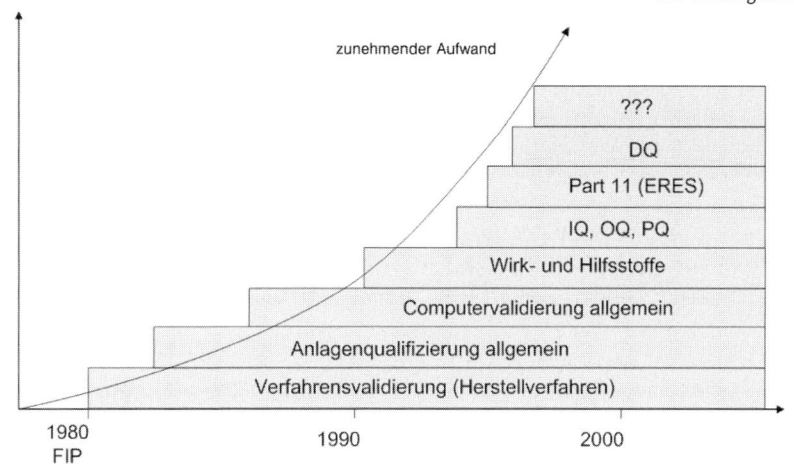

**Abb. 3.1** Entwicklung Validierungsanforderungen.

wenn lange Zeit speziell in Deutschland eine Betriebsverordnung für Wirkstoffhersteller und damit die Verbindung zur Rechtsgrundlage fehlte, so war die Einhaltung über den „Stand des Wissens und der Technik", den der ICH Q7A schon immer darstellte, mindestens genauso verpflichtend, weshalb sich die meisten Wirkstoffhersteller dem Thema auch sehr nachhaltig widmeten. Für die Lieferung von Wirkstoffen in die USA galten und gelten ohnehin die cGMP-Regeln gemäß 21CFR 210/211, sodass hier, auch dann wenn andere Guidelines für Inspektionen zugrunde gelegt wurden, die Rechtsverbindlichkeit der Validierung in jedem Fall gegeben war und heute noch ist. Dies wurde deutlich durch das Verhalten der FDA, die im Zeitraum von 1992 bis 1999 speziell für Wirkstoffhersteller eine Übergangsphase einräumte, während der es genügte, den Inspektoren einen Plan zur vorgesehenen Validierung vorzulegen [70]. Heute wird mit wenigen Ausnahmen erwartet, dass auch Altanlagen qualifiziert und alle angewandten Verfahren validiert sind.

Für Hilfsstoffhersteller war lange Zeit die Notwendigkeit zur Validierung aus den relevanten GMP-Regelwerken nicht eindeutig erkennbar. Heute wird jedoch sowohl in den GMP-Regeln der WHO [71] als auch in den GMP-Regeln der IPEC (International Pharmaceutical Excipients Council) [72] die Forderung nach der Validierung eindeutig ausgesprochen. Die Anlagenqualifizierung wird darin zwar nicht explizit erwähnt, da aber eine Verfahrensvalidierung eine qualifizierte Anlage voraussetzt, sollte dies als selbstverständlich anzunehmen sein.

Zusammenfassend lässt sich sagen, dass die Validierung als Qualitätssicherungsmethode ein zentraler und wesentlicher Bestandteil der GMP-Anforderungen ist, dass Validierung gesetzlich gefordert wird und von Wirk-, Hilfsstoff- und Fertigarzneimittelherstellern gleichermaßen umgesetzt werden muss. Die Wichtigkeit des Themas ergibt sich u. a. aus der Tatsache, dass zahlreiche Expertengruppen und Fachverbände eine Fülle von weitergehenden Richtlinien und Leitfäden ausschließlich zum Themenfeld Validierung herausgebracht haben. Hierauf wird in den folgenden Kapiteln näher eingegangen.

Doch was konkret bedeutet eigentlich „Validierung"?

## 3.2
## Begriffe und Definitionen

### 3.2.1
### Validierung

Um die Vorgehensweise bei der Validierung zu verstehen, ist es wichtig zunächst zu erfassen, was sich hinter diesem Begriff konkret verbirgt. Vielfach wird er auch heute noch falsch verwandt, weshalb er nachfolgend nach den offiziellen Definitionen näher erklärt werden soll.

Eine der bekanntesten Definitionen stammt von der amerikanischen FDA aus dem Jahre 1987. Sie definiert Validierung als [73]: „dokumentierte Beweisführung, die mit einem hohen Maß an Sicherheit belegt, dass ein bestimmter Prozess reproduzierbar ein Produkt liefert, das den vorgegebenen Eigenschaften und Qualitätsanforderungen entspricht."

Eine weitergehende, bereits die Ausrüstung in Betracht ziehende Interpretation stammt von der EU aus dem Jahre 1992, die Validierung definiert als: „Beweisführung in Übereinstimmung mit den Grundsätzen der Guten Herstellungspraxis (GMP), dass Verfahren, Prozesse, Ausrüstungsgegenstände, Materialien, Arbeitsgänge oder Systeme tatsächlich zu den erwarteten Ergebnissen führen."

Diese Definitionen treffen die Bedeutung des Begriffs „Validierung" zwar genau auf den Punkt, sind aber selbst nach mehrmaligem intensiven Lesen dem Neueinsteiger oft nur schwer verständlich, weshalb der Begriff an einem konkreten Beispiel erläutert werden soll.

Fallbeispiel: In einem Betrieb wird ein neuer Mischer für die Homogenisierung von Feststoffen angeschafft. Der Ablauf ist klar geregelt. Nach Festlegung der Spezifikationsanforderungen, die aus den bisherigen Prozesserfahrungen resultieren, werden Angebote eingeholt, verglichen und nach Vergabe die Bestellung ausgelöst. Der Mischer wird geplant, gebaut, geliefert, aufgestellt und ist bereit zur Inbetriebnahme. Bevor der Mischer jedoch seinen eigentlichen Betrieb aufnimmt, werden logischerweise erste Testfahrten durchgeführt. Man wird hierzu Modellsubstanzen oder das eigentliche Produkt einsetzen und man wird eine Reihe von Proben ziehen und analysieren, um die Homogenität des aus dem Mischer austretenden Produkts zu prüfen. Erhält man nach Optimierung aller Parameter (z. B. Rührerdrehzahl, Zulauf) ein homogenes Produkt, so wird im Normalfall der Test beendet sein und der Mischer seinen Routinebetrieb aufnehmen.

Nicht so im Falle eines GMP-Betriebs, wenn der Mischvorgang qualitätsrelevant ist und validiert werden muss. Hier beginnt jetzt die eigentliche Arbeit, indem ein Programm aufgestellt wird, mit dem man genau zeigt und belegt (beweist), dass der Mischer wirklich zuverlässig und wie geplant funktioniert. Beispielsweise wird ein nachweislich stark inhomogenes Produkt in den Mischer gegeben und man zeigt durch Probenahme, dass wie erwartet bei den zuvor ausgewählten Parametern am Ende ein homogenes Produkt herauskommt. Dabei wird man das Programm mehrmals wiederholen, um die Zuverlässigkeit, d. h. die Reproduzierbarkeit zu demonstrieren. Man wird auch sicher mehr Proben als üblich ziehen, um noch den letzten Skeptiker von der Leistungsfähigkeit der Apparatur zu überzeugen. Der gesamte Ablauf wird zuvor schriftlich geplant, die Ergebnisse genau protokolliert und mit den zuvor festgelegten Zielwerten – den Akzeptanzkriterien – verglichen. Den Abschluss bildet ein zusammenfassender Bericht. Der Mischer ist „validiert".

Was wurde im Einzelnen gemacht? Drei wesentliche Phasen sind zu unterscheiden:

1. Es wurde versucht, einen möglichst den Vorgaben entsprechenden Mischer zu installieren (Qualität erzeugen).
2. Es wurde geprüft, inwieweit der Mischer die gewünschte Leistung auch tatsächlich erbringt (Qualität prüfen = Testen).
3. Nach erfolgreicher Prüfung wurde bewiesen und dokumentiert, dass der Mischer tatsächlich immer wieder die gewünschte Leistung zuverlässig erbringt (Qualität nachweisen = validieren).

Gesprochen wird im Falle der Validierung also von Beweisführung (engl.: documented evidence) und nicht von Prüfung, d. h. es wird davon ausgegangen, dass im Rahmen vorhergehender Prüfungen bereits ein positives Ergebnis ermittelt wurde und es soll nun nochmals der Nachweis als zusätzliche Sicherheit erbracht werden, dass man dieses Ergebnis dauerhaft halten kann. Dies kann basierend auf den Ergebnissen der Prüfungen selbst erfolgen, beispielsweise dann, wenn die Prüfergebnisse keinen anderen Schluss zulassen. So kann eine Anlage grundsätzlich als dicht betrachtet werden, wenn im Rahmen der Inbetriebnahmevorbereitung die Dichtigkeitsprüfung dieses Ergebnis bereits geliefert hat und die Prüfbedingungen den späteren Betriebsbedingungen entsprachen oder diese zumindest abdeckten. Für den dokumentierten Nachweis ist dann lediglich sicherzustellen, dass die Dichtigkeitsprüfungen vollständig gemacht wurden und die Ergebnisse in jedem Fall akzeptabel waren und ausreichend Aufzeichnungen – z. B. die Messergebnisse betreffend – vorliegen. Es können aber auch zusätzliche Worst-case-Betrachtungen oder zusätzliche Experimente erforderlich werden. Die Ergebnisse der Probenahme am Auslauf des Mischers allein sagen zum Beispiel noch nichts über seine Leistungsfähigkeit aus, wenn das Produkt bereits homogen eingefüllt wurde. Im Rahmen der Validierung ist hier sicher ein Vorgehen erforderlich, bei dem zunächst ein inhomogenes Produkt eingefüllt werden muss.

Eine weitere Eigenheit der Validierung ist, dass die zuvor gemachten Vorgaben bzw. Akzeptanzkriterien im Rahmen des geführten Nachweises in jedem Fall erfüllt werden müssen. Diese Forderung bestätigt noch einmal anschaulich, dass Validierung nichts mit Prüfung zu tun hat, denn Akzeptanzkriterien liegen nur dann vor, wenn diese im Rahmen vorhergehender Tests (Prüfungen) bereits ermittelt worden sind.

Schließlich ist die Rede von der „dokumentierten Beweisführung", d. h. von Validierungsplänen und Validierungsberichten. Dabei handelt es sich eindeutig um eine zusätzliche, für eine GMP-Anlage spezifische Dokumentation, die später insbesondere für den Betreiber wichtig wird, da er anhand dieser Dokumente gegenüber Kunden und Behörden die Validität, d. h. die Zuverlässigkeit seiner Prozesse und Anlagen nachweisen muss. Es reicht hier eben nicht aus, auf ein aus der Anlage stammendes, spezifikationsgerechtes Produkt zu verweisen. Validierung ist deutlich mehr.

Zusammengefasst kann man die Validierung vereinfacht definieren als eine „dokumentierte Beweisführung, die zeigt, dass etwas so ist, wie es nach Vorgabe sein soll". Dabei ist diese Beweisführung deutlich mehr als nur ein einfacher Test.

Ein Staubsaugervertreter, der zur Demonstration der Leistungsfähigkeit seines Staubsaugers Ruß auf den Perserteppich der kritischen Hausfrau streut, tut gut daran, wenn es sich hierbei um eine Validierung (Beweis) handelt und nicht um eine Prüfung (Test), bei dem er das Ergebnis unter Umständen noch nicht kennt.

### 3.2.2
**Elemente der Validierung**

Hatte man sich zu Beginn hauptsächlich auf reproduzierbare und beherrschte, d. h. validierte Verfahren konzentriert, so hat man doch schon bald darauf erkannt, dass eine Validierung nur dann zu zuverlässigen und aussagekräftigen Ergebnissen führt, wenn die Ausrüstung, die für den jeweiligen Prozessschritt eingesetzt wird, technisch einwandfrei funktioniert und sich in ordnungsgemäßem Zustand befindet, d. h. qualifiziert ist. Somit wurde, mit Blick auf die Technische Ausrüstung, der Begriff der Validierung um den Begriff der Qualifizierung erweitert [74].

Heute wird „Validierung" oft als Überbegriff für die Gesamtheit der Qualifizierung der technischen Ausrüstung und der Validierung der Verfahren verwendet. Begrifflich ist jedoch zwischen der Qualifizierung von Gebäuden, Räumlichkeiten und Ausrüstungsgegenständen einschließlich Hilfs- und Nebeneinrichtungen (z. B. Wasseranlagen) und der Validierung von Herstellungs-, Reinigungs- und Analysenverfahren zu unterscheiden. Im Falle computerisierter Systeme (z. B. Prozessleitsysteme, ERP-Systeme, Dokumenten-Managementsysteme) wird u.a. der Begriff „Computervalidierung" verwendet, womit im Allgemeinen die Qualifizierung der Hardware und die Validierung der Software gemeint sind.

Speziell im Zusammenhang mit Investitionsprojekten bei Neu- oder Umbauaktivitäten wird oft auch von einem Validierungsprojekt gesprochen, welches dann abhängig vom Projektumfang alle oder nur einzelne Elemente der Validierung beinhaltet. Abbildung 3.2 verdeutlicht diese Zusammenhänge.

Die Qualifizierung der technischen Ausrüstung unterteilt sich ihrerseits weitergehend in die Einzelelemente:
- DQ = Design Qualification (dt.: Designqualifizierung), als dokumentierter Nachweis, dass insbesondere GMP-relevante Anforderungen bereits bei der Planung einer Anlage oder eines Ausrüstungsgegenstands berücksichtigt wurden.
- IQ = Installation Qualification (dt.: Installationsqualifizierung), als dokumentierter Nachweis, dass die Anlage oder der jeweilige Ausrüstungsgegenstand entsprechend den zuvor festgelegten Spezifikationen geliefert, installiert und angeschlossen wurde.

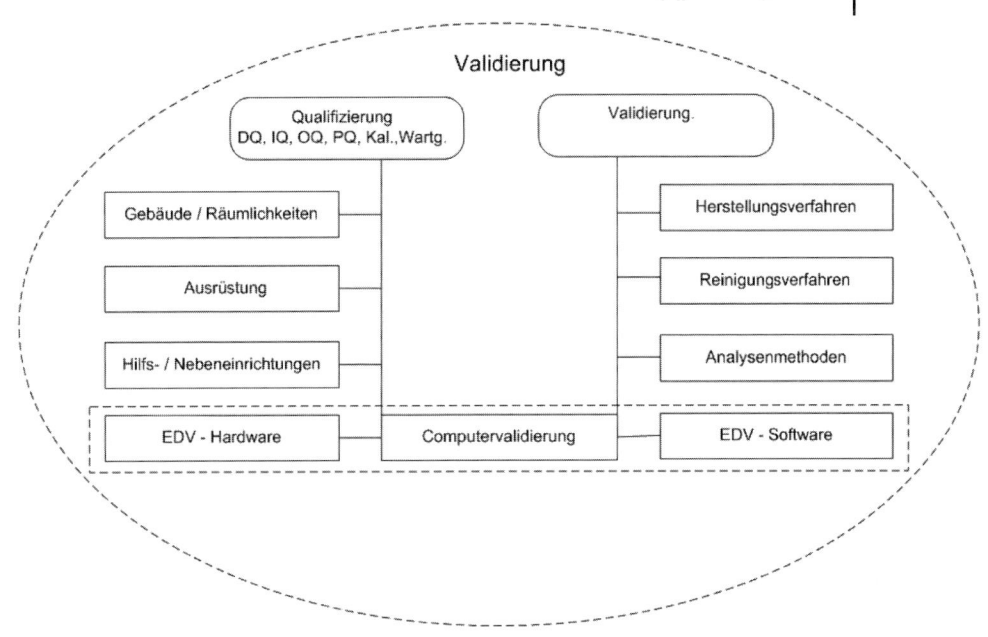

**Abb. 3.2** Elemente der Validierung.

- OQ = Operational Qualification (dt.: Funktionsqualifizierung), als dokumentierter Nachweis, dass die Anlage oder der jeweilige Ausrüstungsgegenstand im gesamten Arbeitsbereich unter Einhaltung der zuvor spezifizierten Grenzwerte zuverlässig funktioniert.
- PQ = Performance Qualification (dt.: Leistungsqualifizierung), als dokumentierter Nachweis, dass die im Rahmen einer Risikoanalyse als besonders qualitätskritisch erkannten Anlagenteile im gesamten Betriebsbereich die zuvor festgelegten Leistungsanforderungen erfüllen.

Aktivitäten im Zusammenhang mit der Erstkalibrierung qualitätsrelevanter Messeinrichtungen und die erstmalige Aufnahme von Ausrüstungsgegenständen in ein Wartungsprogramm werden formal oft noch der Qualifizierung zugerechnet. Die wiederholte Durchführung von Kalibrierungs- und Wartungsmaßnahmen wird dagegen der Instandhaltung der Anlage zugeordnet, wobei diese Maßnahmen grundsätzlich dazu dienen, den validierten bzw. den qualifizierten Zustand einer Anlage dauerhaft aufrechtzuerhalten.

### 3.2.3
**Methoden der Validierung**

Abhängig davon, ob die Validierungsaktivitäten zum Zeitpunkt der Markteinführung eines Produkts bereits erfolgreich abgeschlossen sind oder nicht, unterscheidet man die folgenden grundsätzlichen Validierungsmethoden:

– Prospektive Validierung
 Die Qualifizierungs- und Validierungsaktivitäten werden in Bezug auf ein neues Produkt, einen neuen Prozess oder eine neue bzw. umgebaute Anlage durchgeführt. Sie müssen nachweislich (dokumentiert) erfolgreich abgeschlossen sein, bevor das entsprechende Produkt im Markt verkauft werden kann. Die für die Validierung erforderlichen Tests werden aktuell geplant, durchgeführt und die Ergebnisse ausgewertet. Diese Art der Validierung wird heute von der überwachenden Behörde bevorzugt gewünscht und erfordert einen rechtzeitigen Start und eine gute Planung, um Zeitverzögerungen und damit Gewinnverluste bei der Markteinführung zu verhindern.
– Retrospektive Validierung
 Das Produkt wird schon länger in einer bestehenden Anlage nach einem etablierten Verfahren hergestellt und im Markt verkauft. Die Validierung erfolgt schwerpunktmäßig auf Basis von Daten, die im Rahmen zurückliegender Produktionen erhalten wurden. Dabei werden, abhängig von den jeweils geltenden regulatorischen Anforderungen (EU oder USA), im Allgemeinen Daten von ca. 20–30 hintereinander hergestellten Produktionschargen ausgewertet, wobei im Falle kontinuierlich arbeitender Produktionsbetriebe Chargen dahin gehend zu definieren sind, dass eine feste Produktionsdauer (z. B. ein Tag) zugrunde gelegt wird. Eine retrospektive Validierung ist jedoch nur möglich, wenn in dem für die Auswertung betrachteten Zeitraum keine wesentlichen Änderungen u. a. an Anlage, Verfahren, Rohstoff- und/oder Produktspezifikationen durchgeführt worden sind. Retrospektive Validierung wird heute nur noch für solche Produkte und Verfahren toleriert, bei denen nicht von vornherein erkennbar war, dass sie unter GMP-Anforderungen fallen. Dies ist zum Beispiel dann gegeben, wenn ein Chemieunternehmen ein Produkt schon lange für einen nicht pharmazeutischen Zweck herstellt und sich nun aufgrund einer Kundenanfrage ein neues Anwendungsgebiet im pharmazeutischen Bereich aufzeigt.
– Begleitende Validierung
 In manchen Fällen ist es nicht möglich, die Validierung abzuschließen, bevor das Produkt im Markt verkauft wird, weil entweder zu wenig Chargen hergestellt werden oder weil zu große Zeitabstände zwischen den einzelnen produzierten Chargen liegen und das Produkt nicht ausreichend lagerstabil ist, d. h. das Produkt der Validierungschargen bis zum eigentlichen Verkauf verderben würde. In diesen Fällen kann das Produkt, das bei den Validierungsfahrten hergestellt wird, bereits verkauft werden, auch wenn die Validierung noch nicht vollständig abgeschlossen ist. Voraussetzung ist, dass die Qualität des Produkts durch zusätzliche Inprozesskontrollen abgesichert wird, die in diesem Umfang nach erfolgreichem Abschluss der Validierung nicht beibehalten werden müssen. Die konkrete Vorgehensweise sollte hier stets mit dem das Produkt abnehmenden Kunden oder gar der zuständigen Behörde abgesprochen werden.

Unabhängig von der letztendlich gewählten Vorgehensweise gilt, dass das im Verlauf der Validierung hergestellte Produkt nach erfolgreicher Validierung verkauft werden darf. Die Validierungschargen selbst müssen nicht verworfen werden. Ausschlaggebend ist aber, dass es sich um eine gesicherte und geprüfte Produktqualität handelt.

Auch wenn sich die einzelnen Methoden wie oben dargestellt logisch und in ihrer Vorgehensweise klar voneinander abgrenzen lassen, so sieht die Realität in vielen Fällen doch ganz anders aus. So kommt es gerade im Wirkstoffbereich nicht selten vor, dass Projekte oft schon realisiert, d. h. Anlagen gebaut sind und/oder das hergestellte Produkt auch schon ausgeliefert wird, ohne dass die zugehörige Qualifizierung und Validierung formal abgeschlossen wäre. Die Ursachen hierfür können sehr unterschiedlich sein. Einer der häufigsten Gründe ist, dass von dem auf der Anlage hergestellten Produkt nur eine verschwindend kleine Menge in den pharmazeutischen Bereich geliefert wird, während man den überwiegenden Teil als „Technische Ware" verkauft. Die GMP-Anforderungen treten dann meist aufgrund der anderen Anforderungen in den Hintergrund, die Priorität verschiebt sich in Richtung Produktion.

In solchen Fällen, die glücklicherweise immer seltener werden, kann grundsätzlich nicht von einer retrospektiven Validierung gesprochen werden, auch dann nicht, wenn die Validierungsaktivitäten nachgezogen werden. Auch ist es weder angemessen noch legal, zunächst eine Anlage zu bauen, dann 20–30 Chargen zu produzieren um danach, basierend auf deren Auswertung, eine „vereinfachte" retrospektive Validierung durchzuführen. Vielmehr ist es die Verantwortung des jeweiligen Herstellungsleiters und der zuständigen Qualitätseinheit dafür zu sorgen, dass die versäumten Aktivitäten schnellstens nachgeholt und in der Methode wie eine prospektive Validierung behandelt werden. Dass es dabei unter Umständen Einschränkungen geben kann, da bestimmte Aktionen nicht mehr nachgeholt werden können, Dokumente nicht mehr zu beschaffen sind, ist leider oft die Realität. Doch hat eine prospektive Vorgehensweise, da geplant und Prüfparameter von vornherein festgelegt, einen wesentlich tiefergehenden Fokus mit Blick auf die Qualitätssicherung als eine retrospektive Betrachtung, worauf in Kapitel 4 noch näher eingegangen wird. Optimal wäre es in solchen, nun mal leider nicht zu vermeidenden Fällen, wenn das dann hergestellte Produkt ausschließlich als „Technische Ware" deklariert werden würde oder dass man den pharmazeutischen Kunden entsprechend darauf hinweist. In keinem Fall aber darf heute ein pharmazeutisches Endprodukt ohne diese am Wirkstoff durchgeführten qualitätssichernden Maßnahmen an den Endverbraucher gelangen.

### 3.2.4
**Revalidierung**

Validierung einschließlich der Qualifizierung sind Aktivitäten, die im Wesentlichen dazu dienen, Anlage und Verfahren in einen abgesicherten und verlässlichen Zustand zu bringen und dort zu halten. Damit wird erkennbar, dass es sich hier nicht um Einmalaktivitäten handelt, die durchgeführt, dokumentiert und dann dauerhaft erledigt sind. Vielmehr besteht der gesetzliche Anspruch, den einmal erreichten, validen Zustand ständig zu überwachen und über den Lebenszeitraum einer Anlage bzw. eines Verfahrens hinweg aufrechtzuerhalten. Man spricht daher auch vom Lebenszyklus einer Anlage bzw. vom Lifecycle-Modell der Validierung.

Ein Kernelement zur Aufrechterhaltung des validen Zustands ist das „Änderungsmanagement" (engl.: change control procedure), welches in Kapitel 7 detailliert beschrieben wird. Änderungen werden formal erfasst und hinsichtlich ihrer Auswirkung und der daraus resultierenden Maßnahmen beurteilt. Bei kritischen Änderungen ist die Revalidierung fast immer eine der notwendigen zu benennenden Maßnahmen. Nach FIP [75] wird eine Revalidierung z. B. zwingend gefordert bei:

– Änderungen der Zusammensetzung, des Verfahrens oder der Ansatzgröße,
– Prozess beeinflussenden Änderungen an Einrichtungen,
– Einsatz neuer Einrichtungen und
– Änderung von Prozessparametern.

Darüber hinaus wird eine Revalidierung aber auch in regelmäßigen Abständen bei kritischen Einrichtungen (z. B. Sterilisationseinrichtungen) gefordert.

Eine Revalidierung erfolgt dem Wesen nach wie eine prospektive Validierung. Das heißt: Im überwiegenden Teil der Fälle muss die Validierung erfolgreich abgeschlossen sein, bevor das Produkt aus dem geänderten Prozess verkauft werden kann. Ausnahme ist die regelmäßige Revalidierung, die vergleichbar mit einem Instandhaltungsprozess der dauerhaften Überwachung dient.

Unabhängig davon, ob die „Revalidierung" auf Änderungen basiert oder nicht, geht der Trend gerade auch bei Behördeninspektionen mehr und mehr in Richtung zyklischer, änderungsunabhängiger „Revalidierungen". Dies ist leicht verständlich, weiß man doch, dass Prozessanlagen hoch komplexe und lebende, d. h. sich stetig verändernde Gebilde sind und auch das beste Änderungskontrollverfahren kaum in der Lage ist, wirklich jede Änderung formal zu erfassen und über den vorgeschriebenen Laufweg zu beurteilen und zu bewerten. Über die Zeit ergibt sich damit eine Fülle von „unbemerkten" und „schleichenden" Änderungen, die nur global im Rahmen einer routinemäßigen „Revalidierung" erfasst werden können. Nicht ohne Grund fordert eine FDA ein mindestens jährliches Update der relevanten Rohrleitungs- und Instrumentenfließbilder.

## 3.3
**Anforderungen aus den Regelwerken (WHO, FDA, PIC etc.)**

In Abschnitt 3.1 wurde auf die rechtlichen Grundlagen und die Verbindlichkeit der Validierung eingegangen und auch darauf, dass über die Zeit hinweg die Anforderungen an die Details zur Durchführung der Validierung einschließlich Qualifizierung deutlich gestiegen sind. Dies zeigt sich nicht zuletzt auch in der zunehmenden Anzahl an offiziellen, d. h. von Behördenseite oder von entsprechenden Industrieverbänden zu diesem Thema herausgebrachten Richtlinien und Regelwerken.

Setzt man sich mit dem Thema „Validierung" auseinander, so kommt man nicht umhin, sich auch mit den offiziellen Dokumenten zu beschäftigen, die dieses spezifische Thema behandeln. Man muss wissen, was prinzipiell von den Behörden oder den anerkannten Verbänden gefordert wird. Dabei hilft es wenig sich damit herauszureden, dass darin doch keine praktischen Anleitungen zur individuellen Umsetzung zu finden seien. Die Grundphilosophie und das Grundverständnis von Behörden- und Industrievertretern, die generellen Anforderungen an das, was zu beachten ist und prinzipielle Hinweise zur Vorgehensweise und zu Mindestanforderungen sind auf alle Fälle darin enthalten. Aus diesem Grunde sollen in diesem Kapitel auch die wichtigsten, ausschließlich auf die Validierung und Qualifizierung ausgerichteten, offiziellen Dokumente und ihre Bedeutung, bzw. die Kernforderungen kurz behandelt werden. Dabei werden vornehmlich die allgemeingültigen Richtlinien und Regelwerke, welche die Validierung übergeordnet behandeln, angesprochen, während auf die themenspezifischen Dokumente (z. B. Richtlinien zur Reinigungs- oder IT-Validierung) an anderer Stelle eingegangen wird.

### 3.3.1
**FDA-Anforderungen an die Validierung**

Neben der oben bereits angesprochenen FIP-Richtlinie dürfte die von der FDA im Jahre 1987 herausgegebene „Guideline on General Principles of Process Validation" [76] das wohl bekannteste und auch mittlerweile älteste Dokument zu diesem Thema sein. Im Vordergrund steht hier allerdings – wie der Titel schon vermuten lässt – das Thema der Verfahrens-, genauer der Prozessvalidierung, also weniger die technische Qualifizierung. Die Gültigkeit in der Anwendung besteht für Human- und Tierarzneimittel sowie für medizintechnische Geräte und Produkte. Aktuell arbeitet die FDA an einer entsprechenden Revision, die sicher schon lange überfällig ist.

In der Richtlinie werden bereits die wichtigsten, zum Teil auch heute noch gültigen Definitionen, insbesondere die der „Validierung", festgelegt. Interessant ist, dass man zum damaligen Zeitpunkt hinsichtlich der Elemente zwischen einer „Installation Qualification (IQ)", einer „Process Performance Qualification" und einer „Product Perfomance Qualification" unterschieden hat, wobei letztere ausschließlich auf medizintechnische Geräte bzw. Produkte anzuwenden ist. Das heißt, es ist in diesem Leitfaden noch eine starke Vermischung der Begriffe Qualifizierung und Validierung gegeben. Als Kernsatz steht die klare Aussage, dass zur Qualitätssicherung eine Prüfung des Endprodukts nicht ausreicht und man weitergehende Maßnahmen – eben die Validierung – benötigt. Dies wird mit einfachen Beispielen belegt. Auch die in der Literatur vielfach zitierte Aussage: „Qualität kann man nicht in ein Produkt hineinprüfen, Qualität muss geplant und mit dem Produkt erzeugt werden", stammt aus diesem Dokument. Dabei wird die Validierung grundsätzlich als das Schlüsselelement der Qualitätssicherung betrachtet, was die Endproduktprüfung aber nicht prinzipiell ausschließt.

Eine feste Forderung ist die Erstellung eines detaillierten, schriftlichen Validierungsplans (engl.: validation protocol), der die Vorgehensweise bei der Validierung einschließlich geplanter Tests und Daten, die gesammelt werden sollen, beschreibt. Dabei wird sehr stark darauf abgehoben, dass solche Validierungsläufe grundsätzlich unterschiedlichste Variationen berücksichtigen sollten, die sich bei Fahrweisen der Anlagen im Grenzbereich der festgelegten Parameter ergeben. Diese auch als Worst-case-Validierung bekannt gewordene Forderung ist bis heute stark umstritten, wird von der FDA im Rahmen von Inspektionen aber immer wieder beharrlich gefordert. Auch die im Leitfaden enthaltene Aussage der FDA, dass wenn die Endprodukt- und/oder die Inprozesskontrollen nicht ausreichend aussagekräftig sind, man die einzelnen am Prozess beteiligten Systeme für sich individuell validieren muss, ist heute vielen nicht mehr gegenwärtig. Eine Risikoanalyse als Ausgangspunkt der Validierung wird zum damaligen Zeitpunkt zwar noch nicht explizit angesprochen, jedoch wird schon deutlich auf die Notwendigkeit einer zielgerichteten und gut dokumentierten Produkt- und Prozessentwicklung eingegangen, die als Grundlage einer erfolgreichen Validierung betrachtet wird und die zusätzlich durch ein Change-Control-Prozedere (Änderungskontrollverfahren) hinsichtlich weitergehender Änderungen z. B. an Produktspezifikationen abgesichert werden soll.

Im Ablauf wird – wie auch heute immer noch üblich – zunächst die Sicherstellung einer ordnungsgemäß funktionierenden technischen Ausrüstung gefordert. Dabei wird unter dem Begriff „IQ" nahezu alles zusammengefasst, was heute auf „IQ" und „OQ", ggf. noch auf „PQ" verteilt ist. Es werden bereits die kritischen Ausrüstungsgegenstände angesprochen, welche überhaupt einen Einfluss auf die Produktqualität haben können, ebenso die Kalibrierung einschließlich Justage und die Wartung. Erwartet wird insbesondere die Durchführung und Dokumentation einer Studie mit Blick auf die Anforderungen zu den zuvor genannten Punkten. Dies sollte stets anhand des konkreten Prozesses und der geplanten Produkte erfolgen (z. B. welche Wartungs- und Kalibrieranforderungen sich in Abhängigkeit vom konkreten Prozess und dem konkreten Produkt ergeben). Die Bewertung einer Anlage auf Basis ihrer gezeigten Funktionalität im Zusammenhang mit einem anderen hergestellten Produkt wird nicht akzeptiert. Es wird auch angesprochen, dass Prüfungen wo sinnvoll mehrfach wiederholt werden sollten, wobei in einer Fußnote auf die heute weitverbreitete Zahl „3" hingewiesen wird, die jedoch von FDA-Inspektoren selbst immer wieder als eine sogenannte „mystic number" abgetan wird, also eine Zahl, die richtig sein kann oder auch nicht, wenn beispielsweise mehr Läufe notwendig sind, um die Reproduzierbarkeit zuverlässig zu belegen. Am Ende des technischen Teils wird dann interessanterweise nochmals verstärkt auf die Bedeutung der Ersatzteillisten eingegangen und auf die Notwendigkeit, diese grundsätzlich im Rahmen der Qualifizierung zu prüfen, um sicherzustellen, dass keine Produktgefährdung von einem falschen Ersatzteil ausgehen kann.

Über die eigentliche „Process Perfomance Qualification", bzw. die „Product Performance Qualification", die sich folgerichtig der „Installation Qualification" anschließt, wird dann im Einzelnen nicht mehr viel geschrieben. Es wird nochmals das „intensive Testen", insbesondere das Abprüfen der Worst-case-Bedingungen hervorgehoben und die Tatsache, dass grundsätzliche alle Prozesse, die validiert werden, detailliert beschrieben und spezifiziert sein müssen. Auch die Wiederholung der Validierungsläufe wird betont. Der Leitfaden schließt ab mit den Themen

Revalidierung, Dokumentation und retrospektive Validierung. Mit Blick auf die Dokumentation wird nochmals klargelegt, dass hier ein System existieren muss, welches ein Prüfen und ein formales Freigeben der Validierungsdokumente vorsieht.

Zusammenfassend lässt sich sagen, dass das relativ dünne Dokument wenn auch keine Details hinsichtlich Durchführung, so doch viele interessante Aspekte und Grundforderungen aus Sicht der Behörde darlegt, die auch heute noch ihre uneingeschränkte Gültigkeit haben.

Ein weiteres, recht interessantes, allerdings niemals offiziell verteiltes FDA-Dokument ist der 1993 herausgebrachte „Validation Documentation Inspection Guide" [77], weshalb dieser hier auch nur sehr kurz angesprochen werden soll. Er wurde maßgeblich von Ronald F. Tetzlaff, einem ehemaligen FDA-Inspektor initiert und vorbereitet. Hier wird erstmals auf die Problematik der unterschiedlichen Wortbedeutungen von Validierung und Qualifizierung eingegangen und der Versuch unternommen genauer zu differenzieren. Dabei wird jedoch nicht explizit der Unterschied zwischen Qualifizierung und Validierung, sondern unterschiedliche Bedeutungen der Validierung angesprochen. So wird in diesem Dokument dahin gehend unterschieden, „was" validiert wird (z. B. Hilfsprozesse oder Produktionsprozesse) bzw. auf welcher Basis validiert wird (basierend auf hergestellten Chargen oder als Nachweis eines unter Kontrolle befindlichen Prozesses). Interessant und hilfreich sind die acht angesprochenen Validierungselemente:

1. Zieldefinition,
2. Testdurchführung,
3. Ergebnisaufzeichnung,
4. Absicherung der Genauigkeit der Werte,
5. Abgleich mit Vorgabewerten,
6. Zusammenfassung,
7. Ergebnisfreigabe und
8. periodische Überprüfung,

die hier als Mindestanforderungen an einen akzeptablen Validierungsablauf beschrieben werden. Im Weiteren werden in dem Leitfaden diese Elemente detailliert analysiert, insbesondere aber die formalen Anforderungen an die einzelnen zu erstellenden Dokumente hervorgehoben. Zu nennen wären die Nutzung zuvor festgelegter Layouts, das formale Review und die formale Freigabe mit Unterschrift durch verantwortliche Personen, die notwendige Klarheit in der inhaltlichen Beschreibung und die bevorzugte Verwendung von Ablaufcharts und Grafiken zur vereinfachten Darstellung von Vorgehensweisen. Auch wenn dies aufgrund der ausgebliebenen Veröffentlichung keine festen Forderungen sind, so ist es immerhin sehr wertvoll, die Gedanken eines langjährigen FDA-Inspektors nachvollziehen zu können. Das Dokument schließt mit hilfreichen Fallbeispielen ab, die zeigen, welche Fehler – nach Ansicht des Inspektors – in der Praxis häufig auftauchen.

Mit Blick auf die FDA bliebe noch als ein letztes und ebenfalls interessantes Dokument der „Compliance Policy Guide, CPG 7132c.08" [78] zu nennen, in dem die FDA genau beschreibt, welche Anforderungen hinsichtlich Validierung und

Validierungschargen sowohl für Fertigarzneimittel als auch für die zugehörigen Wirkstoffe erfüllt sein müssen, damit ein Fertigarzneimittel überhaupt seine Zulassung erhält. Dies unterstreicht noch einmal die zulassungsrelevante Bedeutung der Validierung gerade in den USA. Auf die Inhalte und die Durchführung der Validierung wird in diesem Dokument nicht eingegangen.

### 3.3.2
**WHO-Anforderungen an die Validierung**

Die WHO hat ihre Ansicht zum Thema „Validierung" in den WHO GMP, Main principles for pharmaceutical products, „Validation of manufacturing processes" [79] zusammengefasst. Insgesamt vereint dieses Dokument das umfangreiche Wissen zahlreicher nationaler und internationaler Behörden, u. a. das der EU, der USA sowie verschiedener anerkannter Fachautoren, auf die im Bibliographieteil in einer langen Liste hingewiesen wird. Die Gültigkeit erstreckt sich auch hier sowohl auf Fertigprodukte als auch auf die zugehörigen Wirkstoffe.

Hervorzuheben ist das Eingangsstatement, bei dem die WHO zwar prinzipiell zwischen kritischen, d. h. validierungsrelevanten und nicht kritischen Prozessen unterscheidet, dann aber in einem Nebensatz darauf abhebt, dass es – basierend auf der bisherigen Erfahrung – grundsätzlich Sinn macht, alle am Herstellungsprozess beteiligten Einzelprozesse der Validierung zu unterziehen. Es wird weiter hervorgehoben, dass Validierung einen Prozess oder ein Verfahren grundsätzlich nicht verbessern kann, sondern lediglich bestätigen kann, dass dieser wie gewünscht abläuft (oder nicht) und dass Validierung eigentlich immer am Abschluss einer Entwicklung oder eines Scale-up-Verfahrens stehen muss. Die Risikoanalyse wird deutlich als wichtiges Instrument herausgestellt, wird aber in ihrer Durchführung nicht weiter erläutert. Neben der Angabe von Gründen und Vorteilen, die grundsätzlich für die Validierung sprechen, wird näher auf die unterschiedlichen Validierungstypen (prospektiv, retrospektiv, begleitend und Revalidierung) eingegangen. In Bezug auf die änderungsabhängig bzw. routinemäßig durchzuführende Revalidierung zeigt der Leitfaden einige sehr anschauliche und gut verständliche Beispiele auf.

Auch in diesem Dokument steht, vergleichbar mit dem FDA-Dokument, die Verfahrensvalidierung im Mittelpunkt. Es wird zwar im Kapitel „Voraussetzungen für die Validierung" die Qualifizierung angesprochen, wobei interessanterweise auch das Thema „Formulierung", also Hilfsstoff-, Wirkstoffzusammenführung hierunter gesehen wird, Hinweise auf die konkreten Inhalte oder gar Umsetzungsempfehlungen werden nicht gegeben. Bei der Verfahrensvalidierung konzentriert man sich insbesondere auf die vier folgenden Vorgehensweisen bzw. Methoden: intensive Produktanalyse, Prozesssimulationen, Worst-case-Versuche und Parameterüberwachung. Diese Methoden werden ausführlicher behandelt und beschrieben. Ebenso die Vorgehensweise bei der retrospektiven Validierung, bei der auf die notwendigen 10–25 in Folge hergestellten und auszuwertenden Chargen, die Trendanalysen und darauf abgehoben wird, dass Sterilisationsprozesse grundsätzlich nicht retrospektiv validiert werden können.

Für die Organisation der Validierung empfiehlt auch die WHO das typische, sich aus den verschiedensten Facheinheiten zusammensetzende Validierungsteam, spricht hier aber zusätzlich auch noch den „Validation Officer" (Validierungskoordinator) an. Der Leitfaden schließt ab mit einem Vorschlag für ein Inhaltsverzeichnis für einen allumfassenden Validierungsplan. Darin taucht dann auch explizit – obwohl zuvor mit keinem Wort erwähnt – die Installationsqualifizierung auf, mit dem kurzen und prägnanten Querverweis „drawings" (Zeichnungen). Ob dies bedeutet, dass der Schwerpunkt der IQ auf der Zeichnungsprüfung liegt, darf sich der Leser selbst überlegen. Auch der aufgeführte Kapitelpunkt „Qualification protocol/report" unterstützt nicht gerade die Klarheit, da in der weiteren Unterteilung Punkte genannt werden, die man eher bei der Verfahrensvalidierung, nicht aber bei der Qualifizierung erwartet hätte. Wertvoll ist in jedem Fall die angehängte Sammlung von zitierten Richtlinien, Regelwerken und Literatur.

### 3.3.3
**PIC/S-Anforderungen an die Validierung**

Am umfassendsten beschreibt mit Sicherheit der PIC/S-Leitfaden PI 006 „Recommendation on Validation Master Plan, Installation and Operational Qualification, Non-sterile Process Validation, Cleaning Validation" [80] die Thematik der Qualifizierung und Validierung, erstmals veröffentlicht 1999 unter der Bezeichnung PR 1/99. Unter den gesamten offiziellen Richtlinien und Regelwerken ist dies sicher dasjenige Dokument, welches sich am ehesten lohnt zu lesen, wenn man ein wenig mehr darüber erfahren möchte, was man sich aus Behördensicht unter den einzelnen Themen vorstellt.

Allerdings darf man nicht erwarten, dass dieses Dokument damit auch detaillierte und konkrete Umsetzungsvorschläge verbindet. *„Es ist klar ...",* um es mit den auf einem Kongress in Berlin geäußerten Worten von Theo Bergs, einem Niederländischen Behördenvertreter und Mitautor, wiederzugeben, *„...., dass man es der Industrie ohnehin nie recht machen kann. Schreibt man einen Leitfaden zu detailliert und gibt man eine Schritt-für-Schritt-Anleitung, so wird sofort aufgrund der Einschränkungen, die sich daraus für manches Unternehmen ergeben, dagegen angegangen. Hält man das Dokument jedoch recht offen und bietet man den erforderlichen Interpretationsfreiraum, so wird das Dokument aufgrund seiner fehlenden Tiefe und der vielleicht etwas schwammig anmutenden Formulierungen abgekanzelt, obwohl es vielleicht mehr an der mangelnden Fähigkeit liegt, die notwendigen Interpretationen fallabhängig beizusteuern".*

Lässt man die Politik beiseite und betrachtet den Inhalt, so entdeckt man in diesem Dokument erstmals eine klar strukturierte Gliederung des gesamten Themas, eine Erläuterung zur Begriffsüberschneidung Qualifizierung und Validierung (Doppelbedeutung von Validierung als Überbegriff und als Begriff für die verfahrensbezogene Beweisführung) und eine saubere Aufstellung der Unterpunkte Installationsqualifizierung und Funktionsqualifizierung. Eine anschauliche Grafik, die dazu dienen soll, diese Begriffe in ihrer Gesamtheit und in ihrem Zusammenspiel darzustellen, rundet den Gesamteindruck von einem grundlegend durchdachten Dokument zu diesem Thema ab.

Der Geltungsbereich dieses als Empfehlung zu betrachtenden Leitfadens erstreckt sich auf Wirkstoffe und Fertigarzneimittel, wobei der empfehlende Charakter des Dokuments und der Status als „Stand des Wissens und der Technik" schon in der Einleitung stark hervorgehoben werden. Das heißt: Der Anwender muss nicht zwingend den darin enthaltenen Vorgaben folgen, wenn er bessere Ideen und Möglichkeiten sieht, kann bei Anwendung aber sicher sein, die heutzutage geltenden Mindestanforderungen an ein solches System zu erfüllen.

Nach der einführenden Definition aller Begriffe – DQ, IQ, OQ, PQ und Verfahrensvalidierung – wird nochmals kurz darauf eingegangen, dass aufgrund der Vielfältigkeit der Situationen jedes Unternehmen für sich die Details, d. h. das konkrete Validierungskonzept, beschrieben im Validierungsmasterplan, schriftlich regeln muss, dass ein großes Augenmerk auf eine gute und ausführliche Dokumentation gerichtet werden sollte und dass man grundsätzlich das gesamte Qualifizierungs- und Validierungsprogramm nicht als eine „Einmalangelegenheit" betrachten darf. Es wird daher die Notwendigkeit des Change-Control-Verfahrens und das grundsätzliche Lifecycle-Modell angesprochen. Hinsichtlich Verantwortlichkeiten und Organisation eines Validierungsprojekts äußert die PIC/S hier die gleichen Anforderungen wie die FDA bzw. die WHO, stellt aber den Produktionsleiter und den Leiter der Qualitätseinheit als „Verantwortliche für die Umsetzung" eindeutig in den Vordergrund.

Im weiteren Verlauf wird dann der Validierungsmasterplan (VMP) als das zentrale und strategische Dokument hervorgehoben und in Bezug auf die notwendigen Inhaltspunkte aufgearbeitet. Neben der Empfehlung, welche Themen in welcher Ausführlichkeit darin behandelt werden sollen, werden auch Hinweise dahin gehend gegeben, dass es sich hierbei nicht unbedingt um ein „geschlossenes" Dokument handeln muss, sondern dass man auch von der Möglichkeit Gebrauch machen kann und sollte, durch Referenzierung auf schon vorhandene Dokumente und Beschreibungen zurückzugreifen.

Installations- und Funktionsqualifizierung werden dann erstmals in Bezug auf die Inhalte detaillierter behandelt. Die korrekte Installation in Übereinstimmung mit Installationsplänen, Kalibrier-, Wartungs- und Reinigungsanweisungen, festgelegt in geprüften und freigegebenen Verfahrensanweisungen, die Erfüllung aller Funktionsanforderungen unter Normal- und Worst-case-Bedingungen sowie die spezifische Schulung der Bedienmannschaft und die Dokumentation der Schulung werden als die vier wichtigsten Grundprinzipien der Qualifizierung ausgedeutet.

Schwerpunkte der Installationsqualifizierung bilden nach Ansicht des Leitfadens neben einer sauber geplanten und den Prinzipien einer „Good Engineering Practice" folgenden Vorgehensweise die Identifizierung der Kalibrierungsanforderungen, die beim Hersteller und die vor Ort durchzuführenden Tests sowie die bereits angesprochenen und in dieser Phase als Entwurf zu erstellenden Verfahrensanweisungen für Wartung und Reinigung. Es wird ausgeführt, dass Tests, welche beim Hersteller des jeweiligen Ausrüstungsgegenstands erfolgen, den Aufwand der Installationsqualifizierung zwar reduzieren, diese aber nicht vollständig ersetzen können. Ferner wird unter diesem Kapitel das Thema „Change-Control" für den Abschnitt „Planung und Bau von Anlagen" erstmals eingeführt.

Die Funktionsqualifizierung, hier gleichgesetzt mit dem „Commissioning", soll den weiteren Ausführungen folgend das Hauptaugenmerk auf die kritischen Funktionsparameter der Anlage lenken. Nach erfolgter Kalibrierung sollen diese Funktionsparameter im Rahmen zuvor festgelegter, dokumentierter und freigegebener Tests überprüft und die Ergebnisse mit festgelegten Akzeptanzkriterien verglichen werden. Es werden die Überprüfung der oberen und unteren Grenzwerte und insbesondere die Überprüfung der Worst-case-Bedingungen betont und gefordert. Finalisierte Verfahrensanweisungen zu Bedienung, Reinigung und Wartung sowie das Training der zuständigen Mitarbeiter anhand dieser Verfahrensanweisungen sollen die Funktionsqualifizierung abschließen. Ebenso soll, nach Abschluss der gesamten Installations- und Funktionsqualifizierung, eine formale Freigabe der Anlage für die sich anschließende Validierung erfolgen. Das gesamte Kapitel der Qualifizierung endet mit relativ kurz gehaltenen Ausführungen zur „Re-Qualifizierung" und zur „Qualifizierung bestehender Anlagen".

Bemerkenswert ist, dass man in dem Dokument neben der Definition keinerlei weiteren Ausführungen zum Thema „Designqualifizierung" findet. Ebenso wird das Thema der Risikoanalyse inhaltlich nicht behandelt. Auf die anderen im Leitfaden noch enthaltenen Kapitel zur Verfahrens- und Reinigungsvalidierung soll hier zunächst nicht näher eingegangen werden.

### 3.3.4
**Nationale Anforderungen an die Validierung**

Ein Dokument auf nationaler Ebene, welches sich dem Thema sehr ausführlich widmet und sowohl die Qualifizierung als auch die Validierung behandelt, ist das von der ZLG (Zentralstelle der Länder für Gesundheitsschutz bei Arzneimitteln und Medizinprodukten) herausgebrachte Aide-Mémoire „Inspektion von Qualifizierung und Validierung in pharmazeutischer Herstellung und Qualitätskontrolle" [81], das in jedem Fall nicht unerwähnt bleiben sollte. Wie der Titel schon besagt, ist der Fokus hier auf die Inspektion solcher Systeme ausgerichtet. Das Dokument selbst ist als Harmonisierung der Inspektionsgrundlage innerhalb von Deutschland gedacht und zielt schwerpunktmäßig auf pharmazeutische Darreichungsformen. Mit gewissen Einschränkungen kann es aber auch auf den Wirkstoffbereich angewandt werden, zumindest aber kann man sich die Denkweise der Inspektoren bewusst machen.

Anders als die bisher zitierten Dokumente fällt dieses Aide-Mémoire sofort durch seinen Detaillierungsgrad auf. Nicht nur, dass für die Qualitätsbewertung wichtige statistische Kenngrößen mit zugehörigen Gleichungen aufgeführt werden, auch zum Thema „Risikoanalyse", welches hier ganz eindeutig und zielgerichtet behandelt wird, werden konkrete und in der Literatur weithin bekannte Durchführungsmodelle benannt und kurz erläutert. Für den Validierungsmasterplan wird ein konkretes Inhaltsverzeichnis empfohlen, ebenso wie eine Basisstruktur für Qualifizierungs-, Validierungspläne und -berichte. In Teilen, z. B. bei der Qualifizierung von Räumlichkeiten, bricht das Dokument die Anforderungen herunter bis in die Details, welche üblicherweise nur in den spezifischen Anhängen zu GMP-Regelwerken oder in einschlägigen technischen Normen zu finden sind (z. B. Keimzahlen in unterschiedlichen Bereichen). Dies ist allerdings mit Vorsicht zu genießen, da – wie oben bereits erwähnt – bei diesem Dokument die pharmazeutischen Darreichungsformen im Vordergrund der Betrachtungen stehen.

Auch die DQ wird in Bezug auf inhaltliche Punkte erstmals in einem offiziellen Dokument beschrieben. Dabei werden sogar jene Hauptthemen benannt, zu denen in einem Lasten- bzw. Pflichtenheft Akzeptanzkriterien formuliert werden sollen. Einschränkungen sind jedoch dort wieder zu machen, wo das Statement gegeben wird, dass mit Abgleich von Lasten- und Pflichtenheft die DQ beendet sei, was sicher wieder nur für typische pharmazeutische Einrichtungen gilt, die oftmals von der „Stange" gekauft werden. Die in dem Dokument für die IQ und OQ vorgeschlagenen Prüfpunkte und Vorgehensweisen können dagegen weitgehend auch auf Wirkstoffanlagen übertragen werden.

Die Leistungsqualifizierung – bei dem oben besprochenen PIC/S-Dokument ebenfalls nicht mehr behandelt – wird hier eindeutig als eigener Baustein zwischen OQ und Verfahrensvalidierung ausgewiesen. Zu Recht wird allerdings erläutert, dass in manchen Fällen die PQ-Prüfungen bei der OQ und manchmal auch bei der Verfahrensvalidierung angesiedelt sein können, dass eine PQ aber niemals eine Verfahrensvalidierung ersetzt.

Alles in allem also ein Dokument, welches hinsichtlich Detaillierung noch deutlich tiefer als das PIC/S-Dokument einsteigt, für Wirkstoffanlagen aber nur begrenzt Gültigkeit hat.

## 3.4
**Formaler Ablauf der Validierung**

Unabhängig davon, wie viele offizielle Dokumente man letztendlich studiert und egal aus welchem Land und welcher Organisation sie stammen, als Kernessenz der Auswertung aller Regelwerke gilt: Die Validierung einschließlich Qualifizierung ist ein streng formaler Vorgang, der geplant, organisiert und dokumentiert werden muss. Da nutzt es auch wenig, wenn man im PIC/S Dokument PI 006 zu Recht liest, dass die meisten Aktivitäten und Vorgehensweisen eigentlich gar nicht neu sind und viele Hersteller diese auch schon vorher – leider aber ohne die notwendige Dokumentation – durchgeführt haben. Wer sich heute dem Thema widmet, kommt um ein Mindestmaß an Formalismus nicht herum. Die Abb. 3.3 zeigt jene grundlegenden Schritte und zu erstellenden Dokumente, die bei jeder Inspektion zu diesem Thema zwangsweise auf den Tisch gelegt werden müssen und deren Qualität letztendlich auch darüber entscheidet, ob ein solches Audit erfolgreich verläuft oder nicht.

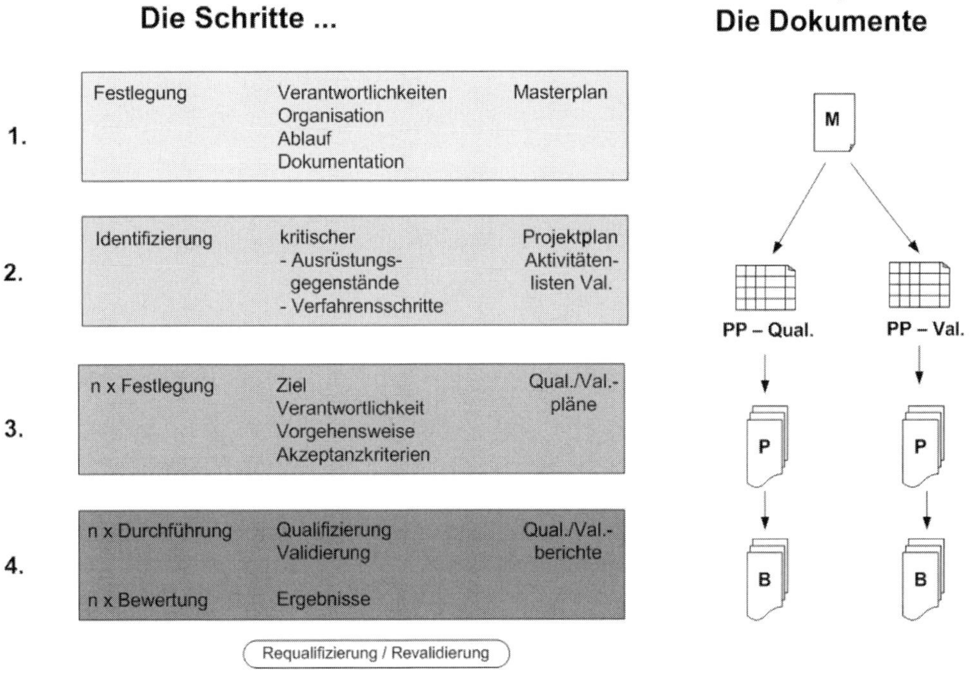

## 3.4 Formaler Ablauf der Validierung

**Die Schritte ...**      **Die Dokumente**

1. Festlegung — Verantwortlichkeiten, Organisation, Ablauf, Dokumentation — Masterplan
2. Identifizierung — kritischer
   - Ausrüstungsgegenstände
   - Verfahrensschritte
   
   Projektplan, Aktivitätenlisten Val.
3. n x Festlegung — Ziel, Verantwortlichkeit, Vorgehensweise, Akzeptanzkriterien — Qual./Val.-pläne
4. n x Durchführung — Qualifizierung, Validierung — Qual./Val.-berichte
   
   n x Bewertung — Ergebnisse

Requalifizierung / Revalidierung

**Abb. 3.3** Schritte und Dokumente der Validierung.

Als wesentliche Schritte lassen sich heute unterscheiden:
1. Die Validierungsplanung
   Im ersten Schritt erfolgen die grundsätzlichen Festlegungen zum Validierungskonzept, d. h. zur firmenspezifischen und detaillierten Vorgehensweise bei der Qualifizierung und der Validierung. Ebenso werden die konkreten Verantwortlichkeiten generell bzw. für ein bestehendes Projekt spezifisch festgelegt. Es muss entschieden werden, wer die Gesamtverantwortung hat, wer überhaupt in das aktuelle Validierungsprojekt involviert sein soll (Validierungsteam) und wer – je nach Größe des anstehenden Projekts – die gesamten Aufgaben und Abläufe überwacht bzw. steuert (Validierungskoordinator). Die Organisation und die Fixtermine müssen geklärt, der Umfang des Projekts muss beschrieben werden. Das Layout aller zu erstellenden Dokumente muss abgestimmt, die Abläufe hinsichtlich Erstellung, Prüfung, Freigabe und Bearbeitung von Dokumenten müssen abgesprochen werden. All diese und weitere Regelungen werden üblicherweise in einem übergeordneten strategischen Dokument, dem Validierungsmasterplan, zusammengefasst. Es ist das erste maßgebliche Dokument, welches entsteht und welches vor Beginn der eigentlichen Aktivitäten formal, d. h. mit Unterschrift der verantwortlichen Personen freigegeben werden muss. Es ist jenes Dokument, das von den entsprechenden Behörden als erstes angefragt wird und über das man sich häufig den ersten Einblick in die Thematik verschafft.

2. Festlegung des Validierungsumfangs

Wie im vorhergehenden Kapitel schon angeklungen, wird von Behördenseite hauptsächlich Wert darauf gelegt, die für die Qualität des jeweiligen Produkts kritischen Systeme und/oder Funktionen im Rahmen der Qualifizierung und Validierung zu betrachten. Man muss also nicht zwingend alles dem doch recht aufwändigen Prozedere unterwerfen. Wesentliches Werkzeug zur Identifikation kritischer Systeme und Funktionen ist dabei die Risikoanalyse. Das Ergebnis mündet zumeist in verschiedene Listen, welche die zu qualifizierenden Einrichtungen, die zu kalibrierenden Messinstrumente und die zu validierenden Prozesse aufführen. Manche Firmen nutzen hierfür eigene, sogenannte Projektpläne, die sie separat über das Projekt hinweg pflegen. Wieder andere integrieren das Ergebnis direkt im Validierungsmasterplan, wo es aber wieder in Form von Listen oder sogenannten Qualifizierungs- oder Validierungsmatrizes erscheint. Ungeachtet der Form gilt, dass eine klare Festlegung und Abgrenzung des Arbeitsumfangs (ein Mengengerüst) gegeben sein muss, um zum einen nichts zu vergessen, zum anderen aber auch den notwendigen finanziellen und zeitlichen Rahmen, d. h. die Ressourcen planen zu können.

3. Qualifizierungs- und Validierungspläne

Für jede so identifizierte Einzelaktivität muss im nächsten Schritt gezielt und schriftlich der notwendige Prüfumfang festgelegt werden. Insbesondere müssen jetzt sehr spezifisch das Ziel, die für die Durchführung Verantwortlichen, die geplanten Vorgehensweisen und auf alle Fälle die Akzeptanzkriterien schriftlich fixiert werden. Gilt es etwa zehn verschiedene Systeme zu qualifizieren, so sind mindestens zehn individuelle Qualifizierungspläne zu erstellen. Trennt man noch entsprechend DQ, IQ und OQ, so werden hieraus bereits 30 Dokumente, die dann nach entsprechender Prüfung formal mit Unterschrift zur Abarbeitung freigegeben werden müssen. Natürlich gibt es auch Möglichkeiten, den Aufwand z. B. durch Zusammenfassung gleichartiger Ausrüstungsgegenstände in einem gemeinsamen Dokument zu reduzieren, der generelle Papierberg, der im Zusammenhang mit dem Thema „Validierung" aber unweigerlich entsteht, bleibt dennoch unverkennbar.

4. Qualifizierungs- und Validierungsberichte

Sind die einzelnen Aktivitäten schließlich durchgeführt und alle Qualifizierungs- und Validierungsprüfungen erfolgreich abgearbeitet, so müssen die dabei entstandenen Rohdaten (Handaufzeichnungen, Druckerausgaben etc.) zusammengeführt, Ergebnisse ausgewertet und der Validierungsstatus im Rahmen einer zusammenfassenden Beurteilung festgestellt werden. Auch jetzt ist wieder oberstes Gebot, den Bericht formal mit Unterschrift durch die jeweils Verantwortlichen abzuschließen.

Glaubt man dann am Ende des gesamten Arbeits- bzw. Validierungsbergs, sich nun zufrieden zurücklehnen zu können, so wird man schnell eines Besseren belehrt, wenn man z. B. feststellt, dass der validierte Zustand nur mithilfe eines gut funktionierenden Change-Control-Systems aufrechterhalten werden kann, was zwangsweise eine permanente Revalidierung mit sich bringt, sofern man nicht gänzlich auf Änderungen oder besonders kritische Anlagenteile verzichtet. Damit schließt sich der Kreis zum sogenannten „Life-Cycle" der Validierung, der erst mit dem Abstellen der Anlage oder der Beendigung der Herstellung des GMP-relevanten Produkts seinen Abschluss findet.

Alle oben beschriebenen Dokumente durchlaufen dabei grundsätzlich das gleiche, in Abb. 3.4 dargestellte Prozedere.

> legt fest
  – Qualifizierungsaktivitäten
  – Validierungsaktivitäten
  – Prüfpunkte/-methoden
  – Akzeptanzkriterien

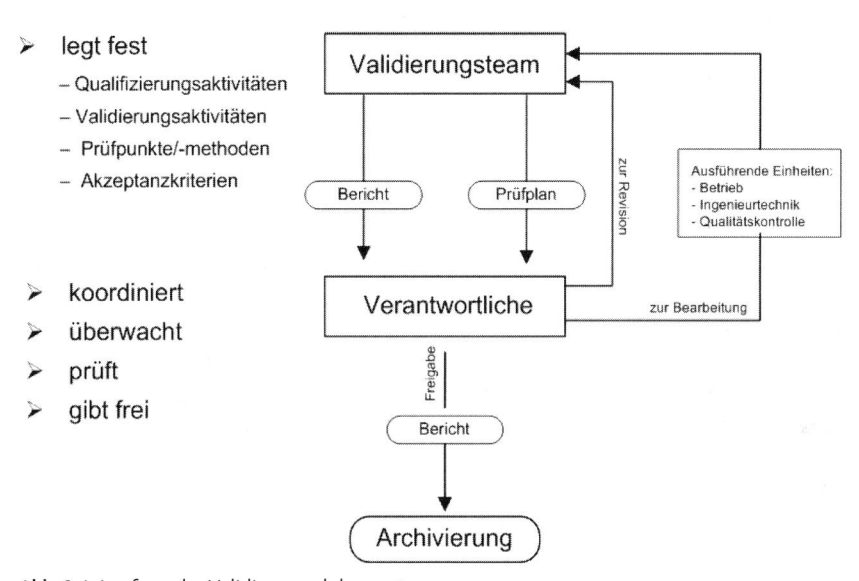

> koordiniert
> überwacht
> prüft
> gibt frei

**Abb. 3.4** Laufweg der Validierungsdokumente.

Die Erstellung erfolgt üblicherweise durch den Validierungskoordinator oder durch andere dafür ausgewählte Personen oder durch externe Firmen. Die Abstimmung in Bezug auf Inhalte, Vorgehensweisen und insbesondere in Bezug auf Akzeptanzkriterien erfolgt im Validierungsteam, welches hier eine wichtige Schlüsselposition einnimmt. Gerade auf die Tatsache, dass diese „dokumentierten Nachweise", d. h. die Qualifizierungs- und Validierungsaktivitäten durch die verantwortlichen Fachexperten – nämlich die Personen, die üblicherweise Anlagen, Prozesse und Produkte bestens kennen – abgestimmt werden, legt die Behörde besonders großen Wert. Damit soll das Höchstmaß an Sicherheit und Zuverlässigkeit garantiert werden.

Wichtig ist, dass auch die Reihenfolge der Bearbeitung der einzelnen Dokumente strikt eingehalten wird. Im Rahmen von Inspektionen wird stets die sogenannte Datenintegrität geprüft, ob z. B. Validierungsmasterplan, Risikoanalysen, Qualifizierungs- und Validierungspläne in der vorgegebenen Reihenfolge erstellt wurden und die Unterschriften unter Prüfplänen, Testdurchführungen und Berichten in der richtigen chronologischen Reihenfolge geleistet wurden. Dies beinhaltet auch die Prüfung der Einhaltung von „Entscheidungskriterien", die erfüllt sein müssen, wenn man von einer Aktionsstufe in die nächste wechseln möchte (z. B. Wechsel von IQ zu OQ zu PQ und zur Verfahrensvalidierung).

Die übergeordnete Überwachung im Sinne der Sicherstellung der Umsetzung aller notwendigen Maßnahmen, einschließlich der formalen Freigabe aller Pläne und Berichte, übernehmen die Validierungsverantwortlichen, überwiegend der Herstellungsleiter zusammen mit dem Leiter der Qualitätseinheit. Sie bewerten abschließend und dokumentieren mit ihrer Unterschrift, ob eine Qualifizierung oder Validierung letztendlich erfolgreich war und daher als Teil- oder Gesamtergebnis abgeschlossen werden kann.

Zugegeben, der hier beschriebene Ablauf ist sehr vereinfacht und linear dargestellt. Er zeigt jedoch die Mindestanforderungen, die an Form und Aufbau einer formalen Validierung vonseiten der Behörden gestellt werden und die notwendigen Schritte, über die heute niemand mehr zu diskutieren braucht, weil sie über die Regelwerke zwingend gefordert sind. Sie sind Stand des Wissens und der Technik und ein Muss für jeden, der sich diesem Thema widmet. In Wirklichkeit sind die Abläufe und Zusammenhänge, insbesondere das Zusammenspiel mit anderen Einheiten, wie z. B. der Ingenieurtechnik, natürlich wesentlich komplexer. Hierauf und auf die sicher sehr spannende Frage, wie man die Validierung unter Optimierungsaspekten idealerweise umsetzt, soll in den nachfolgenden Kapiteln intensiv eingegangen werden.

# 4
# Validierungs-„How-to-do"

## 4.1
### Das optimale Validierungskonzept

Jeder strebt es an, hätte es gerne implementiert und umgesetzt, hält Ausschau danach oder versucht es auf eigene Faust zu entwickeln – das optimale Validierungskonzept.

Einfach und für jedermann auf den ersten Blick verständlich, selbsterklärend, leicht zu handhaben, hoch flexibel, geeignet für alle Arten von Qualifizierungs- und Validierungsaktivitäten, einfache und formschöne Checklisten, möglichst wenig Papier, schnell und kostengünstig erstellt, offen für alle Arten von Änderungen und Anpassungen, EDV-basiert und -bearbeitbar, auf Knopfdruck fertig gestellt.

Auch wenn jetzt die Enttäuschung bei dem einen oder anderen groß sein wird, ein solches optimales Validierungskonzept gibt es nicht und wird es vielleicht auch nie geben. Der Grund hierfür ist sehr einfach und für die meisten auch verständlich und nachvollziehbar. Zu unterschiedlich sind die technischen Systeme, die Prozesse, die Anlagen und die Anforderungen, die an die verschiedenen Produkte gestellt werden, genauso die Strukturen in den verschiedenen Häusern. Hat der eine es mit einem vollumfänglichen, komplexen Validierungsprojekt im Zusammenhang mit dem Neubau einer Wirkstoffanlage zu tun, so beschäftigt sich der andere unter Umständen lediglich mit der Qualifizierung eines neu angeschafften Lagerbehälters und wieder ein anderer hat eventuell lediglich ein neu angeschafftes Laborgerät entsprechend zu betrachten. Kümmert sich in der einen Firma eine ausschließlich auf diese Aktivitäten spezialisierte Abteilung um die Angelegenheit, so muss diese Aufgabe in anderen Firmen ggf. von wenigen Personen aus dem Betrieb nebenbei wahrgenommen werden und wieder andere müssen gar auf externe Leistungen zurückgreifen, womit sich auch unterschiedliche Anforderungen an die Integration externer Qualifizierungs- und Validierungsunterlagen ergeben.

Zugegeben, es gibt eine Reihe von Systemen, Abläufen und Prozessen, die unabhängig von Produkten und Betrieben nach den gleichen Anforderungen zu behandeln sind, z. B. die gesamten Hilfseinrichtungen (Wasseranlagen, Dampfanlagen, Lüftungsanlagen etc.) oder Laborgeräte (GC, HPLC etc.). Hier ist sicher eine Standardisierung möglich und durchaus sinnvoll und auch kosteneffizient. Dennoch bleibt, gerade die Prozessanlage betreffend, eine Reihe von Systemen übrig, die sich nicht so ohne Weiteres standardisieren lässt. Noch schwieriger wird es, wenn man auf die Verfahrensvalidierung zu sprechen kommt.

Aus den besagten Gründen ist es auch nachvollziehbar, dass man in den einschlägigen Regelwerken selbst keine konkreten und detaillierten Vorgaben über das „Wie" findet und selbst die von den Fachverbänden herausgegebenen Empfehlungen und Standards stoßen sehr schnell an ihre Grenzen und können dem Suchenden nur noch bedingt weiterhelfen. Was auf der einen Seite den Vorteil bietet, dass der mit der Umsetzung Betraute einen entsprechend großen Handlungs- und Interpretationsfreiraum hat, entwickelt sich auf der anderen Seite schnell zum Nachteil, wenn man nicht mehr weiß, wie man vorgehen soll und dies immerhin in einem stark durch den Gesetzgeber regulierten Umfeld. Verständlich also, dass der Ruf nach wirklichen Hilfestellungen, nach Beschreibungen des „How-to-do" und nach konkreten Lösungsvorschlägen immer größer wird.

Es wäre nun vermessen den Anspruch zu erheben, dass gerade in dem hier vorliegenden Werk die „Eier legende Wollmilchsau", also das optimale Validierungskonzept beschrieben würde. Dies ist sicher nicht möglich. Dennoch wird versucht einen von vielen gangbaren Wegen, eine mögliche Lösungsvariante vorzustellen, wie sie sich in einer Vielzahl von Projekten bewährt hat. Insbesondere sollen die in den Projekten gemachten Erfahrungen einfließen, um dem Leser für sein eigenes etabliertes Konzept Optimierungs- ggf. auch Rationalisierungsmöglichkeiten aufzuzeigen. Es wird in den weiteren Ausführungen zwar von einem Basis-Grundkonzept ausgegangen, um insgesamt den roten Faden nicht zu verlieren, wo aber sinnvoll und angebracht werden zu einzelnen Punkten durchaus verschiedene Lösungsvarianten angesprochen.

## 4.2
**Mindestanforderungen an ein gutes Validierungskonzept**

Wer heute mit der Aufgabe betraut ist, ein praktikables und wirksames Validierungskonzept in seiner Firma zu etablieren, sieht sich sicher mit einer Vielzahl von Fragen unterschiedlichster Art konfrontiert. Neben grundsätzlichen regulatorischen Anforderungen (s. Abschnitt 3.3) sind die Strukturen im Unternehmen, die individuellen Prozesse, die Produktanforderungen, aber auch der Projektumfang und die zukünftig in diesem Zusammenhang anstehenden Aktivitäten zu berücksichtigen. Ein in diesem Umfeld etabliertes Validierungskonzept muss diesen Randbedingungen Rechnung tragen und sollte folgende Mindestanforderungen erfüllen:

– **So einfach als möglich. Weniger ist oftmals mehr.**
  Dieser Spruch gilt sicher gerade auch für ein gutes Validierungskonzept. Ist die Materie schon komplex genug, ist es wichtig das Konzept, die strukturierte Vorgehensweise, so einfach und verständlich als möglich zu halten. Ein zu kompliziertes Konzept bereitet nicht nur Schwierigkeiten, wenn es im Rahmen eines Audits vom jeweiligen Inspektor nicht ohne Probleme verstanden wird.

Viel schlimmer sind die Auswirkungen, wenn es von den Personen nicht verstanden wird, die danach arbeiten müssen. Und hier ist zu bedenken, dass auch durchaus neue Mitarbeiter, Zulieferer oder Fremdfirmenmitarbeiter sich oftmals schnell in ein solches Programm einlesen können sollten. Es macht also Sinn sich grundsätzlich die folgenden Fragen zu stellen:
- Wie einfach ist mein System aufgebaut?
- Wie einfach ist es (z. B. in Verfahrensanweisungen) beschrieben?
- Finde ich eine klare (schrittweise) Beschreibung der Vorgehensweise (Schritt 1, Schritt 2 etc.)?
- Ist für jeden Schritt sauber geregelt, wer was wann machen muss, welche Informationen (Grundlagen) jeweils benötigt werden und welche Dokumente konkret an dieser Stelle entstehen?
- Ist eindeutig definiert, welche Voraussetzungen für die Durchführung des jeweils nächsten Schritts erfüllt sein müssen?
- Ist der generelle Ablauf unterstützend in einem einfachen Ablaufdiagramm darstellbar?
- Sind die Erläuterungen so ausführlich und klar, dass der Leser ohne wesentliche Zusatzerklärungen auskommt?
- Wie lange wird ein neuer Mitarbeiter benötigen, bis er das System und die Vorgehensweise verstanden hat und umsetzen kann?
- **Klare und systemorientierte Struktur**
Wie oben bereits erwähnt ergibt sich u. a. die Schwierigkeit, dass eine Fülle zum Teil völlig unterschiedlicher Geräte, Anlagen und Prozesse betrachtet werden müssen. Die Erfahrung hat gezeigt, dass es kaum möglich ist, ein wirklich einheitliches Vorgehen für all diese Anforderungen zu etablieren. So ist die Vorgehensweise bei der Qualifizierung eines „einfachen" Analysengeräts sicher komplett unterschiedlich zur Vorgehensweise bei einer komplexen Chemieanlage. Auch die zu verwendenden Formblätter werden hierbei unterschiedlich sein. Ebenso wird die Validierung eines Reinigungsverfahrens andere Anforderungen an den generellen Ablauf stellen als die Validierung von Analysenmethoden oder Herstellverfahren. Es hat sich daher als vorteilhaft herausgestellt, das Konzept der Validierung in insgesamt 9 bis 10 unterschiedlichen Verfahrensanweisungen mit folgenden Titeln zu beschreiben:
- Allgemeiner Ablauf eines Validierungsprojekts,
- Durchführung einer Risikoanalyse,
- Qualifizierung verfahrenstechnischer Anlagen,
- Qualifizierung von Kleingeräten,
- Qualifizierung von Analysengeräten (ggf. mit Kleingeräten zusammengefasst),
- Retrospektive Qualifizierung (sofern nicht in den obigen Beschreibungen enthalten),
- Validierung von Herstellungsverfahren,
- Validierung von Reinigungsverfahren,
- Validierung analytischer Methoden,
- Validierung computerisierter Systeme.

Dabei ist diese Art der Strukturierung nicht nur in Bezug auf die Übersichtlichkeit von Vorteil. Oft sind mit den obigen Aufgaben auch unterschiedliche Einheiten und Personen beschäftigt. Da macht es durchaus Sinn, wenn eine für die Verfahrensvalidierung zuständige Person sich auf das Lesen von ein oder zwei Verfahrensanweisungen beschränken kann. Natürlich bleibt die Freiheit, Titel zusammenzufassen oder zu ergänzen.

- **Auf das Wesentliche konzentrierte Inhalte**
  Nicht selten stellt man fest, dass in den das Konzept beschreibenden Verfahrensanweisungen ausführlich die gesamte Theorie der Validierung, wie in den Regelwerken bereits beschrieben, wiederholt wird. Findet man die gleiche Beschreibung dann auch nochmals in den einzelnen Qualifizierungs- und Validierungsplänen, so bläht dies die Dokumentation nicht nur unnötig auf, auch die Lesbarkeit und Übersichtlichkeit leiden darunter. Sicher mag es angebracht sein, für den jeweiligen Leser auch das eine oder andere dem Verständnis dienende Wort einzufügen. Dennoch sollte man berücksichtigen, dass die Regelwerke im Allgemeinen das „Warum" und „Wofür" beschreiben, die Verfahrensanweisung das „Wie" und die Pläne für den detaillierten Ablauf gedacht sind. In einem Bogen zum Lohnsteuerjahresausgleich findet man auch keine Gesetzeszitate und selbst die Erläuterung zum Ausfüllen der Formulare sind in einem separaten Dokument abgedruckt, um zu vermeiden, dass sich bei mehreren Formularen das Papier unnötig häuft. Es ist also wichtig zu verstehen, welchen Zweck ein bestimmtes Dokument verfolgt und den Inhalt ausschließlich darauf zu konzentrieren.

- **Sicherstellen der Lesbarkeit**
  Auf den ersten Blick erscheint dieser Punkt im Widerspruch zu der Forderung zu stehen, die Inhalte auf das Wesentliche zu konzentrieren. Dies mag zum Teil richtig sein, bedarf es hier doch des notwendigen Feingefühls sowohl ausreichend Informationen in ein Dokument zu bringen, um dessen Verständnis und Lesbarkeit bei einem fremden Leser (z. B. Auditor) zu garantieren als aber auch umgekehrt das Dokument nicht so aufzublähen, dass das Verständnis darunter leidet. So ist es sicher nicht vorteilhaft, in einem Dokument über Gebühr mit Nummernverweisen auf andere Verfahrensanweisungen oder Dokumente zu referenzieren. Dies erschwert nicht nur das Lesen, sondern macht auch die weitergehende Pflege der Dokumente (z. B. beim Wegfall entsprechender referenzierter Anweisungen) kompliziert. Ziel muss es also sein, das Dokument in sich abgeschlossen klar zu formulieren und auf unnötige Inhalte zu verzichten – zugegeben, eine nicht ganz einfache Aufgabe, die viel Erfahrung und Routine erfordert.

- **Ausrichtung auf Dauerhaftigkeit**
  Nicht selten wird gerade im Wirkstoffbereich die Etablierung eines Validierungskonzepts durch ein entsprechendes Neubauprojekt ausgelöst. Der verantwortliche Betreiber möchte gerne alles von Anfang an richtig machen und die gesetzlich geforderten Qualifizierungs- und Validierungsaktivitäten integriert in die standardisierten Ingenieursabläufe ausführen. Das aufzusetzende Validierungskonzept beginnt zumeist mit einem Validierungsmasterplan, der versucht der Fülle

von anstehenden Aufgaben gerecht zu werden und gleichzeitig die formalen Anforderungen z. B. der PIC/S Richtlinie zu erfüllen. Dies gelingt für das anstehende Projekt zumeist auch recht gut. Erst wenn an derselben Produktionsstätte nach gewisser Zeit ein weiteres Projekt abgewickelt werden soll, zeigen sich die Stärken oder Schwächen des etablierten Konzepts. Nicht selten steht man vor der Frage, ob der Validierungsmasterplan für das neue Projekt mit seinem ganzen Umfang noch einmal geschrieben werden muss, obwohl doch viele Inhalte (z. B. Produktbeschreibung, Betriebsbeschreibung, Validierungskonzept etc.) gleich bleiben. Es wird dann schnell erkennbar, ob das Erstkonzept auch auf weitergehende Umbau- oder Erweiterungsprojekte im selben Betrieb ausgerichtet war. Ein anderer Schwachpunkt ist die Tatsache, dass solche erstmalig etablierten Validierungskonzepte meist auf umfangreiche Projekte ausgerichtet sind, die einer zentralen Koordination und der regelmäßigen Einbindung eines Validierungsteams bedürfen. Wie aber sieht es konkret im Falle einer Re-Qualifizierung oder Revalidierung in kleinem Umfang aus oder wenn lediglich ein einzelner neu zu beschaffender Behälter oder ein entsprechendes Analysengerät der Qualifizierung unterliegen? Hier taucht dann meist eine Vielzahl von Detailfragen zum formalen Vorgehen und zur Handhabung der Dokumentation auf. Ein gutes Validierungskonzept berücksichtigt diese Sachverhalte möglichst von Anfang an.

- **Regelwerkkonformität und Praktikabilität**
Selbstverständlich müssen Validierungskonzepte mindestens die durch die Regelwerke vorgegebenen Grundanforderungen, insbesondere mit Blick auf vorgegebene Formalien erfüllen (z. B. Unterschriftenregelung, Reihenfolge der Dokumentenerstellung, -genehmigung und -bearbeitung). Gleichzeitig dürfen die Anforderungen jedoch nicht so „überinterpretiert" werden, dass eine praktikable und zielgerichtete Abarbeitung nicht mehr möglich wird. Bestes Beispiel hierfür ist die Forderung aus den Regelwerken, dass die nächste Stufe einer Qualifizierung oder Validierung üblicherweise erst dann begonnen werden darf, wenn die vorherige Stufe erfolgreich abgeschlossen ist. Nun könnte es sein, dass im Rahmen der Installationsqualifizierung bei der Prüfung der technischen Dokumentation auf Vollständigkeit noch Mängelpunkte bestehen, wenn z. B. Aufstellungspläne nicht vollständig sind oder fehlen. In konkret diesem Fall wäre es sicher verfehlt und auch nicht im Sinne des Gesetzgebers, wenn man alle nachfolgenden Aktivitäten (z. B. Funktionsqualifizierung) deshalb aussetzt. Vielmehr ist es wichtig ein System zu haben, welches solche Mängelpunkte hinsichtlich ihres Einflusses auf die nachfolgenden Aktivitäten zunächst bewertet und dessen Abarbeitung dann im Nachhinein verfolgt.

- **Flexibilität und Anpassungsfähigkeit**
Häufig kommt man, gerade wenn es sich um größere und komplexere Validierungsprojekte handelt, nicht ohne externe Unterstützung aus. So ist es durchaus an der Tagesordnung im Rahmen von Neuanschaffungen bei Neubauprojekten, aber auch bei Einzelkäufen beim Lieferanten auch die Qualifizierung, seltener die Validierung miteinzukaufen. Dies kann mit Blick auf das erforderli-

che Know-how und das Detailwissen durchaus sinnvoll sein. Jedoch ist es dann leider nicht selten der Fall, dass der Betreiber am Ende große Probleme mit der Einheitlichkeit seiner Dokumentation hat. Jedes „Lieferantenqualifizierungssystem" sieht anders aus, ist anders strukturiert und basiert auf unterschiedlichen Vorgehensweisen. Bei einem Audit, das in der Regel erst viel später, nach Abschluss des Projekts erfolgt, hat man dann oft große Schwierigkeiten sich in den Unterlagen zurechtzufinden, geschweige denn diese im Detail zu erläutern. Es muss daher eine strikte Forderung beim Aufbau eines Validierungskonzepts sein, dass dieses jederzeit in der Lage ist, auch Fremddokumente (z. B. von Lieferanten) so einzubauen, dass die Einheitlichkeit in der Gesamtdokumentation gewahrt bleibt und der Betreiber sich ohne Probleme in den Fremddokumenten auch später noch zurechtfindet.

Nachfolgend sind die Mindestanforderungen an ein optimales Validierungskonzept noch einmal zusammengefasst:
- so einfach als möglich,
- klar und systemorientiert strukturiert,
- Inhalte auf das Wesentliche konzentriert,
- die Lesbarkeit sichergestellt,
- regelwerkskonform und praktikabel,
- flexibel und anpassungsfähig.

Mit dieser Checkliste kann das eigene Validierungskonzept überprüft und festgestellt werden, ob es ggf. noch Optimierungspotenzial gibt. In den nachfolgenden Abschnitten wird verschiedentlich auf diese Eigenschaften und Anforderungen nochmals detaillierter eingegangen.

## 4.3
**Ablauf eines Validierungsprojekts**

In Abschnitt 3.4 wurden die Anforderungen an den formalen Ablauf der Validierung und an die dabei zu erstellenden Dokumente aus regulatorischer Sicht beschrieben. Allerdings wurden zunächst nur die validierungsspezifischen Hauptkomponenten, d. h. ein sehr vereinfachtes Schema betrachtet. In Wirklichkeit sind die Abläufe deutlich komplexer. Abbildung 4.1 zeigt den prinzipiellen Ablauf unter zusätzlicher Berücksichtigung von Ingenieursaktivitäten. Einen noch detaillierteren und komplexeren Ablauf beschreibt das Kapitel 5, in dem die Integrierte Anlagenqualifizierung behandelt wird.

Die Notwendigkeit einer Validierung ergibt sich entweder im Zusammenhang mit Neuplanungen (neues Produkt, neues Verfahren oder Kapazitätserweiterung) oder bei Änderungen an Anlage, Verfahren und/oder Spezifikationen. Bei bestehenden Anlagen und etablierten Verfahren kann sich die Notwendigkeit z. B. auch aus neuen Einsatzgebieten für das betreffende Produkt ergeben. In jedem Fall beginnt das Validierungsprojekt schon sehr früh, unmittelbar mit der Projektinitiierung [82]. Nachfolgend werden die einzelnen Schritte entsprechend ihrer zeitlichen Abfolge kurz angesprochen, wobei verschiedene Aktivitäten auch par-

## 4.3 Ablauf eines Validierungsprojekts

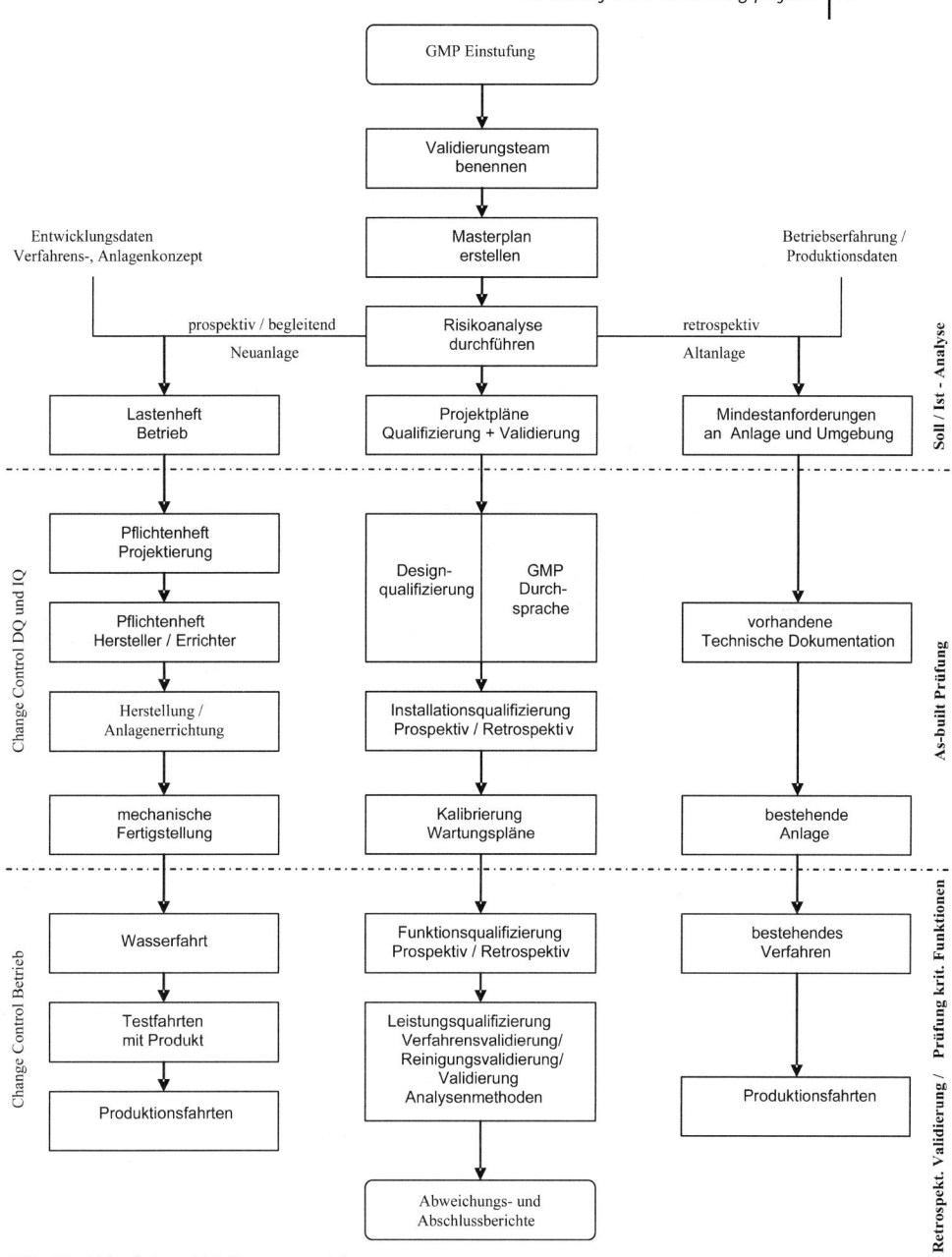

**Abb. 4.1** Ablauf eines Validierungsprojekts.

allel ablaufen können. Eine detaillierte Beschreibung findet sich in den folgenden Abschnitten.
- GMP-Einstufung
  Speziell bei Wirkstoffanlagen macht es Sinn an den Beginn der Aktivitäten eine GMP-Einstufung oder GMP-Analyse zu stellen. Oft sind gerade bei Wirkstoffen, die durchaus in verschiedenen Endprodukten Anwendung finden können, die genauen Anforderungen nicht von vornherein klar. Auch der Startpunkt der GMP-Betrachtungen und damit der Startpunkt der Validierung in Bezug auf ein mehrstufiges Herstellungsverfahren muss geklärt werden. Darüber hinaus können bereits zu diesem frühen Zeitpunkt im Rahmen einer ersten groben Risikoklassifizierung die weitergehende Betrachtung auf einzelne kritische Anlagenteile eingeschränkt und Hauptrisiken mit Blick auf die Produktqualität festgelegt werden. Das Dokument erhält damit den Status einer frühen Risikobetrachtung. Es ist ausreichend die Ergebnisse in einer einfachen Besprechungsnotiz festzuhalten, um sie als Basis für alle nachfolgenden Aktivitäten zu verwenden.
- Validierungsteam
  Ist als Resultat der GMP-Einstufung die Notwendigkeit zur Validierung gegeben, so müssen neben den Projektverantwortlichen auch die für die Validierung Verantwortlichen festgelegt werden. Insbesondere kommen hier der Produktverantwortliche (Herstellungsleiter, Betriebsleiter o. ä.) und die Qualitätseinheit zusätzlich mit ins Spiel. Dabei empfiehlt es sich, insbesondere bei größeren Projekten, ein Validierungsteam einzuberufen, dessen Teilnehmer üblicherweise aus den einzelnen am Projekt beteiligten Facheinheiten stammen. Dabei können Validierungs- und Projektteam durchaus identisch sein.
- Validierungsmasterplan
  Validierungskonzepte, Hauptverantwortlichkeiten und Abläufe sollten spätestens jetzt in einem Validierungsmasterplan (VMP) oder in einem vergleichbaren Dokument (z. B. in Verfahrensanweisungen) zusammengefasst und beschrieben werden. Auch die Abgrenzung, ab welcher Stufe GMP-Belange zu berücksichtigen sind und welche Anlagenkomponenten in den GMP-Umfang gehören, muss zu diesem Zeitpunkt geklärt sein. Hier können beispielsweise die Ergebnisse aus der GMP-Studie unmittelbar eingebunden werden. Der Validierungsmasterplan ist das erste formale, GMP-relevante Dokument, das im Zusammenhang mit der Validierung in unterschriebener und freigegebener Form vorliegen muss und welches bei Inspektionen eine zentrale Rolle spielt.
- Risikoanalyse
  An die Projektorganisation und Aufgabendefinition schließt sich üblicherweise eine erste Detailbetrachtung an, die in vielen Fällen in Form einer formalen Risikoanalyse durchgeführt wird. War eine solche Risikoanalyse lange Zeit nicht gefordert, so wurde sie erstmals in dem Annex 15 [83] zum Europäischen GMP Leitfaden aufgegriffen und explizit erwähnt. So findet man dort in dem einleitenden Kapitel „Prinzipien" die Aussage: „Weiterhin sollte eine Risikobewertung vorgenommen werden, um Validierungsumfang und -tiefe bestimmen zu können". Heute ist die Risikoanalyse integraler Bestandteil der GMP-Anfor-

derungen, was sich u. a. in dem Programm der FDA zum „Risk based approach" und in der ICH-Q9-Richtlinie [84] widerspiegelt. Betrachtet werden vorzugsweise Anlage, Herstell- und Reinigungsverfahren mit Blick auf mögliche, die Produktqualität beeinflussende Risiken.

– Lastenheft, Projektpläne, Maßnahmenkatalog
Aus der Risikoanalyse ergeben sich üblicherweise die Details für die Erstellung eines betrieblichen Lastenhefts oder im Falle einer bestehenden Anlage die noch zu treffenden Korrektur- und Kontrollmaßnahmen. Ferner hilft eine Risikoanalyse bei der Identifizierung relevanter Qualifizierungs- und Validierungsaktivitäten, kann aber auch organisatorische Maßnahmen zur Folge haben, welche dann vorwiegend in betrieblichen Anweisungen aufgegriffen werden. Abhängig vom Umfang kann es durchaus Sinn machen, Qualifizierungs- und Validierungsaktivitäten in entsprechenden Übersichtslisten – den Projektplänen Qualifizierung bzw. Validierung – aufzuführen, um sie im Validierungsteam hinsichtlich Inhalt, Umfang und Priorität zu bewerten und die notwendigen Zeit-, Finanz- und Personalressourcen abzuleiten. Selten können im Falle eines Neu- oder Umbauprojekts Risikoanalyse und Lastenheft in einem Durchgang erstellt werden. Vielmehr handelt es sich hierbei um einen iterativen Prozess, bei dem die erste Risikoanalyse basierend auf einem ersten Lastenheftentwurf erfolgt und nach Überarbeitung des Lastenhefts als Ergebnis der Risikoanalyse die Risikoanalyse selbst noch ein- oder mehrmals revidiert wird.

– Planung, Bau, IQ, Kalibrierung, Retrospektive Qualifizierung
An die Konzeptphase schließt sich im Falle eines Neu- oder Umbauprojekts üblicherweise die Planungsphase mit Erstellung der notwendigen Pflichtenhefte und der erforderlichen Ausführungsdokumentation (z. B. RI-Schemata, Konstruktionszeichnungen, Aufstellungspläne, Kabelpläne) an. Dabei ist oft noch zwischen dem Pflichtenheft der Projektierung, die direkt auf die Anforderung des Betreibers antwortet, und den Pflichtenheften der Lieferanten von Ausrüstungsgegenständen zu unterscheiden, die auf einzelne Ausschreibungen (Lastenhefte der Projektierung) antworten. Dieser Sachverhalt wird in Kapitel 5 noch weitergehend erläutert. Es erfolgt die Fertigung, die Lieferung, die Aufstellung und Montage bis hin zur mechanischen Fertigstellung. Parallel dazu sind prospektiv die Design- und Installationsqualifizierung einschließlich Kalibrierung und Aufnahme der Ausrüstungsgegenstände in ein Wartungskonzept durchzuführen. Es entstehen hier die erforderlichen Qualifizierungs-, Kalibrierungs- und Wartungspläne und zugehörigen Berichte. Bei einer bereits existierenden Anlage steht im Rahmen der retrospektiven Qualifizierung zu diesem Zeitpunkt das „Design-Review" (Anlagenbewertung) und die „As-built"-Prüfung (Vergleich des Anlagenaufbaus mit der zugehörigen Dokumentation – z. B. RI-Schemata) im Vordergrund.

– Inbetriebnahme, OQ, PQ, Validierung
Wasserfahrten, erste Testfahrten mit Produkt und letztendlich die ersten „scharfen" Produktfahrten schließen das gesamte Projekt ab. Begleitet werden diese Aktionen auf GMP-Seite üblicherweise mit der Funktionsqualifizierung, der Leistungsqualifizierung, der Verfahrens- und Reinigungsvalidierung. Hierzu

werden die notwendigen Pläne erstellt, nach Prüfung und Freigabe abgearbeitet und die Ergebnisse in Einzelberichten dokumentiert. Den Abschluss des gesamten Validierungsprojekts bilden dann mindestens drei hintereinander hergestellte Produktchargen, die keine größeren Abweichungen aufweisen dürfen und die nachweislich spezifikationsgerechtes Produkt geliefert haben müssen (engl.: consistency runs). Formal resultieren die Ergebnisse in einem Gesamtabschlussbericht, falls erforderlich ergänzt um einen Abweichungsbericht. Im Falle einer bestehenden Anlage (retrospektive Betrachtung) gilt es hier, mindestens 20 bis 30 bereits hergestellte Produktchargen mit Blick auf qualitätskritische Prozess- und Produktparameter retrospektiv auszuwerten und daraus abgeleitet eine Aussage über die Validität des Verfahrens zu treffen.

- Change Control

Ist die Anlage durchgängig qualifiziert, die relevanten Verfahren und Methoden validiert, muss der valide Zustand von nun an fortgehend aufrechterhalten werden, weshalb die Implementierung eines „Change-Control"-Verfahrens erforderlich ist. Diese formale Änderungsüberwachung ist aber nicht nur für den späteren fortlaufenden Betrieb, sondern auch schon während der Planungs- und Ausführungsphase gefordert. Sinnvollerweise beginnt man hier nach Freigabe des Lastenhefts (Change-Control-DQ und IQ), während das Änderungskontrollverfahren für den laufenden Betrieb sinnvollerweise mit der Inbetriebnahme der Anlage einsetzt. Wesentliche Unterschiede ergeben sich für diese beiden Änderungsüberwachungsverfahren hauptsächlich in der einzuhaltenden Informationskette (s. Kapitel 7).

Auch wenn die einzelnen Aktivitäten nicht immer linear abgehandelt werden können, so ist es doch gerade bei großen und komplexen Projekten von großer Wichtigkeit, einem festen Fahrplan zu folgen, um den roten Faden nicht zu verlieren. Dabei spielt es letztendlich keine Rolle, ob man diese Aktivitäten wie in Abb. 4.1 gezeigt linear darstellt, oder ob man, wie in Abschnitt 4.13 später noch gezeigt wird, einem entsprechenden V-Modell folgt.

## 4.4
## Die GMP-Einstufung

### 4.4.1
### Grundsätzliche Bedeutung

Verfahren zur Herstellung von Wirkstoffen, Hilfsstoffen, Kosmetikprodukten etc. zeigen oft eine große Bandbreite hinsichtlich ihrer GMP-Relevanz, da anders als bei Fertigarzneimitteln nicht immer alle Stufen des Herstellungsverfahrens und nicht alle Anlagenteile streng nach GMP betrachtet bzw. in der gleichen Tiefe behandelt werden müssen. Insbesondere hat man es bei diesen Prozessen oft mit einer Vielzahl physikalischer und chemischer Umwandlungs- und Reinigungsschritte zu tun, die es erlauben hinsichtlich der Kritikalität im Verfahren eine entsprechende Abstufung vorzunehmen und unterschiedliche Anforderungen zugrunde zu legen [85]. Darüber hinaus spielt es auch eine nicht unwesentliche Rolle, wie der entsprechende Wirk-, Hilfsstoff oder das Zwischenprodukt beim Kunden (z. B. Fertigarzneimittelhersteller) weiterverarbeitet und weiterverwendet wird, d. h. welche weitergehenden Behandlungsstufen er erfährt und in welchem Endprodukt er sich letztendlich wiederfindet.

Regulatorisch wird eine solche formale, in einem Dokument beschriebene Einstufung nicht explizit gefordert, zumindest nicht in diesem Umfang. Gefordert wird lediglich die eindeutige und schriftliche Festlegung des GMP-Startpunkts. In Bezug auf den Inhalt und den Nutzen ist es allerdings hilfreich und notwendig alle Fragen, die in der GMP-Einstufung behandelt werden, zu beantworten, da sich andernfalls das entsprechende Validierungsprojekt nicht oder zumindest nicht vernünftig abwickeln lässt. Ferner stellt diese frühe Stufe einer ersten Risikobetrachtung gerade bei der Validierung eine nicht zu unterschätzende Möglichkeit zur Aufwandsreduzierung dar. Ob am Ende das fertige Papier dann als GMP-Einstufung, GMP-Studie, GMP-Assessment, GMP-Analyse o. ä bezeichnet wird, spielt keine Rolle. Wichtig sind allein die Inhalte und deren Bedeutung für den weiteren Ablauf. Im Ingenieursbereich ist ein solches Dokument oft auch als „erste Projektnotiz" bekannt, in der Basisanforderungen an das Projekt festgehalten und besondere Randbedingungen abgefragt werden.

Grundsätzlich macht es Sinn eine GMP-Einstufung sowohl für geplante Neuanlagen als auch für bestehende Altanlagen durchzuführen, da in beiden Fällen die berechtigten Fragen nach GMP-Startpunkt, Umfang, Tiefe und genereller Risikoeinschätzung bestehen und beantwortet werden müssen. Speziell bei Altanlagen oder in Betrieben, in denen GMP-Anforderungen in Teilen schon umgesetzt sind, kann es hilfreich sein die GMP-Einstufung direkt mit einer Soll/Ist-Analyse zu verbinden, d. h. ein auf GMP-Aspekte ausgerichtetes Audit durchzuführen und die Ergebnisse direkt in die GMP-Einstufung einzuarbeiten.

In Anlage 1 findet sich ein Muster einer solchen GMP-Einstufung, wie sie sich über eine Vielzahl von Projekten hinweg entwickelt und bewährt hat. Grundlage für die inhaltlichen Fragen bildeten u. a. der FDA Guide to Inspection of Bulk Pharmaceutical Chemicals [86] und der ICH-Q7A-Leitfaden für Wirkstoffhersteller [87]. Anhand des Musters werden nachfolgend die einzelnen Kapitel und ihre Bedeutung für die weitere Vorgehensweise in einem Validierungsprojekt erläutert.

### 4.4.2
**Erläuterung der Inhalte (Musterbeispiel)**

#### 4.4.2.1 Allgemeines
In diesem ersten Kapitel wird sinnvollerweise das Projekt als Ganzes in einem ersten kurzen Abriss dargestellt, d. h. beschrieben, wer was mit welcher Intention verfolgt (Projektziel und -umfang). Handelt es sich z. B. um den Neubau einer Anlage auf der grünen Wiese, geht es um die kapazitive Erweiterung einer Anlage, um einen einfachen Umbau im Rahmen einer Optimierung oder wird eine bereits

bestehende Anlage betrachtet, für deren Produkt es ein neues Anwendungsgebiet gibt und daher jetzt neu unter GMP-Gesichtspunkten betrachtet werden muss? Ergänzt werden können diese Informationen durch allgemeine Angaben zum Betrieb oder der Firma, den typischen Anlagen, den üblicherweise darin gehandhabten Produkten, der Organisation und anderes mehr. Informationen sollten jedoch auf das begrenzt werden, was für das Verständnis des Gesamtprojekts unabdingbar ist. Überflüssige Informationen sollten weitestgehend vermieden werden.

Neben der allgemeinen Projektbeschreibung sollte hier nochmals auf den Sinn und Zweck des Dokuments, also der GMP-Einstufung eingegangen werden, damit der Leser auch später noch nachvollziehen kann, mit welcher Intention dieses Dokument erstellt wurde. Auch die an der Studie beteiligten Personen sollten namentlich unter Angabe ihrer Funktion benannt werden. Dabei hat es sich als zweckmäßig erwiesen, dass mindestens folgende Personen (Funktionen) bei der Erarbeitung des Dokuments mitwirken:
– Produktverantwortlicher (Betriebs-, Produktions- oder Herstellungsleiter),
– Projektleiter (falls nicht mit o. g. Person identisch),
– Projekt- und/oder Betriebsingenieur (Verfahrenstechnik und ESMR-Technik),
– Verfahrensgeber/-entwickler,
– Qualitätseinheit (QM, QS und/oder QK, je nach Organisation),
– Berater (bei Bedarf) und
– Koordinator (bei großen, umfangreichen Projekten).
Im Wesentlichen handelt es sich hierbei um jene Personen bzw. Funktionen, die auch im späteren Validierungsteam benötigt werden. Zum jetzigen Zeitpunkt ist aber eine formale, in einem Masterplan zu fixierende Benennung noch nicht erforderlich.

Schließlich sollten auch all jene Basisdokumente unter genauer Angabe von Dokumententitel, Standdatum und Revisionsnummer aufgelistet werden, auf denen diese Einstufung beruht. Im Einzelnen könnten dies sein:
– Verfahrensbeschreibung,
– Blockfließbild,
– Prozessfließbild,
– Rohrleitungs- und Instrumentenfließbilder (RI-Fließbilder),
– Spezifikations- und Datenblätter (Produktdatenblätter),
– Maschinen- und Apparatelisten,
– Aufstellungspläne etc.

Speziell bei Neuanlagen bzw. der Einführung neuer Produkte sind Daten und Informationen auch aus der Entwicklung (z. B. Entwicklungsberichte, Scale-up-Berichte, Testprotokolle, Laborjournale, Daten aus der Toxikologie) besonders wichtig, um die nachfolgenden Fragen hinreichend beantworten und GMP-Anforderungen später zielgerichtet umsetzen zu können.

#### 4.4.2.2 GMP-Einstufung und Regelwerke

Hier geht es um die Festlegung, wie das jeweilige Produkt hinsichtlich bestehender GMP-Anforderungen grundsätzlich einzustufen ist, d. h. welche GMP-Regelwerke und Richtlinien im Projekt konkret zu beachten sind.

Auch wenn dies auf den ersten Blick als logisch und selbstverständlich erscheint, so ist dies doch alles andere als trivial und löst gerade im Falle von Wirk- und Hilfsstoffen oft weitgehende Diskussionen aus, abgesehen davon, dass eine solche Einstufung bisher in den seltensten Fällen formal und schriftlich gemacht wurde. Zwar hat die Harmonisierung im Bereich der Wirkstoffherstellung speziell mit dem ICH-Q7A-Regelwerk eine deutliche Erleichterung gebracht, doch sind damit bei weitem noch nicht alle Fragen beantwortet. So gibt es z. B. eine Fülle kosmetischer Wirkstoffe, bei denen nicht immer ganz eindeutig festliegt, ob diese im Sinne von GMP überhaupt als pharmazeutische Wirkstoffe zu behandeln sind. Hier spricht die FDA selbst von der „Fine line between Cosmetics and Drugs ..." [88]. Auch an die Herstellung von Hilfsstoffen können ganz unterschiedliche Anforderungen gerichtet werden, je nach ihrem späteren Anwendungsbereich (z. B. Anwendung in Tabletten oder Spritzen, als reiner Füll- oder Trägerstoff). Der eine legt hierbei die GMP-Regeln für Hilfsstoffe zugrunde, der andere aus Sicherheitsgründen die Regeln des ICH Q7A. Und nicht zu vergessen die unendliche Fülle ergänzender Richtlinien und Leitfäden, ob von Behörden- oder Industrieseite, die sich mit zum Teil sehr spezifischen Themen auseinandersetzen und die zusätzlich zu den GMP-Grundregeln beachtet werden müssen (s. Abschnitt 2.3). Völlig egal, ob vonseiten des Gesetzgebers vorgeschrieben oder ob aus eigenem Antrieb verfolgt, die Regeln und Richtlinien, die der weitergehenden Bearbeitung zugrunde gelegt werden, sollten in jedem Fall – zum Beispiel in diesem Kapitel – definiert und niedergeschrieben werden, um für alle am Projekt Beteiligten ein einheitliches Vorgehen zu gewährleisten.

Für eine abschließende, vollständige und zutreffende Festlegung der GMP-Anforderungen müssen mindestens Informationen vorliegen zu:
- Produktcharakterisierung
  - Produktname, Handelsname(n), Strukturformel,
  - Physikalische, chemische Eigenschaften des Endprodukts, insbesondere Aggregatzustand (gasförmig, flüssig, fest), feucht oder trocken,
  - Reinheitsanforderungen in Bezug auf physikalische und chemische Verunreinigungen (allg. Produktspezifikation ggf. mit Impurity profile),
  - Mikrobiologische Anforderungen (Keim- und Endotoxingehalt) und
  - Herkunft (chemische Synthese, biotechnologischer Prozess, Naturprodukt, menschlichen oder tierischen Ursprungs),
- Verwendungszweck
  - Pharmazeutische Anwendung (z. B. als Rohstoff, Ausgangsstoff, Zwischenprodukt, Hilfs- oder Wirkstoff in Human- oder Tierarzneimitteln),
  - Lebensmittel, Lebensmittelzusatzstoff, Lebensmittelfarbstoff,
  - Futtermittel, Futtermittelzusatzstoff,
  - Kosmetikprodukt,
  - Medizintechnisches Produkt,

- Hygieneartikel,
- Industriechemikalie etc.,
- Applikation im Endprodukt
  - oral (Aufnahme ausschließlich über den Mund),
  - parenteral (unter Umgehung des Magen-, Darmtrakts, z. B. Infusionslösung),
  - topisch (über die Haut, z. B. Salben oder Pflaster) etc.,
- Herstellungsmaßstab
  - Labormaßstab (Entwicklungsprodukt, Mengen für Präklinik oder Klinik),
  - Technikumsmaßstab, Pilot-Anlage (Mengen für Klinik I–IV, Markteinführungsmengen),
  - Produktionsmaßstab (Routineproduktion),
- Herstellungsweise
  - mit Blick auf Chargendefinition (kontinuierlich, diskontinuierlich, saisonal oder durchgehend),
  - mit Blick auf mikrobiologische Anforderungen (aseptisch, steril, keimarm oder unsteril),
  - mit Blick auf die Prozessführung (Anzahl der Prozessstufen, Rückführungen im Prozess, Aufarbeitung von „Abfallströmen", z. B. Mutterlauge, Umarbeitung bei Abweichungen),
- Weitere Verarbeitung (beim Kunden)
  - keine weitere Verarbeitung, da bereits Endstufe,
  - reine Formulierung,
  - zusätzliche Reinigungs- und/oder Sterilisationsschritte,
  - zusätzliche chemische Umsetzung,
- Anlage und Betriebsweise:
  - Anlage im Freien oder im Gebäude,
  - offene oder geschlossene Prozessschritte (oder kombiniert),
  - fest zugeordnete (dedicated) oder Mehrzweckanlage (multipurpose),
- Vertriebsbereiche
  - Europa, USA, Asien oder andere.

Diese Aufzählung kann bei der Anforderungsdefinition als grundlegende Checkliste dienen. Die Ergebnisse können dabei in zusammengefasster Form beschrieben oder durch Verweis auf entsprechend existierende Dokumente dargestellt werden. Auf jeden Fall sollte am Ende der Analyse bzw. Auswertung eine Liste von Regelwerken, Richtlinien und Standards stehen, die für die GMP-Betrachtung und die zugehörige Validierung maßgebend sind. Auf diese Liste sollte dann bei allen weitergehenden Aktivitäten (z. B. Erstellung Lastenhefte oder Technische Spezifikationen) Bezug genommen werden. Die Liste sollte grundsätzlich auch themenspezifische Richtlinien (z. B. Richtlinien zur Reinigungs- oder Computervalidierung) enthalten.

Werden in einer Anlage mehr als ein Produkt oder unterschiedliche Produktgruppen gehandhabt, so bestimmt immer das Produkt mit den höchsten Anforderungen den GMP-Standard, unabhängig davon, ob dieses Produkt in großen oder nur verschwindend kleinen Mengen oder nur in Kampagnen hergestellt wird.

### 4.4.2.3 Produkt- und Reinheitsanforderungen

Die Regeln der Guten Herstellungspraxis zielen schwerpunktmäßig auf die Einhaltung der vordefinierten Produktqualität, u. a. auf die Vermeidung jeglicher Art von Produktkontamination. Es macht daher Sinn und ist auch essenziell, sich schon zu diesem frühen Zeitpunkt – im Verlauf der GMP-Einstufung – grundlegend Gedanken über die vom Prozess und der Anlage ausgehenden Kontaminationsrisiken zu machen. Dabei sind die folgenden Kontaminationsquellen zu betrachten:

#### 4.4.2.3.1 Chemische Verunreinigungen

Hier kommen Verunreinigungen durch zuvor in der Anlage gehandhabte Produkte in Frage, insbesondere wenn es sich um Mehrzweckanlagen handelt oder um Anlagen, bei denen es offene Prozessschritte gibt, die in unmittelbarer Nachbarschaft einer anderen Anlage ablaufen, die ebenfalls offen gehandhabt wird. Verstärkt wird das Kontaminationsrisiko, wenn im letzteren Fall mit staubendem Produkt umgegangen wird. In diesen Fällen, bei denen ein Produkt durch ein anderes kontaminiert wird, spricht man auch von Kreuzkontamination.

Die Möglichkeit einer chemischen Verunreinigung ist aber auch bei einer Monoanlage (ein fest zugeordnetes Produkt in der Anlage) gegeben, wenn
- diese entweder über nicht ausreichend spezifizierte und geprüfte Rohstoffe eingetragen wird,
- die Verunreinigung im Prozess als Neben- oder Abbauprodukt entsteht und durch die Prozessführung nicht zuverlässig abgereinigt wird oder
- ein Verfahrensschritt, der speziell zur Abreinigung einer spezifischen Verunreinigung gedacht ist, nicht zuverlässig arbeitet.

Auch Reinigungsprozesse können zu chemischen Verunreinigungen beitragen, wenn spezielle Reinigungsmittel (z. B. Detergenzien oder Lösemittel) verwendet, im letzten Reinigungsschritt aber nicht vollständig entfernt werden. Zu guter Letzt ist auch an die verfahrenstechnische Anlage selbst zu denken, die über verschiedene Schmier-, Überlagerungs- und Sekundärmedien (Heiz-, Kühlkreisläufe) und auch über falsch eingesetzte Materialien (z. B. Dichtungswerkstoffe) chemische Kontaminationen einbringen kann.

Unter diesen Gesichtspunkten sind sicherlich Mehrzweckanlagen kritischer zu bewerten als Monoanlagen. Ebenso ist das Risiko bei offenen und staubenden Prozessschritten in einer „Mehrprodukthalle" höher zu werten, als wenn diese Schritte in abgetrennten Kabinetten ablaufen. Biotechnologische Prozesse bergen, bedingt durch den Einsatz zum Teil sehr komplexer Medien und die nicht in jedem Detail spezifizierten „Syntheseschritte" (Umsetzung im Mikroorganismus) ebenfalls höhere Risiken. Auch Prozesse, bei denen die Ausbeuten stark schwanken, sind einer kritischen Betrachtung zu unterziehen.

Bei der Betrachtung der Möglichkeit einer chemischen Kontamination muss natürlich den Produkten selbst entsprechende Aufmerksamkeit geschenkt werden. So sind sicher hochwirksame oder stark toxische Produkte (Hormone, Zytostatika, Penicilline etc.) anders einzustufen als weniger wirksame Produkte

(z. B. Vitamine). An solch hochwirksame Produkte werden allein schon vonseiten der GMP-Regularien und vom Gesetzgeber deutlich strengere Maßstäbe angelegt.

### 4.4.2.3.2 Physikalische Verunreinigungen

Hier sind Kontaminationen durch Feststoffpartikel anzusprechen, die im Wesentlichen auf die Anlage selbst, den Mensch oder die Umgebung als Kontaminationsquelle zurückzuführen sind. Besonders kritisch sind diese Verunreinigungen zu werten, wenn sie am Ende des Prozesses auftreten und das Produkt ein Feststoff ist, aus dem nur sehr bedingt solche Partikel entfernt werden können. Noch kritischer wird die Situation, wenn es sich bei den Partikeln hinsichtlich des Materials um Glas- oder Holzteile handelt, für die es keinerlei Detektoren gibt wie zum Beispiel die Metalldetektoren, die Metallteile aufspüren können. Bei flüssigen Produkten sind zumindest alle offenen Prozessschritte sorgfältig hinsichtlich der Umgebung zu analysieren, in der sie ablaufen und mit Blick darauf, ob es sich um frühe oder späte Verfahrensstufen handelt und nachfolgende Schritte (z. B. Filtration, Separation, Destillation) solche Verunreinigungen herausfiltern würden. Dass der an offenen Prozessschritten tätige Mitarbeiter entsprechende Schutzmaßnahmen einhält, um das Produkt nicht zu kontaminieren, sollte selbstverständlich sein. Auch der Tatsache, dass solche Verunreinigungen durch die Wahl von falschen Verbrauchsmaterialien (Dichtungen, Filterplatten, Filterkerzen etc.), falschen Werkstoffen (Korrosion) und ungenügender Reinigung (z. B. Feststoffablagerungen) hervorgerufen werden könnten, sollte man stets Rechnung tragen.

Grundsätzlich sind alle Feststoffprozesse mit Blick auf physikalische Verunreinigungen als kritisch zu werten, da meist am Ende des Prozesses die Anlage eine Fülle bewegter Teile zum Fördern, Sieben oder Homogenisieren enthält, die ihrerseits stets ein gewisses Risiko darstellen, dem man speziell beim Anlagendesign frühzeitig Rechnung tragen muss. Auch ein Sieb, das ganz am Ende des Prozesses unmittelbar vor der Abfüllung oft eingebaut wird, gibt hier nicht unbedingt den zuverlässigen Schutz.

### 4.4.2.3.3 Mikrobielle Kontaminationen

Wichtigste Voraussetzung, um diesen Punkt zu diskutieren, ist die Kenntnis über die Endproduktspezifikation, d. h. die Kenntnis darüber, welche Anforderungen an ein bestimmtes Produkt von Kundenseite mit Blick auf die weitere Verwendung gestellt wird. So banal dies klingen mag, in der Praxis ist gerade dies oft nicht geklärt – aus verschiedenen Gründen: Entweder wurden diese Anforderungen mit dem Kunden noch nicht im letzten Detail abgesprochen, da sich das endgültige Produkt noch in einer frühen Entwicklungsphase befindet, oder das Produkt wird über unterschiedlichste Zwischenhändler vertrieben, sodass nicht alle Anwendungen bekannt und alle Spezifikationen fixiert sind. Auch die unterschiedlichsten Anwendungsfelder, in die solche Produkte am Ende gelangen können, machen es nicht immer einfach, schon im Vorhinein zu wissen, welche konkreten Anforderungen an die Produktspezifikation und insbesondere die Mikrobiologie gestellt werden. Dennoch – für eine fundierte Einstufung hinsichtlich GMP-Relevanz ist die Kenntnis über die Produktanforderungen und insbesondere über die mikrobiologischen Anforderungen zwingend erforderlich.

Spezifikationen sind im Allgemeinen definiert durch eine Reihe von Prüfpunkten im Zusammenhang mit physikalischen, chemischen und mikrobiologischen Eigenschaften (z. B. Schwermetallgehalt, Sulfatasche, Wassergehalt, Dichte, Viskosität, Aussehen, Geruch, Anzahl der Kolonien bildenden Einheiten, d. h. lebende Keime und/oder Indikator-Keime), zu denen entsprechende Grenzwerte und Prüfmethoden angegeben werden. Spezifikationen können entweder vom Hersteller selbst vorgegeben werden, mit dem Kunden vereinbart sein (Spezifikationsvereinbarung) oder auf allgemeinen Standards, z. B. den Festlegungen in Arzneibüchern (USP, Ph.Eur) beruhen. Gerade im Bereich der pharmazeutischen Wirkstoffe, sind mikrobiologische Anforderungen < $10^2$ oder < $10^3$ KBE (KBE = Kolonien bildende Einheiten) im Endprodukt eine häufig zu findende Spezifikationsvereinbarung. Die Anforderungen an die Abwesenheit kritischer Keime können dabei sehr unterschiedlich sein; Spezifikationsanforderungen lassen sich grundsätzlich nicht verallgemeinern.

Die Gefahr einer mikrobiologischen Kontamination des Produkts ist immer dann gegeben, wenn an bestimmten Prozessschritten die Prozessmedien für Mikroorganismen adäquate Wachstumsbedingungen bieten (z. B. ausreichender Nährboden, neutraler pH-Wert, moderate Temperaturen) und in den nachfolgenden Verfahrensschritten keine Bedingungen auftreten, die ein Abtöten der Keime zur Folge hätten. Auch die Kontamination über Hilfsmedien, speziell Wasser, ist ein nicht zu unterschätzendes Risiko, weshalb dieses Thema auch immer wieder bei Inspektionen auftaucht, gerade auch deshalb, weil Wasser sehr häufig bis hin zu den letzten Verfahrensstufen verwendet wird, sei es auch nur zum Reinigen der Gerätschaften.

Verstärkt wird das Risiko einer mikrobiellen Kontamination immer dann, wenn an entsprechenden kritischen Stellen des Prozesses offen gearbeitet wird und Mitarbeiter mit Produkt in Kontakt kommen. Hier sind entsprechend organisatorische, auf Hygiene ausgerichtete Maßnahmen zu treffen und auch die Umgebung entsprechend zu gestalten (z. B. Reine Räume). Aber auch Feststoffhandling birgt in diesem Zusammenhang ein gewisses Risiko, da hier oft nicht mit Wasser gereinigt wird, Feststoffreste sich an unterschiedlichen Stellen über die Betriebsdauer ansammeln und sich mithilfe der Luftfeuchtigkeit durchaus zu Keimnestern entwickeln können.

Zur Abschätzung eines mikrobiologischen Kontaminationsrisikos ist es also wichtig, den Prozess auf das Wachstum begünstigende Schritte und auf solche Schritte zu untersuchen, die Keime ggf. wieder abtöten. Die grundlegende Reinigung und die Möglichkeit der Desinfektion oder Sterilisation sind mitzuprüfen. Werden spezifische Keimlimits erwartet, so ist insbesondere jener Schritt im Verfahren ausfindig zu machen, der gezielt für die Einstellung dieser Limits verantwortlich ist – auch dies ein Thema, das wie die Praxis gezeigt hat, alles andere als einfach ist.

### 4.4.2.3.4 Kontamination durch Endotoxine

Wurden zuvor die lebens- und vermehrungsfähigen Keime und die Einhaltung der entsprechenden Grenzwerte betrachtet, so geht es hier im weitesten Sinne um „Verunreinigungen", die wesentlich durch tote Mikroorganismen hervorgerufen werden. Es sind dies überwiegend Zellwandbruchstücke, die z. B. im Falle der Pyrogene, bei einem Patienten, der diese Pyrogene über Infusionslösungen erhält, Fieber auslösen können. Bei kranken und geschwächten Personen kann dies unter Umständen zum tödlich endenden septischen Schock führen und muss daher unter allen Umständen vermieden werden.

Anforderungen an Endotoxin-Grenzwerte werden häufig bei solchen Produkten gestellt, die in der endgültigen Darreichungsform parenteral (Spritzen, Infusionslösungen) appliziert werden. In anderen Fällen sind Endotoxin-Grenzwerte aber auch denkbar. In jedem Fall ist hier wieder die eindeutige Produktspezifikation gefragt.

Jetzt ist es nicht nur wichtig, diejenigen Schritte im Verfahren zu analysieren, bei denen lebende Keime auftreten können und ggf. abgetötet werden, sondern auch jene Schritte ausfindig zu machen, bei denen gezielt Endotoxine abgereichert werden. Die Abreicherung kann dabei physikalisch (speziell gestaltete Destillationskolonnen bei Wasseranlagen oder Filtrationsanlagen), chemisch (extreme pH-Wert-Einstellungen) oder thermisch (sehr hohe Temperaturen über eine definierte Zeit) erfolgen. Größtes Augenmerk ist darauf zu richten, dass nach dem Entpyrogenisierungsschritt unter keinen Umständen mehr ein Keimwachstum ermöglicht wird. Analog zur mikrobiellen Betrachtung sind grundsätzlich alle Schritte kritisch, bei denen das Produkt in feuchter und pH-Wert neutraler Form vorliegt.

### 4.4.2.3.5 Tabellarische Zusammenfassung der Ergebnisse

Am Ende der Einzelbetrachtungen können die Ergebnisse mit einfacher qualitativer Bewertung in eine übersichtlich gestaltete Tabelle eingetragen werden (Tab. 4.1).

**Tab. 4.1** Qualitative Bewertung der Kontaminationsrisiken.

| Art der Verunreinigung | Ursache/Quelle | Einstufung | Bemerkung |
|---|---|---|---|
| chemisch | Verfahren Kreuzkontamination Zerfalls-/Nebenprodukte | +/– | |
| physikalisch | Mensch/Umgebung/Anlage | ++ | |
| mikrobiell | Mensch/Umgebung Medien (Wasser) Produkt (Nährboden) | – | |
| Pyrogene | tote Mirkoorganismen | – | |

Einstufung: „–" unkritisch, „+" kritisch, „++" sehr kritisch

Dabei reicht es zu diesem frühen Zeitpunkt völlig aus, diese Bewertung mit Attributen wie „unkritisch", „kritisch" oder „sehr kritisch" vorzunehmen, dient sie doch im Wesentlichen dazu, in den weiteren Bearbeitungsschritten allen am Projekt Beteiligten immer wieder vor Augen zu halten, wo mit Blick auf die bestehenden Kontaminationsrisiken die Schwerpunkte liegen und worauf die Schutzmaßnahmen ausgerichtet werden müssen. Viele Praxisprojekte haben in der Vergangenheit gezeigt, dass mit einer solchen Vorgehensweise nicht nur die weiteren Aktivitäten zielgerichteter ausgeführt wurden, sondern auch der Aufwand auf das Notwendige beschränkt werden konnte. Die Gefahr, unspezifische und der Produktqualität nicht wirklich dienliche Maßnahmen umzusetzen, wird damit drastisch herabgesetzt.

#### 4.4.2.4 Anlage und Verfahren

Um grundlegende GMP-relevante Anforderungen, die an Anlage und Verfahren gestellt werden zu diskutieren, sollten mindestens ein einfaches Blockfließbild, besser noch ein Verfahrensfließbild oder gar erste Rohrleitungs- und Instrumentenfließbilder (RI-Fließbilder) mit den in der Norm DIN EN ISO 10628 [89] definierten Informationsinhalten vorliegen. Ferner sind eine erste Beschreibung des Herstellungsverfahrens sowie Beschreibungen der vorgesehenen Prozesse für die Diskussion hilfreich. Dabei macht es Sinn, unter diesem Kapitel zunächst eine nur sehr grobe Verfahrensbeschreibung zu geben, besser noch, auf entsprechende Dokumente zu verweisen und das Gesamtverfahren in logische und klar abgrenzbare Teilschritte zu untergliedern. Eine detaillierte Betrachtung erfolgt erst später im betrieblichen Lastenheft bzw. in der Risikoanalyse. Folgende zentrale Fragen können und sollten bereits zu diesem sehr frühen Zeitpunkt geklärt und in der Einstufung beschrieben werden:

##### 4.4.2.4.1 Der GMP-Startpunkt

Dies ist aus GMP-Gesichtspunkten sicher eine essenzielle und für spätere Audits, sei es durch Kunden oder Behörden, bedeutende Fragestellung, die immer wieder heftig diskutiert wird und nicht zuletzt auch den Aufwand, den man mit Blick auf GMP-Konformität betreibt, wesentlich beeinflusst. Wie in Kapitel 2.2 erläutert, gibt es bislang zwei Ansatzpunkte für eine entsprechende Festlegung. Die schon etwas veraltete FDA-Definition des Key-Intermediates, also jenes Schlüsselzwischenprodukts, welches im Endprodukt als wirksame Substanz auftaucht und zu diesem Zeitpunkt schon nahezu in seiner Endform vorliegt und die ICH-Q7A-Definition der „Wirkstoffstartmaterialien", die am „GMP-Startpunkt" in den Prozess eingebracht werden, welches auch die heute gebräuchliche Vorgehensweise bei der Startpunktdefinition darstellt. Unabhängig davon, welche Definition man wählt: Hier sollte zum einen die schriftliche Festlegung des Startpunkts erfolgen und zum anderen eine klare, verständliche und nachvollziehbare Begründung gegeben werden. Erwähnt sei an dieser Stelle, dass die Begründung nicht nur für Kunden und Behörden verständlich und plausibel sein muss. Auch der Betreiber selbst oder sein Nachfolger muss die Entscheidung noch Jahre später nachvollziehen und verstehen können.

Die Festlegung des GMP-Startpunkts bedeutet ganz klar, dass spätestens ab dieser Stelle im Prozess alle GMP-relevanten, insbesondere die Qualifizierung und Validierung betreffenden Aktivitäten ansetzen, dass die Anlage spätestens von diesem Punkt an im betrieblichen Lastenheft beschrieben werden muss und dass die Risikobetrachtung ab dieser Stelle im Verfahren einsetzt. Es macht also durchaus Sinn, viel Zeit darauf zu verwenden, diesen kritischen Punkt im Verfahren sorgfältig zu bestimmen und nicht zu früh zu legen. Umgekehrt ist es jedoch auch nicht ratsam, den GMP-Startpunkt bewusst über den eigentlich kritischen Punkt des Verfahrens hinaus zu weit an das Ende zu verschieben. Dies gefährdet nur unnötigerweise die Qualität des Produkts und damit den Endverbraucher und wird ohnehin in Audits meist sehr rasch erkannt, da die plausiblen Erklärungen fehlen.

Trotz aller Bemühungen um eine klare Definition bleibt dieser Punkt nach wie vor stark umstritten und wird immer wieder, gerade auch in Seminaren und auf Kongressen heftig diskutiert. Die eigene Erfahrung hat gezeigt, dass wenn man sich von diesen Definitionen etwas löst und schwerpunktmäßig darauf schaut, ab welcher Stufe im Verfahren maßgeblich die Qualität des Endprodukts bestimmt wird, die verantwortlichen Betriebsleiter diesen Punkt meist sehr gut kennen und damit sehr schnell den GMP-Startpunkt festlegen können. Besonders hilfreich sind hierbei immer noch die bereits zitierten Definitionen aus dem FDA „Guide to Inspection of Bulk Pharmaceutical Chemicals" [90]. Außerdem gilt es zu bedenken, dass es ohnehin nur dann Sinn macht den GMP-Startpunkt noch um eine weitere Verfahrensstufe zu verschieben, wenn damit auch tatsächlich eine Aufwandsminimierung einhergeht. Wird beispielsweise ein Verfahrensschritt, der nicht mehr unter die GMP-Betrachtungen fällt, im gleichen Anlagenabschnitt wie eine GMP-relevante Verfahrensstufe durchgeführt, so ist kaum mit einer Aufwandsminimierung zu rechnen, da die Anlagenkomponenten ohnehin qualifiziert sein müssen, das Personal zumeist schon nach GMP geschult ist und es in der Dokumentation aus Gründen der Einheitlichkeit keine großen Unterschiede gibt. Es macht daher also immer nur dann Sinn über die Verschiebung des GMP-Startpunkts nachzudenken, wenn damit ein bestimmter Anlagenabschnitt aus den weitergehenden Betrachtungen ausgenommen werden kann und auch nicht qualifiziert werden muss. Gegebenenfalls ist eine genauere Differenzierung mit Blick auf die Verfahrensvalidierung sinnvoll.

Da gerade die Festlegung des GMP-Startpunkts oft die größten Schwierigkeiten bereitet, seien hier noch einige typische Fallbeispiele diskutiert, ohne auf Produkte selbst einzugehen, die aus Gründen der Geheimhaltung nicht aufgeführt werden dürfen.

Wird ein Produkt beispielsweise aus Rohstoffen hergestellt, die bereits das fertige Endprodukt enthalten wie im Falle vieler Pflanzenextrakte oder mineralischer Produkte, so gibt es keine eigentliche Synthesekette und sowohl die Definition eines Key-Intermediates nach FDA als auch die Definition von API Starting Materials nach ICH Q7A greift hier nicht. Jetzt bleibt nur die Suche nach jenem wirklich ersten kritischen Schritt, der im Rahmen der Aufreinigung solcher Produkte von Bedeutung ist und der die Endproduktqualität wesentlich bestimmt. Dies sind typischerweise Löseschritte, bei denen neben dem Lösemittel selbst auch Parameter wie Konzentration, Temperatur und Verweilzeit einen wesentlichen Einfluss auf die Reinheit haben. Es könnte aber auch durchaus eine erste Umkristallisation mit anschließendem Waschschritt sein, ab der die Endproduktqualität wesentlich beeinflusst wird. Hat man diesen Schritt identifiziert, so beginnen ab hier die detaillierten GMP-Betrachtungen.

Einfacher ist es bei chemischen Synthesen, bei denen als Zwischenprodukt ein racemisches Gemisch anfällt. Hier gibt es zum Beispiel vonseiten der FDA den klaren Vorschlag, den Verfahrensschritt, der zur Trennung der Enantiomeren eingesetzt wird, als Startpunkt für GMP-Betrachtungen zu wählen, nicht zuletzt deshalb, weil auch dies wieder im weitergehenden Sinne eine grundlegende „Reinigung" des Endprodukts darstellt.

Wird eine Substanz in einem Prozess eingesetzt, in dessen weiterem Verlauf sie lediglich physikalisch behandelt wird, ohne dabei weitere chemische Umwandlungen oder spezifische Reinigungen zu erfahren – z. B. ausschließlich durch Mischen, Sieben, Verflüssigen – und werden diese Schritte unter GMP-Bedingungen durchgeführt, so ist sicher, dass der eigentliche GMP-Startpunkt weiter vorne bei der Herstellung dieser Substanz liegen muss. Es reicht nicht, wenn nur diese Endbehandlungsschritte unter die GMP-Betrachtungen fallen. So sagt auch die FDA in ihren Guidelines, dass Veresterungsschritte oder Salzbildungsschritte am Ende eines Herstellungsverfahrens nicht als GMP-Startpunkt akzeptiert werden können, da diese Produktumwandlungen lediglich dazu dienen, das Produkt in eine lagerstabile Form zu überführen und hierdurch keine Verunreinigungen entfernt werden.

Es hat sich bei all den Diskussionen um die Festlegung eines GMP-Startpunkts in der Vergangenheit als äußerst hilfreich erwiesen, wenn nach einer ersten orientierenden Festlegung nochmals die Frage aufgeworfen wird, ob es vor diesem qualitätskritischen Verfahrensschritt irgendeine Verunreinigung im Produkt geben könnte, die – wenn sie dort nicht zuverlässig entfernt wird – auch nach dem definierten GMP-Startpunkt nicht mehr entfernt werden kann. Wird die Frage mit „ja" beantwortet, so ist der Startpunkt sicher nochmals zu überdenken.

#### 4.4.2.4.2 Der GMP-Umfang

Mit der Festlegung des GMP-Startpunkts wird im Allgemeinen schon eine wesentliche Unterscheidung getroffen, welche Prozessschritte und damit welche Anlagenteile in die weitere Betrachtung kommen und welche nicht. Der GMP-Umfang kann hier zum ersten Mal konkreter definiert, d. h. auf alles nach dem GMP-Startpunkt eingeschränkt werden. Eine gewisse Ausnahme stellen die biotechnologischen Prozesse dar, da entsprechend den Vorgaben des ICH Q7A hier die GMP-Betrachtungen bereits sehr früh, mit der Einführung der Mikroorganismen in den Produktionsprozess, also mit der Vorkultur beginnen.

Aber auch bei den Prozessschritten und Anlagenteilen, die hinter dem GMP-Startpunkt liegen, sind weitere Differenzierungen und damit weitergehende Aufwandsreduzierungen möglich. So müssen z. B. Abluft-, Abwasser- und Abfallbehandlungssysteme ab dem Punkt, ab dem eine Rückwirkung auf den eigentlichen Herstellungsprozess sicher ausgeschlossen werden kann, nicht weiter berücksichtigt werden. Man kann sie aus den Qualifizierungsbetrachtungen herauslassen. Im Sinne des ISPE Commissioning Guide [91] würde man sie als „Non Impact Systems" bezeichnen, als Systeme, die keinerlei Einfluss auf den eigentlichen Herstellungsprozess und somit auf die Produktqualität haben.

Folgt man den Definitionen des ISPE Commissioning Guide weiter und unterscheidet ferner zwischen den „Direct Impact Systems" – das sind Systeme, die einen direkten Einfluss auf die Produktqualität haben – und „Indirect Impact Systems" – das sind Systeme, die keinen direkten Einfluss auf die Produktqualität haben, aber „Direct Impact Systems" in ihrer Funktion unterstützen, so ist unter Umständen eine weitergehende Einschränkung hinsichtlich GMP-Betrachtungen möglich. Ein Beispiel für „Indirect Impact Systems" könnten Heiz- und Kühlaggregate sein, die zum Aufheizen oder Kühlen von Synthesereaktoren eingesetzt werden. Hier könnte man sich auf die Funktionsqualifizierung der Reaktoren zurückziehen und für die Ausführung (Planung, Bau, Inbetriebnahme) der Heiz- und Kühlaggregate ein grundsätzliches Vorgehen nach „Guter Ingenieurspraxis" (GEP = Good Engineering Practice) fordern. Zugegeben – man kann sich über die Definition von „Direct Impact" und „Indirect Impact" streiten und auch der ISPE Guide gibt insbesondere die „Indirect Systems" betreffend keine wirkliche Entscheidungshilfe. Dennoch sollte man es als grundsätzliche Chance verstehen, hier basierend auf „Gesundem Menschenverstand" Entscheidungen zu treffen, die den Aufwand für die weitergehenden GMP-Betrachtungen auf ein verträgliches Maß reduzieren.

Interessant sind in diesem Zusammenhang noch Systeme oder konkret Anlagenteile, die dazu genutzt werden, Stoffströme aus dem Prozess kommend zu recyceln und in den Prozess zurückzuführen. Als Beispiel wären hier Lösungsmittel zu nennen, die im Prozess eingesetzt, ausgeschleust, wieder aufgearbeitet und in den Prozess zurückgeführt werden. Wird das aufgearbeitete und in den Prozess zurückgeführte Lösungsmittel wie jeder Einsatzstoff einer vollumfänglichen Eingangsprüfung unterzogen, kann die Aufarbeitungsanlage in den GMP-Betrachtungen sicher ausgeklammert werden. Sie ist zu behandeln wie ein externer Lieferant, den man qualifiziert, nicht aber unter GMP-Bedingungen produzieren lässt. Wird dagegen das aufgearbeitete Lösungsmittel wieder direkt ohne „Eingangsprüfung" in den Prozess zurückgeführt, so ist dieser Schritt als Bestandteil des Herstellungsverfahrens zu sehen, der Anlagenteil muss u. a. qualifiziert, das Verfahren validiert werden.

Insgesamt ergibt sich aus dieser Betrachtungsweise ein Ergebnis, welches man sinnvollerweise entweder übersichtlich in einem Blockfließbild bzw. Verfahrensfließbild oder in einer entsprechenden Maschinen- und Apparateliste darstellt. Abbildung 4.2 zeigt eine solche Darstellung.

## Abgrenzung GMP-Umfang

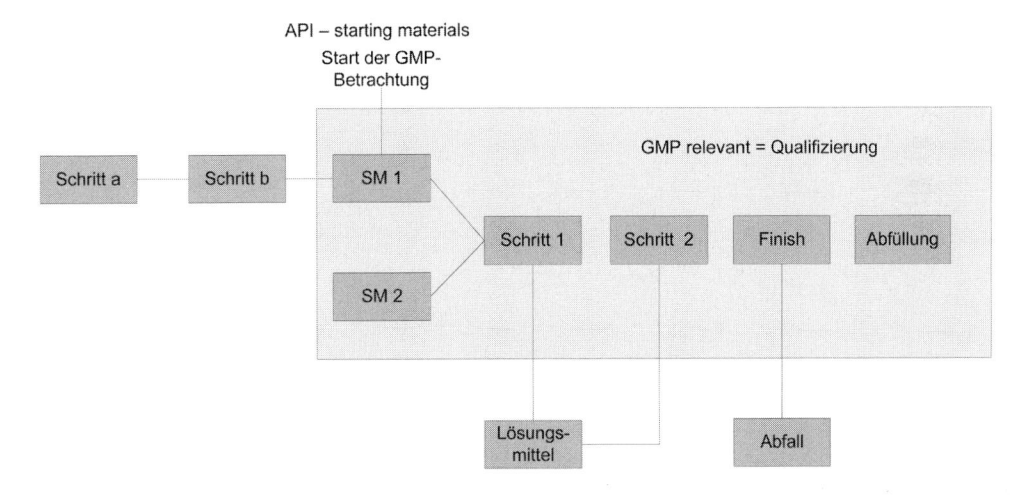

```
                    API – starting materials
                    Start der GMP-
                    Betrachtung
                                                GMP relevant = Qualifizierung

  Schritt a ---- Schritt b ---- SM 1
                                      \
                                       Schritt 1 ---- Schritt 2 ---- Finish ---- Abfüllung
                                      /
                                SM 2
                                              |                          |
                                         Lösungs-                      Abfall
                                          mittel
```

Basierend auf einem Prozessfließbild

**Abb. 4.2** Abgrenzung Umfang GMP-Betrachtung.

Streng genommen ist dieses erste Auswahlverfahren – was ist überhaupt GMP-relevant und was nicht – mit einer Risikobetrachtung Stufe 1 gleichzusetzen, welche oft auch als Risikoklassifizierung bezeichnet wird. Hierauf wird in Abschnitt 4.7 noch näher eingegangen.

### 4.4.2.4.3 Grad der GMP-Anforderungen

Nachdem nun der Umfang für die weiteren GMP-Betrachtungen festliegt, hat man gerade im Wirkstoffbereich, bedingt durch die Vielzahl chemischer und physikalischer Umwandlungsschritte zusätzlich die Möglichkeit, in Bezug auf das Verfahren Unterschiede in der Tiefe, d. h. im Grad der GMP-Anforderungen bzw. GMP-Betrachtungen zu machen. So werden sicherlich sehr frühe Prozessschritte, die unter Umständen noch unter sehr rauen Bedingungen (pH, Temperatur, Druck) ablaufen und an die sich noch eine Vielzahl von Aufreinigungsschritten anschließen, weniger Aufmerksamkeit genießen, als späte Prozessschritte, bei denen Fehler sich bis ins Endprodukt auswirken.

Die Abfüllung des Endprodukts wird dabei sicher stets im Mittelpunkt der GMP-Betrachtungen stehen. Auf diese Unterscheidungsmöglichkeit, von der im Allgemeinen viel zu wenig Gebrauch gemacht wird, weist auch der FDA Guide to Inspection of Bulk Pharmaceutical Chemicals [92] sehr deutlich hin, ebenso wie der ICH-Q7A-Leitfaden, der dies mit einem Pfeil in Richtung zunehmender GMP-Anforderungen andeutet [93]. Um eine zuverlässige und vernünftige Einstufung vornehmen zu können, sind auf alle Fälle viel Erfahrung, eine tiefgehende

Verfahrenskenntnis und das Wissen um die Produktanforderungen zwingend notwendig. Auch ist es wichtig zu wissen, wo sich jene Schritte in einem Verfahren befinden, an denen mögliche partikuläre, chemische oder mikrobielle Verunreinigungen aus dem Prozess entfernt werden. Hier wären im Bereich der Wirkstoffherstellung als typische Schritte zu nennen: Filtrationsschritte, Destillationsschritte, Umkristallisationen, thermische Behandlungen etc. Dabei muss nicht nur die Frage gestellt werden, wo sich dieser Schritt befindet, der die entsprechende Verunreinigung aus dem Prozess entfernt, es muss auch geklärt werden, ob dies die letzte Möglichkeit in dem Verfahren darstellt. Diese Art der Fragestellung ist sehr eng verbunden mit der Vorgehensweise bei einer Risikoanalyse nach der HACCP-Methode (s. Abschnitt 4.7).

In dieser frühen Phase der GMP-Einstufung macht es allerdings noch keinen Sinn, die sich später anschließende, sehr detaillierte Risikoanalyse vorwegzunehmen.

Unabhängig davon, ob man aus dieser Einstufung bereits konkrete Unterschiede in den weiteren Aktivitäten ableiten kann oder nicht, ist es jedoch empfehlenswert, sich schon recht früh über die eigentliche GMP-Relevanz, d. h. die GMP-kritischen Verfahrensschritte klar zu werden. Dies sollte im Rahmen dieser Betrachtung mindestens mit dem Herstellungsleiter und dem Verfahrensgeber diskutiert und schriftlich oder grafisch als Ergänzung zum oben bereits erwähnten Blockfließbild (Abb. 4.2) festgehalten werden.

### 4.4.2.4.4 Chargendefinition

Unter dieser Überschrift wird über die eindeutige Festlegung des Chargenbegriffs in Bezug auf das konkret betrachtete Produkt diskutiert und das Ergebnis festgeschrieben. Im GMP-Bereich ist die klare und eindeutige Definition einer Charge von außerordentlicher Bedeutung. Eine Charge ist nach GMP gekennzeichnet durch die Attribute Rückverfolgbarkeit und Homogenität innerhalb der vorgegebenen Spezifikationen.

Dabei bedeutet Rückverfolgbarkeit, dass es zu jedem Zeitpunkt und für jede Einzelcharge möglich sein muss herauszufinden, welche Qualitäten von Einsatz- und Rohstoffen für diese spezielle Chargen verwendet worden sind bzw. mit welchen Parametern der zugehörige Herstellprozess gefahren wurde und welche diesen Läufen zugeordneten Vorkommnisse es eventuell gegeben hat. Die Homogenität ist von Bedeutung um sicherzustellen, dass eine mit einem zugehörigen Analysenzertifikat abgegebene Charge zuverlässig und über die gesamte Menge die im Zertifikat zu Spezifikationskriterien angegebenen Werte innerhalb zugelassener Grenzen aufweist. Es ist daher von großer Wichtigkeit, zu einem schon recht frühen Zeitpunkt abzuklären, ob die Charge im vorliegenden Prozess eindeutig definiert ist und die Homogenität verfahrensbedingt (z. B. durch Einsatz entsprechender Homogenisationseinrichtungen) sichergestellt wird.

Es sollte bei dieser Diskussion und an dieser Stelle in der GMP-Studie festgehalten werden, ob es sich grundsätzlich um einen kontinuierlichen oder einen diskontinuierlichen Batch-Prozess handelt und nach welchen Kriterien speziell im kontinuierlichen Verfahren ein Batch, d. h. eine Charge definiert wird. Gerade bei kontinuierlichen Prozessen ist es nicht unüblich ein Zeitintervall für die Chargendefinition zugrunde zu legen, wobei sehr häufig auf die Zeitspanne eines Tages zurückgegriffen wird. Eine feste Vorgabe vonseiten der GMP gibt es hier allerdings nicht. Der Betreiber ist prinzipiell frei in seiner Entscheidung. Berücksichtigen sollte man aber, dass bei zu kleinen Zeitintervallen der Probenahme- und Analysenaufwand über Gebühr ansteigt und umgekehrt bei zu langen Zeitabständen die Probenahmen unter Umständen nicht mehr aussagekräftig genug sind bzw. die Homogenisierung einer mengenmäßig zu großen Charge eventuell neue Probleme bereitet.

Mit Blick auf die Homogenität einer Charge ist es leider keine Seltenheit, dass man gerade bei der Durchsprache feststellt, dass ein entsprechender Verfahrensschritt bzw. die dafür notwendige verfahrenstechnische Apparatur nicht vorgesehen ist. Homogenität spielt aber gerade im Feststoffbereich eine außerordentlich wichtige Rolle und erfordert in jedem Fall die Installation eines geeigneten Homogenisators, es sei denn, dass verfahrensbedingt bereits eine Apparatur verwendet wird, die zwar nicht explizit für die Homogenisierung vorgesehen ist, diese aber durch eine entsprechende Funktionsweise abdeckt. Ein Sprühturm mit eingebauter Wirbelschicht könnte so ein Fall sein. Es bleibt dann aber immer noch offen, spätestens während der Verfahrensvalidierung zu zeigen, dass am Ende ein wirklich homogenes Produkt herauskommt.

Schließlich sollte bei der Diskussion der Chargendefinition auch noch das Thema „Vermischen von Subchargen" berücksichtigt werden. Auch dies ist ein nicht seltener Fall, dass apparativ bedingt eine Vielzahl von kleineren Subchargen hergestellt und diese dann am Ende zu einer gemeinsamen homogenen Ablieferungscharge vermischt werden. Hier muss ganz klar das Thema „Blending" (dt.: vermischen) und dementsprechend eine frühzeitige Probenahme diskutiert und an den Lagereinrichtungen der Subchargen eventuell vorgesehen werden. Blending, d. h. das Vermischen von spezifikationsgerechten Chargen mit nicht spezifikationsgerechten Chargen mit dem Endziel einer spezifikationsgerechten Gesamtcharge ist unter GMP-Gesichtspunkten strengstens verboten. Man muss also die Qualität der Subchargen kennen, z. B. über eine entsprechende Probenahme und Zwischenfreigabe.

Die Diskussionen bei diesem Punkt zeigen sehr deutlich, wie eine von vielen GMP-Grundforderungen das Anlagendesign und die Konzeption wesentlich beeinflussen können und daher schon sehr früh, eben im Rahmen dieser GMP-Studie behandelt werden sollten.

#### 4.4.2.4.5 Anforderungen an Roh- und Ausgangsstoffe

Hier wird diskutiert, ob spezielle Anforderungen an Roh- und Ausgangsstoffe, einschließlich Verpackungs- und Verbrauchsmaterialien existieren und welche Anforderungen sich hieraus speziell für die Lagerung und Weiterverwendung ergeben. Zu diskutieren ist neben der Haltbarkeit und den Lagerbedingungen (Temperatur, Feuchte, Helligkeit) auch das Thema „Vermischung unterschiedlicher

Anlieferungschargen in Großgebinden". So kann es durchaus Probleme verursachen, wenn bei begrenzt haltbaren Rohstoffen ein entsprechend groß dimensionierter Lagertank eingesetzt wird, in den dann ständig nachgefüllt wird, ohne diesen von Zeit zu Zeit vollständig entleeren zu können. Auch diese Diskussionen haben wiederum nicht selten einen entscheidenden Einfluss auf die Gestaltung und Dimensionierung von Lagerbereichen und Rohstofftanks. Auch das Thema „Beprobung" sollte an dieser Stelle bereits angesprochen werden, da aus GMP-Sicht die Anforderung gestellt wird, dass Beprobungen grundsätzlich in einem solch geschützten Umfeld stattzufinden haben, dass Probe und/oder die beprobte Substanz nicht nachteilig beeinträchtigt werden. Ferner wird die grundsätzliche Anforderung gestellt, dass Proben für das beprobte Gebinde repräsentativ sein müssen. Hier ist dann frühzeitig zu bedenken, ob entsprechende Misch-, Rühr- oder Umpumpeinrichtungen vorzusehen sind.

Es reicht sicher aus, im Rahmen dieser frühen Betrachtung zunächst einmal generell die Notwendigkeit von Lagerbereichen, Lagertanks, Probenahmemöglichkeiten anzusprechen. Die Details sollten dann spätestens im betrieblichen Lastenheft auftauchen, abgesichert durch die begleitende Risikoanalyse.

#### 4.4.2.4.6 Anforderungen an Hilfsmedien (engl.: utilities)

Hilfsmedien wie Wasser, Dampf, Stickstoff, Druckluft etc. sind ein im GMP-Bereich sehr heftig diskutiertes Thema, insbesondere mit Blick auf Qualitätsanforderungen und Ausführung der Erzeugereinrichtungen. Dabei spielt die Stelle im Verfahren, an der diese Medien eingesetzt werden, eine entscheidende Rolle. Je später im Verfahren, desto höher die Anforderungen an die Qualität. Aus diesem Grund sollte auch dieses Thema schon sehr frühzeitig im Rahmen dieser GMP-Einstufung diskutiert werden. Insbesondere sollte hier diskutiert und festgehalten werden, welche Medien letztendlich beim Herstellungsprozess tatsächlich zum Einsatz kommen, welche grundlegenden Qualitätsanforderungen an die Medien gestellt werden und welche Medien als besonders kritisch einzustufen sind. Es macht Sinn, diese Medien möglichst vollständig unter Angabe der entsprechenden Qualitäten bereits hier in dem entsprechenden Block- oder Verfahrensfließbild einzutragen. Es sollte auch diskutiert werden, ob die Medien in definierten Gebinden oder über Rohrleitungen aus einem Netz bezogen werden. Da gerade Netzversorgungen eine Fülle von Gefahren hinsichtlich Fremdkontamination bergen, muss hier im Rahmen der Risikobetrachtung ein spezielles Augenmerk darauf gerichtet werden. Grundsätzlich sollte es für alle diese Hilfsmedien auch schriftlich festgelegte Spezifikationen geben.

#### 4.4.2.4.7 Außergewöhnliche Anforderungen an Werkstoffe und Materialien

Im Allgemeinen werden Anlagen unabhängig davon, ob spezifische GMP-Anforderungen bestehen oder nicht, immer unter Berücksichtigung von guter Ingenieurspraxis (GEP) so ausgelegt, dass sie für die jeweiligen Prozesse und Substanzen geeignet sind bzw. zumindest sein sollten und insbesondere die Beständigkeit gegeben ist. Dabei ist es durchaus denkbar, dass man bei einigen in der Chemie etablierten Verfahren und Produkten durchaus geringfügige Korrosions- oder Abnutzungserscheinungen toleriert, d. h. bewusst in Kauf nimmt. Kommen jedoch GMP-Anforderungen mit ins Spiel, ist eine solche Vorgehensweise nicht tolerabel. Hier müssen die Materialien derart ausgewählt und eingesetzt werden, dass entsprechend den Grundsätzen von GMP Kontaminationen des Produkts zuverlässig und sicher ausgeschlossen werden. Zu diskutieren ist daher ebenfalls zu einem sehr frühen Zeitpunkt, ob es verfahrensbedingt außergewöhnliche Anforderungen an die vorgesehenen Werkstoffe gibt und dementsprechend mit Korrosionsproblemen zu rechnen ist. Insbesondere sind auch Problemthemen wie Dichtungen, Schmiermittel, Elastomere, Überlagerungsmedien und Sekundärmedien (Medien für Heiz- und Kühlkreisläufe) generell mit Blick auf mögliche Kontaminationsursachen für das Produkt zu diskutieren. Existieren solche besonderen Anforderungen, so sollte dies an dieser Stelle der Studie zunächst festgehalten und später bei der Ausarbeitung des betrieblichen Lastenhefts vertieft und die Spezifikationen weitergehend ausgearbeitet werden.

#### 4.4.2.4.8 Offene Produktionsschritte

In diesem Abschnitt wird generell darüber diskutiert, ob und an welcher Stelle im Herstellungsverfahren es offene Prozessschritte gibt. Offene Prozessschritte sind all jene Schritte, bei denen eine Einfüllung oder ein Austrag erfolgt. Als besonders kritisch ist in diesem Zusammenhang die Endproduktabfüllung zu betrachten. Darüber hinaus kann es aber auch spezielle verfahrenstechnische Apparate geben, die von ihrem Grundprinzip her nur offen betrieben werden können (z. B. Walzentrockner, Bandfilter, Membranpressen etc.). Nicht zu vergessen sind auch solche Prozessschritte, bei denen die Anlage üblicherweise geschlossen ist, aber verfahrensbedingt regelmäßig geöffnet werden muss. Dies ist gegeben beim Austausch von Katalysatoren, Ionentauschern, Aktivkohle- oder Filtereinsätzen. Wesentlich sind dabei die kritischen offenen Prozessschritte, das sind jene Prozessschritte, die sich an einer Stelle im Verfahren befinden, ab der im Falle einer Kontamination diese nachfolgend nicht mehr aus dem Prozess entfernt werden kann. Hier müssen dann weitergehende, die räumliche Umgebung betreffende Maßnahmen diskutiert und festgelegt werden, die dazu dienen, den offenen Prozessschritt vor entsprechenden Einwirkungen aus der Umgebung zu schützen.

#### 4.4.2.4.9 Gefahren durch Kreuzkontamination

Kreuzkontaminationen werden üblicherweise erwartet im Falle ungenügender Reinigung einer Anlage, wenn in dieser mehrere unterschiedliche Produkte abwechselnd hergestellt werden. Grundsätzlich gibt es aber auch andere Wege einer Kreuzkontamination, bei der ein Produkt in ein anderes Produkt gelangen kann. Typisch sind z. B. Verbindungen von einer Anlage zur anderen (z. B. über Abluft- oder Abwassersammelleitungen) oder auch die Handhabung bestimmter offener Prozessschritte, die in einer Umgebung ablaufen, in der sich mehrere Anlagen befinden, in denen zeitgleich unterschiedliche Produkte hergestellt werden. Die grundsätzlichen Möglichkeiten der Kreuzkontamination in Bezug auf das konkrete Verfahren und die zugehörige Anlage sollten hier diskutiert und die Ergebnisse festgehalten werden.

#### 4.4.2.4.10 Klassifizierung der Anlage

In Bezug auf die oben bereits diskutierten, verfahrensbedingten Unterschiede in den GMP-Anforderungen hat man mit Blick auf die Anlagen und deren Designanforderungen zusätzlich die Möglichkeit, weitergehende, die Ausführung betreffende Einschränkungen bzw. Klassifizierungen vorzunehmen. So muss man wissen und verstehen, dass GMP nicht grundsätzlich hochglänzende, durchgängig aus hochwertigem Edelstahl hergestellte und auf Hygieneaspekte ausgelegte Anlagen fordert. Lediglich dem Produkt soll nichts Nachteiliges geschehen, durch die Anlage und das Verfahren keine unerwünschte Kontamination verursacht werden. Man hat also die Chance zu unterscheiden, ob bestimmte Anlagenteile normal nach üblichem Chemiestandard ausgeführt werden können, oder ob hohe Ansprüche an Cleaning in Place (CIP) oder Steaming in Place (SIP) verwirklicht werden müssen.

Um eine Einstufung in Bereiche unterschiedlicher Design- und Reinigbarkeitsanforderungen vornehmen zu können, sind jetzt vorwiegend Kenntnisse über die Betriebsweise der Anlage, über mögliche Verunreinigungen und über die Anforderungen an die Produktreinheit, abhängig von der jeweiligen Verfahrensstufe gefordert. Beispielsweise spielt die gute Reinigbarkeit und damit die Anforderung an ein Hygienedesign dann keine besondere Rolle, wenn die Betriebsweise (z. B. dedicated), die chemischen und physikalischen Parameter (z. B. extremer pH-Wert, hohe Temperaturen) und die Produkteigenschaften selbst (keine Zerfalls- oder Nebenprodukte, keine besonderen Spezifikationsanforderungen) keine Risiken einer Kontamination erkennen lassen und man sich sehr weit vorne im Prozess befindet. Umgekehrt sind höchste Anforderungen an die Reinigbarkeit und damit an das Design der Anlage zu stellen, wenn bei wechselnden Produkten in der Anlage hohe Anforderungen an die Produktreinheit gestellt werden und man sich in einem Anlagenabschnitt befindet, der weit am Ende des Herstellungsprozesses liegt. Dabei kann das Reinigungsverfahren selbst, ob automatisch oder manuell durchgeführt, diese Einstufung auch noch beeinflussen, da gerade im Falle der automatischen Reinigung die Designanforderungen sicher deutlich höher zu sehen sind.

Das Ergebnis ist in jedem Fall eine grobe Klassifizierung und Festlegung, welchem Anlagenabschnitt im weiteren Vorgehen besondere Aufmerksamkeit geschenkt werden muss und welchem nicht. Dabei kann diese Entscheidung ganz wesentlich den finanziellen Aufwand beeinflussen, den man zum Beispiel in den Neubau einer Anlage investiert. Für die Darstellung der Ergebnisse reicht es dabei im Allgemeinen aus, wenn man das entsprechende Verfahrensfließbild farblich markiert, ähnlich wie man es von der Klassifizierung von Reinraumbereichen kennt.

Auch hier sei wieder ein Fallbeispiel zum besseren Verständnis genannt. Hat man es beispielsweise mit einem Verfahren zu tun, bei dem im vorderen Teil nach einer rauen chemischen Synthese (d. h. Bedingungen, die zum Beispiel keinerlei Möglichkeiten für das Wachstum oder die Existenz von Mikroorganismen bieten) sich Destillations- und Rektifikationsschritte anschließen, bei denen das Produkt einmal über Kopf und einmal über den Sumpf abgezogen wird, und wird das Endprodukt am Ende des Gesamtprozesses in Lagerbehälter geführt, die abwechselnd mit unterschiedlichen Produkten befüllt werden, so ergeben sich folgende Einstufungsmöglichkeiten: Bis einschließlich der Kolonnen kann die Anlage ohne Weiteres im üblichen Chemiestandard ausgeführt werden, da sowohl lösliche als auch unlösliche Verunreinigungen verfahrensbedingt sicher abgereinigt würden. Die Lagerbehälter jedoch, die am Ende der Kette stehen, müssten hier mindestens CIP-fähig (CIP = Cleaning in Place), d. h. unter Berücksichtigung hoher Designanforderungen ausgeführt werden, da Kreuzkontaminationen bei Produktwechsel zu befürchten sind und es keinen weiteren verfahrenstechnischen Schritt mehr gibt, um solche Verunreinigungen zu entfernen.

Auf diese Unterscheidung beziehungsweise Klassifizierung, insbesondere auf die Möglichkeit, Designanforderungen für einzelne Anlagenkomponenten festzulegen, wird in Abschnitt 4.8.2.2 bei der Besprechung des Lastenhefts noch näher eingegangen.

### 4.4.2.4.11 Weitergehende Anforderungen

Neben den oben genannten, zum Teil sehr ausführlich behandelten Punkten, können im Kapitel „Anlage und Verfahren" sicherlich noch eine ganze Reihe weiterer wichtiger Punkte im Vorfeld besprochen und in der GMP-Einstufung festgehalten werden. Zu nennen wären hier z. B. noch besondere Anforderungen an die Abfülleinrichtung, die sicherlich ein zentrales Element im gesamten GMP-Herstellungsprozess darstellt. So kann man hier bereits sehr frühzeitig, basierend auf den Kenntnissen der Produkt- und Prozessanforderungen diskutieren, welche grundsätzlichen Anforderungen an die Abfüllung und deren Umgebung zu stellen sind. Auch das Thema „Kennzeichnung der Anlage" könnte bereits hier als ein wesentlicher Kernpunkt von GMP-Forderungen angesprochen werden. Fragen wie: Was wird gekennzeichnet?" und „Wie wird gekennzeichnet?" sind oftmals nicht trivial und spontan zu beantworten. Automatisierungsgrad, Wartung und Betriebslabor sind sicher ebenfalls noch Themen, die man bei Bedarf und abhängig vom jeweiligen Prozess in der GMP-Einstufung behandeln könnte. Hier sei aber abschließend noch einmal darauf hingewiesen, dass die GMP-Einstufung eine grundsätzlich sehr frühe und sehr grobe Betrachtung darstellt und die einzelnen Punkte daher entsprechend kurz und knapp besprochen werden sollten und lediglich die wichtigen und kritischen Punkte hervorzuheben sind, um insbesondere bei der späteren Ausarbeitung des betrieblichen Lastenhefts den unterschiedlichen Anforderungen gerecht werden zu können.

#### 4.4.2.5 Gebäude und Räumlichkeiten

Nach der Diskussion von Anforderungen an Anlage und Verfahren, steht im Rahmen der GMP-Einstufung nun die Diskussion von GMP-spezifischen Anforderungen an Gebäude und Räumlichkeiten im Vordergrund. Kann die Anlage nicht den ausreichenden Produktschutz gewährleisten, so muss dies durch eine entsprechende Gestaltung der Umgebung, d. h. durch Gebäude und Räumlichkeiten des Wirkstoffherstellers gewährleistet werden. Welche Anforderungen tatsächlich bestehen und worauf im Einzelnen bei der weiteren Bearbeitung geachtet werden muss, wird jetzt geklärt. Folgende Themenschwerpunkte sollten hier mindestens behandelt bzw. angesprochen werden:

##### 4.4.2.5.1 Offene oder geschlossene Bauweise

Zunächst ist hier die Frage zu erörtern, ob und welche Verfahrensschritte in offener Umgebung, d. h. im Freien ablaufen und welche innerhalb eines Gebäudes. Gerade bei Wirkstoffanlagen ist die Betriebsweise in offener Umgebung nicht selten, was aus GMP-Gesichtspunkten durchaus erlaubt ist, sofern die Anlage geschlossen betrieben wird und daher der Schutz des Produkts durch das primäre Containment (Einhausung) gegeben ist. Wie in Abschnitt 4.4.2.4 „Anlage und Verfahren" angesprochen, sollten dabei aber jene Schritte nicht außer Acht gelassen werden, bei denen die Anlage regelmäßig, z. B. zum Austausch eines Katalysators geöffnet werden muss. Diese Schritte können nicht als geschlossen betrachtet werden und sollten daher im Schutze eines Gebäudes, d. h. unter kontrollierbaren Bedingungen ablaufen. Gleiches gilt für all jene Prozessschritte, bei denen routinemäßig Medien nicht geschlossen eingefüllt bzw. ausgetragen werden. Ein Betrieb im Freien ist grundsätzlich auch dann gegeben, die Bedingungen also nicht kontrollierbar, wenn die Anlage in einem Gebäude steht, welches zur freien Umgebung hin nicht abgeschlossen ist (z. B. keine Fenster oder fehlende Seitenwände). Als Ergebnis sollten zum Beispiel in einem Block- oder Verfahrensfließbild die Freibereiche skizziert werden.

##### 4.4.2.5.2 Klassifizierung und Hygienezonen

Neben der grundsätzlichen Raumbedarfsplanung und der Zuordnung von Funktionen zu den Arbeitsbereichen spielt bei Gebäuden und Räumlichkeiten aus GMP-Sicht die Aufteilung in sogenannte Hygienezonen oder Reinheitsklassen eine wesentliche Rolle. Dabei ist eine Hygienezone nicht von vornherein gleichzusetzen mit irgendwelchen Reinräumen oder besonders reinen Zonen. Es geht hier lediglich darum, den gesamten Herstellungsbereich einschließlich der Freibereiche in Bereiche unterschiedlicher Reinheits-(Hygiene-)anforderungen zu unterteilen, die technischen Voraussetzungen hierfür zu schaffen und die Anforderungen detailliert in einem entsprechenden Plan – dem Hygienemasterplan – zu fixieren. In diesem Abschnitt sollte daher schon sehr früh geklärt werden, in welcher Umgebung die einzelnen Prozessschritte später ablaufen werden. Es reicht in diesem frühen Stadium meist aus, eine erste rein qualitative Klassifizierung zu machen, d. h. keine mittleren oder hohen Reinheitsanforderungen für die einzelnen Bereiche festzulegen. Die detaillierte Ausarbeitung erfolgt dann ohnehin im Lastenheft und in den weitergehenden Raumbüchern. Grundlage für die Diskussion und Dokumentation bilden üblicherweise Grundriss- oder Aufstellungspläne in unterschiedlicher Detailtiefe. Zumeist existieren zu diesem sehr frühen Zeitpunkt nur sehr einfache Zeichnungsentwürfe, die aber für eine erste Festlegung vollkommen genügen.

#### 4.4.2.5.3 Material- und Personalfluss

Während es bei den Herstellern von Pharmaendprodukten gang und gäbe ist, sich über die einzelnen Wege des Personals und Materials eingehend Gedanken zu machen und diese anhand konkreter Pläne zu diskutieren, wird dieser Punkt im Wirkstoffbereich nur allzu oft vergessen bzw. zumindest nicht hoch gehandelt. Der Grund wird sehr schnell klar, wenn man sich die Unterschiede von Wirkstoff- und Pharmaendprodukthersteller vor Augen hält. Bei Wirkstoffherstellern erfolgt ein großer Teil des Material-(Stoff-)transports überwiegend über Rohrleitungen; die Anlagen selbst befinden sich oft in weniger anspruchsvollen Umgebungen, in denen sich die Mitarbeiter in ihrer tagesüblichen Schutzkleidung bewegen. Auf der Seite der Pharmaendprodukthersteller dagegen werden viele Substanzen in kleineren Mengen in fahrbaren Gebinden hin- und herbewegt, meist zwischen entsprechend hochklassifizierten Reinräumen, bei deren Wechsel sich die Mitarbeiter ständig umkleiden müssen. Es ist also angebracht, speziell hier auf eine gewisse Logistik zu achten, nicht nur aus Gründen der Effizienz, sondern auch um Verwechslungen zum Beispiel zwischen bereits gereinigten und noch ungereinigten Transportgebinden ebenso zu vermeiden wie ungewollte Kontaminationen durch den Wechsel zwischen den verschiedenen Reinräumen.

Aber auch auf der Wirkstoffseite spielt die Logistik eine Rolle. Auch hier gibt es abhängig vom Verfahren durchaus einzelne Schritte, bei denen Gebinde in unterschiedlichem Zustand, d. h. gereinigt oder nicht gereinigt, hin- und herbewegt werden. Und es gibt Bereiche, zum Beispiel die Produktabfüllung, an die durchaus reinraumähnliche Anforderungen gestellt werden können und wo Mitarbeiter sich entsprechend umkleiden und einer entsprechenden Logistik folgen müssen. Es macht daher absolut Sinn, an dieser Stelle zu analysieren, ob und wo Material- und Personalfluss eine Rolle spielt und später bei der Erstellung des Lastenhefts entsprechend ausgearbeitet und dokumentiert werden muss. Als ein Ergebnis kann hier vorweggenommen werden, dass es überwiegend der Bereich der Endproduktabfüllung sein wird, über den man sich hier eingehender Gedanken machen muss.

#### 4.4.2.5.4 Nebeneinrichtungen

Hier spielen Themen wie Anzahl und Anordnung von Büro-, Sozial- und Sanitäreinrichtungen, aber auch das Betriebslabor eine Rolle. Dabei steht hauptsächlich die Diskussion im Vordergrund, diese Bereiche so anzuordnen, dass es keine negative Beeinflussung der Produktionsabläufe gibt, umgekehrt aber alle notwendigen Einrichtungen in ausreichender Anzahl und Ausführung bereitzuhalten, um später die notwendigen Hygienemaßnahmen umsetzen zu können (z. B. ausreichende Anzahl Waschbecken an den erforderlichen Stellen im Betrieb). Im Rahmen der GMP-Einstufung macht es sicher keinen Sinn, hier schon über Details in der Ausführung zu sprechen. Vielmehr sollte an dieser Stelle nur abgeklärt werden, welche Nebeneinrichtungen benötigt werden und wo ggf. aufgrund vorgegebener Randbedingungen mit Schwierigkeiten zu rechnen ist. Eine häufig vergessene und deutlich unterschätzte Nebeneinrichtung in einem GMP-Wirkstoffbetrieb ist das Archiv, in dem später alle qualitätsrelevanten Unterlagen aufzubewahren sind.

#### 4.4.2.6 Dokumentation

GMP ist geprägt durch Papier und Dokumente jeglicher Art. Ein GMP-Betrieb muss grundsätzlich über jeden Vorgang und jeden Ablauf Aufzeichnungen machen und jeden Prozess und jede Aktion ausführlich in Anweisungen beschreiben. Neben einer gut gepflegten Technischen Dokumentation tauchen zusätzlich jede Menge Qualifizierungs- und Validierungsunterlagen auf. Darüber hinaus existieren gerade in einem chemischen Wirkstoffbetrieb oft weitergehende die Betriebssicherheit, den Umwelt- oder Explosionsschutz betreffende Dokumente. Auch Schulungsunterlagen, bereits existierende Betriebsanweisungen oder gar fest etablierte Qualitätsmanagementsysteme mit den zugehörigen Dokumenten und Handbüchern findet man vor.

Im Rahmen der abgewickelten Projekte hat es sich stets als sinnvoll erwiesen, bereits im Rahmen der GMP-Einstufung – also schon sehr früh – anzusprechen und abzuklären, wie das Gesamtdokumentationssystem später gehandhabt werden soll. Hier sind z. B. folgende Fragen zu beantworten:
– ob das GMP-System in ein bestehendes QM-System integriert oder separat davon geführt werden soll,
– ob Qualifizierungs- und Validierungsunterlagen zentral oder auf die verschiedenen Facheinheiten aufgeteilt verwaltet werden und
– wer generell für die Verwaltung und Pflege der Dokumente zuständig sein wird.

Dabei sind die Antworten oft gar nicht so einfach zu finden, wie man vielleicht auf Anhieb glauben mag. So gibt es sicher gute und einsichtige Gründe dafür, die gesamte Dokumentation – also auch QM und GMP – gemeinsam und integriert zu führen, wofür ja heute sehr oft geworben wird. Hat man es aber zum Beispiel mit einem Mischbetrieb zu tun, d. h. einem Betrieb, der nur teilweise nach GMP arbeitet, gibt es auch gute Gründe, die Systeme getrennt zu halten – um nämlich zu vermeiden, dass bei Kundenaudits auch für Nicht-GMP-Anlagen auf einmal GMP-Anforderungen zugrunde gelegt werden.

#### 4.4.2.7 Validierung

Mit der Identifizierung und Festlegung des GMP-Startpunkts ist prinzipiell auch festgelegt, welche Teile der Gesamtanlage der Qualifizierung und welche Verfahrensschritte prinzipiell der Validierung unterliegen. Dennoch kann es gerade die Validierung betreffend noch weitergehende Differenzierungen geben. So können manche Anlagen ausschließlich dazu verwendet werden Klinikware herzustellen, d. h. erste kleinere Produktmengen, die für Versuchszwecke in klinischen Studien zur Anwendung am Mensch oder Tier benötigt werden. Hier war bis vor nicht allzu langer Zeit eine Validierung der Herstellverfahren nicht oder nur eingeschränkt gefordert, da oft schon eine Charge zur Abdeckung des Bedarfs ausreicht, für Validierungszwecke aber mehr Chargen benötigt würden. Bereits in einer der letzten Revisionen der Pharmabetriebsverordnung und auch in der neuen AMWHV [94] wird heute die Validierung auch für solche Produkte erwartet, jedoch wird sie in Bezug auf die Wiederholungsrate immer nur begrenzt durchführbar sein. Es gibt auch viele Fälle, in denen in einer Anlage gar nicht der endgültige Wirkstoff, sondern lediglich eine kritische Vorstufe hergestellt wird, der Kunde die Einhaltung von GMP als zusätzliche Qualitätssicherungsmaßnahme fordert, die Validierung aber nicht unbedingt als zwingenden Bestandteil ansieht, da er das gleiche Produkt auch aus anderen Quellen beziehen könnte – es sich also um ein typisches Pivotal-Intermediate im ursprünglichen Sinne der FDA handelt.

Welcher Fall letztendlich auch zugrunde liegt, es sollte hier im Rahmen dieser frühen Einstufung abgeklärt werden, ob und in welchem Umfang die Verfahrensvalidierung eine Rolle spielt. Ebenso macht es Sinn, an dieser Stelle über die Notwendigkeit von Reinigungsvalidierungen, die Notwendigkeit der Validierung analytischer Methoden ebenso wie über die Notwendigkeit der Validierung computerisierter Systeme zu sprechen. Gerade letzteres Thema hat eine nicht unerhebliche Auswirkung auf den Umfang des Gesamtprojekts und nicht selten ist es vorgekommen, dass aufgrund solcher Anforderungen, die den Kostenaufwand in die Höhe getrieben hätten, der Betreiber auf Alternativen ausgewichen ist, die es möglich machten, auf eine Computervalidierung zu verzichten.

Auch hier gilt, dass im Rahmen der GMP-Einstufung lediglich grob die Anforderungen und die generelle Notwendigkeit abgeklärt werden. Den Umfang und die Ausführung betreffende Details werden dann zu einem späteren Zeitpunkt festgelegt.

#### 4.4.2.8 Weitere Vorgehensweise

Wie eingangs erwähnt und auch in den einzelnen Sektionen mehrfach hervorgehoben, dient die GMP-Einstufung im Wesentlichen der Feststellung und auch Festlegung weitergehender, konkreter Anforderungen aus Sicht von GMP – abhängig vom Produkt, Verfahren und Einsatzgebiet. Es sollte am Ende dieser Studie für alle Beteiligten offensichtlich sein, ob das betreffende Produkt GMP-Anforderungen unterliegt oder nicht. Es sollten der Startpunkt im Verfahren, der Umfang und die wesentlichen zentralen Anforderungen, die an Gebäude, Räume und Anlage gestellt werden, geklärt und ebenso Notwendigkeit und Umfang der

Validierungsmaßnahmen erkennbar sein. Die für die Produktqualität zu erwartenden Hauptrisiken sind zumindest qualitativ ausgedeutet und bewertet.

Mit diesem Wissen ist es nun möglich, abhängig vom inhaltlichen Ergebnis die weiteren erforderlichen Aktionen festzulegen und zu initiieren. Dies sollte in diesem Kapitel beschrieben werden. Mögliche weitergehende Aktionen können – abhängig davon, ob es sich um eine bestehende Altanlage oder eine geplante Neuanlage handelt – im Einzelnen sein:
– offizielle Benennung des Validierungsteams,
– Durchführung einer Soll-/Ist-Analyse bei bestehender Anlage,
– Erstellung eines Lastenhefts bei einer neu geplanten Anlage,
– Durchführung von Risikoanalysen,
– Erstellung eines Validierungskonzepts etc.

Prinzipiell handelt es sich bei den nun folgenden Aktionen und Schritten um die in Abb. 4.1 dargestellten Schritte.

### 4.4.3
**Abschließende Bemerkung**

An dieser Stelle sei noch einmal ausdrücklich darauf hingewiesen, dass es für die Erstellung einer solchen GMP-Einstufung keine rechtlichen Anforderungen gibt, d. h. aus Sicht von GMP nicht zwingend die Notwendigkeit besteht, ein solches Dokument zu erstellen. Jedoch werden viele Themen in dem Dokument behandelt, die entsprechend den geltenden GMP-Regelwerken zwingend thematisiert und auch dokumentiert sein müssen. Die Festlegung des Startpunkts der GMP-Betrachtungen sei nur als ein Beispiel genannt. Für die Dokumentation dieser Festlegung ist ein solches Dokument bestens geeignet.

Die Erfahrung über viele Projekte hinweg hat ferner gezeigt, dass sich alle an einem solchen Projekt Beteiligten in der weitergehenden Abarbeitung der sich anschließenden Aufgabenpakete wesentlich leichter getan haben, da viele grundlegenden Fragen schon früh geklärt waren und sich jeder über die Hintergründe und Notwendigkeit der gemeinsam festgelegten Aktionen im Klaren war. Die Einsparpotenziale, die sich aufgrund einer doch sehr zielgerichteten Vorgehensweise ergeben, sollten ebenfalls nicht außer Acht gelassen werden, insbesondere da hier doch bereits wesentliche Festlegungen hinsichtlich des weiteren Arbeitsumfangs erfolgen. Und auch die Argumentationssicherheit, die ein solches Dokument gerade im Umgang mit Kunden- und Behördenaudits gibt, darf nicht unerwähnt bleiben. So hat bei allen Projekten, bei denen dieses Konzept umgesetzt wurde, dieses Dokument den Auditoren u. a. immer sehr eindrucksvoll dargelegt, dass man sich schon sehr früh und sehr intensiv mit den Grundanforderungen und Basisrisiken hinsichtlich Produkt und Prozess vertraut gemacht hat. Natürlich bleibt es letztendlich jedem Einzelnen selbst überlassen, inwieweit er einem solchen Konzept folgt und es für ihn geeignet erscheint bzw. in welch modifizierter Form er es letztendlich umsetzt. Ungeachtet dessen bleibt es ihm jedoch nicht erspart, die in dem Dokument aufgeworfenen Fragen zu beantworten.

Mit Blick auf die formale Handhabung bleibt noch zu erwähnen, dass es durchaus Sinn macht, dieses Dokument in den Status eines offiziellen GMP-Dokuments zu erheben, indem man es mit einem entsprechenden Deckblatt versieht, welches die für eine offizielle Freigabe notwendigen Unterschriftenfelder enthält (s. Anlage 1 „Muster GMP-Einstufung"). Dabei ist es vorteilhaft, wenn die offizielle Freigabe wie bei allen GMP-relevanten Dokumenten durch die Qualitätseinheit erfolgt. Das Dokument sollte zwingend mit einer Versionsnummer versehen und dem Änderungsdienst unterworfen sein. Aufgrund seiner für Produkt und Herstellungsprozess zentralen Bedeutung wird empfohlen, dieses Dokument über den gesamten Lebenszyklus eines Produkts oder einer Produktgruppe hinweg als gepflegtes, d. h. ständig den sich ergebenden Veränderungen angepasstes Dokument zu führen. Die Ablage erfolgt nach dem hier beschriebenen Konzept sinnvollerweise im Validierungsmasterordner, welcher in Abschnitt 4.6 „Der Validierungsmasterplan" im Detail beschrieben wird.

## 4.5
## Das Validierungsteam

Hat die GMP-Studie ergeben, dass bei einem Projekt (Neu-, Umbau oder bestehende Anlage) GMP-Aspekte einschließlich Validierung berücksichtigt werden müssen, so stehen die nächsten Aktionen entsprechend dem Ablaufdiagramm (Abb. 4.1) an: die Festlegung der Validierungsverantwortlichen (Projektleiter) und die Bildung des Validierungsteams.

### 4.5.1
### Validierungsverantwortlicher

Verantwortlich für die Durchführung und vollständige Umsetzung von Qualifizierungs- und Validierungsmaßnahmen einschließlich übergeordneter GMP-Aspekte, ist nach den GMP-Regelwerken der Herstellungsleiter (synonym auch Betriebsleiter oder Produktverantwortlicher). Dieser initiiert im Allgemeinen das Projekt, benennt die Teilnehmer des Validierungsteams und stellt in seiner Verantwortung sicher, dass alle notwendigen Qualifizierungs- und Validierungsaktivitäten vollständig und richtig durchgeführt werden. Insbesondere hat er sicherzustellen, dass ausreichend personelle und finanzielle Ressourcen zur Abwicklung des Projekts gegeben sind. Er kann einzelne Aufgaben delegieren, nie aber seine unter GMP festgelegten Verantwortungen.

Speziell bei Projekten im Zusammenhang mit der Validierung analytischer Verfahren (Qualitätskontrolllabor) kann der Validierungsverantwortliche auch der entsprechende Qualitätskontroll- bzw. Laborleiter sein, wenn dies die einzig anstehenden Aktivitäten sind.

### 4.5.2
**Validierungsteam**

Streng genommen müsste man eigentlich von einem GMP-Team reden, da die Aufgaben sich, wie oben angedeutet, nicht nur allein auf Validierungsaktivitäten, sondern auch auf spätere betriebliche Belange im Zusammenhang mit GMP beziehen. Zugegeben, die Qualifizierungs- und Validierungsaufgaben machen bei einem solchen Projekt sicherlich den größten Anteil aus, weshalb sich hier eben der Ausdruck Validierungsteam dauerhaft eingebürgert hat. Entsprechend den Vorgaben aus den Regelwerken, aber auch basierend auf der Erfahrung in der Praxis sollte sich das Team mindestens zusammensetzen aus Vertretern der Herstellung, der Qualitätseinheit, der Qualitätskontrolle (Labor), der Technik, der Verfahrensentwicklung, der IT-Betreuung, des Marketings etc. Dabei ist es nicht zwingend erforderlich, dass sich alle Vertreter bei jeder Projektsitzung zusammenfinden.

Das Team kann abhängig von den jeweils anstehenden Aufgaben völlig unterschiedlich zusammengesetzt sein. Wichtig ist, dass die Funktionen und Aufgaben eindeutig geregelt und die wichtigsten Facheinheiten vertreten sind. Gerade die Marketingabteilung, die nicht selten vergessen wird, hat hier eine nicht unerhebliche Bedeutung, steht sie doch an der Schnittstelle zum Kunden und ist häufig für die Vereinbarung bzw. Zusage von Spezifikationen und anderen Qualitätsanforderungen verantwortlich. In Bezug auf die anstehenden Aufgaben stimmt das Validierungsteam die Inhalte, insbesondere Vorgehensweisen und Akzeptanzkriterien der jeweiligen Qualifizierungs- und Validierungspläne ab. Im Validierungsteam werden dann die einzelnen Aufgaben verteilt, Prioritäten festgelegt und am Ende der durchgeführten Aktivitäten die Ergebnisse besprochen und bewertet (s. auch Abb. 3.4).

### 4.5.3
**Validierungskoordinator**

Bei sehr umfangreichen Projekten ist es sinnvoll und empfehlenswert, einen sogenannten Validierungskoordinator (Teilprojektleiter) zur Lenkung der verschiedenen anstehenden Aktivitäten einzusetzen. Seine Aufgaben umfassen schwerpunktmäßig die
- Vorbereitung und Ausrichtung von Validierungsteamsitzungen,
- Zusammenfassung von Besprechungsergebnissen,
- Koordination der Erstellung der Qualifizierungs- und Validierungspläne und -berichte,
- Terminverfolgung sowie die Lenkung aller relevanten Dokumente, insbesondere Rohdaten und Aufzeichnungen.

Darüber hinaus erstellt er sehr häufig die abschließenden und zusammenfassenden Gesamtberichte und kümmert sich um die Abschlussdokumentation. Dies schließt seine operative Mitwirkung in einzelnen Teilprojekten nicht aus. Ist das Projekt nur von kleinem Umfang, so übernimmt diese Aufgaben der jeweilige Validierungsverantwortliche.

## 4.5.4
**Allgemeine Aspekte**

Wie zu Beginn besprochen ist bei Neu- und Umbauprojekten die Validierung wie ein eigenes Projekt zu betrachten. Dem Projektmanagement und damit der Projektteambildung kommt gerade bei der Forderung nach einem streng formalen und systematischen Vorgehen eine wichtige Bedeutung zu. Nicht selten trifft man jedoch Projekte an, bei denen es zwar ein Projektteam gibt, die eigentlichen GMP-Verantwortlichen (Herstellungsleiter und Qualitätseinheit) aber nicht am Tisch sitzen. Die Probleme, die sich daraus letztendlich ergeben, sind augenscheinlich: Die wesentlichen Dokumente müssen im Nachhinein von den Verantwortlichen akzeptiert und unterschrieben werden, was nicht in Einklang mit den Anforderungen aus den GMP-Regelwerken steht und auch dem Projektablauf selbst nicht besonders dienlich ist.

Ein anderes durchaus unterschätztes Problem besteht darin, dass es mit Start eines Validierungsprojekts oft heftige Diskussionen darüber gibt, was nun als erster Schritt zu tun sei: die formale Gründung des entsprechenden Validierungsteams oder aber die Erstellung der Verfahrensanweisung zur Beschreibung des Validierungskonzepts. Dieses Problem entspricht der Fragestellung: „Was war zuerst da, Ei oder Henne?" Ein Validierungsteam kann ohne eine entsprechende Verfahrensanweisung formal nicht benannt werden, umgekehrt muss die Verfahrensanweisung im Validierungsteam abgestimmt werden. Hier ist sicherlich ein gewisser Pragmatismus angesagt und es macht auch Sinn, dass man zunächst das für die Arbeit erforderliche Team einberuft und dann die Verfahrensanweisungen erstellt, im Team abspricht und die formale Benennung des Teams bzw. die formale Freigabe der Verfahrensanweisung in etwa zeitgleich durchführt.

Schließlich sei noch auf eine Kleinigkeit hingewiesen, die prinzipiell zum Schmunzeln anregt. Sehr häufig liest man in GMP-relevanten, insbesondere die Validierung betreffenden Dokumenten, dass das Validierungsteam Dokumente erstellt oder Berichte schreibt. Dass ein gesamtes Team ein Dokument erstellt, ist von Natur aus nicht möglich und wenn es auch nur eine Feinheit sein sollte, so ist es doch wichtig sich zu überlegen, wer tatsächlich eine bestimmte Aktion ausführt. So kann es richtig nur heißen, dass das Validierungsteam eine verantwortliche Person zu Erstellung entsprechender Dokumente oder Berichte ausdeutet. Andernfalls würde nur der Blick in die Runde bleiben.

Abschließend noch eine Bemerkung zur Qualifikation des Validierungskoordinators. Während ein Validierungsverantwortlicher grundsätzlich vom herstellenden Betrieb sein muss – ebenso wie die einzelnen Fachvertreter aus den Facheinheiten stammen müssen, kann ein Validierungskoordinator durchaus eine extern beauftragte Person sein. Wichtig ist, dass es sich in diesem Fall um eine erfahrene und qualifizierte Person handelt, die ausreichend Kenntnisse im Bereich GMP, Validierung aber auch im Bereich Projektmanagement mitbringt. Die Anforderungen, die an eine solche Person gestellt werden sind im Allgemeinen sehr hoch. Die Qualifikation des Validierungskoordinators sollte, wie dies auch für GMP-Berater gefordert wird, über entsprechende Nachweise belegt sein.

## 4.6
### Der Validierungsmasterplan

#### 4.6.1
#### Grundlegende Forderungen

Mit der Festlegung des Projekt- bzw. Validierungsteams kann die eigentliche Arbeit aufgenommen werden. Jedes Validierungsprojekt, ungeachtet seiner Größe, beginnt heute mit der Erstellung eines Validierungsmasterplans. Wie in Abschnitt 3.3 bereits beschrieben, handelt es sich hierbei um eine gesetzliche und in den GMP-Regelwerken fest verankerte Forderung. Der Validierungsmasterplan ist ein projektspezifisches, übergeordnetes und strategisches Dokument, welches neben den Verantwortlichkeiten auch Angaben zum Projektumfang und der Art und Weise der Abwicklung, d. h. Informationen zum generellen Vorgehen enthält. Es ist eines jener Dokumente, die gerade bei Audits eine zentrale Rolle spielen und dementsprechend ausgerichtet sein sollten. Für Inspektoren ist es häufig der Einstieg in das Audit selbst und die Grundlage zum besseren Verständnis von Anlage und Verfahren. Insbesondere wird der jeweilige Inspektor in das firmen- und/oder einheitsspezifische Qualifizierungs- und Validierungskonzept eingeführt. Dem Management soll es die Notwendigkeit und den Inhalt des Validierungsprogramms verdeutlichen und aufzeigen, welche Ressourcen (Zeit, Personal, Geld) benötigt werden. Den Mitgliedern des Validierungsteams soll der Validierungsmasterplan die einzelnen Aufgaben und Verantwortlichkeiten schriftlich und verbindlich darlegen.

Am ausführlichsten beschrieben werden die Anforderungen an einen solchen Validierungsmasterplan derzeit in dem PIC/S-Dokument PI 006 [95]. Dort heißt es unter anderem: *„... der Validierungsmasterplan sollte ein Übersichtsdokument sein und daher kurz, präzise und eindeutig. Er sollte keine Informationen wiederholen, die an anderer Stelle bereits dokumentiert sind, er sollte aber auf solche existierende Dokumente verweisen, wie z. B. Richtliniendokumente, Verfahrensanweisungen und Validierungsprotokolle bzw. -berichte."*

Diese Aussage ist sehr wichtig, bietet sie doch die Möglichkeit, hier unnötige Arbeit zu vermeiden und auf die in den Betrieben üblicherweise vielfach vorhandenen Informationen zurückzugreifen. Leider wird nur allzu wenig Gebrauch von dieser Möglichkeit gemacht und allzu oft entstehen gerade an dieser Stelle sehr dicke und umfangreiche und damit oft auch sehr teure Dokumente.

In Bezug auf den Inhalt fordert das PIC/S-Dokument Informationen über:
- Ziel und Zweck des jeweiligen Validierungsprojekts einschließlich Angaben zur allgemeinen firmenübergreifenden Validierungspolitik im Rahmen einer kurzen Einleitung,
- übergeordnete Verantwortlichkeiten (z. B. für den Validierungsmasterplan, für Validierungsarbeiten generell, für Schulungen etc.),
- Anlage, Verfahren und Produkte einschließlich einer Begründung für die Festlegung des Validierungsumfangs und die Auswahl bzw. den Ausschluss bestimmter Validierungsaktionen (GMP-Startpunkt und Risikoanalyse),

- spezifische Prozessanforderungen, die Einfluss auf die Ausbeute oder die Qualität des Produkts haben könnten und als kritisch zu betrachten sind,
- die zu validierenden Produkte, Prozesse und Systeme,
- Schlüsselakzeptanzkriterien, die übergeordnet festzulegen sind (z. B. mindestens dreifache Durchführung von Verfahrensvalidierungen),
- Dokumentenformate, welche für Qualifizierungs- und Validierungsdokumente verwendet werden sollen,
- mitgeltende Unterlagen,
- Zeit- und Ressourcenplanung und
- Änderungskontrollverfahren, die im Rahmen des Projekts Anwendung finden (Change Control).

Eine vergleichbare Auflistung findet man in dem von der ZLG herausgegebenen Aide-Mémoire zum Thema „Qualifizierung und Validierung" [96]. Lediglich die Reihenfolge der Punkte unterscheidet sich gegenüber dem PIC/S-Dokument.

Masterpläne sind nicht neu, man kennt sie grundsätzlich auch aus anderen Bereichen wie z. B. aus dem Bauwesen oder der Ingenieurtechnik. So macht der Architekt seine Masterplanung für ein neu zu errichtendes Gebäude, der Ingenieur fasst seine ersten Entwürfe und Studien in einem entsprechenden Dokument zusammen. Auch im GMP-Bereich selbst gibt es außer dem Validierungsmasterplan mindestens noch den Hygienemasterplan und den sogenannten Site-Masterplan, in dem das Hygienekonzept und die Hygienezonierung bzw. Anlage und Umgebung grundsätzlich und übergeordnet beschrieben werden. Der Vorteil dieser Masterdokumente liegt eindeutig in der zusammenfassenden, komprimierten und übersichtlichen Darstellung wesentlicher Projektinhalte. Der Nachteil liegt in dem mit der Erstellung verbundenen Aufwand und ggf. in der Pflege des entsprechenden Dokuments, insbesondere wenn diese Informationen an mehreren Stellen gepflegt werden müssen. Es muss jedes Mal der gesamte Validierungsmasterplan geändert werden.

Um speziell dem letztgenannten Nachteil zu entgehen und auch den Empfehlungen des PIC/S-Dokuments zu folgen, hat es sich in der Vergangenheit bewährt, im Zusammenhang mit solchen Validierungsprojekten nicht ein einziges Masterdokument, sondern einen Validierungsmasterordner zu erstellen, bei dem als wesentlicher Vorteil die Informationen in einzelne Unterkapitel einsortiert und damit individuell zu pflegen sind. Ferner können anderweitig bereits vorhandene Dokumente und Informationen als Kopie in die entsprechenden Kapitel einsortiert werden. Auf den Aufbau und den Inhalt des Validierungsmasterordners wird im Folgenden näher eingegangen.

### 4.6.2
**Der Validierungsmasterordner**

#### 4.6.2.1 Aufbau und Inhalt

Grundsätzlich handelt es sich bei dem Konzept des Validierungsmasterordners wieder nur um eine denkbar mögliche, individuelle Lösung, die sich aus der Erfahrung ergeben und im praktischen Alltag bewährt hat. Es gibt aus GMP-Sicht keine zwingende Verpflichtung, dies tatsächlich so umzusetzen. Es müssen allein die aus den GMP-Regeln vorgegebenen Inhalte abgedeckt sein, egal ob dies im Rahmen eines einzelnen Dokuments oder in Form des nachfolgend beschriebenen Ordners erfolgt.

Inhaltlich wurden die Kapitel zum einen ausgerichtet an den Forderungen der Regelwerke, zum anderen am üblichen Ablauf eines Projekts, d. h. an der Reihenfolge der Entstehung der Dokumente. Typische Inhalte eines Validierungsmasterordners sind:
– Dokumentenhierarchie (Übersicht Validierungsdokumentation),
– Validierungspolitik,
– Validierungskonzept,
– Validierungsmasterplan,
– GMP-Einstufung,
– Prozess- und Anlagenbeschreibung,
– Ergebnisse Risikoanalysen,
– Projektplan Qualifizierung/Validierung,
– Liste kritischer Mess- und Probenahmeeinrichtungen,
– Terminpläne,
– Change-Control-Anträge,
– Anhänge.

### 4.6.2.1.1 Übersicht Validierungsdokumentation

In diesem Kapitel wird sinnvollerweise der Aufbau und die Struktur der gesamten Validierungsdokumentation übersichtlich in einer Präsentationsfolie dargestellt. Sinn und Zweck ist es, dem fremden Leser – insbesondere den Inspektoren – auf Anhieb einen Überblick zu geben, damit diese sich in den nachfolgenden Dokumenten schnell und zielsicher zurechtfinden. Diese Folie bildet zugleich den Einstieg beim Kunden- oder Behördenaudit im Rahmen einer Einführungspräsentation. Es macht Sinn, dieses Dokument auch tatsächlich als Folie im Ordner vorliegen zu haben.

### 4.6.2.1.2 Validierungspolitik

Bei größeren Unternehmen werden hier diejenigen Dokumente direkt oder als autorisierte Kopie abgelegt, die das firmenübergreifende Grundverständnis zum Thema „Validierung" wiedergeben. Diese Dokumente – zumeist Richtlinien oder sogenannte Firmen Policies – behandeln das Thema „Qualifizierung und Validierung" ganz allgemein und bereichsübergreifend. Sie geben die Minimalanforderungen vor, erklären die wichtigsten Begriffe und dienen als Leitfaden und Orientierungshilfe für die einzelnen Betriebe oder Abteilungen, die mit der Validierung zu tun haben. Sie beschreiben überwiegend „was" beachtet werden muss, nicht aber „wie" die individuelle Umsetzung zu erfolgen hat. Vielmehr muss dies von den jeweiligen Betrieben oder Abteilungen selbst festgelegt und in entsprechenden Verfahrensanweisungen definiert werden. Nur manchmal kann es sein, dass in diesen übergeordneten Richtlinien auch konkrete Umsetzungsforderungen vorgegeben werden, nämlich immer dann, wenn dadurch eine einheitliche Umsetzung von GMP-Anforderungen erreicht wird (z. B. einheitlicher Standard bei der Ausführung von Räumlichkeiten für die Produktabfüllung/Reinraum-Anforderungen).

Zum Thema „Validierungspolitik" gehört zwingend auch ein allgemeines Statement des oberen Managements, in dem dieses noch einmal betont die Wichtigkeit der Validierung erkannt zu haben und die Bereitschaft zeigt, notwendige Ressourcen grundsätzlich zur Verfügung zu stellen. Dieses Statement kann entweder in einer der hier vorliegenden Verfahrensanweisungen enthalten sein oder aber als eigenständiges Dokumente erstellt und abgelegt werden.

#### 4.6.2.1.3 Validierungskonzept (SOPs)

Dieses Kapitel kann bis zu 12 oder mehr relevante Verfahrensanweisungen (engl.: SOP = Standard Operating Procedure) enthalten, in denen die Betriebe und Abteilungen verbindlich und detailliert die Vorgehensweise bei der Validierung festlegen. Abhängig vom Thema und der individuellen Firmenstruktur können dabei einzelne Verfahrensanweisungen durchaus auch für mehrere Betriebe und Abteilungen gelten. Auf die Titel dieser Verfahrensanweisungen wurde bereits in Abschnitt 4.2 näher eingegangen.

Typische validierungsspezifische Themen sind z. B.:
– Ablauf eines Validierungsprojekts,
– Durchführung einer Risikoanalyse,
– Qualifizierung technischer Einrichtungen,
– Kalibrierung qualitätskritischer Messeinrichtungen,
– Validierung von Herstellungsverfahren,
– Validierung von Reinigungsverfahren,
– Validierung von Analysenmethoden,
– Validierung computerisierter Systeme und
– Änderungsüberwachung (Change Control).

Ob die verschiedenen Themen in einer oder mehreren SOPs beschrieben werden, hängt ganz von den individuellen Bedürfnissen ab. Grundsätzlich macht es Sinn, diese Verfahrensanweisungen in ihrer aktuellen Version in das Gesamtsystem für Verfahrensanweisungen des Betriebs einzubinden und zu pflegen und im Validierungsmasterordner lediglich die autorisierten Kopien abzuheften. Dies wäre ein typisches Beispiel dafür, wie man auf eventuell schon vorhandene Dokumente entsprechend den Empfehlungen des PIC/S-Regelwerks verweisen könnte. Grundsätzlich wäre auch denkbar, lediglich die Titel aufzulisten und auf den Ablageort der Original-SOPs hinzuweisen. Mit Blick auf eine einfache und gute Lesbarkeit des Gesamtwerks und wegen der Wichtigkeit gerade dieser Dokumente ist hiervon allerdings abzuraten und lieber der Weg zusätzlicher Kopien zu wählen. Man wird die Vorteile, die sich gerade bei Audits ergeben, schätzen lernen.

#### 4.6.2.1.4 Valdierungsmasterplan

Obwohl eingangs erwähnt wurde, dass an die Stelle eines umfangreichen Validierungsmasterplans das Konzept eines Validierungsmasterordners tritt, taucht in diesem Kapitel nun doch wieder ein Masterplan auf. Dieser ist allerdings nicht zu vergleichen mit den bisher zitierten Dokumenten, da er nur die wesentlichen und projektspezifischen Informationen enthält, wie z. B. den Projekttitel, den Projektumfang, namentlich die Verantwortlichen für das spezifische Validierungsprojekt (Validierungsteam) sowie Informationen darüber, ob die Validierung retrospektiv oder prospektiv erfolgen soll. Alle anderen Informationen, wie im PIC/S-Regelwerk gefordert, sind in den übrigen Kapiteln des Validierungsmasterordners untergebracht. Insgesamt umfasst das hier besprochene Dokument maximal zwei bis drei Seiten und dürfte damit in Bezug auf seinen Umfang bestechend handlich im Vergleich zu den üblich bekannten Validierungsmasterplänen sein. Wegen seiner Wichtigkeit und Bedeutung wird im nachfolgenden Kapitel ein Muster etwas näher erläutert.

#### 4.6.2.1.5 GMP-Einstufung

Hier wird das zuvor in Abschnitt 4.4 ausführlich besprochene Dokument der GMP-Einstufung abgelegt. Es gibt einen ersten Überblick über die wesentlichen aus den GMP-Regelwerken für ein spezifisches Produkt und einen spezifische Prozess folgenden Anforderungen. Initiiert wird die Ausarbeitung zumeist vom verantwortlichen Herstellungsleiter oder Projektleiter, der die einzelnen Sachverhalte mit den entsprechenden Fachabteilungen abklärt. Gibt es keine solche formale GMP-Einstufung, so sollten in diesem Kapitel mindestens die Antworten auf die folgenden Fragen schriftlich niedergelegt sein:
– Welche GMP-Anforderungen gelten (u. a. abhängig vom Produkt, der Entwicklungs- und Verfahrensstufe, der Verwendung und dem Exportland)?
– Welche Verfahrensstufen und welche Anlagen und/oder Anlagenteile unterliegen den GMP-Anforderungen (Startpunkt GMP und Gesamtprojektumfang)?
– Welche besonderen Anforderungen ergeben sich aufgrund der Produktspezifikation, des Verfahrens oder der Betriebsweise (z. B. mikrobiologische Anforderungen oder hohe Anforderungen an die Anlagenreinigung bei Mehrzweckanlagen)?
– Welche Anforderungen bestehen grundsätzlich hinsichtlich der Validierung?

Damit sind der wesentliche Umfang und die Randbedingungen abgeklärt, die Ergebnisse können ohne Probleme auch formlos in einem Besprechungsprotokoll festgehalten werden und für die weitergehende Projektausarbeitung als Basis dienen.

#### 4.6.2.1.6 Prozess- und Anlagenbeschreibung

Dieses Kapitel ist der Beschreibung der Prozesse, Anlagen und Betriebsstätten vorbehalten. Der Umfang und die Abgrenzung des Inhalts richten sich nach der individuellen Struktur des Unternehmens und sollten mindestens den Geltungs-

bereich des Validierungsmasterordners abdecken. Mit Blick auf die oben bereits erwähnte Bedeutung im Zusammenhang mit Inspektionen ist es ratsam und hilfreich, in diesem Kapitel neben der allgemeinen verbalen Beschreibung auch folgende Übersichtsdokumente und Informationen bereitzuhalten:
- Organigramm zur Firma oder zum Betrieb,
- Lageplan mit Ausweisung der relevanten Betriebsstätten,
- Übersicht über die wichtigsten Firmendaten/Betriebsdaten (Gründungsjahr, Mitarbeiterzahl etc.),
- Übersicht über die wichtigsten im relevanten Betrieb hergestellten Produkte,
- Übersicht über etablierte und ggf. zertifizierte Qualitätsmanagementsysteme,
- Blockfließbilder für relevante Verfahren,
- Verfahrensübersichtfließbilder für relevante Verfahren,
- Übersicht über besondere Anforderungen/Spezifikationen, sofern nicht in der GMP-Einstufung bereits abgedeckt.

Speziell im Fall von Neu- oder Umbauprojekten könnte es durchaus auch Sinn machen, in diesem Kapitel das entsprechende betriebliche Lastenheft zu hinterlegen. Dies setzt voraus, dass alle notwendigen und angesprochenen Informationen auch darin enthalten sind.

Welche Informationen und wie ausführlich diese letztendlich hier beschrieben werden müssen, hängt sicherlich stark von der individuellen Situation und dem jeweiligen Projekt ab und muss von Fall zu Fall auch individuell entschieden werden.

### 4.6.2.1.7 Risikoanalysen

Im Rahmen eines Validierungsprojekts werden mindestens für das jeweilige Herstellungsverfahren, für die Anlage und deren Reinigung eine Risikoanalyse durchgeführt. Ziel dabei ist es, all diejenigen denkbaren Abweichungen und Störgrößen zu erfassen, die einen negativen Einfluss auf die Produktqualität haben könnten. Dabei sollen Maßnahmen abgeleitet werden, die der Sicherung der Produktqualität dienen. Basis für solche Risikoanalysen bilden im Falle bestehender Anlagen Betriebserfahrungen und Daten aus vorangegangenen Produktkampagnen. Im Falle einer neuen Anlage werden Daten der Verfahrensentwicklung sowie erste Verfahrens- und Anlagenkonzepte der Betrachtung zugrunde gelegt. Die Ergebnisse der Risikoanalysen münden letztendlich sowohl in den Projektplänen Qualifizierung und Validierung als auch, im Falle von Neuanlagen, im betrieblichen Lastenheft oder aber in organisatorischen Maßnahmen, welche in entsprechenden Verfahrensanweisungen festgeschrieben werden.

Die konkrete Durchführung und Dokumentation der Risikoanalysen wird detailliert in Abschnitt 4.7 behandelt. Die Ergebnisse bzw. Protokolle werden in diesem Kapitel des Validierungsmasterordners abgelegt. Dies ist zwingend erforderlich, da wie bereits zitiert, in den entsprechenden Regelwerken gefordert wird, dass es eine Begründung für den Umfang der Validierung geben muss. Die Inspektoren möchten erkennen, warum bestimmte Fälle im Rahmen der Validierung betrachtet werden und manche nicht. Eventuell kann man die sehr detaillierten Risikoanalysen in Bezug auf die Anlage oder die individuellen Reinigungsverfahren zugehörig zur Anlagenqualifizierung oder Reinigungsvalidierung ablegen, mindestens aber Ergebnisse der Risikoanalyse zum Herstellungsverfahren müssen sich im Masterordner wiederfinden.

#### 4.6.2.1.8  Projektpläne Qualifizierung und Validierung

Eine weitere Forderung aus den Regelwerken ist, dass ein Validierungsmasterplan mindestens den Umfang der Qualifizierung und Validierung bzw. die Auflistung der zu qualifizierenden Anlagenkomponenten und der zu validierenden Verfahren wiedergeben muss. Dies zuletzt auch deshalb, weil der Masterplan der weitergehenden Planung von Personal-, Zeit- und Finanzressourcen dienen soll. Eine solche, meist sehr detaillierte Darstellung des Projektumfangs ist oft erst nach Durchführung der entsprechenden Risikoanalysen möglich. Die Ergebnisse bzw. der Qualifizierungs-/Validierungsumfang können danach auf verschiedene Weise in dem hier benannten Kapitel dargestellt werden. So können alle zu qualifizierenden Einrichtungen einschließlich Gebäude und Räumlichkeiten z. B. fortlaufend in einer Liste benannt werden. Gleiches gilt für die Validierung. Alternativ besteht auch die Möglichkeit, solche Aktivitäten in einer speziellen Qualifizierungs- oder Validierungsmatrix abzubilden. Auch auf dieses Thema wird nachfolgend noch separat eingegangen.

#### 4.6.2.1.9  Liste kritischer Mess- und Probenahmeeinrichtungen

Besonders wichtig für die Steuerung eines Herstellungsverfahrens und damit für die Endproduktqualität ist auch seine Überwachung, die gerade im Rahmen der Validierung besonders genau betrachtet werden muss. Auch hier ergibt sich das endgültige Ergebnis, welche Messeinrichtungen bzw. Probenahmestellen und -zeitpunkte qualitätskritisch sind, unmittelbar aus den Risikoanalysen. Es macht Sinn, diese Ergebnisse übersichtlich in Tabellen aufzuführen und dem Validierungsmasterordner beizufügen. Darüber hinaus ist es empfehlenswert, entsprechende Kennzeichnungen sowohl vor Ort als auch in wichtigen Basis-Dokumenten (z. B. RI-Schemata) vorzunehmen. Hierauf wird gesondert bei der Besprechung der Qualifizierungsaktivitäten eingegangen.

#### 4.6.2.1.10  Terminpläne

Die Terminplanung bei einem Validierungsprojekt ist wichtig, um den zielgerichteten Fortschritt sicherzustellen. Die Inspektoren leiten anhand solcher Zeitpläne u. a. die Priorität ab, mit der ein Unternehmen das Thema „GMP" und speziell die Validierung behandelt. Wichtig ist, dass die Zeitplanungen realistisch sind und sie eventuell integriert in andere gegebene Abläufe (Baumaßnahmen bei neuen Planungen, Produktionszyklen bei bestehenden Anlagen) erfolgen. Dabei ist es sicherlich alles andere als einfach, einen wirklich geeigneten und idealen Zeitplan für ein solch komplexes Thema zu erstellen. Hierauf wird insbesondere in

Kapitel 5 „Integrierte Anlagenqualifizierung" noch näher eingegangen. Ein Musterbeispiel eines einfachen Excel-Terminplans findet sich in Anlage 2.

### 4.6.2.1.11 Change-Control-Anträge

Jedes Validierungsprojekt, genauso wie jedes technische Projekt, ist im Allgemeinen geprägt durch eine Vielzahl von Änderungen, die sich im Projektablauf spontan ergeben und nicht vorhersehbar waren. Es ist wichtig, dass solche Änderungen, insbesondere dann, wenn sie sehr schnell entschieden und umgesetzt werden müssen, am Ende die Produktqualität nicht nachteilig beeinträchtigen. Daher ist es sicherlich eine berechtigte Forderung, dass sowohl in dem PIC/S-Regelwerk als auch in den Empfehlungen der ZLG speziell auf den Nachweis eines Änderungskontrollsystems hingewiesen und dieses als Inhaltspunkt eines Validierungsmasterplans vorgegeben wird. In diesem Kapitel des Validierungsmasterordners werden üblicherweise alle während eines Projekts auftretenden und formal gehandhabten und bewerteten Änderungen abgelegt. Damit ist gleichzeitig die Aktualität des betrieblichen Lastenhefts gegeben, auf die sich diese Änderungen zumeist beziehen. Das hier beschriebene Änderungskontrollverfahren darf jedoch nicht verwechselt werden mit dem Änderungskontrollverfahren, welches ein GMP-Betrieb routinemäßig betreiben muss. Die letzten Kapitel des Buchs geben hierzu weitergehenden Aufschluss.

### 4.6.2.1.12 Anhänge

Schließlich können dem Validierungsmasterordner jederzeit und beliebig viele zusätzliche Informationen und Dokumente beigefügt werden, sofern dies der Gesamtinformation nützt. Man sollte jedoch darauf bedacht sein, nicht zu viel und insbesondere nicht wahllos Informationen hineinzubringen. Dies könnte am Ende vielleicht nur verwirren oder gar aufgrund einer Redundanz die Pflege des Ordners erschweren und die Gefahr bergen, dass sich im Ordner widersprüchliche Informationsinhalte finden.

### 4.6.2.2 Projektspezifischer Masterplan

Das grundsätzliche Konzept des Masterordners basiert darauf, von den Behörden geforderte wesentliche Informationen zu einem Validierungs-/GMP-Projekt nicht in einem dicken, umfangreichen und schwer zu pflegenden Dokument zusammenzufassen, sondern diese Informationen in einzelnen, überschaubaren Paketen in einem zentralen Ordner zusammenzustellen. Damit wird die Übersicht verbessert, die Pflege wird erleichtert und es ist auch einfacher, auf bestehende Unterlagen derart quer zu verweisen, dass diese im entsprechenden Kapitel entweder zitiert oder – was der Lesbarkeit dient – als autorisierte Kopie eingefügt werden können. Diese Vorgehensweise erübrigt allerdings nicht, dass es mindestens ein projektspezifisches und individuell auf die anstehenden Qualifizierungs-/Validierungsaufgaben ausgerichtetes Dokument gibt, eben einen projektspezifischen Validierungsmasterplan, der jetzt allerdings bei dieser Vorgehensweise sehr klein und übersichtlich gehalten werden kann. Wie ein solcher auf das Wesentliche reduzierte Validierungsmasterplan aussehen könnte, zeigt das Muster in Anlage 3.

Üblicherweise wird für jedes Validierungsprojekt vom Validierungskoordinator oder einer im Validierungsteam zu benennenden Person ein Validierungsmasterplan erstellt. Dabei können für sehr umfangreiche und komplexe Projekte durchaus auch mehrere auf spezifische Themen ausgerichtete Validierungsmasterpläne existieren, wenn dies hinsichtlich der Teamzusammensetzung und der Aufgabenabgrenzung sinnvoll erscheint. So findet man recht häufig die Situation, dass es einen Validierungsmasterplan für die Verfahrensvalidierung gibt, einen eigenen Masterplan für die Qualifizierung (oft bezeichnet als Qualifizierungsmasterplan), wieder einen eigenen für die IT-Validierung oder auch einen speziellen Validierungsmasterplan, wenn es um Belange im Bereich der Qualitätskontrolle (Labor) geht. Diese Aufteilung ist prinzipiell möglich, solange der Gesamtzusammenhang erkennbar ist und die einzelnen Aktionen am Ende wieder sinnvoll zusammengeführt werden. Auch für diese Anforderung ist der Validierungsmasterordner wieder hervorragend geeignet, da in ihm letztendlich alle individuellen Masterpläne zusammengeführt werden können. Mindestens folgende Angaben sollten in einem solchen Validierungsmasterplan enthalten sein (s. Muster Anlage 3):

– Projekttitel, der eindeutig in Bezug auf den Projektumfang sein sollte,
– Bereich, Abteilung oder Betrieb, für den der Masterplan erstellt wird,
– Auslöser für das Validierungsprojekt (Neu- oder Umbau, zyklische Aktivität oder besonderes Vorkommnis),
– Referenz auf ggf. mitgeltende Masterpläne,
– Validierungsteam – Kernmitglieder und beratende Mitglieder,
– namentliche Nennung der Validierungsverantwortlichen für das individuelle Projekt,
– Art der Qualifizierung (prospektiv, retrospektiv, begleitend), ggf. getrennt nach Qualifizierungsteilprojekten,
– Art der Validierung (prospektiv, retrospektiv, begleitend), ggf. getrennt nach unterschiedlichen Verfahrensabschnitten bzw. für unterschiedliche Produkte,
– generelle Akzeptanzkriterien (z. B. Anzahl der Validierungsläufe oder Anzahl der zu untersuchenden Chargen bei retrospektiver Validierung),
– Verweis auf relevante Unterlagen (z. B. Verfahrensanweisungen zur Beschreibung des Validierungskonzepts),
– Hinweis auf besondere Randbedingungen, die ggf. zu beachten sind (z. B. Produkt für klinische Prüfzwecke).

Jeder Validierungsmasterplan muss eindeutig gekennzeichnet werden. Dies kann mit einer elektronisch vergebenen Nummer (z. B. aus einem Dokumentenmanagementprogramm) oder mithilfe einer sinnvollen Nummernkombination erfolgen. Beispielsweise kann die Jahreszahl und eine fortlaufende Nummer hierzu verwendet werden (z. B. MP 08/01 als erster Masterplan im Jahr 2008). Die formale und offizielle Freigabe muss am Ende zwingend vom Herstellungsleiter und dem Verantwortlichen der Qualitätseinheit erfolgen. Die Erstellung eines solchen Dokuments erfordert im Allgemeinen nicht mehr als ein paar Stunden, das Vorhandensein der Informationen vorausgesetzt.

#### 4.6.2.3 Projektpläne Qualifizierung und Validierung

Für jedes individuelle Validierungsprojekt ist der genaue Umfang der Qualifizierungs- und Validierungsaktivitäten zu definieren, d. h. es muss aufgelistet werden, welche Ausrüstungsteile und Einrichtungen einer Design-, Installations-, Funktions- und Leistungsqualifizierung zu unterwerfen sind. Darüber hinaus müssen alle Verfahrensschritte der Herstellung, der Reinigung, der Desinfektion oder Sterilisation und alle analytischen Methoden zitiert werden, für die eine Validierung erforderlich wird. Die Auswahl ergibt sich aus den unterschiedlichen Stufen der Risikobetrachtung (s. Abschnitt 4.7), wobei zunächst, basierend auf gesundem Menschenverstand, von einer ersten Vorauswahl ausgegangen wird und diese dann im weiteren Verlauf, basierend auf den Ergebnissen der Risikoanalyse, zunehmend verfeinert wird.

In den Regelwerken wird lediglich die Ausweisung des Validierungsaufwands im Masterplan als Grundlage für die Zeit-, Finanz- und Personalplanung gefordert. Es werden keine Aussagen darüber gemacht, in welcher Form die Erfassung der anstehenden Aktivitäten erfolgen soll. Zwei wesentliche Varianten haben sich heute etabliert:

a) die Auflistung der Aktivitäten in fortlaufenden Listen (Projektpläne Qualifizierung bzw. Validierung) und

b) die Darstellung in einer sogenannten Qualifizierungs- bzw. Validierungsmatrix.

Bei der Variante a), wird zu jedem Masterplan ein Projektplan Qualifizierung und ein Projektplan Validierung erstellt. Die Nummer der Projektpläne bezieht sich im Allgemeinen auf die Nummer des zugehörigen Masterplans (z. B. PPQ 08/01 ist der zum Masterplan MP 08/01 gehörige Projektplan Qualifizierung).

Im Projektplan Qualifizierung (s. Anlage 4) werden alle im Rahmen eines Validierungsprojekts zu erstellenden Qualifizierungspläne (DQ-, IQ-, OQ-, PQ-, und Kalibrierungspläne) einzeln aufgelistet. Dabei wird für die zu qualifizierenden Teilsysteme ein eindeutiger Name, der sich im Allgemeinen auf die Kernapparatur bezieht, sowie eine eindeutige Nummer vergeben, die sich auf die Art der Qualifizierung, den Masterplan und über eine fortlaufende Nummer auf das zu qualifizierende Teilsystem bezieht (z. B. IQ 08/01-001, d. h. Installationsqualifizierungsplan des Teilsystems Nr. 001 innerhalb des Validierungsprojekts mit dem Masterplan MP 08/01). Da sich die zu qualifizierenden Teilsysteme in den meisten Fällen an den bestehenden RI-Schemata orientieren (logische, funktionelle Einheiten mit klarer und eindeutiger Abgrenzung), ist es sinnvoll, zusätzlich die RI-Nummer(n), die dem Teilsystem zugeordnet werden, mitanzugeben.

Im Projektplan Validierung (s. Anlage 5) werden u. a. alle im Rahmen des Validierungsprojekts zu erstellenden Validierungspläne für die Validierung von Verfahren (Reinigung, Desinfektion, Sterilisation), Analysenmethoden und Software aufgelistet. Dabei sind nach Möglichkeit eindeutige, aussagekräftige Validierungstitel zu vergeben (z. B. „Validierung der Reinigung des Reaktors C 100"). Jeder Validierungstitel erhält analog zur Qualifizierung eine eindeutige Nummer, die sich aus einer fortlaufenden Nummer und der auf den Masterplan bezogenen Nummer zusammensetzt (z. B. V 08/01-001, d. h. erster Validierungstitel innerhalb des Validierungsprojekts mit dem Masterplan MP 08/01).

Die Erstellung und die Pflege der Projektpläne erfolgt im Allgemeinen durch den Validierungskoordinator oder eine im Validierungsteam zu benennende Person. Diese trägt nach Abstimmung im Validierungsteam auch die Zieltermine, das Datum der Erledigung und den Ablageort für die entsprechenden Qualifizierungs- und Validierungsdokumente ein und bestätigt mit Unterschrift die abgeschlossene Aktivität. Bei Änderungen im Arbeitsumfang werden die Projektpläne einer Revision unterzogen; die jeweiligen Revisionen werden dann vom Herstellungsleiter und dem Verantwortlichen der Qualitätseinheit durch Unterschrift formal freigegeben.

Grundsätzlich können die Projektpläne Qualifizierung und Validierung um beliebig viele Spalten mit ergänzenden Informationsabfragen erweitert und verbessert werden. Dies bleibt der Kreativität des Einzelnen überlassen und hängt von den besonderen Erfordernissen der jeweiligen Firma bzw. des jeweiligen Projekts ab.

Werden Qualifizierungs- oder Validierungspläne von einem Hersteller bzw. Lieferanten einer Anlagenkomponente erstellt, so sollten diese ebenfalls in die Projektpläne aufgenommen werden. Alternativ kann der Hersteller bzw. Lieferant eine vergleichbare Liste führen. In diesem Fall muss jedoch der Inhalt dieser Liste ebenfalls im Validierungsteam abgestimmt werden, die Liste selbst sollte dann durch einen entsprechenden Querverweis in den oben genannten Projektplänen zu einem mitgeltenden Dokument gemacht werden. Die Listen sollten zur Projektverfolgung regelmäßig vorgelegt werden. Die Abstimmung erfolgt gesteuert über den Validierungskoordinator.

Im Fall b), d. h. im Falle einer Qualifizierungs- bzw. Validierungsmatrix werden die einzelnen Qualifizierungs- bzw. Validierungsaktivitäten nicht fortlaufend aufgelistet, sondern in einer Aktivitätenmatrix systembezogen eingetragen (s. Anlage 6). Dabei wird für jedes abgegrenzte und definierte technische System oder für jeden Validierungstitel jeweils eine eigene Zeile angelegt. Spaltenweise werden die wesentlichen Teilschritte, z. B. Risikoanalyse, DQ, IQ, OQ, Kalibrierung etc. aufgeführt. In die entstehenden Matrixfelder werden dann zumeist die Daten der Fertigstellung der jeweiligen Aktivität bzw. des jeweiligen Dokuments, welches sich hinter dem Matrixfeld verbirgt, eingetragen. Diese Darstellungsweise hat den grundsätzlichen Vorteil, dass man hierbei sofort den Projektfortschritt insgesamt erkennen kann. Der Nachteil besteht darin, dass der Gesamtaufwand (Anzahl der gesamten anstehenden Aktivitäten) nicht so klar erkennbar ist wie im Fall der fortlaufenden Auflistung und man in der Angabe von Informationen zu einem bestimmten Dokument (z. B. Datum, Verantwortlicher für den Plan, Verantwortlicher für den Bericht) begrenzt ist. In letzter Konsequenz ist es jedoch eine reine Geschmackssache und jeder muss für sich selbst entscheiden, welches die für ihn beste Lösung ist. Meist ist dies erst möglich, wenn man eine Variante ausgetestet hat.

### 4.6.2.4 Pflege und Fortführung

Wenn die Validierung erstmalig in einem Betrieb durchgeführt wird, so handelt es sich zumeist um ein größeres Projekt, bei dem mit viel Energie und Enthusiasmus das entsprechende Konzept etabliert und die Dokumente sehr umfangreich und detailliert erstellt werden. Kaum einer denkt in diesem Augenblick wirklich ernsthaft darüber nach, was sein wird, wenn zukünftig ein weiteres Um- oder Neubauprojekt folgt. Ob die dann erstellten Dokumente einfach und pragmatisch weitergepflegt werden können, oder ob jedes Mal die wesentlichen Dokumente neu erstellt werden müssen. Der Validierungsmasterplan ist – wie oben bereits erwähnt – ein Paradebeispiel hierfür. Nicht selten kommt es vor, dass dann bei einem zweiten oder dritten Projekt wieder ein vollumfänglicher Masterplan, teilweise noch redundant, erstellt wird.

Im Falle des Ansatzes mit dem Validierungsmasterordner ergeben sich diese Schwierigkeiten nicht. Wesentliche Informationen sind sauber abgegrenzt – und daher leicht zu revisionieren – im Masterordner in eigenen Kapiteln abgelegt. Insbesondere der Masterplan selbst ist, wie oben diskutiert, schnell und einfach für das individuelle Projekt zu erstellen.

Für die gesamte Validierung ergibt sich damit in Bezug auf Validierungsrichtlinien, Validierungsanweisungen, Masterpläne etc. ein Gesamtvalidierungskonzept, wie in Abb. 4.3 dargestellt.

In einem größeren Unternehmen kann es konzernweit eine Grundphilosophie (Validierungsrichtlinien, Validierungs-Policy-Guidelines) geben. Darunter können sich für unterschiedliche Bereiche oder Betriebe unterschiedliche, individuelle Validierungskonzepte anordnen, In jedem Betrieb kann es dann zu unterschiedlichen Projekten unterschiedliche Masterpläne geben, denen dann alle weiteren, qualifizierungs- und validierungsrelevanten Dokumente untergeordnet sind. Damit ergibt sich ein in sich geschlossener und überschaubarer „Baukasten".

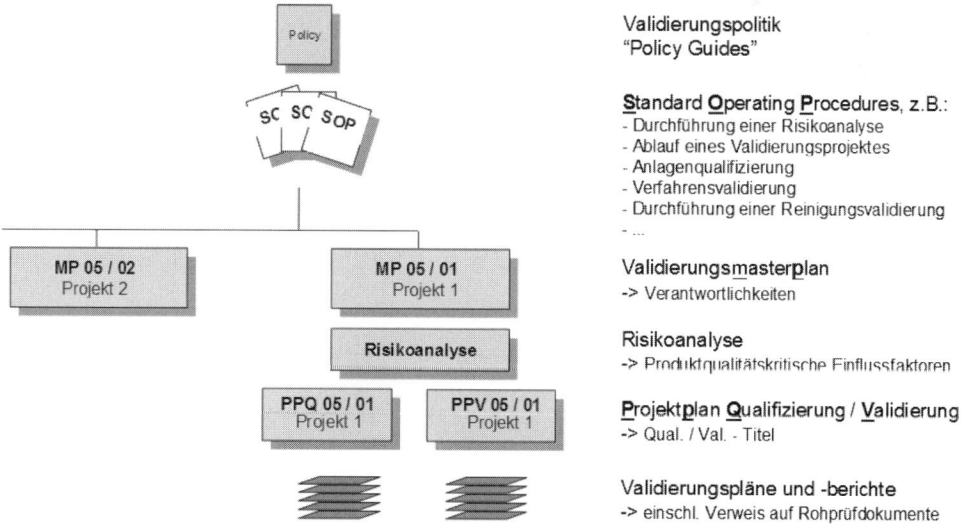

**Abb. 4.3** Übersicht Validierungsdokumentation.

## 4.7
### Die Risikoanalyse

#### 4.7.1
**Begriffe und Bedeutung**

Bevor in den nachfolgenden Ausführungen detaillierter auf die Durchführung und Dokumentation der Risikoanalyse bzw. auf die unterschiedlichen Methoden eingegangen wird, soll zunächst der Begriff „Risiko" bzw. „Risikoanalyse" selbst, seine Bedeutung und seine Hintergründe kurz erläutert werden. Dies ist nicht zuletzt deshalb wichtig, weil die Praxis gezeigt hat, dass gerade der Begriff „Risiko" häufig falsch verwendet und daher die Methoden oft falsch umgesetzt werden. Offizielle Definitionen zum Begriff Risiko finden sich u. a. auch in der für Medizinprodukte geltenden Norm EN ISO 14971:2000 [97].

Unter einem Risiko versteht man per Definition zunächst ein Kombinationsprodukt aus einem unerwünschten Ereignis mit negativen, d. h. schädlichen Auswirkungen, welches mit einer gewissen Wahrscheinlichkeit eintreten kann. Grundsätzlich lässt sich ein solches Risiko rein mathematisch über Zahlenwerte und Wahrscheinlichkeitsstatistiken quantitativ bewerten, wobei man sich über Wertigkeit und Aussagekraft sicher streiten kann. Hierauf wird bei den einzelnen Methoden nochmals näher eingegangen. Verständlicher wird der Begriff „Risiko", wenn man sich folgendes Beispiel vor Augen hält: Einem Spaziergänger, der sich außer Haus aufhält, könnte rein theoretisch ein Stein auf den Kopf fallen, ein sicher unerwünschtes Ereignis, welches auch durchaus negative Auswirkungen – die Verletzung der Person – zur Folge haben könnte. Sofern er sich auf freiem Feld befindet, ist mit einem solchen Ereignis jedoch kaum zu rechnen, d. h. die Wahrscheinlichkeit ist nicht gegeben und niemand wird hier von einem „Risiko" sprechen. Befindet sich der Spaziergänger jedoch im Gebirge und besteht die Wahrscheinlichkeit eines Steinschlags, also die Wahrscheinlichkeit des Eintritts des unerwünschten Ereignisses, so wird jedem klar, dass hier ein gewisses Risiko besteht. Läuft der Spaziergänger bei stürmischem Wetter entlang einer Sanddüne, so besteht auch hier die Wahrscheinlichkeit, dass er getroffen wird, nämlich von Sand. Allerdings wird in diesem Fall kaum mit negativen Auswirkungen zu rechnen sein und auch niemand von einem echten „Risiko" reden.

Dieses Beispiel veranschaulicht, dass mindestens drei Faktoren nötig sind, um überhaupt von einem Risiko reden zu können: ein negatives, nicht gewolltes Ereignis, eine negative schädliche Auswirkung und eine gewisse Wahrscheinlichkeit des Auftretens. Oft wird synonym zu Risiko auch der Begriff Gefahr ins Spiel gebracht, wobei hier prinzipiell die gleichen Faktoren wie beim Risiko zugrunde liegen und betrachtet werden müssen, man jedoch schon von vornherein von einer gewissen Wahrscheinlichkeit und damit von einer möglichen Schädigung ausgeht. Neben diesen Faktoren gibt es noch weitere, die die Bedeutung eines Risikos, insbesondere aber den Umgang damit, wesentlich beeinflussen. So spielt sicher die Fragestellung eine Rolle, wie frühzeitig und einfach man z. B. das Auftreten eines unerwünschten Ereignisses feststellt, bzw. ob und wo man es überhaupt in der Auswirkungskette feststellen würde. Auch die möglichen Maßnahmen, die man ergreifen kann, um entweder den Eintritt des Ereignisses zu verhindern oder die Auswirkungen zu mildern, bestimmen wesentlich, wie hoch das Risiko eingeschätzt wird. Das Tragen eines Schutzhelms beim Spaziergang im Gebirge senkt sicher das Risiko für den Spaziergänger. Und schließlich darf auch das Ziel, d. h. das Objekt, auf das sich das negative Ereignis auswirkt, nicht außer Acht gelassen werden, im beschriebenen Beispiel also der Spaziergänger. Eine Risikoanalyse muss stets mit Blick auf ein konkretes Ziel durchgeführt, also die Frage gestellt werden: Für wen oder was besteht ein Risiko?

Risikoanalysen werden in vielen verschiedenen Bereichen und aus den unterschiedlichsten Gründen heraus durchgeführt. So spielt die Risikoanalyse im Bereich der Luft- und Raumfahrttechnik sicher eine wichtige Rolle, um zum einen die an dem Programm beteiligten Personen, mehr aber noch das Projekt selbst nicht zu gefährden. In der Chemie werden Risikoanalysen vorwiegend mit dem Ziel durchgeführt, Arbeiter, Umwelt und ggf. betroffene Bevölkerungsteile vor Chemieunfällen zu schützen. Die Automobilindustrie betrachtet die Risikoanalyse dagegen vorwiegend als Qualitätssicherungsinstrument, um Risiken für eine mangelnde Produktqualität auszuschließen. Und schließlich die Pharmazeutische Industrie, die die Risikoanalyse ebenfalls als Instrument zur Sicherung der Produktqualität einsetzt – jedoch mit dem Hintergrund, den Verbraucher, der am Ende der Auswirkungskette steht, nicht zu gefährden.

Unabhängig davon, wer für welchen Zweck eine Risikoanalyse durchführt, in allen Fällen ist diese durch eine streng formalistische und systematische Vorgehensweise geprägt. Die Risikoanalyse im Sinne von GMP kann prinzipiell definiert werden als dokumentierte und systematische Vorgehensweise zur Identifizierung und Bewertung kritischer Faktoren, welche die Qualität des pharmazeutischen Produkts negativ beeinflussen könnten. Sie dient der Festlegung und Überprüfung von Maßnahmen zur Begrenzung der erkannten Risiken und zur Sicherstellung einer möglichst gleichbleibenden Produktqualität. Die Risikoanalyse in GMP-regulierten Betrieben erhöht darüber hinaus das Prozessverständnis der Beteiligten und liefert schriftliche, für spätere Audits wichtige Begründungen für maßgebliche Entscheidungen und Festlegungen sowohl bei der Anlagenplanung als auch bei der Prozessführung. Der Gesamtprozess der Risikoidentifizierung und -bewertung einschließlich der Festlegung notwendiger Maßnahmen wird übergeordnet auch als „Risikomanagement" bezeichnet.

Da sich zusammenfassend das Risiko als Produkt aus Schadensausmaß und Eintrittswahrscheinlichkeit ergibt, erhält man im Rahmen der durchgeführten Risikoanalysen grundsätzlich dasselbe Ergebnis, wenn entweder das Schadensausmaß hoch und die Eintrittswahrscheinlichkeit niedrig oder umgekehrt die Eintrittswahrscheinlichkeit hoch und das Schadensausmaß niedrig ist. Bei der allgemeinen formalen Risikoanalyse und dem Risikomanagement muss im Ergebnis also generell darauf abgezielt werden, entweder die Eintrittswahrscheinlichkeit oder das Schadensausmaß zu minimieren, um letztendlich das Risiko gering und beherrschbar zu halten. Aus Sicht von GMP und mit Blick auf den Verbraucherschutz, kann es aber durchaus Sinn machen, schwerpunktmäßig auf die Reduzierung des Schadensausmaßes zu fokussieren und notgedrungen eine gewisse Eintrittswahrscheinlichkeit in Kauf zu nehmen. Dies zeigt also schon eine gewisse Einschränkung mit Blick auf eine starre formale Vorgehensweise, auf die in den nachfolgenden Kapiteln noch weiter eingegangen werden soll.

### 4.7.2
**Methoden der Risikoanalyse**

#### 4.7.2.1 Übersicht über die gängigsten Methoden

Wie zuvor angesprochen, sind es nicht nur die GMP-regulierten Betriebe, sondern verschiedenste Industriezweige und Zielrichtungen, welche die Anwendung einer Risikoanalyse in der Vergangenheit notwendig gemacht haben. Dabei standen die Einrichtung von Qualitätssicherungssystemen sowie Sicherheits- und Umweltschutzbetrachtungen stets im Vordergrund. Bei den Risiken, die systematisch analysiert und bewertet wurden, handelte es sich sowohl um alltägliche – im Lebenswandel der Gesellschaft begründete – Risiken als auch um Risiken resultierend aus bekannten Industriezweigen wie z. B. der Chemie oder um sehr kritische Risiken, resultierend aus neuen und nicht abgesicherten Technologien, wie z. B. der Nuklear- oder Gentechnologie.

Historisch gesehen, geht die Durchführung systematischer Risikobetrachtungen zurück bis in die 50er Jahre [98], wo sie insbesondere Anwendung bei kerntechnischen Anlagen, in der Luft- und Raumfahrt sowie in der Erdöl gewinnenden Industrie fand.

So unterschiedlich wie die Zielrichtung sind auch die Methoden, die sich im Laufe der Zeit entwickelt haben. Vom Grundsatz unterscheidet man zwischen den sogenannten intuitiven Methoden (z. B. Brainstorming), den induktiven Methoden (z. B. Ereignisablaufanalyse), den deduktiven Methoden (z. B. Fehlerbaumanalyse) und einer Mischung aus diesen Grundformen (z. B. die PAAG-Methode) [99]. Die nachfolgende Auflistung gibt einen Überblick über die bekanntesten Methoden und zugleich einen Eindruck über die Vielfältigkeit. So unterscheidet man heute im Wesentlichen:
- FMEA = Fehler-Möglichkeits- und Einflussanalyse (engl.: Failure Mode Effects Analysis): findet hauptsächlich Anwendung im Qualitätsmanagement und damit z. B. in der Automobilindustrie oder in der Nukleartechnik,
- HACCP = Hazard Analysis of Critical Control Points: eine Methode, die kritische Verfahrensstufen, insbesondere in der Herstellung von Lebensmitteln identifiziert und einer weitergehenden Überwachung unterstellt,
- HAZOP = Hazard and Operability Studies (Risikoabschätzungen im Zusammenhang mit Sicherheits- und Umweltschutzbetrachtungen; EHS = Environment, Health and Safety) :ein Verfahren, das in Großbritannien ehemals von der ICI entwickelt wurde und 1978 im deutschsprachigen Raum von der Sektion Chemie der IVSS unter dem Namen PAAG-Verfahren (Prognose von Störungen; Auffinden der Ursachen; Abschätzen der Auswirkungen; Gegenmaßnahmen) veröffentlicht wurde [100],

- FTA = Fault Tree Analysis (Fehlerbaum-Analyse): eine Methode, die verstärkt die Ursachenanalyse und die Vielfältigkeit der Ursachen betrachtet,
- Freie Risikoanalyse: eine der wichtigsten Formen der Risikoanalyse, die auf keinen Fall unerwähnt bleiben soll, da gerade sie für die Prozessbetrachtungen im pharmazeutischen Umfeld von besonderer Bedeutung ist, wie später noch ausgeführt wird; bei dieser Methode steht das intuitive Brainstorming im Vordergrund; Ablaufschemata und Entscheidungsbäume spielen eine untergeordnete Rolle,

Ishikawa Methode, Process Mapping, Preliminary Hazard Analysis (PHA), Failure Mode Effects and Criticality Analysis (FMECA), Risk Ranking and Filtering, Taguchi variation risk management und Kepner-Tregoe-Analyse sind weitere in der Literatur zitierte Methoden, die hier nur zur Ergänzung aufgelistet werden sollen, ohne jedoch den Anspruch der Vollständigkeit erheben zu wollen.

Da im GMP-Umfeld neben der freien Risikoanalyse wesentlich die FMEA- oder die HACCP-Methode zum Tragen kommen, soll auf diese Verfahren noch näher eingegangen werden. Dabei steht allerdings mehr ein kurzer Überblick und die grobe Hilfestellung zur Umsetzung im Vordergrund und weniger die detaillierte Erläuterung der Theorien, da diese schon zur Genüge in der Literatur behandelt sind und dort nachgeschlagen werden können. An dieser Stelle sei auch insbesondere auf die entsprechenden Broschüren der IVSS hingewiesen, die neben der Erläuterung der Methoden eine Reihe von Praxisbeispielen enthalten.

#### 4.7.2.2 Die FMEA-Methode

Sie ist derzeit sicher die am häufigsten in der pharmazeutischen und chemischen Industrie angewandte Methode zur systematischen Durchführung von Risikoanalysen. Ihren Ursprung hat die FMEA, wie oben bereits erwähnt, in der Fertigungsindustrie. Sie ist auch heute noch sehr stark im Bereich der Automobilindustrie anzutreffen. Es handelt sich hierbei um eine halbquantitative Methode, da zwar Zahlenwerte zur Beurteilung der Risiken verwendet werden, diese aber wiederum auf einer rein subjektiven Beurteilung beruhen und jeglicher wissenschaftlichen Grundlage entbehren.

In Bezug auf den Ablauf unterscheidet man, wie bei nahezu allen Risikoanalysen, drei wesentliche Phasen:
- Phase 1: die Fehlersuche bzw. -erkennung,
- Phase 2: die Fehlerbewertung mit Diskussion der möglichen Auswirkungen und
- Phase 3: die Festlegung von Maßnahmen zur Fehlervermeidung bzw. zur Begrenzung der negativen Auswirkungen.

Abbildung 4.4 zeigt diese drei wesentlichen Phasen, auf die im Folgenden näher eingegangen werden soll.

**Phase 1: Fehler erkennen**
(Welche Fehler können auftreten in Bezug auf … ?)

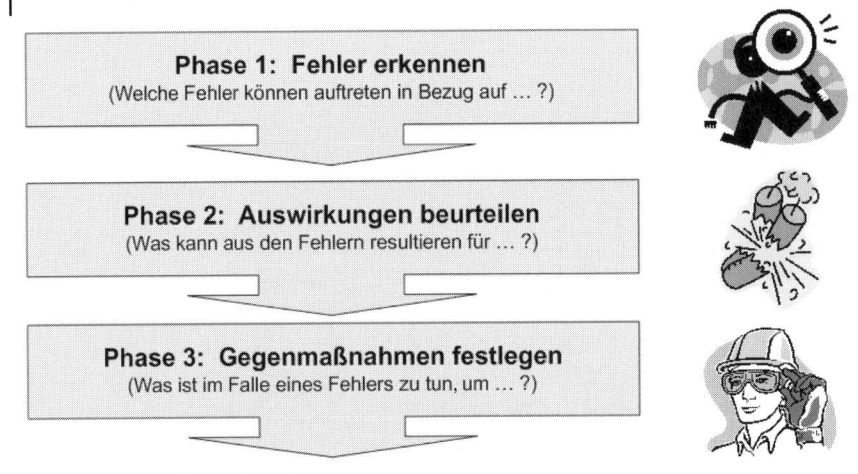

**Phase 2: Auswirkungen beurteilen**
(Was kann aus den Fehlern resultieren für … ?)

**Phase 3: Gegenmaßnahmen festlegen**
(Was ist im Falle eines Fehlers zu tun, um … ?)

**Abb. 4.4** Phasen der Risikoanalyse.

Die Phase 1 ist sicherlich die schwierigste Phase und umfasst im ersten Schritt grundsätzlich das wiederum auf Brainstorming-Methoden basierende Sammeln aller denkbarer Fehler und möglicher ungewollter Abweichungen. Dies kann zum Beispiel dahin gehend erfolgen, dass eine mit dem Prozess sehr vertraute Person im Vorfeld alle möglichen Fehler systematisch, orientiert an einem logischen Prozessablauf tabellarisch auflistet und im Rahmen der sich anschließenden Teambesprechungen hinsichtlich Vollständigkeit und Sinnhaftigkeit zur Diskussion stellt. Besser und zu empfehlen wäre jedoch, die Fehlerfindung von Anfang an im Team durchzuführen. Hier hat sich als erfolgreiche Methode die Kartenabfrage bewährt, bei der – ebenfalls im Brainstorming-Verfahren – die Teammitglieder denkbare Fehler auf einzelne Karten schreiben, die dann von einem Moderator gesammelt, sortiert und an eine Pinnwand geheftet werden. Der Vorteil bei dieser Vorgehensweise liegt ganz eindeutig darin, dass alle am Prozess Beteiligten bei der Fehlerfindung mitwirken und die Betrachtung daher nicht zu einseitig und eher vollständig ist. Ferner lassen sich schon von Anfang an „unsinnige" Fehler aussortieren, ohne unnötig lange darüber diskutieren zu müssen und – als letzter aber sehr wichtiger Vorteil – das Ergebnis der Fehlerfindung wird von allen Teammitgliedern gleichermaßen mitgetragen und nicht auf eine einzelne Person abgewälzt. Zugegeben, das Verfahren, wie die gesamte Risikoanalyse, ist letztendlich aufwändig und lässt sich auch nicht nebenbei erledigen. Man sollte aber mindestens einen halben bis einen ganzen Tag allein für die Fehlerfindung einräumen, abhängig von der Komplexität des betrachteten Prozesses. Speziell bei der FMEA werden neben den eigentlichen denkbaren Fehlern zusätzlich noch gezielt die Fehlerursachen und die Fehlerfolgen diskutiert und tabellarisch dokumentiert. Auch dies ist ein nicht ganz einfacher Vorgang, zu dem schon etwas Übung und Erfahrung gehört, um zum einen die Fehlerursachen nicht zu weit zurück zu diskutieren und damit eine unüberschaubare Fülle von denkbaren Ursachen listen zu müssen, zum anderen die Auswirkungen weit genug zu besprechen um sicherzustellen, dass das eigentliche Ziel mit Blick auf GMP-Anforderungen – die Produkt- bzw. Verbrauchersicherheit – nicht aus den Augen verloren wird.

In der sich anschließenden Phase 2 erfolgt dann auf Basis von drei wesentlichen Kriterien – Auftretenswahrscheinlichkeit, Fehlerbedeutung und Entdeckungswahrscheinlichkeit – eine halbquantitative Fehlerbewertung. Zunächst wird die Auftretenswahrscheinlichkeit (A) des entsprechenden Fehlers abgeschätzt, d. h. es wird beurteilt, wie häufig ein entsprechender identifizierter Fehler bzw. eine Abweichung auftritt und welche Wahrscheinlichkeit sich daraus für sein Auftreten generell ableiten lässt. Hierbei ist neben guten Prozesskenntnissen möglichst viel Wissen aus bereits früher durchgeführten Prozessläufen gefragt. Je mehr Ergebnisse und Aufzeichnungen aus zurückliegenden Produktfahrten bekannt sind und schriftlich vorliegen, desto abgesicherter sind die daraus abgeleiteten Bewertungen. Schwierig wird es im Bereich neuer Prozesse und Verfahren – solcher, die sich unter Umständen noch in der Entwicklung befinden. Hier kann oft nur auf Basis der Erfahrung mit vergleichbaren Prozessen eine entsprechende Bewertung vorgenommen werden. Bei der Fehlerbedeutung (B) wird bewertet, wie sich ein auftretender Fehler bzw. eine ungewollte Abweichung auf das entsprechende Zielergebnis, im vorliegenden Fall also auf den entsprechend reproduzierbaren GMP-konformen Prozess bzw. die Produktqualität auswirkt. Auch hier sind einschlägige Prozess- bzw. Verfahrens- und Produktkenntnisse notwendig. Ferner ist es gerade bei der Bewertung der Fehlerbedeutung sehr wichtig, dass man stets das Ziel im Auge behält, d. h. die Endproduktqualität. So ist es sicher richtig, dass bei der Diskussion um eine falsche Regelparametrierung eines Temperaturregelkreises die Auswirkungen das Über- oder Unterschwingen und damit die Beeinträchtigung der Reproduzierbarkeit des Prozesses die nicht gewünschten Auswirkungen sein könnten. Damit ist die Diskussion im Allgemeinen aber noch nicht beendet, da die eigentlichen Auswirkungen auf das Produkt oder Zwischenprodukt nicht beleuchtet wurden – ein Punkt, der erfahrungsgemäß alles andere als leicht fällt, da entweder die Erfahrung oder die notwendigen Versuche fehlen, die hierüber hätten Auskunft geben können oder oftmals die Auswirkungen gar nicht in Erscheinung treten, womit man beim letzten Punkt der halbquantitativen Bewertung ist. Bei diesem letzten Kriterium, der Bewertung der Entdeckungswahrscheinlichkeit (E), geht es im Wesentlichen darum abzuschätzen, wie hoch die Wahrscheinlichkeit ist, dass ein entsprechender Fehler bzw. die Abweichung und ihre Auswirkungen sicher und rechtzeitig erkannt wird. Hier spielen alle Prozesssteuerungsmodalitäten und Überwachungseinrichtungen ebenso wie der Einsatz von ausgebildetem und geschultem Personal eine entsprechende Rolle. Hilfreich für die Bewertung aller drei Kriterien sind ganz sicher die zuvor zu dem jeweiligen Fehler in der Tabelle festgelegten Fehlerursachen und die Fehlerfolgen. Aus den Fehlerursachen kann zum einen qualitativ die Auftretenswahrscheinlichkeit, gegebenenfalls auch die Entdeckungswahrscheinlichkeit abgeleitet werden. Aus der Fehlerfolge leitet sich in jedem Fall die Bewertung der Fehlerbedeutung ab.

Für die Festlegung des Ergebnisses der einzelnen Bewertungen werden bei der FMEA Kennzahlen vergeben. Während man in der Fertigungs- und Automobilindustrie üblicherweise mit Zahlenwerten von 1 bis 10 arbeitet, hat es sich im pharmazeutischen Umfeld etabliert, eine Bewertung im Bereich 1 bis 5 vorzunehmen. Dabei werden unkritische Punkte mit 1, sehr kritische Punkte mit der Zahl 5 bewertet. Die Punktzahlvergabe allein reicht jedoch nicht aus. Mit den Punktzahlen müssen auch unmittelbar konkrete und fassbare Einschätzungen verknüpft sein. So kann beispielsweise bei der Einschätzung der Auftretenswahrscheinlichkeit die Zahl 2 mit der Einstufung verbunden sein, dass ein entsprechendes Ereignis selten, zum Beispiel maximal 1 × pro Quartal auftritt. Oder die Entdeckungswahrscheinlichkeit mit dem Zahlenwert 1 korreliert mit der Einschätzung, dass ein bestimmter Fehler auf jeden Fall erkannt wird. Eine sehr anschauliche und verständliche Bewertungsmöglichkeit gibt hier das Handbuch von Maas und Peither [101], welches konkret die Bewertungszahlen mit solchen qualitativen Einschätzungen in Beziehung bringt (Tab. 4.2).

Die Bewertungen sind zunächst unabhängig voneinander vorzunehmen, eine Kombination ergibt sich erst, wenn die sogenannte Risikoprioritätenzahl (RPZ) aus den drei Einzelbewertungen errechnet wird. Dies erfolgt prinzipiell multiplikativ (RPZ = A × B × E), wobei der Ergebniswert bei einer gewählten Zahlenskala 1 bis 5 im Ergebnis von 1 bis 125 reichen kann.

Nach dem die Fehlerbewertung abgeschlossen und die Risikoprioritätenzahl ermittelt ist, folgt in Phase 3 abhängig von der erhaltenen RPZ und einem zuvor vereinbarten Grenzwert die Festlegung einzelner Maßnahmen mit dem Ziel, entweder die Wahrscheinlichkeit des Auftretens zu reduzieren, die Erkennbarkeit zu verbessern oder das Ausmaß der negativen Auswirkungen zu reduzie-

**Tab. 4.2** FMEA-Bewertungsfaktoren [102].

| Auftreten (A) Fehlerursache/Fehler | Bedeutung (B) Fehler/Fehlerfolgen | Entdeckung (E) vor Schadenseintritt |
|---|---|---|
| (1) unwahrscheinlich < 1 Fehler/Jahr | (1) keine Auswirkungen (auf Prozess und Produkt) | (1) hoch Fehler wird sicher erkannt |
| (2) sehr gering < 4 Fehler/Jahr | (2) Auswirkungen nur auf technische Abläufe | (2) mittel Fehler wahrscheinlich erkennbar |
| (3) gering < 1 Fehler/Monat | (3) Auswirkungen auf qualitätsrelevante Abläufe | (3) gering Fehler leicht erkennbar |
| (4) mäßig Fehler tritt wiederholt auf | (4) führt zu Abweichungen von Vorgabewerten der IPK | (4) sehr gering Fehler schwer erkennbar |
| (5) hoch Fehler tritt häufig auf | (5) führt zu Abweichungen der Produktspezifikationen | (5) unwahrscheinlich Fehler nicht erkennbar |

ren, letztendlich das Risiko eines möglichen Fehlers zu minimieren. Ziel muss es dabei sein, dahin gehend zu einer neuen Bewertung zu gelangen, dass die Risikoprioritätenzahl unter dem zuvor festgelegten Grenzwert liegt. Die Behandlung und Bewertung eines einzelnen Fehlers ist abgeschlossen, sobald alle Kriterien festgelegt und der vorgegebene RPZ-Grenzwert unterschritten ist.

Diesen Ausführungen kann man entnehmen, welche wesentliche Bedeutung der Vereinbarung entsprechender Kennzahlen und der Festlegung eines RPZ-Grenzwerts bei der FMEA zukommt. Dabei gibt es speziell den Grenzwert betreffend grundsätzlich zwei praktizierte Vorgehensweisen:

a) die Festlegung eines einzigen „scharfen" Grenzwerts, bei dessen Erreichen in jedem Fall eine Maßnahme festgelegt werden muss bzw. keine Maßnahme festgelegt werden muss, wenn der entsprechende Grenzwert nicht erreicht wird,

b) die Festlegung von zwei Grenzwerten, die zur Etablierung eines Entscheidungsbereichs beiträgt, d. h. unterhalb eines unteren RPZ-Grenzwerts sind grundsätzlich keine Maßnahmen erforderlich, zwischen unterem und oberen RPZ-Grenzwert können die an der Risikoanalyse teilnehmenden Personen entscheiden, ob eine entsprechende Maßnahme erforderlich ist oder nicht und oberhalb des oberen RPZ-Grenzwerts müssen in jedem Fall Maßnahmen definiert werden.

Bewährt hat sich hier die Arbeit mit einem Entscheidungsbereich, da sich Risiken eben nicht ganz so scharf fassen lassen. Die quantitative Festlegung des RPZ-Grenzwerts beruht dabei selbst wieder auf unterschiedlichen Rationalen. So gibt es beispielsweise die Überlegungen, dass wenn zwei von drei Entscheidungskriterien mit 5 bewertet werden, dies als so kritisch anzusehen ist, dass in jedem Fall Maßnahmen zu treffen sind. Für den RPZ-Grenzwert ergibt sich hierfür z. B. ein Zahlenwert von 26 ($A \times B \times E = 5 \times 5 \times 1 = 25$, Maßnahmen ab 26). Liegen umgekehrt die beiden kritischen Kriterien bei einer 4, so sollte keine Maßnahme erforderlich sein ($A \times B \times C = 4 \times 4 \times 1 = 16$). Andere Grenzwerte sind hier durchaus denkbar, müssen aber in jedem Fall zu Beginn mit den Teammitgliedern einvernehmlich und eindeutig festgelegt werden. Die resultierende RPZ kann später auch zur Festlegung der Priorität bei der Abarbeitung der einzelnen Maßnahmen herangezogen werden. Abbildung 4.5 zeigt die prinzipielle Vorgehensweise.

Neben der Schwierigkeit bei der FMEA möglichst objektiv, basierend auf einer Teamentscheidung entsprechende Zahlenwerte zu vergeben, birgt die FMEA-Risikoanalyse noch weitergehende mögliche Stolpersteine, die bereits im Vorfeld bedacht werden und durch geeignete Definitionen ausgeschaltet werden sollten. So besteht die erste Schwierigkeit darin festzulegen, welche Fehler überhaupt diskutiert werden sollen, damit man letztendlich nicht beliebige Fehlerursachen, die ihrerseits wiederum Fehler sind, betrachtet und damit in einer unendlichen Diskussion landet. Ein Beispiel möge dies verdeutlichen: Eine Abweichung einer Reaktionstemperatur von einem vorgegebenen Sollwert stellt einen für den Prozess relevanten und wesentlichen Fehler dar, der seine Ursachen beispielsweise in einem falsch parametrierten Regelkreis, in einer falsch hinterlegten Rezeptur oder in einer nicht kalibrierten Messkette haben kann. Der Fehler einer falschen Rezeptur wiederum kann zurückgeführt werden auf eine Vielzahl von Ursachen, wie

**Abb. 4.5** FMEA-Ablaufschema.

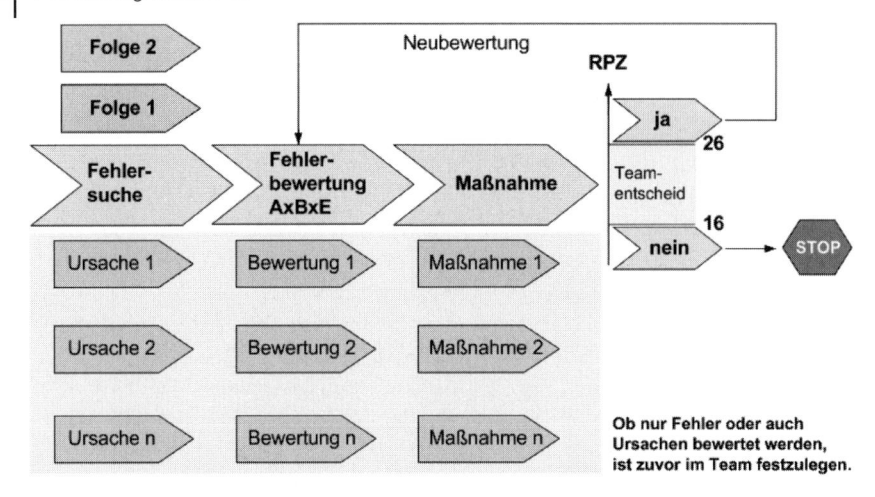

A = Auftrittswahrscheinlichkeit; B = Bedeutung; E = Entdeckungswahrscheinlichkeit

z. B. einer fehlerhaften Eingabe durch das entsprechende Bedienpersonal, falsche Vorgaben oder ein unzuverlässiges elektronisches System, welches die Rezepturdaten nicht zuverlässig und sicher speichert. Hier zeigt sich das typische Bild eines Fehlerbaums, welches offenbart, dass wenn die Fehler zu weit entfernt vom Prozess diskutiert werden, es hier sicherlich unendliche Fehlermöglichkeiten gibt und eine FMEA schnell unendliche Dimensionen annehmen kann. Es ist daher unerlässlich, schon von Anbeginn einer FMEA festzulegen, welches die Bezugsgröße für den jeweils betrachteten Fehler sein soll, d. h. es ist grundsätzlich zu diskutieren, ob z. B. ein Fehler in Bezug auf das Verfahren oder einen speziellen Prozessschritt betrachtet werden soll.

Speziell mit Blick auf GMP-Anforderungen macht es Sinn, hier als Zielgrößen der Fehlerbetrachtung zu definieren: die Qualität des Endprodukts, GMP-Compliance eines Verfahrens, die Reproduzierbarkeit eines Verfahrens, die Einhaltung von Spezifikationen von Ausgangsstoffen, Zwischen- und Endprodukten, den Ausschluss von unerwünschten Kontaminationen im Endprodukt sowie die generelle Abweichung von vorgegebenen Verfahrens- und Prozessparametern.

Eine weitere Untiefe bei der FMEA zeigt sich in der Diskussion der einzelnen Bewertungskriterien. So ist oft nicht klar, ob nun Auftretenswahrscheinlichkeit, Bedeutung und Entdeckungswahrscheinlichkeit für den jeweiligen Fehler oder für die zugehörigen Fehlerursachen zu diskutieren und zu bewerten sind. Hier findet man selbst in der Literatur verschiedene Vorgehensweisen, welche sich unterschiedlich auf den Aufwand der FMEA auswirkt. So ist der Aufwand wesentlich größer, wenn man die Bewertung der Fehlerursache im Vergleich zur alleinigen Bewertung des Fehlers diskutiert. In jedem Fall müssen sich die an der FMEA-Durchsprache teilnehmenden Teammitglieder frühzeitig über die genaue und definierte Vorgehensweise einigen.

## 4.7 Die Risikoanalyse

Trotz all dieser Schwierigkeiten hat sich die FMEA als wesentliche Risikoanalysenmethode im GMP-Umfeld durchgesetzt. Der Grund hierfür dürfte sicherlich die sehr systematische Vorgehensweise und die klar strukturierte Verwendung vordefinierter Kennzahlen sein. Auf Vor- und Nachteile der einzelnen Methoden wird in Abschnitt 4.7.2.5 eingegangen. Ein Beispiel einer tabellarischen Dokumentation findet sich in Anlage 7.

Abschließend sei die FMEA-Methode an einem konkreten Beispiel demonstriert. Betrachtet werden soll musterhaft der Waschschritt eines fertig synthetisierten Wirkstoffs. Dieser wird als dickflüssige Suspension auf eine rotierende Filterwalze aufgebracht, die im Innenbereich unter Vakuum steht und von dem auf dem Filtertuch befindlichen Produkt Waschwasser, welches ebenfalls auf die rotierende Trommel gesprüht wird, absaugt. Für den Reinigungsschritt wichtige Parameter sind hier sicher die Verhältnisse der Mengen von aufgegebenem Wasser zur Menge aufgegebenem Produkt, der Unterdruck und die Rotationsgeschwindigkeit der Walze. Andere Parameter spielen sicher auch noch eine Rolle, sollen hier zunächst aber nicht näher analysiert werden.

Bei der Diskussion um mögliche Fehler fällt hier zunächst auf, dass es Abweichungen in den aufgegebenen Mengen an Wasser und/oder Produkt geben könnte. Die Rotationsgeschwindigkeit könnte beispielsweise nicht konstant sein oder sich über die Dauer des Prozesses verändern. Es könnte aber auch sein, dass das Filtertuch eventuell beschädigt ist und von daher an einer Stelle zu Produktverlust führt. Eine weitere sehr interessante Diskussion ist die grundsätzliche Qualität des sich aufbauenden Filterkuchens, die sicher auch einen großen Einfluss auf den Waschvorgang und damit auf die endgültige Produktqualität haben kann.

Betrachtet man zunächst den Fehler „Abweichung in der aufgegebenen Menge an Produkt", so sind hierfür nach vorgegebenem Schema sowohl die Ursachen als auch die Fehlerfolgen zu diskutieren. Ursachen könnten sein, dass technisch gesehen die Dosierung nicht zuverlässig erfolgt, weil entweder die Aufgabedüsen verstopft sind, die Regelung nicht zuverlässig funktioniert oder der Produktnachschub vom vorhergehenden Prozessschritt nicht gegeben ist. Es könnte aber auch ein Fehler in der Rotationsgeschwindigkeit der Walze auftreten, der dazu führt, dass die pro Flächeneinheit aufgegebene Menge an Produkt nicht mehr mit der ursprünglichen Vorgabe übereinstimmt. Für jeden dieser Fehler gäbe es sicher auch wieder Fehlerursachen, die hier aber nicht sofort zu diskutieren sind, sondern später ggf. im Zusammenhang mit der Maßnahmenfindung. Die Fehlerfolge bei Abweichung von der Produktaufgabemenge wäre ein Missverhältnis von Waschwassermenge zu Produktmenge und könnte hier mit Sicherheit zu einer Beeinträchtigung der endgültigen Produktqualität führen, insbesondere wenn zu viel Produkt im Verhältnis zum Waschwasser aufgegeben würde.

Nach Fehleridentifikation, Ursachen- und Fehlerfolgenermittlung geht es dann weiter mit der Vergabe entsprechender Kennwerte. Die Auftrittswahrscheinlichkeit ist hier sicher abhängig von der installierten Dosiereinrichtung bzw. den Mess- und Regeleinrichtungen generell zu bewerten. Handelt es sich zum Beispiel um einen regelmäßig kalibrierten Massenmesser, wird die Wahrscheinlichkeit einer Abweichung eher sehr gering bis gering eingestuft werden ($A = 2$ oder $3$). Die

Fehlerbedeutung ist dagegen nach dem oben diskutierten Nummernschlüssel mit einer 5 zu bewerten, da Auswirkungen für die Endproduktqualität gegeben sind (B = 5). Schwieriger wird es im Falle der Entdeckungswahrscheinlichkeit. Wird lediglich ein falscher Wert eingestellt, so würde man die Unstimmigkeit hoffentlich beim Review der Chargendokumentation in Form einer formalen Abweichung feststellen, die Wahrscheinlichkeit wäre also hoch (E = 1). Handelt es sich dabei um einen Fehler in der Messwertanzeige (Abweichung vom kalibrierten Zustand), so würde man dies erst recht spät bei der Wiederholungskalibration bemerken, die Einstufung wäre hier also bei gering bis sehr gering anzusetzen (E = 3 oder 4). Im besten Fall würde man also eine RPZ von 10 erhalten (A × B × E = 2 × 5 × 1), womit keine weitere Maßnahme erforderlich wäre. Im schlechtesten Fall würde man eine RPZ von 60 erhalten (A × B × E = 3 × 5 × 4), was in jedem Fall eine Maßnahme nach sich ziehen würde. Diese Maßnahme müsste schwerpunktmäßig darauf abzielen entweder die Auftretenswahrscheinlichkeit zu minimieren oder die Entdeckungswahrscheinlichkeit zu erhöhen, da an der Bedeutung des Fehlers für die Endproduktqualität selbst zumindest an dieser Stelle nichts geändert werden kann. Nur wenn beide angesprochenen Größen nicht durch entsprechende Maßnahmen angepasst werden könnten, müsste man den entsprechenden Verfahrensschritt komplett dahin gehend ändern, dass das Risiko auf ein vertretbares Maß reduziert wird.

Allein dieses einfache Beispiel zeigt, wie komplex eine ernsthaft durchgeführte Risikoanalyse sein kann, wobei auch sehr viel von der subjektiven Einschätzung der an der Risikoanalyse beteiligten Personen abhängt. Im konkreten Fall die Entscheidung für eine RPZ 10 oder 60. Dies zeigt zugleich auch die Schwierigkeit im Zusammenhang mit der Vergabe solcher Kennzahlen, denen oftmals die rationale Basis fehlt, weshalb man hier auch von einer halbquantitativen Methode spricht.

#### 4.7.2.3 Die HACCP-Methode

Eine andere, ebenfalls sehr formalistische Methode, die jedoch nicht auf der Anwendung von Kennzahlen beruht, ist die HACCP-Methode (Hazard Analysis of Critical Control Points). Die HACCP-Methode ist ein Qualitätsmanagement-Werkzeug mit dem Hauptaugenmerk auf Hygieneanforderungen, das heute insbesondere im Lebensmittel-, Kosmetik- und Futtermittelbereich seine Hauptanwendung findet. Entwickelt wurde diese Methode ursprünglich von der NASA, um für ihr Raumfahrtprogramm entsprechend sichere Nahrungsmittel zur Verfügung stellen zu können. In den Jahren 1970 bis 1980 wurde dieses grundsätzliche Qualitätssicherungsprogramm von verschiedensten Lebensmittel produzierenden Firmen übernommen und angewendet. Heute ist dieses Werkzeug weltweit verbreitet, nicht nur in der Lebensmittelindustrie, sondern auch im pharmazeutischen Bereich, um die Sicherheit der entsprechend hergestellten Produkte zu gewährleisten.

Die HACCP-Methode – oder besser das HACCP-Konzept – geht deutlich über eine übliche Risikoanalyse hinaus. Hier werden zusätzlich kritische Regel- und Steuerkriterien im Prozess zur Qualitätssicherung des Endprodukts festgelegt

(Critical Control Points), die auch im weitergehenden Betrieb regelmäßig überwacht und verifiziert werden müssen. Dabei ist wichtig zu wissen, dass die Durchführung einer HACCP-Risikoanalyse nur dann Sinn macht, wenn bereits ein entsprechendes Hygienekonzept im Betrieb implementiert und die Funktionalität sichergestellt ist. Die Diskussion im Rahmen dieser Risikoanalyse basiert wesentlich auf diesem existenten System, d. h, es wird bei der Betrachtung bereits von entsprechend implementierten Maßnahmen ausgegangen.

Wesentliche Ziele einer HACCP-Betrachtung sind die vorbeugende Verhinderung von Fehlern, das Vermeiden jeglicher Art von Kontaminationen im Endprodukt (chemische, physikalische und mikrobielle Kontaminationen) und letztendlich die Bildung von Vertrauen bei den entsprechenden Konsumenten durch Sicherung der endgültigen Produktqualität. Dabei ist die Methode – wie eigentlich alle diese Methoden – lediglich ausgelegt zur Minimierung der denkbaren Risiken, nicht jedoch um diese Risiken vollständig auszuschalten (keine Null-Risiko-Erwartung), was im Allgemeinen auch nicht möglich ist.

Bedeutung, Hintergründe und das schrittweise Vorgehen sind sehr detailliert niedergelegt und beschrieben im sogenannten Codex Alimentarius, herausgeben als Gemeinschaftswerk der WHO (World Health Organisation) und der FAO (Food and Agriculture Organisation) der United Nations [103]. Wie bereits erwähnt setzt die Durchführung der HACCP-Betrachtung ein gutes und funktionierendes Hygieneprogramm voraus, welches mindestens die folgenden Bestandteile beinhalten sollte: Reinigungs- und Desinfektionsvorschriften, ein Ungezieferkontrollprogramm (pest control), Personalhygienemaßnahmen, die Trennung von sauberen und unsauberen Produktionsbereichen, die Trennung unterschiedlicher Prozess- bzw. Produktlinien zur Vermeidung von Kreuzkontaminationen und andere, die Qualität des Endprodukts sichernde Maßnahmen. Das heißt konkret, dass die HACCP-Methode die Hygienemaßnahmen als Grundlage benötigt und diese ergänzt, nicht aber ersetzt. Umgekehrt ersetzen auch Hygienemaßnahmen nicht die Notwendigkeit der Durchführung einer HACCP-Methode. Die Grundlagen für eine HACCP-Studie sind ein bestehendes und funktionierendes Hygienekonzept.

Im Gegensatz zur FMEA betrachtet man bei der HACCP-Methode bereits die relevante Gefahr (engl.: hazard), d. h. ein unerwünschtes Ereignis mit negativer Auswirkung, bei dem man bereits von einer gewissen Wahrscheinlichkeit des Eintretens ausgeht. Bei der FMEA wurde die Wahrscheinlichkeit noch diskutiert.

Bei der HACCP stehen sowohl biologische, chemische als auch physikalische Gefährdungen im Vordergrund, d. h. mit Blick auf die Lebensmittelindustrie, dem Ursprung der HACCP-Methode, werden hier insbesondere Kontaminationen durch pathogene Mikroorganismen oder andere die Gesundheit des Verbrauchers gefährdende Bakterien, Viren oder Parasiten betrachtet. Im chemischen Bereich werden alle nicht im Lebensmittel erwünschten Chemikalien berücksichtigt, die natürlichen Ursprungs sein können, aber auch durch zusätzlich zugegebene Stoffe oder unvorhergesehene Ereignisse in der Anlage in das Produkt gelangen können. Bei den physikalischen Gefährdungen spielt gerade im Lebensmittelbereich die Kontamination durch Metall oder Glas eine bedeutende Rolle. So wird zum Beispiel stets eine sogenannte Glaspolitik – eine Verfahrensanweisung, die beschreibt, wie man mit diesem Problem generell umgeht – erwartet.

**Tab. 4.3** Definition „Gefährdung" nach HACCP.

| Biologische Gefährdung | Chemische Gefährdung | Physikalische Gefährdung |
|---|---|---|
| z. B. Kontamination mit pathogenen Mikroorganismen inkl. schädigender Bakterien, Viren oder Parasiten | z. B. Konzentrationen von Chemikalien, die den vorgeschriebenen und akzeptablen Grenzwert überschreiten (natürliche Chemikalien sowie bewusst oder unbewusst in den Prozess zugegebene Chemikalien) | z. B. potenziell gefährdende Fremdstoffe, die normalerweise nicht in Lebensmitteln enthalten sein dürfen (z. B. Glas-, Holz- oder Metallsplitter) |

Mit Blick auf diese bestehenden Gefährdungen werden im Rahmen der Risikobetrachtung insbesondere die kritischen Kontrollpunkte (Critical Control Points) gesucht, jene Punkte in einem Prozess oder besser Stufen in einem Verfahren, die wesentlich dazu beitragen, die bestehende Gefährdung derart zu kontrollieren, dass hieraus kein für den Verbraucher unakzeptables Risiko entsteht. Dabei wird der Begriff „kontrollieren" hier im Sinne von „regeln" verwendet und nicht im Sinne einer reinen Überwachung, d. h. es kommt hier der Aspekt des korrigierenden Eingriffs in den Prozess hinzu. Ein Beispiel, welches einen solchen kritischen Kontrollpunkt verdeutlicht, wäre die Temperatur in einem Sterilisationsverfahren, welche – solange die vorgegebenen Grenzen eingehalten werden – dazu beiträgt, dass sich keine fremden und unerwünschten Mikroorganismen im entsprechenden Produkt vermehren können. Das englische Wort „control" ist hier also nicht mit dem deutschen Wort Kontrolle, sondern mit dem deutschen Wort Regelung gleichzusetzen, d. h. es wird nicht an einem bestimmten Punkt des Verfahrens geprüft, sondern effektiv die Qualität geregelt und zusätzlich überwacht.

**Tab. 4.4** Definition „Critical Control Point (CCP)".

| Vorbeugende Maßnahmen | Nachfolgende Maßnahmen |
|---|---|
| Kritische Kontrollpunkte (CCPs) müssen unter ständiger Überwachung durch Personal oder Computersysteme sein. Die Leistungsfähigkeit ist regelmäßig zu prüfen und zu dokumentieren. | Die Abweichung bei einem kritischen Kontrollpunkt erfordert nicht nur die unmittelbare Berichtigung des Fehlers, sondern auch eine Änderung im Prozess, um eine erneute mögliche Abreichung mit Sicherheit ausschließen zu können. |

Hinsichtlich der Vorgehensweise sind für die HACCP-Methode insgesamt sieben Schritte festgelegt und entsprechend den Vorgaben aus dem Codex Alimentarius zwingend einzuhalten. Abweichungen müssen gut begründet und bei Inspektionen entsprechend belegt sein. Bei den sieben Schritten handelt es sich im Einzelnen um:

1. Durchführung einer Risikoanalyse und Festlegung von vorbeugenden Schutzmaßnahmen,
2. Identifizierung von Critical Control Points (CCPs),
3. Festlegung von kritischen Grenzwerten für die Prozessführung an den CCPs,
4. Einrichtung von Überwachungsprozeduren für jeden CCP,
5. Etablierung von zu treffenden Korrekturmaßnahmen, wenn eine kritische Grenze überschritten wird,
6. Etablierung von Maßnahmen zur Verifikation der CCPs und
7. Einrichtung eines Dokumenten-/Aufzeichnungssystems für die CCPs.

Unter Berücksichtigung dieser sieben Prinzipien verläuft auch die HACCP-Methode im Allgemeinen sehr formalistisch eingeteilt in die drei oben bereits angesprochenen Hauptphasen: Vorbereitung, Durchführung der eigentliche Risikoanalyse und Risikomanagement. Abbildung 4.6 verdeutlicht den Gesamtprozess. Die einzelnen Schritte werden nachfolgend näher erläutert.

Im Rahmen der vorbereitenden Tätigkeiten, der Phase I, wird wie bei nahezu allen Risikoanalysenmethoden zunächst das Team, hier das HACCP-Team, formal ins Leben gerufen und die für die Durchsprache erforderlichen Personen namentlich festgelegt. Es macht Sinn, einen Hauptverantwortlichen auszudeu-

**I) VORBEREITUNG**

a) HACCP-Team einberufen
b) Produktbeschreibung
c) Festlegung der Endproduktverwendung
d) Prozessfließbild
e) Detaillierte Prozessbeschreibung

**II) RISIKOANALYSE (HACCP Schritt 1)**

a) Auflistung der potenziellen Gefährdungen
b) Bewertung der Gefährdung
   (Auftretenswahrscheinlichkeit, Auswirkung)
c) Festlegung vorbeugender Maßnahmen

**III) RISIKOMANAGEMENT (HACCP Schritt 2 - 7)**

2. Identifizierung CCPs (Entscheidungsbaum)
3. Festlegung Grenzwerte für CCPs
4. Einrichtung eines Monitoringsystems
5. Festlegung möglicher Korrekturmaßnahmen
6. Maßnahmen zur Verifikation der Funktionalität
7. Einführung Dokumentations- und Aufzeichnungssystem

**Abb. 4.6** Ablauf einer HACCP-Risikoanalyse.

ten, der die Steuerung des Teams und die Moderation der Durchsprachen übernimmt.

An die Teamgründung schließt sich die ausführliche Beschreibung des betrachteten Produkts und des zugehörigen Herstellprozesses an. Speziell bei der HACCP ist es wichtig, hier den Prozess in einem Prozessfließbild so detailliert als möglich darzustellen und für jeden einzelnen Prozessschritt eine detaillierte Beschreibung vorzubereiten. Insbesondere macht es Sinn, ausnahmslos alle Inprozesskontrollen und Überwachungsgrößen im Prozessfließbild auf der jeweiligen Stufe des Verfahrens einzuzeichnen. Es wird erkennbar, dass die Durchführung einer HACCP-Risikoanalyse in jedem Fall ein gutes Grundverständnis über den betrachteten Prozess und seine Überwachung, d. h. die Qualitätskontrolle, voraussetzt.

In der sich anschließenden Phase II, der eigentlichen Risiko-, besser Gefahrenanalyse, wird vergleichbar mit der FMEA zunächst mit der Risikosammlung begonnen. Jedes Risiko bzw. jede Gefahr wird hinsichtlich Auftretenswahrscheinlichkeit und Auswirkung bewertet, hier jedoch rein qualitativ ohne Zugrundelegung von Zahlenfaktoren und mit der Grundannahme, dass die entsprechenden Risiken auch tatsächlich mit einer gewissen Wahrscheinlichkeit bestehen. Dabei wird empfohlen, die möglichen Risiken systematisch, orientiert an den Kategorien „biologische", „chemische" und „physikalische Gefährdung" zu diskutieren und sich insbesondere Gedanken hinsichtlich Auswirkung auf den Endkonsumenten zu machen. Zu jedem Risiko bzw. zu jeder bestehenden Gefahr werden vorbeugende Maßnahmen diskutiert, die im Allgemeinen bestehen oder getroffen werden müssten, um das entsprechende Risiko zu beherrschen. Maßnahmen werden hierbei grundsätzlich diskutiert mit Blick auf Vermeidung, Eliminierung bzw. Reduzierung des entsprechenden Risikos in der Reihenfolge der gemachten Aufzählung. Abhängig von der bestehenden bzw. festgelegten Maßnahme und deren erwarteten Wirksamkeit wird dann entschieden, ob ein bestimmtes Risiko im Rahmen des sich anschließenden Risikomanagements weiterverfolgt wird oder nicht.

Sind alle Risiken bzw. Gefahren, ihre Bewertung und die zugehörigen Maßnahmen diskutiert und dokumentiert, erfolgt in der letzten Phase, dem eigentlichen Risikomanagement, die Weiterbehandlung der ausgewählten Risiken, d. h. die Identifizierung der entsprechenden Critical Control Points. Im Wesentlichen sind es jene Schritte in einem Prozess, bei denen es möglich und auch notwendig ist, eine entsprechende Gefahr unter Kontrolle zu halten, wobei die Zuverlässigkeit der entsprechenden Maßnahme gegeben sein muss, um einen solchen Kontrollpunkt als kritischen Kontrollpunkt zu bezeichnen. Aus den Ausführungen wird deutlich, dass es neben den Critical Control Points auch einfache, für den Betrieb notwendige Control Points geben kann, wobei der Critical Control Point im Allgemeinen jener Regelungs- und Kontrollpunkt ist, nach dem es keine weitere Möglichkeit mehr gibt, eine entsprechende Gefährdung unter Kontrolle zu halten. Zu jedem dieser so definierten kritischen Kontrollpunkte muss es eindeutig spezifizierte Überwachungs- oder Lenkungsbedingungen (Grenzwerte) geben, die entsprechend aufgezeichnet werden und für die entsprechende Maßnahmen festzulegen und zu ergreifen sind, sobald ein solcher Grenzwert überschritten

## 4.7 Die Risikoanalyse

wird. Im Falle der zuvor genannten Sterilisationstemperatur könnte eine solche Lenkungsgröße beispielsweise der untere Temperaturgrenzwert sein, der während des Sterilisationsprozesses nicht unterschritten werden darf. Eine denkbare Maßnahme wäre die Unterbrechung des Sterilisationsprogramms und ein entsprechender Neustart.

Bei einer Vorgehensweise nach der HACCP-Methode verlässt man sich jedoch im Allgemeinen nicht allein auf die Risikoanalyse mit Identifizierung von kritischen Kontrollpunkten und Festlegung von Lenkungsgrößen und Korrekturmaßnahmen. Vielmehr wird im Rahmen des Gesamtprogramms zusätzlich auch die Verifizierung, d. h. die Sicherstellung der Funktionalität des Überwachungsschritts gefordert. Hierzu zählen beispielsweise die Untersuchungen des Endprodukts, zusätzliche Inprozesskontrollmethoden, zusätzliche mikrobiologische Untersuchungen, die Untersuchungen jeglicher Art von Abweichungen und Vorkommnissen. So könnte ein vermehrtes Auftreten mikrobieller Kontaminationen bei obigem Beispiel zeigen, dass die angegebene Temperaturregelung entweder nicht hinreichend funktioniert oder es sich, mit Blick auf das Gesamtverfahren an dieser Stelle nicht wirklich um einen kritischen Kontrollpunkt handelt, da das Produkt eventuell in nachfolgenden Schritten nochmals verkeimen kann.

Auch diese Methode läuft streng formalistisch nach einem fest in den Regelwerken vorgegebenen Schema ab. Als wesentliche Unterschiede zur FMEA sind hier jedoch zu sehen, dass man bei der HACCP-Methode schon von ganz konkreten Gefährdungen ausgeht, dass die Auswirkungen eindeutig und klar immer mit Blick auf den Endkonsumenten diskutiert werden, dass es eine Vorselektion von Risiken gibt, die im Rahmen des Risikomanagements weiterbehandelt werden und dass das Endziel in der Etablierung von kritischen Kontrollpunkten, d. h. von Lenkungsstufen im Prozess liegt, während das Ergebnis bei der FMEA rein die umzusetzenden Maßnahmen sind.

Speziell für die Festlegung der kritischen Kontrollpunkte gibt es gerade im Codex Alimentarius als zusätzliche Hilfestellung einen entsprechenden Entscheidungsbaum für die Feststellung, ob es sich wirklich um einen kritischen Kontrollpunkt handelt oder nicht. Da es bei der HACCP-Methode keine zahlenmäßige Einstufung der einzelnen Risiken gibt, tut man sich hier im Allgemeinen leichter, die Risiken rein qualitativ zu bewerten und zu diskutieren. Umgekehrt verursacht diese Methode oft große Schwierigkeiten, einen wirklichen Critical Control Point von einer einfachen Inprozesskontrolle zu unterscheiden. Allzu oft wird Letztere als CCP definiert, was jedoch in Wirklichkeit kein Schritt ist, der ein Risiko beherrschen kann.

Als Letztes sei darauf hingewiesen, dass die HACCP-Methode in ihrer reinen Form für die Risikobetrachtung eines GMP-Prozesses im Allgemeinen nicht ausreicht, da im Rahmen der GMP-Betrachtungen nicht nur CCPs von Wichtigkeit sind, sondern auch alle notwendigen und noch durchzuführenden Maßnahmen, die erforderlich sind, um die GMP-Compliance zu erlangen. Hierzu gehört insbesondere auch die Identifikation qualitätskritischer Messgrößen, die regelmäßig kalibriert werden müssen, ebenso die Ausdeutung relevanter Verfahrensschritte, die im Rahmen der nachfolgenden Validierung abzusichern sind, um nur zwei wesentliche Beispiele zu nennen. Für einen GMP-relevanten Prozess ergibt sich damit die Notwendigkeit entweder zwei verschiedene Risikoanalysen oder besser eine kombinierte Risikoanalyse durchzuführen, wobei bei Letzterer die HACCP-Risikoanalyse in ihrer Form so modifiziert wird, dass sie auch die Betrachtung allgemeiner, GMP-relevanter Punkte zulässt. In Anlage 8 und Anlage 9 finden sich Muster zur Dokumentation einer solchen HACCP-Risikoanalyse, die durchaus auch die Betrachtung von allgemeinen GMP-Punkten zulässt. Darüber hinaus soll die folgende Fallstudie die genaue Vorgehensweise bei einer HACCP-Studie noch einmal verdeutlichen.

Führen wir das oben genannte Beispiel mit der Sterilisation des Produkts fort und nehmen wir an, dass dieses so behandelte Produkt in den nachfolgenden Schritten nach Umkristallisation auf der bereits beschriebenen Filterwalze gewaschen und anschließend, nach erneuter Auflösung sprühgetrocknet und danach der Abfüllung zugeführt wird. Nehmen wir weiter an, dass es sich bei dem Produkt um eine Substanz handelt, die grundsätzlich anfällig für mikrobielle Kontaminationen ist und dass ferner für das Endprodukt eine Keimspezifikation von weniger als $10^2$ lebensfähigen Keimen pro Milliliter besteht. Ein typisches zu diesem Verfahrensabschnitt gehörendes Fließbild zeigt Abb. 4.7.

Dem ersten Prinzip der HACCP-Methode folgend werden nun die einzelnen Risiken identifiziert, diskutiert und erste vorbeugende Maßnahmen, die zu den

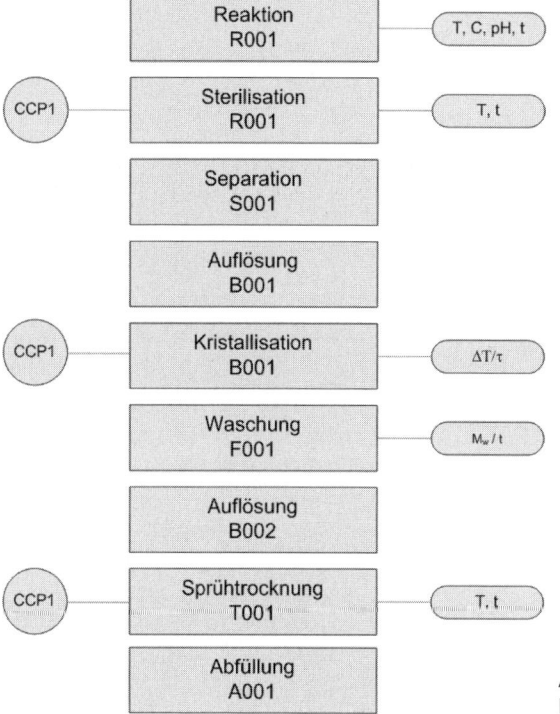

**Abb. 4.7** Verfahrensfließbild Musterprozess.

Risiken existieren, analysiert. Mögliche Risiken wären beispielsweise: eine Produktschädigung durch zu hohe Temperaturen oder zu lange Temperatureinwirkung, unzureichende Abtötung von Mikroorganismen auf den einzelnen Stufen, Verunreinigungen des Produkts auf der Filterwalze durch Partikel, unzureichende Wascheffekte und andere. Eine typische Auflistung und Diskussion dieser Risiken findet sich in Blatt 1 der HACCP-Risikoanalyse, Anlage 8.

Betrachten wir im Folgenden die mögliche Gefährdung einer unzureichenden Abtötung von Mikroorganismen auf der Stufe der Sterilisation etwas näher. Die Auswirkungen, die sich hieraus ergäben, wären ein nicht gewünschtes Keimwachstum in den nachfolgenden Prozessschritten und ggf. eine Überschreitung der geforderten Endproduktspezifikation, die durchaus zu einer Schädigung des Endverbrauchers führen könnte. Die Wahrscheinlichkeit einer solchen Abweichung ist prinzipiell gegeben, da ein entsprechender technischer Defekt nie auszuschließen ist. Betrachtet man die zu diesem Risiko existierenden Maßnahmen, so sind hier sicherlich vorweg die permanente Aufzeichnung und Überwachung der kritischen Parameter sowie die Alarmierung bei Abweichung zu nennen. Offen bleibt nun – in Bezug auf das zweite Prinzip der HACCP-Methode – ob man es an dieser Stelle hinsichtlich der Keimabtötung bereits mit einem kritischen Kontrollpunkt zu tun hat oder nicht. Hier kann der im Codex Alimentarius abgebildete Entscheidungsbaum ggf. weiterhelfen.

Die erste im Entscheidungsbaum gestellte Frage, ob entsprechend vorbeugende Überwachungsmaßnahmen bestehen, kann mit einem eindeutigen „ja" beantwortet werden. Die zweite Frage, ob dieser Verfahrensschritt speziell zur Eliminierung oder Reduzierung des betrachteten Risikos entwickelt wurde, bereitet schon mehr Diskussionsstoff. Geht man davon aus, dass der Sterilisationsschritt in der Tat ausschließlich für die Reduktion der Keimbelastung eingefügt worden wäre, so müsste man diese Frage mit „ja" beantworten und es würde sich an dieser Stelle um einen kritischen Kontrollpunkt handeln. Dient dieser Schritt jedoch lediglich der Keimreduktion auf dieser Stufe des Prozesses, da das Produkt in den Folgeschritten ja wieder verkeimen kann und liegt der Fokus zur Erreichung der Endproduktspezifikation bei der Sprühtrocknung, so würde man hier mit „nein" antworten und im Entscheidungsbaum weiter nach unten gehen. Die nächste Frage, ob die Kontamination über dem Grenzwert liegen könnte, müsste dann mit „ja" beantwortet werden, ebenso wie die Frage, ob ein nachfolgender Schritt das identifizierte Risiko zuverlässig reduzieren würde. Das Endergebnis in diesem Fall wäre, dass es sich bei der Sterilisation nicht um einen kritischen Kontrollpunkt handelt, sondern dieser bei der Sprühtrocknung liegt. Diese Fragen sind grundsätzlich für alle Prozessstufen und -schritte zu beantworten, bei denen anzunehmen ist, dass ein kritischer Kontrollpunkt vorliegt.

Sind alle kritischen Kontrollpunkte identifiziert, so werden diese entsprechend den Prinzipien 3–7 der HACCP-Methode weiterbehandelt. Hierzu können die betreffenden Schritte z. B. in eine weitere Tabelle übertragen werden, wie sie in Blatt 2 der Risikoanalyse, Anlage 9, dargestellt ist. In dieser Tabelle werden zu jedem kritischen Kontrollpunkt die entsprechenden kritischen Grenzwerte eingetragen wie z. B. obere oder untere Temperaturgrenze. In Bezug auf das geforderte Überwachungssystem wird angegeben, wie die einzelnen Grenzwerte aufgezeichnet bzw. überwacht und ggf. alarmiert werden. Im Allgemeinen geschieht dies heute bei Wirkstoffanlagen in typischer Weise über das zentrale Prozessleitsystem, kann aber durchaus auch manuell in entsprechenden Handbüchern erfolgen. Als mögliche Maßnahmen bei Überschreitung der vereinbarten Grenzwerte können zum Beispiel zusätzliche Inprozesskontrollen, der Stopp der Produktion oder gar der Verwurf der entsprechend hergestellten Charge festgelegt werden. Eine Besonderheit bei dem HACCP-Konzept besteht darin, dass Funktionalität und Zuverlässigkeit der kritischen Kontrollpunkte regelmäßig durch geeignete Maßnahmen verifiziert werden müssen. Im Falle der diskutierten Sprühtrocknung könnte eine solche Verifikationsmethode z. B. die tägliche Probenahme und Untersuchung auf lebensfähige Keime sein. Am Ende der gesamten Risikoanalyse steht schließlich die Umsetzung der Einzelmaßnahmen, insbesondere aber die feste Etablierung der identifizierten kritischen Kontrollpunkte und deren permanente Überwachung.

Dieses Fallbeispiel zeigt, dass auch die HACCP-Methode keine einfache und immer ganz eindeutige Vorgehensweise bietet. Auch hier gibt es jede Menge an Diskussions- und Interpretationsmöglichkeiten. Es zeigt aber auch sehr schön, dass im Gegensatz zur FMEA oder zu anderen Risikoanalysenmethoden es hier nicht nur um einmalig umzusetzende Maßnahmen, sondern um permanent in der Überwachung befindliche Kontrollfunktionen geht, die regelmäßig hinsichtlich ihrer Qualität und Zuverlässigkeit geprüft werden müssen.

#### 4.7.2.4 Die freie Risikoanalyse

Anders als im Falle der FMEA- und HACCP-Methode gibt es bei einer freien Risikoanalyse keine Vorgabe zur formalen Vorgehensweise und auch keine Vorgabe zu Art und Weise der Dokumentation der Durchspracheergebnisse. Der Begriff „frei" sollte hier jedoch mehr mit Blick auf die Notwendigkeit einer quantitativen Bewertung bzw. einer vorgegebenen, schematisierten Einstufung gesehen werden. Solche Vorgaben gibt es hier nicht, eine Bewertung erfolgt rein qualitativ nach subjektiver Einschätzung. Die Art und Weise der Dokumentation der Ergebnisse hängt davon ab, was ihm Team einvernehmlich festgelegt wird.

Unabhängig von jeglicher regulatorischen Vorgabe wird man jedoch stets gezwungen sein, eine gewisse Systematik und einen bestimmten formalen Ablauf einzuhalten, da ansonsten eine vollständige und strukturierte Abarbeitung nicht möglich sein wird. So hat es sich auch bei freien Risikoanalysen eingebürgert, diese sehr häufig in tabellarischer Form, am Verfahrensablauf orientiert durchzuführen. Wesentliche Unterschiede gibt es dabei nur bei den verschiedenen Bewertungsspalten, die mal mehr oder weniger detailliert ausgeführt werden. Beispiele hierzu finden sich in den Anlagen 10 und 11. Darüber hinaus gibt es auch noch die Möglichkeit, die Ergebnisse rein als Besprechungsnotiz zu dokumentieren, wie dies in Anlage 12 dargestellt ist.

Wichtig ist, unabhängig von Form und Vorgehensweise, dass die wesentlichen Risiken erkannt und die Maßnahmen zielgerichtet festgelegt werden. Dies muss aus dem Enddokument der Risikoanalyse in jedem Fall hervorgehen.

#### 4.7.2.5 Vor- und Nachteile der einzelnen Methoden

Zunächst ist noch einmal festzuhalten, dass sich die verschiedenen Methoden aus unterschiedlichen Zielrichtungen heraus entwickelt haben und somit jede Methode für sich ihre Berechtigung hat. Wirklich hundertprozentig lassen sich die Methoden nicht miteinander vergleichen. Dennoch sollen hier ein paar Anmerkungen zu ihren Vor- bzw. Nachteilen gemacht werden, da alle beschriebenen Methoden an verschiedenen Stellen im GMP-Bereich eingesetzt werden.

Beginnend mit der HACCP-Methode ist hier ganz klar anzumerken, dass diese sehr spezifisch auf Hygieneaspekte insbesondere im Lebensmittelbereich ausgerichtet ist. Es ist ein Werkzeug, um vornehmlich Prozess- und Steuerungsparameter ausfindig zu machen, mit denen man ein mikrobiologisches Kontaminationsrisiko weitgehend ausschließen kann. Die HACCP-Methode ist in ihrer Grundform normalerweise nicht dafür geeignet, andere GMP-relevante Risiken zu behandeln und die dafür notwendigen Maßnahmen festzulegen. Nutzt man die HACCP-Methode, so ist es erforderlich, diese derart zu modifizieren, dass damit auch allgemeine GMP-Risiken erfasst und verfolgt werden können. Umgekehrt bereitet es erfahrungsgemäß oft sehr viele Probleme, im Rahmen einer allgemeinen Risikodurchsprache wirklich kritische Kontrollpunkte bzw. Prozessstufen als solche zu erkennen. Besteht von regulatorischer Seite nicht die zwingende Vorgabe der Durchführung einer HACCP-Risikoanalyse, so sollte man darauf im Allgemeinen verzichten und die FMEA-Methode oder die freie Form einer Risikoanalyse vorziehen. Diese Methoden sind für die allgemeine GMP-Betrachtung deutlich besser geeignet.

Bei der FMEA-Methode handelt es sich um eine Vorgehensweise, bei der man versucht hat, mithilfe von Zahlenwerten die Beurteilung von Risiken zu objektivieren. Dies mag in Teilen auch gelungen sein und hilft insbesondere dort weiter, wo man die einzelnen Bewertungszahlen wiederum ganz eindeutig auf messbare Kriterien zurückführen kann (z. B. in der Automobilindustrie, wo man die Zahl der Ausfälle bei der Fertigung eines bestimmten Bauteils genauestens beziffern kann). Schwierigkeiten bereitet die Methode dann, wenn die Bewertungszahlen – wie im GMP-Bereich – nicht auf messbaren Kriterien, sondern lediglich auf subjektiven Empfindungen beruhen. Spätestens dann wird die Auswahl einer Bewertungszahl nicht selten zum Ratespiel und allzu häufig kann man feststellen, dass die Auswahl in letzter Konsequenz lediglich mit Blick auf das Gesamtergebnis erfolgt, d. h. dass die Bewertungszahlen so gewählt werden, dass sich aus der resultierenden RPZ unter Umständen keine weiteren Maßnahmen ableiten. Mit dieser Vorgehensweise wird die FMEA-Methode jedoch ad absurdum geführt. Das Endergebnis in diesem Fall ist sicherlich fraglich.

Bei einer freien Risikoanalyse hat man die oben besprochenen Nachteile im Allgemeinen nicht. Hier steht in der Tat das Auffinden von Risiken und das Festlegen sinnvoller und praktikabler Maßnahmen im Vordergrund, weshalb diese Form der Risikoanalyse prinzipiell zu bevorzugen ist. Allerdings muss auch hier noch einmal differenziert werden, ob die Risikoanalyse basierend auf einer tabellarischen Darstellung oder in völlig freier Form, d. h. basierend auf einfachen Besprechungsprotokollen durchgeführt wird. Bei allen Formen von Risikoanalysen, bei denen die Risiken vorgedacht und in einer Tabelle aufgeführt werden, hat man erfahrungsgemäß das Problem, dass man die Teilnehmer selten dazu bewegen kann, neue Risiken ausfindig zu machen. Oft hangelt man sich hier stur an der Tabelle entlang. Gibt man die Risiken dagegen zunächst nicht vor, hat man den großen Vorteil, dass alle an der Runde teilnehmenden Personen gezwungen sind, hier im Rahmen eines Brainstormings initiativ die unterschiedlichen Risiken selbst aufzudecken, was im Allgemeinen zu einer größeren Anzahl erkannter Risiken führt. Zugegebenermaßen ist diese Vorgehensweise häufig wesentlich langwieriger und zäher als das Entlangarbeiten an einer Tabelle.

Als Fazit lässt sich abschließend festhalten – wobei dies lediglich die subjektive Meinung des Autors wiedergibt –, dass die sinnvollste Methode zur Durchführung einer Risikoanalyse im GMP-Bereich die freie Risikoanalyse mit tabellarischer Darstellung ist, wobei das Auffinden der einzelnen Risiken idealerweise in Form einer Kartenabfrage nach der Brainstorming-Methode erfolgen sollte.

### 4.7.3
**Forderungen aus den Regelwerken**

Lange Zeit war in den gängigen GMP-Regelwerken, insbesondere in den für die Qualifizierung und Validierung relevanten Richtlinien keinerlei Hinweis auf die Durchführung einer Risikoanalyse zu finden. Die explizite Anwendung einer solchen Risikoanalyse war zu keinem Zeitpunkt von Behördenseite offiziell gefordert. Unabhängig davon setzte die Industrie gerade im Zusammenhang mit dem Neu- oder Umbau pharmazeutischer Anlagen dieses Werkzeug immer häufiger ein, nicht zuletzt um den aus den GMP-Anforderungen resultierenden Aufwand auf ein Minimum zu beschränken. Schnell hatte man erkannt, dass es sich hierbei um eine einzigartige Möglichkeit handelt, seine Aktivitäten begründet und nachvollziehbar auf das notwendige Maß zu reduzieren. Darüber hinaus half dieses Werkzeug vorzüglich bestimmte Aktionen zu hinterfragen und die notwendigen Begründungen zu liefern, warum bestimmte Dinge gemacht wurden und andere wiederum nicht, was insbesondere bei späteren Kunden- und Behördenaudits oftmals sehr hilfreich war. Eine Festlegung auf eine bestimmte Form einer Risikoanalyse gab es dabei nicht.

Eine offizielle Forderung nach einer formalen Risikoanalyse tauchte erstmals Anfang 2001 mit dem Annex 15 zum EU-GMP-Leitfaden auf. Dort heißt es im Kapitel 1 (Prinzipien): „... *weiterhin sollte eine Risikobewertung vorgenommen werden, um Validierungsumfang und -tiefe bestimmen zu können*" [104]. Im Kapitel „Änderungskontrolle" findet man unter Punkt 44 schließlich noch die Anmerkung, dass die aus Änderungen an Einrichtungen, Anlage und Prozess eventuell resultierenden Auswirkungen auf das Produkt bewertet werden müssen und dass dies die Anwendung einer Risikoanalyse einschließt. Jedoch wird auch hier keine Vorgabe über die Form der durchzuführenden Risikoanalyse gemacht.

Mittlerweile fordern GMP-Regeln an unterschiedlichsten Stellen, insbesondere im Zusammenhang mit der Validierung und Kalibrierung, dass die Auswahl der zu validierenden Prozess- und Reinigungsschritte und die Auswahl der zu kalibrierenden Messeinrichtungen begründet und die Begründung schriftlich festgehalten sein muss. Die FDA selbst sagt, „... *all decisions made should strongly be based on a sound scientific rational ...*" beziehungsweise „... *control all manufacturing steps, validate critical process steps*" [105]. Die WHO spricht dieses Thema in ihrem Leitfaden zur Validierung von Herstellungsprozessen [106] konkret im Zusammenhang mit der prospektiven Verfahrensvalidierung an und erklärt, dass der Prozess hierzu in individuelle Einzelschritte unterteilt und hinsichtlich der Auswirkungen auf das Endprodukt untersucht werden muss.

Dass sich gerade in diesem Zusammenhang in letzter Zeit sehr viel geändert hat zeigt u. a. auch die sehr aktuelle Initiative der FDA unter dem Titel „Pharmaceutical cGMPs for the 21st Century: A Risk-Based Approach" [107]. Mit dieser sehr modernen und auf Zukunftstechnologien ausgelegten Initiative legt die FDA nicht nur einen Schwerpunkt auf die Durchführung von Risikoanalysen innerhalb der herstellenden Betriebe, sondern unterwirft sich selbst diesen Anforderungen, um zum Beispiel basierend auf einer formalen und quantitativen Risikoanalyse Umfang und Zielrichtung zukünftiger Inspektionen festzulegen und damit die vorhandenen Ressourcen sinnvoll einzusetzen.

Heute ist die Risikoanalyse aus dem GMP-Umfeld nicht mehr wegzudenken. Nicht nur dass sie die generelle Möglichkeit zu sinnvollen Einschränkung des Aufwands gerade im Bereich der Validierung und Qualifizierung bietet und versucht die wirklichen kritischen Punkte hervorzuheben, sie hilft auch maßgeblich allen an der Umsetzung von GMP-Maßnahmen beteiligten Personen den Prozess besser zu verstehen und ihn damit zuverlässiger und reproduzierbar zu betreiben.

Mittlerweile gibt es eine Fülle zusätzlicher, überwiegend von Industrie und Fachverbänden herausgegebenen Broschüren und Leitlinien, die sich ausführlich mit dem Thema „Risikoanalyse und deren Durchführung" beschäftigen. Eine der bekanntesten im GMP-Umfeld ist die ISPE-Baseline „Commissioning and Qualification" [108], die in diesem Zusammenhang von einem Impact Assessment spricht. Ganz neu und aktuell ist die im Rahmen des oben genannten FDA-Programms von der ICH herausgegebene Richtlinie ICH Q9, „Quality Management" [109], auf die in Abschnitt 4.7.6 kurz eingegangen wird.

#### 4.7.4
**Allgemeine Kriterien zur Durchführung**

Die Durchführung von Risikoanalysen ist unabhängig von der gewählten Methode an bestimmte Mindestvoraussetzungen gebunden, ohne deren Erfüllung es keinen Sinn machen würde, überhaupt damit zu beginnen. Auf diese Randbedingungen und Mindestvoraussetzungen soll im Folgenden kurz eingegangen werden, bevor die Details zur Durchführung näher erläutert werden.

##### 4.7.4.1 Zeitpunkt der Risikoanalyse
Eine der wichtigsten im Zusammenhang mit der Durchführung einer Risikoanalyse gestellten Fragen ist diejenige nach dem konkreten Zeitpunkt, d. h. die Frage:

„Wann kann ich frühestens bzw. wann muss ich spätestens mit der Risikoanalyse beginnen?" Bei geplanten neuen Anlagen, bei der Einführung neuer Verfahren oder bei geplanten Änderungen an bestehenden Anlagen und Verfahren sollte die Risikobetrachtung so früh als möglich durchgeführt werden, idealerweise schon zum Zeitpunkt der Verfahrensauslegung, da durch die Ergebnisse Anlage und Verfahren noch maßgeblich beeinflusst werden können. Wird das Produkt schon zuvor in einer „Pilot-Anlage" hergestellt und wird das darin hergestellte Produkt am Mensch oder Tier eingesetzt (z. B. Herstellung von Material für klinische Studien), so ist eine Risikoanalyse sowohl für die Pilot-Anlage als auch für die spätere Produktionsanlage durchzuführen.

Der früheste Zeitpunkt wird sicherlich auch dadurch festgelegt, dass hier schon ausreichend Informationsmaterial verfügbar sein muss, um überhaupt sinnvoll eine Risikobetrachtung durchführen zu können. Das heißt, es müssen mindestens ausreichend Informationen über Produkt, Verfahren und zugehörige Prozesse in dokumentierter Form – die eigentliche Basis der Betrachtung – vorliegen. Der späteste Zeitpunkt wird sicherlich dadurch vorgegeben, dass es prinzipiell noch möglich sein sollte, die aus der Risikoanalyse resultierenden Ergebnisse in die Tat umzusetzen. Ist die Planung oder gar die Ausführung schon so weit fortgeschritten, dass hier nur noch mit Notmaßnahmen reagiert werden kann, so liegt der gewählte Zeitpunkt sicherlich deutlich zu spät.

Grundsätzlich muss man hinsichtlich des Zeitpunkts der Durchführung einer Risikoanalyse auch bedenken, dass dies keine einmalige Angelegenheit, sondern ein vielstufiger Prozess ist, der zum Teil auch iterativ abläuft. Ähnlich wie man es von der Sicherheitsbetrachtung bei Chemieanlagen kennt, kann auch die GMP-Risikoanalyse in mindestens drei Stufen mit unterschiedlicher Detailtiefe unterteilt werden. Die erste Stufe als erste grobe Analyse zur Feststellung des relevanten GMP-Umfangs, wie in Abschnitt 4.4. „Die GMP-Einstufung" bereits beschrieben, die zweite Stufe, bei der das Verfahren hinsichtlich qualitätskritischer Schritte und Prozessparameter analysiert wird und schließlich die dritte Stufe, bei der die tatsächliche Anlagenausführung – das Design – und die Prozessrealisierung im Detail betrachtet und diskutiert werden. Im ISPE-Baseline „Commissioning and Qualification" wird hier zum Beispiel nur von zwei Stufen ausgegangen und zwischen dem sogenannten „Impact Assessment" und dem „Enhanced Design-Review" unterschieden. Beim Impact Assessment – der ersten Stufe – erfolgt die wesentliche Unterscheidung, ob ausgewählte Systeme einen direkten, einen indirekten oder keinen Einfluss auf die Produktqualität haben und damit lediglich nach Good Engineering Practice oder aber nach GMP betrachtet und damit qualifiziert werden müssen. Im Enhanced Design-Review – der zweiten Stufe – erfolgt dann eine detaillierte Risikoanalyse, hier zum Beispiel in Form einer formalen FMEA. Der eigentliche Produkt herstellende Prozess, das Herstellungsverfahren, wird hier nicht weiter im Detail betrachtet. Eine Tatsache, die auffällig ist und die einem in der Praxis sehr häufig begegnet, dass Anlagentechnik und Verfahren in einem gewissen Maße differenziert und von unterschiedlichen Personenkreisen betrachtet werden.

Eine wiederholte Durchführung der Risikoanalyse kann dabei grundsätzlich auf allen Stufen abhängig von der Prozessentwicklung und dem Projektfortschritt notwendig werden. Es macht Sinn, die komplette Risikoanalyse als gepflegtes Dokument über den gesamten Lebenszyklus der Anlage bzw. des Prozesses hinweg fortzuführen und abhängig von notwendigen Änderungen oder Überarbeitungen zu revisionieren.

Bei bestehenden Altanlagen und etablierten Verfahren ist die Risikoanalyse im Allgemeinen der Ausgangspunkt zur Festlegung der Qualifizierungs- und Validierungsaktivitäten und sollte daher grundsätzlich zu Beginn des entsprechenden Validierungsprojekts durchgeführt werden. Ein anderes Rational zur Festlegung des Zeitpunkts gibt es hier nicht.

#### 4.7.4.2 Formale Voraussetzungen

Sind der Zeitpunkt und die grundsätzliche Methode der Risikoanalyse geklärt, so sind weitergehende formale Voraussetzungen notwendig, bevor mit der eigentlichen Durchsprache begonnen werden kann. Hierzu zählen mindestens die Organisation und Umfangsabgrenzung, d. h. konkret:

- Das die Risikoanalyse durchführende Team muss etabliert, die Teilnehmer als solche namentlich benannt sein. Bei GMP-Projekten erfolgt dies üblicherweise zusammen mit der Benennung des Validierungsteams, welches auch für die Durchführung der Risikoanalyse verantwortlich ist. Wichtig ist, dass man bei der Zusammensetzung des Teams berücksichtigt, dass alle notwendigen Fachdisziplinen vertreten sind. Hierzu gehören mindestens der für die Herstellung verantwortliche Betriebsleiter, die Technik, die Qualitätseinheit, die Verfahrensentwicklung und die Qualitätskontrolle, sofern diese von der Qualitätseinheit getrennt ist. Ferner ist ein Koordinator zu bestimmen, der hauptverantwortlich die Teamorganisation und Moderation der Besprechungen übernimmt. Gerade bei Risikoanalysen ist es aus Erfahrung heraus sehr wichtig, dass die Moderation sehr gut und straff geführt wird, um die Diskussionen nicht ins Unendliche ausufern zu lassen.
- Die spezifische Vorgehensweise bei der Risikoanalyse muss grundsätzlich in einer Verfahrensanweisung zuvor schriftlich geregelt sein, die gültig und offiziell freigegeben ist. Hierin wird dann festgelegt, ob man dem Schema einer FMEA, einer HACCP oder einer freien Risikoanalyse folgt.
- Der Umfang der Risikoanalyse (Verfahrensstufen, Anlagenkomponenten, Gebäude und Räumlichkeiten) muss, soweit möglich, eindeutig schriftlich festgelegt sein. Dies kann zum Beispiel in der „GMP-Einstufung" oder aber im einleitenden Teil der Risikoanalyse erfolgen. Eine grafische Darstellung der zu behandelnden Verfahrensschritte und Anlagenkomponenten ist in jedem Fall sehr sinnvoll und hilfreich.
- Schließlich sind alle für die Durchsprache notwendigen und hilfreichen Dokumente zu beschaffen und ebenfalls schriftlich in der Einleitung der Risikoanalyse festzuhalten. Dies sollte unter genauer Angabe der Dokumententitel und nach Möglichkeit der Revisionsnummer erfolgen, sodass später zu

jedem Zeitpunkt ersichtlich ist, auf welcher konkreten Basis die Durchsprache erfolgte.

### 4.7.4.3 Gliederung

Neben der Einteilung der Risikoanalyse in die unterschiedlichen Detaillierungsstufen kann es durchaus Sinn machen, bei sehr umfangreichen und komplexen Projekten die Risikoanalyse grundsätzlich auch thematisch zu trennen. Sinnvoll wäre hier eine Unterteilung in eine:
– Risikoanalyse „Herstellungsverfahren",
– Risikoanalyse „Reinigungsverfahren",
– Risikoanalyse „Gebäude und Anlage" und
– Risikoanalyse „Computersysteme".

Diese Gliederung ist sicher nicht zwingend. Bei kleineren und überschaubaren Projekten kann hier durchaus auch eine Gesamtbetrachtung auf Basis der Herstellungsvorschrift, der einzelnen RI-Schemata und anderer beschreibender Dokumente sinnvoll sein. Auch kann die Risikoanalyse bei kleinen Projekten durchaus sehr einfach und übersichtlich in einem einzelnen Formular dokumentiert werden, wie in Abschnitt 4.7.2 vorgestellt.

Bei großen Projekten macht diese Unterteilung jedoch Sinn, allein schon deshalb weil abhängig von den verschiedenen Themen durchaus unterschiedliche Personenkreise an der Risikoanalyse beteiligt sind. Dies gilt insbesondere für die sehr komplexen und oft aufwändig zu diskutierenden Computersysteme.

In den nachfolgenden Abschnitten wird speziell auf die detaillierten Anforderungen bei der Risikoanalyse „Herstellungsverfahren", „Reinigungsverfahren", „Gebäude und Anlage" näher eingegangen. Um die Konzentration mehr auf den sachlichen Inhalt zu lenken und weniger auf die Form, wird zunächst von einer freien Risikoanalyse ausgegangen, die rein auf der inhaltlichen Durchsprache beruht und keine besonderen Anforderungen an die Dokumentation stellt.

### 4.7.5
**Details zur Durchführung**

#### 4.7.5.1 Risikoanalyse „Herstellungsverfahren"

Das Herstellungsverfahren ist das Herzstück eines jeden GMP-Prozesses. Seine Beherrschung und das tief greifende Wissen über die einzelnen Vorgänge ist die Grundvoraussetzung zur Erfüllung aller GMP-Anforderungen und zur Sicherstellung der gewünschten Endproduktqualität. Die Risikoanalyse „Herstellungsverfahren" sollte die höchste Priorität haben, noch vor der Betrachtung der Produktionsanlage und der zugehörigen Reinigungsverfahren. Nur wer das Verfahren wirklich versteht, kann im Nachgang beurteilen, ob bestimmte Anlagenteile oder bestimmte Reinigungsverfahren als kritisch zu bewerten sind oder nicht. Diese Ansicht teilt mittlerweile auch die Behörde, wie z. B. aus der neuesten FDA-Initiative erkennbar wird, wo neben der Risikoanalyse auch das Prozessdesign verstärkt behandelt wird, ein Thema, bei dem es vornehmlich um das Verständnis des Prozesses und die dementsprechende Gestaltung geht. Die ICH hat hierzu sogar eine eigene Richtlinie – die ICH Q8 – herausgebracht [110].

Wenn die Risikoanalysen „Herstellungsverfahren", „Produktionsanlage" und „Reinigungsverfahren" getrennt voneinander mit unterschiedlichen Personenkreisen durchgeführt werden, so sollten mindestens die Ergebnisse der Risikoanalyse „Herstellungsverfahren" als Grundvoraussetzung zur Durchführung der anderen Risikoanalysen rechtzeitig vorliegen.

Das eigentliche Ziel der Risikoanalyse „Herstellungsverfahren" ist es abzuklären, welche konkreten Risiken mit Blick auf die Produktqualität vom Herstellungsverfahren selbst ausgehen, welches die für eine reproduzierbare und zuverlässige Produktqualität relevanten Regel- und Steuerungsparameter sind und welche Maßnahmen im Einzelnen ergriffen werden müssen, um eine eventuell negative Beeinflussung der Produktqualität zuverlässig zu verhindern. Die Einzelschritte einer strukturierten Vorgehensweise gliedert sich in:
– Informationen bereitstellen,
– Team benennen,
– in Verfahrensschritte unterteilen,
– Verfahrensschritte beschreiben,
– Risiken diskutieren und
– Maßnahmen festlegen.

4.7.5.1.1   Informationen bereitstellen
Die Durchführung der Risikoanalyse „Herstellungsverfahren" setzt voraus, dass ausreichend Informationen möglichst in schriftlicher Form über Produkt und Verfahren vorliegen. Mindestens sollten zum Zeitpunkt der Durchsprache verfügbar sein:
– Eine ausführliche Verfahrensbeschreibung und/oder eine möglichst detaillierte und aktuelle Herstellungsvorschrift. Letztere wird allerdings immer nur dann gegeben sein, wenn das Verfahren als solches bereits etabliert ist bzw. wenn die Risikoanalyse retrospektiv über ein bestehendes Verfahren durchgeführt wird. Bei neu zu etablierenden Verfahren wird man sich eher mit ersten Entwürfen einer Verfahrensbeschreibung zufrieden geben müssen.
– Daten aus der Verfahrensentwicklung (soweit vorhanden). Dies ist eine wesentliche, oft unterschätzte Informationsquelle, die wichtige Aussagen darüber liefert, warum die einzelnen Verfahrensschritte innerhalb bestimmter Parametergrenzen ablaufen und was passiert, wenn diese Grenzen unter- bzw. überschritten werden. Dabei liegt erfahrungsgemäß oft mehr Zahlenmaterial vor, als allgemein hin angenommen wird und es macht Sinn, gerade auch mit Blick auf die später sich anschließende Verfahrensvalidierung, hier alle alten Laborjournale und sonstigen Aufzeichnungen hinsichtlich brauchbarer Informationen zu recherchieren. Im Idealfall würde es an dieser Stelle einen formalen und sauber strukturierten Entwicklungsbericht (Development Report) geben.

– Daten aus vorangegangenen Produktfahrten (bei bestehenden Anlagen/Verfahren). Hier sollte alles herangezogen werden, was in irgendeiner Weise eine Aussagekraft über die hergestellten Chargen hat, z. B. ausgefüllte Chargenprotokolle, Aufzeichnungen des Prozessleitsystems, Handaufzeichnungen in sogenannten Ofen- oder Rapportbüchern.
– Ein Grundfließbild für den Gesamtprozess (z. B. nach DIN EN ISO 10628) und
– ein Verfahrensfließbild mit allen notwendigen Informationsinhalten (z. B. nach DIN EN ISO 10628).

Ergänzend zu diesen Informationsgrundlagen können für die Durchsprache auch alle verfügbaren Berichte und Ergebnisse aus bereits durchgeführten Kunden- und Behördenaudits sowie Erfahrungen aus Fehlchargen und/oder Abweichungen herangezogen werden (z. B. Informationen aus dem Annual bzw. Product Quality Review, dem Produktjahresbericht). Je mehr Informationsmaterial zur Verfügung steht, umso leichter lassen sich die Risikoanalyse durchführen und die notwendigen Begründungen liefern.

#### 4.7.5.1.2 Das Team benennen

An der Durchsprache der Risikoanalyse „Herstellungsverfahren" sollten mindestens folgende Personen bzw. Fachdisziplinen teilnehmen:
– Herstellungs-/Betriebsleiter,
– Verfahrensgeber/Verfahrensentwicklung (Labormitarbeiter),
– Betriebspersonal (z. B. Tagschichtmeister oder Schichtführer bei bestehenden Anlagen und Verfahren),
– projektierende Ingenieure bei Neuanlagen,
– Betriebsingenieure bei bestehenden Anlagen/Verfahren,
– Qualitätsmanagement/-sicherung/-kontrolle und
– Marketing (optional).

#### 4.7.5.1.3 Verfahrensschritte einteilen und beschreiben

Um ein systematisches und lückenloses Vorgehen zu gewährleisten und um den notwendigen Informationsgehalt in überschaubarem Rahmen zu halten, macht es Sinn, zur Durchführung der Risikoanalyse das gesamte Verfahren zunächst in logische und sinnvolle Verfahrensschritte einzuteilen. Dies sollte generell mit dem Schritt „Empfang und Lagerung der Rohstoffe" beginnen und mit dem Schritt „Austrag bzw. Abfüllung und Lagerung des Endprodukts" enden. Falls erforderlich und im zuvor abgegrenzten Geltungsbereich enthalten, können auch der Versand und der Transport des Endprodukts ein Thema für die Risikoanalyse sein. Bei der Unterteilung kann man sich – sofern vorhanden – an den Grund- oder Verfahrensfließbildern orientieren. In jedem Fall sollte jeder Verfahrensschritt eine in sich abgeschlossene logische Einheit bilden. Inprozesskontrollen und analytische Untersuchungen sind grundsätzlich dem Verfahrensschritt zuzuordnen, bei dem sie bzw. für den sie durchgeführt werden.

Im nächsten Schritt schließt sich eine Kurzbeschreibung des jeweiligen zur Diskussion stehenden Verfahrensschritts an. Dabei hat die Praxis gezeigt, dass es für alle an der Risikoanalyse beteiligten Personen äußerst hilfreich ist, wenn ein ausgewählter Teilnehmer der Runde – bevorzugt der Betriebs- bzw. Herstellungsleiter – vor Beginn der eigentlichen Risikodurchsprache den jeweiligen Verfahrensschritt anhand der nachfolgend aufgelisteten Punkte kurz erläutert und insbesondere auf schon bekannte Risiken eingeht. Folgende Angaben sollten sinnvollerweise zum jeweiligen Verfahrensschritt gemacht werden:

– Das Ziel des Verfahrensschritts, d. h. was man mit dem jeweiligen Verfahrensschritt tatsächlich erreichen will, z. B. die vollständige Umsetzung der Ausgangsstoffe zum gewünschten Produkt, die Abreinigung einer speziellen unerwünschten Nebenkomponente A, die homogene Durchmischung mehrerer Sub-Chargen oder anderes. Bereits hier gibt es häufig schon viel Diskussion, weil das Ziel eines einzelnen Verfahrensschritts nicht immer ganz eindeutig und klar ist. Hat man das Ziel aber erst einmal herausgestellt und schriftlich festgelegt, tut man sich im Auffinden möglicher Risiken wesentlich leichter.
– Eine Kurzbeschreibung der Vorgänge, d. h. was auf dieser Stufe des Prozesses konkret abläuft ggf. orientiert an der Verfahrensbeschreibung oder der Herstellungsvorschrift. Dabei sollte die Beschreibung so detailliert als möglich sein und Prozessabläufe (z. B. Einwäge-, Einfüllvorgänge, Material- und Personalfluss allgemein) genauso berücksichtigen, wie die eigentlichen Verfahrensabläufe (z. B. die chemische Umsetzung).
– Die Hauptanlagenteile, d. h. eine Auflistung, welche Maschinen und Apparate bei diesem Schritt vorwiegend genutzt werden einschließlich aller mobilen Einrichtungen und Analysengeräte.
– Die wichtigsten Prozessparameter, d. h.: Welches sind die nach erster Einschätzung auf dieser Prozessstufe relevanten Regel- und Steuerungsparameter und welche Sollwerte sind hierfür festgelegt. Die Antworten sind bei bestehenden Anlagen und Verfahren im Allgemeinen schnell gegeben, während bei den Neuverfahren hier oft noch viele Lücken existieren. Auch hier sollte wieder soweit als möglich auf das aus der Entwicklung vorliegende Wissen zurückgegriffen werden, ggf. muss für die erste Risikobetrachtung hier eine entsprechende Annahme getroffen werden, die bei einer Überarbeitung dann revidiert wird.
– Die möglichen Risiken, sofern schon erkennbar. Oft ist aus der Entwicklung, der Betriebserfahrung oder aus ähnlichen Verfahren eine Fülle von Risiken bekannt, die man dann nicht lange „formal" erarbeiten muss, sondern die man gleich als Ergebnis aufnehmen und zu denen man dann ggf. erforderliche Maßnahmen besprechen kann.

4.7.5.1.4  Risiken diskutieren

Für jeden so vorgestellten Verfahrensschritt werden dann weitere mögliche Risiken im Team identifiziert und detailliert diskutiert mit Blick darauf, ob negative Einflüsse auf die Produktqualität zu erwarten sind, ob sie erkannt würden und wie man ihnen begegnet bzw. ob sie zur Abweichung von der Sicherheit und Reproduzierbarkeit und damit zur Abweichung von der GMP-Compliance führen könnten. Die Art der Behandlung und Bewertung der Risiken hängt dabei wesentlich von der gewählten Risikoanalysenmethode ab (s. Diskussion FMEA-Methode, HACCP-Methode etc.). Folgende Fragen können dem Moderator dabei helfen, den Prozess bzw. die Prozessstufe näher zu beleuchten und Risiken zu finden:

- Welches sind die kritischen Produktspezifikationen?
  Hier ist z. B. zu diskutieren, ob das Produkt oder das Zwischenprodukt auf der jeweiligen Stufe besonders anfällig für mikrobiologische Kontaminationen ist und eine entsprechende Gefahr einer solchen Kontamination besteht, ob besonders kritische Nebenkomponenten entfernt werden müssen oder ob es auf dieser Stufe um eine besondere Produktmodifikation geht. So kann z. B. eine bestimmte Kristallform ein kritisches Spezifikationskriterium im Zusammenhang mit einer Kristallisation sein. Hier ist es sinnvoll, sich die Produkt- oder Zwischenproduktspezifikation, die schriftlich vorliegen sollte, genau anzusehen. Dabei sind chemische, physikalische und mikrobiologische Spezifikationsanforderungen zunächst gleichwertig zu behandeln.

- Ist der betrachtete Prozessschritt kritisch und muss er als solches validiert werden?
  Dies könnte beispielsweise der Fall sein, wenn sehr enge Prozessparametergrenzen die Empfindlichkeit des entsprechenden Schritts erahnen lassen (z. B. sehr enge Temperaturgrenzen bei einer Reaktion oder bei einem Fermentationsschritt), wenn es um eine Rückführung im Gesamtprozess geht, die grundsätzlich aus GMP-Sicht als kritisch gewertet wird oder wenn bei Altanlagen bzw. bestehenden Verfahren die Erfahrung aus dem Betriebsalltag die Notwendigkeit anzeigt (z. B. wiederholte Qualitätsprobleme auf dieser Stufe).

- Welche Prozessparameter sind wichtig und müssen aufgezeichnet werden (einschließlich Angabe des zugehörigen Arbeitsbereiches)?
  Hier ist insbesondere zu hinterfragen, welche Parameter der Steuerung des Prozesses dienen und damit einen wesentlichen Einfluss auf die Produktqualität haben. Ferner sind die „Kontrollparameter" zu berücksichtigen, d. h. jene Parameter, die vom Betrieb üblicherweise herangezogen werden, um einen Prozessablauf qualitativ zu bewerten, die aber nicht notwendigerweise der Steuerung dienen. Daneben kann es eine Reihe weiterer Prozessgrößen geben, die erfasst und ggf. auch aufgezeichnet werden, die aber nicht wesentlich sind, sondern lediglich zusätzliche Informationen liefern und daher oft auch als informelle IPK bezeichnet werden. Jedoch ist hier darauf Acht zu geben, dass wichtige Größen nicht fälschlicherweise oder deswegen der informellen IPK zugerechnet werden, um sich später den wiederholten Kalibrierungsaufwand zu sparen. Für alle ausgewählten Parameter sind auch immer die zugehörigen Ober- und Untergrenzen anzugeben, die sich normalerweise auch in der Herstellungsvorschrift wiederfinden sollten.

- Welche Vorgänge erfordern ein „Double-Checking"? Hier sind insbesondere all jene Prozessabläufe aufzuzeigen, die gerade von Behördenseite in einem GMP-Betrieb als äußerst kritisch betrachtet werden, wie z. B. wichtige Einwaagen oder Dateneingaben bei Rezepterstellung oder das Ablesen qualitätskritischer Messgrößen von einer Vor-Ort-Anzeige mit zugehörigem Übertrag.

- Welche Messeinrichtungen sind qualitätsrelevant und müssen kalibriert werden? Im Wesentlichen dürften dies all jene Prozessparameter sein, die oben bereits als prozessrelevant ausgedeutet wurden. Diese müssen in ein schriftlich festgelegtes Kalibrierprogramm aufgenommen und regelmäßig kalibriert werden. Dabei muss die Kalibration mindestens in dem oben angegebenen relevanten Arbeitsbereich durchgeführt werden.
- An welchen Stellen sind Inprozesskontrollen erforderlich? Hier ist zu klären, an welchen Stellen wesentliche Entscheidungen über die Qualität des individuellen Prozessschritts und damit zur Fortführung des Prozesses getroffen werden. Diese Stellen in einem Prozess werden üblicherweise auch als Halte- oder Entscheidungspunkte bezeichnet. Hierfür sind die vorgesehenen Inprozesskontrollen (z. B. Probenahme), deren Umfang und Auswertung zu diskutieren. Insbesondere ist zu klären, ob die dafür eingesetzten Methoden validiert und ausreichend abgesichert sind.
- Welche Abweichungen führen zu welchen Zuständen? Dies ist sicher einer der wichtigsten und zugleich schwierigsten Punkte in der gesamten Durchsprache einer Verfahrensrisikoanalyse, da hier das meiste Wissen und die weitestgehende Erfahrung vorausgesetzt werden. Diskutiert wird konkret, was passiert, wenn ein wesentlicher Prozessparameter die vorgegebene Unter- bzw. Obergrenze verlässt. Welchen Einfluss hat diese Abweichung auf den Prozess allgemein und auf die Produktqualität im Besonderen? Entstehen kritische Nebenkomponenten? Wird ein Spezifikationskriterium nicht erfüllt oder führt der Zustand zu anderen kritischen Abweichungen? Es wird an dieser Stelle nochmals hinterfragt, inwieweit die bereits vordefinierten Grenzen auf wissenschaftlicher oder Versuchsbasis beruhen und damit ausreichend abgesichert sind. Hier sind jetzt die gesamten Erfahrungen und Daten aus der Entwicklung oder aber fundiertes wissenschaftliche Wissen gefordert. Nicht selten erlebt man gerade an diesem Punkt, dass die Grundlagen zur Verifizierung der Parametergrenzen fehlen. Hier hat man dann lediglich die Chance, die fehlenden Daten wenn möglich über Laborversuche zu beschaffen, sie im Rahmen der Verfahrensvalidierung zu bestätigen oder noch eine vernünftige wissenschaftliche Begründung zu finden. In jedem Fall handelt es sich um jenen Punkt in der Risikoanalyse, der auch für spätere Behördeninspektionen von ausschlaggebender Bedeutung ist, da nach diesen Rationalen gefragt und eine zusätzliche Absicherung im Rahmen der Validierung verlangt wird. Es macht sicher Sinn, jeden qualitätskritischen Parameter systematisch nach Ober- und Untergrenze abzufragen.
- Welche prozessspezifischen Leistungsanforderungen werden an die einzelnen Anlagenkomponenten gestellt? Hier wird über mögliche Abweichungen und Risiken gesprochen, die aus der verfahrenstechnischen Grundfunktion einer Anlagenkomponente und z. B. aus der Falschauslegung oder der falschen Wahl eines Apparats resultieren können. Als Beispiel sei genannt die Homogenisierungsleistung bei einem Homogenisator. Trotz korrekter Parametereinstellung könnte grundsätzlich das Risiko bestehen, dass aufgrund eines falsch ausgelegten und falsch dimensionierten

Rührorgans die gewünschte Homogenität des Produkts nicht erreicht wird. Die nicht ausreichende Kühlleistung, die im Falle einer kritischen Kühlkristallisation dazu führt, dass nicht überall im Kristaller zu einer bestimmten Zeit eine vorgegebene Temperatur vorliegt, wäre ein anderes Beispiel. Oder auch die unvorhergesehene mechanische Schädigung eines kristallinen Produkts auf einem Rüttelsieb müsste an dieser Stelle betrachtet werden. Bei dieser Diskussion sind vornehmlich die Verfahrensentwickler und -ingenieure mit ihrer entsprechenden Sachkenntnis gefordert, um darüber zu befinden, ob ein konkretes Risiko besteht oder nicht. Ist die grundsätzliche Möglichkeit für ein gewisses Risiko gegeben, so ist hier sicher die Entscheidung zu treffen, den oder die entsprechenden Leistungsparameter entweder im Rahmen einer Leistungsqualifizierung oder aber im Rahmen der Verfahrensvalidierung abzuprüfen.

#### 4.7.5.1.5 Maßnahmen festlegen

Der letzte und wichtigste Schritt im Ablauf der Risikoanalyse ist die Vereinbarung und Festlegung von Maßnahmen, die der Beherrschung der entsprechend erkannten und kritischen Risiken dienen sollen. Dabei kann und wird es nie das Ziel sein, die Risiken vollständig auszuschalten, da stets ein gewisses Restrisiko verbleibt. Ziel muss es vielmehr sein, das Risiko dahin gehend beherrschbar zu machen, dass am Ende für das Produkt bzw. für den Verbraucher keine Gefahr resultiert. Typische im Zusammenhang mit dem Herstellungsverfahren diskutierte Maßnahmen können dabei sein: die Vereinbarung von Kalibrierungsaktivitäten, Qualifizierungs- und Validierungsaktivitäten, zusätzliche Inprozesskontrollen, organisatorische oder aber auch konstruktive Maßnahmen. So würde man z. B. im Falle des schlecht konstruierten Homogenisators den Rührer entsprechend austauschen, im Falle des Rüttelsiebs könnte man eine verstärkte Probenahme als zusätzliche Inprozesskontrolle einführen. In beiden Fällen würde man sinnvollerweise diese Maßnahmen durch eine zusätzliche Validierung absichern. Die Festlegung von Maßnahmen erfolgt im Allgemeinen unmittelbar zusammen mit der Diskussion des jeweiligen Risikos. Der Festlegung von Kalibrierungs- und Validierungsaktivitäten kommt hierbei sicher die größte Bedeutung zu, da sich hier die für Inspektoren so wichtige Begründung für den gesamten Validierungsumfang findet.

Die Dokumentation der Ergebnisse „Risikoanalyse „Herstellungsverfahren" erfolgt abhängig von der zuvor gewählten Risikoanalysenmethode. Im Falle einer FMEA oder einer HACCP wird das Ergebnis zumeist tabellarisch festgehalten (s. entsprechende Kapitel). Während es im Falle der HACCP noch eine Zusammenfassung in Form der Aufstellung der kritischen Kontrollpunkte gibt, fehlt diese bei der FMEA. Eine komprimierte Darstellung des Ergebnisses ist aber in jedem Fall empfehlenswert. Eine solche Zusammenfassung lässt sich am einfachsten in Form eines Besprechungsprotokolls (s. Muster Anlage 12) realisieren. Darin sollten mindestens enthalten sein:
– die oben genannte Kurzbeschreibung der Verfahrensstufe,
– Diskussionsergebnisse mit Begründung (sofern nicht in der Tabelle enthalten),

- eine Auflistung aller zu kalibrierenden Messeinrichtungen mit Angabe von Werte- und Toleranzbereich,
- eine Auflistung aller IPK-Stellen,
- eine Auflistung aller zu validierenden Prozessschritte und
- eine Auflistung aller organisatorischer und sonstiger Maßnahmen.

Die Ergebnisse können auch unmittelbar in das entsprechende Grund- oder Verfahrensfließbild eingearbeitet werden, in dem z. B. kritische Messeinrichtungen mit einem Doppelkreis, kritische Probenahmestellen für IPKs mit einem Doppelquadrat gekennzeichnet werden. Diese Art der Kennzeichnung sollte man dann auch durchgehend beibehalten und in den für den Betrieb wichtigen Unterlagen fortführen, um stets den Bezug zur Risikoanalyse und den kritischen Größen zu haben. Vielfach hat sich aus gleichem Grund durchgesetzt, gerade die aus der Risikoanalyse resultierenden Qualifizierungs- und Validierungsaktivitäten mit Nummern zu kennzeichnen, die sich später in den entsprechenden Qualifizierungs- und Validierungsplänen wiederfinden. Damit ist eine durchgängige Transparenz und Rückverfolgbarkeit gegeben und die Vollständigkeit der Abarbeitung sichergestellt.

#### 4.7.5.2 Risikoanalyse „Reinigung"

Reinigungsprozesse sind ebenfalls Verfahren, die unter GMP-Gesichtspunkten einer formalen Risikoanalyse zu unterwerfen sind. Ein wesentlicher Unterschied zur Vorgehensweise bei Herstellungsverfahren besteht jedoch darin, dass bei Betrachtung der Risiken für das Produkt von nur einem wesentlichen Hauptrisiko ausgegangen werden muss, der Kontamination des Produkts durch ungenügende bzw. nicht erfolgreiche Reinigung. Eine solche ungenügende Reinigung kann verursacht werden z. B. durch nicht ausreichende Kenntnis über die Art der Verschmutzung, durch falsch gewählte Reinigungsparameter oder durch Unzugänglichkeiten bei dem zu reinigenden Equipment, d. h. dass das Reinigungsmittel nicht alle kontaminierten Flächen erreicht.

Darüber hinaus spielt bei der Betrachtung der Reinigung auch das Wissen über die Reinheitsanforderungen, die an das Produkt auf den unterschiedlichen Verfahrensstufen gestellt werden, eine wesentliche Rolle, d. h. die Information darüber, inwieweit eventuell bestehende Verunreinigungen durch nachfolgende Prozessschritte aus dem Produkt wieder entfernt würden und wie gründlich die Reinigung daher an diesen Stellen sein muss. An die Durchführung der Risikoanalyse „Reinigung" werden daher prinzipiell andere Anforderungen gestellt als an die Durchführung der Risikoanalyse „Herstellungsverfahren". Es macht keinen Sinn an jeder Stelle des Prozesses nur auf das Risiko „ungenügende Reinigung" zu prüfen und dann stets mit der gleichen Antwort bzw. der gleichen Maßnahme – ja, es ist ein Risiko, das im Rahmen der Reinigungsvalidierung abgesichert werden muss – zu reagieren. Vielmehr muss ergänzend hierzu das jeweilige Reinigungsverfahren als solches im Detail beleuchtet und nach Risiken in Bezug auf Abweichungen von den Sollvorgaben gefragt werden, d. h. die Ursachen für eine ungenügende Reinigung sind jetzt als Risiken zu betrachten. Auch der Zeitpunkt der Durchführung ist ein anderer, er liegt im Allgemeinen (bei Neuanlagen) später als die Durchführung der Risikoanalyse „Herstellungsverfahren", da jetzt bereits detaillierte Informationen über die Reinigungsverfahren und die zu reinigende Ausrüstung vorliegen müssen. Dass das Thema „Reinigung" bereits beim Design der Anlage eine Rolle spielt, ist selbstverständlich. Dies wird dann aber im Bereich der Designbetrachtungen abgehandelt (s. Abschnitt 4.8.2), welche die später nachfolgende Risikobetrachtung mit Blick auf das Reinigungsverfahren nicht ersetzt.

Wesentliche Ziele dieser im Prinzip erweiterten Risikobetrachtung sind daher die Identifikation der mit Blick auf die Reinigung kritischen Kontaminanten, die Bestimmung der prozesskritischen Parameter für das jeweilige Reinigungsverfahren unter Berücksichtigung spezifischer Produktanforderungen und das Auffinden der für die Reinigung besonders kritischen Stellen der Produktionseinrichtungen. Es ist ferner abzuklären, welche Reinigungsschritte überhaupt als kritisch zu bewerten sind, welche Anforderungen an diese Reinigungsschritte gestellt werden, ob diese validiert werden müssen und an welchen Stellen der Reinigungserfolg wie zu prüfen ist.

Aus diesen Aussagen wird deutlich, dass die Durchführung der Risikoanalyse „Reinigung" die Basis, bzw. die daraus resultierenden Ergebnisse die Grundvoraussetzung für die sich anschließende Reinigungsvalidierung sind. Ob die nachfolgend beschriebenen Fragestellungen dabei rein formal unter der hier gewählten Überschrift „Risikoanalyse Reinigung" abgehandelt werden, oder ob man diese Themen gleich direkt im Zusammenhang mit der Erstellung des entsprechenden Reinigungsvalidierungsplans angeht, spielt dabei eine untergeordnete Rolle. Wichtig ist allein, dass die Fragen als solche möglichst ausführlich und korrekt beantwortet werden. Hinsichtlich der allgemeinen Vorgehensweise steht auch hier zunächst wieder die Beschaffung der notwendigen Informationen und die Benennung des für die Durchsprache zuständigen Teams im Vordergrund.

#### 4.7.5.2.1 Informationen bereitstellen

Wie oben bereits erwähnt, sind für diese Betrachtung detailliertere und umfangreichere Informationen, mindestens über Anlage und Reinigungsverfahren notwendig. Bei bestehenden Altanlagen und Verfahren sollte dies im Allgemeinen kein Problem darstellen, vorausgesetzt es sind noch alle benötigten technischen Unterlagen verfügbar und die Reinigungsverfahren sind ausreichend beschrieben. Bei Neuanlagen wird die Durchführung erst zu einem späten Zeitpunkt, frühestens kurz vor dem Anfahren möglich sein, da hier die Reinigungsanweisungen meistens erst entwickelt werden und daher bestenfalls als Entwurf vorliegen können.

Folgende Informationen und Kenntnisse sind für die Durchsprache der jeweiligen Reinigungsverfahren mindestens erforderlich:
– Kenntnisse über die Reinheitsanforderungen, die an die in der Anlage gehandhabten Produkte gestellt werden, abhängig von der jeweiligen Prozessstufe, den weiteren Verfahrensschritten und der geplanten späteren Verwendung,

- Kenntnisse über das abzureinigende Vorgängerprodukt (z. B. Löslichkeit im Reinigungsmittel, Wirksamkeit, Toxizität) bzw. über andere abzureinigende Kontaminanten,
- detaillierte Reinigungsanweisungen,
- RI-Fließbilder nach DIN EN ISO 10628 (mindestens im Entwurf) und
- Prüfvorschriften für die Reinigungskontrollen einschließlich Probenahme.

Auch hier können ergänzend für die Durchsprache Ergebnisse aus bereits durchgeführten Kunden- und Behördenaudits sowie konkrete Erfahrungen aus Vorkommnissen im Zusammenhang mit der Anlagenreinigung hilfreich sein.

### 4.7.5.2.2 Das Team benennen

Im Wesentlichen setzt sich das Team zur Durchsprache der Reinigungsverfahren aus denselben Personen zusammen wie bei der Durchsprache des Herstellungsverfahrens. Im Einzelnen sind dies:
- Herstellungs-/Betriebsleiter,
- Verfahrensgeber/Verfahrensentwicklung (Labormitarbeiter),
- Betriebspersonal (z. B. Tagschichtmeister oder Schichtführer bei bestehenden Anlagen und Verfahren),
- projektierende Ingenieure bei Neuanlagen,
- Betriebsingenieure bei bestehenden Anlagen/Verfahren und
- Qualitätsmanagement/-sicherung/-kontrolle.

### 4.7.5.2.3 Reinheitsanforderungen an das Produkt festlegen

Zunächst ist zu prüfen und zu diskutieren, welche Reinheitsanforderungen konkret an das Produkt auf der jeweiligen Stufe gestellt werden, um überhaupt beurteilen zu können, ob Reinigungsprozesse auf dieser Stufe als kritisch zu bewerten sind oder nicht. Die Reinheitsanforderungen hängen dabei wesentlich ab von (s. auch Abschnitt 4.4):
- den innerhalb des Prozesses sich anschließenden Verfahrensstufen,
- der vorgegebenen Endproduktspezifikation,
- den beim Kunden sich anschließenden Verarbeitungsschritten und
- der späteren Verwendung der endgültigen Darreichungsform.

Höchste Anforderungen sind zum Beispiel dann gegeben, wenn das hergestellte Produkt unmittelbar, d. h. ohne weitergehenden chemischen oder physikalischen Reinigungsschritt in die Arzneimittelherstellung geht und die Arzneimittel z. B. als Parenteralia Anwendung finden, oder wenn hohe Anforderungen bezüglich mikrobiologischer- und/oder Endotoxingrenzwerten in der Produktspezifikation gegeben sind und die Betrachtungen sich auf die letzte Verfahrensstufe beziehen.

Niedrige Anforderungen sind z. B. gegeben, wenn das Produkt beim Kunden noch chemisch weiterverarbeitet wird und dieser Folgeschritt Reinigungswirkung hat oder wenn das Produkt in seiner endgültigen Darreichungsform lediglich topisch oder oral Anwendung findet oder wenn keine besonderen Anforderungen über die Produktspezifikation gegeben sind. Die Anforderungen sind auch dann niedrig, wenn sich im Verfahren selbst noch verschiedene Schritte befinden, die eventuell vorhandene Kontaminationen beseitigen würden, wie z. B. Destillationsschritte, Kristallisationsschritte Filtrationsschritte oder spezielle Waschschritte. Dies ist im Einzelnen z. B. anhand des Verfahrensfließbilds zu klären.

Wann immer möglich sollten die Reinheitsanforderungen an das Produkt in Form einer Spezifikation quantifiziert sein. Gegebenenfalls sind hier zusätzliche Informationen vom Kunden, der das Produkt weiterverarbeitet, einzuholen. Ist dies nicht möglich, so muss der Hersteller selbst eine entsprechende Spezifikation festlegen.

Werden verschiedene Produkte in der Anlage hergestellt und sind die Reinigungsverfahren vergleichbar, so kann für die Risikobetrachtung der „worst-case" herangezogen werden, d. h. die Betrachtung des Produkts mit den höchsten Anforderungen.

### 4.7.5.2.4 Potenzielle Verunreinigungen identifizieren

Im nächsten Schritt geht es darum festzustellen, welche Substanzen als potenzielle Verunreinigungen in Frage kommen und daher als kritisch einzustufen sind. Diese sind im Einzelnen zu identifizieren und chemisch bzw. physikalisch zu charakterisieren. Grundsätzlich kommen als potenzielle Verunreinigungen in Frage:
– Vorgängerprodukte, insbesondere bei Mehrproduktanlagen; hier sind alle Produkte in Betracht zu ziehen, die aktuell in der Anlage gehandhabt werden,
– Zerfalls- oder Nebenprodukte, insbesondere bei instabilen Produkten,
– Ausgangsmaterialien, Rohstoffe und Hilfsstoffe, sofern diese hinsichtlich ihrer Eigenschaften als kritisch zu bewerten sind,
– mikrobiologische Verunreinigungen,
– eingesetzte Reinigungsmittel und
– physikalische und chemische Verunreinigungen aus Umgebung und/oder Anlage.

Welche Verunreinigungen besonders kritisch sind und im Einzelfall näher betrachtet werden müssen, hängt wesentlich ab von der Betriebsweise der Anlage (z. B. offen/geschlossen, dedicated/multipurpose, kontinuierlich/diskontinuierlich) und den Eigenschaften des betrachteten Produkts (z. B. mikrobiologisch empfindlich, zerfallsinstabil, reaktiv).

Bei der Charakterisierung der ausgewählten Verunreinigungen sind dabei besonderes zu berücksichtigen (sofern angebracht und diese Werte vorhanden sind):
– die Löslichkeit (im jeweiligen Lösungsmittel),
– die Toxizität (sofern Informationen hierüber vorliegen),
– die Stabilität (Neigung zur Bildung von Neben- und Zerfallsprodukten),
– die Wirksamkeit (insbesondere bei unterschiedlichen Wirkstoffen) und
– sonstige, die Reinigung betreffende Faktoren wie zum Beispiel Viskosität, Neigung zur Krusten-, Belagsbildung etc.

Speziell im Fall von Mehrproduktanlagen sind grundsätzlich alle zum Zeitpunkt der Betrachtung bekannten und in der Anlage gehandhabten Substanzen übersichtlich in einer Liste aufzuführen und mit Blick auf die oben genannten Punkte zu charakterisieren. Dies ist auch ein wesentlicher Bestandteil bei der Durchführung der Reinigungsvalidierung.

#### 4.7.5.2.5  Reinheitsanforderungen an die Anlage festlegen

Abhängig von den festgelegten Reinheitsanforderungen an das Produkt, den erkannten potenziellen Verunreinigungen und der Nutzung der einzelnen Anlagenkomponenten kann nun die Anlage eingeteilt werden in Zonen mit unterschiedlichen Reinheitsanforderungen, was später insbesondere bei der Auswahl der kritischen Reinigungsschritte weiterhilft. Zu unterscheiden sind z. B.:

- Keine Anforderungen, d. h. aus GMP-Sicht gibt es aufgrund der gegebenen Situation keinerlei Vorgaben an die Reinigbarkeit dieser Anlagenteile. Entsprechende Anlagenkomponenten können hier nach Belieben ausgeführt werden (ausgenommen davon sind andere als GMP-Gründe, z. B. wenn es um die Reinigung in Bezug auf Anlagenverfügbarkeit geht), die ggf. durchgeführten Reinigungen müssen weder überwacht noch validiert werden. Dies gilt z. B. für solche Anlagenkomponenten, die nicht unmittelbar mit dem Produkt in Berührung kommen oder aufgrund ihrer Betriebsweise nicht zu einer Kontamination des Produkts beitragen können wie dies beispielsweise der Fall ist bei: Heiz-/Kühlkreisläufen, abziehenden Vakuumeinrichtungen, Zuführung reiner Medien über fest zugeordnete Leitungen, Abwasser-, Abluft-, Abfallwege sowie Abfallbehandlungseinrichtungen, sofern eine Rückkontamination aus diesen Bereichen zuverlässig ausgeschlossen werden kann. Die gleiche Einstufung gilt auch, wenn keine potenziellen Verunreinigungen zu erwarten sind.
- Kontrolliert reinigbar, d. h. aus GMP-Sicht muss der Reinigungserfolg mindestens durch routinemäßige Überprüfung an zuvor festgelegten Stellen und nach zuvor festgelegten Methoden überprüft werden. Eine Validierung der Reinigungsverfahren ist nicht zwangsweise erforderlich. Die Anlagenkomponenten sind dabei technisch so auszuführen, dass Verunreinigungen weitgehend abgereinigt werden können (gute Zugänglichkeit für Reinigungsmedien, Vermeidung größerer Toträume, entleerbar wo erforderlich). Geringe Restmengen an Verunreinigungen können in diesem Fall unter Umständen nach Risikoabschätzung noch toleriert werden. Eine solche Einstufung ist grundsätzlich möglich, wenn die in Betracht kommenden Verunreinigungen z. B. in der nachfolgenden Verfahrensstufe abgetrennt würden (dies ist im Allgemeinen der Fall, wenn man sich auf sehr frühen Verfahrensstufen befindet) oder wenn keine, die Produktqualität beeinträchtigenden Verunreinigungen zu erwarten sind und die Anlage nur aus betriebsbedingten Gründen gereinigt werden muss (z. B. eine dedicated Anlage, die nach einer längeren Kampagne gereinigt wird). In letzterem Falle muss jedoch zwingend das Zeitintervall zwischen den einzelnen Reinigungen verifiziert werden.
- Validiert reinigbar, d. h. aus GMP-Sicht muss jetzt die Reinigung zuverlässig und reproduzierbar zum Erfolg führen. Die Anlagenkomponenten sind unter Berücksichtigung der jeweiligen Reinigungsverfahren technisch so auszuführen, dass die potenziellen und kritischen Verunreinigungen weitestgehend ab-

gereinigt werden, d. h. Restmengen müssen in diesem Bereich nachweislich (zu zeigen über die Reinigungsvalidierung) unter einem vorgegebenen Grenzwert liegen. Die CIP(Cleaning in Place)-Reinigung ist hier einzuordnen, wobei jetzt als zusätzliche Bedingung hinzukommt, dass die Zuverlässigkeit auch bei Reinigung in zusammengebautem Zustand gegeben sein muss. Diese Einstufung kommt dann zum Tragen, wenn Verunreinigungen in der Anlage an dieser Stelle zu Kontaminationen führen könnten, die bis in die endgültige Darreichungsform geschleppt würden und diese Verunreinigungen als generell kritisch zu bewerten sind.
– Sterilisierbar, d. h. aus GMP-Sicht muss die Sterilisation als besonders kritisches Verfahren zuverlässig und reproduzierbar zum Erfolg führen (zuverlässige Keimabtötung). Eine schlechte Reinigung könnte diesen Erfolg unter Umständen nachteilig beeinflussen, indem durch bestimmte Verunreinigungen Wärmeübergänge und damit die Abtötung von Keimen beeinträchtigt würden. Die hiervon betroffenen Anlagenkomponenten sind technisch grundsätzlich so auszuführen, dass sie mindestens kontrolliert reinigbar sind und dass Lebendkeime nachweislich (zu zeigen im Rahmen der Validierung von Sterilisationsverfahren) abgetötet werden (Anforderungen an spaltraumfreie Konstruktionen mit hohen Anforderungen an Oberflächenqualitäten). Diese Forderung gilt uneingeschränkt für alle aseptischen Prozesse.

Die Zuordnung der einzelnen Anlagenteile zu diesen Kategorien kann z. B. durch farbliche Markierung im Verfahrensfließbild oder in RI-Schemata kenntlich gemacht werden (s. auch Ausführungen in Abschnitt 4.8.2.2 zum Lastenheft). Im weiteren Verlauf der Risikobetrachtung ist es dann relativ einfach und schnell möglich, bei der Diskussion einzelner Reinigungsschritte eine erste Abschätzung hinsichtlich des zu erwartenden Risikos zu machen.

### 4.7.5.2.6 Reinigungsverfahren bzw. -schritte festlegen

Um letztendlich beurteilen zu können, ob und welche Reinigungsverfahren bzw. welche Reinigungsschritte kritisch sind und daher validiert werden müssen, ist es notwendig diese vollständig zu erfassen und übersichtlich aufzulisten. Hierbei muss zunächst zwischen den folgenden Reinigungen unterschieden werden, die üblicherweise zu unterschiedlichen Zeitpunkten und mit unterschiedlicher Zielrichtung ausgeführt werden, wie zum Beispiel:
– Reinigung zwischen einzelnen Chargen,
– Reinigung zwischen Kampagnen,
– Reinigung bei Produktwechsel und
– unplanmäßige Reinigung (z. B. nach Reparatur oder bei starker Verunreinigung).

Die Festlegung, wann und wie häufig und mit welchem Zeitabstand gereinigt wird, sollte an dieser Stelle nach Möglichkeit begründet und durch entsprechende Daten belegt werden. Liegen zu diesem Zeitpunkt solche Daten noch nicht vor, so sollte zumindest an dieser Stelle die Initiative dazu gegeben werden, diese Daten in der Folgezeit zu erheben. Für die weitergehenden Betrachtungen muss man dann eine erste Annahme treffen und die in Frage kommenden Reinigungsverfahren grob, d. h. in einem ersten Entwurf in Verfahrensanweisungen festlegen und beschreiben.

Bezogen auf einen Herstellungsvorgang wird der Reinigungsprozess meist zusätzlich aufgeteilt in die einzelnen, durch die Anlage und das Verfahren vorgegebenen Reinigungsabschnitte. So werden beispielsweise Reaktions- und Aufarbeitungsapparate individuell und separat von Vorlage- und Puffertanks gereinigt. Wieder andere Anlagenteile und Apparate können unter Umständen in Kombination mit einem entsprechenden Vorlagetank, in dem die Reinigungslösung vorgelegt wird, gereinigt werden und in wiederum anderen Fällen kann es sein, dass die gesamte Anlage in einem Durchgang kombiniert gereinigt wird. Auch hier ist es erforderlich dies genau zu analysieren und die einzelnen Reinigungsschritte in einer entsprechenden Liste für die nachfolgende Bewertung zu erfassen.

#### 4.7.5.2.7  Reinigungsverfahren bzw. Reinigungsschritte bewerten

Sind alle vorgenannten Aktivitäten vollständig abgearbeitet, so wird für jedes individuelle Reinigungsverfahren bzw. für jeden individuellen Reinigungsschritt ein eigenes Bewertungsblatt, wie in Anlage 13 dargestellt, angelegt und wie folgt ausgefüllt:

– In der Titelleiste wird zunächst der eindeutige, das Reinigungsverfahren oder den Reinigungsschritt beschreibende Titel eingetragen. Nach Möglichkeit sollte der Titel direkt auf das entsprechende Anlagenteil, das gereinigt wird, Bezug nehmen (z. B. Angabe der entsprechenden Apparate-Nummer).
– Im Beschreibungsfeld erfolgt dann eine übersichtliche und zusammenfassende Kurzbeschreibung des Reinigungsablaufs. Es sollten mindestens alle wichtigen Einzelschritte und die davon betroffenen Anlagen und Apparateteile aufgeführt werden. Gegebenenfalls kann auf die entsprechende Reinigungsanweisung Bezug genommen werden. Diese sollte in jedem Fall als Referenz genannt sein.
– In der Medientabelle werden die für den Reinigungsschritt vorgesehenen Reinigungsmittel aufgelistet. Hier ist zu hinterfragen und zu bewerten, ob die Wirksamkeit des Reinigungsmittels gegeben ist. Ebenso wird für jedes eingesetzte Reinigungsmittel nach der grundsätzlichen Materialverträglichkeit und auch danach gefragt, ob das Reinigungsmittel selbst unter Umständen eine Kontaminationsquelle sein könnte. Diese Punkte sind im Validierungsteam zu diskutieren. Die Beantwortung beruht auf Erfahrungswerten, wissenschaftlichen Begründungen oder Daten aus der Entwicklung (z. B. Erfahrungen in einer Pilotanlage).
– Im Parameterfeld werden schließlich alle wesentlichen verfahrenstechnischen Parameter mit Angabe von Sollwerten und Arbeitsbereichen erfasst, die einen Einfluss auf den Reinigungserfolg haben könnten. Es wird dann im Team bewertet, welche dieser Parameter qualitätsrelevant sind und welche zugehörigen Mess-einrichtungen regelmäßig kalibriert werden müssen.
– Beim Nachweis wird angegeben, welche Nachweismethode im späteren Routinebetrieb vorgesehen ist, um den Erfolg der Reinigung zu zeigen. In Frage kommen hier im Wesentlichen der analytische Nachweis, die visuelle Prüfung,

die Bestimmung des Eindampfrückstands und der Swap-Test. Die Angabe ist dafür gedacht, dass sich das Team an dieser Stelle noch einmal Gedanken darüber macht, ob die ausgewählte Nachweismethode für dieses Reinigungsverfahren an dieser Stelle auch wirklich geeignet ist.
- Im Beurteilungsfeld schließlich erfolgt die grundsätzliche Einstufung des betrachteten Reinigungsschritts dahin gehend, dass festgelegt wird, ob dieser Schritt als kritisch zu betrachten ist und daher validiert werden muss oder ob er als nicht kritisch eingestuft werden kann. Es sollte hier auf alle Fälle eine kurze und logische Begründung der Entscheidung gegeben werden Das Gesamtergebnis wird durch ein Kreuz im entsprechenden Entscheidungsfeld dargestellt. Ist die Entscheidung gefallen, dass es sich um einen kritischen Reinigungsschritt handelt, der validiert werden muss, so folgt die nächste Instanz, die Festlegung der für die Reinigungsvalidierung kritischen Prüf- und Probenahmestellen. Dies erfolgt zumeist anhand eines gültigen RI-Schemas, dessen Nummer hier angegeben werden muss.

Nach Durchsprache und Bewertung aller Reinigungsverfahren und -schritte hat man eine Übersicht darüber, was später im Rahmen der Reinigungsvalidierung abgearbeitet werden muss. Als wesentliches Ergebnis der „Risikoanalyse Reinigung" liegen am Ende konkret vor:
- ein Besprechungsprotokoll, das alle Ergebnisse zur Produkteinstufung, zur Abschätzung kritischer Kontaminanten, zur Einstufung der Anlage und zur Festlegung der relevanten Reinigungsverfahren und -schritte enthält,
- Bewertungsblätter für die einzelnen Reinigungsabschnitte mit der wesentlichen Festlegung, ob diese kritisch sind und validiert werden müssen oder nicht,
- ein oder mehrere Verfahrensfließbilder mit der Kennzeichnung definierter Reinigungsabschnitte, der Kennzeichnung der Bereiche unterschiedlicher Reinheitsanforderungen an die Anlage und der für das Reinigungsverfahren qualitätsrelevanten Messstellen (die für das Routinereinigungsverfahren festgelegten Prüf- und Probenahmestellen können ebenfalls in die Verfahrensfließbilder eingezeichnet werden) und
- Detailzeichnungen (z. B. Konstruktionszeichnungen, RI-Schemata) mit Kennzeichnung der für die Validierung relevanten Prüf- und Probenahmestellen. Dies kann jedoch auch erst später vorliegen, wenn die Festlegungen z. B. im Rahmen der Erstellung des Reinigungsvalidierungsplans getroffen werden.

### 4.7.5.3 Risikoanalyse „Anlage"

Ähnlich wie im Falle der Reinigungsverfahren ist auch die Risikoanalyse zum Thema „Gebäude und Anlage" als eine weitergehende und vertiefte Betrachtung der allgemeinen Risikoanalyse zu sehen. Dies hat seinen Grund darin, dass mit Blick auf die von der Technik für das Produkt ausgehenden Risiken von einer gewissen Standardisierung gesprochen werden kann, d. h. es handelt sich stets um dieselben grundsätzlichen Risiken, die ausgehend von Gebäude und Anlage für das Produkt bestehen. So existiert zum Beispiel grundsätzlich das Risiko, dass das Produkt durch die Umgebung physikalisch und mikrobiell kontaminiert werden kann, sofern es offen gegen diese gehandhabt wird.

Ebenso ist stets mit einem Risiko einer physikalischen oder auch chemischen Kontamination über die Anlage zu rechnen. Auch hier müsste im Rahmen der allgemeinen Risikoanalyse auf die Frage, ob vonseiten der Anlage ein generelles Risiko für das Produkt besteht, stets mit „ja" geantwortet werden, da Materialverträglichkeit, Absicherung gegenüber Sekundärkreisläufen, Schmiermittel, Öle und Fette stets ein Thema bei der Diskussion im Zusammenhang mit der Anlage sind. Es geht an dieser Stelle also mehr darum, abhängig vom individuellen Design und der technischen Ausführung von Gebäude, Räumlichkeiten und Anlage die entsprechenden Risiken zu identifizieren. Es ist hier also mehr die Frage zu stellen, welche Anforderungen z. B. an die Logistik und die Hygiene bestehen, welche besonderen Materialien eingesetzt werden, welche Umgebungsbedingungen geschaffen werden müssen, welche Einflüsse es über andere Anlagen gibt und welche technischen Einrichtungen ggf. von der Qualifizierung ausgeschlossen werden können. Streng genommen hat man es hier bereits mit einer typischen Design-Betrachtung zu tun, wobei der Übergang zwischen einer formalen Risikoanalyse und einem „Design-Review" sicherlich fließend ist.

Die hier angesprochene Risikoanalyse „Gebäude und Anlage" wird allerdings noch als Vorstufe zum eigentlichen „Design-Review" gesehen, welches sich dann tatsächlich auf die detaillierten Ausführungen der einzelnen Gewerke konzentriert und erst dann, zu einem deutlich späteren Zeitpunkt, durchgeführt werden kann, wenn z. B. – in Bezug auf eine neue Anlage – die entsprechenden Ausführungsdokumente bereits vorliegen. Die Risikoanalyse stützt sich dagegen auf die mehr übergeordneten Planungsdokumente und ist durchaus ein Werkzeug, welches auch sinnvoll bei bestehenden Altanlagen eingesetzt werden kann, um deren GMP-Tauglichkeit zu prüfen und eventuell notwendige Umbaumaßnahmen zu identifizieren. Das hier angesprochene „Design-Review" ist dagegen gleichzusetzen mit dem von der ISPE beschriebenen „Enhanced Design-Review".

#### 4.7.5.3.1 Informationen bereitstellen

Für eine Durchsprache Risikoanalyse „Gebäude und Anlage" sollten mindestens vorliegen:
– ein Grundkonzept für das geplante Gebäude und die Anlage (Neuanlagen),
– Grundrisspläne/Aufstellungspläne,
– RI-Schemata (bei Neuanlagen erste Entwurfsfassungen),
– Maschinen- und Apparatelisten (insbesondere bei neu geplanten Anlagen und Verfahren) und
– Energie-, Abluft- und Abwasserschemata/-konzepte.

Auch hier können die vorhandenen Informationen maßgeblich durch verfügbare Erfahrungswerte aus Kunden- und Behördenaudits ergänzt werden. Ebenso durch betriebliche Erfahrungen.

### 4.7.5.3.2 Das Team benennen

Die Teamzusammensetzung entspricht im Wesentlichen der bereits bei den Risikoanalysen „Herstellungsverfahren" und „Reinigung" beschriebenen Zusammensetzung, d. h.:
– Herstellungs-/Betriebsleiter,
– Verfahrensgeber/Verfahrensentwicklung (optional),
– Tagschichtmeister/Schichtführer (bestehende(s)Anlage/Verfahren),
– Projektierende Ingenieurtechnik (neue Anlage),
– Betriebsbetreuende Ingenieurtechnik (bestehende(s) Anlage/Verfahren) und
– Qualitätsmanagement/-sicherung.

### 4.7.5.3.3 Herstellungsbereiche definieren

Als Vorbereitung zur Durchführung der eigentlichen Risikobetrachtung wird zunächst der gesamte Produktionsbereich einschließlich Freiflächen und Lager in einzelne logische Herstellungsbereiche unterteilt. Als Kriterium für die Unterteilung dienen im Allgemeinen die Tätigkeiten, die in diesen Bereichen durchgeführt werden. Entsprechend den Vorgaben aus den GMP-Regelwerken macht es Sinn, die Unterteilung entsprechend dem gesamtlogistischen Fluss vorzunehmen und Arbeitsbereiche zu unterscheiden für:
– Empfang und Lagerung eingehender noch nicht freigegebene Ware,
– Lagerung von beprobter und freigegebene Ware,
– Produktion und
– Lagerung ausgehender noch nicht freigegebene Ware.

Für jeden so ausgewiesenen Bereich werden dann Angaben gemacht zu Lokalität, zur genauen Abgrenzung, zur Nutzung sowie zu den darin enthaltenen Maschinen und Apparaten. Gegebenenfalls kann an dieser Stelle – sofern vorhanden – ein entsprechendes Raumbuch herangezogen werden, das im Normalfall all diese Angaben und Informationen enthält.

### 4.7.5.3.4 Herstellungsbereiche bewerten

Für jeden zuvor definierten und beschriebenen Herstellungsbereich werden dann die einzelnen Risiken in Bezug auf die Produktqualität diskutiert, die von Gebäude, Räumlichkeiten, Anlage und Logistik ausgehen. Ebenso die Maßnahmen, die im Einzelnen zu ergreifen sind, um diese Risiken weitestgehend auszuschließen. Dabei sind folgende grundsätzliche Fragen zu stellen:
– Mit Blick auf das Hygienezonenkonzept:
  – Wo ist die Anlage offen bzw. an welchen Stellen im Prozess wird das Produkt offen gehandhabt? Das sind jene Stellen im Prozess, an denen das Produkt keinen Schutz durch die Anlage selbst erfährt und damit grundsätzlich der Gefahr einer Kontamination durch die Umgebung ausgesetzt ist.
  – Wo wird die Anlage zeitweise geöffnet? Hier sind insbesondere jene Fälle von großem Interesse, bei denen dieses Öffnen regelmäßig erfolgt, wie z. B. beim Befüllen, Entleeren oder beim Katalysatorwechsel. Unkritischer ist hier

das Öffnen z. B. im Rahmen einer Wartungsaktivität zu sehen, da dies über entsprechende Reinigungen nach Wartung betrieblich abgesichert sein muss (entsprechende Reinigungsverfahrensanweisung).
- Welche Kontaminationsrisiken bestehenden dort? Hier ist zu diskutieren, ob lediglich mit dem Risiko einer Kontamination durch Schmutz aus der Umgebung zu rechnen ist, oder ob es in der unmittelbaren Nachbarschaft noch andere Anlagen gibt, die zu einer unerwünschten Kreuzkontamination (Produkt in Produkt) führen könnten, wenn auch dort ein entsprechender Prozessschritt offen abläuft.
- Welche Reinheitsanforderungen bestehen in diesem Bereich an das Produkt? Hier ist noch einmal das Thema aus dem Abschnitt „Risikoanalyse Reinigung" aufzugreifen, in dem eine solche Klassifizierung bereits vorgenommen wurde.
- Welche Anforderungen sind resultierend aus diesen Betrachtungen an das sekundäre Containment zu stellen? Konkret stellt sich hier die Frage, ob und wenn ja welche Reinraumklassifizierung ggf. erforderlich ist, um den notwendigen Schutz für das Produkt auf dieser Stufe zu gewährleisten.
- Mit Blick auf die Logistik:
  - Wo gibt es kritische Personal- und Materialbewegungen? Häufig hat man mit diesem Thema bei Wirkstoffanlagen insbesondere im Bereich der Abfüllung zu tun, wo Personen sich von unreinen zu reinen Bereichen bewegen und auch entsprechende Materialien (z. B. Produkt und/oder Packmaterialien) zwischen den Bereichen bewegt werden müssen.
  - Wo besteht die Gefahr einer Verwechslung bzw. Kreuzkontamination? Dies ist ein Thema, welches vorwiegend dann zu behandeln ist, wenn z. B. zwei oder mehr unterschiedliche Produkte zeitgleich in einer Anlage hergestellt werden und sich verschiedene Material- und Personalflusswege kreuzen.
  - Wo besteht generell die Notwendigkeit für einen gerichteten Material- und Personalfluss? Solche Themen sind dann zu diskutieren, wenn innerhalb des Prozesses z. B. Mehrweggebinde eingesetzt werden, die zwischendurch auch gereinigt werden müssen und wo es wichtig ist, dass gereinigte und nicht gereinigte Gebinde nicht verwechselt werden.
  - Für welche Aktivitäten sind separate Bereiche erforderlich? Dies gilt insbesondere für den Bereich der Lagerung, wo oftmals die Notwendigkeit besteht, nicht freigegebene bzw. gesperrte Ware vollständig getrennt von der freigegebenen Ware aufzubewahren. Es kann aber auch ein Thema sein, wenn man sich beispielsweise über die Unterbringung eines entsprechenden IPK-Labors unterhält, welches entsprechend den GMP-Anforderungen vom normalen Betriebsablauf abgetrennt sein muss.
  - Wie sind diese Bereiche generell abzutrennen? Diskutiert wird hier über die Notwendigkeit einer physikalischen oder einer rein organisatorischen Abtrennung der unterschiedlichen Arbeitsbereiche. Dabei leitet sich die Notwendigkeit einer physikalischen Trennung allein aus den Risiken ab und ist nicht explizit über Regelwerke vorgegeben.

– Mit Blick auf die Anlage und deren Anbindung:
  – Wo gibt es Zuleitungen in die Anlage, die zu Kontaminationen führen könnten? Angesprochen sind hier insbesondere Versorgungs- und Medienleitungen, über die entsprechende Feststoffverunreinigungen – z. B. aus einem weitverzweigten Werksnetz –, aber auch chemische Verunreinigungen in die Anlage gebracht werden könnten.
  – Wo gibt es Ableitungen, insbesondere Sammelabgas- und Sammelabwasserleitungen, die zu Rückkontaminationen oder Kreuzkontaminationen führen könnten? Es handelt sich hierbei um eine sehr häufige Kontaminationsquelle, die oft nicht erkannt oder unterschätzt wird. Gerade bei Sammelabgasleitungen sind diese Kontaminationsfälle weit verbreitet.
  – Wo bestehen Verbindungen zu anderen Apparaten und Anlagenteilen, insbesondere zu „produktfremden" Anlagen? Gemeint sind hier z. B. flexible Verteilerstationen, die bei Fehlbedienung zu entsprechenden Kreuzkontaminationen führen können.
  – Wo gibt es Sekundärmedien und wie sind diese abgesichert? Hier ist zu prüfen, wie z. B. eine Leckage in einem Heiz- oder Kühlsystem festgestellt werden kann, um eine entsprechende Produktkontamination rechtzeitig zu verhindern. Gleiches gilt für den Einsatz von Überlagerungsmedien, die ggf. gegen entsprechend lebensmitteltaugliche Substanzen ausgetauscht werden müssen.
  – Wo bestehen besondere Anforderungen an den Werkstoff und seine Behandlung? Gefragt ist hier die Beständigkeit, die gute Reinigbarkeit und das Inert-Verhalten gegenüber den gehandhabten Produkten. Besonderes Augenmerk ist auf jene Prozessschritte zu richten, die chemisch oder physikalisch bedingt dazu neigen, bestimmte Werkstoffe anzugreifen und damit auf Dauer zu einer Kontamination des Produkts z. B. mit Korrosionsprodukten führen könnten.
  – Welche Prüfungen, Prüfnachweise und Zertifikate müssen hier ggf. mitangefordert werden? Die Methode der Wahl, wenn es darum geht, den geeigneten Werkstoff als solchen nachzuweisen, da es kaum möglich und finanziell auch nicht vertretbar ist, entsprechende Prüfungen vor Ort durchzuführen.
  – Welche Anlagenteile oder -komponenten müssen nicht zwangsweise in die Qualifizierung miteinbezogen werden? Hier können neben den in der GMP-Einstufung bereits ausgeschlossenen Anlagenteilen unter Umständen noch weitere Komponenten aus dem Qualifizierungsumfang ausgegrenzt werden, insbesondere jene, die nicht direkt mit dem Produkt in Berührung kommen oder dessen Qualität beeinträchtigen (Abwasser-, Abluftbehandlungsanlagen, Vakuumaggregate, Heiz-/Kühlaggregate etc.).

#### 4.7.5.3.5 Maßnahmen festlegen und dokumentieren

Die Diskussion und Durchsprache der oben gelisteten Fragen erfolgt überwiegend und sinnvollerweise basierend auf den zuvor genannten technischen Dokumenten und ebenso erfolgt die Dokumentation der Ergebnisse unmittelbar in diesen

Planungsunterlagen. Dabei resultieren als Maßnahmen zur Begegnung der erkannten Risiken überwiegend bauliche oder organisatorische Aktivitäten, die bei bestehenden Altanlagen jederzeit umgesetzt werden können, bei geplanten Neuanlagen jedoch so frühzeitig abgestimmt werden müssen, dass sie noch Eingang in die Ausführungsdokumente (Bauunterlagen) finden. Im Einzelnen liegen am Ende der Risikoanalyse „Gebäude und Anlage" vor:
– Besprechungsprotokolle aus den Durchsprachen,
– Grundriss-/Aufstellungspläne mit farbig eingezeichnetem Material- und Personalfluss einschließlich zugehöriger Erläuterungen,
– Grundriss-/Aufstellungspläne mit farbig eingezeichneten Hygienezonen,
– Verfahrensfließbilder oder RI-Schemata mit Kennzeichnung kritischer Stellen wie z. B. offene Anlagenstellen, Zu-, Ableitungen, Überlagerungen, Sekundärmedien, Verteilerstationen usw. und
– eine Liste der von der Qualifizierung auszuschließenden Anlagenteile.

#### 4.7.5.4 Abschluss der Risikoanalyse

Bei geplanten Um- und Neubauten gehen die Ergebnisse der Risikoanalysen unmittelbar in das betrieblichen Lastenheft, in die Projektpläne Qualifizierung und Validierung oder bereits – abhängig vom Zeitpunkt der Durchführung der Risikoanalyse – in erste Planungsunterlagen ein. Speziell im Lastenheft werden diese so festgelegten Maßnahmen dann noch detailliert ausgeführt und ihre Umsetzung im Rahmen der Qualifizierung geprüft.

Bei bestehenden Anlagen und Verfahren münden die Ergebnisse aus den Risikoanalysen unmittelbar in einen Maßnahmenkatalog, der nach und nach entsprechend den vorgegebenen Prioritäten abgearbeitet werden muss. Auch hier ist es wichtig und eine Grundvoraussetzung, dass die vollständige und sachgerechte Umsetzung der Maßnahmen und damit die Erfüllung der GMP-Anforderungen durch entsprechende Prüfungen, z. B. Qualifizierungsaktivitäten oder auch Selbstinspektionen sichergestellt wird.

### 4.7.6
### Risikomanagement nach ICH Q9

Mit der Herausgabe des ICH-Q9-Leitfadens wurde die Bedeutung der Risikoanalyse nochmals unterstrichen. Man hat gelernt, dass das blinde und allumfassende Agieren, z. B. die allumfassende Qualifizierung und Validierung in letzter Konsequenz weder für den Hersteller noch für die Behörde den gewünschten Erfolg bringt, wenn man nicht sein Verfahren, seine Prozesse und Anlagen genauestens kennt und auch die damit zusammenhängenden Risiken, die sich für das Produkt letztendlich ergeben können. Erst die intensive Auseinandersetzung mit den Details, die strukturierte Durcharbeitung der einzelnen Schritte und deren Bewertung führen zu jenem Höchstmaß an Sicherheit, welches man sich im Bereich der Herstellung pharmazeutischer Produkte wünscht.

Der ICH-Q9-Leitfaden widmet sich daher ausschließlich dem Thema „Risiken" und ihrer Handhabung, wobei hier nicht nur das Augenmerk auf die Identifizierung und Bewertung von Risiken gelegt wird, sondern auch darauf, wie im weiteren Verlauf solche Risiken auch kommuniziert bzw. von vornherein ausgeschlossen werden. Insgesamt wird der Umgang mit Risiken, das Risikomanagement, generell behandelt, wobei sich die Essenz des Leitfadens auf folgende wichtige Kernaussagen reduzieren lässt:

- Es werden grundsätzlich Risiken mit Blick auf die Produktqualität betrachtet: Was kann die Produktqualität in welchem Ausmaß negativ beeinträchtigen und damit indirekt den Endanwender?
- Risiken erfordern ein Risikomanagement, welches weitergehend ist als eine einfache Risikoanalyse.
- Risikomanagement setzt grundsätzlich ein tief greifendes und fundiertes Wissen über den Prozess und das Produkt voraus.
- Qualitäts-Risikomanagement wird definiert als systematischer Prozess zur „Einschätzung", „Kontrolle", „Kommunikation" und „Überwachung" von Risiken für Arzneimittelprodukte über den gesamten Produkt-Lebenszyklus.
- Die „Einschätzung" von Risiken umfasst die Schritte der Identifikation, der Analyse und der Bewertung. Dies sollte auf möglichst wissenschaftlich begründeten Daten und Fakten beruhen.
- Die „Kontrolle" von Risiken umfasst die Prüfung der Möglichkeiten zur Eliminierung, Reduzierung oder Akzeptanz. Die Reduzierung kann dabei durch eine Verbesserung der Entdeckungswahrscheinlichkeit oder Reduzierung der Auswirkungen erreicht werden. Im Falle der Akzeptanz sollte der Akzeptanzgrenzwert spezifiziert werden.
- Die „Kommunikation" umfasst die ausführliche Dokumentation der Ergebnisse der Risikobewertung einschließlich der Weitergabe relevanter Informationen an z. B. die betreffende Behörde oder andere von den Produkten betroffene Parteien (z. B. Patienten).
- Die „Überwachung" erfordert ein in regelmäßigen Abständen durchzuführendes Review der Ergebnisse der ursprünglichen Risikoanalyse, um ggf. Änderungen und dadurch ausgelösten neuen Risiken rechtzeitig begegnen zu können.

Der gesamte Prozess wird übersichtlich in einem Schaubild dargestellt. Abschließend wird auch in diesem Papier noch einmal auf die gesamten bekannten Methoden einer Risikoanalyse eingegangen, wie sie bereits in Abschnitt 4.7.2 ausführlich beschrieben wurden.

## 4.8
**Prospektive Anlagenqualifizierung (DQ, IQ, OQ, PQ)**

### 4.8.1
**Allgemeines**

Wie bereits in Abschnitt 3.3 erwähnt, lag der ursprüngliche Fokus der Behörden auf den Herstellungsverfahren und damit auf der Verfahrensvalidierung und weniger auf den Anlagen oder gar einer Anlagenqualifizierung. Die Validierung wurde erst spät, etwa ab 1983 um den Begriff der Qualifizierung ergänzt, als man wohl erkannt hatte, dass eine vernünftige, aussagekräftige Validierung nur möglich ist mit einer Anlage, deren Technik zuverlässig und nach vorgegebenen Kriterien arbeitet – eben qualifiziert ist. Hatte man ursprünglich im Rahmen einer prospektiven Betrachtung nur von der Installationsqualifizierung gesprochen, so wurde dieser Begriff schnell um das Thema der Funktionsqualifizierung erweitert und sehr viel später erst mit der Designqualifizierung abgerundet. Die Leistungsqualifizierung – eng verbunden mit der Verfahrensvalidierung – war schon früh im Fokus der Behörden. Hier tat man sich eher etwas schwer in Richtung der Abgrenzung zwischen einer rein technischen und einer auf das eigentliche Verfahren bezogenen Betrachtungsweise.

Heute ist klar, dass im Zusammenhang mit Erweiterungen, Um- oder Neubauten im GMP-regulierten Umfeld die entsprechenden Anlagen bzw. Anlagenteile und Einrichtungen prospektiv, d. h. vor der eigentlichen Produktherstellung und Vermarktung qualifiziert werden müssen. Dabei gibt es mit Blick auf die formale Unterscheidung der einzelnen Qualifizierungselemente kaum noch Diskussionen – von der Leistungsqualifizierung einmal abgesehen. Im Rahmen einer prospektiven Qualifizierung unterscheidet man, entsprechend der Reihenfolge der Abarbeitung auf der formalen Qualifizierungsseite, heute einheitlich zwischen den Elementen:

– Designqualifizierung (DQ = Design Qualification): dokumentierter Nachweis, dass die qualitätsrelevanten Anforderungen beim Design der Ausrüstungsgegenstände einschließlich Gebäude, Räumlichkeiten und Hilfseinrichtungen angemessen berücksichtigt wurden. Dabei wird die Designqualifizierung auf der technischen Seite sehr eng mit dem Begriff des Lastenhefts in Verbindung gebracht, einem Dokument, welches wesentliche Anforderungen des Betreibers zusammenfasst.
– Installationsqualifizierung (IQ = Installation Qualification): dokumentierter Nachweis, dass Ausrüstungsgegenstände und Systeme einschließlich Gebäude, Räumlichkeiten und Hilfseinrichtungen in Übereinstimmung mit den gestellten Anforderungen und gesetzlichen Vorschriften geliefert und installiert wurden. Die Installationsqualifizierung steht dabei in engem Zusammenhang mit der Abnahme beim Hersteller und der Abnahme vor Ort.
– Funktionsqualifizierung (OQ = Operational Qualification): dokumentierter Nachweis, dass Ausrüstungsgegenstände und Systeme einschließlich Hilfseinrichtungen in Übereinstimmung mit den gestellten Anforderungen im gesam-

ten Arbeitsbereich unter Einhaltung vorgegebener Grenzen wie beabsichtigt funktionieren. Hier fällt auch oft der Begriff der Wasser- oder ersten Probefahrt. Und schließlich die

– Leistungsqualifizierung (PQ = Performance Qualification): dokumentierter Nachweis, dass Ausrüstungsgegenstände und Systeme einschließlich Hilfseinrichtungen in Übereinstimmung mit den gestellten Anforderungen im gesamten Arbeitsbereich unter aktuellen Arbeitsbedingungen (mit Produkt) die geforderten Leistungen erbringen, oft gleichgestellt mit der ersten scharfen Produktfahrt.

Neben diesen vier, mittlerweile allgemein bekannten und anerkannten Elementen spielt bei der prospektiven Anlagenqualifizierung auch das Thema „Kalibrierung bzw. Wartung" eine nicht unwesentliche Rolle. Die Einbindung in den Gesamtprozess der Qualifizierung erfolgt dabei sehr unterschiedlich. Manche sehen die Kalibrierung als einen Unterpunkt der OQ, andere wiederum integrieren dieses Thema als eigene Qualifizierungsaktivität. Unabhängig von der Art und Weise der Einbindung ist es jedoch zwingend erforderlich, im Rahmen der Qualifizierung den formalen Nachweis zu erbringen, dass qualitätskritische Messeinrichtungen unter Berücksichtigung der betrieblichen Anforderungen kalibriert wurden und dass wartungsbedürftige Ausrüstungsgegenstände in einem entsprechend gepflegten Wartungskonzept Eingang gefunden haben. Auf Vorschläge einer möglichen pragmatischen Einbindung wird detaillierter in Abschnitt 4.11 eingegangen.

Mit Blick auf den Übergang von einer Qualifizierungsaktivität zur nächsten ist – wie bereits erwähnt – sicher darauf zu achten, dass noch offene Punkte aus der vorhergehenden Qualifizierungsphase die Durchführung und den Erfolg der sich anschließenden Aktivität nicht nachteilig beeinträchtigen. Hier streiten sich aber die Fachexperten. Während die Puristen darauf beharren, dass die vorhergehende Phase definitiv abgeschlossen, offene Punkte abgearbeitet bzw. formal bewertet sein müssen, verfolgen die Pragmatiker den zuerst vorgeschlagenen Weg. Tatsache ist, dass es leider nicht immer ganz einfach und unkritisch ist, offene Mängelpunkte hinsichtlich ihrer möglichen Auswirkung auf die Nachfolgeschritte zweifelsfrei zu bewerten. Hier ist ausreichend Erfahrung und Fachexpertise gefragt.

In den nachfolgenden Abschnitten soll nun, orientiert an dem in Abb. 4.1 gezeigten Ablauf, näher auf die Vorgehensweise und die Umsetzung der einzelnen prospektiven Qualifizierungsschritte bzw. -elemente eingegangen werden. Die auf der technischen Seite erforderlichen Aktivitäten werden dabei parallel zu den formalen Qualifizierungsschritten betrachtet und erläutert. Es sei nochmals erwähnt und betont, dass es sich bei den hier vorgestellten Lösungen, insbesondere den formalen Aufbau der Qualifizierungspläne betreffend, um Beispiele handelt, die sich mehrfach in der Praxis bewährt haben und zeigen sollen, wie man es machen kann, die aber dennoch nur eine von vielen Möglichkeiten wiedergeben. Sicher sind auch andere Lösungs- und Umsetzungswege denkbar.

Ausgehend von einem Umbau, einer Erweiterung oder einem Neubau ist im Rahmen einer prospektiven Qualifizierung die Festlegung der Betreiberanforderungen, d. h. die Erstellung eines Lastenhefts, der erste wichtige Schritt.

## 4.8.2
**Definition der Anforderungen**

### 4.8.2.1 GMP-gerechtes Design – Anforderungsliste

Der Ausrüstung, einschließlich Gebäude, Räume und Hilfseinrichtungen, kommt bei der GMP-gerechten Herstellung pharmazeutischer Produkte aus mehreren Gründen eine besondere Bedeutung zu: Zum einen stellt sie den unmittelbaren Schutz des Produkts vor negativen Einflüssen aus der Umgebung dar (geschlossene Anlagen als primäres Containment bzw. Räumlichkeiten als sekundäres Containment), zum anderen kommen die prozessrelevanten Teile einer Anlage mit dem Produkt direkt in Kontakt und können somit die Qualität des Produkts selbst negativ beeinflussen, entweder durch falsch gewählte Werkstoffe oder durch ungenügende Reinigung, Desinfektion oder Sterilisation. Auch hat die Anlage über ihre verfahrensspezifischen Kenngrößen und Funktionen einen nicht unerheblichen Einfluss auf den jeweiligen Verfahrensschritt und damit ebenfalls wieder direkt auf die Produktqualität. Bei Planung und Bau einer GMP-geregelten Anlage ist daher die eindeutige und vollständige sowie auch regelwerkskonforme Festlegung von Designkriterien (allgemeine und technische Spezifikationen) von großer Wichtigkeit und muss daher unmittelbar am Anfang eines jeden prospektiven Qualifizierungsprojekts stehen.

Gerade hier tut man sich aber in der Praxis sehr schwer. Nicht selten ist abhängig von der gegebenen Infrastruktur (z. B. bei kleinen und mittelständischen Firmen) eine formale schriftliche Fixierung von Anforderungen nicht üblich und nicht etabliert. Vielmehr ist es verbreitete Praxis, den potenziellen Hersteller bzw. Lieferanten direkt anzurufen, das Problem mündlich zu schildern und erste Informationen, Spezifikationen oder gar Angebote einzufordern. Jede weitere Diskussion gründet dann auf diesen ersten Dokumenten, die wiederum über mündliche Absprachen entsprechend weitergeführt werden. In manchen Fällen, z. B. bei kleineren überschaubaren Projekten, kann dies durchaus zum gewünschten Erfolg führen, insbesondere wenn der Lieferant bzw. Hersteller ausreichend Erfahrung und Know-how hinsichtlich GMP-Anforderungen mitbringt. Oft ist es jedoch so, dass in der Anfrage lediglich von „GMP-gerechten" Anforderungen gesprochen wird und dies aufgrund von Unkenntnis nicht zu den gewünschten Spezifikationen, sondern lediglich zu erhöhten preislichen Anforderungen führt. Was aber fordern die GMP-Regelwerke konkret in Bezug auf Ausrüstungen und Räumlichkeiten und deren Design bzw. Spezifikationen?

In dem für Wirkstoffe international geltenden Leitfaden ICH Q7A wird zum Beispiel in Kapitel 4 (Gebäude und Anlagen) und in Kapitel 5 (Prozessausrüstung) ganz allgemein gefordert:
– Die Ausrüstung sollte so konstruiert sein, dass Oberflächen, die mit den Rohstoffen, den Zwischenprodukten und den Wirkstoffen in Berührung kommen, deren Qualität nicht nachteilig beeinflussen.
– Des Weiteren sollte die Ausrüstung in Bezug auf die Hauptaggregate und fest installierten Leitungen in geeigneter Weise gekennzeichnet sein.

- Die Ausrüstung sollte mit solchen Überlagerungs-, Heinz-, Kühl- und Hilfsmedien betrieben werden, die die Qualität der in der Anlage gehandhabten Stoffe nachweislich nicht beeinträchtigen.
- Die Ausrüstung sollte mit gültigen Zeichnungen (z. B. RI-Schemata) versehen sein.

Bezüglich der Anforderungen an die Reinigung bzw. Reinigbarkeit der Ausrüstung findet man folgende Hinweise:

- Ausrüstungsgegenstände und Einrichtungen müssen gereinigt, gelagert und ggf. desinfiziert oder sterilisiert werden, um Kontaminationen oder Übertragung von Produkt zu verhindern, welches die Qualität der Zwischenprodukte oder Wirkstoffe über die zulässige oder anderweitig festgelegte Spezifikation hinaus verändern könnte.
- Wird die Ausrüstung für kontinuierliche oder Kampagnen-Produktion von aufeinanderfolgenden Chargen des gleichen Zwischenprodukts oder Wirkstoffs eingesetzt, muss die Ausrüstung in angemessenen Abständen gereinigt werden, um die Bildung und Übertragung von Verunreinigungen (z. B. Abbauprodukt und/oder unzulässigen Mengen von Mikroorganismen) zu verhindern.
- Ausrüstungsgegenstände, die nicht ausschließlich der Produktion eines bestimmten Produkts vorbehalten sind, müssen zwischen der Produktion gereinigt werden, um Kreuzkontamination zu verhindern.
- Akzeptanzkriterien für Rückstände, die Wahl der Reinigungsverfahren und -mittel sollten festgelegt und begründet werden.

In der Richtlinie für die Herstellung pharmazeutischer Wirkstoffe PIC-PH 2/87 (heute ersetzt durch den ICH-Q7A-Leitfaden) wurde bereits früher schon gefordert:

- Die Ausrüstung sollte so konzipiert, gestaltet und gewartet werden, dass sie für die beabsichtigte Verwendung geeignet ist, die gründliche Reinigung erleichtert wird, die Gefahr einer Verunreinigung der Produkte und Behältnisse während der Herstellung auf ein Mindestmaß herabgesetzt wird und die Validierung der Verfahren erleichtert wird.
- Die Ausrüstung sollte nach bestimmten schriftlichen Weisungen gereinigt, nötigenfalls sterilisiert, verwendet und gewartet werden.
- Die Ausrüstung sollte für die auszuführenden Arbeitsgänge geeignet sein.
- Die Ausrüstung sollte mit Prozessüberwachungssystemen versehen sein, welche regelmäßig kalibriert werden.

Auch ein Blick in die in den USA für Wirkstoffe gültigen cGMP-Regeln, beschrieben im 21 CFR Parts 210/211, gibt nicht wesentlich mehr Aufschluss. So findet man dort die Aussagen: Die Ausrüstung sollte:

- so konstruiert, dimensioniert und aufgestellt sein, dass die Bedienung, Reinigung und Wartung erleichtert wird,
- aus Material bestehen, welches das Produkt nicht nachteilig beeinflusst,
- Oberflächen haben, welche nicht mit dem Produkt reagieren, nichts in das Produkt abgeben oder absorbieren,
- in angemessenen Abständen gereinigt, gewartet und sauber gehalten werden, um Funktionsstörungen oder Verunreinigungen vorzubeugen, die die Sicher-

heit, Identität, Wirksamkeit, Qualität oder Reinheit des Arzneimittels über die offiziellen oder anderweitig festgelegten Anforderungen hinaus verändern könnten.

Eine grundsätzlich gleiche Betrachtung wäre auch für das Thema „Gebäude und Räumlichkeiten" möglich und würde genau zu demselben Ergebnis führen, nämlich dass GMP-Regeln grundsätzlich nichts darüber aussagen, wie eine Anlage, ein Gebäude oder einer Raum im Detail aussehen muss, welche Materialien zu verwenden sind bzw. welche Anforderungen an die einzelnen Designkriterien zu stellen sind. GMP-Regeln sagen immer nur, „was" beachtet werden muss, nicht aber „wie" eine bestimmte Anforderung umzusetzen ist. Ausnahmen bilden hier lediglich solche weitergehenden Richtlinien und ergänzenden Leitfäden, die sich auf sehr spezifische Themen, wie z. B. Reinräume für die sterile Arzneimittelproduktion beziehen. Dort lassen sich dann durchaus auch sehr spezifische Richtwerte und Angaben finden, welche dem Design zugrunde gelegt werden können.

Die tatsächliche Ausführung und damit die Festlegung der Anforderungen hängt in letzter Konsequenz jedoch davon ab, um welches Produkt es sich handelt (z. B. Oralia oder Parenteralia), welche Reinheitsanforderungen an die unterschiedlichen Prozessstufen und damit an die Anlage gestellt werden und wie die Betriebsweise im Einzelnen ist (Monoanlage oder Mehrzweckanlagen, Chargenbetrieb oder kontinuierlicher Betrieb). Ebenso hat die Art und Weise der geplanten Reinigung einen nicht unerheblichen Einfluss auf das Design, welches sicherlich anders aussieht, wenn die Anlage zum Reinigen demontiert wird, im Vergleich zu einer CIP-fähigen Anlage, die grundsätzlich im zusammengebauten Zustand zuverlässig gereinigt werden können soll. Es spielen also all jene Kriterien eine Rolle, welche im Abschnitt 4.4 bereits beschrieben und im Rahmen der GMP-Studie abgefragt wurden. Dies zeigt noch einmal deutlich, welcher Stellenwert auch diesem Dokument in einer sehr frühen Projektphase und bei der prospektiven Qualifizierung zukommt.

Ein sehr schönes Beispiel, welches deutlich macht, dass eine pauschale Aussage über „GMP-gerecht" ohne Klärung der Randbedingungen grundsätzlich nicht möglich ist, ist die Betrachtung eines Kugelhahns (Abb. 4.8).

Kugelhähne haben konstruktiv bedingt das grundsätzliche Problem, dass Produktflüssigkeit sowohl in den Totraum hinter der Kugel (Kugellagerung) gelangen als auch in der Bohrung der Kugel im Absperrzustand eingeschlossen werden kann. Bei Produktwechsel würde dies zu unerwünschten Kreuzkontaminationen führen. Die Tabelle in Abb. 4.8 gibt dabei die Größenordnung der Kontamination abhängig vom Verhältnis Totraumvolumen Kugelhahn zu Volumen des Behälters an, an dem der entsprechende Kugelhahn eingesetzt wird. Hat man es mit einer kleineren Anlage zu tun, in der wechselnd hochwirksame Wirkstoffe hergestellt werden oder gar mit einer biotechnologischen Anlage, bei der mikrobielle Kontaminationen unter allen Umständen vermieden werden müssen, so kann ein Kugelhahn ganz sicher nicht als „GMP-gerecht" bezeichnet werden. Wird der Kugelhahn dagegen ausschließlich in einem z. B. mit Isopropanol gefüllten Lagertank eingesetzt, so wird sicher jeder einsehen und auch eingestehen, dass hier nicht von einer Kontaminationsgefahr ausgegangen werden muss, der Kugelhahn

Kontamination in ppm

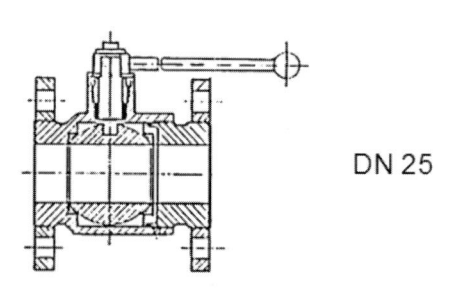

DN 25

|  |  | Behältervolumen | | | |
|---|---|---|---|---|---|
|  |  | 100 l | 400 l | 1 m³ | 10 m³ |
| Totraum | 15 ml | 150 | 37,5 | 15 | 1,5 |
| Bohrung | 17 ml |  |  |  |  |
| Gesamt | 32 ml | 320 | ~ | ~ | 3,2 |

**Abb. 4.8** Kontaminationsrisiko Kugelhahn.

durchaus verwendet werden kann und somit im weitergehenden Sinn „GMP-gerecht" ist.

Um zur ursprünglichen Aufgabenstellung zurückzukehren, frühzeitig und möglichst konkret Designkriterien und technische Spezifikationen festzulegen, muss man sich also zunächst der Frage zuwenden, wie und wo man die notwendigen Ausführungsempfehlungen findet, wenn nicht in den GMP-Regelwerken. Das „Wo" lässt sich dabei recht schnell beantworten. Konkrete Empfehlungen, Vorgaben und Ausführungsbestimmungen findet man einzig und allein in den einschlägigen Normen und Standards. Nicht in den GMP-Regelwerken, sondern in DIN- und ISO-Normen findet man z. B. genaue Definitionen und Ausführungsempfehlungen für die Gestaltung von Reinräumen oder die Ausführung von Autoklaven. Dies ist verständlich, wenn man sich klar macht, dass es eigentlich keine „GMP-Technologie" gibt, sehr wohl aber eine Reinraumtechnologie, eine Steriltechnik, eine Hygienedesigntechnologie etc., die allesamt von Fachexperten in Fachgremien bearbeitet und in allgemeinen Normenpapieren veröffentlicht werden.

Wesentliche Verbände und Vereinigungen im Zusammenhang mit den entsprechenden Technischen Normen und Standards, die hinsichtlich GMP-Anforderungen eine wichtige Rolle spielen, wurden bereits in Tab. 2.6 aufgeführt.

Um weitergehend die Frage, „wie" man zu den einzelnen Spezifikationen findet, beantworten zu können, muss man sich zunächst über die unterschiedliche Detailtiefe der Anforderungen auf den verschiedenen Ebenen klar werden. Die folgenden drei wesentlichen Detailebenen sind dabei zu unterscheiden (Tab. 4.5):
– Anforderungen des Betreibers: Hier spricht man über Themen wie Anlagenverfügbarkeit, Risiko der Kontamination des Produkts durch Anlage, Umgebung oder Personen, über Rüstzeiten, reproduzierbare Prozessführung oder gar über

wirtschaftliche Betriebsergebnisse. Diese Anforderungen resultieren überwiegend aus wirtschaftlichen, regulatorischen und betrieblichen Vorgaben.
- Anforderungen an die Anlage (funktionale Anforderungen): Dies beinhaltet z. B. Anforderungen an die Beständigkeit von Werkstoffen, Anforderungen an die Dichtigkeit, Reinigbarkeit, Sterilisierbarkeit und andere. Diese Anforderungen leiten sich zum Teil aus den Anforderungen des Betreibers, aber auch aus den Vorgaben ab, die durch Produkt und Prozess gegeben sind. Die Festlegung von Kriterien auf dieser Ebene erfordert bereits tiefgehendes Prozessverständnis und technisches Know-how, d. h. das intensive Zusammenarbeiten und Zusammenwirken von Produktion und Ingenieurtechnik.
- Technische Ausführungsspezifikationen: Dies ist die letzte und zugleich die detaillierteste Ebene. Ihre Festlegungen resultieren ganz wesentlich aus den Festlegungen der funktionalen Anforderungen und sind letztendlich die Grundlage für die Realisierung, d. h. die Herstellung des entsprechenden technischen Gewerks. Hier bedient man sich im Wesentlichen der Daten und Fakten, die durch den „allgemeinen Stand des Wissens und der Technik" gegeben sind, dokumentiert in den allgemeingültigen technischen Normen und Standards. Themen wie Werkstoffe, Abmessungen, konstruktive Ausführung, Fertigungsgüte, Leistungskenndaten und andere werden hier diskutiert.

**Tab. 4.5** Unterschiedliche Ebenen von Anforderungen.

| Anforderungen des Betreibers/GMP | Anforderungen an die Anlage | Technische Spezifikationen |
|---|---|---|
| - Anlagenverfügbarkeit<br>- Kontamination des Produkts durch die Anlage | Beständigkeit | Spezifikation:<br>- Werkstoffe<br>- Abmessungen<br>- konstruktive Ausführung<br>- Fertigungsgüte |
| - Kontamination des Produkts durch die Umgebung<br>- Kontamination der Umgebung durch Produkt | Dichtigkeit | |
| - Kontamination durch Fremdprodukte<br>- Rüstzeiten | Reinigbarkeit | Funktion:<br>- mechanisch<br>- elektrisch<br>- geregelt |
| - Kontamination des Produkts durch Organismen<br>- Prozessführung | Sterilisierbarkeit | |
| - reproduzierbare Prozessführung | Zuverlässigkeit | Leistungsfähigkeit:<br>- Leistungskenndaten |
| - Betriebsergebnisse | Wirtschaftlichkeit | |

Die Festlegung und Dokumentation der Betreiberanforderungen geschieht im Allgemeinen im betrieblichen Lastenheft (engl.: URS = User Requirement Specification). Die Detaillierungstiefe kann dabei recht unterschiedlich sein. Funktionale Anforderungen und technische Spezifikationen werden hauptsächlich in den sogenannten Pflichtenheften der Hersteller bzw. Lieferanten beschrieben. Dabei sind rein formal auch technische Datenblätter und Ausführungszeichnungen, wie z. B. Konstruktionszeichnungen, Verdrahtungspläne, Aufstellungszeichnungen etc. im übergeordneten Sinn den Pflichtenheften zuzuordnen.

Während man die Betreiberanforderungen und auch die technischen Details bzw. Spezifikationen sehr gut und genau beschreiben kann, gibt es bei den funktionalen Anforderungen deutlich mehr Schwierigkeiten, wenn es darum geht, Anforderungen an die Dichtigkeit, Reinigbarkeit oder Sterilisierbarkeit näher zu definieren. Hier hat sich eingebürgert und macht es Sinn, eine gewisse Klassifizierung vorzunehmen, auf die im nächsten Abschnitt näher eingegangen wird.

Zusammenfassend ist noch einmal festzuhalten, dass es nicht ausreicht, einen Ausrüstungsgegenstand als „GMP-gerecht" zu spezifizieren, sondern dass es vielmehr notwendig ist, die genauen Anforderungen, ausgehend von den Produkt- und damit den Betreiberanforderungen über die funktionalen Anforderungen bis hin zu den detaillierten, technischen Spezifikationen schrittweise zu entwickeln und in entsprechenden Dokumenten schriftlich zu fixieren. Dabei ist wichtig zu verstehen, dass es keine „GMP-gerechte" Anlage gibt, weil es auch keine GMP-Technologie gibt. „GMP-gerecht" bedeutet stets „anforderungsgerecht" und Anforderungen müssen nun mal im GMP-regulierten Umfeld genauestens erarbeitet, definiert und spezifiziert werden. Diesen Zusammenhang stellt das Ablaufschema in Abb. 4.9 noch einmal übersichtlich dar. Die daraus resultierenden, oben bereits erwähnten Vorgabe- und Planungsdokumente werden nun im Folgenden näher erläutert.

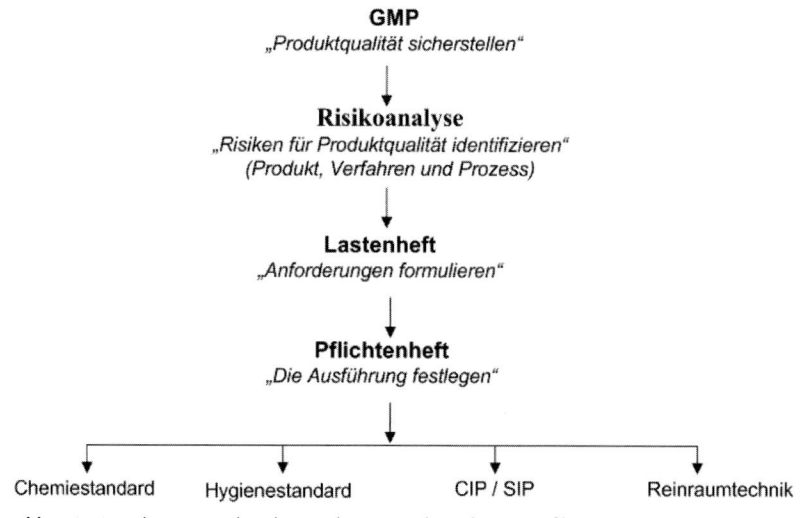

**GMP**
„Produktqualität sicherstellen"
↓
**Risikoanalyse**
„Risiken für Produktqualität identifizieren"
(Produkt, Verfahren und Prozess)
↓
**Lastenheft**
„Anforderungen formulieren"
↓
**Pflichtenheft**
„Die Ausführung festlegen"
↓
Chemiestandard | Hygienestandard | CIP / SIP | Reinraumtechnik

**Abb. 4.9** Vorgehensweise bei der Festlegung technischer Spezifikationen.

4.8.2.1.1 Definition von Anforderungsklassen – Die GMP-Anforderungsliste

Beginnt man sich im Rahmen eines Um- bzw. Neubauprojekts mit GMP-Anforderungen auseinanderzusetzen, so liegen Prozesse und grundlegende Konzepte (das Basic Design bzw. die Grundidee) oft schon fest. Anlagenkomponenten sind meist durch das Verfahren weitgehend vorbestimmt, ebenso die Grundanforderungen an Gebäude und Räumlichkeiten (z. B. Nutzungsplan und Platzbedarf). Unter Umständen kann man auch schon auf erste Verfahrensfließbilder, Layoutpläne, vereinfachte RI-Schemata und Prozessbeschreibungen zurückgreifen. Mindestens aber sollten zu diesem Zeitpunkt eine oder mehrere Herstellungsvorschriften im Entwurf existieren, die bei fest zugeordneten Anlagen das spezifische Herstellungsverfahren, im Fall von Mehrzweckanlagen ein oder mehrere Musterverfahren und damit die Grundkomponenten der Anlage beschreiben. Nicht festgelegt sind zu diesem frühen Zeitpunkt die Ausführungsdetails und die GMP-spezifischen Designkriterien bzw. Anforderungen.

Wie im vorhergehenden Abschnitt bereits ausgeführt wurde, gibt es aber keine GMP-Technologie im eigentlichen Sinne, auf die man zurückgreifen könnte, um diese Details festzulegen. Es gibt technologisch gesehen keine „GMP-gerechte" Anlage. Vielmehr müssen ausgehend von den Betreiberanforderungen die Detailspezifikationen mit Blick auf Hygieneanforderungen, Sterilanforderungen und/oder Reinraumbedingungen abgeleitet und festgelegt werden. Eine erste Grundlage hierzu bilden sicher die Informationen aus der in Abschnitt 4.4 beschriebenen GMP-Studie. Dabei spielen mit Blick auf den zu gewährleistenden Produktschutz speziell die zuvor erwähnten funktionalen Anforderungen an die Anlage eine ganz entscheidende Rolle. So sind bei Planung und Bau einer den GMP-Anforderungen genügenden Anlage grundsätzlich zu hinterfragen:

- die Dichtigkeit der Anlage (Wie dicht muss eine Anlage oder ein Anlagenteil sein, um ausreichenden Schutz für das Produkt bieten zu können?),
- die Reinigbarkeit bzw. Sterilisierbarkeit der Anlage (Wie sauber muss eine Anlage gereinigt werden können und spielt die Mikrobiologie eine Rolle?),
- die Entleerbarkeit der Anlage (Wie wichtig ist es, die Anlage nach Produktions- oder Reinigungsfahrten entleeren zu können, welche Anforderungen werden konkret an die Restentleerbarkeit gestellt?),
- die Materialverträglichkeit (Welchen Einfluss haben die verwendeten Werkstoffe auf das Produkt und in welchem Maße sind Materialnachweise zur Absicherung notwendig?),
- die Funktionsweise (Welche Anforderungen werden in Bezug auf Genauigkeit und Zuverlässigkeit an die qualitätsrelevanten Kenngrößen einer Anlage bzw. eines Ausrüstungsteils gestellt?) und
- die Umgebungsbedingungen (Welche Anforderungen werden abhängig davon, ob der jeweilige Prozessschritt bzw. das Anlagenteil offen oder geschlossen betrieben wird, an die unmittelbare Umgebung, d. h. den Raum, gestellt?).

Designkriterien wie Dichtigkeit, Reinigbarkeit, Sterilisierbarkeit, Entleerbarkeit, Materialverträglichkeit und Funktionsweise haben unmittelbar Einfluss auf die Produktqualität und sind daher GMP-relevant. So haben speziell die Anforderungen an die Dichtigkeit, Reinigbarkeit bzw. Sterilisierbarkeit und Materialverträglichkeit direkten Einfluss auf die konstruktive Ausführung der einzelnen Anlagenkomponenten (Oberflächengüte, Tot- und Spaltraumfreiheit). Die Anforderungen an die Entleerbarkeit haben Einfluss auf die konstruktive Ausführung der Anlagenkomponente und ihre Integration in die Gesamtanlage (Aufstellung und Einbaulage). Die Anforderungen an die Funktionsweise bestimmen darüber hinaus die Fertigungsgüte und die Verschaltung (Toleranz und Funktionsgenauigkeit). Dabei können je nach Produkt und Verfahren bei einer GMP-Anlage Anforderungen vom einfachen Chemiestandard bis zum hochanspruchsvollen Hygienedesign reichen. Es macht daher Sinn, speziell bei Anlagen und Anlagenkomponenten von vornherein die Anforderungen in Bezug auf diese Kriterien genauer festzulegen und die Anlage bzw. Anlagenkomponenten entsprechend zu klassifizieren. Abhängig von der Klassifizierung kann dann das entsprechende Anlagenteil bzw. Bauteil technisch ausgeführt und den entsprechenden notwendigen technischen Prüfungen unterzogen werden.

Eine Möglichkeit, wie man eine solche Klassifizierung vornehmen kann, zeigt die GMP-Anforderungsliste in Anlage 14. Sie kann als Basis für das später zu erstellende Lastenheft dienen, in dem dann die Ersteinstufungen weiter detailliert werden. Die GMP-Anforderungsliste und ihre Handhabung sollen nachfolgend näher erläutert werden.

Vom Grundwesen entspricht die GMP-Anforderungsliste einer typischen Maschinen- und Apparateliste, wie sie im Ingenieurbereich gängige Praxis ist. Sie sollte ähnlich wie diese relativ früh zu Beginn eines Projekts, noch vor der eigentlichen Erstellung des Lastenhefts vorbereitet und bearbeitet werden. Hierzu werden in der ersten Spalte alle in Betracht zu ziehenden Anlagenkomponenten und Bauteile entsprechend ihrer Positionsnummer oder Bezeichnung der Reihe nach aufgelistet. Man bedient sich hier der im Chemiebereich üblichen und genormten Apparate- und Maschinenbezeichnungen. In der zweiten Spalte erfolgt die Kennzeichnung hinsichtlich eines für GMP-Belange wichtigen Kriteriums, nämlich der Tatsache, ob das entsprechende Anlagenteil ausschließlich für ein Produkt (d = dedicated, dt.: fest zugeordnet) oder für mehrere Produkte (m = multipurpose, dt.: Mehrzweck) eingesetzt wird. Die Kennzeichnung mit „m" oder „d" gibt relativ schnell Aufschluss darüber, ob die Anforderungen an die Reinigung kritisch sind und daher näher betrachtet werden müssen oder nicht. In der dritten Spalte schließlich werden Angaben zu typischen Auslegungs- und Dimensionierungsdaten gemacht. Dabei ist es hilfreich und sinnvoll, speziell qualitätskritische Kenngrößen hervorzuheben. Dies könnten bestimmte Abmessungen (z. B. Stutzenlängen, Behälterhöhen) oder auch Funktionsgrößen (z. B. Volumenströme oder Drücke) sein. Im einfachsten Fall erfolgt die Kennzeichnung mit einem Sternchen.

Mit diesen drei Spalten hat man die wichtigsten Angaben zur Spezifizierung des entsprechenden Anlagenbauteils gemacht. Im nächsten Schritt geht es nun um die Festlegung der Anforderungen, die speziell an das primäre Containment (das jeweilige Anlagenbauteil, mit dem das Produkt direkt in Berührung kommt) bzw. an das sekundäre Containment (die angrenzende Umgebung/Raum) gestellt werden. Da eine direkte quantitative Wertangabe hier oft unmöglich und zu diesem Zeitpunkt vielleicht auch noch gar nicht nötig ist, macht es Sinn die Definitionen im Rahmen einer einfachen Klassifizierung, d. h. rein qualitativ durch Vergabe von Kennnummern vorzunehmen. Eine Möglichkeit einer solchen Klassifizierung könnte dabei wie folgt aussehen:

#### 4.8.2.1.2 Klassifizierung der Anforderungen an die Dichtigkeit

Die Anforderungen an die Dichtigkeit einer Anlagenkomponente oder eines Anlagenabschnitts spielen aus GMP-Sicht immer dann eine wichtige Rolle, wenn das Produkt durch die Anlage als primärem Containment gegen Einflüsse aus der Umgebung geschützt werden muss. Eine Nummernzuordnung wäre wie folgt denkbar:

– 0 = keine Anforderung
   Aus GMP-Sicht bestehen keine Anforderungen. In diese Klasse fallen grundsätzlich alle Komponenten, deren Ausführung weder direkt noch indirekt Einfluss auf die Produktqualität hat und daher nach GMP keinen besonderen Anforderungen unterliegt. Dies gilt z. B. für Sekundärkreisläufe, abziehende Vakuumeinrichtungen, Zuführungen reiner Medien über fest zugeordnete Leitungen (mit Einschränkung), Abwasser-, Abluft-, Abfallwege sowie Abfalltanks, sofern eine Rückkontamination aus diesen Bereichen zuverlässig ausgeschlossen werden kann. Solche Anlagenkomponenten und Bauteile können grundsätzlich nach Chemieanlagenstandard ausgeführt werden. Diese Einstufung ist sinngemäß auch bei den Kriterien Reinigbarkeit, Aufstellung und Anschluss anzuwenden. Mit Blick auf GMP-Anforderungen sind diese Komponenten grundsätzlich als unkritisch einzustufen.

– 1 = offen
   In diese Kategorie fallen alle Maschinen, Apparate oder Anlagenteile, die entweder permanent offen betrieben werden, oder aber geschlossen betrieben und betriebsbedingt von Zeit zu Zeit geöffnet werden (z. B. Eintrags-, Austragsvorgänge, Wechsel von Katalysatorfüllungen). Eine solche Einstufung hat zur Folge, dass man speziell bei der weitergehenden Betrachtung des sekundären Containments (Umgebung/Räume) beachten muss, dass eventuell, abhängig von der Verfahrensstufe und dem jeweiligen Produkt, Maßnahmen zu treffen sind, die eine unzulässige Kontamination aus der Umgebung zuverlässig verhindern. Dies könnte zum Beispiel dadurch geschehen, dass bei der weitergehenden Planung die Aufstellung der Maschine oder des Apparats in einer reinen und kontrollierten Umgebung erfolgt. Eine solche Zuordnung findet man nahezu immer im Bereich der Produktabfüllung, da diese selten vollständig geschlossen abläuft. Es könnten aber auch z. B. offen betriebene Bandfilter, Membranfilterpressen, Walzentrockner etc. sein.

– 2 = geschlossen
   Maschinen, Apparate oder Anlagenteile werden als geschlossen charakterisiert, wenn sie bei bestimmungsgemäßem Betrieb nicht geöffnet werden und gegen die Umgebung konstruktiv bedingt nicht offen sind. Ein Schutz gegen Kontaminationen aus der unmittelbaren Umgebung ist damit im Allgemeinen gegeben. Kritisch sind jedoch noch alle Zu- und Abgänge wie z. B. Abgasleitungen,

Vakuumleitungen, Stickstoffüberlagerungen und andere. Beim weitergehenden Anlagendesign muss bei diesen Anlagenkomponenten speziell darauf geachtet werden, dass es nicht zu einer unerwünschten Kontamination über eine dieser Leitungen kommt. Typische Beispiele wären hier: Rührkesselreaktoren, Ansatzbehälter, Mischer, Pumpen und andere vergleichbare Aggregate.

- 3 = geschlossen, dicht
  Komponenten in dieser Kategorie unterliegen prinzipiell den gleichen Bedingungen wie die Komponenten aus Klasse 2. Bei diesen Komponenten wird jedoch zusätzlich Wert darauf gelegt, dass mögliche Undichtigkeiten nachweislich unter einem vorgegebenen Grenzwert liegen müssen (z. B. Nachweis der Dichtigkeit über dokumentierten Druckhaltetest). Solche Anforderungen hat man z. B. bei Ausrüstungsgegenständen, die im steriler Bereich eingesetzt werden (Fermenter, Autoklaven, Vakuumkolonnen etc.).

### 4.8.2.1.3 Klassifizierung der Anforderungen an die Reinigbarkeit bzw. Sterilisierbarkeit

Die grundsätzlichen Anforderungen an die Reinigbarkeit ergeben sich aus der Notwendigkeit, Kreuzkontaminationen insbesondere bei wechselnden Produkten, Kontaminationen durch Fremdstoffe oder auch Abbau- und Nebenprodukte zu vermeiden. Speziell die Vorgabe zur Vermeidung mikrobieller Kontaminationen legt zusätzlich die Anforderungen an die Sterilisierbarkeit der jeweiligen Anlagenkomponente fest. Eine Klassifizierung könnte daher wie folgt vorgenommen werden:

- 0 = keine Anforderungen
  Es bestehen aus GMP-Sicht keine Anforderungen (s. Abschnitt oben).
- 1 = gut reinigbar
  An die so klassifizierten Komponenten wird der generelle Anspruch an ihre technische Ausführung gestellt, dass bei Reinigung eventuelle Verunreinigungen weitgehend abgereinigt werden können. Geringe Restmengen wären bei dieser Klassifizierung nach Risikoabschätzung noch tolerierbar. Gegebenenfalls müssten diese Restmengen nachgewiesen werden. Hinsichtlich des Designs besteht damit der Anspruch, dass die Reinigung – abhängig von der gewählten Methode – ausreichend gut funktioniert und alle zu reinigenden Stellen hinreichend mit den Reinigungsmedien erreicht werden. Eine solche Einstufung wäre beispielsweise bei Komponenten einer Monoanlage (ein Produkt) oder im Falle mehrstufiger Verfahren vorzunehmen, wenn die betrachtete Komponente sich ganz am Anfang befindet und noch weitere Reinigungsschritte im Verfahren nachfolgen, sodass die oben genannten Restmengen keine nachteilige Auswirkung auf die endgültige Produktqualität hätten.
- 2 = CIP-Design
  Hier werden Komponenten eingestuft, für die im montierten Zustand eine zuverlässige Reinigung gewährleistet sein muss. Die Ausführung dieser Komponenten ist technisch so durchzuführen, dass Verunreinigungen bei Reinigung der Anlage weitestgehend und reproduzierbar abgereinigt werden können und

das mikrobiologische Kontaminationsrisiko minimiert wird. Ist eine Reinigung im montierten Zustand nicht möglich, so muss eine Demontage der Anlage bzw. der Anlagenkomponente schnell und einfach möglich sein. Bei dieser Kategorisierung müssen die nach Reinigung noch vorliegenden Restmengen an Verunreinigungen nachweislich unter einem vorgegebenen Grenzwert liegen. Der Nachweis der erfolgreichen Reinigung erfolgt üblicherweise im Rahmen der Reinigungsvalidierung. Diese Anforderungen sind überwiegend bei Mehrproduktanlagen oder aber bei späten Verfahrensschritten gegeben, wenn verfahrensbedingt keine weiteren Reinigungsschritte mehr folgen und sich die Restverunreinigungen direkt auf die Produktqualität auswirken würden.

– 3 = SIP-fähig (Sterildesign)
Mit Anforderungen an die Sterilität kommt eine weitere Designbetrachtung hinzu. Jetzt geht es nicht mehr allein darum, dass Reinigungsmittel zuverlässig alle produktberührten und zu reinigenden Oberflächen erfassen, sondern auch darum, dass wachstumsfähige, sich in der Anlage oder der Anlagenkomponente befindliche Mikroorganismen zuverlässig inaktiviert werden. Hierzu ist es nötig, die erforderliche Wärme (im Falle der Hitzesterilisation) oder aber die entsprechenden Chemikalien (im Falle der chemischen Sterilisation) an die entsprechenden Stellen der Anlage zu bringen. Die Anforderungen an die technische Ausführung sind vergleichbar mit denen der Klassifizierung Nr. 2, jedoch ist zusätzlich zu berücksichtigen, dass nun Mikroorganismen vollständig und reproduzierbar abgetötet werden müssen. Es dürfen nachweislich (z. B. im Rahmen von Sterilhaltetests) keine lebenden Organismen mehr vorhanden sein. Komponenten mit diesen Anforderungen findet man überwiegend im Sterilbereich oder aber im Bereich biotechnologischer Verfahren (z. B. Fermenter, Autoklaven, Produktsterilisationseinrichtungen etc.).

#### 4.8.2.1.4 Klassifizierung der Anforderungen an die Entleerbarkeit

Hier geht es konkret um die Anforderungen, die speziell an Design, Aufstellung und Anschluss von Komponenten gerichtet werden, um sicherzustellen, dass Restmengen an Produkt, Spülflüssigkeit und/oder Wasser möglichst vollständig aus der Anlage entfernt werden, da diese direkt oder über Verkeimung zur Kontamination des Produkts beitragen können. Abhängig von der Betriebsweise und dem vorgesehenen Reinigungsverfahren ergeben sich unterschiedliche Anforderungen an die Entleerbarkeit:

– 0 = keine Anforderung
Es bestehen aus GMP-Sicht keine Anforderungen (s. Abschnitt oben).

– 1 = entleerbar
Ausführung, Einbau und Aufstellung sind technisch so durchzuführen, dass die jeweilige Anlagenkomponente oder der Anlagenabschnitt weitgehend entleerbar ist. Ähnlich wie bei der Klassifizierung der Reinigbarkeit sind Restmengen verfahrensbedingt tolerierbar. Eine vollständige Entleerbarkeit muss nicht gegeben sein.

- 2 = restentleerbar

  In diesem Fall erfolgen technische Ausführung, Einbau und Aufstellung so, dass die jeweilige Anlagenkomponente oder der Anlagenabschnitt vollständig und nachweislich entleerbar ist. Geringe Restmengen sind in diesen Fällen nur nach Risikoabschätzung tolerierbar. Der Nachweis muss im Allgemeinen im Rahmen der Qualifizierung bzw. der entsprechenden Validierung (z. B. Reinigungsvalidierung) erbracht werden. Als Beispiel wären hier Wasseranlagen zur Herstellung qualitativ hochwertigen Wassers (z. B. WFI) zu benennen, bei denen im Nichtbetrieb Restmengen an Wasser nach der Reinigung zu einer nicht tolerierbaren Verkeimung führen würde.

#### 4.8.2.1.5 Klassifizierung der Anforderungen an die Umgebungsbedingungen

Bietet die Anlage selbst keinen ausreichenden Schutz des Produkts vor unerwünschten und schädlichen Umgebungseinflüssen (s. Klassifizierung Dichtigkeit), so muss die Anlage oder der jeweilige Anlagenteil in einer Umgebung (sekundäres Containment) aufgestellt werden, die diesen Schutz zuverlässig bietet. Eine sinnvolle Klassifizierung könnte wie folgt aussehen:

- 0 = keine Anforderungen

  Es bestehen aus GMP-Sicht keine Anforderungen (s. Abschnitt oben).
- 1 = kontrolliert

  Bei dieser Einstufung sollte die Aufstellung grundsätzlich in einer Umgebung erfolgen, die hinsichtlich Verschmutzung in einem vorgegebenen kontrollierbaren Zustand gehalten werden kann. Hier werden überwiegend geschlossene Bereiche bzw. Räume angesprochen. Eine Aufstellung in freier Umgebung wäre beispielsweise nicht möglich. Diese Einstufung macht Sinn, wenn es sich um Anlagenkomponenten handelt, die offen betrieben werden und sich in frühen Verfahrensstufen befinden. Diese würden z. B. in einem sauberen und geschlossenen Gebäude untergebracht werden.
- 2 = konditioniert

  In diesem Fall muss eine Aufstellung in einer Umgebung erfolgen, die hinsichtlich festzulegender Parameter (z. B. Partikelkonzentration, Keime, Temperatur, Feuchte) nachweislich in einem vorgegebenen, kontrollierten Zustand gehalten werden kann. Es ist also von lüftungstechnischen Anlagen die Rede, die eine entsprechende Klimatisierung und Behandlung der zugeführten Luft mit Filtern ermöglichen. Die Parameterwerte müssen dann innerhalb vorgegebener Grenzen liegen und überwacht werden. Die Einhaltung der Bedingungen wird üblicherweise im Rahmen der Qualifizierung der entsprechenden Lüftungseinrichtungen und Räumlichkeiten überprüft. Anwendung fände diese Einstufung bei einem offenen Produkthandling in späten Verfahrensschritten, zum Beispiel der Produktabfüllung.

Mit diesen Einstufungen, die im Allgemeinen sehr einfach und schnell vorgenommen werden können, sind dann die Anforderungen an Anlage und Umgebung zunächst qualitativ und übersichtlich in der GMP-Anforderungsliste festgelegt und dokumentiert.

Weitergehende, aus GMP-Sicht wichtige Faktoren sind die Anforderungen an Werkstoffe, deren Behandlung und an die zusätzlich eingesetzten Betriebsmittel. Entsprechend enthält die Spalte „Qualitätsrelevante Spezifikationen" all jene Qualitätsmerkmale, denen man in jedem Fall Beachtung schenken sollte. Zu nennen sind hier konkret: Werkstoffe (metallische und nichtmetallische Werkstoffe), Oberflächengüte (Oberflächenrauigkeit), Nachbehandlungsmethoden (Passivierung, Elektropolitur), Dichtungsmaterialien und Überlagerungsmedien. Angedacht ist hier im Rahmen einer ersten Bewertung, Kriterien bzw. Spezifikationen einzutragen, die beim weitergehenden Design berücksichtigt werden sollten. Dabei wird nicht der Anspruch erhoben, dass schon zu diesem frühen Zeitpunkt jedes Detail mitberücksichtigt werden kann (z. B. kann mit Angabe des gewünschten Werkstoffs zu einem Apparat nicht detailliert zwischen allen Einzelteilen unterschieden werden, jedoch aber die Hauptforderung, nämlich der Einsatz eines hochlegierten Edelstahls, ausgedrückt werden).

Der letzte Spaltenkomplex der GMP-Anforderungsliste „Prüf- und Abnahmedokumentation" ermöglicht die erste grobe Festlegung, für welche der angegebenen qualitätsrelevanten Spezifikationen später unter dem Fokus der Anlagenqualifizierung ein entsprechendes Nachweiszeugnis bzw. Zertifikat benötigt wird. Unterschieden werden hier konkret:
- Werkstoffnachweise nach DIN EN 10204,
- Lieferantenbescheinigungen über 21 CFR 177.2600-Konformität,
- Prüfnachweise über die Messung der Oberflächenrauigkeit,
- Zertifikate für eingesetzte Öle, Fette, Schmierstoffe oder Überlagerungsmedien,
- Nachweise über Fertigungsprüfungen beim Hersteller und andere, hier nicht explizit benannte Prüfdokumente.

Dabei korrelieren die Spalten der Prüf- und Abnahmedokumente mit den Zeilen der qualitätsrelevanten Spezifikationen. Beispielsweise erkennt man bei der in Anlage 14 hinterlegten Muster-GMP-Anforderungsliste, dass bei dem ersten Apparat zum angegebenen Werkstoff 1.4571 ein Werkstoffnachweis 2.1 nach DIN EN 10204 gefordert wird.

Auch wenn die GMP-Anforderungsliste auf den ersten Blick komplex und aufwändig erscheinen mag, so handelt es sich doch um ein in der Praxis bewährtes und sehr wertvolles Werkzeug, welches schnell einen umfassenden Überblick – qualitativ und quantitativ – über die unterschiedlichsten GMP-Anforderungen gibt. Ein weiterer Vorteil dieser GMP-Anforderungsliste besteht sicher darin, dass sie eine schnelle und differenzierte Bewertung des Equipments dahin gehend erlaubt, was weiterhin unter GMP-Gesichtspunkten betrachtet werden muss und was nicht. Dies entspricht streng genommen der empfohlenen Vorgehensweise des ISPE Commissioning Guide, der zu Beginn eine sogenannte Impact Analyse vorsieht, um auszuwählen, welches Anlagenteil überhaupt einen Einfluss auf die Produktqualität hat. Ob eine Anlagenkomponente einen direkten Einfluss (direct impact), einen indirekten Einfluss (indirect impact) oder gar keinen Einfluss (no impact) auf die Produktqualität hat, kann hier relativ schnell abgelesen werden. Eine Komponente ohne Einfluss wäre hier beispielsweise bei den Anforderungen an das Containment durchgehend mit 0 bewertet. Darüber hinaus gibt diese Liste deutlich mehr Informationen, da sie wesentlich detaillierter ist.

Ein weiterer Vorteil besteht darin, dass diese Liste gleichzeitig, wie in dem beigefügten Muster dargestellt, für die Designqualifizierung herangezogen werden kann. So ist beispielsweise eine weitergehende letzte Spalte eingefügt, um sicherzustellen und zu dokumentieren, dass alle in der Liste getroffenen Vereinbarungen und kritischen Anforderungen im weiteren Verlauf in die technischen Spezifikationen übernommen wurden. So kann der zuständige Prüfer mit der Liste auf der linken Seite und den technischen Datenblättern auf der rechten Seite die Details durchgehen und feststellen, ob in den technischen Datenblättern, entsprechenden Bestellunterlagen oder weitergehenden Planungsdokumenten die jeweiligen Angaben berücksichtigt sind. Das positive Ergebnis der Prüfung lässt sich mit Datum und Signum in der letzten Spalte bestätigen.

Ein Nachteil dieser Liste, der hier nicht verschwiegen werden soll, besteht sicherlich darin, dass es sich im Wesentlichen um eine Maschinen- und Apparateliste handelt, die nicht einfach oder nur eingeschränkt für weitergehende Komponenten wie Rohrleitungen oder Armaturen angewendet werden kann. Man könnte sich allerdings damit behelfen, dass man speziell Rohrleitungen und Armaturen in Klassen einteilt – was ohnehin im Rahmen einer üblichen Planung geschieht –, diese Klassen in die Liste aufnimmt und sie entsprechend bewertet. Dies würde das Ganze noch handhabbar erscheinen lassen. Es sei aber auch noch einmal darauf hingewiesen, dass es sich hier nicht um ein perfektes, aber sehr brauchbares System handelt und andere Modelle und Vorgehensweisen sicherlich möglich und jedem freigestellt sind.

Nach Erstellung der GMP-Anforderungsliste folgt im nächsten Schritt die Erstellung des zugehörigen Betreiber-Lastenhefts, welches nun weitergehend die Anforderungen an die einzelnen Komponenten unter Berücksichtigung der Gesamtzusammenhänge detailliert und verbal ausformuliert.

#### 4.8.2.2 Betreiberanforderungen – Lastenheft

##### 4.8.2.2.1 Der Begriff

Der Begriff „Lastenheft" stammt ursprünglich aus der VDI Richtlinie 2519 [111] – einer mehr auf Automatisierungssysteme ausgerichteten Norm – bzw. der Begriff wird dort sehr ausführlich definiert und behandelt. Der Norm folgend ist ein Lastenheft: *„Eine Zusammenstellung aller Anforderungen des Auftraggebers hinsichtlich Liefer- und Leistungsumfang. Im Lastenheft sind die Anforderungen aus Anwendersicht einschließlich aller Randbedingungen zu beschreiben. Diese sollten quantifizierbar und prüfbar sein. Im Lastenheft wird definiert „was" „wofür" zu lösen ist. Das Lastenheft wird vom Auftraggeber oder in dessen Auftrag erstellt. Es dient als Ausschreibungs-, Angebots- und Vertragsgrundlage."*

Das Lastenheft bezeichnet somit ein Dokument, welches die Anforderungen an ein technisches Gewerk überwiegend aus Anwendersicht (späterer Nutzer oder Anlagenbetreiber) wiedergibt. Er beschreibt, was er plant, welche Produkte er produzieren möchte, welche speziellen Anforderungen an die Produkte bestehen und was auf keinen Fall im Rahmen einer solchen Produktion geschehen darf (z. B. keine Kontamination durch die Anlage). Auf das GMP-Umfeld bezogen bedeutet dies, dass Anforderungen enthalten sein sollten, die von betrieblicher Seite an das Design und die Ausführung einer Anlage oder Betriebseinrichtung zur GMP-gerechten Herstellung eines pharmazeutischen Produkts gestellt werden. Die dabei zu beachtenden Randbedingungen sind hier sicher die relevanten GMP-Regelwerke bzw. die in Abschnitt 2.5 erwähnten weitergehend interpretierenden Normen und Standards.

In der Praxis findet man heute allerdings alle Variationen. Während die einen das Lastenheft tatsächlich im Sinne der Norm als Grundlage dafür nehmen, dass der Betreiber darin seine ersten Wünsche äußern kann, verwenden andere es als Ausschreibungsunterlage, in der bereits detailliert alle technischen Einzelheiten für eine erste Anfrage bei möglichen Lieferanten aufgeführt sind. Entsprechend variiert auch der Umfang des Dokuments von wenigen Seiten bis hin zu einem handfesten Buch, was letztendlich natürlich auch von dem beschriebenen Gewerk selbst abhängt.

Sicher kann ein Lastenheft in Teilen, wenn es die Qualität erfordert, auch bereits konkrete technische Lösungen vorgeben (z. B. die konkrete Vorgabe eines einzusetzenden Werkstoffs mit Blick auf Beständigkeitsanforderungen), jedoch sollte man den Betreiberanforderungen hier sicher den Vorrang geben, da diese ganz wesentlich die Qualitätsanforderungen definieren, die für eine GMP-orientierte Vorgehensweise wichtig sind.

Die Bedeutung des Worts Lastenheft wird noch klarer, wenn man sich den entsprechend englischen Begriff betrachtet, der sich heute im GMP-Umfeld überwiegend unter der Abkürzung URS – User Requirement Specifications – findet und mit der zugehörigen deutschen Übersetzung – Benutzer-Anforderungsspezifikationen – den eigentlichen Sachverhalt sehr treffend bereits im Namen wiedergibt.

In der weiteren Behandlung wird das Lastenheft ausschließlich als eine solche „Betreiber-Anforderungsspezifikation" betrachtet und nicht als technische Anfrageunterlage.

4.8.2.2.2   Inhalt und Gliederung

Neben der Definition wird in der VDI 2519 auch ein Vorschlag für ein mögliches allgemeines Inhaltsverzeichnis unterbreitet. Bedingt durch die Ausrichtung auf Automatisierungssysteme dürfte dieses für GMP-Anlagen oder Betriebseinrichtungen aber eher weniger geeignet sein. Als Vorschlag wird daher eine Gliederung unterbreitet, die sich in vielen Praxisfällen bewährt hat, die aber wiederum nur ein mögliches Beispiel von vielen darstellt. Dabei ist grundsätzlich zu unterscheiden zwischen einem Lastenheft für eine komplette chemische Wirkstoffanlage und einem Lastenheft für einzelne Betriebseinrichtungen (z. B. Lastenheft für eine Zentrifuge, einen Rührkessel oder ein Filtersystem). Zunächst soll auf ein Lastenheft für eine typisch chemische Wirkstoffanlage eingegangen werden. Die möglichen Hauptgliederungspunkte sind:

- Einführung,
- Projektbeschreibung,
- GMP-Anforderungen,
- Material- und Personalfluss,
- Gebäude und Räumlichkeiten,
- Prozessanlage,
- Abfüllung,
- Automatisierung/Steuerung,
- Hilfs- und Nebeneinrichtungen,
- qualitätsrelevante Messeinrichtungen,
- qualitätsrelevante Probenahmestellen,
- Dokumentation.

Einführung

In der Einführung eines Lastenhefts macht es absolut Sinn, dass der Ersteller des Dokuments noch einmal klar und deutlich hervorhebt, wie er das Dokument versteht, welche Schwerpunkte es enthalten bzw. welche Informationen es ggf. nicht enthalten wird. Mit Blick auf die möglichen Variationen zwischen reinen Betreiberanforderungen und detaillierten technischen Ausschreibungen sollte allen Anwendern, die mit diesem Dokument weiterarbeiten müssen, eine klare Vorstellung hierüber gegeben sein. Unter Umständen macht es auch Sinn in der Einführung nochmals auf die beabsichtigte Nutzung (Wer verwendet das Dokument im weiteren Ablauf und wie?) einzugehen, sofern dies nicht ausführlich in entsprechenden Verfahrensanweisungen geregelt ist. Im letzteren Fall muss jedem, der mit dem Lastenheft arbeitet, auch der Einblick in die entsprechende Verfahrensanweisung gegeben sein.

Projektbeschreibung

Da an einem solchen Projekt (Planung, Bau einer Wirkstoffanlage) oft viele Gewerke beteiligt sind, sollte in diesem Abschnitt ein ganz klarer Überblick über das Gesamtvorhaben gegeben werden. Neben einem „allgemeinen" Abschnitt, in dem das Projekt (z. B. Planung und Bau einer neuen Anlage auf grüner Wiese mit einer bestimmten Kapazität mit Fertigstellungstermin etc. ) sehr grob beschrieben wird, sollte es mindestens noch einen Unterabschnitt zu den Produkten und einen weiteren über die geplante Anlage bzw. über das oder die Herstellungsverfahren geben. Es sollte möglichst konkret beschrieben werden, welche Produkte bzw. Produktgruppen – soweit schon bekannt – hergestellt werden sollen, wie und in welcher Endform diese vorliegen, was die vorgesehene weitere Verwendung ist, welche besonderen Eigenschaften (z. B. Korrosivität, Lichtempfindlichkeit, mikrobielle Anforderungen) zu berücksichtigen sind und welche besonderen Anforderungen sich mit Blick auf GMP hieraus schon jetzt ergeben.

Bei der Anlage und den Verfahren sollte der grobe Rahmen angesprochen werden: d. h. Art, Umfang und Grundgestaltung der Gebäude (offen, geschlossen), wesentliche Unit Operations (Synthese, erste und zweite Grobreinigung, Fein- bzw. Endreinigung etc.) und der generelle Verfahrensablauf (Blockfließbild). Der

Leser muss den Gesamtumfang des Projekts und die grobe Bedeutung aus GMP-Sicht erkennen. Sofern über die GMP-Einstufung bereits vorliegend (s. Abschnitt 4.4) kann in diesem Abschnitt auch schon auf die erste „GMP-Abgrenzung" (Was ist unter GMP zu betrachten, was nicht?) eingegangen werden.

Obwohl das Lastenheft – die Betreiberwünsche – eines der ersten überhaupt entstehenden Dokumente sein sollte, wird es in Wirklichkeit oft erst dann erstellt, wenn schon die ersten Ergebnisse aus der Phase des „Basic Engineerings" vorliegen (s. Kapitel 5). In diesem Falle kann selbstverständlich im Rahmen einer allgemeinen Projektbeschreibung auf bereits vorhandene Unterlagen und technische Zeichnungen zurückgegriffen oder referenziert werden. Man sollte hierbei jedoch nie die Anforderung an eine gute Lesbarkeit des Dokuments außer Acht lassen, z. B. nicht zu viele Querverweise und andere Dokumente.

GMP-Anforderungen
Dies ist ein zentrales Kapitel im Lastenheft und beschreibt die dem gesamten Projekt zugrunde gelegten GMP-Anforderungen, abhängig von den hergestellten Produkten und den angewandten Verfahren unter Berücksichtigung der späteren Verwendung und den vorgesehenen Vertriebsbereichen (länderspezifische Anforderungen). Hier sollten – als wesentlicher Grundstein für alle weiteren Arbeiten – die Regelwerke, Leitfäden und/oder Normen und Standards genauestens zitiert und gelistet werden, die mit Blick auf GMP die Randbedingungen festlegen. Sind die Gesetze und Regelwerke, die es zu beachten gilt, nicht eindeutig identifiziert und mit den verantwortlichen Einheiten (Produktverantwortlicher, Qualitätseinheit) abgestimmt, wird man wohl kaum in der Lage sein, die daraus resultierenden Detailanforderungen im weiteren Ablauf klar zu definieren und zielgerichtet umzusetzen. In diesem Kapitel finden sich normalerweise die Ergebnisse aus der GMP-Einstufung bzw. auch aus den zum Teil schon durchgeführten Risikoanalysen.

Es macht Sinn, die wesentlichen GMP-relevanten Forderungen oder kritischen Punkte (z. B. besondere Anforderungen mit Blick auf Reinigung zur Vermeidung von Kreuzkontaminationen bei Mehrzweckanlagen, Schutzanforderungen bei offenen Prozessschritten) in diesem Abschnitt für alle mit dem Lastenheft arbeitenden Personen deutlich hervorzuheben. Man sollte bedenken, dass insbesondere auch solche Personen mit dem Lastenheft weiterarbeiten müssen, die nicht tagtäglich mit dem Thema „GMP" zu tun haben. Diesen sollten die besonderen Anforderungen so konkret als möglich vermittelt werden.

Speziell die Anlagenqualifizierung und die Verfahrensvalidierung betreffend ist in diesem Kapitel die Möglichkeit gegeben, kurz Stellung zu dem zu erwartenden Umfang (z. B. vollumfängliche Qualifizierung der Anlage einschließlich Automatisierungssysteme erforderlich) bzw. zur Methode (prospektiv, retrospektiv, begleitend) zu nehmen und die Entscheidung nochmals kurz zu begründen. Eine detaillierte Ausführung zu den Themen „Qualifizierung" und „Validierung" ist im Lastenheft sicher nicht erforderlich, da dies sehr intensiv in den validierungsspezifischen Dokumenten behandelt wird.

### Material- und Personalfluss

Im Lastenheft sind aus Betreibersicht jetzt sehr detailliert die Anforderungen an einen gerichteten Material- und Personalfluss zu beschreiben, am besten gegliedert nach dem gesamten Prozessablauf, d. h. beginnend mit dem Empfang und der Annahme einkommender Rohstoffe und Hilfsmittel, fortschreitend mit der Synthese, der Aufreinigung und endend bei der Abfüllung, der Abpackung und dem Ausschleusen der fertigen Produkte in das entsprechende Vertriebslager. Der Betreiber konzentriert sich darauf, wo solche Anforderungen bestehen oder nicht und begründet dies im Einzelnen. So ist sicher an den Stellen, an denen ein Materialfluss über fest verrohrte Leitungen erfolgt, auch die Notwendigkeit zur eindeutigen Kennzeichnung und klaren Zuordnung von Leitungen zu den geführten Medien gegeben, jedoch spielt dies mit Blick auf den zuvor angesprochenen Materialfluss, bei dem es hauptsächlich um die Vermeidung von Verwechslungen geht, eher eine untergeordnete Rolle. Ausschluss von Verwechslungen wird bei Rohrleitungen normalerweise im Rahmen der Installationsqualifizierung sichergestellt.

Bei dem hier angesprochenen Material- und Personalfluss und der zugehörigen Diskussion geht es vor allem um jene Prozesse, bei denen Materialien aller Art (z. B. Rohstoffe in Säcken, angesetzte Lösungen in fahrbaren Behältern, zur Reinigung vorgesehene und gereinigte Behälter, Primär- und Sekundärpackmittel vor und nach der Entfernung der Umverpackung etc.) durch Personen bewegt werden bzw. um Prozesse, bei denen sich Personen von einer Reinheitszone in eine andere bewegen und sich dabei „umwandeln", d. h. reinigen und umziehen müssen. Es geht also um Prozesse, bei denen stets ein Grundrisiko gegeben ist, das zu Folgen wie Verwechslungen oder Schmutzübertragungen führen kann, wenn diese Wege nicht klar und sauber definiert sind und nicht eingehalten werden. Folgende Fragen müssen also in diesem Kapitel des Lastenhefts u. a. diskutiert und beantwortet werden:

– Welche Roh- und Ausgangsstoffe werden in welcher Form angeliefert, wie und wo abgeladen bzw. bis zur Freigabe zwischengelagert?
– Wie und wo werden diese Roh- und Ausgangsstoffe beprobt und wie wird mit ihnen nach der Freigabe verfahren – wohin werden sie wie transportiert?
– Wie werden sie insgesamt zum Ausschluss einer Verwechslung gekennzeichnet?
– Wie werden die Lager- und Aufbewahrungsbereiche gekennzeichnet und hinsichtlich Zugang reglementiert bzw. kontrolliert?
– Wo werden entsprechende Roh- und Ausgangsstoffe oder auch daraus angesetzte Lösungen im Betriebsbereich transportiert und in welchen Behältnissen?
– Wie wird speziell mit mobilen Behältnissen im Betrieb verfahren, wo werden sie eingesetzt, wo gereinigt, wo zwischengelagert, wie sind sie gekennzeichnet?
– Für was und wo besteht Bedarf für ausgewiesene Lagerflächen, auch und gerade innerhalb des Produktionsbereichs?
– Welche unterschiedlichen Reinheits-(Hygiene-)zonen müssen etabliert werden und an welchen Stellen für welchen Zweck müssen Übergangszonen (Schleusen) geschaffen werden?

- Was alles muss zu welchem Zeitpunkt in welchen Reinheitsbereich verbracht werden?
- Wann müssen Personen an welchen Stellen in die unterschiedlichen Bereiche?
- Welche Reinheitsanforderungen bestehen an Mensch und Material in den verschiedenen Zonen?
- Wie ist der Ablauf speziell im Bereich der Produktabfüllung mit Blick auf: Vorbereitung Abfüllgebinde, Zwischenlagerung, Befüllung, Etikettierung, Verpackung, Ausschleusung und Endverpackung bzw. -kennzeichnung, Auslagerung?

Im Lastenheft werden die Antworten zu obigen Fragen zunächst rein aus Betreibersicht gegeben, d. h. es wird formuliert, ob und inwieweit ein bestimmter Anspruch an einen bestimmten Transportweg oder an einen definierten Bereich besteht. Es wird formuliert, dass es einen eigenen Bereich für die eben gereinigten mobilen Fässer geben muss, eventuell auch in welchem Gebäudeteil. Die endgültige Detailplanung – d. h. wie groß, wo genau lokalisiert, wie und von wo zugänglich – ist letztendlich Gegenstand der ingenieurtechnischen Auslegung bzw. Detailplanung und erscheint dann erst wieder in den entsprechenden Planungsunterlagen, nicht aber im vorliegenden Lastenheft.

Speziell den Material- und Personalfluss betreffend, sollten auch und gerade die sogenannten Kleinigkeiten wie z. B. Empfang, Lagerung, Kennzeichnung, Entnahme etc. von Filterelementen nicht vergessen werden. Dies schließt auch alle Transport- und Bewegungsvorgänge mit ein, die aus dem Bereich der technischen Betreuung (Wartung) resultieren.

Die oben aufgelisteten Fragen sind sicher nicht vollumfänglich, können aber durchaus als erste Frageliste bei der Klärung der Inhalte dieses Kapitels verwendet werden.

Gebäude und Räumlichkeiten
Hier wird zunächst im allgemeinen Kapitel der Grundbedarf – wenn nicht anderweitig schon geschehen – aus Betreibersicht geklärt, d. h. welche Räumlichkeiten in welchem Umfang für welche Tätigkeiten benötigt werden (Platzbedarfsanalyse). Oft liegen zu diesem Zeitpunkt bereits erste Layoutentwürfe vor, auf deren Basis der Bedarf dann nochmals diskutiert und bestätigt, ggf. angepasst werden kann. Weitaus wichtiger ist jedoch, dass im Rahmen der Lastenhefterstellung an dieser Stelle nochmals genauestens mit dem Betreiber die Anforderung an unterschiedliche Reinheitszonen besprochen wird. Spätestens jetzt muss er unter Berücksichtigung der unterschiedlichen regulatorischen Anforderungen äußern, welche Klassifizierung er in welchem Teil der Produktion anstrebt.

Im Rahmen der ingenieurtechnischen Planung werden diese Klassifizierungen sehr häufig mit Angabe erster spezifischer Kenngrößen (z. B. Druckdifferenzen zwischen den Räumen, Raumtemperatur- und/oder Partikelkonzentrationswerte) farbig in den entsprechenden Layoutplänen dokumentiert. Dabei dienen heute die ISO Norm 14644 bzw. der Annex 1 zu den Europäischen GMP-Regeln und in Teilen noch die VDI 2083 als Grundlage für diese technische Klassifizierung und Spezifizierung. Im Lastenheft selbst kann auf solche Layoutpläne verwiesen werden.

Gegebenenfalls reichen zu diesem Zeitpunkt aber auch einfachste Schemazeichnungen oder – abhängig von der Komplexität des jeweiligen Projekts – einfache verbale Beschreibungen aus, wobei dann auf die unter Abschnitt 4.8.2.1 beschriebene Einstufung Bezug genommen werden kann.

Nach Abschluss der Klassifizierung sollte die Spezifizierung der einzelnen Bereiche erfolgen. Das heißt für eine definierte Reinheitszone werden vonseiten des Betreibers alle aus GMP-Sicht relevanten Mindestanforderungen formuliert, u. a. Anforderungen an die Grundausführung von Decken, Wänden, Böden, Türen, Fenster, elektrische und versorgungstechnische Installationen etc. Es muss aber an dieser Stelle nochmals betont werden, dass Betreiberanforderungen formuliert werden, beispielsweise die Anforderung, dass die Böden durchgängig glatt und geschlossen sein müssen (also keine Fliesen), ebenso die Wände, damit der Betreiber später den Raum zum Zweck der Reinigung ausspritzen kann. Die tatsächliche Ausführung, speziell der gesamte Bodenaufbau oder gar das Material der Endbeschichtung wären hier schon wieder Planungsdetails, die sich normalerweise in den technischen Planungsunterlagen, nicht aber im Lastenheft des Betreibers finden sollten. Dies schließt natürlich nicht aus, dass der Betreiber einen bestimmten, technischen Detailwunsch (z. B. Epoxydharzbeschichtung) auch im Lastenheft äußern kann.

Wesentliche vom Betreiber zu liefernde Detailinformationen beziehen sich auch und gerade auf die Ausstattung von Gebäuden und Räumlichkeiten mit Blick auf Sanitär-, Hygiene- und Nutzungseinrichtungen (z. B. Umkleideschränke, Ablage- und Staumöglichkeiten). Diesen Details, ebenso wie den Anforderungen an Lager- und Stauraum, z. B. für Kleinutensilien und/oder Dokumente wird oft eine zu geringe Bedeutung beigemessen und nicht selten lösen gerade diese Punkte am Ende eines solchen Projekts Diskussionen aus.

Prozessanlage
Die wesentlichen Grundforderungen an die Prozessanlage ergeben sich direkt aus dem Verfahrensablauf, der oft schon recht früh in einem Grund- oder Verfahrensfließbild festgelegt ist. Dort werden bereits im Entwicklungsstadium die ersten Vorgaben vonseiten des Prozessgebers in Bezug auf die sogenannten „Unit Operations" gemacht, d. h. die Festlegung, mit welcher verfahrenstechnischen Einrichtung eine bestimmte chemische oder physikalische Umwandlung bzw. Bearbeitung durchgeführt werden soll. Bei dieser frühen Festlegung steht jedoch oft und auch ausschließlich die Überlegung zur Machbarkeit, ggf. zur Wirtschaftlichkeit (Prozessoptimierung) im Vordergrund. Selten finden an diesem Punkt schon Überlegungen in Richtung Produktschutz, d. h. in Richtung GMP statt. Umso wichtiger ist es, bei der Erstellung des Lastenhefts gerade an dieser Stelle noch einmal sehr genau zu hinterfragen, ob die vorgesehene Einrichtung, die verfahrenstechnische Maschine oder der Apparat wirklich geeignet ist und keine nichtvertretbaren Risiken für das Produkt und dessen Qualität birgt.

Wie in Abschnitt 4.4.2.4 und 4.8.2.1 bereits aufgezeigt, besteht gerade bei Wirkstoffanlagen die Möglichkeit, abhängig von den jeweiligen verfahrenstechnischen

Grundoperationen Bereiche mit unterschiedlichen GMP-Anforderungen zu unterscheiden. So kann es durchaus sein, dass bei recht frühen Verfahrensstufen, die bereits den GMP-Betrachtungen unterliegen, also dem eigentlichen GMP-Startpunkt nachfolgen, kaum besondere Anforderungen an die Anlage und die Ausrüstung gegeben sind, da durch eine Vielzahl weiterer verfahrenstechnischer Schritte jede Art von möglichen Verunreinigungen aus dem Prozess wieder entfernt würden. In einem anderen Anlagenabschnitt wiederum könnte es durchaus einen Einfluss auf das Endprodukt geben, würden z. B. Verunreinigungen aus dem vorhergehenden Prozess nicht vollständig entfernt oder würde es durch die Anlage selbst (z. B. durch Abrieb, falsches Dichtungsmaterial etc.) zu einer Kontamination kommen. Ganz sicher aber sind stets im letzten Teil der Anlage, insbesondere im Bereich der Abfüllung aus GMP-Sicht hohe Maßstäbe an die Ausführung und das Design zu legen. Unter diesem Gesichtspunkt macht es durchaus Sinn, für die Betrachtungen im Lastenheft nicht nur die einzelnen Komponenten, wie in Abschnitt 4.8.2.1 beschrieben, zu klassifizieren, sondern auch die Anlage als Ganzes in unterschiedliche Abschnitte mit unterschiedlichen Anforderungsprofilen zu unterteilen. Wesentliches Klassifizierungskriterium könnte hier z. B. die generelle Einstufung mit Blick auf die Anforderungen an eine gute Reinigbarkeit sein.

Im Lastenheft könnte daher – auch als Ergebnis der Klassifizierung in der Anforderungsliste – unterschieden werden zwischen Anlagenbereichen „ohne besondere Anforderungen an die Reinigbarkeit", Anlagenbereichen „mit Anforderungen an eine gute Reinigbarkeit" und Anlagenbereichen „mit Anforderungen an eine nachweislich zuverlässige (über Grenzwerte zu belegende) Reinigbarkeit". Die Einstufung muss dabei wesentlich von dem späteren Betreiber und Nutzer der Anlage unter Berücksichtigung seiner auf verschiedenen Stufen unterschiedlich gegebenen Produktanforderungen durchgeführt werden, weshalb das Lastenheft hier das ideale Dokument zur Aufzeichnung der Ergebnisse darstellt.

Abhängig von dieser Einstufung und den Ergebnissen der Anforderungsliste kann dann für jedes Anforderungsprofil, d. h. für jeden klassifizierten Anlagenabschnitt festgelegt werden, welche weitergehenden Mindestanforderungen an die eingesetzten Anlagenkomponenten gestellt werden müssen. Auch dies sollte zunächst wieder vorwiegend aus Betreibersicht erfolgen und Einzelkomponenten wie Maschinen und Apparate, Rohrleitungen, lösbare und unlösbare Rohrleitungsverbindungen, Absperr-, Regel- und Spezialarmaturen jeglicher Art sowie – soweit zutreffend und für die GMP-Betrachtungen von Relevanz – Aufhängungen, Isolierungen, Kabelführungen und andere Hilfskomponenten umfassen. Für diese Einzelkomponenten sollten im Lastenheft die grundsätzlichen Anforderungen an das verwendete Material (Werkstoffe), die Oberflächengüte einschließlich deren Behandlung und die ggf. mit der Komponente eingesetzten Dichtungsmaterialien diskutiert werden. Aus diesen Anforderungen kann dann die Ingenieurtechnik im nächsten Schritt z. B. einen entsprechenden Medienschlüssel erarbeiten, der für bestimmte geführte Medien und für bestimmte Anlagenabschnitte die genauen technischen Spezifikationen für die Realisierung vorgibt (s. Abschnitt 4.8.2.3).

Neben der Betrachtung der Einzelkomponenten spielen mit Blick auf die Hauptapparate und die Gesamtanlage noch folgende, auf die Ausführung, die Aufstellung und Installation ausgerichteten Fragen eine wichtige Rolle, die allesamt im Lastenheft unter diesem Kapitel beantwortet werden sollten:

- Bestehen besondere Anforderungen an die Entleerbarkeit der Anlage bzw. der jeweiligen Anlagenkomponente und ergeben sich hieraus besondere Anforderungen an das grundsätzliche Design und die Aufstellung (z. B. generelle Entleermöglichkeiten, Aufstellung mit Neigung, definierte Hoch- und Tiefpunkte, Kontrollmöglichkeiten zum Nachweis der vollständigen Entleerung etc.)?
- Ergeben sich aus den Anforderungen an die Reinigbarkeit besondere Anforderungen an das Design (z. B. CIP-Design unter Berücksichtigung der Vermeidung von Sprühschatten oder für die CIP-Reinigung unzugängliche Stellen)?
- Ergibt sich aus den oben genannten Anforderungen die Notwendigkeit bestimmte Anlagenteile oder einzelne Komponenten schnell und einfach lösen bzw. demontieren zu können (z. B. Verwendung von Schnellverschlüssen, leicht zu öffnende Pumpen etc.)?
- Sind besondere Anforderungen an Heiz-, Kühl- und/oder Überlagerungsmedien, die an kritischen Stellen eingesetzt werden, zu stellen?
- Müssen besondere Vorsichtsmaßnahmen mit Blick auf Kreuz- oder Rückkontamination getroffen werden, insbesondere wenn die Anlage sich in einem Gesamtverbund befindet (z. B. Sammelabgasleitungen, Sammelabwasserleitungen, zentrale Medienversorgungen etc.)?
- Existieren außergewöhnliche Anforderungen an Dichtungsmaterialien und/oder anderweitig eingesetzte Elastomere (z. B. spezielle Beständigkeitsanforderungen, die ggf. kontrovers zur Materialeignung im GMP-Umfeld stehen)?
- Bestehen besondere Anforderungen an redundante Einrichtungen (z. B. parallel geschaltete Ersatzpumpe), die speziell Probleme mit Blick auf Reinigung bereiten könnten?
- Ergeben sich aus der Prozessüberwachung besondere Anforderungen an die Probenahme und die Installation zusätzlicher Probenahmestellen?
- Gibt es klar definierte Grenzpunkte für die GMP-Betrachtung und sind diese technisch sauber gelöst (z. B. Grenzpunkte zu Abwasser, Abluft, Medienausschleusung zur Wiederaufarbeitung, Recycling etc.)?

Wenn dieser Fragenkatalog auch nicht allumfassend ist, so deckt er doch die meisten im Rahmen von GMP zu beachtenden und zu diskutierenden Kriterien bei einer Prozessanlage ab und sollte daher bei der Lastenheftertellung stets beachtet werden. Als wichtigste Designkriterien lassen sich damit auflisten:

- Entleerbarkeit,
- CIP/SIP-Design,
- einfache und schnelle Demontierbarkeit,
- Ausschluss Kontaminationsrisiko Heiz-, Kühl-, Überlagerungsmedien,
- Absicherung Anschluss an andere Anlagen
  (Ausschluss Kreuzkontamination),
- besondere Anforderungen an Werkstoffe (speziell Elastomere),
- totraumfreie Ausführung von Verzweigungen,

– ausreichend Prüf- und Probenahmestellen,
– definierte Hoch-, Tief- und GMP-Grenzpunkte (Verhinderung von Rückströmung, Kontamination).

Neben den Design- und Installationskriterien spielen natürlich auch noch die auf die Funktion ausgerichteten Anforderungen – die im weiteren Ablauf dann auch die Grundlage der Funktionsqualifizierung darstellen – eine wichtige Rolle. Hier sind frühzeitig auf Basis der bestehenden Entwicklungs- bzw. Auslegungsergebnisse die Arbeitsbereiche für die einzelnen Maschinen und Apparate, d. h. die voraussichtlich in der Betriebsphase realisierten Parameterwerte einschließlich zugehöriger Grenzwerte zu definieren. Handelt es sich um eine Mehrprodukteanlage, so müssen die für die einzelnen Produkte bzw. Verfahren spezifischen Arbeitsbereiche der Anlage bzw. der Maschine festgelegt werden. Die Messeinrichtung muss später dann so gewählt werden, dass der ausgewählte Messbereich den vorgesehenen Arbeitsbereich unter Berücksichtigung eines gewissen Sicherheitsabstands einschließt. Die Zusammenhänge verdeutlicht die Abb. 4.10.

Die Angaben zu den funktionsrelevanten Anforderungen (vorgesehene Betriebsparameter) können entweder in der Anforderungsliste (s. Abschnitt 4.8.2.1) spezifisch für jede einzelne Komponente gemacht werden (empfohlen) oder aber im Rahmen der im Textteil des Lastenhefts vorgenommenen Beschreibung be-

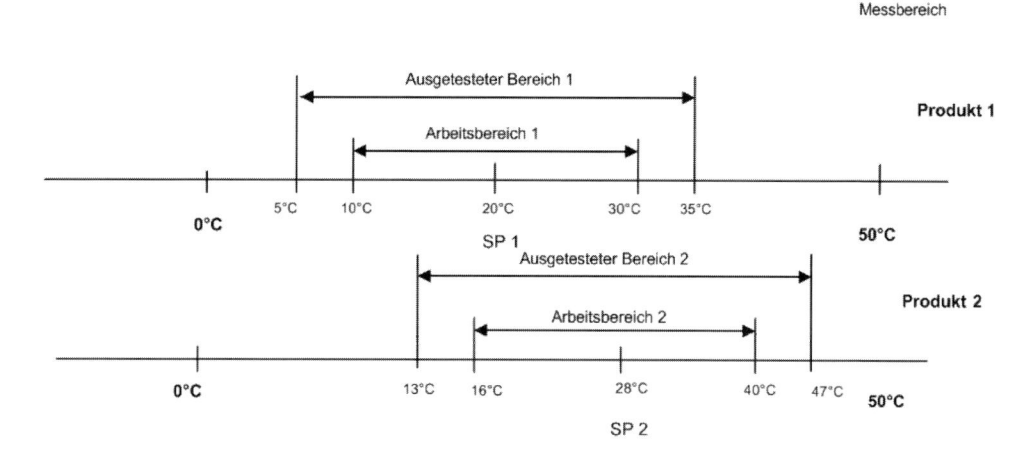

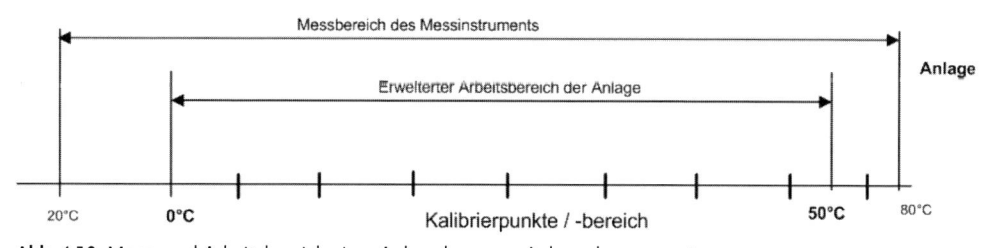

**Abb. 4.10** Mess- und Arbeitsbereich einer Anlage bzw. von Anlagenkomponenten.

rücksichtigt werden. Eine weitere Möglichkeit ist mit der Auflistung aller qualitätsrelevanter Messeinrichtungen (s. Kapitel Messeinrichtungen im Lastenheft) gegeben.

Für alle die Prozessanlage betreffenden Angaben im Lastenheft sei nochmals darauf hingewiesen, dass es sich hier vornehmlich um Angaben aus Betreibersicht handelt (Was will ich tun? Wofür und in welcher Qualität benötige ich bestimmte Einrichtungen?). Sicher kann gerade dieses Kapitel unter Umständen schon recht konkrete Angaben enthalten, soweit der Betreiber hierauf besonderen Wert legt (z. B. der konkrete Wunsch nach Dichtungen aus PTFE oder einer ganz bestimmten Maschine). Die eigentliche technische Auslegung, das Detail-Engineering ist jedoch Angelegenheit der Ingenieure, deren Ergebnisse dann in die entsprechenden technischen Unterlagen münden.

Abfüllanlage
Wie oben erwähnt, ist die Abfüllung im Bereich der Wirkstoffherstellung sicherlich der kritischste Anlagenteil sowie der Anlagenabschnitt mit den aus GMP-Sicht höchsten Anforderungen, da hier das fertige Produkt meist offen oder teilweise offen gehandhabt wird und Kontaminationen an dieser Stelle nicht mehr entfernt werden können. Es hat sich daher in einer Vielzahl von Projekten bewährt, diesem Thema im Lastenheft einen eigenen Abschnitt einzuräumen und die Anforderungen an diese Einrichtung mit dem Betreiber sehr intensiv zu diskutieren.

Neben den oben bereits angesprochenen Themen des Material- und Personalflusses und den technischen Basisanforderungen an die Ausrüstung sind hier noch zusätzliche Aspekte zu berücksichtigen wie: Art, Umfang und Größe der eingesetzten Gebinde und deren Zwischenlagerung im Abfüllbereich, Ort und Vorgehensweise in Bezug auf den Gebindeverschluss, Art und Ort der Etikettierung, Art und Ort der Endverpackung (Sekundärverpackung), besondere Anforderungen an die Probenahme, generelle Anforderungen an die Packmaterialien einschließlich Kennzeichnung, Anforderungen an Abfüllgenauigkeit (Präzision der eingesetzten Waagen), gewünschte Durchsatzmengen (Gebinde pro Zeiteinheit), Art und Weise der Ausschleusung der fertig abgepackten Gebinde etc.

Werden automatisierte Abfülleinrichtungen eingesetzt, so ist an dieser Stelle – wenn anderweitig noch nicht geschehen – auch die logistische Anbindung der Abfülleinrichtung an die Herstellanlage zu diskutieren und die Anforderungen sind zu beschreiben.

Automatisierung und Steuerung
Ein eigenes Kapitel sollte im Lastenheft der Automatisierung bzw. dem Einsatz computerisierter Systeme gewidmet sein. Hier sollte wiederum aus Betreibersicht beschrieben werden, inwieweit die einzelnen Abläufe automatisiert und kontrolliert werden müssen. Zu unterscheiden sind dabei einfache Alarm-, Regel- und Schaltsysteme, Ablaufsteuerungen, Steuerungen mit aufgesetzter Software für die Herstellungsdokumentation (Chargenreports), hochkomplexe Auswertesysteme (Systeme, die erfasste Prozesswerte über vorgegebene Algorithmen auswerten

und als Entscheidungsgrundlage für eine Positiv-, Negativbewertung verwenden), kontinuierlich arbeitende Datenerfassungs-, Datenaufzeichnungs- und -archivierungssysteme etc.

Auch dann, wenn wie zumeist üblich für IT-Systeme und die zugehörige Validierung oft eigene Projekte aufgesetzt und eigene Lastenhefte geschrieben werden, sollten in dem auf die Anlage bezogenen Lastenheft zumindest die Grundanforderungen zu finden sein. Dabei sollte neben dem Grad der Automatisierung mindestens auch das vorgesehene Nutzungskonzept (Wer benutzt das jeweilige System an welcher Stelle?), der voraussichtliche Umfang an benötigten Hard- und Softwarekomponenten sowie die gewünschte Zugangsregelung (unterschiedliche Zugriffsebenen) angesprochen werden. Liegen zu diesem Zeitpunkt aus ersten Risikobetrachtungen bereits Ergebnisse zur Systemeinstufung (z. B. Softwarekategorisierung nach GAMP) und zu dem daraus resultierenden Validierungsumfang vor, so kann dies an dieser Stelle im Lastenheft kurz beschrieben werden, am einfachsten in Tabellenform. Für detaillierte, rein auf die IT-Systemvalidierung bezogene Anforderungen (z. B. Anforderungen aus dem 21CFR11) ist es in jedem Fall ratsam, ein eigenes IT-Lastenheft zu erstellen. Dies würde ansonsten den Rahmen der „Anlagenbetrachtung" sprengen.

Hilfs- und Nebeneinrichtungen
Unter den Hilfs- und Nebeneinrichtungen sind grundsätzlich all jene Versorgungs- und Entsorgungseinrichtungen zu verstehen, die nicht unmittelbar mit Produkt in Berührung kommen, die aber für den Betrieb der Produktionsanlage unabdingbar sind und diese im Regelfall mit allen notwendigen Energien und Hilfsmedien versorgen. Als wesentliche Hilfseinrichtungen wären zu benennen: Lüftungsanlagen, Wasseranlagen, Dampfanlagen, Druckluftanlagen, Gasversorgungsstationen (z. B. für Überlagerungsstickstoff und/oder Reinstgase), Werksnetzleitungen (z. B. zentrale Versorgung mit Säuren, Laugen etc.), Abwasserbehandlungsanlagen, Aufarbeitungsanlagen für rückgewonnene Lösemittel sowie Einrichtungen zur Versorgung mit elektrischer Energie.

Auch wenn kein direkter Produktkontakt besteht, kommen doch vielfach die hergestellten bzw. zugeleiteten Hilfsmedien früher oder später mit dem Produkt in Berührung oder zumindest mit Anlagenteilen, mit denen dann wiederum das Produkt selbst in Berührung kommt. Aus diesem Grunde sind die oben genannten Hilfs- und Nebeneinrichtungen in jedem Fall als qualitätsrelevant einzustufen und im Lastenheft zu behandeln.

Empfehlenswert ist es, im Lastenheft mindestens auf die an die Medien gestellten Reinheitsanforderungen einzugehen und bereits zu möglichst frühem Zeitpunkt die Spezifikationen so genau als möglich zu hinterlegen. Es macht Sinn sich aus Betreibersicht z. B. Gedanken darüber zu machen, welche Wasserqualitäten auf welcher Verfahrensstufe benötigt werden und welche Anforderungen sich daraus für die Wasser erzeugende(n) Anlage(n) ableiten. Gerade das Thema „Wasser" betreffend sollte man hier auch die heute doch sehr weitgehenden offiziellen Vorgaben und Empfehlungen beherzigen, wie sie zum Beispiel in dem von der EMEA herausgegebenen Leitfaden „Quality of Water for Pharmaceutical Use" [112] beschrieben sind.

Aber auch Spezifikationsanforderungen an Druckluft (z. B. Staubfreiheit, Ölfreiheit, Taupunkt etc.), Reinstgase (z. B. über Qualitätszertifikat), Reinstdampf (z. B. Spezifikation für das Kondensat) und andere sollten durchdacht und im Lastenheft hinsichtlich ihrer Anforderungen hinterlegt sein bzw. es sollte darauf verwiesen werden. Es ist zu beachten, dass solche Medien aus Behördensicht ganz normal wie Rohstoffe behandelt werden, die hinsichtlich Qualität zu definieren und zu überwachen sind.

Neben den Spezifikationsanforderungen sollte das Lastenheft, wo möglich und erforderlich Informationen über das Erzeugerprinzip enthalten, da dieses nicht unwesentlich die Qualität des Hilfsmediums beeinflusst (z. B. ölfrei arbeitende Druckluftkompressoren). Ebenso sind die Anforderungen an die Lagerung und Verteilung sowie an die Kontroll- und Probenahmestellen zu diskutieren und zu fixieren. Die Frage, ob z. B. eine Stichleitung angemessen ist oder ob es eine Ringleitung sein muss, ob an ausgewählten oder an allen Entnahmestellen Proben zu ziehen sind, sollte im Lastenheft beantwortet werden. Auch Kapazitätsanforderungen und Versorgungsgarantien müssen aus Betreibersicht behandelt und beschrieben werden. Eine tabellarische Aufstellung über denkbare Verbraucher und deren vorgesehene Abnahmemengen würde – sofern nicht schon im Rahmen des Basic Engineering geschehen – an dieser Stelle Sinn machen. Schließlich sind auch Themen wie Reinigung der Leitungssysteme oder spezielle Prüfpunkte und Prüfvorrichtungen für die Qualifizierung zu beachten. Nicht selten steht man im Rahmen der Qualifizierung einer Wasseranlage auf einmal vor einem nahezu unlösbaren Problem, will man eine vordefinierte Strömungsgeschwindigkeit im Rücklauf messen, in dem es aber keine geeignete Messvorrichtung gibt. Gleiches gilt für Alarm-, Aufzeichnungs- und Überwachungseinrichtungen, mit denen der Betreiber später die einwandfreie Funktionalität der jeweiligen Anlage sichergestellt und überwacht wissen will. Im Falle der elektrischen Versorgung sind Notwendigkeiten für Redundanzen bzw. unterbrechungsfreie Stromversorgungsaggregate sowie deren Kapazitäten aus Betreibersicht zu diskutieren und die Anforderungen wieder im Lastenheft zu hinterlegen.

Neben den bisher aufgeführten Hilfs- und Nebeneinrichtungen spielen Anforderungen an Lüftungsanlagen (engl.: HVAC = Heating Ventilation Air Conditioning) eine sehr bedeutende Rolle, insbesondere im Bereich der kontrollierten Reinräume. Hier sind neben den Grundanforderungen, die sich aus den Definitionen der Raumluftqualitäten ergeben (s. Abschnitt 4.4.2.5) ebenfalls die Alarmierung, Aufzeichnung und Überwachung, die Notwendigkeit der regelmäßigen Überprüfung und Reinigung und daraus folgend die Notwendigkeit für Service- und Prüföffnungen zu diskutieren. Abhängig von den in der Anlage später gehandhabten Produkten muss an dieser Stelle auch darüber entschieden werden, ob Räume hinsichtlich der Luftversorgung miteinander verbunden sein dürfen oder nicht und welche Anforderungen sich mit Blick auf die Luftansaugung bzw. den Luftauslass ergeben, um auch hier unerwünschte Kontaminationen oder gar Kreuzkontaminationen zu verhindern.

All dies sind Fragen, die üblicherweise vom Betreiber, resultierend aus dem beabsichtigten Betrieb der Anlage und den darin gehandhabten Produkten beantwortet werden müssen. Nachfolgend die wichtigsten Punkte zum Thema „Medien" nochmals übersichtlich zusammengefasst:
- Reinheitsanforderungen an die Medien (Partikel, Mikroorganismen, Öl-, Fettfreiheit etc.),
- minimale, maximale Abnahmemengen,
- angehängte Verbraucher (Kreuzkontaminationsrisiko),
- Anforderungen an die Überwachung (Prüf- und Probenahmestellen, wo und wie viel),
- anerkannte Erzeugerprinzipien (z. B. Destillation, Umkehrosmose bei Wasser),
- notwendige Qualifizierungs-, Validierungsmaßnahmen,
- Alarm- und Überwachungseinrichtungen einschließlich Aufzeichnungsmöglichkeiten,
- Reinigungs- bzw. Sanitisierungsmaßnahmen,
- Abweichungsermittlung durch den Erzeuger.

Qualitätsrelevante Mess- und Probenahmeeinrichtungen
Es hat sich bewährt, schon recht früh – während der Erstellung des Lastenhefts – mit dem Betreiber die voraussichtlich qualitätsrelevanten Mess- und Probenahmeeinrichtungen zu diskutieren und in einer übersichtlichen Tabelle zusammenzustellen. Für Messeinrichtungen sollten in der Tabelle neben der physikalischen Messgröße mindestens Angaben zum Messort, ggf. zum vorgesehenen Messprinzip, zum Messbereich und zu den sich aus dem Verfahren ableitenden Genauigkeitsanforderungen vorliegen. Im Falle der Probennahmen sollten sich Angaben zum Zweck (Inprozesskontrolle, Qualifizierungskontrolle oder Freigabekontrolle), zu den Prüfkriterien (z. B. Identitäts- oder Reinheitsprüfung) und zu ggf. besonderen Anforderungen (z. B. geschlossene oder sterile Probenahme) finden. Nicht selten hat diese frühzeitige Diskussion gezeigt, dass vonseiten des Betreibers Forderungen an Genauigkeiten bestehen, die technisch so nicht oder nur sehr aufwändig erfüllbar sind und man konnte im weiteren Verlauf entsprechend angepasste Lösungen erarbeiten. Grundsätzlich sollten diese aus GMP-Sicht doch sehr wichtigen Tabellen über den gesamten Projektverlauf fortwährend gepflegt werden (s. auch Abschnitt 4.8.2.2.4).

Dokumentation
Der letzte Abschnitt des vorgeschlagenen Musterlastenhefts beschäftigt sich schließlich mit dem Thema „Dokumentation" ganz allgemein. Hier kann zusammen mit dem Betreiber z. B. festgelegt werden:
- welche Technischen Dokumente mindestens von den Lieferanten einzelner Gewerke mitzuliefern sind,
- die Anzahl an notwendigen Arbeitskopien, die während der Projektbearbeitung mindestens vorhanden sein müssen,

– formale Anforderungen an Umläufe und Verteiler, Unterschriftenregelungen, offizielle Freigaben von geprüften Dokumenten, Pflege, Ablage, Archivierung, an die gesamte Abschlussdokumentation und vieles mehr.

Oft sind solche Anforderungen, abhängig von der Dokumentenart (Technische Dokumente, Qualifizierungs- und Validierungsdokumente, Verfahrensanweisungen etc.) in eigenen Anweisungen, Technischen Regeln und/oder Projektmanagementhandbüchern ausführlich beschrieben. In diesem Fall kann und sollte auf diese zusätzlich regelnden Dokumente verwiesen und nur die Kernaussagen über die wichtigsten Regelungen als Extrakt in diesem Abschnitt zusammengefasst werden.

### 4.8.2.2.3 Lastenheft für Einzelsysteme

Die zuvor beschriebene Gliederung eines Lastenhefts ist zugegebenermaßen typisch für große und komplexe Projekte, die im Zusammenhang mit Neu- oder Umbauten gesamter Wirkstoffanlagen zu sehen sind. Nicht immer hat man es aber mit einem solch großen Projekt zu tun. Manchmal gilt es lediglich einen neuen Apparat oder eine neue Maschine, vielleicht eine neue Unit oder aber nur ein neues Laborgerät zu beschaffen. Ein Lastenheft mit obigem Umfang wäre wahrlich übertrieben und macht an dieser Stelle wenig Sinn. Sicher kann man einzelne Punkte übernehmen oder das Inhaltsverzeichnis auf die relevanten Aspekte zusammenstreichen. Besser ist es aber, ein an das zu beschaffende System individuell angepasstes Lastenheft zu erstellen.

Bei der Erstellung eines solchen individuellen Lastenhefts sollte nochmals dahin gehend unterschieden werden, ob man es mit einer an individuelle Bedürfnisse anzupassenden Unit oder mit einer „Katalogware" zu tun hat.

Im ersteren Fall, also einer Unit, die noch Anpassungen erfährt, muss sicher mehr und genauer im Lastenheft beschrieben werden. Beispiele solcher Units wären typischerweise Wassererzeugungsanlagen, Autoklaven, Aufreinigungssysteme wie Filtrations- oder Zentrifugiereinheiten, einzelne Behälter oder Rührkessel, vollautomatische Abfülleinrichtungen, modulare Reinraumkabinen und vieles mehr. Eine angepasste und mögliche Gliederung für ein diesen Fall umschreibendes Lastenheft könnte z. B. die Punkte enthalten: Aufgabenbeschreibung, Lieferanten unabhängige Systembeschreibung (Wunschsystem), allgemeine Spezifikationsanforderungen (Abmessungen, Gewicht, Transportvorrichtungen etc.), Spezifikationsanforderungen resultierend aus dem vorgesehenen Prozess und den gehandhabten Produkten (Anforderungen an Werkstoffe, Oberflächen und deren Bearbeitung, Dichtungsmaterialien, verwendete Öle, Fette, Schmierstoffe etc.), Anforderungen an Ver- und Entsorgung (abhängig von den vorhandenen Medien), funktionale Anforderungen (Bedien- und Programmmöglichkeiten, Nutzungsmöglichkeiten und -wünsche), Anforderungen an Steuerung, Aufzeichnung, Alarmierung, Überwachung und Redundanz, Hinweise auf besondere regulatorische bzw. gesetzliche Anforderungen (ggf. Hinweise auf einzuhaltende Sicherheitsbestimmungen, Normen, Richtlinien), Anforderungen an die mitzuliefernde technische und Betreiberdokumentation, Leistungs- und Garantiewerte.

Eine gute Hilfestellung kann hier auch der Inspektionsleitfaden der ZLG sein, der einen Vorschlag für eine inhaltliche Gliederung eines Lastenhefts für einen typischen Ausrüstungsgegenstand im Bereich der Fertigarzneimittelherstellung beinhaltet [113].

Insgesamt wird man sich bei der Erstellung eines Lastenhefts für ein solches System stets sehr stark an den schon auf dem Markt befindlichen Systemen orientieren, weshalb ein Lastenheft für ein Einzelsystem im Vergleich zu einem Betreiber-Lastenheft für eine Gesamtanlage auch stets schon wesentlich technischer ausgerichtet sein und mehr technische Details enthalten wird. Auch macht es Sinn, soweit möglich und vertretbar, von seinen individuellen Ansprüchen etwas zurückzutreten und mehr den Vorgaben des in der engeren Wahl befindlichen Lieferanten zu folgen. Diese Vorgaben beruhen oft auf bereits abgesicherter Standardisierung und Erfahrung und können schließlich auch dazu beitragen, die Kosten im Griff zu behalten.

Wie weit man auch immer den Empfehlungen eines Lieferanten folgt, auf eine Angabe im Lastenheft und deren Nachweis sollte man grundsätzlich nie verzichten: die Festschreibung der Leistungs- und Garantiewerte. Dies sind jene Größen, die später bei Inbetriebnahme auch im Rahmen der Leistungsqualifizierung überprüft werden. Es handelt sich hier um die für den Betrieb tatsächlich wichtigen Werte wie z. B. erzeugte Wassermengen und -qualitäten bei Wassererzeugungsanlagen, Temperaturverteilungswerte und -konstanz bei Autoklaven, garantierter Leistungseintrag bei Rührkesselreaktoren etc. Diese Werte und ihre Überprüfung sind nicht nur aus GMP-Sicht wichtig, sie sind gleichzeitig auch der Nachweis, ob die gewünschte Qualität vom Lieferanten geliefert wurde und der verhandelte Preis bezahlt werden kann. Dabei ist es unerheblich und letztendlich eine reine Vereinbarungssache, wer die Leistungsprüfungen, d. h. die Leistungsqualifizierung durchführt.

Bleibt zum Schluss noch das Lastenheft für die Katalogware. Angesprochen sind hier fertige Produkte, die üblicherweise „von der Stange" gekauft werden. Zu nennen sind beispielhaft Laboreinrichtungen wie Waagen, Analysengeräte oder andere sehr stark standardisierte Module (z. B. Sicherheitswerkbänke, Laminar-Flow-Einrichtungen), aber auch Einzelaggregate wie Dosierpumpen oder spezielle Filter- oder Messeinrichtungen. In diesen Fällen kann zwar grundsätzlich ein Lastenheft in gleichem Stil wie für eine einzelne Unit erstellt werden, was heute auch überwiegend noch gemacht wird, mit Blick auf die Sinnhaftigkeit und mögliche Optimierungspotenziale (Zeit- und Kosteneinsparung) ist hiervon jedoch abzuraten. Vielmehr kann man es sich einfacher machen, indem man das vom Lieferanten zur Verfügung gestellte „Katalogblatt" (Spezifikationsblatt) eingehend auf Vollständigkeit und Übereinstimmung mit den eigenen Anforderungen überprüft und ggf. um noch fehlende Angaben ergänzt oder hinsichtlich individueller Wünsche abändert. Um den formalen Charakter eines für den weiteren Ablauf wichtigen Qualifizierungsdokuments zu wahren, kann die Lieferantenspezifikation mit einem entsprechenden Deckblatt versehen werden, welches die offizielle Autorisierung und Freigabe mittels Unterschrift ermöglicht.

Dass die zuletzt beschriebene Vorgehensweise bereits einen festen Lieferanten voraussetzt und nicht bedeutet, die Spezifikation eines Lieferanten als Ausschreibungsunterlage für einen anderen zu nutzen, gebietet schon die eigene Moral. Allerdings ist es auch nicht verboten, Katalogblätter unterschiedlicher Lieferanten miteinander zu vergleichen, denn dafür sind sie ja da.

#### 4.8.2.2.4 Erstellung, Bedeutung und Pflege

Wie eingangs beschrieben, sollte gemäß Definition das Lastenheft vom Betreiber (späterer Nutzer des technischen Gewerks) oder von einer von ihm bestimmten Person erstellt werden. Die Wahrheit ist jedoch, dass ein solch komplexes und viele Themen umfassende Dokument unmöglich von einer einzelnen Person inhaltlich allein gefüllt werden kann. Vielmehr entspricht es der Realität, dass es sich gerade beim Lastenheft um eines der ersten Kerndokumente handelt, welches in gemeinsamer Abstimmung im Validierungsteam Stück für Stück entstehen muss.

Dabei ist die Mitwirkung der einzelnen Disziplinen, beginnend bei der Entwicklung (Verfahrensgeber), weiter über den Betreiber bis hin zur Ingenieurtechnik und der Qualitätseinheit vollumfänglich gefragt. In den meisten Fällen erlebt man auch, dass dieses Dokument gar nicht von der Betreiberseite direkt, sondern mehr von der technischen Seite oder ggf. von der in der Firma etablierten Qualifizierungseinheit geschrieben wird. Prinzipiell spricht nichts gegen ein solches Vorgehen, solange die in dem Dokument beschriebenen Forderungen im Kern die des Betreibers sind.

Auch entspricht es weder der Realität noch wäre es praktikabel, das Lastenheft als erstes Dokument überhaupt und in einem durchgehenden Schritt von Anfang bis zur Endversion zu erstellen. Wahr ist vielmehr, dass schon vor Erstellung des Lastenhefts, noch vor dem ersten Entwurf, viele Ideen und erste technische Lösungsansätze in unterschiedlich detaillierten Dokumenten existieren. Oft hat die Ingenieurtechnik bereits mit der Projektierung begonnen, bevor das Lastenheft angegangen wird. Dieses dient dann eher als ein übergeordnetes Dokument, welches die bereits existierenden Ideen, Entwürfe und Gedanken unter zusätzlicher Berücksichtigung von GMP-Anforderungen strukturiert und einheitlich zusammenfasst. Auch diese Vorgehensweise kann vom Grunde her akzeptiert werden, sofern sichergestellt ist, dass das Lastenheft auch im Nachhinein noch seiner Aufgabe und Bedeutung gerecht wird und gewährleistet, dass darüber die wesentlichen GMP-Anforderungen berücksichtigt werden und in der Ausführung zum Tragen kommen. Beginnt man mit der Lastenhefterstellung zu spät, liegt das prinzipielle Risiko am Ende nur darin, dass unter Umständen erste technische Entwürfe – und damit der bereits investierte Zeit- und Arbeitsaufwand – verworfen werden müssten, würde man im Rahmen der Lastenhefterstellung bemerken, dass die Lösungsansätze den GMP-Grundregeln bzw. den Betreiberanforderungen widersprechen. Die Empfehlung kann daher also nur lauten, mit dem Lastenheft so früh als möglich zu beginnen.

Wie in Abschnitt 4.3 bereits angemerkt, erfolgt die Lastenhefterstellung auch nicht in einem Durchgang. Es ist ein iterativer Prozess, der es erforderlich macht, mehrere Schleifen zu drehen, bevor das Dokument in der ersten Fassung verabschiedet werden kann. Die Praxis hat gezeigt, dass es durchaus sinnvoll ist, zunächst sehr grob das Gesamtvorhaben in einem ersten Lastenheftentwurf, ggf. als Zusammenfassung der bereits vorliegenden technischen Lösungsvorschläge zu erstellen, um diesen Entwurf dann als Grundlage für die Risikoanalyse zu nutzen. Die Ergebnisse der Risikoanalyse werden dann wieder in das Lastenheft eingearbeitet, wobei sich dieser Zyklus durchaus zwei- bis dreimal wiederholen kann. Basierend auf den gemachten Erfahrungen, wird man im Allgemeinen (bei größeren komplexen Projekten) bis etwa Ende der Basic Engineering Phase benötigen, bis das Lastenheft in einer endgültig verabschiedungsreifen Fassung vorliegt (s. auch Kapitel 5). Solange etwa werden immer wieder wesentliche Änderungen, die unter Umständen auch aus der technischen Planung selbst kommen, den Inhalt maßgeblich verändern. Nach der Verabschiedung der ersten Fassung wird es üblicherweise auch weiterhin Änderungen zum Inhalt des Lastenhefts geben. Diese sollten dann aber unter Berücksichtigung eines für die Technikphase zu etablierenden Change-Control-Prozedere (s. Abschnitt 7.4) als normale Revision nachvollziehbar eingearbeitet werden. Die Pflege und Überarbeitung sollte grundsätzlich bis zum Abschluss des gesamten Projekts, d. h. konkret bis zu jenem Zeitpunkt erfolgen, an dem der die Technik betreffende Teil der Qualifizierung abgeschlossen ist und die Anlage oder der Anlagenabschnitt offiziell in die Verantwortung des Betreibers gegeben wird. Bis dahin werden Änderungen über das technische Change Control behandelt und im Lastenheft berücksichtigt. Danach werden Änderungen über das betriebliche Change-Control-Verfahren verfolgt und direkt in die für die Pflege der Anlage relevanten technischen Unterlagen eingearbeitet. Dabei kann der Punkt der Übergabe an den Betrieb durchaus unterschiedlich sein (z. B. direkt nach Abschluss der IQ und vor OQ oder erst nach Abschluss der gesamten Qualifizierung).

Dieser Ablauf einschließlich der Anforderung an die Pflege ist keine Forderung aus den Regelwerken, sondern leitet sich allein aus den über die Jahre gemachten Erfahrungen ab und gilt daher als reine Empfehlung. Ebenso verhält es sich mit dem Inhalt des Lastenhefts, zu dem noch einmal angemerkt werden soll, dass es aus der Erfahrung heraus für äußerst wichtig erachtet wird, dass ein Lastenheft grundsätzlich nur die Mindestanforderungen, konkret die GMP-Mindestanforderungen definiert, nie aber die letzten Details und Einzelheiten, da ansonsten weder das Lastenheft selbst noch das damit verbundene Change-Control-Verfahren sinnvoll handhabbar sind. Nur offen gehaltene Formulierungen wie etwa „Der Werkstoff sollte 316L oder vergleichbar sein" oder „Die Leitungen müssen gegen Durchhängen gesichert werden" geben die notwendige und vernünftige Flexibilität, sodass die Technik noch Gestaltungsraum hat, das Lastenheft selbst bei besseren Lösungen nicht sofort geändert werden muss und dennoch seinen Zweck zur Sicherstellung der Mindestqualität erfüllt.

Am Ende des Projekts handelt es sich bei dem Lastenheft eigentlich um ein „totes", d. h. nicht mehr gepflegtes Dokument, da es eine reine Aufzeichnung zur Historie des Projektverlaufs darstellt. Es ist entsprechend den Regelungen zur Qualifizierungsdokumentation aufzubewahren. Dennoch gibt es Fälle, in denen das Lastenheft auch nach Projektabschluss weitergepflegt wird und einen festen Bestandteil der Anlagendokumentation darstellt. Dies sind jedoch die deutlich selteneren Fälle und in Wahrheit handelt es sich hier auch nicht mehr um ein Lastenheft im oben definierten Sinne (Festlegungen zu dem, was der Betreiber für einen bestimmten Zweck haben möchte), sondern vielmehr um eine technische Systembeschreibung, die z. B. als Ersatz für ein entsprechendes Handbuch oder andere technische Unterlagen dient. Auch diese Vorgehensweise kann abhängig von den Umständen Sinn machen, nämlich dann, wenn man keine anderen technischen Grundlagendokumente hat oder das Lastenheft als einen „Technischen Extrakt" zur schnellen Auffindung von Sachverhalten benötigt. Üblicherweise funktioniert dies aber nur bei kleineren abgegrenzten Einzelsystemen.

### 4.8.2.3 Technische Spezifikation – Ausschreibung

Dem Lastenheft folgt im Allgemeinen die Ausarbeitung und Erstellung der detaillierten technischen Spezifikation, die gleichzeitig Grundlage der Ausschreibung ist, mit der dann die einzelnen für die Teilgewerke relevanten Lieferanten angefragt werden. Die technische Spezifikation kann sich, abhängig von der dafür zuständigen Facheinheit und vom jeweiligen Projekt in Art und Umfang erheblich unterscheiden. Für die Beschaffung eines einzelnen Apparats oder einer Maschine kann dies ein einzelnes, mehrseitiges Dokument sein, in dem alle Einzelheiten zur technischen Ausführung – soweit vorgebbar – aufgeführt sind. Unter Umständen ist es vielleicht auch nur das erweitere Lastenheft, welches beispielsweise noch um Angaben zu Lieferbedingen ergänzt wird, eventuell ist es auch nur das Lastenheft selbst.

Bei größeren, komplexen Anlagen versteckt sich hinter der technischen Spezifikation jedoch eine Vielzahl sehr unterschiedlicher Dokumente. Angefangen bei einfachen Grundrissplänen, über Baupläne, Lüftungspläne, Maschinen- und Apparatelisten, Rohrleitungs- und Instrumentenfließbilder, Messstellenverzeichnisse, bis hin zu detaillierten Funktionsplänen, technischen Einzelspezifikationen, Konstruktionsvorgaben etc., um nur einige stellvertretend hier zu nennen. Üblicherweise handelt es sich zu diesem Zeitpunkt und an dieser Stelle des Projekts um Unterlagen der Projektierung (s. auch Kapitel 5), an deren Erstellung die unterschiedlichsten Gewerke und Fachplaner mitwirken. Nicht alle dieser Unterlagen müssen dann auch zwingend in die Ausschreibungsunterlagen, d. h. die Anfrageunterlagen, eingebunden werden. Vielmehr werden die Anfrageunterlagen individuell für die einzelnen zu beschaffenden Komponenten als Extrakt aus den oben genannten Dokumenten zusammengestellt. Dabei gibt es auch hier wieder die unterschiedlichsten Vorgehensweisen. In großen Ingenieursunternehmen bedient man sich an dieser Stelle standardisierter und zum Teil modular aufgebauter Anfrageformblätter, in die Spezifika aus den Projektierungsunterlagen direkt übertragen werden. Dies hat neben einer strukturierten Vorgehensweise den Vorteil, dass zum einen aufgrund der vorgegebenen Formularfelder keine wichtigen Angaben vergessen werden, zum anderen man sich auch einiges an Aufwand spart, da man für bestimmte Grundforderungen (z. B. Qualitätsanforderungen an die Ausführung von Schweißnähten, Bestimmungen für Verpackung und Versand, Anforderungen an mitzuliefernde Unterlagen etc.) nahezu gleiche, unter Umständen vorausgefüllte Anfrageformblätter verwenden kann.

Unabhängig von der Größe und Komplexität des Projekts und davon, ob ein sehr professionelles und standardisiertes oder nur ein einfaches, individuelles Vorgehen gegeben ist, muss in jedem Fall bei der Technischen Spezifikation für ein Gewerk, welches den GMP-Anforderungen unterliegt, in letzter Konsequenz sichergestellt sein, dass die aus GMP-Sicht relevanten Spezifikationen, mindestens aber die aus dem Lastenheft resultierenden Anforderungen, hinreichend berücksichtigt sind. Zum einen sollte dies durch den formalen Abgleich von Technischer Spezifikation mit dem Lastenheft – eine Maßnahme innerhalb der Designqualifizierung – erfolgen. Zum anderen, bzw. ergänzend kann man dies auch dadurch erreichen, dass man sich beispielsweise ein eigenes Technisches Spezifikationsblatt generiert, welches alle denkbar relevanten Spezifikationen mit Bezug auf GMP enthält und welches grundsätzlich allen Ausschreibungsunterlagen beigefügt wird. Auch dann, wenn in einem solchen „Technischen Blatt GMP" manche in der allgemeinen Ausschreibung schon enthaltenen Spezifikationen wiederholt werden, hat es doch den Vorteil, dass die qualitätsrelevanten Kriterien für den Lieferanten konzentriert und deutlich erkennbar zusammengefasst sind und nochmals die Wichtigkeit des Themas unterstrichen wird.

Inhaltspunkte, die in einem solchen Dokument mindestens angesprochen werden sollten, sind die zugrunde liegenden und zu beachtenden GMP-Regelwerke und die Anforderungen an:
– das bei dem Lieferanten bestehende Qualitätssicherungssystem,
– Werkstoffe metallischer und nichtmetallischer Komponenten,
– Dichtungsmaterialien und Elastomere,
– die Oberflächenbehandlung, die Öl- und Fettfreiheit von Komponenten, Partikelfreiheit (Reinheitszustand vor Anlieferung),
– spezielle Design- und Verarbeitungskriterien,
– qualitätskritische Messeinrichtungen und deren Kalibrierungsstatus,
– an die mitzuliefernden Dokumente, die aus GMP-Sicht wichtig sind (Prüfzeugnisse, Zertifikate, Wartungsanleitungen etc.).

Mindestens ein Kapitel in diesem Dokument sollte auch dem Thema „Qualifizierung und Qualifizierungsanforderungen" gewidmet sein. Zu oft findet man, dass von dem Lieferanten allgemein die Qualifizierung als Bestandteil des Leistungsumfangs mitangefragt wird, jedoch werden keinerlei weitergehende und konkretisierende Angaben hierzu gemacht. Die Enttäuschung kommt dann hinterher, wenn man feststellt, dass Prüfumfang und zugehörige Prüfrohdokumente nicht dem entsprechen, was man sich eigentlich vorgestellt hat und der Preis einem obendrein hoch erscheint. Von daher sollte schon im Rahmen der ersten Anfrage so konkret als möglich spezifiziert oder vom Lieferanten in entsprechendem Detaillierungsgrad angefragt werden,
– welche konkreten Tests, die direkt oder indirekt später der Qualifizierung zuzurechnen sind, durchgeführt werden,
– in welchem Umfang und mit welcher Häufigkeit,

- wie diese Tests dokumentiert werden und
- wie mit den entstehenden Rohdaten verfahren werden soll.

Optimal wäre, wenn der Lieferant dies nicht nur spezifizieren, sondern auch durch konkrete Mustervorlagen demonstrieren würde. Insbesondere die übergeordneten Qualifizierungspläne (DQ, IQ, OQ oder PQ) betreffend, sollte immer eine formale und inhaltliche Abgleichung stattfinden, ggf. sollte man dem Lieferanten die Anpassung an die im eigenen Hause etablierten Vorlagen auferlegen, sofern man diesen Teil überhaupt außer Haus vergeben möchte.

Abschließend kann die Bedeutung dieses speziellen Anfrageblatts nochmals gesteigert werden, indem man den Lieferanten dazu verpflichtet, auf dem Deckblatt zu unterzeichnen und damit zu bestätigen, dass er von diesen speziellen Anforderungen Kenntnis genommen hat und dass er sie vollumfänglich verstanden hat. Gerade diese Vorgehensweise hat in verschiedensten Projekten zum Teil zu heftigen Diskussionen mit den Lieferanten geführt – was belegt, dass man sich zumindest jetzt damit eingehend beschäftigt hat und wem sind Diskussionen am Anfang nicht lieber als hinterher?

#### 4.8.2.4  Lieferantenausführung – Pflichtenheft

Nicht nur der Begriff Lastenheft, sondern auch der Begriff Pflichtenheft entstammt der Richtlinie VDI 2519 bzw. wird darin ausführlich beschrieben. So wird zum Thema „Pflichtenheft" ausgeführt: *„Das Pflichtenheft beschreibt die Realisierung aller Anforderungen des Lastenhefts. Das Pflichtenheft enthält das Lastenheft. Im Pflichtenheft werden die Anwendervorgaben detailliert und die Realisierungsanforderungen beschrieben. Im Pflichtenheft wird definiert, „wie" und „womit" die Anforderungen zu realisieren sind. Es wird eine definitive Aussage über die Realisierung ... konkret ausgearbeitet. Das Pflichtenheft wird in der Regel nach Auftragserteilung vom Auftragnehmer erstellt, falls erforderlich unter Mitwirkung des Auftraggebers. Der Auftragnehmer prüft bei der Erstellung des Pflichtenhefts die Widerspruchsfreiheit und Realisierbarkeit der im Lastenheft genannten Anforderungen. Das Pflichtenheft bedarf der Genehmigung durch den Auftraggeber. Nach Genehmigung durch den Auftraggeber wird das Pflichtenheft die verbindliche Vereinbarung für die Realisierung und Abwicklung des Projekts für Auftraggeber und Auftragnehmer."*

Tatsache ist, dass auch hier die Bandbreite der Möglichkeiten, was unter einem Pflichtenheft verstanden wird, sehr groß ist. Es gibt Fälle, bei denen wird das Lastenheft des Kunden, ggf. um fehlende Informationen ergänzt, als Pflichtenheft an den Kunden zurückgesandt. Diese Vorgehensweise dürfte sicher immer dann angebracht sein, wenn das Lastenheft schon so detailliert ist, dass aus ihm bereits alle relevanten Informationen für die Umsetzung entnommen werden können. Dies ist z. B. bei den angesprochenen „Katalogartikeln" gegeben, da hier ja auch bereits der Betreiber auf die Spezifikation des Lieferanten zurückgegriffen hat. Es sind aber auch andere Beispiele denkbar.

In anderen Fällen wiederum besteht das Pflichtenheft aus einer Fülle von Einzeldokumenten, die schon sehr detailliert die Ausführung, d. h. die Realisierung darstellen und eigentlich auch schon der Ausführungsdokumentation zuzurechnen sind. Diese Vorgehensweise findet man überwiegend im Bereich der Unit-Lieferanten (z. B. Wasseranlagen), die Ausführungsdokumente als Templates bereits zur Verfügung haben und die Verhandlungsgespräche einschließlich Anpassung an Kundenvorgaben auf Basis dieser Dokumente durchführen. Der Kunde sieht in diesem Fall schon sehr genau, wie sein Gewerk später einmal geartet sein wird.

Schließlich gibt es noch jene Fälle, in denen das Pflichtenheft mustergültig, d. h. wie in der obigen Definition beschrieben, erstellt wird. Der Lieferant nimmt das Lastenheft, nummeriert im Extremfall jede einzelne vom Kunden gestellte Anforderung fortlaufend durch und beantwortet in seinem Pflichtenheft mit Bezug auf die Referenznummer diese Anforderung durch einen entsprechenden Realisierungsvorschlag. Diese Varianten findet man sehr häufig in den Bereichen, in denen die Validierung computerisierter Systeme – z. B. Automatisierungssysteme – eine entsprechend große Rolle spielt, da hier in einschlägigen Standardwerken (z. B. GAMP) auch die Forderung nach einer „Traceability Matrix" besteht, d. h. es muss am Ende der Weg von der entsprechenden Qualifizierungsprüfung über die Ausführungsbeschreibung im Pflichtenheft bis hin zur beschriebenen Anforderung im Lastenheft lückenlos nachvollziehbar sein. Dies ist nur möglich, wenn Lasten- und Pflichtenheft sehr eng miteinander abgestimmt bzw. aufeinander aufgebaut und gegenseitig referenziert sind. Der Vorteil liegt hier sicherlich in dem sehr schnell durchführbaren Querabgleich und darin, schnell Unstimmigkeiten und Fehler aufzufinden. Die Erstellung des Pflichtenhefts dürfte aber einen nicht unerheblichen Aufwand darstellen.

Auch hier ist es leider – oder Gott sei dank – wieder so, dass der spätere Betreiber zusammen mit seinen Experten festlegen muss, welchen Weg er gehen will. Dabei wird es sicherlich auch nicht nur eine Möglichkeit, sondern eher die gesamte Bandbreite geben. Der Gesetzgeber bzw. auch die Richt- und Leitlinien machen hier nur sehr bedingt konkrete Vorschläge. Lediglich die wesentliche Grundforderung, dass es Lasten- und Pflichtenhefte und deren Abgleich geben muss, steht im Raum und ist auch durchaus sinnvoll.

Aus formaler Sicht bleibt noch zu erwähnen, dass unabhängig vom gewählten Weg, Art und Umfang sowohl von Lasten- als auch Pflichtenheft schriftlich definiert und beschrieben sein müssen. Wie weiß man sonst, was gegeneinander abzugleichen ist? Dabei gilt es zu beachten, dass neben den hochoffiziellen Lasten- oder Pflichtenheften im Rahmen des realen Projektgeschehens und der in diesem Zusammenhang geführten Fülle an Gesprächen eine Vielzahl zusätzlicher Gesprächs-, Telefonnotizen und/oder anderer Aufzeichnungen entstehen, die inhaltlich die beiden Kerndokumente durchaus beeinflussen können. So kann es noch bei den letzten Verhandlungs- und Vergabegespräche zu wesentlichen, den Liefer- und Leistungsumfang betreffenden Änderungen kommen, die – gibt man nicht entsprechend Acht – sich dann später nicht unbedingt in Lasten- oder Pflichtenheft wiederfinden. Hier muss in jedem Fall sichergestellt sein, dass es entweder ein festes Prozedere gibt, wie diese Absprachen noch in die beiden Kerndokumente einfließen oder es muss im Rahmen der formalen Definition von Lasten- und Pflichtenheft der Geltungsbereich auf diese zusätzlichen Aufzeichnungen erweitert werden. Die Stelle, an der man diese Definition sinnvollerweise einbringt, ist die Designqualifizierung und der zugehörige Designqualifizierungsplan.

### 4.8.3
### Designqualifizierung – DQ

#### 4.8.3.1  Hintergründe und Ziel der DQ

Die Designqualifizierung ist der *„dokumentierte Nachweis, dass das für Einrichtungen, Anlagen und Ausrüstungen vorgesehene Design für den entsprechenden Einsatzzweck geeignet ist"* (s. Definition gemäß EG-GMP-Leitfaden, Annex 15 [114]). Sie ist – wie in den Eingangskapiteln bereits erwähnt – in den offiziellen GMP-Regelwerken und -Leitfäden eher sehr bescheiden behandelt, meist nur als Begriff definiert. Zum einen dürfte es darin begründet sein, dass das Thema in dieser Form erst sehr spät aufgegriffen wurde, zum anderen dürfte es aber auch daran liegen, dass man zwar weiß, welches Ziel man mit der Forderung erreichen will, man sich aber nicht ganz im Klaren darüber ist, wie man es hinsichtlich der Umsetzung konkret erreichen kann bzw. wie man die Designqualifizierung überhaupt umsetzt.

Zunächst zur Forderung: Es ist verständlich und sicher auch eine richtige Schlussfolgerung, dass wenn eine technische Einrichtung, eine Anlage oder ein entsprechendes Ausrüstungsteil nicht von Anfang an richtig und den Anforderungen entsprechend geplant ist, man diese Fehler (Planungs- oder Designfehler) auch im Rahmen der nachfolgenden Qualifizierungs- (IQ, OQ, PQ) bzw. Validierungsaktivitäten nicht unbedingt bemerken würde. Wird z. B. eine Leitung ohne Gefälle ausgelegt, so wird man hier auch im Rahmen einer Installationsqualifizierung nicht zwingend auf ein Gefälle prüfen und sowohl bei den ersten Validierungs- als auch bei ersten Produktionsfahrten dürfte dies noch nicht zwingend zu Problemen führen. Erst über eine gewisse Zeitdauer hinweg, wenn sich betriebsbedingt durch ständig in der Leitung verbleibende Restfeuchte allmählich ein nicht erwünschter mikrobieller Bewuchs gebildet hat, wird man früher oder später das Problem unter Umständen anhand einer nicht mehr stimmigen Produktspezifikation feststellen. Die Forderung, mit der Qualitätssicherung bereits in der Designphase zu beginnen, ist daher absolut berechtigt und damit auch die Forderung nach einer formalen Designqualifizierung.

Mit dem Aufkommen des Begriffs „Designqualifizierung" ist nahezu zeitgleich auch der Begriff des Lastenhefts ins Rampenlicht der GMP-Welt getreten. Mit der Forderung nach einem den Anforderungen entsprechenden Design kam auch der Wunsch, die einzelnen Designkriterien in einem geeigneten Dokument schriftlich festzuhalten, z. B. im Lastenheft. Von daher wird auch heute noch oft mit dem Begriff Designqualifizierung sofort die Erstellung des Lastenhefts verbunden und manchmal findet man auf der Titelseite eines Lastenhefts auch in großen Lettern die Abkürzung DQ. Bleibt die Frage, ob mit der Erstellung eines Lastenhefts die Forderung nach einer Designqualifizierung schon vollumfänglich abgedeckt ist. Folgt man der Definition, „dokumentierter Nachweis, dass das ... Design ... geeignet ist", so muss man ganz klar sagen, dass die Erstellung eines Lastenhefts allein dieser Aussage noch nicht gerecht wird. Die Designkriterien sind zwar beschrieben, ob sie auch geeignet sind und ob sie überhaupt vollständig beschrieben sind, ist damit noch nicht belegt. Es müssen neben der Lastenhefterstellung also noch andere Aktionen gefordert sein.

#### 4.8.3.2 Voraussetzungen für die DQ

Um den Nachweis eines den Anforderungen entsprechenden Designs erbringen zu können, müssen – allein dem gesunden Menschenverstand gehorchend – mindestens die folgenden Voraussetzungen gegeben, bzw. Randbedingungen erfüllt sein:

- Die durch das Produkt bzw. den Prozess vorgegebenen grundsätzlichen Anforderungen müssen unter Berücksichtigung gesetzlicher und GMP-spezifischer Vorgaben überhaupt bekannt sein. Welche Gesetze sind zu beachten? Welche GMP-Regelwerke muss ich zugrunde legen? Durch welche besonderen Anforderungen ist mein Produkt bzw. Prozess gekennzeichnet? Kennt man die Anforderungen nicht, so kann man nicht belegen, ob das Design den Anforderungen später genügt oder nicht. Diese Anforderungen sind jene, die in Abschnitt 4.4 „Die GMP-Einstufung" ausführlich behandelt wurden.
- Die aus den Grundanforderungen folgenden GMP-Mindestanforderungen und die sich daraus ableitenden Technologien müssen bekannt und festgelegt sein. Spielt Hygienedesign oder Sterildesign eine Rolle? Ist das Thema „Reinraumtechnologie" von Bedeutung oder reicht es, Räume nach den „üblichen" Standards zu gestalten? Hier spielen die ersten Festlegungen in der Anforderungsliste (s. Abschnitt 4.8.2.1) und die daraus resultierenden Festlegungen im Lastenheft (s. Abschnitt 4.8.2.2) eine entscheidende Rolle.
- Die Designkriterien müssen systematisch und vollständig unter Berücksichtigung der möglichen späteren Produktqualitätsrisiken herausgearbeitet und schriftlich als für das Bauteil spezifische Designvorgaben festgehalten werden. Mithilfe der Risikoanalyse oder im Rahmen eines Design-Reviews muss dann geprüft werden, ob mit den getroffenen Festlegungen die zuvor identifizierten Anforderungen auch wirklich erfüllt werden können. An dieser Stelle erfolgt also der explizite Nachweis, ob das Design den Anforderungen entspricht oder nicht.
- Für die so erarbeiteten und festgelegten Designkriterien muss sichergestellt sein, dass diese auf dem Weg der detaillierten Lösungserarbeitung, d. h. bei der Erstellung aller notwendigen Planungs- und Ausführungsdokumente nicht verloren gehen, dass in der letzten, für die Umsetzung freizugebenden Unterlage diese Kriterien noch vollumfänglich enthalten sind. Die Festlegung noch so optimaler Designkriterien nutzt nichts, wenn dies bei der Realisierung in der Werkshalle oder auf der Baustelle nicht zum Tragen kommt.
- Schließlich muss auch sichergestellt sein, dass geplante Änderungen, die während der Planungs- und Ausarbeitungsphase immer vorkommen, systematisch erfasst, bewertet und unter Berücksichtigung aller zuvor gemachten Ausführun-

gen eingearbeitet werden. Hier ist also das formale „Change-Control"-Prozedere und die Überwachung seiner Funktionalität angesprochen.

Zusammengefasst ist es also recht einfach und simpel: Man identifiziert die Anforderungen (GMP-Einstufung + Anforderungsliste), man definiert die sich daraus ableitenden Designkriterien (Lastenheft) und prüft kritisch Kriterien gegen Anforderungen (Risikoanalyse und Design-Review), ggf. ändert man die Designkriterien (Revision des Lastenhefts). Am Ende gilt es noch sicherzustellen, dass alle wichtigen und relevanten Planungs- und Ausführungsdokumente die Designkriterien vollumfänglich berücksichtigen und dass alle geplanten Änderungen sorgfältig überprüft werden (Dokumentencheck + Change Control). Da die Definition vom „dokumentierten Nachweis" spricht, gilt es natürlich noch, die hier angesprochenen Punkte in ein geeignetes Formblatt einzufügen, in dem man sie dann lediglich als „ordnungsgemäß erledigt" abhakt und unterschreibt.

Zugegeben, ganz so einfach und simpel ist es dann doch wieder nicht, da leider die einzelnen Projekte zu unterschiedlich, manchmal auch sehr komplex sind, und weil gerade bei größeren Projekten doch immer eine Vielzahl an Personen, Abteilungen bzw. Gewerken mitwirken. Dennoch soll nachfolgend der Versuch unternommen werden, eine mögliche Form eines DQ-Plans vorzustellen, welche sich an dem hier beschriebenen Schema orientiert.

### 4.8.3.3  Erstellung DQ-Plan

Ein Beispiel eines an einem komplexeren Projekt ausgerichteten Designqualifizierungsplans (bereits mehrfach in der Praxis angewandt) könnte wie folgt aussehen:

#### 4.8.3.3.1  Schritt 1: Erstellung DQ-Hauptdokument

Um die formalen, mit Unterschrift freizugebenden DQ-Pläne zu erstellen, muss zunächst entschieden werden, wie man das Gesamtprojekt sinnvoll unterteilt. Hat man es nur mit einem einzelnen Ausrüstungsteil zu tun, so wird man eben nur einen DQ-Plan erstellen. Im Falle einer komplexen Neuanlage, wäre dies zwar prinzipiell auch möglich, würde aber aus Gründen der Übersichtlichkeit wenig Sinn machen. Sinnvoller ist es, das Gesamtprojekt auf einzelne Systeme herunterzubrechen und für jedes einzelne System einen DQ-Plan vorzubereiten.

Ein System könnte z. B. als funktionale Einheit definiert werden, die man durchgängig über die gesamte Qualifizierungsphase hinweg in sich geschlossen behandeln und für die man alle erforderlichen Tests vernünftig durchführen kann. Ein Rührkesselreaktor mit Antrieb, Umpumpkreis für Heizen und Kühlen, ggf. noch versehen mit einer Dosiervorlage könnte ein solches System darstellen, wobei solche Systeme oft auch schon über die zugehörigen Rohrleitungs- und Instrumentenfließbilder (RI-Schemata) definiert und abgegrenzt sind. Diese Systemeinteilung hat sich auch bewährt, vorzugsweise bei der IQ, OQ und PQ. Im Rahmen der DQ hat sich gezeigt, dass auch eine andere Aufteilung, nämlich nach Gruppen der zu beschaffenden Ausrüstungsteile (Behälter, Reaktoren, Vorlagen, Pumpen etc.)

ihren Charme hat, da dies später die Abarbeitung dahin gehend erleichtert, dass man einen Plan mit konkret einem Ausschreibungsvorgang (z. B. die Ausschreibung der Hauptreaktoren) verbinden und daran abarbeiten kann.

Betrachtet werden soll aber die erste Variante, die Systemeinteilung nach funktionalen Einheiten. Für jede solche Einheit wird ein DQ-Plan erstellt, der eine eindeutige Nummer erhält, die sinnvollerweise Bezug auf die Aktivität, das System und den zugehörigen Masterplan nimmt (z. B. DQ-08/01-001, DQ-Plan für System 001 und erster Masterplan in 2008). Der DQ-Plan bzw. das Hauptdokument selbst ist dabei nichts anderes als eine übergeordnete Checkliste, in der nach Durchführung der einzelnen Aktivitäten die Durchführung mit Datum und Unterschrift bestätigt wird. Die drei wesentlichen, mit Unterschrift zu bestätigenden Abfragen sind, wie im Abschnitt zuvor bereits ausführlich beschreiben:
– Wurden alle in Bezug auf GMP bestehenden Anforderungen definiert und schriftlich festgehalten?
– Wurden alle so fixierten Anforderungen in den relevanten technischen Ausführungsdokumenten aufgegriffen und durchgängig beibehalten?
– Wurden alle Änderungen, die während der Planungsphase aufgetreten sind, formal mit einem Änderungskontrollsystem verfolgt?

Jede dieser Hauptabfragen unterteilt sich nun ihrerseits in weitergehende Detailabfragen, abhängig davon, wie man im Einzelnen vorgeht. Auf die detaillierte Unterteilung wird im Rahmen der DQ-Durchführung noch näher eingegangen.

#### 4.8.3.3.2 Schritt 2: Erstellung DQ-Matrix

Speziell für die Überwachung der einzelnen Planungs- und Entwicklungsschritte sowie deren Einbindung in die Designqualifizierung, hat es sich als ungeheuer praktisch und wertvoll erwiesen, im Vorfeld mit den verschiedenen am Projekt beteiligten Gewerken (Bau, Maschinen und Apparate etc.) im Rahmen eines Kick-off-Gesprächs, die in der Entstehung der technischen Dokumentation wichtigen Haltepunkte auszudeuten. An diesen sollten Schlüsseldokumente sinnvollerweise geprüft bzw. einem Design-Review mit Blick auf GMP-Anforderungen unterzogen werden. Die Haltepunkte können sodann in eine einfache Exceltabelle gebracht werden, bei der auf der linken Seite in einer Spalte die einzelnen Gewerke bzw. Bauteile aufgeführt werden und nach rechts die entsprechenden Haltepunkte bzw. die damit verbundenen und zu prüfenden Dokumente. Mindestens sollten als Haltepunkte aufgeführt werden: das Lastenheft, die Anfrageunterlagen, das Pflichtenheft, die Bestellunterlagen und die für die Fertigung bzw. Ausführung freizugebenden Versionen der entsprechenden technischen Dokumente. Anfrageunterlagen, Pflichtenhefte bzw. die zur Fertigung freizugebenden Dokumente sollten hier auch für ein entsprechendes Design-Review vorgesehen werden.

In diese DQ-Matrix werden für jedes zuvor festgelegte System nun die einzelnen Systemkomponenten auf der linken Seite in der Matrix aufgeführt. Im oben genannten Beispiel wären dies der Rührkessel, der zugehörige Antrieb, der Rührer, die Pumpen, der Vorlagebehälter etc. Dabei werden diese Komponenten bis zu den jeweiligen Messeinrichtungen heruntergebrochen. Komponenten werden auch dann in der DQ-Matrix aufgeführt, wenn die zugehörigen Unterlagen später nicht einem Design-Review unterzogen werden. Dies wird dann in der Matrix durch ein N/A (not applicable) in der entsprechenden Spalte gekennzeichnet. Damit soll sichergestellt und formal belegt werden, dass man keine Komponente im Rahmen der DQ vergessen, sondern diese ggf. bewusst von den weiteren Betrachtungen ausgeschlossen hat. Dabei sollte man sich vergegenwärtigen, dass es durchaus Komponenten geben kann, die GMP-relevant sind, nicht aber einem Design-Review unterworfen werden müssen (z. B. Die Pumpe im Heiz-/Kühlkreis ist qualitätskritisch in Bezug auf die angestrebte Funktionalität, unterliegt aber nicht der Notwendigkeit für ein Design-Review, da sie weder direkt noch indirekt mit dem Produkt in Berührung kommt).

Zusätzlich kann in der DQ-Matrix bereits zu diesem frühen Zeitpunkt für die aufgeführten Messeinrichtungen angegeben werden, ob sie qualitätskritisch sind und daher später kalibriert sein oder werden müssen. Dies kann dann unmittelbar bei der späteren Dokumentenprüfung mitberücksichtigt werden.

#### 4.8.3.3.3 Schritt 3: Erstellung Dokumentenindexliste

Wurden zuvor in der DQ-Matrix die Haltepunkte festgelegt, so müssen nun die den Prüfungen bzw. dem Design-Review zugrunde zu legenden Dokumente im Einzelnen identifiziert und aufgelistet werden. Wie anders will man sonst später wissen, ob man alle wesentlichen technischen Dokumente überhaupt einer Prüfung unterzogen hat oder nicht. Zugegebenermaßen dürfte dies die schwierigste aller Übungen sein und zu Recht drängt sich die Frage auf, wie man – gerade auch bei komplexen Projekten – im Vorfeld schon alle Dokumente, die einmal entstehen werden, kennen will. Dies ist sicher nicht möglich und auch nicht die Erstellung der endgültigen Liste. Es ist aber möglich und macht Sinn, die für die Prüfung bzw. das Review mindest erforderlichen Dokumente (z. B. RI-Schemata, Konstruktionszeichnungen, Lüftungskanalverlaufspläne, Rohrleitungsisometrien etc.) zu bestimmen, schriftlich in dieser Liste zu fixieren und später, im Verlauf des Projekts eventuell weiter hinzukommende Dokumente handschriftlich zu ergänzen (z. B. Detailzeichnung für Behälter über Stutzenanordnung). In jedem Fall konnte dies so bei einigen Projekten mit Erfolg realisiert werden und gestattet dem System auch ein gewisses Maß an Flexibilität.

#### 4.8.3.3.4 Schritt 4: Erstellung Unterschriftenliste

Das letzte Dokument ist die Unterschriftenliste für all jene Personen, die später im Rahmen der Designqualifizierung aktiv beteiligt sein werden. Da dies grundsätzlich eine Fülle unterschiedlichster Betriebsangehöriger, Validierungsteammitglieder, aber auch Fremdfirmenpersonen sein können, macht hier – wie auch bei allen anderen Qualifizierungsaktivitäten – eine zentrale Liste prinzipiell keinen Sinn. Auch könnten die Personen von DQ-Plan zu DQ-Plan verschieden sein, sodass es sich letztendlich bewährt hat, diese Nachweislisten direkt den jeweiligen

Qualifizierungsprotokollen beizufügen. Diese Listen werden dann im Rahmen der Bearbeitung von den beteiligten Personen unterschrieben.

#### 4.8.3.3.5 Schritt 5: Zusammenstellung und Freigabe

Am Ende werden alle oben beschriebenen Einzeldokumente, nachdem sie soweit als möglich beschrieben und vorbereitet wurden, dem Hauptdokument (DQ-Plan) beigefügt und zur Prüfung und letzten Abstimmung im Kreis der Validierungsteammitglieder zirkuliert. Nach letzten möglichen Anpassungen und Korrekturen werden die DQ-Pläne formal und schriftlich durch die Validierungsverantwortlichen, insbesondere durch den Leiter der Qualitätseinheit zur Bearbeitung freigegeben.

Prinzipiell dürfen Qualifizierungs- und Validierungsaktivitäten frühestens dann begonnen werden, wenn Umfang und Details in einem zuvor abgestimmten und freigegebenen Plan vorliegen. Aus diesem Grunde wird zu Recht sehr häufig die Frage gestellt, ob es denn dann formal richtig sei, wenn die unterschiedlichsten Planungsaktivitäten schon angelaufen seien und erste Dokumente entstanden sind, obwohl noch kein DQ-Plan vorlag. Hier muss klar festgehalten werden, dass zwar Planungsaktivitäten gestartet wurden, die eigentlichen DQ-Aktivitäten, d. h. die formale und inhaltliche Prüfung der Dokumente auf GMP-Konformität aber erst nach der Planfreigabe anlaufen, also GMP-konform.

Schließlich muss gerade im Zusammenhang mit der DQ noch darauf verwiesen werden, dass aufgrund der häufigen und starken Variationen in der Planungsphase man nicht umhinkommt, den DQ-Plan hin und wieder auch einer Revision zu unterziehen, wenn z. B. neue Komponenten zum System hinzukommen oder wegfallen, um nur ein Beispiel zu nennen. Dies ist prinzipiell möglich und sollte bei der Gestaltung des DQ-Plans (Feld für Revisionsnummer) auch frühzeitig berücksichtigt werden.

Als letzter, rein formaler, aber nicht unwichtiger Punkt soll noch das Thema „Verwaltung der DQ-Pläne" angesprochen werden. So trivial es erscheint, so wichtig ist es, von Anfang an zu klären, wer die gesammelten Pläne über die Projektdauer hinweg pflegt und verwaltet, und wo sie bis zum endgültigen Abschluss der Arbeiten verwahrt werden. Nichts ist ärgerlicher und bereitet unnötige Schwierigkeiten als der Verlust eines bereits freigegebenen Qualifizierungsdokuments. Es sollte daher frühzeitig im Validierungsteam die entsprechend verantwortliche Person – bei größeren Projekten sicherlich der Validierungskoordinator – hierfür ausgedeutet und namentlich benannt werden.

#### 4.8.3.4 **Durchführung DQ**

Dem ersten Fragepunkt im DQ-Hauptdokument entsprechend gilt es sicherzustellen, dass alle in Bezug auf GMP relevanten Anforderungen definiert und schriftlich festgehalten wurden. Hierzu sind prinzipiell mehrere Punkte zu beachten bzw. zu prüfen, u. a.:

- Wurde das betreffende System im Rahmen der Lastenhefterstellung berücksichtigt; ist es im Lastenheft beschrieben?
- Wurde für das betreffende System eine Risikobetrachtung durchgeführt?
- Wurden die GMP-relevanten Anforderungen vollständig und korrekt in die Anfrageunterlagen übernommen bzw. wurde – abhängig von der gewählten Vorgehensweise – ein entsprechendes Technisches Blatt GMP erstellt (s. Abschnitt 4.8.2.3), welches alle Anforderungen aus dem Lastenheft enthält?

Die für die Durchführung zuständige Person nimmt die entsprechenden Prüfungen vor und trägt für jede einzelne Systemkomponente die entsprechend positive Bestätigung – z. B. unter Angabe des Prüfungsdatums und Signums – in der DQ-Matrix in der entsprechenden Spalte für Lastenheft, Risikoanalyse und Anfragedokumentation oder Technisches Blatt GMP ein. Werden bereits in diesem Stadium technische Unterlagen einem detaillierten Review unterzogen (z. B. Konstruktionszeichnung als Basistemplate für die Ausschreibungsunterlagen Rührkesselreaktor), so werden diese in der Dokumentenindexliste aufgeführt. Die geprüften Dokumente selbst werden sinnvollerweise mit einem entsprechend vorbereiteten Stempel (z. B. „Geprüft auf Übereinstimmung mit Lastenheftanforderungen"), mit Datum und Unterschrift gekennzeichnet.

Mit dieser Prüfung ist der erste wichtige Meilenstein erreicht – die Sicherstellung, dass alle relevanten Anforderungen in den Anfrageunterlagen enthalten sind. Prinzipiell könnte man zwar argumentieren, dass eine entsprechende Prüfung auch noch später, z. B. wenn die Ausführungsdokumente vorliegen, ausreichend wäre; die Erfahrung hat jedoch gezeigt, dass man mit der hier beschriebenen Vorgehensweise viele Fehler schon recht früh vermeidet, insbesondere aber unnötige Kosten, wenn man z. B. Qualitätsanforderungen in den Anfragen zunächst vergisst und schließlich nachreichen muss. Das Kriterium „GMP" kann dann zumindest mit Blick auf den Preis deutlich ins Gewicht fallen.

Im Rahmen der Prüfung der Anfrageunterlagen hat es sich auch bewährt, an dieser Stelle nochmals darüber nachzudenken, ob es sich bei dem entsprechenden Gewerk mit Blick auf die Qualitätssicherung lohnt, ein Lieferantenaudit durchzuführen oder ob es reicht, nur einen entsprechenden Lieferantenfragebogen mitzuschicken. Auch dies kann den Kosten- und Zeitaufwand enorm reduzieren.

Es folgen im Allgemeinen die Lieferanten- und Klärungsgespräche zu den einzelnen ausgeschriebenen Gewerken, während zeitgleich auch die Arbeiten im Bereich der Projektierung weitergehen (Weiterentwicklung von RI-Schemata, Isometrien, Verlaufsplänen etc. in die nächste Entwicklungsstufe). Die zweite Kernfrage aus dem DQ-Hauptdokument bekommt Bedeutung: die Sicherstellung, dass alle fixierten und beschriebenen GMP-Anforderungen im weiteren Planungsablauf nicht verloren gehen und weiter enthalten sind. Folgende Fragen kommen auf:

- Enthalten auch die Bestellunterlagen noch alle GMP-Anforderungen vollständig und korrekt?
- Sind alle zusätzlichen Informationen und Ergebnisse aus den geführten Lieferantengesprächen in die Bestellunterlagen eingeflossen?

- Ist in den Bestellunterlagen festgelegt, ob der Lieferant auditiert wird oder ob er nur einen Selbstauskunftsbogen auszufüllen hat?
- Sind vereinbarte Testdurchführungen oder Qualifizierungsaktivitäten detailliert genug beschrieben und ist vereinbart, welche Art von Ergebnisbericht zusammen mit welchen Rohdaten der Lieferant am Ende vorzulegen hat?
- Berücksichtigen die weiterentwickelten Projektierungsunterlagen alle kritischen GMP-Anforderungen?

Zum einen ist es nun die Bestellunterlage, die ausführlich und detailliert geprüft wird, wobei die Prüfung formal mit Datum und Unterschrift sowohl auf den geprüften Dokumenten als auch in der DQ-Matrix zu bestätigen ist. Dabei kann die Prüfung aus GMP-Sicht auf den qualitätsrelevanten und nicht kommerziellen Bereich begrenzt werden. Zum anderen sind es die Planungsdokumente der Projektierung, die nun in einen kontinuierlichen Reviewprozess eingebunden werden müssen und dann ebenfalls in der DQ-Dokumentenindexliste erscheinen.

Mit Auslösung der Bestellungen wird schließlich auch die Ausarbeitung weiterer, die Qualität bestimmender Dokumente von Lieferantenseite angestoßen. Dies ist der Zeitpunkt, ab dem die Flut an technischen Dokumenten schier unüberschaubar und auch nahezu unkontrollierbar wird. Die Forderung sicherzustellen, dass keine GMP-Anforderungen unterwegs verloren gehen, ist unrealistisch.

Zugegeben, die hundertprozentige Kontrolle und Sicherheit gibt es nicht und es wäre auch vermessen behaupten zu wollen, dass das hier beschriebene Konzept so perfekt sei, dass man alles Wichtige problemlos unter Kontrolle hätte. Das sicher nicht, jedoch kann mit gewissem Augenmaß und gesundem Menschenverstand einiges erreicht werden. So ist es – um den Dokumentenberg überhaupt noch überschauen zu können – besonders wichtig, mit den Lieferanten schon im Vorfeld abzustimmen, welche Dokumente man zu erwarten hat, welche davon überhaupt kritisch sind und daher einem Review unterzogen werden müssen. Dies geschieht sinnvollerweise auf Basis einer Dokumentenübersichtsliste. Auch wird es nicht unbedingt als notwendig erachtet, jede entstehende Version eines Dokuments zu prüfen. Zwischenversionen können zum Beispiel stichprobenhaft geprüft werden, während die Endversionen, die zur Fertigung bzw. zur Umsetzung freigegeben werden, zwingend vollständig geprüft und die Prüfung wieder formal bestätigt werden sollte.

Es sei an dieser Stelle angemerkt, dass wenn von Prüfung die Rede ist, hiermit die formale Prüfung auf GMP-Belange z. B. durch einen Qualifizierungsingenieur gemeint ist. Dies schließt nicht die routinemäßige Prüfung durch den planenden Ingenieur aus, die in jedem Fall gemacht werden muss. Auch hat hier die Erfahrung gezeigt, dass der planende Ingenieur durchaus auch die GMP-Aspekte prüten kann und dies auch tun sollte. Jedoch wird mit dem formalen GMP-Check durch den Qualifizierer der Anforderung nach dem „dokumentierten Nachweis" im Rahmen der Qualifizierung Rechnung getragen und ferner unter Berücksichtigung des Unabhängigkeitsthemas der „Betriebs-," oder besser „Planungsblindheit" entgegengewirkt.

Der letzte oder fast letzte Meilenstein in der DQ-Matrix ist erreicht, wenn die Dokumente, nach denen konstruiert oder gebaut werden soll, formal geprüft sind und die Prüfung in der Spalte der „Dokumente zur Ausführung" eingetragen ist. Der „fast letzte" deshalb, weil als allerletzter Schritt die dritte aus dem DQ-Hauptdokument stammende Frage aussteht, die Frage, ob alle während der Planungsphase aufgetretenen Änderungen auch vollständig über das formale Change-Control-Prozedere gehandhabt und entsprechend umgesetzt wurden. Diese Frage oder Forderung ist sicher genau so anspruchsvoll zu sehen, wie die zuvor diskutierte Forderung nach einer hundertprozentigen Prüfung der Dokumente. Die zuverlässige und vollständige Handhabung aller Änderungen über ein formales System ist nahezu ausgeschlossen. Allerdings kann man – sofern man eine überschaubare und praktikable Vorgehensweise wählt – durchaus ein sehr zuverlässiges und funktionierendes System etablieren. Hierauf und auf die entsprechenden Lösungen, wird in Abschnitt 7.4 näher eingegangen.

Tatsache ist, dass bei dieser Prüfung der zuständige Qualifizierungsingenieur anhand der ihm vorliegenden technischen Change-Control-Formblätter prüft und bestätigt, dass diese Änderungen unter Berücksichtigung von eventuell getroffenen Zusatzmaßnahmen, Eingang in die entsprechenden Planungsunterlagen gefunden haben. Die Change-Control-Formblätter werden zusammen mit dem Lastenheft aufbewahrt.

#### 4.8.3.5 Erstellung DQ-Bericht

Die DQ schließt, genau wie jede andere Qualifizierungsaktivität auch, formal mit einem Bericht ab. Hierzu stellt der verantwortliche Qualifizierungsingenieur sicher, dass alle für das entsprechende System relevanten und einem Review unterworfenen Dokumente sowohl der Projektierung als auch vom Lieferanten in der Dokumentenindexliste aufgeführt sind. Die durchgeführten Prüfungen an den jeweiligen Haltepunkten: Prüfung von Lastenheft, Ausschreibungsunterlagen, Bestellunterlagen und der Unterlagen, die für die Fertigung bzw. Ausführung freigegeben werden, müssen durchgängig in der DQ-Matrix für jede einzelne Komponente mit Datum und Signum bestätigt sein. Ferner müssen sich alle an der DQ Beteiligten in der angehängten Unterschriftenliste mit Kürzel und Unterschrift verifiziert haben. Der eigentliche Bericht endet damit, dass in der im DQ-Hauptteil untergebrachten Checkliste die Erfüllung der drei Hauptabfragen mit Datum und Unterschrift bestätigt wird. Dabei macht es Sinn, nicht nur die drei Hauptabfragen, sondern auch die oben aufgeführten und diskutierten „Unterfragen" (z. B.: Wurden alle Systemkomponenten im Lastenheft berücksichtigt? Wurden die Komponenten im Rahmen einer Risikoanalyse betrachtet?) mit in die zusammenfassende Checkliste zu integrieren.

Wichtig ist, wie bei allen Qualifizierungsmaßnahmen, die Behandlung von Abweichungen. Sind solche aufgetreten, so sind sie in einer dem jeweiligen System zuzuordnenden Abweichungsliste aufzuführen und – sofern die Abweichung nicht beseitigt wurde – zu bewerten. Eine abschließende Gesamtstellungnahme, ob die DQ erfolgreich abgeschlossen werden konnte, rundet den Bericht im Normalfall ab.

Die Phase der DQ erstreckt sich gerade bei komplexen und großen Projekten oft bis weit in die Mitte des Gesamtprojektablaufs und endet oft dann, wenn die Anlage schon kräftig wächst. Oft ist auch erst dann die Bestellung der letzten Komponente abgeschlossen. Ungeachtet dessen gilt, da die DQ als letzten Meilenstein die abschließende Prüfung der „Dokumente zur Ausarbeitung" enthält, dass sie zwingend immer vor Beginn einer IQ vollständig und zufriedenstellend abgeschlossen sein muss, es sei denn, man hat es mit unterschiedlichen und voneinander unabhängigen Anlagenteilen zu tun.

#### 4.8.3.6 Lasten-, Pflichtenheftabgleich als DQ

Es ist verständlich, dass, wenn das oben beschriebene System dem erfahrenen Anwender durch jahrelange Praxis einfach, plausibel und sinnvoll erscheint, dies für andere noch lange nicht zutrifft. Mancher wird es beim ersten Durchlesen vielleicht sogar als äußerst kompliziert empfinden. Dies wird es auch sicher sein, solange man es nicht selbst erlebt und konkret erfahren hat. Dabei mag es vielleicht nur deshalb kompliziert erscheinen, da für bestimmte Sachverhalte – Projektphasen oder Dokumente – neuartige Begriffe gewählt wurden.

Vielleicht wird es logischer und verständlicher, wenn man transparent macht, dass sich hinter der oben beschriebenen Vorgehensweise nichts anderes verbirgt, als die Festschreibung von Anforderungen in einem Lastenheft und die Sicherstellung, dass diese Anforderungen sich in dem Pflichtenheft des Anbieters wiederfinden. Allerdings mit einer Einschränkung: In der Wirklichkeit gibt es nicht ein Lasten- oder ein Pflichtenheft, sondern viele und sich verzweigende Lastenhefte und daraufhin auch wieder viele Pflichtenhefte. Die Designqualifizierung ist hierbei nichts anderes als die Aufforderung, sich über das Design, die konkreten Anforderungen, Gedanken zu machen und in einem sich fortsetzenden und sich verzweigenden Frage- und Antwortspiel stets darauf Acht zu geben, dass diese Anforderungen unterwegs nicht verloren gehen. Dies wird durch einen ständigen Lasten-/Pflichtenheftabgleich erreicht.

Der Betreiber erstellt sein erstes Lastenheft, der verantwortliche Ingenieur bzw. die Projektierung antwortet mit ihrem ersten Pflichtenheft, den ersten Layoutentwürfen, Prozessfließbildern, RI-Schemata bzw. technischen Spezifikationen. Diese Dokumente stellen für die einzelnen Gewerke wie Bau, Maschinen und Apparate, Elektro-, Mess- und Regeltechnik etc, wiederum Lastenhefte dar, auf die sie mit entsprechend weitergehenden detaillierten Ausarbeitungen – d. h. mit Pflichtenheften der Gewerke – antworten. Diese Ausarbeitungen sind aber in letzter Konsequenz wiederum nichts anderes als Detaillastenhefte für die Anbieter und Lieferanten, die dann ihre jetzt sehr spezifischen Pflichtenhefte, d. h. die Ausführungsdokumente erstellen. Die Abb. 4.11 verdeutlicht diese Zusammenhänge schematisch.

Man könnte dieses Spiel sicher beliebig fortsetzen, jedoch geht es in letzter Konsequenz nur darum klarzumachen, dass es weniger die Wortbegriffe sind als vielmehr das Grundverständnis über die Abläufe, um dem Qualitätssicherungsgedanken Rechnung zu tragen, der sich letztendlich hinter der Qualifizierung, hier der Designqualifizierung versteckt.

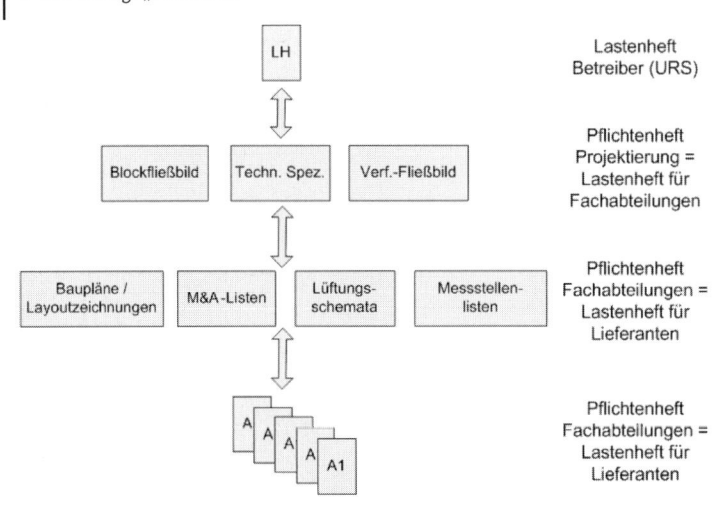

**Abb. 4.11** Lasten- und Pflichtenheftabgleich, schematisch.

## 4.8.4
### Realisierung und Installation

#### 4.8.4.1 Herstellung und Factory Acceptance Tests (FAT)

Ist die Planung einschließlich der Detailausarbeitung abgeschlossen und wurde im Rahmen der DQ sichergestellt, dass alle GMP-relevanten Anforderungen ausreichend berücksichtigt sind, so ist mit Freigabe der Ausführungszeichnungen der Startschuss zur Fertigung der Einzelbauteile und zur Installation der Anlage gegeben. Wenn man nun glaubt, dass dies die Ruhephase für die Qualifizierer wäre, so ist dem weit gefehlt. Nicht nur weil sich DQ-Phase und Installation wie oben beschrieben zeitlich deutlich überlappen. Auch bei der Fertigung, der Lieferung, dem Aufbau und Anschluss der einzelnen Komponenten gibt es zahlreiche qualitätsrelevante Aktivitäten, die überwacht und sauber dokumentiert sein wollen.

Betrachtet man die Fertigung von Einzelkomponenten oder ganzer Units beim Hersteller, so wird dort die Qualität bereits wesentlich durch dessen Qualitätssicherungssystem (sofern vorhanden) und die dort etablierte Qualitätsüberwachung bestimmt. Eine definierte Oberflächenrauigkeit von Ra ≤ 0,8 µm wird man zum Beispiel nur dann garantiert erwarten dürfen, wenn die dafür zuständigen Mitarbeiter des Herstellers sich der Bedeutung im Klaren (geschult) sind, wenn die entsprechenden Bearbeitungsprozesse sauber, nach Anweisung (Arbeitsvorschrift) durchgeführt und das Ergebnis mit einer repräsentativen Messung belegt wird. Andernfalls läuft man Gefahr, hier auf der Baustelle nacharbeiten zu müssen – was leider nicht selten der Fall ist. Bekommt man dann noch als Nachweis bzw. Rechtfertigung ein Messprotokoll vorgelegt, das die Ergebnisse der Oberflächenmessung an einem Prüfstück und nicht von der realen Oberfläche zeigt, so wird spätestens jetzt klar, dass man den Hersteller zuvor hätte auditieren, mindestens aber Art und Umfang der Prüfdokumentation eindeutig absprechen und vereinbaren müssen (s. Abschnitt 4.8.2.2). Herstelleraudit und FAT (dt.: Abnahmeprüfung beim Hersteller) sind hier die maßgeblichen Stichworte, die unter dem Gesichtspunkt der Qualifizierung eine wichtige Rolle spielen.

Die Auditierung von Herstellern ist, basierend auf eigenen Erfahrungen, auf alle Fälle immer dann zu empfehlen, wenn es sich bei der Beschaffung nicht um Standardkomponenten, sondern um spezifische Anfertigungen handelt, bzw. wenn den Komponenten in der Gesamtanlage eine hohe Qualitätsrelevanz zukommt. Beispiele hierfür wären Behälter und Rührkessel mit besonderen Designanforderungen (Hygienedesign, CIP/SIP-Design), speziell ausgelegte Filtereinheiten (Filterdrucknutschen, Filterpressen), Abfülleinheiten (insbesondere für die Endproduktabfüllung), Wassererzeugungsanlagen (für Pharmawasserqualitäten), Dampferzeugungsanlagen (Reindampf), Reinluftmodule (Laminar-Flow-Kabinen) und viele mehr. Bei Herstellern, die Standardkomponenten wie zum Beispiel Pumpen, Armaturen, Rohrleitungen und Fittings, Analysengeräte u. a. liefern, reicht im Allgemeinen ein Auditfragebogen aus, der dem Hersteller zugesandt und von diesem ausgefüllt zurückgeschickt wird. Firmengröße, Historie, Bekanntheitsgrad und ggf. bereits gemachte Erfahrungen geben meist schnell Auskunft über die zu erwartende Qualität. Audits sind nur dann zu empfehlen, wenn es sich um kleinere und unbekannte Hersteller handelt, die deshalb aber qualitativ nicht schlechter sein müssen als die großen und etablierten.

Im Falle eines Herstelleraudits sollte dies auf alle Fälle immer nach Checkliste und gut dokumentiert ablaufen, damit das Ergebnis später im Rahmen der Qualifizierung als dokumentierter Nachweis mitverwertet werden kann. Wichtige Inhalte und Themen, die im Audit berücksichtigt werden sollten, umfassen mindestens die folgenden Fragen:

– Hat der Hersteller ein funktionierendes Qualitätssicherungssystem, welches dokumentierte Fertigungszwischen- und Endprüfungen umfasst, etabliert? Dabei ist weniger wichtig, ob dieses Qualitätssicherungssystem nach Norm zertifiziert ist als vielmehr, ob es im Betrieb auch gelebt wird.
– Wie macht der Hersteller seine Wareneingangskontrolle (z. B. Grundmaterialien, Halbzeuge), insbesondere mit Blick auf Unversehrtheit und Materialspezifikation?
– Wie stellt der Hersteller die Durchgängigkeit der Materialspezifikation sicher (z. B. Vorgehensweise zum Umstempeln und zur Dokumentation bei der Weiterverarbeitung metallischer Werkstoffe – Handhabung Werkstoffzeugnisse)?
– Wie sichert der Hersteller die Verwendung der richtigen Materialien, zum Beispiel im Bereich der Elastomere (Dichtungen), Schmierstoffe, Öle, Fette?
– Wie werden solche Materialien, insbesondere Kleinteile, verwaltet und gelagert, damit es hinsichtlich Spezifikation nicht zu Verwechslungen kommt? Wie erfolgt die Herausgabe solcher Kleinteile aus einem Magazin?
– Wie werden Fehler, die im Rahmen der Fertigung auftreten, dokumentiert und weiterverfolgt?
– Welches Kundeninformationssystem hat der Hersteller etabliert, d. h. bei welchen Abweichungen informiert er seinen Kunden wann und in welchem Umfang?

- Wie werden kritische Spezifikationsanforderungen im Herstellungsbetrieb gehandhabt (z. B. Kenntlichmachung in den entsprechenden Fertigungszeichnungen) und wie werden diese überprüft?
- Wie werden Mitarbeiter auf besonders kritische Spezifikationsanforderungen sensibilisiert?

Wird der Hersteller zusätzlich in Aktivitäten der Qualifizierung miteingebunden, indem er bestimmte, für die Qualifizierung wichtige Prüfungen und Tests durchführt bzw. übernimmt der Hersteller gar Teile der Qualifizierung (z. B. IQ-Prüfungen nach Fertigstellung im Herstellerwerk), so sind mindestens noch folgende Fragestellungen zu klären:

- Arbeitet der Hersteller bei Prüfungen und Tests nach schriftlichen und formal freigegebenen Anweisungen?
- Werden diese Anweisungen mit dem Kunden zuvor in Bezug auf Umfang und Inhalt der Prüfungen und Tests abgestimmt?
- Welche Bereitschaft zeigt der Hersteller seinem Kunden Zugang zu diesen Anweisungen zu gewähren?
- In welchem Umfang und welcher Detailtiefe erfolgt die Dokumentation der Prüf- und Testergebnisse?
- Wie wird mit Rohdaten aus den einzelnen Messungen umgegangen (z. B. Rohdaten aus Oberflächengütemessungen)?
- Wie wird mit Zertifikaten umgegangen bzw. in welchem Umfang und von wem werden zusätzliche Zertifikate und/oder Konformitätsbescheinigungen ausgestellt?
- Wie wird die Enddokumentation zusammengestellt und übergeben?

Dass auch beim Audit selbst Fragen nach Firmengröße, Historie, Umsätze und finanzieller Sicherheit gestellt werden, dürfte selbstverständlich sein. Nicht selbstverständlich dagegen ist, speziell bei dem Thema Qualifizierung, Schnittstellen mit dem Hersteller in Bezug auf die entstehenden Dokumente und deren Handhabung ausreichend abzustimmen. Nur zu oft passiert es, dass in der gesamten Euphorie und Hektik eines Großprojektes Qualifizierungsleistungen an Hersteller und Lieferanten mitvergeben werden, man aber erst dann, wenn wieder etwas mehr Ruhe einkehrt, mit gewissem Schreck feststellt, dass die vorliegenden Qualifizierungsdokumente entweder nicht in das Gesamtkonzept passen (herstellerspezifische Qualifizierungsdokumente), oder die einzelnen Qualifizierungspläne nie von den verantwortlichen Personen, zum Beispiel der Qualitätseinheit, unterschrieben wurden. Hat man Glück, so kann man dies noch zeitnah nachbessern. Andernfalls bleibt oft nur der Weg zur Wiederholung der Qualifizierung.

Was für die Qualifizierungsdokumente gilt, gilt in jedem Fall auch für jene Dokumente, die im Rahmen des FAT entstehen, auch wenn diese streng genommen „nur" Rohprüfdokumente sind, auf die innerhalb der Qualifizierung Bezug genommen wird. Es handelt sich bei den FAT-Dokumenten zumeist um sehr umfangreiche und detaillierte Checklisten, mit deren Hilfe qualitätskritische Merkmale wie Hauptabmessungen, Toleranzen, Ausführungs- und Materialspezifikationen, aber auch funktionelle Eigenschaften (schalten, regeln, alarmieren, aufzeichnen) geprüft, erfasst und dokumentiert werden. Bei kritischen Komponenten ist oft gemäß Kaufvereinbarung der Kunde bei solchen FATs auch der Kunde anwesend, um sich noch beim Hersteller von der Qualität und der Leistungsfähigkeit des Produktes zu überzeugen. Wesentlicher Hintergrund des FAT ist dabei sicher, dass man vermeiden möchte, ein eventuell qualitativ nicht einwandfreies Produkt wieder zum Hersteller zurückschicken zu müssen. Für die Qualifizierung sind die FAT- Dokumente anerkannter Nachweis für wesentliche und wichtige Eigenschaften des zu qualifizierenden Systems und ersparen damit eine Wiederholung dieser Nachweise im Rahmen der Qualifizierung. So erübrigt es sich zum Beispiel, bei einem Behälter im Rahmen der Qualifizierung die Oberflächengüte nachzumessen, wenn im Rahmen des FATs dies in ausreichendem Maße durchgeführt und die Ergebnisse hinreichend detailliert aufgezeichnet wurden. Hieraus folgt – wie bereits angesprochen – die Notwendigkeit, mit dem Hersteller sehr genau den Umfang, den Inhalt, insbesondere aber die Art der Dokumentation von FATs abzusprechen. Sind Rohdaten von der Oberflächenmessung (Schreiberprotokolle) im Nachgang zum FAT nicht vorhanden, oder sind Testprotokolle nicht datiert und signiert, so kann dies unter Umständen den Umfang der Qualifizierung beträchtlich erhöhen. Dabei ist es eigentlich eine Kleinigkeit, solche Punkte im Vorfeld abzusprechen und zu vereinbaren. Man muss eben nur daran denken.

Den Abschluss beim Hersteller bilden die finale Abnahme- bzw. Ausgangsprüfung (als Teil des FATs) und die Zusammenstellung der endgültigen Warensendung. Dabei muss man mit dem Begriff „Abnahmeprüfung" sehr vorsichtig umgehen, hat dieser doch mit Blick auf Gewährleistungsansprüche auch eine rechtlich nicht unwesentliche Bedeutung. Im Falle einer offiziellen Abnahme entbindet sich der Hersteller von allen weitergehenden Ersatzansprüchen, weshalb auf den Abnahmeprotokollen diesbezüglich oft noch ein ergänzender Nachsatz angefügt wird (z. B. „...dies entbindet den Hersteller nicht von etwaigen Ersatzansprüchen, die auf mangelnde Qualität bei der Herstellung zurückzuführen sind"). Ob die Warensendung auch vollständig zusammengestellt ist, zeigt sich dann im Fortgang des Realisierungsprozesses, nämlich bei der Warenannahme auf der Baustelle.

### 4.8.4.2 Installation und Site Acceptance Tests (SAT)

Wie beim Hersteller, so gibt es auch auf der Baustelle bzw. am Aufstellort eine Vielzahl von Abläufen und Prozessen, welche wesentlich die Qualität der Anlage bzw. des technischen Systems beeinflussen und damit für die Qualifizierung von maßgebender Bedeutung sind. Dabei soll zunächst von den Prozessen im Zusammenhang mit dem Aufbau einer Anlage oder eines Anlagenabschnitts ausgegangen werden. Besonderheiten bei Einzelgeräten werden in Abschnitt 4.10 behandelt.

Die Warenannahme ist bereits der erste wichtige Schritt, für den auch auf der Baustelle die bereits zuvor angesprochenen Fragen Gültigkeit haben:
– Wie und von wem wird die Unversehrtheit und die Vollständigkeit der Lieferung überprüft und wie wird das Ergebnis dokumentiert?

– Wie und wo werden die ankommenden Einzelteile, Geräte und/oder Units bis zum Einbau zwischengelagert? Erfolgt die Lagerung dergestalt, dass es nicht zu Beschädigungen oder unnötigen Verschmutzungen kommt?
– Wie wird mit Zertifikaten umgegangen, insbesondere dann wenn es zu einer Lieferung mehrerer Teile nur ein Sammelzertifikat gibt?
– Wie werden gerade Dichtungen und andere kritische Kleinteile gelagert, damit eine Verwechslung von Teilen mit und ohne Zertifikat ausgeschlossen werden kann?
– Wie erfolgt die Ausgabe der Komponenten, insbesondere wenn zwischen zertifizierten und nicht zertifizierten Komponenten zu unterscheiden ist?

Gerade der Wareneingang und die Lagerhaltung sind auf Baustellen unter GMP-Gesichtspunkten sehr kritische Punkte. Nicht selten werden Bauteile, an die höchste Qualitätsanforderungen gestellt werden, durch falsche Lagerung (im Freien, ungeschützt, direkt auf dem Boden) beschädigt oder stark verschmutz. Rohrleitungen für den Einsatz in reinen Bereichen lagern im Freien mit abgefallenen Endkappen. Teflondichtungen, die mit Zertifikat geliefert wurden, lagern neben solchen, visuell nicht unterscheidbar, die kein Zertifikat besitzen. In offenen, nicht abgedeckten Edelstahlbehältern rosten Eisenteile, welche im Rahmen der laufenden Aktivitäten dort hineingefallen sind. Die Folienumhüllung, welche Filtermatten für Prozessfilter vor Staub und Schmutz schützen soll, ist aufgerissen. Filterelemente für den Einsatz im Reinraumbereich sind durch unsachgemäßen Umgang beschädigt worden. Dies und mehr sind konkrete Beispiele, die bei entsprechenden Projekten beobachtet wurden und sicher keinen Einzelfall darstellen. Es hat sich daher bewährt, gleich von Anfang an dieses Thema, wenn auch formal nicht erfasst, im Rahmen der Qualifizierung anzusprechen, zu regeln, die zuständigen Personen zu schulen und die Zustände regelmäßig durch Rundgänge zu überprüfen.

Dabei hat die GMP-Schulung des Baustellenpersonals sich nicht nur in Bezug auf Warenannahme und Lagerung bewährt. Auch mit Blick auf die ausführenden Arbeiten auf der Baustelle selbst, die Montage, den Anschluss und die Inbetriebnahme betreffend hat sich diese Schulung als notwendig und sinnvoll herausgestellt. Personen, die zumindest ein Basiswissen über die Bedeutung und Hintergründe von GMP haben, zeigen ein grundsätzlich anderes Verhalten als solche, die nur Anweisungen von oben bekommen, nicht wissend, warum man bestimmte, oft arbeitserschwerende Maßnahmen durchführen soll. Wesentliche Punkte, die eine solche Schulung enthalten sollte sind:
– Bedeutung von GMP als produktqualitätssicherndes System,
– Erläuterung der Notwendigkeit von Zertifikaten und die Wichtigkeit des Einsatzes der entsprechenden Bauteile an den dafür vorgesehenen Stellen,
– Umgang mit Zertifikaten (Wer legt was wo ab und wie wird der korrekte Einbau vor Ort als Hilfestellung für die spätere Qualifizierung gekennzeichnet?),
– verstärkte Hinweise, richtiges und geeignetes Werkzeug für die entsprechenden Arbeiten einzusetzen (kein beschädigtes, splitterndes Werkzeug, keine Eisenwerkzeuge bei Arbeiten mit Edelstählen etc.),

## 4.8 Prospektive Anlagenqualifizierung (DQ, IQ, OQ, PQ)

- Erläuterung der Notwendigkeit, alle temporär offenen Anlagenstellen mit entsprechenden Abdeckungen zu schützen,
- Hinweis auf den sorgfältigen Umgang mit kritischen Bauteilen, insbesondere Erläuterung, bei welchen Teilen es sich um kritische Bauteile handelt,
- Notwendigkeit der generellen Sauberkeit auf der Baustelle,
- Hinweis, wie man bei Auffälligkeiten (z. B. Feststellung von Beschädigungen oder stark verschmutzten Teilen) verfährt,
- Umgang mit der Dokumentation, insbesondere mit Aufzeichnungen zu Montageprüfungen, welche später für die Qualifizierung von wesentlicher Bedeutung sind.

Neben dieser allgemeinen Schulung sind sicher auch noch spezifische Schulungen und Trainings gefragt, wenn es zum Beispiel um spezielle Schweißverfahren (z. B. Orbitalschweißen, Kunststoffschweißen) oder kritische Montagevorgänge (z. B. Einbau von Sterilfiltern, Aseptikverschraubungen etc.) geht. Gerade hier hat sich gezeigt, dass es trotz des Einsatzes von qualifiziertem Personal immer wieder Schwierigkeiten gibt, weil Schweißnähte nicht sauber durchgeschweißt sind oder aufgrund mangelnder Inertisierung das typische Bild eines Chromausbrandes zeigen bzw. dass Sterilfilter unsteril sind, da bei der Montage die O-Ringdichtung gequetscht wurde. Auch eine noch so detailliert und engagiert ausgeführte Qualifizierung wird hier nicht jeden Mangel aufdecken, was gerade die Bedeutung einer gut organisierten und qualifizierten Montage unterstreicht. Fehler verhindern, ist besser als korrigieren. Dies gilt auch und gerade im Zusammenhang mit der Qualifizierung.

Ähnlich wie beim Hersteller, werden auch auf der Baustelle mit zunehmendem Montagefortschritt unterschiedlichste Montagezwischen- und -endprüfungen durchgeführt und dokumentiert. Zumeist erfolgt dies direkt auf den entsprechenden Ausführungszeichnungen (Aufstellungsplänen, R & I-Fließbildern, Rohrleitungsisometrien, Konstruktionszeichnungen u. a.). Manchmal existieren hierfür detailliert ausgearbeitete Checklisten. Die Prüfungen reichen dabei von der Installationsprüfung über die Dichtheitsprüfung, die Prüfung der korrekten elektrischen Anschlüsse, Nachweis der Grundreinigung bis hin zur Prüfung wesentlicher Grundfunktionen (Ein-, Ausschaltungen, Alarme, Drehrichtungsprüfungen, Pumpenfunktionsprüfungen u. a.). Werden solche Prüfungen für bestimmte Units (z. B. Wassererzeugeranlage) vom Hersteller bzw. Lieferanten selbst vor Ort durchgeführt und dokumentiert, so spricht man hier von den SATs (dt.: „Vor-Ort-Abnahmeprüfungen"), die dann aber oft noch weit in die Prüfung der individuellen Funktionalitäten der entsprechenden Unit hineinreichen. Für den Begriff Abnahmeprüfung gelten die bereits oben gemachten Ausführungen.

Nun stellt sich berechtigterweise für viele die Frage, ob solche Prüfungen denn nicht eigentlich schon die Qualifizierung abdecken. Ob – wenn sauber durchgeführt und dokumentiert – hier nicht schon der Nachweis der korrekten Installation und teilweise auch der korrekten Funktion erbracht wird. Bedingt mag dies zutreffen. Jedoch sei an dieser Stelle nochmals auf die Definition der Qualifizierung hingewiesen, wonach die Qualifizierung kein Prüfen oder Testen darstellt, sondern einen formal und dokumentiert geführten Nachweis, dass etwas (ein Gerät, eine

Anlage, ein technisches System) so ist, wie es gemäß zuvor festgelegter Spezifikation sein soll. Bei den vor Ort durchgeführten Aktionen handelt es sich aber eindeutig um Prüfungen und Tests, deren Ausgang zu diesem Zeitpunkt noch ungewiss ist (positives oder negatives Ergebnis). Die Qualifizierung hingegen geht stets von dem „Gut"-Zustand aus. Auch gibt es zu diesen Aktionen keine formal, zum Beispiel durch die Qualitätseinheit, frei gegebenen Qualifizierungspläne und unter Umständen sind auch nicht alle, wirklich qualitätsrelevanten Prüfungen abgedeckt. So wird ein Montageingenieur mit Sicherheit sauber und detailliert den Aufbau einer Anlage nach R & I-Schema gegenprüfen und auch bestätigen, dass alles den Vorgaben entspricht. Er wird aber nicht unbedingt eine Plausibilitätsprüfung durchführen und erkennen, dass zum Beispiel an einer Stelle einer Rohrleitung, bedingt durch eine während der Montage evtl. erfolgte Änderung, eine Entleerung angebracht sein müsste.

Vor – Ort – bzw. Montageprüfungen ersetzen also nicht die Qualifizierung, aber sie unterstützen sie maßgeblich und können, wenn gut und vollständig dokumentiert, den Aufwand bei der Qualifizierung deutlich reduzieren. Legt man beispielsweise rechtzeitig fest, dass zur Überprüfung der korrekten Drehrichtung von Pumpen das zugehörige R & I-Schema dergestalt vorbereitet wird, dass man die zu prüfenden Pumpen darin alle kenntlich macht, dass man entsprechende Felder für Datum und Unterschrift des prüfenden Ingenieurs vorsieht, so reicht es im Rahmen der späteren Qualifizierung völlig aus, als dokumentierten Nachweis auf diese Unterlagen zu referenzieren. Man muss diese Prüfungen nicht nochmals wiederholen. Anders jedoch, wenn diese Prüfungen eben nicht vollständig dokumentiert sind. Dann bleibt nur eine nochmalige Durchführung des entsprechenden Tests. Wie anders kann man sonst sicher sein, dass eine Pumpe, für die keinerlei Nachweis vorliegt, diesbezüglich geprüft wurde. Eine gut organisierte Baustelle, geschultes Personal, zuvor abgeklärte Abläufe und Schnittstellen und die klare Vereinbarung von Dokumentationsumfang und -tiefe, können also die Qualifizierung maßgeblich erleichtern, insbesondere aber den Zeitaufwand deutlich reduzieren.

Im Allgemeinen kann mit der Qualifizierung erst begonnen werden, wenn die Anlage oder der entsprechende Anlagenabschnitt von dem verantwortlichen Montageingenieur als „mechanisch fertiggestellt" freigegeben wurde. Zur Verkürzung des Zeitaufwands wird aber oft schon vorher, parallel zu den noch laufenden Montageaktivitäten, mit der Qualifizierung begonnen. Der Vorteil besteht sicher in der Verkürzung der Gesamtprojektlaufzeit, jedoch geht man auch das Risiko ein, im Rahmen der Qualifizierung dann ggf. Mängel zu entdecken und aufzuzeichnen, die in Wahrheit keine Mängel sind, sondern lediglich auf die nicht abgeschlossene Montage zurückgehen. Es gilt also genau abzuwägen, wann der ideale Startzeitpunkt für den Beginn der Qualifizierungsarbeiten ist. Auch hierfür ist ein fundiertes Wissen über die Abläufe und ausreichend Erfahrung notwendig, nicht zuletzt auch die genaue Abstimmung der ineinander greifenden ingenieurstechnischen und Qualifizierungsabläufe (s. Kapitel 5).

Die mechanische Fertigstellung stellt bei einem größeren Neu- oder Umbauprojekt immer einen wichtigen Meilenstein dar, nicht nur wegen der dann stark anlaufenden Qualifizierungsarbeiten. Auch ist dieser Punkt – abhängig von dem hinter dem Projekt stehenden Ingenieurskontrakt – oft mit der Übergabe der Anlage an den Betrieb gekoppelt, der dann die entsprechend notwendigen Wasser- und Testfahrten durchführt, die Anlage also in Betrieb nimmt (s. Abb. 4.1 und Abschnitt 4.8.6). Ist dies der Fall, dann ist mit der mechanischen Fertigstellung auch sinnvollerweise der Zeitpunkt gegeben, mit Blick auf die Änderungsverfolgung vom technischen Change-Control- auf das betriebliche Change-Control-Verfahren umzustellen (s. Kapitel 7). Handelt es sich um ein typisches „Turn-key"-Projekt, bei dem die Anlage schlüsselfertig an den späteren Betreiber übergeben wird, so laufen Wasser- und Testfahrten noch in der Verantwortung des Kontraktors (Anlagenerrichters), das Change-Control-Verfahren wird dann erst zu einem späteren Zeitpunkt umgestellt.

Ungeachtet dieser Details gilt, dass für den Qualifizierer die Phase der Realisierung und Installation auf alle Fälle immer die Projektphase ist, während der die gesamten Qualifizierungspläne erstellt und für die spätere Bearbeitung vorbereitet werden müssen. Von Ruhephase kann also auf keinen Fall die Rede sein.

### 4.8.5
### Installationsqualifizierung – IQ

#### 4.8.5.1 Voraussetzungen für die IQ

Wie im vorangegangenen Abschnitt bereits erwähnt, wäre es für den Start und die Durchführung der Qualifizierung, insbesondere der Installationsqualifizierung von Vorteil, wenn nicht sogar optimal, wenn die entsprechend neu oder umgebaute Anlage oder der Anlagenabschnitt mechanisch fertiggestellt und alle Mängel aus technischer Sicht beseitigt wären. Je nach Komplexität und Größe der Anlage ist dies aber kaum zu realisieren und wäre aus Zeitgründen auch nicht zu empfehlen. Stattdessen gilt es, den passenden Startzeitpunkt zu finden, zu dem mindestens die folgenden Voraussetzungen erfüllt sein sollten:

– Der im Rahmen der IQ zu betrachtende Anlagenabschnitt oder die Teilanlage sollte zumindest soweit fertiggestellt sein, dass eine erste durchgängige R & I-Schemaprüfung möglich ist. Gegebenenfalls noch bestehende Mängelpunkte (z. B. fehlende Einbauteile, die noch nicht geliefert wurden) sollten vonseiten der Montage vor Ort dergestalt gekennzeichnet werden (Papierschild mit Hinweis auf das fehlende Bauteil), dass sie im Rahmen der Qualifizierung als noch offene Punkte, nicht aber als Mängelpunkte verzeichnet werden können.
– Für eingebundene Units sollten mindestens FAT und SAT abgeschlossen, die Units frei gemeldet sein, die entsprechende Dokumentation des Herstellers sollte vorliegen.
– Die Anlage bzw. die Anlagenkomponenten sollten bereits fest eingebunden, d. h. auch an das erforderliche Energienetz angeschlossen sein.
– Die für die Qualifizierung erforderlichen Ausführungszeichnungen (z. B. Aufstellungspläne, R & I-Schemata, Konstruktionszeichnungen) sollten den letzten und aktuellen Stand aufweisen; mindestens sollten Kopien der Zeichnungen mit Roteinträgen (handschriftliche Aktualisierung) verfügbar sein.

– Die für die einzelnen Anlagenkomponenten erforderlichen technischen Unterlagen (Handbücher mit Bedienanleitung, Wartungshinweise, Ersatzteillisten etc.) sollten weitestgehend vorliegen.
– Material- und sonstige für den Qualitätsnachweis wichtigen Zertifikate und Konformitätsbescheinigungen sollten ebenfalls vorhanden sein.
– Die Anlage und die Einzelkomponenten sollten bereits gekennzeichnet sein (z. B. Apparatenummern, geführte Medien in den Rohrleitungen mit Angabe der Fließrichtung).
– Das gesamte Anlagenumfeld sollte einen Zustand aufweisen, der eine Bewertung des Gesamtzustandes hinsichtlich GMP-Anforderungen zulässt (weitestgehend aufgeräumt, keine größeren Baustellenaktivitäten, kein herumliegendes Werkzeug und Montagematerial, besenrein).
– Die Anlage und die einzelnen Anlagenkomponenten sollten für die erforderlichen Nachweisprüfungen noch gut zugänglich sein (Leitungen in Decken oder hinter Verschalungen, für die Qualifizierung kritische Stellen noch unisoliert).

Zugegeben, es handelt sich hier um Idealvorstellungen, die gerade bei sehr großen Bauprojekten selten bis nie zu erreichen sind. Dennoch: Sind die Vorbedingungen nicht oder zumindest nicht annähernd erfüllt, so wird man sich in der Qualifizierung sehr schwer tun und die vermeintliche Zeiteinsparung, die man durch frühzeitigen Beginn erreichen wollte, wird sich bald als Illusion herausstellen und ins Gegenteil kehren, da viele Aktivitäten mehrfach durchgeführt werden müssen und damit zusätzlich das Budget wesentlich belasten. Gerade in Bezug auf die von den Herstellern und Lieferanten mitzuliefernden technischen Unterlagen leiden die Qualifizierer besonders stark, hat man dort wohl noch nicht die Bedeutung in vollem Umfange begriffen und schickt diese Dokumente oft mit sehr großer Verspätung dem Kunden zu. Aber auch technisch nicht einwandfrei funktionierende Bauteile und/oder Apparate sind oft ein wesentlicher Hinderungsgrund bei der Qualifizierung. Denn wenn die technische Abnahme nicht sauber durchgeführt und der Mangel dort nicht entdeckt wurde, dies im Rahmen der Qualifizierung geschieht und diese immer wieder ausbremst.

Dass in der Folge des Qualifizierungsablaufes die Designqualifizierung zumindest für den im Rahmen der IQ betrachteten Anlagenabschnitt abgeschlossen sein sollte, versteht sich von selbst. Hier sind im Allgemeinen auch keine größeren Probleme zu erwarten.

### 4.8.5.2 Erstellung IQ-Plan

Wie in den Abschnitten 3.3, 3.4 und 4.3 bereits beschrieben, setzt die Durchführung der Installationsqualifizierung zunächst die Erstellung eines detaillierten IQ-Plans voraus, dessen Inhalt insbesondere mit Blick auf Qualifizierungsumfang, Vorgehensweise und Akzeptanzkriterien im Validierungsteam abgestimmt und durch die Verantwortlichen, insbesondere durch die Qualitätseinheit formal, d. h. durch Unterschrift freigegeben werden muss.

Dabei gibt es vonseiten der Regelwerke keinerlei Vorgaben über die Gestaltung oder Gliederung eines solchen Dokuments, weshalb sich heute gerade in diesem

Bereich auch eine Vielfalt unterschiedlichster Dokumente findet. Im Rahmen der eigenen Erfahrung wurden in den letzten 10 Jahren sicherlich 30 verschiedene Systeme gesichtet, die sich in Aufbau und Layout wesentlich unterscheiden. Diese hier alle zu erwähnen und zu erläutern, wäre weder machbar noch zielführend. Auf zwei in ihrer Wesensart sehr unterschiedliche Systeme soll dennoch kurz eingegangen werden.

#### 4.8.5.2.1 IQ-Plan, basierend auf Checklisten

Bei diesem Typ des IQ-Plans wird überwiegend mit sehr detaillierten Checklisten gearbeitet. So werden beispielsweise für den Nachweis der korrekten Spezifikation Checklisten vorbereitet, in die auf der „Soll"-Seite alle Details zur vorgegebenen Spezifikation eingetragen werden (z. B. für einen Rührkesselreaktor das Füll- bzw. Arbeitsvolumen, der Werkstoff, die zugelassenen Druck- und Temperaturbereiche, die Zahl und Größe der Stutzen etc.). Auf der „Ist"-Seite werden dann im Rahmen der IQ-Durchführung die tatsächlichen, vor Ort ermittelten Werte (z. B. nach Ablesen am Apparateschild) aufgezeichnet und den Sollwerten gegenübergestellt. Entsprechend weit entwickelte Systeme haben diese Methode schon dahingehend perfektioniert, dass es für bestimmte Maschinen und Apparate einschließlich der zugehörigen Peripherie standardisierte Formblätter gibt. So kann der IQ-Plan für eine Anlage oder einen Anlagenabschnitt beispielsweise aus den einzelnen IQ-Checklistenblättern für Behälter, Rührkessel, Pumpen, Rohrleitungen, Mess- und Regelinstrumente u. a. modular zusammengesetzt werden. Hat die Anlage insgesamt 5 Pumpen, so sind entsprechend 5 Checklistenblätter für Pumpen beizufügen. Hat die Anlage 2 Behälter, so kommen noch zusätzlich 2 Behälterchecklisten hinzu. Die Checklisten für die Rohrleitung, die MSR-Technik und die Elektrik vervollständigen schließlich den IQ-Plan. Die verwendeten Checklisten erinnern dabei stark an die technischen Spezifikationsblätter, die üblicherweise im Rahmen des Detailengineerings verwendet werden.

Ein großer Vorteil dieses Systems liegt in der durchgehenden Systematik und Einheitlichkeit. Es ist leicht zu überschauen und daher schnell in die Praxis umzusetzen. Insbesondere ist dieses System dann hilfreich, wenn auf der technischen Seite kein ausgeprägtes Dokumentationssystem (z. B. keine Checklisten für technische Spezifikationen) gegeben ist. Nicht ohne Grund findet man diese Vorgehensweise verstärkt in den USA und in Asien. Aber auch im Pharmabereich ist diese Art der Dokumente weit verbreitet, da man es dort mehr mit einzelnen Maschinen und weniger mit komplexen Anlagen zu tun hat, die einen entsprechenden Anlagenbau und damit die entsprechenden technischen Dokumente erforderlich machen würden.

Nachteil ist sicher der erhöhte Aufwand in Bezug auf die Bearbeitung, insbesondere die Vorbereitung der Pläne. Hier müssen zunächst alle Details erfasst und als Vorgabewert eingetragen werden. Und wer fragt da nicht nach der Sinnhaftigkeit, wenn er einmal erlebt hat, dass die Vorgabewerte zunächst am Apparateschild abgelesen und eingetragen und dann auf der Prüfseite einfach wiederholt werden, da man ja die Realität vor Ort schon gesehen hat. Auch die eingeschränkte Flexibilität ist als Nachteil bei diesem System hervorzuheben. Bedingt durch die starr vorgegebenen Formblätter fällt es grundsätzlich nicht leicht, Qualifizierungsdokumente von Lieferanten und Herstellern miteinzubinden, wenn von diesen eine entsprechende Leistung eingekauft wurde. Der einfachste Weg in diesem Falle ist dann noch immer, dem Lieferanten bzw. Hersteller die eigenen Formularvorlagen zu überlassen und ihn zu bitten, nach diesen die Qualifizierung durchzuführen. Dass dies dann wieder zu erhöhten Kosten führt, da mit Übernahme des Kundensystems eine gewisse Einarbeitung und Umstellung verbunden ist, dürfte manch einer schon im eigenen Projekt erlebt haben.

#### 4.8.5.2.2 IQ-Plan, basierend auf Ausführungsdokumenten

Auch bei diesem System arbeitet man mit Checklisten, jedoch nicht in dem Umfang, wie dies zuvor beschrieben wurde. Checklisten werden hier nur für die übergeordneten Prüfungen eingesetzt und als Nachweis dafür verwendet, dass alle im Zusammenhang mit der IQ stehenden Aktivitäten systematisch und vollständig abgearbeitet wurden. Für die eigentlichen Prüfungen, z. B. Prüfung auf korrekte Spezifikationen, Aufbau, Anschluss, u. a. werden hier aber die jeweils relevanten technischen Ausführungsdokumente herangezogen. Beispielsweise wird der Aufbau einer Anlage anhand des zugehörigen R & I-Schemas geprüft. Für den Nachweis der Vollständigkeit der technischen Dokumentation wird eine entsprechende Liste aus den Bestellunterlagen verwendet. Detailspezifikationen für einen Rührkessel oder Behälter werden anhand der letzten Version einer Konstruktionszeichnung kontrolliert. Fazit: Die technischen Ausführungsdokumente werden hier als Checkliste verwendet und der Prüfung zugrunde gelegt. Es werden keine separaten Checklisten erstellt.

Damit ist auch schon der erste große Vorteil dieser Vorgehensweise benannt, nämlich der reduzierte Aufwand in der Erstellung der Qualifizierungspläne. Ein weiterer nicht zu unterschätzender Vorteil liegt sicher auch darin, dass mit der Durchführung der IQ nicht nur die Anlage vor Ort, sondern zugleich die zugehörige technische Dokumentation mitgeprüft und damit auf den aktuellen Stand gebracht wird, zumal der Betrieb auch später noch mit den technischen Dokumenten leben und arbeiten muss. Auch in punkto Flexibilität zeigt dieses System deutliche Vorteile. Da es keine im Aufbau und Layout fixierten Checklisten gibt, können Fremdqualifizierungsleistungen sehr einfach integriert werden. Hier kann der jeweilige Hersteller oder Lieferant seine eigenen Checklisten oder technischen Dokumente, die als Prüfgrundlage dienen, nach Belieben einbringen.

Nachteile sind leider in der fehlenden Einheitlichkeit der Dokumente und damit in der Schwierigkeit zu sehen, dass dieses System nicht so einfach verständlich und eingängig ist, wie das zuvor beschriebene. Auch die Tatsache, dass man als Prüfgrundlage möglichst mit dem letzten und aktuellen Stand des jeweiligen technischen Dokumentes arbeiten sollte, erleichtert den Umgang mit diesem System nicht. Da es aber kaum ein System ohne Nachteile gibt, muss man sich letztendlich für einen Weg entscheiden. In Anlage 15 ist das Deckblatt eines IQ-Plans abgebildet, der auf diesem Schema beruht und der auf maximale Flexibilität in der Handhabung ausgelegt ist. Dieses Dokument soll nachfolgend kurz erläutert werden.

Neben den üblichen Kopfdaten (Firmenlogo, Titel, Plannummer, Seitenzahlen, Gültigkeitsdatum) findet sich am Anfang des Dokuments eine kurze Beschreibung des Systems und seiner Verwendung. Da es sich hier um die Qualifizierung einer typisch komplexen Wirkstoffanlage handelt, die üblicherweise als Gesamtheit z. B. im Validierungsmasterplan beschrieben wird, reicht ein solcher Kurzhinweis auf den Verwendungszweck des Teilsystems aus, ggf. kann auf eine weitergehende Beschreibung verwiesen werden. Die erste wichtige Auswahlmöglichkeit, die das Dokument dann bietet, ist die Festlegung, ob es sich um eine Qualifizierungsaktivität beim Hersteller oder vor Ort auf der Baustelle handelt. Damit hat man die grundsätzliche Möglichkeit, bei Vergabe von Qualifizierungsleistungen dasselbe übergeordnete Formblatt zu verwenden, wie man es auch intern einsetzt. Die Einheitlichkeit zumindest auf dieser Ebene ist damit gewährleistet und man kann auch den Fremdqualifizierungen eine entsprechende, systemkonforme Qualifizierungsplannummer vergeben. Der weitergehende Aufbau des IQ-Deckblatts erinnert stark an den Aufbau eines Prüfprotokolls, wie man es etwa von der KFZ- oder von anderen behördlichen Prüfstellen kennt. In Wahrheit geht der Aufbau des Formblattes jedoch auf einen Vorschlag zurück, der für die Prüfung und Qualifizierung von Autoklaven in der DIN 58950 Teil 3 [115] unterbreitet wird. Die sich dahinter verbergende Grundphilosophie ist, dass wesentliche, immer wieder erforderliche Standardprüfungen fest vorgegeben werden und der Prüfumfang letztendlich durch einfaches Ankreuzen festgelegt werden kann. Da auch die Prüfgrundlage (das technische Ausführungsdokument, auf dessen Basis die Prüfung erfolgt) in vielen Fällen immer wieder dieselbe ist, kann auch diese schon weitgehend vorbestimmt und ebenfalls durch einfaches Ankreuzen ausgewählt werden. Das Feld „nach Vereinbarung" bietet die notwendige Flexibilität, auch auf andere Prüfgrundlagen zurückzugreifen, welche u. U. nicht vermerkt sind.

Es ist aber nicht nur das einfache Ankreuzen, welches dem Dokument den entsprechenden Charme verleiht. Vielmehr ist es auch der Weitblick für die spätere Nutzung der Qualifizierungsdokumente im laufenden Betrieb. Allzu oft stellt man leider fest, dass Qualifizierungen zunächst auf das Neu- oder Umbauprojekt ausgerichtet sind, nicht aber die Tatsache berücksichtigen, dass im laufenden Betrieb ggf. Requalifizierungen oder kleinere Qualifizierungen (z. B. Aufbau eines zusätzlichen Behälters) anfallen. Die angewandten Systeme erweisen sich dann als viel zu aufwändig und schwierig in der Handhabung. Bei dem vorliegenden System kann – eben bedingt durch das einfache Ankreuzen – der für die Qualifizierung im Betrieb Verantwortliche lediglich die Prüfung(en) auswählen, die für den aktuellen Fall nötig sind. Er muss nicht zwingend alle Punkte der Qualifizierung abarbeiten.

Es wäre natürlich zu einfach und zu schön, wenn der Qualifizierungsplan nun lediglich aus diesem einen Deckblatt bestünde. Das allein reicht leider nicht aus und würde auch nicht unbedingt einem entsprechenden Behördenaudit standhalten. Was fehlt, sind die detaillierten Beschreibungen zu den einzelnen Nachweisaktivitäten. Konkret: Welche Person welche Aktivitäten wie und mit welchen Hilfsmitteln durchführt, welches die Akzeptanzkriterien sind und wie die Durchführung und die Ergebnisse dokumentiert werden. Diese Erläuterungen müssen dem Deckblatt für jede einzelne, dort aufgeführte Prüfung angefügt werden. Dabei gibt es auch hier wieder unterschiedliche Vorgehensweisen. Man kann die einzelnen Aktivitäten, insbesondere dann, wenn diese stark standardisiert ablaufen, in separaten Anweisungen beschreiben, wodurch der einzelne Qualifizierungsplan generell schlank gehalten wird. Man kann die Beschreibung aber auch in den Qualifizierungsplan bringen, was das Dokument zwar aufbläht, gleichzeitig aber auch die Lesbarkeit verbessert (da man nicht auf ein anderes Dokument springen muss), was insbesondere dann einen Vorteil darstellt, wenn dieses im Rahmen von Audits vorgezeigt und erläutert werden muss. Am Ende gilt aber auch hier, dass jeder für sich das entsprechend „ideale" System, d. h. seinen Weg finden muss.

Ergänzend zu den Beschreibungen sind – um den Qualifizierungsplan freigabereif zu gestalten – noch die vorbereiteten Prüfgrundlagen, d. h. die entsprechend vorbereiteten technischen Ausführungsdokumente beizufügen. Wird beispielsweise das R & I-Schema für die Aufbauprüfung verwendet, so ist eine Kopie der aktuellsten Fassung als Prüfrohdokument zu kennzeichnen (z. B. durch einen entsprechenden Stempel) und an den Qualifizierungsplan anzuhängen. Erst jetzt erhält man einen Papierstapel, der durch Unterschrift der Verantwortlichen (hier vorgesehen sind ein Vertreter der Technik, der Herstellungsleiter und die Qualitätseinheit) für die Qualifizierung freigegeben werden kann. Die Durchführung der IQ kann beginnen.

### 4.8.5.3 Durchführung IQ

Die Installationsqualifizierung als dokumentierter Nachweis, dass Ausrüstungsgegenstände und Systeme einschließlich Gebäude, Räumlichkeiten und Hilfseinrichtungen in Übereinstimmung mit den gestellten Anforderungen und gesetzlichen Vorschriften geliefert und installiert wurden, ist sicherlich jener Teil im Rahmen der gesamten technischen Qualifizierung, der heute weitestgehend als standardisiert betrachtet werden kann. Wirft man einen Blick auf die im vorhergehenden Abschnitt angesprochenen unterschiedlichen Systeme, die es auf dem Markt gibt, so erkennt man recht schnell, dass sich die Unterschiede im Wesentlichen auf den Aufbau und die Gestaltung der Dokumente beziehen, nicht aber auf Art und Inhalt der Prüfungen. Gerade bei der IQ hat sich hier ein „common standard" entwickelt, der allein schon durch das Wesen eines technischen Systems vorgegeben ist. So ist es völlig egal, ob es sich um eine pharmazeutische Maschine, eine komplexe chemische Anlage oder „nur" um ein einfaches Analysengerät handelt. Die zu erbringenden Nachweise konzentrieren sich stets auf die folgenden zentralen Punkte (s. Anlage 15), die selbst bei einem handelsüblichen Haushaltsgerät (z. B. bei einer Kaffeemaschine) Gültigkeit hätten. Im Einzelnen ist dies die Überprufung auf:

– Vollständigkeit und Aktualität der Technischen Dokumentation,
– Vollständigkeit der Lieferung/Lieferumfang,
– ordnungsgemäße Kennzeichnung aller Einzelbauteile,

- Übereinstimmung der Spezifikationen mit den Vorgaben,
- ordnungsgemäßen Einbau und Verschaltung von Einzelbauteilen,
- ordnungsgemäßen Aufbau und Einbindung in das Umfeld einschließlich korrekter Anschluss an Ver- und Entsorgung,
- unversehrten Gesamtzustand,
- gute Zugänglichkeit für Wartung, Reparatur und Reinigung,
- Absicherung möglicher Kreuzkontaminationsquellen.

Sicher – die unter diesen Überschriften zu behandelnden Einzelpunkte unterscheiden sich ganz entscheidend, abhängig von dem jeweils betrachteten System. Die Hauptüberschriften sind aber zunächst dieselben. Auf diese und die damit verbundenen Aktivitäten soll nachfolgend etwas näher eingegangen werden.

#### 4.8.5.3.1 Vollständigkeit und Aktualität der Technischen Dokumentation

Häufig findet man gerade bei diesem Thema in Qualifizierungsprotokollen den einfachen Hinweis, dass die Vollständigkeit und Aktualität geprüft bzw. nachgewiesen werden soll, und dann im Rahmen der Durchführung die Bestätigung mit Datum und Unterschrift, dass dies gegeben sei. Handelt es sich bereits um ein etwas weiter entwickeltes IQ-Protokoll, so findet man zumindest noch eine Liste, in welcher die Dokumente einzeln mit Titel, evtl. Kennnummer und Erscheinungsdatum aufgeführt werden und dann mit Datum und Unterschrift deren Prüfung bestätigt wird. Dabei ist es aber keine Seltenheit, dass genau die geprüften Dokumente, also der Ist-Bestand aufgeführt wird, nicht aber der Soll-Bestand.

Wenn im korrekten Sinne einer Qualifizierung die Vollständigkeit und Aktualität „nachgewiesen" werden soll, so muss zunächst der Soll-Zustand eindeutig definiert werden. Es müssen also zuvor jene Dokumente definiert und aufgeführt werden, die man zwingend in aktueller Fassung vorliegen haben möchte. Idealerweise – zumindest wenn es sich um Neu- oder Umbauprojekte handelt – werden diese Dokumente spätestens in den Bestellunterlagen spezifiziert und vom Maschinen- bzw. Apparatelieferanten mitangefordert. Handelt es sich um größere Projekte, so sind neben den Lieferantendokumenten auch die Unterlagen der Projektierung zu berücksichtigen (z. B. R & I-Schemata) und in einer Soll-Liste aufzuführen. Wurde dies versäumt oder handelt es sich um ein altes, bereits existierendes System, so bleibt nichts anderes übrig, als einen Mindestumfang für die Technische Dokumentation zu definieren, davon ausgehend, dass dieser auf alle Fälle vorhanden sein muss. Man sollte sich dabei aber stets im Klaren sein, dass Mindestumfang in diesem Fall auch bedeutet, dass ein nicht auffindbares gefordertes Dokument nachträglich erstellt werden muss. Tut man dies nicht, so führt man die Qualifizierung und die Definition einer „Mindestdokumentation" ad absurdum.

Zu Recht mögen jetzt die Kritiker einwenden bzw. die Frage stellen, wie um alles in der Welt man zum Beispiel bei einem größeren Neubauprojekt all die entstehenden, nicht wirklich überschaubaren Dokumente, die oft in die Zigtausende gehen, erfassen und prüfen möchte. Hier ist einzuwenden, dass unter GMP-Gesichtspunkten bei Weitem nicht alle entstehenden Dokumente für die Qualifizierung von Relevanz sind. Es werden ja von den vielen Tausenden Unterlagen nach Fertigstellung der Anlage auch nicht alle Dokumente aufbewahrt. Vielmehr gibt es – zumindest bei Guter Ingenieurspraxis – eine klar umrissene und gut überschaubare Abschlussdokumentation, die auf wesentliche, für den Betrieb wichtige Dokumente begrenzt ist. Und selbst hiervon werden nicht alle für die GMP-Betrachtungen benötigt. Die folgende Liste stellt eine bereits umfassende Auswahl solcher Dokumente dar, die im Rahmen der IQ mit gewisser Sinnhaftigkeit der Dokumentenprüfung zugrunde gelegt werden könnten. Die mit Stern gekennzeichneten Dokumente sind dabei jene, die – hier ausgehend von einer typischen vollumfänglichen Wirkstoffanlage einschließlich Gebäude – nahezu unverzichtbar, also wirklich essenziell für die Qualifizierung sind. Im Einzelnen handelt es sich um:

- Gebäudepläne mit zugehörigen Ansichten,
- Layout- bzw. Grundrisspläne, ggf. ergänzt um Eintragungen zu Material- und Personalfluss bzw. zu festgelegten Hygienezonen*,
- bemaßte Aufstellungspläne für Maschinen und Apparate*,
- Grundfließbilder mit Grundinformationen nach EN ISO 10628:2000,
- RI-Fließbilder mit Grundinformationen nach EN ISO 10628:2000*,
- Maschinen- und Apparatelisten mit Hauptkenndaten,
- Ersatzteillisten der Hersteller mit Kennzeichnung ausgewählter kritischer Ersatzteile*,
- Stromlaufpläne für Haupt- und Steuerstromkreise nach DIN EN 61082-1*,
- Ablaufpläne (Funktionspläne) nach DIN EN 60848,
- Anschlusspläne nach DIN EN 61082-1,
- Wartungs- und Inspektionspläne nach VDI 2890*,
- Listen qualitätskritischer Mess- und Regeleinrichtungen*,
- Anweisungen zur Durchführung der Kalibrierungen*,
- Konstruktions- und Detailzeichnungen,
- Technische Spezifikationsblätter,
- ausführliche Bedienanleitungen und Benutzerinformationen nach DIN EN 62079*,
- Lasten- und Pflichtenhefte z. B. nach VDI 2519-1 u. a.

Diese Auflistung ist sicher nicht vollumfänglich, beinhaltet aber jene wichtigen und immer wiederkehrenden Dokumente, die der Qualifizierung später auch als Rohprüfdokument zugrunde gelegt werden können. Die Angaben bzw. Querverweise zu entsprechenden Normen bedeuten nicht, dass diese Dokumente zwingend den Vorgaben der zitierten Norm entsprechen müssen. Es soll lediglich eine Hilfe sein, wenn man über den Aufbau und den Inhalt des entsprechenden Dokumentes Näheres wissen möchte.

Wie bereits angedeutet, kann nun die Vollständigkeit entweder auf Basis der Ausschreibungsunterlagen geprüft werden, wenn dort angegeben wurde, welche Dokumente und in welcher Zahl man diese wünscht, oder aber man listet die mindest geforderten Dokumente bei der Erstellung des Qualifizierungsplans (zusätzliche Dokumentencheckliste, die dem oben beschriebenen IQ-Protokoll angehängt wird) als feste Vorgabe auf und prüft diese Liste später ab. Dabei wäre es dann auch möglich, Dokumente, die man geprüft hat, die aber nicht zwingend vorgegeben waren, handschriftlich zu ergänzen. Dies steht nicht im Widerspruch zu der geforderten Prüfung einer Sollvorgabe, denn mehr als vorgegeben darf man immer prüfen.

Während der Nachweis der Vollständigkeit der technischen Dokumentation recht einfach zu führen ist, wird es in punkto Aktualität deutlich schwieriger. Wie bzw. nach welchen Kriterien soll oder kann man überhaupt die Aktualität eines technischen Dokumentes prüfen? Das Ausgabe- bzw. Revisionsdatum dürfte – sofern angegeben – hier sicher das wichtigste Kriterium sein, welches einen ersten Anhaltspunkt über die Aktualität, nicht aber die letzte Sicherheit gibt. Aus diesem Grund sollte im Rahmen der IQ-Dokumentenprüfung auch immer eine Angabe zur Revisionsnummer bzw. zum Herausgabedatum erfolgen. Auch kann eine inhaltliche Stichprobenprüfung, insbesondere wenn man sich zu bestimmten Systemen eingehend mit dem Lieferanten über Änderungen abgestimmt hat, sinnvoll sein um festzustellen, ob solche Änderungen auch ausreichend in der technischen Dokumentation berücksichtigt wurden. Manche Dokumente, z. B. RI-Schemata, werden im Rahmen der weitergehenden IQ auch noch detailliert abgeprüft. Trotz aller Maßnahmen wird man nie eine 100 %-ige Aktualität erreichen, was vielleicht in diesem Umfang auch gar nicht erforderlich ist.

#### 4.8.5.3.2 Lieferumfang und Kennzeichnung

Eine Prüfung auf Vollständigkeit der Lieferung und auf korrekte Kennzeichnung der einzelnen Bauteile und Bedienelemente spielt insbesondere dann eine Rolle, wenn komplette Units oder komplexere Maschinen und Apparate geliefert werden. Natürlich muss der Lieferumfang auch bei der Anlieferung einer bestimmten Menge an Einzelbauteilen den Vorgaben entsprechen. Eine weitere Vollständigkeitsprüfung erfolgt dann, wenn die Einzelbauteile (z. B. Ventile) in die Anlage eingebaut sind.

Wird z. B. eine komplette Wassererzeugungsanlage geliefert, muss anhand der zuvor getroffenen Spezifikationsvereinbarungen (z. B. Lastenheft) und auf Basis der vom Lieferanten mitgelieferten Teilelisten und Aufbaupläne eine Vollständigkeitsprüfung erfolgen. Die der Prüfung tatsächlich zugrunde gelegten Dokumente müssen als Rohprüfdokument gekennzeichnet, die Prüfungen – z. B. durch ein Abhaken – kenntlich gemacht, das Dokument datiert und unterzeichnet werden. Es ist dann Bestandteil der IQ-Prüfunterlagen. Hat der Hersteller diese Vollständigkeitsprüfung selbst durchgeführt, so sollte dieser – gemäß vorheriger Absprache und Klärung des FAT-Prüfumfangs – in seiner Bescheinigung nach Möglichkeit die der Prüfung zugrunde gelegten Dokumente aufführen. Eine pauschale Herstellerbescheinigung wäre hier sicher zu wenig, es sei denn, man hat den Hersteller zuvor auditiert und sichergestellt, dass solche Prüfungen grundsätzlich nach Anweisungen durchgeführt und in hausinternen Checklisten dokumentiert werden. Die Bandbreite der Möglichkeiten ist also groß, und es muss letztendlich das Validierungsteam abhängig von der Kritikalität des technischen Systems die genaue Vorgehensweise entscheiden.

Zudem sollten insbesondere solche Bauteile, die später Gegenstand regelmäßiger Wartungsaktivitäten sind oder für die Bedienung wichtiger Elemente und Anzeigen von Bedeutung sind, so gekennzeichnet sein, dass eine im Sinne von GMP verwechslungsfreie Wartung und Bedienung nach Arbeitsanweisung möglich wird. Dass Maschinen- und Apparatekennschilder mit den entsprechenden Spezifikationsangaben vorhanden sein müssen, ist dabei sicher selbstverständlich und auch nicht nur eine Forderung der GMP-Regeln.

#### 4.8.5.3.3 Übereinstimmung der Spezifikationen mit den Vorgaben

Hier gilt es insbesondere jenen kritischen Spezifikationen, die einen direkten oder indirekten Einfluss auf die Produktqualität haben könnten, die notwendige Aufmerksamkeit zu widmen. Zu erwähnen sind:
– Werkstoffe mit direktem oder indirektem Produktkontakt (indirekt zum Beispiel über die Zuführung von Wasser ins Produkt, wenn das Wasser über den falschen Werkstoff kontaminiert wird), Nachweis der Beständigkeit und des Inertverhaltens;
– Oberflächenbeschaffenheiten insbesondere der produktberührten Teile bzw. solcher Teile, an die hinsichtlich Reinigung eine hohe Anforderung gestellt wird, Sicherstellung der guten Reinigbarkeit, keine Partikelabgabe;
– Dichtstoffe und Elastomere, die mit Produkt in Berührung kommen können, Nachweis der Beständigkeit, Ausschluss nicht erwünschter Zusatzstoffe wie Weichmacher, kritische Vernetzungsmittel u. a.;
– Hygiene- bzw. Sterildesign (z. B. Anforderungen an CIP- bzw. SIP-gerechte Ausführungen);
– besondere Anforderungen an Filter und Filtermaterialien;
– kritische Auslegungsgrößen allgemein (z. B. Volumina, Druck, Temperatur etc.) u. a.

Der Nachweis der Einhaltung der Spezifikationsvorgaben läuft hier sinnvollerweise über bereits beim Hersteller durchgeführte Abnahmeprüfungen (FAT und SAT) bzw. über entsprechende Zertifikate (z. B. Werkstoffnachweise, Prüfbescheinigungen, Unbedenklichkeitsbescheinigungen). Speziell im Falle der Bezugnahme auf FAT- und SAT-Dokumente sind stichprobenhafte Prüfungen – soweit möglich und vom Aufwand vertretbar – zu empfehlen. Nachgezogene, oft sehr aufwändige Prüfungen (z. B. Materialnachweis mittels speziellem Werkstoffprüfgerät) sollten nur dann durchgeführt werden, wenn tatsächlich Unsicherheiten bestehen und es sich in Bezug auf den Prozess und das Produkt um ein besonders kritisches Bauteil handelt. Bei Zertifikaten muss sichergestellt sein, dass deren Aussagekraft durch ein normiertes Vorgehen bzw. durch Einschaltung entsprechend unabhängiger Prüfstellen gewährleistet ist.

#### 4.8.5.3.4 Ordnungsgemäße Installation

Der dokumentierte Nachweis einer ordnungsgemäßen Installation umfasst mindestens den Nachweis des korrekten Einbaus von Einzelkomponenten einschließlich Sicherheits- und Arbeitsschutzeinrichtungen, den Nachweis eines korrekten Aufbaus und einer korrekten Einbindung des jeweiligen Teilsystems in die Gesamtanlage sowie den Nachweis der ordnungsgemäßen Anbindung an Ver- und Entsorgungssysteme. Es wird zwar immer wieder darüber diskutiert, dass Sicherheits- und Arbeitsschutzeinrichtungen nicht im Zusammenhang mit GMP stehen, jedoch wird jeder, der eine Anlage in der Gesamtheit abprüft, solche Teile nicht speziell ausschließen, nur weil diese hinsichtlich GMP nicht relevant sind.

Die Arbeiten zum Nachweis einer ordnungsgemäßen Installation starten frühestens – wie in den vorangegangenen Abschnitten bereits ausgeführt – mit der mechanischen Fertigstellung des entsprechenden Anlagenabschnitts und nach Freigabe durch den verantwortlichen Montageingenieur. Da es sich bei diesem Prüfabschnitt dann meist schon um die komplexe Gesamtanlage handelt, sind hiermit deutlich seltener die Hersteller und Lieferanten der einzelnen Maschinen und Apparate bzw. Units beschäftigt, sondern vielmehr die Qualifizierer des späteren Anlagenbetreibers oder des Generalunternehmers, wenn dieser das Gewerk schlüsselfertig abliefert. Das wesentliche Prüfrohdokument ist an dieser Stelle das RI-Schema, bei Detailprüfungen ggf. ergänzt um Konstruktions- und Detailzeichnungen. Gerade die Durchführung der IQ basierend auf dem zugehörigen RI-Schema macht bei Wirkstoffanlagen schon deshalb Sinn, da dieses Dokument auch später noch im laufenden Betrieb permanent benötigt wird und daher möglichst aktuell sein sollte und weil dieses Dokument nicht selten Gegenstand von Fragen ist, die auch und gerade von Behördenseite im Rahmen von Audits gestellt werden. Das Dokument kann in einer festzuhaltenden Version mit einem einfachen Stempel – „Freigegeben zur IQ-Prüfung" – als Prüfrohdokument gekennzeichnet werden. Die Durchführung der Prüfung selbst wird dann ebenfalls durch einfaches Abhaken der geprüften Komponenten auf dem RI-Schema dokumentiert, ebenso wie ggf. festgestellte Mängelpunkte, die man sinnvollerweise durchnummeriert. Dabei sollte aber jedem Qualifizierer klar sein, dass es sich hier nicht nur um eine einfache RI-Prüfung handelt, bei der Komponente für Komponente abgearbeitet wird, sondern vielmehr um eine weitergehende Qualifizierungstätigkeit, die neben diesen einfachen Prüfungen auch Plausibilitäts- und Qualitätsprüfungen beinhaltet und daher ein grundsätzliches Verständnis über die in der Anlage ablaufenden Prozesse voraussetzt. So umfassen die einfachen RI-Prüfungen z. B. Prüfpunkte wie:
- Einbauort von Einzelbauteilen (Einbaureihenfolge),
- Einbaulage von Einzelbauteilen (Entleerbarkeit),
- Einbaurichtung von Einzelbauteilen (Durchströmungsrichtung),
- Messumfeld bei kritischen Messeinrichtungen (störende Magnetfelder),
- Spezifikation der Einzelbauteile gemäß der zuvor beschriebenen Prüfung, wenn diese vor Ort erkennbar und ablesbar ist (z. B. Materialkennzeichnung an Rohrleitungen und Flanschen),
- ordnungsgemäße Ausführung der Montage soweit erkennbar (z. B. Schweißnahtausführungen, Isolierungen),
- Unversehrtheit der eingebauten Einzelbauteile und der Anlage,
- vollständige und korrekte Kennzeichnung der Einzelbauteile,

– korrekter Anschluss an Ver- und Entsorgung mit Prüfung von: Anschlussquerschnitten, Anschlusswerten (z. B. Druckstufe, Temperatur, Stromstärke), Ausführung der Anschlussleitungen (Beständigkeit), Absicherung der Anschlüsse (Abschalt- und Abstellmöglichkeiten, Filter, Rückdrucksicherungen, Schwingungsdämpfung).

Diese Prüfungen können weitgehend auf Vorgaben, die überwiegend in einem ausführlichen RI-Schema zu finden sind, ausgeführt werden. Nicht so ohne Weiteres, zumindest nicht ohne ausreichende Erfahrung und Prozesskenntnis, lassen sich jene Prüfungen durchführen, deren Vorgaben nicht direkt aus dem RI-Schema erschlossen werden können. Zu nennen wären hier an vorderster Stelle Fragen wie:

– Ist die Anlage tatsächlich in jeder Betriebsweise vollständig entleerbar?
– Kann die Anlage an kritischen Stellen hinreichend und einfach gereinigt werden?
– Entsprechen die Einzelkomponenten in ihrem Design tatsächlich den Anforderungen?
– Entsprechen die Ausführungen allgemein (Qualität der Installation) den Vorgaben?

Sehr häufig wird gerade im Eifer des Gefechts beim Aufbau einer Anlage doch noch viel geändert, was nicht unbedingt in einem RI-Schema erkennbar ist. Eine Leitung wird kurzfristig anders verzogen, da nun doch ein ungeplanter Stahlträger im Wege ist, was letztendlich zu einer Sackbildung in der Rohrleitung führt. Auch Gefälle, die im RI-Schema wohl angegeben werden, sind nicht selten in entgegengesetzter Richtung zu finden, und wer kennt nicht jenen Polizeifilter, den man noch auf die Schnelle eingebaut hat, jedoch mit Schraubanschlüssen, die nicht unbedingt mit dem restlichen Hygienedesign der Anlage harmonieren. Hierfür muss bei GMP-Prüfungen der Blick geschärft werden, um späteren Überraschungen weitestgehend vorzubeugen.

### 4.8.5.3.5 Prüfung der GMP-Konformität

Die Prüfung der GMP-Konformität umfasst die Prüfung des Gesamtzustandes, die Prüfung auf gute Zugänglichkeit für Wartung, Reparatur und Reinigung und die Prüfung auf Ausschluss von möglichen Kreuzkontaminationen. Diese – oder zumindest ähnlich ausgedrückte – Forderungen findet man unmittelbar in den GMP-Richtlinien, weshalb hier auch mit „GMP-Konformitätsprüfung" betitelt. Dabei wird schnell klar, dass es sich keineswegs um immer objektiv einfach messbare Prüfpunkte handelt, sondern vielfach die subjektive Einschätzung eine große Rolle spielt. Wie will man beispielsweise festlegen, ob ein extrem schmaler Durchgang zwischen Wand und Rührkessel noch als „gut zugänglich" gewertet werden kann oder nicht?

Im GMP-Umfeld gibt es eben keine klaren und messbaren Vorgaben wie etwa im Bereich der Arbeitssicherheit, die den Abstand von Fluchtwegen mit mindestens 80 cm definiert. Dennoch, ein Rührkessel, der mit seinen oberen Aufbauten bis knapp unter die Decke reicht und zum Ausbau von Rührwerk oder Temperaturfühler erst umgelegt werden muss, ist weder erfunden noch unter GMP-Gesichtspunkten tolerierbar. Speziell Messeinrichtungen sollten stets so angebracht sein, dass man diese zum Zwecke der Kalibration jederzeit ohne Probleme ausbauen kann und dabei auch nicht riskiert, diese zu beschädigen. Sind manuelle Reinigungen im Prozessablauf nötig und erfolgt dies über entsprechende Apparateöffnungen (z. B. Mannloch an einem Rührkessel, Bodenauslauf bei einem Filter), so müssen auch diese Öffnungen so gut zugänglich sein, dass ein Mitarbeiter problemlos mit einer entsprechenden Reinigungslanze arbeiten kann, um hier nur ein Beispiel zu nennen. Auch an verfahrensbedingt vorgegebenen Stellen sitzende Probenahmestellen sollten stets so angebracht oder zugänglich gemacht werden, dass der Probenahmevorgang selbst nicht zu einem akrobatischen Kunststück wird, bei dem am Ende vielleicht auch noch die Probe selbst Schaden nimmt. Ähnlich wie bei der zuvor diskutierten RI-Prüfung sind aber auch hier weitreichende Kenntnisse über den Prozess und jede Menge Erfahrung notwendig, um solche kritischen Stellen ausfindig machen und beurteilen zu können.

Spricht man über das Thema Kreuzkontamination, so muss man schließlich auch noch den Gesamtüberblick über die vollständige Anlage oder den Anlagenverbund haben. Nicht selten sind neue Anlagen oder Anlagenteile nicht „stand alone", sondern in einen Verbund weiterer Anlagen eingeschlossen. Da gilt es dann sicherzustellen, dass aus diesem Verbundnetz keine Gefahren in Bezug auf eine Kreuzkontamination resultieren. Sammelabluftleitungen und Sammelabwasserleitungen sind hier geradezu prädestiniert und nicht selten die Ursache für Kontaminationen, wenn aus anderen Anlagen durch Betriebsstörungen unkontrolliert Stoffe in das verzweigte Netz gedrückt werden. Auch Überlagerungsmedien (z. B. Stickstoff) werden häufig zentral zugeführt. Kommt es dann einmal zum Versorgungsausfall, so strömen, abhängig von der jeweiligen Konstruktion und Absicherung durchaus auch mal Prozessmedien in das Überlagerungsnetz zurück. Die genaue Kenntnis darüber, was auf welchen Wegen verbunden ist und wie diese Wege im Einzelnen abgesichert sind, ist nicht nur ein Thema, welches in der Risikoanalyse schon recht früh behandelt werden sollte, es muss auch nach abgeschlossener Installation im Rahmen der IQ nachgeprüft werden, um jenen bereits erwähnten, in der Bauphase durchaus vorkommenden, spontanen Änderungen nicht zum Opfer zu fallen. Wesentliche, im Hinblick auf mögliche Kreuzkontaminationsquellen durchzuführenden Prüfungen umfassen hierbei:
– die Lüftungsanlagen und die
– zentralen Ver- und Entsorgungsleitungen.

Zum Abschluss einer ordnungsgemäßen Installationsqualifizierung gehört schließlich der letzte Blick auf das Gesamtwerk zur Beurteilung des Gesamtzustandes. Eingedrückte oder im Rahmen der Arbeiten leicht aufgerissene Isolierungen, verbogene Leitungen, die bei einem Apparatetransport im Wege waren, durch Öl und Fett verunreinigte Wände, Metallspäne, die nach dem Sägen auf dem nicht leicht zugänglichen Mauervorsprung vergessen wurden, ein an einem gelösten Kabelbinder herunterbaumelndes Apparateschild, bereits erste abgeblätterte Farbe und vieles mehr sind Bilder, die nicht untypisch für manche Baustelle sind, untypisch aber für eine ordentlich qualifizierte GMP-Anlage. Grundsätzlich sollte die IQ mit einem solchen Gesamtüberblick enden und wenn auch der aktuelle Betrieb noch nicht aufgenommen ist, so sollte man doch schon jetzt nach dem Abschluss der Bauaktivitäten den ersten Hauch eines „Good Housekeeping" spüren.

### 4.8.6
**Inbetriebnahme**

Sind die Bauarbeiten abgeschlossen und ist die Anlage mechanisch fertiggestellt, so ist der Zeitpunkt der Inbetriebnahme gekommen. Wie bereits erwähnt, hängt es von der Art des Kontraktes ab, ob die Inbetriebnahme durch das Ingenieursunternehmen, den Kontraktor (bei schlüsselfertiger Anlage) oder den späteren Betreiber erfolgt. Dabei handelt es sich hierbei um alles andere als einen überschaubaren einfachen „Turn-key"-Akt, der die Anlage durch „Schlüsseldrehen" zum Laufen bringt. Es verbirgt sich vielmehr auch hier ein vielschichtiger und viele Einzelaktionen umfassender Vorgang, der teilweise schon in der noch laufenden Bauphase beginnt und oft dann noch in eine Vorbereitung zur Inbetriebnahme (engl.: pre-commissioning) und in die eigentliche Inbetriebnahme (commissioning) unterschieden wird.

Typische Aktivitäten, die noch in der Bauphase beginnen und daher den Montageprüfungen bzw. der IQ, manchmal aber auch schon der OQ zugerechnet werden, sind erste kleinere Wasserfahrten, im Rahmen derer die Dichtigkeit von Rohrleitungen und Rohrleitungsverbindungen, Pumpen- und Rührwerksfunktion sowie Heiz- und Kühlvorgänge geprüft werden. Auch das Freispülen der Leitungen von sogenanntem „Schlosserschweiß", d. h. von Montagerückständen wie Öle, Fette, Späne und Schweißschlacke, zählt hier dazu. Gerade Letzteres ist von besonderer Bedeutung. Wird das Freispülen nämlich nicht richtig durchgeführt, kann es häufig zu späteren Produktkontaminationen kommen, wenn z. B. Späne oder andere Metallstücke durch den Spülvorgang in Ventilsitze oder andere kleine Spalte gedrückt und nicht herausgespült werden.

Obwohl bei all diesen Aktionen mit Wasser gearbeitet wird, können diese Vorgänge selbst noch nicht als Wasserfahrt bezeichnet werden, im Rahmen derer dann die eigentliche OQ durchgeführt werden könnte. Vielmehr handelt es sich hierbei um einfache und abschnittsweise sehr begrenzte Einzeltests zum Nachweis der ordentlichen Installation bzw. Funktion von Einzelbauteilen. Von Wasserfahrt kann erst dann geredet werden, wenn die gesamte Anlage in ihrem Zusammenspiel (Prüfung von Schalt- und Regelkreisen, Verriegelungen, Alarmen, Sicherheitsschaltungen u. a.) vollumfänglich anstelle mit Produkt mit Wasser betrieben wird. Entgegen vielfältiger Meinungen und auch einigen Diskussionen zum Trotz muss an dieser Stelle erwähnt werden, dass es heute allein schon aus Zeitgründen – es gibt kaum noch ein Bauprojekt, welches nicht als „Fast-track"-Projekt bezeichnet wurde – nicht mehr gängige Praxis ist, wirkliche Wasserfahrten im ursprünglichen Sinne durchzuführen. Ausnahmen mag es hier und da evtl. noch geben. In den meisten Fällen wird die Anlage unmittelbar nach den verschiedenen Einzeltests abschnittsweise mit dem eigentlichen Prozessmedium angefahren. Zugegeben, der Preis und die Empfindlichkeit des Prozessmediums spielen hier auch noch eine entscheidende Rolle, ob es eine richtige Wasserfahrt gibt oder nicht.

Ungeachtet dieser Feinheiten ist es gerade in der Phase der Inbetriebnahme einschließlich der Phase der Inbetriebnahmevorbereitung von großer Wichtigkeit, Art, Umfang und Inhalt der zugehörigen Prüfdokumentation mit dem dafür zuständigen Personal frühzeitig abzuklären. Ähnlich wie bei den Montageprüfungen ersetzten diese Tests zwar nicht die Qualifizierung (hier die OQ), sie unterstützen diese aber maßgeblich und verhindern mögliche Doppelarbeit. Liegt ein ausführlicher und gut dokumentierter, mit Datum und Unterschrift versehener Mitschrieb eines Tests zum Aufheizen und Abkühlen eines Rührreaktors vor, so muss dies im Rahmen einer OQ – eindeutige abgesprochene Testgrenzen und Anfahrpunkte vorausgesetzt – nicht nochmals wiederholt werden. Dies spart gerade in der kritischen Endphase eines solchen Projektes wertvolle Zeit und Geld.

Weitere Hauptaktivitäten, die nun anstehen, bevor der eigentliche Startknopf zum Betrieb der Anlage gedrückt werden kann, sind u. a.:
– Bereitstellung des Betriebskonzeptes (Anfahr-, Abfahrvorgänge),
– Erstellen der notwendigen Betriebsanleitungen,
– Erstellen von Sicherheitsbetriebsanweisungen,
– PLT-Einstellungen vornehmen,
– Betriebmittel (Wasser, Dampf, Stickstoff etc.) durchstellen,
– Entsorgungswege (Abgas, Abwasser) freischalten,
– Einsatzstoffe bereitstellen,
– Mitarbeiter schulen.

Stehen jetzt noch die Qualifizierer mit ihren geprüften und freigegebenen OQ-Protokollen bereit, so kann die Anlage starten, die OQ-Aktivitäten können aufgenommen werden.

### 4.8.7
**Funktionsqualifizierung**

#### 4.8.7.1 Voraussetzungen für die OQ

Um Funktionen von Anlagen und Anlagenkomponenten sinnvoll und zuverlässig nachweisen zu können, ist es sicher berechtigt, die abgeschlossene IQ als Grundvoraussetzung zu fordern. Ob diese dann auch wirklich bis zum letzten Mangelpunkt abgearbeitet sein muss, ist dann schon wieder eine andere Frage, die bereits in Abschnitt 4.3 behandelt wurde. Natürlich muss die Hardware vorhanden, installiert und an der Ver- und Entsorgung angeschlossen sein und sollte im Aufbau auch keine wesentlichen Mängel mehr zeigen. Ist dies nicht gegeben, so läuft man unweigerlich Gefahr, dass für den Fall, dass mit einer Mängelbeseitigung auch gleichzeitig eine Änderung verbunden ist, welche die Ergebnisse der Funktionsprüfung beeinflussen kann, man die Funktionsqualifizierung unter Umständen wiederholen muss. Ein typisches Beispiel hierfür wäre, wenn hinter einer Pumpe anstelle einer Regelarmatur, die evtl. noch nicht geliefert wurde, während der OQ ein Passstück eingebaut war. Da die Regelarmatur ganz sicher andere Strömungswiderstände zeigt als ein einfaches Passstück, werden zuvor aufgezeichnete Druckverlust- und Volumenstromwerte, sofern diese bei der OQ von Relevanz sind, nach dem Einbau der Regelarmatur auf alle Fälle ohne Bedeutung sein. Die OQ muss wiederholt werden.

Es gibt aber auch aus der IQ resultierende noch offene Mängelpunkte, welche die OQ in ihrer Durchführung ganz sicher nicht beeinflussen. Ob dies evtl. noch fehlende Isolierungen oder Halterungen sind, oder ob die mitzuliefernde technische Dokumentation – z. B. fehlende endgültige Version von Aufstellungsplänen nach Korrektur – noch nicht vollständig ist. In diesen Fällen kann sicher ohne großes Risiko, Arbeiten wiederholen zu müssen, mit der OQ begonnen werden. Die aufgeführten Beispiele machen jedoch gleichzeitig klar, dass es nicht möglich ist, diese Aussage zu pauschalisieren oder tolerierbare Mängelpunkte im Vorfeld zu definieren. Vielmehr muss hier das Validierungsteam von Fall zu Fall entscheiden, basierend auf dem Mängelprotokoll der vorausgegangenen IQ.

Eine andere wichtige Voraussetzung ist die Kalibrierung. Um zuverlässige Ergebnisse im Rahmen der OQ zu erhalten, gerade dann, wenn es auch um das Austesten der Betriebsparameter geht, müssen die entsprechenden Instrumente und Messeinrichtungen, die in der Anlage eingebaut sind, auch nachweislich, d. h. mit vorliegendem Protokoll und ggf. Zertifikat, kalibriert sein. Aber auch alle verwendeten Aufzeichnungsgeräte, z. B. Schreiber und extern eingesetzte Geräte und Hilfsmittel, müssen in ihrer Qualität bestimmt und definiert sein. Kalibrierzertifikate für eingesetzte Prüfmittel sind dabei mindestens so wichtig wie die Zertifikate von Referenzmessmitteln oder Prüfsubstanzen. Im Rahmen der OQ spielt die Messgenauigkeit und die Zuverlässigkeit von Messwerten eine entscheidende Rolle. Fehlen hier die entsprechenden Nachweisunterlagen (Zertifikate) so ist die OQ am Ende wertlos. Aus diesem Grunde sollte zum Beispiel auch für ein Prozessleitsystem oder jede andere, zentral zur Steuerung und Regelung eingesetzte Betriebseinrichtung, die Qualifizierung abgeschlossen sein, bevor mit der OQ der einzelnen Anlagenkomponenten begonnen wird.

Nicht zu vergessen sind Handbücher, Betriebsanweisungen oder entsprechende Bedien-SOPs. Sie müssen zumindest soweit im Entwurf existieren, dass damit eine eindeutige und annähernd reproduzierbare Betriebsweise der Anlage, der Maschine oder des Apparates gegeben ist. Das Betriebsverhalten und auch die Messergebnisse werden nicht unerheblich davon beeinflusst, in welcher Reihenfolge bestimmte Arbeitsschritte durchgeführt werden. So zeichnet sich im Aufheizverhalten sehr wohl ein Unterschied ab, abhängig davon, ob man zuerst den Rührkessel befüllt und dann den Heizkreis aktiviert oder ob man dies in umgekehrter Reihenfolge oder gar gleichzeitig tut. Auch die Zeitdauer bis zum Einstellen eines vorgegebenen Vakuumwertes wird sicher immer entscheidend davon geprägt sein, welche Temperatur das Medium in dem entsprechenden Anlagenteil aufweist.

Zu guter Letzt müssen jetzt noch die notwendigen Energie- und Medienversorgungen sichergestellt und Abgas- und Abwasserwege freigeschaltet sein. Erst dann steht nichts mehr im Wege, um mit entsprechend geschultem und mit den Betriebsanweisungen vertrautem Bedienpersonal die OQ zu starten – sofern natürlich die OQ-Pläne in freigegebener Fassung vorliegen.

## 4.8 Prospektive Anlagenqualifizierung (DQ, IQ, OQ, PQ)

Die folgende Liste führt noch einmal übersichtlich auf, welche Voraussetzungen erfüllt sein müssen, um eine Funktionsqualifizierung mit Aussicht auf Erfolg durchführen zu können:
– IQ weitgehend abgeschlossen,
– offene Mängel aus IQ ohne Einfluss auf OQ,
– wesentliche Messeinrichtungen kalibriert,
– Aufzeichnungsgeräte geprüft und installiert (z. B. zusätzliche Schreiber),
– eingesetzte Prüf- und Referenzmittel kalibriert, qualifiziert, zertifiziert,
– eingesetzte IT-Systeme (z. B. PLS) qualifiziert,
– Handbücher und Bedienanweisungen liegen vor,
– Energie- und Medienversorgung sichergestellt,
– Entsorgungsleitungen (Abgas, Abwasser) freigeschaltet,
– Bedien- und Prüfpersonal in Anlage und Vorgänge eingewiesen.

### 4.8.7.2 Erstellung OQ-Plan

Auch für die Funktionsqualifizierung gilt, dass zunächst Art, Umfang, Vorgehensweise und Akzeptanzkriterien eindeutig und ausreichend detailliert in einem Plan zu beschreiben, im Validierungsteam zu diskutieren und abschließend formal zur Durchführung freizugeben sind. Und es besteht – wie im Abschnitt 4.8.5.2 für den IQ-Plan besprochen – auch hier die grundsätzliche Wahlmöglichkeit, für bestimmte Funktionsarten auf bereits existierende Ausführungs- und Prüfrohdokumente zurückzugreifen oder aber die Sollvorgaben für die einzelnen Funktionen zusätzlich in eigens dafür erstellte Checklisten zu übernehmen. Sicher dürfte hier das Erstellen der individuellen Checklisten nochmals weitaus aufwändiger sein als bei der IQ. Am Ende ist es aber – wie schon so oft erwähnt – reine Geschmackssache und bleibt dem Einzelnen vorbehalten, was er für sich als das Beste betrachtet.

Im Folgenden soll davon ausgegangen werden, dass wieder analog zum IQ-Plan auch der OQ-Plan so aufgebaut wird, dass man auf vorhandene Ausführungsdokumente – soweit möglich – zurückgreift und die aus FAT, SAT und Montageprüfungen bereits vorliegenden Prüfrohdokumente weitestgehend mitnutzt. In Anlage 16 ist ein analoges Musterdeckblatt für eine Funktionsqualifizierung beigefügt. Die Kopfzeile ermöglicht es wieder zu entscheiden, ob die entsprechenden Prüftätigkeiten beim Hersteller oder vor Ort ausgeführt werden. Gerade im Falle von gelieferten Units (z. B. Wasseranlagen, Druckluftanlagen etc.), aber auch bei komplexeren Maschinen (z. B. Separatoren, Zentrifugen) ist es ja nicht unüblich, dass bestimmte Funktionsprüfungen bereits im Rahmen des SAT und auch des FAT ablaufen. Prinzipiell könnte es daher sogar drei OQ-Pläne und Berichte für ein System geben, jeweils einen für FAT, für SAT und einen für die abschließende Funktionsprüfung im integrierten Zustand. Vorteil wäre sicher, dass alle drei Aktionen, die üblicherweise zeitlich voneinander getrennt ablaufen, auch unabhängig voneinander dokumentiert, freigegeben und fertiggestellt werden könnten, was die Flexibilität erhöht und das lange Offenhalten eines Dokumentes vermeidet. Ein Nachteil dagegen sicher, dass man deutlich mehr Dokumente zu erstellen und zu verwalten hat. Auch hier muss jeder für sich wieder den entsprechenden

Weg wählen. Ergänzend findet sich beim OQ-Deckblatt in der Kopfzeile nun die Abfrage nach dem formalen Abschluss der vorangegangenen IQ als wesentliche Grundvoraussetzung, um überhaupt mit der OQ beginnen zu dürfen. Ungeachtet dessen, ob die IQ nun komplett oder aber mit Einschränkungen abgeschlossen sein muss bzw. darf, ist diese Abfrage auch unabhängig von der gewählten Protokollform zwingend, da dies im Rahmen von Behördeninspektionen regelmäßig hinterfragt wird und nicht selten zu heftigen und kritischen Diskussionen führt. Es ist also zu empfehlen, einen solchen Passus in den Qualifizierungsprotokollen generell mit aufzunehmen.

Der Prüfungsteil selbst ist nun wieder analog zur IQ aufgebaut, d. h., man wählt auf der linken Seite die für das System in Betracht kommenden Prüfungsarten aus, auf der rechten Seite die entsprechende Prüfgrundlage und erläutert auf den Folgeseiten zu den ausgewählten Prüfungen im Detail, wer diese durchführt, welche Dokumente als Prüfgrundlage herangezogen, welche Hilfs- und Messmittel eingesetzt, wie die Ergebnisse dokumentiert werden und welches die Akzeptanzkriterien sind bzw. wo diese hinterlegt sind. Es werden dann die einzelnen als Prüfgrundlage benötigten Dokumente – z. B. RI-Schema, Funktionsplan – in der jeweils aktuellsten Fassung als solche gekennzeichnet (mit Stempel „Prüfdokument") und dem Protokoll angehängt. Theoretisch könnte damit das OQ-Protokoll fertiggestellt und zur Freigabe bereit sein.

Wer in der Praxis schon OQ-Tests durchgeführt hat, weiß, dass hier die Nutzung von technischen Ausführungsdokumenten – anders als bei der IQ – leider nur sehr begrenzt möglich ist. Während man die Prüfung der Funktionalität von Stellgliedern (Schalter, Ventile, Schieber) noch problemlos in einem RI-Schema kennzeichnen kann, für Schalt- und Regelkreise evtl. noch den Funktionsplan als praktikable Grundlage hat, wird es spätestens beim Austesten von Alarm- und Schaltfunktionen deutlich schwieriger und beim Austesten von Betriebsparametern gibt es eigentlich kein geeignetes technisches Ausführungsdokument mehr, das einer ausreichenden Dokumentation dieser Prüfung gerecht werden könnte. Problem ist, dass bei diesen deutlich komplexeren Prüfungen, Vorbedingungen, genaue Schrittabfolgen und Sollwertvorgaben bzw. Istwertabfragen genauestens dokumentiert werden müssen. In diesem Fall bleibt definitiv kein anderer Weg, als hierfür eigene Testspezifikationen zu erstellen, die all diese Informationen detailliert wiedergeben. Genau das macht die OQ als solches deutlich schwieriger und auch aufwändiger, da man sich in die Funktionalität des jeweiligen Systems hineindenken und es als solches und im Prozesszusammenhang genauestens verstehen muss, bevor man in der Lage ist, eine entsprechende Spezifikation zu erstellen. In Anlage 17 findet sich ein Musterauszug einer möglichen Art, eine solche Testspezifikation aufzubauen. Manchmal kann man hier auch schon auf vorhandene Testspezifikationen der Maschinen- und Apparatelieferanten zurückgreifen, die solche zumindest für die Prüfung der Einzelkomponenten vorliegen haben. Für das Zusammenspiel der Komponenten, d. h. die Funktionsprüfung der gesamten Anlage, bleibt nur die Eigenerstellung übrig.

Damit ergibt sich für das OQ-Protkoll im Grunde genommen ein dreischichtiger Aufbau, bestehend aus dem Deckblatt mit der Übersicht über die Hauptprüf-

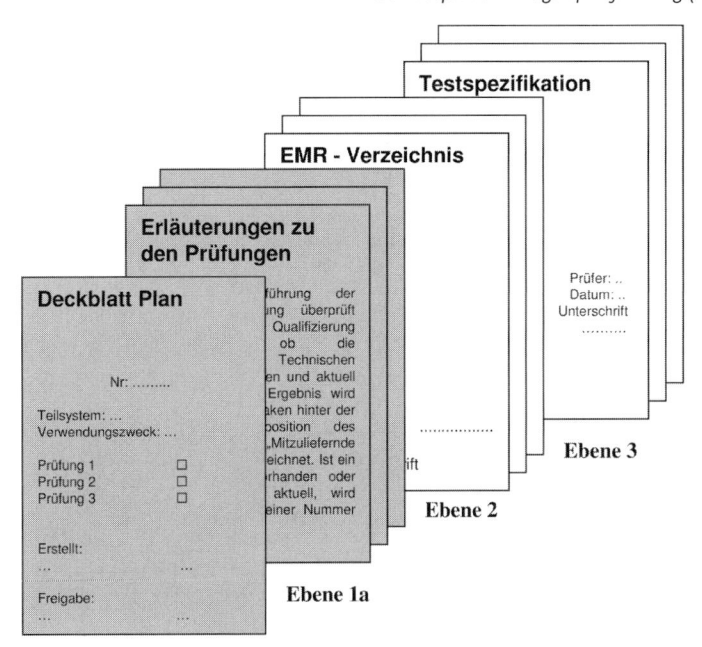

**Abb. 4.12** Aufbau OQ-Prüfplan.

punkte einschließlich der dazugehörigen Erläuterungen, den technischen Ausführungsdokumenten, welche als Prüfgrundlage für Basisfunktionalitäten herangezogen werden können, und den individuell zu erstellenden Testspezifikationen für alle komplexeren Prüfungen, insbesondere aber für die Abprüfung der wichtigen Betriebsparameter. Abbildung 4.12 veranschaulicht diesen Zusammenhang.

Am Ende sind also die drei angesprochenen Dokumentpakete zusammenzustellen und durch die verantwortliche Qualitätseinheit freizugeben. Bleibt abschließend noch anzumerken, dass man bei der Gestaltung der OQ-Protokolle auch das Thema „Revisionierung" nicht außer Acht lassen sollte. Gerade im Zusammenhang mit Funktionsprüfungen kommt es doch immer wieder zu nachträglichen Änderungen an der Anlage oder dem Anlagenteil. Dann sollte es möglich sein, sowohl die Testspezifikationen für sich als auch – bei Bedarf – das gesamte OQ-Protokoll anzupassen. Diese Anpassung muss aber sauber dokumentiert und zu jedem Zeitpunkt über den entsprechenden Revisionsindex eindeutig nachvollziehbar sein.

Hat man dies alles berücksichtigt, kann man mit der OQ-Durchführung beginnen.

### 4.8.7.3 Durchführung OQ

Gemäß offizieller Definition ist die Funktionsqualifizierung der dokumentierte Nachweis, dass Ausrüstungsgegenstände und Systeme einschließlich Hilfseinrichtungen in Übereinstimmung mit den gestellten Anforderungen im gesamten Arbeitsbereich unter Einhaltung vorgegebener Grenzen wie beabsichtigt funktionieren. Dabei ist der Begriff „funktionieren" bzw. „Funktion" sicher sehr weit dehnbar.

Das OQ-Protokoll in Anlage 16 listet jene Hauptprüfgruppen auf, die man theoretisch unter dem Begriff „Funktionseinheiten" zusammenfassen könnte. Es handelt sich – mit Ausnahme der Dichtheitsprüfung – durchweg um technische Einrichtungen, Verschaltungen und Bausteine, die für sich gesehen, sicher alle „funktionieren" müssen. Die Dichtheitsprüfung – die hier eigentlich nicht richtig in das Bild passt – wurde bei diesem Konzept z. B. aus rein pragmatischen Gesichtspunkten mit aufgenommen, da diese Prüfung sehr häufig zusammen mit den ersten Wasserfahrten (s. Abschnitt 4.8.6) durchgeführt wird. Es war also allein der Zeitpunkt der Prüfung, der den Ausschlag für die Zuordnung gab. Zu den Hauptprüfpunkten zählen somit die Prüfung von:

– Dichtheit,
– mechanische bewegte Teile,
– manuell bewegte Teile,
– Schalt- und Regelkreise,
– Schrittfolge-/Programmablaufsteuerungen,
– Sicherheitseinrichtungen,
– Mess-, Anzeige- und Registriereinrichtungen,
– Betriebsparameter.

Bei einigen dieser Prüfpunkte wird man sicher Widersacher finden, die anmerken, dass diese Prüfungen doch allesamt Teil der IQ sind und dem Nachweis der ordnungsgemäßen Installation dienen. Dem kann zunächst nichts entgegen gehalten werden, denn ein ordentlich funktionierendes Regelventil ist indirekt auch sofort der Nachweis, dass die gesamte Verschaltung mit hoher Wahrscheinlichkeit ordentlich durchgeführt wurde. So ist es ja auch gängige Praxis, im Rahmen sogenannter „loop checks", dem Durchprüfen von Regel- und Schaltkreisen mithilfe aufgelegter Signale, neben der Funktion auch die ordnungsgemäße Verdrahtung sicherzustellen.

Einzuwenden wäre allenfalls, dass es sich hierbei um einen indirekten, einen sogenannten „Black-box"-Test handelt, bei dem man eine Signalgröße vorgibt und anhand der definierten Funktionalität das erwartete Ausgangssignal abprüft. Was sich in der „black box" befindet, sieht man dennoch nicht und das Ergebnis bezieht sich ausschließlich auf die Funktion.

Diese Diskussion anzustoßen wäre aber müßig und auch wenig zielführend. Wie schon an vielen Stellen im Buch erwähnt und ausführlich erläutert, ist es weniger eine Frage, welchem Bereich die einzelnen Prüfungen zugeordnet werden. Vielmehr ist wichtig, dass jede Firma eine für sich geeignete Form der Vorgehensweise findet, diese klar beschreibt und definiert und dass am Ende die Prüfungen bzw. Qualifizierungsaktivitäten vollständig durchgeführt werden, sodass alle „Funktionalitäten" erfasst sind, unabhängig unter welchem Überbegriff. Bei dem hier diskutierten Konzept hat sich diese Zuordnung bewährt, weshalb nachfolgend kurz auf die Prüfungen und deren Durchführung eingegangen werden soll.

#### 4.8.7.3.1 Dichtheitsprüfung

Die einfachste Dichtheitsprüfung erfolgt im Rahmen der ersten Wasserfahrten (s. auch Abschnitt 4.8.6), indem visuell auf Leckagen geprüft wird. Hier zeigt sich insbesondere, ob die an einer Anlage installierten lösbaren Verbindungen (Schraub- und/oder Flanschverbindungen), aber auch Maschinen und Apparate als solche „flüssigkeitsdicht" sind. Diese Prüfungen werden überwiegend vom Montagepersonal z. B. im Rahmen der Fertigstellungsprüfungen durchgeführt. Wasser wird in die Apparate eingelassen und mittels Pumpen durch die Anlage gefördert. Tropfende Leitungen, Maschinen oder Apparate deuten auf die Undichtigkeit hin.

Etwas weitergehender ist die Dichtheitsprüfung, wenn es um Anlagen geht, die unter Druck oder Vakuum betrieben werden sollen. Hier kommt zur visuellen Prüfung die Prüfung mittels Druckabfall- oder Druckanstiegsmethode hinzu. Abhängig von der späteren Betriebsweise wird die Anlage unter Druck oder Vakuum gestellt, alle Zu- und Abgänge werden geschlossen, und es wird die Druckveränderung über eine bestimmte Zeit hinweg beobachtet. Wird eine größere Abweichung – d. h. eine Leckage – erkannt, beginnt die zumeist etwas aufwändigere Suche mithilfe von Lecksuchsprays. Mit einer stark schäumenden Lösung – zumeist Tenside – werden Leitungsverbindungen, Abdeckungen und Verschlüsse, kurzum alles, was undicht sein könnte, abgesprüht. Die Leckagestelle zeigt sich dann anhand einer starken Schaumentwicklung an der undichten Stelle. Auch diese Prüfung ist Routine im Rahmen der Fertigstellungsprüfung und erfolgt zumeist durch das Montagepersonal.

Aus Sicht des Qualifizierers können solche Prüfungen sehr einfach erfasst und dokumentiert werden. Es reicht normalerweise aus, frühzeitig mit dem Montagepersonal die Art und Weise der Aufzeichnung einer solchen Prüfung zu besprechen und die entstehenden Prüfunterlagen als Rohprüfdokumente dem Qualifizierungsplan bzw. dem späteren Bericht beizufügen. Beispielsweise kann vereinbart werden, dass die Prüfung verschiedener Anlagenteile oder Anlagenabschnitte farblich in einem RI-Schema gekennzeichnet und von dem prüfenden Techniker oder Ingenieur mit Datum und Unterschrift bestätigt wird. Der Qualifizierer selbst prüft nur noch auf Vollständigkeit und Durchgängigkeit der Prüfungen bzw. Dokumentation und bestätigt dies in seiner Qualifizierungscheckliste.

Anders allerdings, wenn an die Dichtheit besondere Anforderungen gestellt werden und Undichtigkeiten sich als qualitätskritisch für die spätere Produktion erweisen würden. Dies ist beispielsweise in der Biotechnologie der Fall, wo ein undichter Fermenter zu einer dann nicht immer erkennbaren Kontamination des Endproduktes führen könnte. Vom Grundprinzip handelt es sich auch hier um eine Dichtheitsprüfung, die z. B. mittels Druckabfallmethode „einfach" durchgeführt werden könnte. Dennoch gilt es jetzt zu beachten, dass ausgehend von der späteren Betriebsweise – Fermentationsbetrieb bei leichtem Überdruck, Sterilisation bei Überdruck und 121 °C, Abkühlung ggf. mit Entstehung eines Vakuums – anstehende Temperatur- und Drucklastwechsel ein wesentlich gezielteres und gut durchdachtes Vorgehen erfordern. Basierend auf Risikoabwägungen ist zu bedenken, wie solche Lastwechsel sich auf die Anlage auswirken, dass Dichtungen unter Umständen „wandern" und sich Undichtigkeiten erst nach mehrmaligem Aufheizen und Abkühlen zeigen. Auch die Tatsache, dass die Höhe des Druckabfalls pro Zeiteinheit mit der Größe einer Leckagestelle korreliert und damit eine Aussage über die Möglichkeit des Ein- oder Austritts von Mikroorganismen näherungsweise gegeben ist, muss mindestens in der Festlegung der Akzeptanzkriterien für die Dichtheitsprüfung seinen Eingang finden [116]. Jetzt ist der Qualifizierer gefordert, eine genaue Ablaufbeschreibung der Dichtheitsprüfung vorzunehmen, die Prüffälle mit anderen Spezialisten durchzusprechen und sich grundlegende Gedanken darüber zu machen, welches die richtige Vorgehensweise und welches die geeigneten Akzeptanzkriterien sind, um anschließend die Aussage treffen zu können, dass die Anlage in Bezug auf Dichtheit geeignet, d. h. qualifiziert ist. An dieser Stelle reicht eine einfache Dokumentation durch den Montageingenieur sicher nicht mehr aus. Spätestens jetzt ist eine detaillierte Testspezifikation erforderlich.

Ein anderer, ebenfalls oft unterschätzter Fall, ist die Prüfung auf „innere" Undichtigkeiten. Angesprochen sind hier solche Fälle, bei denen im Rahmen des Routinebetriebs einer Anlage aufgrund einer innerlich undichten Armatur ein Stoff aus einem Leitungsast einen anderen Stoffstrom kontaminiert, was zu unerwünschten Reaktionen und/oder Nebeneffekten führen könnte. Auch hier steht am Beginn eine vom Verfahrensablauf ausgehende Risikobewertung und die Festlegung, welche Stellen der Anlage, welche Leitungsäste und welche Armaturen konkret betroffen sein könnten. Darauf basierend muss festgelegt werden, wie und unter welchen Bedingungen dann die Dichtheit geprüft wird. Auch in diesem Fall muss der Qualifizierer den Vorgang sauber und detailliert in einer Testspezifikation beschreiben, die dann Grundlage der Durchführung und Aufzeichnung der Ergebnisse ist.

Die Schilderung der unterschiedlichen Fälle zeigt auch, dass die verschiedenen Prüfungen zu unterschiedlichen Zeitpunkten im Rahmen der Fertigstellung bzw. Inbetriebnahme einer Anlage durchgeführt werden müssen. Von daher ist die zeitliche Koordination der daraus resultierenden Qualifizierungsaktivitäten ein nicht unerheblicher Aspekt bei der Qualifizierungsplanung.

#### 4.8.7.3.2 Prüfung mechanisch bewegter Teile
Hierzu zählen beispielsweise alle Motoren, Pumpen, Rührwerksantriebe – schlichtweg alles, was sich elektrisch oder pneumatisch getrieben bewegt und dreht. Auch diese Tests erfolgen üblicherweise durch den Montageingenieur im Rahmen der Fertigungs- bzw. Abnahmeprüfung. Dabei wird nicht nur die reine Funktion, sondern oft auch Drehrichtung und wichtige, grundlegende Kenngrößen wie Drehzahl, Fördermenge oder Förderdruck gleich mitgeprüft. Hilfsmittel,

wie zusätzliche Messeinrichtungen (z. B. Druckmessgerät zur Prüfung des Pumpenförderdruckes), Messgeräte (z. B. Stroboskop für Drehzahl), eingefärbte Fluide etc., können zusätzlich zum Einsatz kommen.

Die Prüfungen dienen an dieser Stelle oft nur dem Nachweis der prinzipiellen und korrekten Funktion. Sie erheben weder den Anspruch einer Kalibrierung noch soll damit ein definierter Einsatzbereich der Maschine oder des Apparates ausgetestet bzw. nachgewiesen werden. Lediglich die Aussage, dass die Einrichtung elektrisch bzw. pneumatisch richtig angeschlossen ist und auch in etwa in dem geforderten Arbeitsbereich mit korrekter Dreh- bzw. Förderrichtung funktioniert, steht hier im Mittelpunkt.

Ähnlich wie bei den einfachen Dichtheitsprüfungen kann im Vorfeld mit dem Montage- bzw. Prüfingenieur abgestimmt werden, dass solche Tests sehr einfach mit Datum und Unterschrift auf einem hierfür vorbereiteten Prüf- RI-Schema dokumentiert werden. Alternativ haben viele Ingenieursfirmen gerade für solche Prüfungen oft schon sehr gut ausgearbeitete Testblätter, die diesen Zweck dann ebenfalls erfüllen, solange die durchführende Person identifizierbar und die Aktionen mit Datum und Unterschrift verifiziert sind. Die entstehenden Unterlagen, evtl. ergänzt um Schreiberausdrucke oder andere Detailaufzeichnungen, stellen dann wieder die Rohprüfdokumente für den OQ-Qualifizierungsplan bzw. -bericht dar.

Kommen Hilfsmittel zum Einsatz, so macht es Sinn, diese in der Testbeschreibung im OQ-Plan mit aufzuführen, ggf. auch Zertifikate oder andere, die Qualität darlegende Dokumente in Kopie den Qualifizierungsunterlagen beizufügen.

Oft laufen solche Prüfungen Hand in Hand mit Wasserfahrten, Kalibrierungen oder anderen Inbetriebnahmeaktionen. Hauptaufgabe bleibt dann für den Qualifizierer sicherzustellen, dass die Prüfungen in jedem Fall vollständig durchgeführt, insbesondere aber über eine geeignete Dokumentation belegt sind. Dabei ist es nicht zwingend erforderlich, im Rahmen der Qualifizierung hier nochmals eigenständige Testpläne und Checklisten zu erstellen. Die bereits angesprochene Dokumentation ist durchaus ausreichend, vorausgesetzt sie liegt auch tatsächlich vor, was häufig einer der Hauptmängelpunkte bei großen und unter Zeitdruck abgewickelten Projekten ist.

### 4.8.7.3.3 Prüfung handbetätigter Stellglieder

Auch manuell betätigte Ventile, Absperrhähne, Klappen und andere, nicht angesteuerte Stelleinrichtungen sind bzw. sollten Gegenstand der Montageprüfungen sein. Nicht selten stellt man bei der eigentlichen Inbetriebnahme oder oft noch wesentlich später, im Rahmen der ersten Produktionsfahrten fest, dass Fehler auf nicht funktionierende oder – wie oben bereits angesprochen – auf evtl. innerlich undichte Armaturen zurückzuführen sind. Da solche Stelleinrichtungen üblicherweise im Rahmen der Wasserfahrten und/oder Dichtheitsprüfungen intuitiv betätigt werden, misst man ihnen keine große Bedeutung bei und führt auch häufig keine eigene, insbesondere keine dokumentierte Prüfung durch.

Zugegeben – oft hat man es mit einer solchen Fülle an handbetätigten Stelleinrichtungen zu tun, die ja in der Tat bei allen möglichen Aktionen mitbetätigt werden, dass eine eigenständige formale Überprüfung hier zunächst überzogen erscheint. Dies sollte man aber – dem gesunden Menschenverstand folgend – mindestens von einer entsprechenden Risikobewertung abhängig machen, in deren Rahmen es auch akzeptabel wäre, wenn zumindest jene, für den Prozess relevanten und hinsichtlich Produktqualität ggf. kritischen Armaturen z. B. in einem RI-Schema gekennzeichnet und dann gezielt geprüft würden. Dies gilt zumindest für das heikle Thema der inneren Dichtheit, wie im Abschnitt 4.8.7.3.1 bereits angesprochen. Für die Qualifizierung selbst wäre es vollkommen ausreichend, auch hier wieder das entsprechend gekennzeichnete, vom Prüfenden datierte und unterschriebene RI-Schema als Prüfrohdokument beizulegen.

### 4.8.7.3.4 Prüfung Regel- und Schaltkreise

Hier bewegt man sich nun erstmals weg von den Basisfunktionalitäten hin zu den prozess- und betreiberspezifischen Funktionen. Die Gesamtanlage und die Verknüpfung ihrer einzelnen Komponenten spielt jetzt eine entscheidende Rolle. Angesprochen sind alle Regelungen und Verschaltungen, angefangen von einfachen Regelungen für Heizen und Kühlen über prozessspezifische, z. B. pH-Wert gesteuerte Regelungen und/oder Dosierungen bis hin zu komplexen gegenseitigen Verriegelungen, die beispielsweise sicherstellen, dass Behälter nicht überfüllt werden oder Pumpen nicht trocken laufen.

Grundlage zur Identifizierung der in Betracht kommenden Regel- und Schaltkreise können das RI-Schema, Messstellenverzeichnisse und/oder Funktionspläne sein. Im Rahmen einer guten Ingenieurspraxis sollten in diesen Dokumenten alle während der Planung und auch von Betreiberseite festgelegten geregelten und geschalteten Funktionalitäten dokumentiert sein.

Häufig ist auch hier die Wasserfahrt der Zeitpunkt, zu dem entsprechende Funktionsprüfungen von der Inbetriebnahmemannschaft – meist der spätere Betreiber – durchgeführt werden. Überschneidungen gibt es dabei oft dahingehend, dass solche üblicherweise in speicherprogrammierbaren Steuerungen (SPS) bzw. in entsprechend komfortablen Prozessleitsystemen (PLS) hinterlegten Funktionen zum einen von dem Lieferanten der Steuerung und zum anderen von der Inbetriebnahmemannschaft geprüft werden. Dabei ist die Aussage „Überschneidung" nur bedingt richtig, da der Lieferant der Steuerung die Funktionalitäten rein ausgehend von seiner Steuereinheit prüft, d. h. Funktionalitäten entweder im simulierten Prüfumfeld (die Steuerung wird dabei an andere Rechner angeschlossen, die das Anlagenumfeld und das Anlagenverhalten simulieren) oder auf Basis der ein- und ausgehenden Signale (Strom bzw. Spannung) sichergestellt, während die Inbetriebnahmemannschaft auch die angesteuerte Hardware, d. h. die Ventile, Hähne, Pumpen mit einbezieht und daher die Prüfungen auf Basis des Realablaufs durchführt. Gerade an dieser Stelle ist es von großer Wichtigkeit, dass eine Firma im Rahmen ihres Qualifizierungskonzeptes eine klare Abgrenzung und Festlegung vornimmt, wer was in welchem Umfang prüft und wie dokumentiert. Dabei ist zu bedenken, dass die Prüfung des Steuerungssystemlieferanten eben nie den gesamten Regelkreis (Loop) abdecken kann, weshalb hier zumindest immer noch ein Teil der Prüfung dem Betrieb überlassen bleibt.

Von der Dokumentationsseite bieten sich hier mehrere Möglichkeiten an. So kann für sehr einfache Schaltungen die erfolgreiche Prüfung sicher wieder direkt in den technischen Unterlagen, d. h. in RI-Schemata und/oder in Funktionsplänen dokumentiert werden. Eine entsprechende Bestätigung, dass die Schaltung erfolgreich geprüft wurde und die Verifizierung mit Datum und Unterschrift reichen im Allgemeinen aus. Bei komplexeren Schaltungen oder auch bei Regelungen ist dagegen eine entsprechend detaillierte Testspezifikation gefragt, in der genau die Testvoraussetzungen, die Anfangsparameter, die vorgegebenen Aktionen mit Schaltgrenzen, die einzeln durchgeführten Schritte, die erwarteten Ergebnisse (Akzeptanzkriterien) und ggf. zu berücksichtigende Randbedingungen beschrieben werden müssen. Dabei ist auch zu beachten, dass für bestimmte Regelungen u. U. schon Realbedingungen gefordert sein können. Die Funktionalität einer pH-gesteuerten Dosierung kann sicher nur mit den später tatsächlich eingesetzten Medien oder mindestens mit realitätsnahen Modellmedien zuverlässig nachgewiesen werden. Dabei kann man sicher darüber diskutieren, ob diese Prüfung eher in den Bereich der PQ oder noch zur OQ gehört. Im überwiegenden Fall dienen die hier beschriebenen Prüfungen jedoch dem Nachweis, dass Schaltungen und Regelungen überhaupt funktionieren. Dies schließt – mehr aus Sicherheits- als aus GMP-Gründen – auch die Überprüfung ein, ob die Anlage und alle zugehörigen Anlagenkomponenten bei Energieausfall in die vorgedachte Sicherheitsposition gehen.

### 4.8.7.3.5 Prüfung Schrittfolge-, Programmablaufsteuerungen

Ist die Anlage dahin weitergehend automatisiert, dass bestimmte Prozessschritte abhängig vom Erreichen vordefinierter Parametergrenzwerte automatisch in einer vorgegebenen Reihenfolge weitergeschaltet werden, so ist im Rahmen der OQ die Zuverlässigkeit einer solchen Ablaufsteuerung nachzuweisen. Beispiel hierfür wäre das automatische Durchschalten eines Sterilisationsprozesses mit den Einzelschritten: aufheizen, halten auf Temperatur über eine vorgegebene Zeitspanne, abkühlen nach abgelaufener Sterilisationszeit, belüften bis zu einem vorgegebenen Enddruck.

Basis für die Überprüfung bzw. den Nachweis der Funktionalität bildet entweder ein von der Ingenieurtechnik in der Planungsphase erstellter, detaillierter Funktionsablaufplan, der sämtliche Einzelschritte mit zugehörigen Weiterschaltkriterien enthält oder ein speziell erstellter OQ-Testplan. Von der Nutzung des Funktionsablaufplans selbst als Aufzeichnungsdokument – vergleichbar mit der Nutzung des RI-Schemas, in dem man z. B. die Drehrichtungsprüfung einer Pumpe durch Abhaken dokumentiert – ist eher abzuraten, da dieser nicht genügend Freiraum lässt, um alle Vorkommnisse, mit denen man gerade bei solch komplexen Prüfungen rechnen muss, formal sauber dokumentieren zu können. Darüber hinaus ist es gerade bei diesen Prüfungen sinnvoll, einen erfolgreich durchgeführten Schritt nicht nur durch einfaches Abhaken nachzuweisen, sondern auch die tatsächlich erreichten Istwerte in eine vorgegebene Checkliste einzutragen und gegen die Sollwerte zu vergleichen.

Zu prüfen sind in jedem Fall die korrekte Schrittfolge, der zeitlich korrekte Ablauf, die Einhaltung von Weiterschaltbedingungen, die korrekte Ansteuerung von Stellgliedern und das Erreichen der vorgegebenen Prozesswerte. Dabei ist es wichtig, auch Worst-case-Szenarien durchzudenken und einer entsprechenden Prüfung zu unterziehen. Die Frage, ob das System auch wirklich erst dann weiterschaltet, wenn alle Weiterschaltbedingungen erfüllt sind, wird man sicher erst bestätigen können, wenn man verschiedentlich nicht alle Weiterschaltbedingungen erfüllt, und geprüft hat, wie sich das System in diesen Fällen verhält. Sicher – man kann hier natürlich nicht beliebige Kombinationen oder alle denkbaren Fälle durchtesten. Es sei an dieser Stelle aber wieder auf das Thema Risikoabschätzung und den gesunden Menschenverstand verwiesen.

Grundsätzlich ist für jedes Schrittfolgeprogramm ein entsprechender Testlauf vorzusehen. Im Falle von aufgetretenen Abweichungen sollten diese erklärt und der Test möglichst komplett wiederholt werden, es sei denn, dass die aufgetretene Abweichung definitiv nicht im Zusammenhang mit der Funktionalität zu sehen war. Dies muss sicher auch im Validierungsteam diskutiert und fallweise entschieden werden.

Ein dreimaliges Wiederholen eines solchen Testlaufs wird an dieser Stelle nicht als sinnvoll angesehen, da – der geneigte Leser möge dies bitte entsprechend bedenken – es sich hier noch um die reine technische Basisprüfung und noch nicht um Leistungsprüfungen handelt. Dort – bzw. auch in der Validierung – werden diese Abläufe dann nochmals unter Realbedingungen und mit drei Wiederholungen durchgetestet.

Abschließend soll nochmals auf die Abgrenzung zur Computersystemvalidierung hingewiesen werden, welche durch diesen OQ-Schritt definitiv nicht ersetzt wird. Die oben beschriebenen Testläufe werden mit der bereits verschalteten Anlage oft in der Inbetriebnahmephase, d. h. im Rahmen der Wasserfahrten durchgeführt. Es wird die Schaltung im System, aber auch das Zusammenspiel mit der Vor-Ort-Technik geprüft. Fehler im Steuerungssystem sollten bereits im Vorfeld im Rahmen der Computersystemvalidierung z. B. durch den Lieferanten ausgeschaltet worden sein. Jetzt geht es darum, ob auch alle Sensoren und Aktoren vor Ort entsprechend funktionieren, die richtigen Signale liefern bzw. erhalten und ob die Anlage in ihrer Gesamtheit richtig reagiert. Steuerung, Anlagenkomponenten und grundsätzliche verfahrenstechnische Abläufe werden auf den Prüfstand gestellt. Natürlich kann man diese Prüfungen komplett in die Computersystemvalidierung legen und dort im Validierungsplan beschreiben. Dies ist dann aber mehr ein formaler Aspekt und weniger ein inhaltlicher. Im OQ-Plan sollte in einem solchen Fall dann mindestens auf den entsprechenden Validierungsplan referenziert werden.

### 4.8.7.3.6 Prüfung Sicherheits- und Alarmfunktionen

Verschiedentlich kann es Sinn machen, speziell der Sicherheit und dem Arbeitsschutz dienende Schalt- und Alarmfunktionen separat zu betrachten und als eigenen Testpunkt auszuweisen. Dies ist u. a. deshalb angeraten, weil es sich um Einrichtungen handelt, die nicht von jedermann und nicht ohne Erzeugung riskanter Systemzustände oder zerstörungsfrei geprüft werden können (z. B. Überdruckalarmierung, Berstscheiben etc.). Hier muss der Nachweis der ordnungsgemäßen Funktion entweder über Grenzwertsimulation bzw. Grenzwertveränderung (Herabsetzen des Grenzwertes für Überdruckalarm) oder anhand der vom Lieferanten mitzuliefernden Herstellerzertifikate erfolgen. Auch handelt es sich hier um Prüfungen mit einem grundsätzlich anderen, als dem GMP-Fokus.

Die Erfahrung hat dabei gezeigt, dass es heute im pharmazeutischen Umfeld unterschiedliche Meinungen zu speziell diesem Thema gibt. Jene, welche die Prüfung der Sicherheits- und Alarmfunktionen mit im Qualifizierungsumfang sieht, und die andere, welche solche Prüfungen nicht über die Qualifizierung abgedeckt haben möchte.

Beides hat sicher wieder seine Vor- und Nachteile, wobei der Autor eher dazu tendiert, diese Prüfungen im Rahmen der Qualifizierung mitzuerfassen, nicht zuletzt auch deshalb, weil oft nicht eindeutig bestimmt werden kann, ob das Ansprechen einer solchen Sicherheits- oder Alarmfunktion nicht auch Auswirkungen auf die Produktqualität haben kann. Kreuzkontamination über Abluftsammelleitungen durch nicht alarmiertes Überfüllen eines Behälters sei nur ein Beispiel dafür, dass es nicht immer nur um die Sicherheit allein geht.

Die Dokumentation der Prüfungen erfolgt hier entweder auf Basis eines Funktionsplans, eines Messstellenverzeichnisses oder bevorzugt in eigenen Checklisten, um die Vorgehensweise bei der Prüfung ausreichend beschreiben zu können.

### 4.8.7.3.7 Prüfung von Mess-, Anzeige- und Registrierungseinrichtungen

Unter diesem Prüfpunkt werden bei dem vorliegenden Konzept all jene Einrichtungen und Geräte erfasst, die nicht zwingend über die obigen Prüfungen abgedeckt sind. Vornehmlich handelt es sich hier um zusätzlich beigestelltes Mess- und Aufzeichnungsequipment wie Alarmdrucker, zusätzliche Schreiber, lokal aufgehängte Druck-/Temperatursensoren u. a., die der Anlage aber fest zugeordnet sind. Nur allzu oft geraten diese „Kleinkomponenten" in Vergessenheit, wobei die Messeinrichtungen noch am unkritischsten sind, da diese oftmals über die Kalibrierung abgesichert werden. Ein Flachbrettschreiber mit nicht justierter Auslenkung bzw. nicht korrekt funktionierendem Vorschub kann am Ende jedoch auch einiges an Kopfschmerz bereiten, wenn man zu spät merkt, dass wertvolle Daten verloren sind, weil das Kleingerät nicht qualifiziert respektive kalibriert wurde.

In Bezug auf die Dokumentation können solche Einrichtungen entweder in einem übergeordneten Funktionsprüfprotokoll für die Gesamtanlage miterfasst oder mit einem eigenen spezifischen Testplan versehen werden. Prinzipiell könnte man natürlich auch einen ganz eigenen Qualifizierungsplan für ein solches Gerät erstellen. Die Frage ist dann eher wieder die Verhältnismäßigkeit.

#### 4.8.7.3.8 Prüfung von Betriebsparametern

Handelte es sich bei den bisher besprochenen Funktionen und deren Prüfung weitestgehend um Basisfunktionen, welche überwiegend im Rahmen von Wasserfahrten und anderen Inbetriebnahmeaktionen überprüft werden, so wird mit den Betriebsparametern, konkret den qualitätsrelevanten Betriebsparametern, ein Prüfgegenstand angesprochen, der nicht nur aus Prozess- und GMP-Sicht äußerst wichtig ist, sondern auch bei Behördenaudits stets im Mittelpunkt des Interesses steht, wenn über die Qualifizierung der Anlagen diskutiert wird. Es interessiert einen Inspektor weniger, ob das Öffnen und Schließen einer Regelarmatur im Vorfeld geprüft und dokumentiert wurde als mehr die Tatsache, ob ein in einem kritischen Verfahrensschritt eingesetzter Rührbehälter tatsächlich in dem vom Betreiber vorgesehenen Arbeitsbereich – z. B. in Bezug auf Heizen und Kühlen oder Leistungseintrag beim Rühren – betrieben werden kann.

Wo sind die Betriebsparametergrenzen definiert? Wie und auf welcher Basis sind sie begründet? Wie wurde geprüft, ob der entsprechende Ausrüstungsgegenstand in dem vorgeschriebenen Arbeitsbereich betrieben werden kann und wie bzw. wo ist dies dokumentiert? Genau dies sind die Fragen, die es im Rahmen einer OQ in den meisten Fällen – und dies sicher zu Recht – zu beantworten gilt.

Grundlage der Festlegung der Betriebsparametergrenzen ist – neben den Daten aus der Entwicklung – üblicherweise die Prozessrisikoanalyse, deren Ergebnisse dann auch in entsprechenden Lastenheften Eingang finden. Im Rahmen der Prüfung qualitätsrelevanter Betriebsparameter wird die Anlage oder die Anlagenkomponente unter möglichst realen Bedingungen an die vorgegebenen Arbeitsgrenzen gefahren. Es wird geprüft, ob man einen Rührkesselreaktor wie vorgesehen auf 160 °C erhitzen kann, ob man mit dem Vakuum auf 200 mbar kommt und man dieses über einen geplanten Zeitraum von 2 h halten kann. Es wird geprüft, ob man die vorgesehene Umpumprate von 20 m$^3$/h und damit die notwendige Verweilzeit realisieren kann. Es wird geprüft, ob man die 1000 Umdrehungen pro Minute mit dem vorgesehenen Rührer auch bei vollständig gefülltem Rührkessel noch schafft. Kurzum – das Gesamtsystem wird aus rein verfahrenstechnischer Sicht geprüft und beurteilt, ob es wie beabsichtigt im Produktionsumfeld arbeiten wird. Damit wird also nicht nur die rein technische Funktionalität sichergestellt, auch die korrekte verfahrenstechnische Auslegung steht nunmehr auf dem Prüfstein.

Aus Qualifizierungssicht lässt sich diese Prüfung nicht mehr standardisieren und auch nicht auf schon vorhandene technische Unterlagen für notwendige Aufzeichnungen zurückführen. Hier sind eigene Funktionsprüfpläne, d. h. sehr detaillierte Testspezifikationen gefragt, die basierend auf den Inhalten eines Funktionsplans, aber auch einer Prozessrisikoanalyse erstellt werden müssen. Vorgabewerte, Einzelaktionen, Randbedingungen und Akzeptanzkriterien müssen detailliert aufgeführt sein. Ergebnisse müssen ausführlich aufgezeichnet, mit den Sollwerten verglichen und am Ende bewertet werden.

In vielen Fällen sind solche Prüfungen – um die notwendige Aussagekraft zu erhalten – nur mit Prozessmedium möglich. Damit befindet man sich schließlich am Ende der formalen OQ und bereits in der Diskussion, ob solche Prüfungen nicht eigentlich schon zur PQ, der Leistungsqualifizierung zu rechnen sind.

## 4.8.8
**Leistungsqualifizierung**

### 4.8.8.1 Bedeutung, Abgrenzung und Durchführung

Die Leistungsqualifizierung als dokumentierter Nachweis, dass Ausrüstungsgegenstände und Systeme einschließlich Hilfseinrichtungen in Übereinstimmung mit den gestellten Anforderungen im gesamten Arbeitsbereich unter aktuellen Arbeitsbedingungen (mit Produkt) die geforderten Leistungen erbringen, ist sicher eines der komplexeren Themen der Qualifizierung und lässt sich daher nicht so schön „standardisieren" und nach Schema „F" abhandeln wie beispielsweise die Installations- oder Funktionsqualifizierung. Hier sind sicher spezielle Betrachtungen und Vorgehen erforderlich.

Die Leistungsqualifizierung schließt sich nahtlos an die Funktionsqualifizierung an und soll den Beweis erbringen, dass ein bestimmter technischer Ausrüstungsgegenstand am Ende auch tatsächlich die Leistungsmerkmale zeigt, die man von ihm erwartet. Die in einem Mischer vorgelegten Medien sollten am Ende zuverlässig homogenisiert sein, weshalb aus technischer Sicht die Mischeinrichtung bei vorgegebener Rührer- und Kesselgeometrie und installiertem Rührantrieb auch die dafür erforderliche Leistung in das entsprechende Medium einbringen können muss. Im Falle der Kühlkristallisation muss die technische Einrichtung – z. B. ein über Doppelmantel oder Innenrohre gekühlter Rührkessel – in der Lage sein, die Temperatur möglichst gleichmäßig im gesamten Medium mit einer vorgegebenen Abkühlrate abzusenken. In einem Kammerautoklaven, der zu Sterilisationszwecken eingesetzt wird, ist es wichtig, dass die in der Kammer erzeugte Temperatur sich möglichst einheitlich verteilt darstellt und dass auch am kältesten Punkt die vorgeschriebene Mindesttemperatur über den vorgegebenen Mindestzeitraum gehalten werden kann. Aber auch die Temperaturverteilung in dem zu sterilisierenden Gut spielt logischerweise eine entscheidende Rolle, weshalb im Einzelnen zu prüfen ist, ob mit der technischen Einrichtung die notwendige Temperatureindringung in das vorgesehene Sterilisationsgut überhaupt erreicht wird. Geforderte Dosierraten, Durchsätze, Qualitäten und Mengen könnten weitere typische Parameter für Leistungskriterien sein, die im Rahmen einer PQ nachgewiesen werden müssten. So ist bei einer neu installierten Wasseranlage sicher die vorgeschriebene physikalische, chemische und mikrobiologische Qualität des erzeugten Wassers eine wichtige Grundvoraussetzung, die bei einer „qualifizierten" Anlage zuverlässig erfüllt sein muss. Ob die Einrichtung in der Lage ist, die notwendige Wassermenge in zuverlässiger Qualität auch dann zu erzeugen, wenn alle angehängten Verbraucher zeitgleich Wasser abnehmen und ob dann auch noch ein Mindestrückfluss in der Ringleitung gesichert ist, um mögliche Rückkontaminationen aus dem Ring zu vermeiden, sind spannende Fragen und typischerweise Gegenstand einer Leistungsqualifizierung.

Abbildung 4.13 zeigt als Beispiel eine gemessene Temperaturverteilung auf einer Heizplatte eines Trockenschrankes, welcher zur Trocknung pharmazeutischer Wirkstoffe eingesetzt werden sollte. Abbildung 4.14 zeigt den Temperaturverlauf von Platte zu Platte sowohl bei Vakuum- als auch Stickstoffüberlagerungsbetrieb.

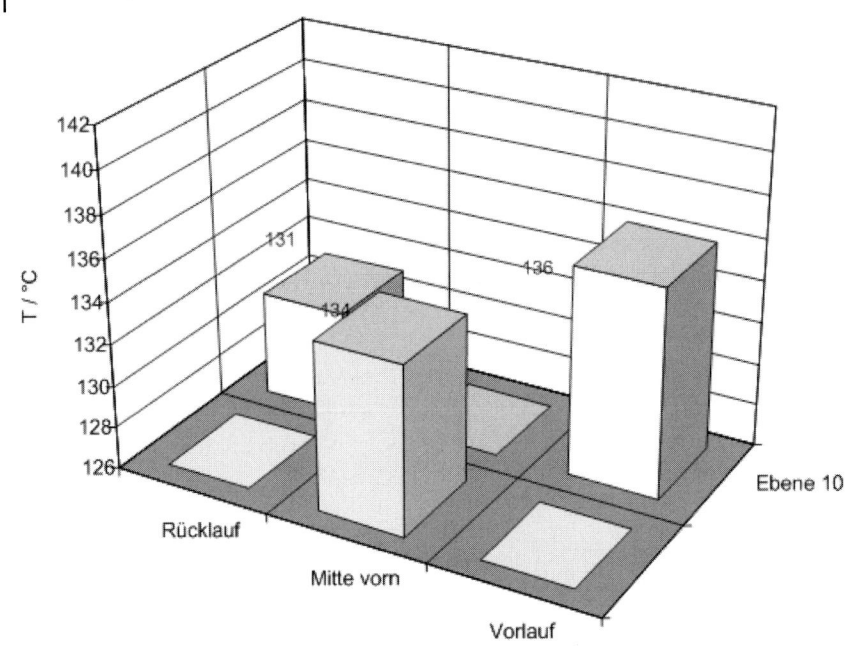

**Abb. 4.13** PQ Trockenschrank: T-Verteilung auf Platte.

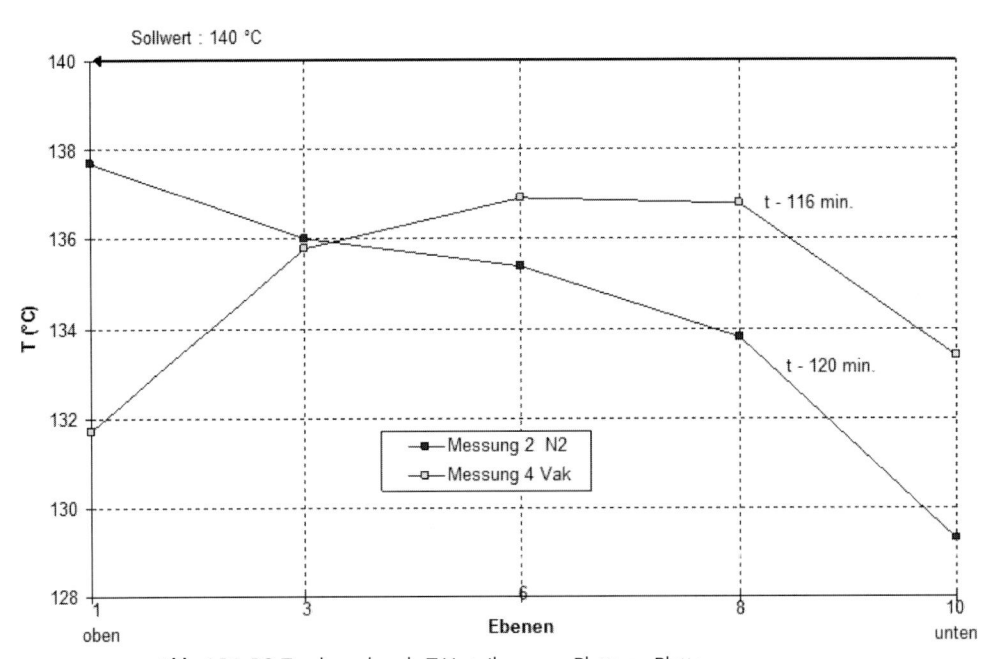

**Abb. 4.14** PQ Trockenschrank: T-Verteilung von Platte zu Platte.

Wie die Ergebnisse dieser Messungen zeigen, beträgt allein der Temperaturunterschied auf einer Heizplatte vom Punkt des Wärmemediumeintritts bis zum Punkt des Wärmemediumaustritts ca. 5 K. Betrachtet man den Temperaturunterschied von Platte zu Platte, so findet man bei Vakuumbetrieb eine maximale Temperaturdifferenz von ebenfalls ca. 5 K, wobei der wärmste Punkt aufgrund der Strahlungswärme zwischen den Platten in der Mitte des Trockenschrankes liegt. Überlagert man den Trockenschrank mit Stickstoff, so ist wegen der jetzt möglichen Wärmekonvektion der wärmste Punkt auf der obersten Platte, und die maximale Temperaturdifferenz zwischen unterster und oberster Platte zeichnet sich mit nunmehr ca. 9 K ab. Mit Blick auf eine möglichst homogene Trocknung eines pharmazeutischen Wirk- oder aber auch Hilfsstoffes, kann hier nicht mehr von einem „qualifizierten" Gerät gesprochen werden, da dieses nicht die notwendigen Leistungskriterien erfüllt, wenn die Qualität des Produktes zum Beispiel über die Restfeuchte definiert wird. Dass umgekehrt ein Produkt in diesem Fall sogar nachhaltig geschädigt werden könnte, wenn es an bestimmten Punkten überhitzt wird, ist dabei nur ein weiterer Aspekt.

Diese Beispiele sollen anschaulich zeigen, worum es geht, wenn man über das Thema Leistungsqualifizierung redet. Es geht um jene Leistungsgrößen, die charakteristisch für das jeweilige Gerät, aber auch für die Betriebsweise und damit für den Prozess sind. Aus genau diesem Grunde kann eine PQ auch niemals ohne Berücksichtigung des tatsächlichen späteren Prozessablaufs durchgeführt werden. Man befindet sich hier bereits an einem Punkt der Qualifizierung, an dem die Anforderungen an die reine Technik mit denen an die Verfahrenstechnik und das Produkt zusammentreffen.

Genau dieser Sachverhalt hatte – wie in vorangegangenen Abschnitten schon angedeutet – in der Vergangenheit mehrfach zu Problemen bei der Definition des Begriffs „PQ" geführt. Während die einen argumentierten, dass aufgrund der Tatsache, dass solche Prüfungen immer mit Produkt gemacht werden müssten und daher der Validierung zuzusprechen seien, verfolgte das andere Lager das Ziel, den Begriff PQ für eine eigenständige Aktivität bestehen zu lassen, insbesondere deshalb, weil man hier ja noch nicht den Gesamtherstellungsprozess in seiner Gänze prüfen würde und man solche PQ-Tests ja durchaus auch mit chemisch-physikalisch vergleichbaren Testmedien durchführen könnte. Die Diskussionen waren zum Teil so weitgehend, dass einige Zeit lang selbst in dem das Thema behandelnden PIC-Leitfaden darauf hingewiesen wurde, dass der Begriff PQ nicht mehr benutzt werden solle, da die Inhalte durch die Validierung abgedeckt wären. In der heutigen Fassung lässt der Leitfaden [117] die Begriffe PQ und Validierung immerhin parallel zu, wobei er sie allerdings als gleichwertig ansieht.

Auch hier ist es bei aller Diskussion wiederum nur wichtig, dass der Verantwortliche für die Validierung in dem jeweiligen Betrieb die Definitionen einmalig und dauerhaft einführt und festlegt und dass durch die Festlegungen wichtige Prüfungen und Tests vom Umfang nicht ausgeschlossen werden. Die Zuordnung zu übergeordneten Begriffen ist dabei zweitrangig. Allerdings hat sich der Begriff PQ bis heute durchgängig gehalten und etabliert, da es mit Wasser-, Dampf-, Sterilisations- und anderen Neben- und Hilfsanlagen (Utilities) auch solche Einrichtungen gibt, an die ein gewisser, nachzuweisender Leistungsanspruch gestellt wird, die aber nicht unbedingt mit „Produkt" im Sinne des pharmazeutischen Produkts in Berührung kommen. Eine Leistungsqualifizierung prüft hier die Leistungskriterien mit Bezug auf das Produkt Wasser, Dampf oder Luft.

Im Zusammenhang mit der Begriffsdefinition sei auch erwähnt, dass unabhängig von GMP und einer Qualifizierung es durchaus üblich ist, dass beim Kauf einer entsprechenden Unit oder Anlage es der Guten Ingenieurspraxis entspricht, mit Herstellern oder Lieferanten im Rahmen des Kaufkontraktes auch „Leistungswerte" zu vereinbaren, deren Erfüllung letztendlich die Grundlage für die Übergabe einer wunschgemäß funktionierenden Anlage und damit für die Bezahlung bilden. In Kombination mit GMP macht es hier durchaus Sinn, auf diese Vereinbarungen gesteigerten Wert zu legen und darauf zu achten, dass hier eben auch die für GMP wichtigen Leistungswerte vereinbart sind.

In Bezug auf die Durchführung haben die obigen Beispiele sicher verdeutlicht, dass bei einer PQ – wie bereits angesprochen – eine Standardisierung der Prüfungen und Vorgehensweisen kaum möglich ist. Eventuell wäre noch denkbar, grundsätzliche PQ-Tests für breit genutzte Einrichtungen wie eben die Utilities zu etablieren und zu standardisieren, was vielfältig in Form von Normen auch tatsächlich stattgefunden hat (z. B. ISO 14644 für reinraumtechnische Einrichtungen). Jedoch ist die endgültige Nutzung in Bezug auf erforderliche Qualitäten, Mengen und Verfügbarkeit so individuell und vom eigentlichen Prozess abhängig, dass auch die der Leistungsqualifizierung zugrunde zu legenden Tests immer ein Stück weit individuell sein müssen. Ähnlich der Verfahrensvalidierung müssen hier sehr spezifische Pläne geschrieben werden.

#### 4.8.8.2 Der PQ-Plan

Entfällt die Möglichkeit zur Standardisierung, so entfällt auch die Möglichkeit hier einen standardisierten Qualifizierungsplan vorzugeben. Eine Vorgabe von Prüfungen oder Prüfpunkten wie im Falle der IQ und OQ ist hier nicht mehr oder nur sehr schwer möglich. Jeder PQ-Plan muss inhaltlich individuell, analog wie ein Validierungsplan, aufgebaut und auf das jeweilige System spezifisch zugeschnitten sein. So könnte man beispielsweise als Inhaltspunkte für einen PQ-Plan empfehlen:

– *Zielsetzung*
  Hier würde man das allgemeine Ziel der Leistungsqualifizierung für ein spezifisches System (Apparat, Anlage, Unit) hervorheben.
– *Geltungsbereich*
  Beim Geltungsbereich wären neben der Einschränkung auf das betrachtete System auch mögliche Einschränkungen auf Art und Umfang der Systemnutzung, auf Prozesse und Produkte zu berücksichtigen. Ist das System in einem übergeordneten Dokument (z. B. allgemeine Anlagenbeschreibung oder Validierungsmasterplan) bereits ausführlich beschrieben und hinsichtlich Systemgrenzen klar umrissen, so kann an dieser Stelle ein entsprechender Querverweis auf die Systembeschreibung erfolgen.

- *Verantwortlichkeiten*
  Es werden die Personen namentlich aufgeführt, die hier konkret für Dokumentation (Plan, Bericht), für Testdurchführung, ggf. für Analyse, Auswertung, Prüfung und Freigabe der Ergebnisse verantwortlich zeichnen.
- *Systembeschreibung*
  Existiert keine Systembeschreibung in einem übergeordneten Dokument (s. Geltungsbereich), so muss dies spätestens an dieser Stelle nachgeholt werden, wobei großer Wert darauf zu legen ist, dass das betrachtete System hinsichtlich seiner in die Qualifizierung einzubeziehenden Grenzen sehr sauber definiert wird. Es ist von großer Wichtigkeit zu wissen, bis zu welchen Abnahmestellen die Qualifizierung einer Wasseranlage erfolgen soll, für welche Verbraucher und für welche Installationszustände an den Abnahmestellen. Ebenso wichtig ist es zu wissen, ob die Leistungsqualifizierung einer Lüftungsanlage am Lüftungsauslass oder im Raum enden soll, da im letzteren Fall sicher auch das Raumdesign selbst noch einen Einfluss auf die Ergebnisse hat.
- *Leistungskriterien*
  Unter dieser Überschrift wären alle, im Validierungsteam diskutierten und als wesentlich identifizierten Leistungskriterien zu listen. Beispiele wurden im Abschnitt 4.8.8.1 genannt. Gegebenenfalls erfolgt die Auswahl basierend auf den Ergebnissen der Prozessrisikoanalyse, was generell zu empfehlen wäre, da damit auch eine klare und eindeutige Begründung für die Selektion vorliegen würde und aufgrund der systematischen Herangehensweise auch in Bezug auf Vollständigkeit wenig Probleme zu erwarten wären. Mit den Leistungskriterien könnten zugleich auch die Akzeptanzkriterien, im Wesentlichen die Wertebereiche und zulässigen Fehlergrenzen für die Leistungsparameter, aufgeführt werden.
- *Voraussetzungen*
  Wie bei allen Qualifizierungsaktivitäten müssen auch bei der Leistungsqualifizierung einige Bedingungen erfüllt sein, bevor mit der Durchführung begonnen werden kann. Grundsätzlich müssen alle in der OQ bereits geforderten Voraussetzungen – IQ ohne beeinflussende Mängel, freigestellte Ver- und Entsorgungswege, kalibrierte Messeinrichtungen etc. – gegeben sein, zusätzlich muss die OQ soweit abgeschlossen sein, dass ggf. noch bestehende Mängelpunkte die PQ nachweislich nicht beeinflussen. Diese und evtl. weitere bestehende Voraussetzungen könnten in diesem Abschnitt gelistet und später im Rahmen der Durchführung anhand einer Checkliste abgeprüft und abgehakt werden.
- *Testdurchführung und Prüfumfang*
  Unter diesem Punkt würden die eigentlichen Tests und Testdurchführungen beschrieben werden. Hier müssen eine oder mehrere entsprechend erfahrene Personen zunächst in Vorleistung gehen und sicher einen ersten Entwurf erstellen, der dann mit kompetenten Fachleuten aus allen notwendigen Fachdisziplinen durchgesprochen werden kann. Wichtig ist eine sehr detaillierte Beschreibung aller angesetzter Versuche, Untersuchungen, Prüfungen, Probenahmen einschließlich Umfang und Detaillierungsgrad der Erfassung und Aufzeichnung von Messergebnissen. Hier würde beispielsweise der Probenahmeplan für eine

Wasseranlage hinterlegt, der – unter Berücksichtigung regulatorischer Vorgaben wie etwa des FDA guide to inspection of high purified water systems – genau die Anzahl, den Ort, den Zeitpunkt, die Häufigkeit, die Probenahmemenge und die Prüfpunkte der Wasserqualität vorgäbe. Sicherlich spräche aus formalen Gründen auch nichts dagegen, in diesem Abschnitt ggf. nur die einzelnen Tests und Vorgehen kurz anzureißen und die Details in individuellen Testspezifikationen zu beschreiben, ähnlich der Vorgehensweise bei der OQ. Letzteres ist gerade mit Blick auf eine verbesserte Übersichtlichkeit dann zu empfehlen, wenn es zu einem System sehr viele verschiedene Leistungskriterien gibt, deren Erfüllung es nachzuweisen gilt.

– *Hilfsmittel und -methoden*
Aufzulisten wären hier alle im Rahmen der Qualifizierungsaktivität zusätzlich benötigten Mess- und Hilfseinrichtungen einschließlich Modellsubstanzen und Reagenzien sowie die Anforderungen, die an diese Hilfsmittel gestellt werden. Soweit nicht bereits unter dem Punkt „Testdurchführung und Prüfumfang" geschehen, könnten hier auch alle zusätzlich benötigten analytischen Methoden aufgelistet werden. Zusätzlich bedeutet dabei immer als Ergänzung zu dem, was bei einem routinemäßigen Ablauf bei dem jeweiligen System gemacht oder gebraucht würde und daher nicht über die normale Betreiberdokumentation erfasst und abgedeckt ist.

– *Akzeptanzkriterien*
Hier sind neben den unter dem Punkt „Leistungskriterien" bereits aufgeführten Akzeptanzwerten sicher auch noch jene allgemeinen und übergeordneten Kriterien wie etwa störungsfreier Ablauf des Versuches, Freigabe aller relevanten und genutzten Dokumente, Einsatz von ausschließlich qualifiziertem bzw. kalibrierten Hilfseinrichtungen u. a. aufzuführen, die am Ende alle erfüllt sein müssen, um abschließend die Festlegung treffen zu können, dass die PQ für das jeweilige System erfolgreich war. Gerade dieser Punkt zusammen mit der geplanten Durchführung muss im Validierungsteam mit den Fachexperten besprochen und gemeinschaftlich abgesegnet werden. Es handelt sich hierbei um das Kernstück der Leistungsqualifizierung.

– *Folgemaßnahmen*
Bedacht werden sollte auch, wie man verfährt, wenn bestimmte Akzeptanzkriterien oder Randbedingungen nicht erfüllt werden. Wichtig ist hier festzulegen, welches die eindeutigen „Knock-out"-Kriterien für eine erfolgreiche Qualifizierung sind und bei welchen evtl. noch eine Bewertung und Diskussion möglich ist. Auch ob man bei Abweichungen grundsätzlich ganz von vorne beginnt oder ob man nur an bestimmten Zwischenpunkten wieder ansetzt, kann gerade im Falle der Qualifizierung einer Wasseranlage eine spannende Frage sein, wenn man sich in der Phase befindet, in der Proben über ein Jahr hinweg an unterschiedlichen Stellen geprüft werden (letzte Phase PQ Wasseranlage). Solche Entscheidungen sollten zumindest grob am Anfang bedacht, diskutiert und das Ergebnis im Qualifizierungsplan festgelegt werden.

- *Dokumentation*

  Die Festlegungen zu Art, Umfang und Detaillierungsgrad der im Rahmen der Qualifizierung zu erstellenden Dokumentation gehört ebenfalls in einen solchen PQ-Plan. Insbesondere ist es wichtig und hilfreich, auf das Thema „Rohprüfdokumente" einzugehen, die in Form von Handaufzeichnungen, Schreiberprotokollen, Laboraufzeichnungen u. a. anfallen und für die entschieden werden muss, wie sie gekennzeichnet und in die Gesamtdokumentation integriert werden.

- *Anlagen*

  Hierunter kann man dann schließlich alles packen, was in irgendeiner Weise informativ ist (z. B. zusätzliche Anweisungen, Spezifikationsdatenblätter, Technische Beschreibungen) oder zur Aufzeichnung der Qualifizierungsaktivität dient (z. B. verschiedene Checklisten oder detaillierte Testspezifikationen).

Kurzum, der PQ-Plan gestaltet sich als ein einer Verfahrensanweisung ähnliches Dokument, das den gesamten vorgesehenen Ablauf ausführlich in Textform beschreibt und weniger eine Checkliste ist, in der man bestimmte Prüfungen abhaken kann. In der Tat zeigt auch die Erfahrung aus der Praxis, dass solche PQ-Aktivitäten zu individuell und zu komplex sind, um sie in einer einfachen Checkliste abbilden zu können. Eine übergeordnete Checkliste ließe sich hier allenfalls für die einzelnen Schritte erstellen, die man durchlaufen muss, wenn man eine Leistungsqualifizierung für ein bestimmtes System aufsetzt. Diese übergeordnete Checkliste könnte beispielsweise als Deckblatt für den PQ-Plan dienen und die folgenden Aktivitätspunkte umfassen:

- Prüfung auf vollständige Erfassung aller kritischen Leistungskriterien,
- Prüfung der Anforderungen (Akzeptanzkriterien) an die kritischen Leistungskriterien,
- Prüfung der für die Leistungsqualifizierung benötigten Hilfseinrichtungen und -methoden,
- Prüfung der Vorgehensweisen, festgelegt in entsprechenden Testplänen oder -spezifikationen,

Umfasst der PQ-Plan zugleich auch den PQ-Bericht, so können noch ergänzt werden:

- Prüfung der Ergebnisse der Leistungsqualifizierung,
- Prüfung auf Festlegung der Requalifizierungszyklen.

Ein Beispiel, welches in Ergänzung zu den bisher dargestellten DQ-, IQ- und OQ-Checklisten zu sehen ist, zeigt Anlage 18.

Die am Ende ausgefüllte und abgehakte übergeordnete PQ-Checkliste würde dem späteren Prüfer bzw. Auditor zumindest den Überblick dahin geben, dass die einzelnen Aktivitäten der Reihe nach abgearbeitet wurden und das Gesamtpaket damit vollständig ist. Für die Inhalte muss der Prüfer sich jedoch die Mühe machen und die Dokumente im Einzelnen einsehen, hier dann insbesondere die individuellen Qualifizierungspläne und -berichte.

### 4.8.9
**Der Qualifizierungsabschlussbericht**

Was wäre die beste Qualifizierung ohne abschließende aussagekräftige und das Gesamtergebnis darstellende Abschlussberichte. Gerade diesen Dokumenten kommt im Rahmen der Qualifizierung und Validierung eine besondere Bedeutung zu, sind sie doch die ersten Dokumente, die man bei Behörden- und Kundenaudits vorzeigen muss. Das Ergebnis einer Qualifizierung bzw. Validierung interessiert immer an erster Stelle und erst dann die Vorgehensweise sowie die Einhaltung formaler Randbedingungen, was prinzipiell ja auch Sinn macht. Dabei gibt es auch bei Abschlussberichten hinsichtlich Aufbau und Gestaltung wieder mehrere Möglichkeiten und Vorgehensweisen, ohne dass für eine Variante der Anspruch erhoben werden könnte, dass es sich hierbei um die „richtige" oder „falsche" Variante handelt. Wichtig sind Inhalt und Vollständigkeit und weniger die Form, an die – gerade bei Berichten – allenfalls der Anspruch erhoben wird, Übersichtlichkeit und Struktur zu bieten.

Hat man früher sehr häufig für Plan und Bericht zwei unabhängige Dokumente erstellt, die jedes für sich geprüft und mit Unterschrift formal freigegeben wurden, so geht heute eindeutig der Trend – bei den reinen Qualifizierungsdokumenten DQ, IQ und OQ – zu einem einzigen Dokument, welches Plan und Bericht zusammenfasst. Dies ist vorwiegend in der Tatsache begründet, dass gerade die Basisqualifizierungen immer stärker standardisiert und nach Checkliste durchgeführt werden, sodass die unausgefüllten Checklisten mit den enthaltenen Vorgaben und Akzeptanzkriterien üblicherweise den Plan darstellen, während die mit den Realwerten und Kommentaren versehenen Checklisten den Bericht verkörpern. Diese Vorgehensweise macht absolut Sinn, da es keinen ersichtlichen Grund gibt, weshalb man die unausgefüllte Checkliste als separat unterschriebenes Dokument aufbewahren sollte.

Anders verhält es sich im Falle der PQ- und Validierungsaktivitäten. Die Inhalte der Pläne sind hier seltener als Checkliste, sondern oft in ausführlicher Textform dargestellt. Plan und Bericht unterscheiden sich daher maßgeblich in ihren Inhalten, sodass es – zumindest in den überwiegenden Fällen – deutlich mehr Sinn macht, hier Plan und Bericht als separate Dokumente zu führen. Aber auch hier ist es kein zwingendes „muss".

Neben diesem grundlegenden Gestaltungskriterium ist weitergehend zwischen Einzelberichten und dem Gesamtbericht zu unterscheiden. In den vorherigen Abschnitten wurde bei den Einzelaktivitäten DQ, IQ, OQ und PQ stets darauf hingewiesen, dass die jeweilig vorangehende Qualifizierungsaktivität zumindest soweit abgeschlossen sein muss, dass evtl. noch offene Mängelpunkte die Durchführung und Ergebnisse der nachfolgenden Aktivität nicht nachteilig beeinflussen. Dies ist eine formal abzuprüfende Voraussetzung bei der jeweiligen Qualifizierungsphase, die üblicherweise auch im zugehörigen Qualifizierungsplan abgefragt wird. Umgekehrt muss es im zusammenfassenden Bericht der vorhergehenden Qualifizierungsphase – dem DQ-, IQ- oder OQ-Bericht – als Minimum ein Statement darüber geben, ob die Phase vollständig abgeschlossen ist, ob alle Abweichungen und

Mängel entsprechend beseitigt sind, bzw. welche Mängel ggf. noch offen sind, und ob bzw. wie diese sich auf die nachfolgende Phase auswirken könnten. Pragmatisch lässt sich dies dahingehend lösen, dass man auf dem Unterschriftenblatt des jeweiligen Qualifizierungsplans/-berichts als Standardsatz zum Beispiel einfügt: „Die XQ-Phase wurde erfolgreich abgeschlossen. Alle Mängel wurden behoben. Gegebenenfalls noch offene Mängel wurden im Validierungsteam bewertet. Sie haben keinen erkennbaren Einfluss auf die Ausführung der YQ-Phase". Ergänzt wird dies dann durch einen Verweis auf die entsprechende Mängelliste, in der sich alle Mängel, ihre Bearbeitung und – falls noch offen – ihre Bewertung finden.

Liegen die Einzelberichte für DQ, IQ, OQ und ggf. PQ vor, so folgt üblicherweise ein die Qualifizierung zusammenfassender Bericht. Zu unterscheiden ist – abhängig von der Projektgröße – unter Umständen nochmals eine Zwischenebene – die Qualifizierungsberichte der einzelnen Systeme, die dann ihrerseits nochmals in einem Gesamtqualifizierungsbericht der Anlage zusammengefasst werden können. Abbildung 4.15 verdeutlicht diesen Zusammenhang.

Ungeachtet der Tatsache, ob es einen Gesamtbericht für ein System oder für eine gesamte Anlage gibt, der Anspruch an den Inhalt dürfte in etwa der gleiche sein, da es sich jetzt um die Dokumente handelt, die – wie oben bereits erwähnt – dem jeweiligen Auditor oder Inspektor vorgelegt werden. Neben einer klaren sauberen Struktur und einer guten Übersicht sollte ein solcher Bericht zumindest die folgenden Inhaltspunkte bieten:

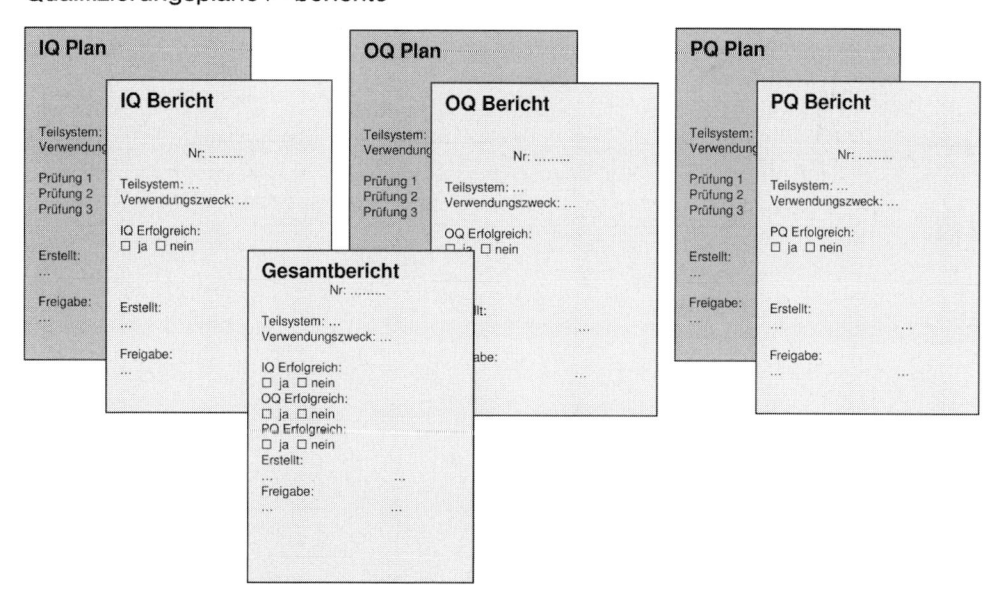

**Abb. 4.15** Struktur der Qualifizierungsberichte.

- System- oder Anlagenbezeichnung,
- Kurzbeschreibung mit Darlegung der für die Qualifizierung maßgeblichen Grenzen, ggf. Verweis auf ein entsprechend beschreibendes Dokument,
- Verwendungszweck des Systems oder der Anlage (Hinweis auf herzustellendes Produkt oder Produktgruppe),
- Berichtsnummer, die ggf. korreliert mit den Einzelplan- bzw. Berichtsnummern. Ist der Bezug zu den untergeordneten Dokumenten nicht direkt aus der Kennzeichnung ablesbar, so sollten bei den nachfolgenden Verweisen auf die einzelnen Qualifizierungsphasen auch die Nummern oder Kennzeichnungen der untergeordneten Dokumente mit aufgeführt werden,
- Verweis auf die einzelnen Qualifizierungsphasen DQ, IQ, OQ und PQ und der Hinweis, dass diese Phasen vollständig abgeschlossen sind, die Ergebnisse als solches vorliegen. Wichtig hierbei ist, dass auch die Initialkalibrierung ein Bestandteil der Qualifizierung ist. Es ist daher hilfreich und sinnvoll – wenn auch nicht zwingend – auch diese Aktivität und deren Abarbeitung im zusammenfassenden Bericht zu benennen,
- Hinweis, dass alle für das Betreiben des Systems oder der Anlage notwendigen Dokumente (z. B. Bedien-, Reinigungs-, Wartungsanweisung, Logbuch) vorliegen und das Betriebspersonal entsprechend geschult und eingewiesen wurde,
- Abschlussstatement, dass das jeweilige System bzw. die Anlage als qualifiziert bezeichnet werden kann, dass keine Mängel vorliegen bzw. – wie auch bei den Einzelberichten – dass ggf. noch offene Mängelpunkte keinerlei Einfluss auf den Betrieb und die nachfolgende Validierung haben werden,
- Hinweis auf eine evtl. notwendige periodische Requalifizierung, die speziell für kritische technische Einrichtungen (z. B. für Sterilisation) gefordert wird. Für den Fall, dass keine periodische Requalifizierung festgelegt wird, sollte dies im Bemerkungsfeld zumindest kurz kommentiert werden (z. B. Hinweis darauf, dass das technische System unkritisch bzw. stabil ist und keine systemspezifischen oder funktionalen Veränderungen durch den Betrieb zu erwarten sind),
- formale Freigabe des Systems oder der Anlage für die sich üblicherweise anschließende Validierung,
- Unterschriften der verantwortlichen Personen, mindestens des Verantwortlichen der Produktion und der Qualitätseinheit.

Anlage 19 zeigt ein Beispiel eines sehr einfachen, als eine Art Checkliste aufgebauten Qualifizierungsberichtes, der alle oben angesprochenen Kriterien erfüllt. Zugegeben, es fehlt hier natürlich an entsprechender Prosa; wem diese wichtig ist, der kann die gleichen Themen natürlich mit mehr erläuterndem Text ausschmücken. Empfehlenswert ist auch, einen solchen Bericht in Englisch oder gar zweisprachig zu verfassen. Auch wenn die Regularien sinnvollerweise vorschreiben, alle GMP-relevanten Dokumente grundsätzlich in der Sprache zu halten, die auch vom Betriebspersonal gelesen und verstanden werden kann, so handelt es sich jetzt hier doch erstmals um Dokumente, die vorwiegend Behördencharakter haben oder zumindest vorwiegend für – zumeist internationale – Behörden und Audits genutzt werden. Zum Betreiben eines Systems oder einer Anlage sind diese Dokumente sicher weniger gedacht.

Ob ein Qualifizierungsbericht am Ende gut oder schlecht, behördentauglich oder GMP-gerecht ist, kann jeder für sich selbst sehr schnell abprüfen, indem er sich die folgenden Fragen stellt und versucht, sie ausgehend vom Qualifizierungsbericht zu beantworten:
– Was wurde qualifiziert und bis zu welcher Stelle bzw. Grenze?
– Was waren die Inhalte der Qualifizierung (Prüfpunkte), was die Akzeptanzkriterien?
– Wie, wo und von wem wurden die Akzeptanzkriterien festgelegt?
– Wurden die Akzeptanzkriterien erfüllt oder gab es Abweichungen?
– Wie wurde mit Abweichungen umgegangen, wo sind diese dokumentiert?
– Wer hat den Qualifizierungsumfang festgelegt, mit wem wurde er besprochen und wer hat ihn formal frei gegeben?
– Wie wurden Produkt- bzw. Prozessanforderungen bei der Qualifizierung berücksichtigt?
– Wie und wo wurden ggf. noch offene Abweichungen und Mängel bewertet?
– Welcher Zyklus wurde für die periodische Requalifizierung festgelegt und mit welcher Begründung?
– Was ist das Endergebnis und wo bzw. wie ist es formal dokumentiert?
– Wer war an der Qualifizierung beteiligt und wo ist dies hinterlegt?

All dies sind Fragen, die typischerweise von einem Auditor oder Inspektor gestellt werden. Dabei ist es nicht erforderlich, dass alle Antworten explizit im Qualifizierungsbericht selbst enthalten sind. Vielmehr muss es möglich sein, ausgehend von diesem Dokument mit entsprechender Referenzierung und Querverweisen auf alle zugehörigen und untergeordneten Dokumente zu springen und die notwendigen Informationen zu finden. Ein Fragespiel, das es lohnt, z. B. im Rahmen einer Selbstinspektion durchzuführen und damit das Qualifizierungskonzept auf Herz und Nieren zu prüfen.

## 4.9
## Qualifizierung bestehender Anlagen

### 4.9.1
### Der Begriff „retrospektive Anlagenqualifizierung"

In Abschnitt 3.2.3 „Methoden der Validierung" wurden die Begriffe prospektive, begleitende und retrospektive Validierung erläutert. Insbesondere wurde darauf abgehoben, dass die Definition sich wesentlich daran orientiert, ob das entsprechend betrachtete Produkt sich bereits im Markt befindet oder noch nicht. Speziell im Fall der retrospektiven Validierung wird davon ausgegangen, dass das entsprechende Produkt schon länger vertrieben wird und die Validierung hier auf Basis bereits vorhandener Daten aus zurückliegend hergestellten Chargen durchgeführt wird.

Überträgt man nun diese Begrifflichkeit auf das Thema „Qualifizierung", so erkennt man schnell, dass diese Definition so nicht unbedingt greift und hier eine

weitergehende Unterscheidung notwendig wird. So sind mit Blick auf die Anlage mindestens die zwei folgenden wesentlichen Fälle zu unterscheiden:
- Fall 1: „retrospektive" Qualifizierung und „retrospektive" Validierung
  In diesem Fall hätte man es mit einer bereits bestehenden Anlage (Altanlage) zu tun, in der das relevante Produkt hergestellt und bereits in den Markt verkauft wird. Wenn Anlage und Verfahren noch nicht qualifiziert bzw. validiert sind, so würde dies in beiden Fällen hier retrospektiv, basierend auf der nachträglichen Auswertung von Prozessdaten und der Anlagenhistorie erfolgen. Der Begriff retrospektiv hätte genau die Bedeutung, wie in Abschnitt 3.2.3 erklärt.
- Fall 2: „retrospektive" Qualifizierung und „prospektive" Validierung
  Ein anderer Fall könnte sich jedoch so darstellen, dass ein Produkt schon längere Zeit in einer bestehenden Anlage hergestellt wird, bislang aber noch nicht für pharmazeutische Zwecke am Markt eingesetzt wurde. Anlage und Verfahren waren bislang nicht qualifiziert bzw. validiert, da die Notwendigkeit hierfür nicht gegeben war. Ändert sich nun der Einsatzzweck, d. h. wird das Produkt nun im pharmazeutischen Bereich eingesetzt, so gilt es, die bereits bestehende Anlage nach längerer Betriebszeit zu qualifizieren und auch das Verfahren jetzt der entsprechenden prospektiven Validierung zu unterwerfen. Mit Blick auf die ursprüngliche Definition und die Markteinführung des Produkts mit neuem Einsatzgebiet müsste hier ganz eindeutig von einer prospektiven Qualifizierung und einer prospektiven Validierung gesprochen werden, obwohl auch hier bereits ausreichend Daten aus der Historie zur Verfügung stehen, auf deren Basis die Qualifizierung bzw. Validierung durchgeführt werden könnte.

Noch deutlicher wird die Problematik der Begriffsdefinition „retrospektiv", betrachtet man den Fall, dass in eine bestehende, schon länger laufende Anlage ein neues Produkt zur Herstellung für den pharmazeutischen Markt eingeführt wird. Ganz eindeutig hat man es hier nun mit einer vorausgehenden, geplanten, prospektiven Validierung zu tun, während für die Anlage selbst ausreichend Daten vorliegen könnten, um die Qualifizierung retrospektiv durchzuführen, obwohl das Produkt sich zu diesem Zeitpunkt noch nicht im Markt befindet.

Aus der Darstellung der Fälle wird klar, dass man den Begriff „retrospektive Qualifizierung" nicht uneingeschränkt so wie den Begriff „retrospektive Validierung" verwenden kann. Hier können eindeutig unterschiedliche Situationen vorliegen, die die Definition des Begriffs nicht mehr allein abhängig von der Einführung des Produkts am Markt machen. Aus diesem Grund wird vorgeschlagen und in diesem Kapitel auch so gehandhabt, hier nur noch von Altanlagen – oder besser noch von der Qualifizierung bestehender Anlagen zu sprechen. Nicht immer muss es sich bei einer bestehenden Anlage, die noch nicht qualifiziert ist, auch um eine Altanlage handeln.

### 4.9.2
**Regulatorische Anforderungen**

Wirft man einen Blick in die offiziellen Richtlinien und Regelwerke um herauszufinden, was von behördlicher Seite zum Thema „Qualifizierung bestehender

Anlagen" gefordert ist, so findet man, dass es in den GMP-Grundregeln der WHO, EU und FDA überwiegend Aussagen zur retrospektiven Validierung, nicht aber direkt zur Qualifizierung bestehender Anlagen gibt. Fündig wird man erstmals im Annex 15 zu den EU-GMP-Richtlinien bzw. in dem von der PIC/S herausgegebenen Dokument PI006. In diesem Dokument wird sehr allgemein ausgeführt, dass

– in dem Falle bestehender Anlagen eine detaillierte IQ bzw. OQ nicht möglich sei,
– prinzipiell Daten verfügbar sein sollten, welche die Betriebsparameter und Grenzwerte der kritischen Variablen der Betriebsausrüstung bestätigen und verifizieren und
– es letztendlich auch SOPs zu den Themen Kalibrierung, Reinigung, Wartung, Bedienung und Schulung geben müsse.

Weitere Details werden hier nicht angeführt, weshalb auch diese Richtlinien für die tatsächliche Durchführung wenig hilfreich sein dürften.

Auch in dem von der ZLG herausgegebenen Aide-Mémoire zum Thema „Inspektion von Qualifizierung und Validierung ..." findet man lediglich das sehr allgemeine Statement, dass man den Nachweis für die Funktion kritischer Bauteile führen solle und einen Beleg haben müsse, dass kritische Parameter innerhalb der Akzeptanzgrenzen gehalten werden können.

Diese sehr allgemeinen und unkonkreten Aussagen dürften sicherlich der Anlass dafür gewesen sein, dass die APIC (Active Pharmaceutical Ingredient Committee) im Jahre 2004 einen eigenen „Guidance on qualification of existing facilities, systems, equipment and utilities" [118] herausgegeben hat. In diesem Dokument behandelt die APIC ausschließlich das Thema der Qualifizierung bestehender Anlagen und versucht einen entsprechenden Leitfaden zur Vorgehensweise zu geben.

Zu Beginn des Leitfadens betont die APIC noch einmal ganz deutlich, dass grundsätzlich alle Anlagen- und Ausrüstungsteile, die einen Einfluss auf die Produktqualität haben können, formal qualifiziert sein müssen, unabhängig davon, ob diese neu errichtet werden, bereits bestehen oder ob man es mit einem Mix von beidem zu tun hat. Dies belegt ganz klar, dass man auch im Falle einer bestehenden Anlage nicht um den Formalismus der Qualifizierung herumkommt.

In den Grundsätzen zur Qualifizierung führt die APIC weiter aus, dass die Aktivitäten der Qualifizierung darauf ausgerichtet sein sollten, insbesondere kritische Betriebs- und Wartungsparameter unter Kontrolle zu halten. Man solle sich auf die kritischen Elemente des jeweiligen Systems konzentrieren und die Risikoanalyse als wesentliches Werkzeug zur Auswahl solcher kritischen Elemente bzw. kritischer Parameter nutzen.

Das Thema „Risikoanalyse" wird hier von der APIC ganz besonders hervorgehoben und im Leitfaden zusätzlich mit einer entsprechenden Checkliste unterstützt. Hinsichtlich des konkreten Ablaufs und der Durchführung der Qualifizierung schlägt die APIC in ihrem Dokument dann die folgenden weitergehenden Schritte vor:

- Festlegung der GMP-Relevanz anhand des im Leitfaden vorgeschlagenen Fragenkatalogs, d. h. Festlegung, welche Komponenten überhaupt qualifiziert werden müssen,
- Durchführung einer Risikoanalyse für diese ausgewählten Komponenten zur Identifizierung kritischer Parameter oder anderer kritischer Prüfpunkte zur Festlegung des Qualifizierungsumfangs. Dabei wird darauf hingewiesen, dass man für die Risikoanalyse und für Standardausrüstungsteile sinnvollerweise auf entsprechende Mustervorlagen einer Risikobewertung zurückgreift,
- Erstellung einer Qualifizierungsmatrix als Ergebnis der „GMP-Relevanz"-Analyse, in der die einzelnen Prüfpunkte, speziell die IQ betreffend, aufgelistet werden,
- Prüfung auf Vorhandensein technischer Unterlagen, Produktionsunterlagen und aller notwendiger SOPs,
- Prüfung auf eventuell doch vorhandene Qualifizierungsunterlagen,
- Durchführung der eigentlichen OQ und PQ für die bestehende Anlage,
- Abschließende Berichterstellung über die durchgeführte Qualifizierung, ggf. einschließlich Validierung,
- Einführung eines Change-Management-Prozedere.

Auch wenn die im APIC-Leitfaden vorgeschlagene Vorgehensweise grundsätzlich logisch und an der Praxis orientiert ist und prinzipiell auch einige gute und brauchbare Ansätze enthält, so fehlt es doch noch eindeutig an dem durchgängig roten Faden, insbesondere an einer detaillierten Schritt-für-Schritt-Anleitung, die dem Leser Möglichkeiten gibt, eine solche Qualifizierung einer bestehenden Anlage sinnvoll und effizient durchzuführen. Es muss daher an dieser Stelle festgehalten werden, dass es derzeit von offizieller, d. h. behördlicher Seite noch keinen wirklichen „How-to-do"-Leitfaden für das Thema „Qualifizierung bestehender Anlagen" gibt.

### 4.9.3
**Einschränkungen bei bestehenden Anlagen**

Die Diskussion über die Qualifizierung bestehender Anlagen macht grundsätzlich nur deshalb Sinn, weil hier definitiv andere Randbedingungen als im Fall neu geplanter und neu zu errichtender Anlagen gegeben sind. Diese Randbedingungen können zum einen einschränkend sein, wenn entsprechend notwendige Informationen fehlen, zum anderen aber auch vorteilhaft, wenn durch den bereits gegebenen Betrieb der Anlage bestimmte Erfahrungswerte schon vorliegen. Speziell die einschränkenden Randbedingungen betreffend ist zu berücksichtigen, dass bei bestehenden Anlagen man meist das Problem hat, dass man aufgrund der fehlenden Planungsphase hier keinen Einfluss mehr auf das grundsätzliche Anlagendesign nehmen kann. Planungsunterlagen, insbesondere aus der Bestell- und Designphase (Bestellunterlagen, Konstruktionszeichnungen etc.) fehlen zumeist.

Ebenso tut man sich schwer, bei bestehenden Anlagen notwendige Zertifikate für Materialnachweis oder andere Qualitäten zu finden. Ebenso sucht man oft vergeblich nach entsprechenden Begründungen und/oder konkreten Vorgaben für eingestellte Betriebsparameter. Hat die Anlage dann noch über ihren Lebenszyklus hinweg eine Vielzahl von unter Umständen nicht dokumentierten Veränderungen erfahren und ist die Anlage über die Jahre hinweg „permanent gewachsen", so wird man sich auch schwer damit tun, die jeweiligen Änderungen vom Grunde her noch nachzuvollziehen. Oft kämpft man dann auch mit nicht zugänglichen und für Prüfzwecke nicht mehr einsehbaren Stellen der Anlage, was eine formale Qualifizierung nahezu unmöglich, zumindest aber sehr schwer erscheinen lässt.

Mit Blick auf die Vorteile, die eine bestehende Anlage bietet, ist sicherlich festzuhalten, dass bedingt durch die Tatsache, dass die Anlage schon betrieben wurde, sie zumindest „annähernd" richtig aufgebaut und angeschlossen sein muss und dass sie sicherlich auch die meisten Funktionalitäten – soweit sie im Routinebetrieb gezeigt wurden – bereits demonstriert hat. Abhängig davon, ob das entsprechende Zielprodukt bereits in der Anlage hergestellt wurde, hat diese unter Umständen auch bereits ihre Leistungsfähigkeit durch das hoffentlich überwiegend spezifikationsgerecht hergestellte Produkt unter Beweis gestellt. Wenn man Glück hat, so liegen im Falle einer guten Ingenieurspraxis zumindest auch Erfahrungswerte aus Betrieb, Wartung und Reparatur vor, die ebenfalls die grundsätzliche Eignung der Anlage und, soweit Aufzeichnungen hierüber vorliegen, auch die Materialverträglichkeit der einzelnen Bauteile belegen. Auch mit Blick auf die Betreiberdokumentation liegen oft doch schon ausreichend Unterlagen zum Reinigen, Betreiben und zur Wartung vor.

Gleicht man die oben geschilderten Vor- und Nachteile gegeneinander ab, so lässt sich als Fazit und Kompromiss bei bestehenden Anlagen sicherlich das Folgende festhalten:

– Ein detaillierter Ablauf, d. h. die Durchführung aller Einzelschritte einer typisch prospektiven Qualifizierung, wie in den vorherigen Abschnitten beschrieben, ist im Falle einer bestehenden Anlage sicherlich nicht sinnvoll und nicht machbar. Dies ist auch heute weithin anerkannt und akzeptiert und in den einschlägigen Regelwerken so beschrieben.
– Die Qualifizierung als dokumentierter Eignungsnachweis muss bei einer bestehenden Anlage sicherlich durch einen Mix an Auswertung von Erfahrungswerten und Durchführung noch nachzuholender Tests erfolgen. Weder die reine Auswertung der Erfahrungswerte noch die vollständige Durchführung aller Einzeltests wäre möglich bzw. sinnvoll.
– Wie im APIC-Guide richtig erkannt, kommt der Analyse „kritisch" kontra „unkritisch" sicherlich eine besondere Bedeutung zu. Das heißt gerade bei bestehenden Anlagen ist es sinnvoll, im Rahmen einer geeigneten Risikoanalyse die wirklich qualitätskritischen Bauteile und/oder Funktionen herauszufinden und sich diesen im Rahmen der Qualifizierung verstärkt zu widmen.
– Die Konzentration auf ausgewählte Prüfelemente und Funktionen erfordert in jedem Fall eine uneingeschränkte detaillierte Kenntnis über die Anlage, die darin gehandhabten Produkte und die zugehörigen Verfahren. Im Falle der Qualifizierung bestehender Anlagen ist es daher also besonders wichtig, alle notwendigen Experten im Rahmen des Validierungsteams mit am Tisch sitzen zu haben.

– Abschließend bleibt noch ein zentrales Element, welches im Rahmen der Qualifizierung bestehender Anlagen eine Schlüsselrolle einnimmt, der Erfahrungsbericht. Hierbei handelt es sich um eine Sammlung aller noch greifbarer und vorhandener Daten und Informationen zum Betrieb der zu betrachtenden Anlage sowie der zugehörigen Auswertung, Bewertung und der daraus resultierenden, abschließenden Beurteilung des Gesamtzustands der Produktionsanlage.

Unabhängig von den getroffenen Kompromissen gilt jedoch auch bei bestehenden Anlagen, dass die gesamte Qualifizierung einem formalen und strukturierten Ablauf folgen muss und dass alle Aktivitäten in den entsprechenden Plänen, Testprotokollen und Berichten erfasst, ausgewertet und beurteilt werden. Im folgenden Abschnitt wird daher ein Vorschlag zur Vorgehensweise bei der Qualifizierung bestehender Anlagen unterbreitet, wie er sich aus heutiger Sicht anbieten könnte.

#### 4.9.4
**Ablauf Qualifizierung bestehender Anlagen**

Es folgt ein Vorschlag für ein insgesamt neun Punkte umfassendes Programm, nachdem eine Qualifizierung einer bestehenden Anlage durchgeführt werden könnte:
1. Projektplanung,
2. GMP-Studie (URS),
3. Bestandsaufnahme,
4. Risikoklassifizierung (Q-Matrix),
5. Risikobewertung (Designreview),
6. As-built-Prüfung,
7. Leistungsbewertung (PQ),
8. Erfahrungsbericht,
9. RQ-Plan/-Bericht.

Auch hier sei wieder darauf hingewiesen, dass es sich bei diesem Programm um einen Vorschlag handelt, der in dieser Form mehrfach umgesetzt wurde und sich auch bewährt hat, der jedoch keinen Anspruch erhebt, perfekt oder gar die einzige Lösung zu sein. Da es derzeit regulatorisch keine detaillierten Vorschriften gibt, obliegt es dem Leser, ob er diesem Vorschlag folgt, diesen nach seinen Bedürfnissen abändert oder eigene, gar bessere Vorschläge für sich parat hält.

#### 4.9.4.1  Schritt 1: Projektplanung (Masterplan)
Auch bei der Qualifizierung bestehender Anlagen ist es erforderlich, einen übergeordneten Projekt-(Master-)plan als übergeordnetes und strategisches Dokument zu erstellen, welches alle wesentlichen, für das Projekt spezifischen Informationen und Vorgaben enthält. Hierzu gehört u. a. eine Gesamtprojektabgrenzung, d. h. die konkrete Festlegung, bis zu welchen Schnittstellen die entsprechende Anlage betrachtet wird bzw. welche einzelnen Komponenten zum Gesamtumfang zählen. Hilfreich wäre auch, im Masterplan eine Begründung dafür zu geben, warum

die Anlage erst jetzt qualifiziert wird und keine prospektive Qualifizierung während der Anlagenerrichtung durchgeführt wurde. Diese Angabe ist insbesondere hilfreich für Behörden- und/oder Kunden- Audits, um hier die Begründung für die Vorgehensweise schriftlich vorliegen zu haben. Selbstverständlich muss der Projekt-(Master-)plan sowohl das Projektteam und die einzelnen Verantwortlichkeiten als auch das Validierungskonzept beschreiben. Letzteres kann wiederum durch Verweis auf die entsprechenden Verfahrensanweisungen erfolgen.

Als Kernpunkt enthält der Masterplan sicherlich eine gute und übersichtliche Anlagenbeschreibung, wobei es gerade hier wichtig und sinnvoll wäre, auch auf die Historie der Anlage und ggf. auf damit verbundene größere Umbau- oder Änderungsprojekte einzugehen. Auch hier könnte man wieder auf andere Dokumente referenzieren. Es sollte jedoch der guten und einfachen Lesbarkeit der Vorzug gegeben werden und als Kernthema, „Beschreibung des Qualifizierungsgegenstands" sollte dies explizit im Masterplan stehen.

Der Masterplan wird sinnvollerweise ergänzt durch eine Übersicht über alle in der Anlage bereits gehandhabten Produkte bzw. neu vorgesehenen Produkte, einschließlich der zugehörigen Verfahren. Ebenso macht es Sinn, gerade auch bei Mehrzweckanlagen, eine Übersicht über die einzelnen Leistungsbereiche der Anlage zu geben (z. B. fahrbare Temperatur- und/oder Druckbereiche). Abgerundet wird der Masterplan durch die Ergänzung mit einem Projektzeitplan, dem entnommen werden kann, bis wann die Qualifizierung der bestehenden Anlage und nach welchen Meilensteinen sie abgeschlossen sein soll. Ein Hinweis zum geplanten Change-Control-Verfahren, d. h. ein Verweis auf die entsprechende SOP und dass nach Qualifizierung der Anlage nach dieser vorgegangen wird, sollte auf keinen Fall fehlen.

Ein solcher Masterplan muss nicht sehr umfassend sein, sollte aber alle wesentlichen, zumindest die oben angesprochenen Themen beinhalten. Oftmals wird, wenn es sich um ein reines Qualifizierungsprojekt handelt, der Masterplan auch als „Qualifizierungsmasterplan" bezeichnet, was den allgemein geltenden Regeln nicht widerspricht.

#### 4.9.4.2 Schritt 2: GMP-Studie (URS)

Bei bestehenden Anlagen macht die nachträgliche Erstellung eines detaillierten und sehr ausführlichen Lastenhefts, wie im Falle einer prospektiven Qualifizierung, sicherlich keinen Sinn. Allerdings steht dem oft das Problem gegenüber, dass es an der notwendigen technischen Dokumentation und damit gleichzeitig an der Basis für eine durchzuführende Risikoanalyse fehlt, weshalb das Lastenheft dann doch von einigen Firmen erstellt wird, was aber auf überschaubare oder kleinere technische Systeme beschränkt bleiben sollte. Unabhängig davon mangelt es natürlich bei bestehenden Anlagen auch an einem Dokument, welches übersichtlich und zusammenfassend Stellung zu den überhaupt bestehenden GMP-Anforderungen nimmt. Aus diesem Grund macht es Sinn, hier zumindest ein Basis-Dokument zu generieren, welches ein Lastenheft zwar nicht ersetzt, aber alle notwendigen, zur Klärung der Randbedingungen erforderlichen Details beinhaltet. Hierzu gehören z. B. Informationen über die in der Anlage zukünftig geplanten Produkte und die vorgesehenen Herstellungsverfahren (soweit noch nicht im Masterplan beschrieben), insbesondere aber über die sich daraus ableitenden GMP-Anforderungen, d. h. über die den weiteren Betrachtungen zugrunde zu legenden GMP-Regelwerke.

Auch der GMP-Startpunkt, hier bezogen auf die entsprechende Unit Operation, muss genau definiert werden, da hierdurch unter Umständen abgegrenzt wird, welcher Teil der Anlage der Qualifizierung unterliegt und welcher nicht qualifiziert werden muss. Auch generelle Statements darüber, wo man die Hauptrisiken erwartet – ob bei offenem Produkthandling, in Bezug auf besondere Materialanforderungen, auf Anforderungen an die Umgebung oder auf die Abgrenzung von GMP gegen Nicht-GMP-Bereiche – machen an dieser Stelle durchaus Sinn.

Ob das Dokument als verkürztes Lastenheft, als GMP-Studie oder anderweitig bezeichnet wird, dürfte dabei sicherlich zweitrangig sein. Wichtig sind die Informationsinhalte, die in jedem Fall dokumentiert werden sollten. Ferner sollte das Dokument zwingend im Validierungsteam abgesprochen und von den verantwortlichen Personen unterzeichnet und formal freigegeben werden. Dabei würde auch nichts dagegen sprechen, alle Informationen grundsätzlich in einem Dokument, z. B. im Projekt-(Master-)plan zusammenzufassen.

### 4.9.4.3 Schritt 3: Bestandsaufnahme

Die Erfahrung hat, gerade auch bei bestehenden Anlagen, sehr oft gezeigt, dass in den Betrieben doch deutlich mehr vorhanden ist, als man gemeinhin vermutet. Dies gilt nicht nur für die technische, sondern auch für die Qualifizierungsdokumentation, abhängig davon, in welchem Umfeld die Anlage sich befindet. Bevor das eigentliche Qualifizierungsprogramm gestartet wird, macht es daher sicherlich Sinn, grundsätzlich mit einer ersten Bestandsaufnahme zu beginnen und zu sichten, welche Unterlagen vorhanden sind, welche man eventuell noch beschaffen kann und zu welchen Themen definitiv nichts mehr zu erwarten ist. Eine solche Bestandsaufnahme führt man idealerweise mit vereinfachten Checklisten durch, wie sie beispielhaft in Abb. 4.16 dargestellt sind. Da die Bestandsaufnahme mit dem Sammeln der entsprechenden Unterlagen einhergeht, ist dies ein oft sehr wichtiger und hilfreicher Schritt, der die nachfolgenden Qualifizierungsaktivitäten vorbereitet und wesentlich stützt.

### 4.9.4.4 Schritt 4: Risikoklassifizierung

Um auch bei der Qualifizierung bestehender Anlagen den Aufwand auf das notwendige Maß zu reduzieren, macht es durchaus Sinn, dem vorgeschlagenen Prozedere des APIC-Leitfadens hinsichtlich Durchführung einer Risikoklassifizierung zu folgen. Diese Risikoklassifizierung hilft ganz maßgeblich, jene Apparate und Anlagenteile herauszufiltern, die in der eigentlichen Qualifizierung nicht mehr betrachtet werden müssen. Die im Leitfaden vorgestellte Checkliste kann hier ein sehr brauchbares Arbeitsmittel sein, das mit wenig dokumentatorischem

4.9 Qualifizierung bestehender Anlagen | 283

| Inv.-Nr. | XXA | XXB | XXC | XXD | | Inv.-Nr. | XXA | XXB | XXC | XXD |
|---|---|---|---|---|---|---|---|---|---|---|
| Systemzeichnung<br>x = vorhanden<br>0 = nicht zu bekommen<br>a = nicht aktuell | Fermenter | Vessel | Autoclave | Separator | | Systemzeichnung<br>x = vorhanden<br>0 = nicht zu bekommen<br>a = nicht aktuell | Fermenter | Vessel | Autoclave | Separator |
| **Qualifizierung** | | | | | | **Technik** | | | | |
| 1. Notizen | | | | | | 1. Notizen | | | | |
| 2. Qualifizierung (DQ/IQ/OQ) | | | | | | 2. Konzept | | | | |
| 3. Designqualifizierung | | | | | | 3. Ausschreibung (Lastenheft) | | | | |
| 4. Qualifizierungsplan | | | | | | 4. Projektunterlagen und Behördenanträge | | | | |
| 5. Risikoanalyse | | | | | | 5. Angebote von Lieferanten | | | | |
| 6. IQ/OQ-Plan und -Protokolle | | | | | | 6. Bestellunterlagen | | | | |
| 7. Abweichungsprotokolle | | | | | | 7. Beschreibung und Montage | | | | |
| 8. Qualifizierungsbericht | | | | | | 8. Anfragen- und Funktionsbeschreibung | | | | |
| 9. Qualifizierung (PQ) | | | | | | 9. Zeichnungen, Messblätter, Montage- bzw. Aufstellungspläne | | | | |
| 10. PQ-Prüfplan | | | | | | 10. RI-Schemata und VT-Schemata | | | | |
| 11. PQ-Protokolle | | | | | | 11. Inbetriebnahme-/Abnahmeprotokoll | | | | |
| 12. Qualifizierungsabschlussbericht | | | | | | 12. Konformitäts- und Materialbescheinigung/Zertifikate | | | | |
| 13. Kalibrierung | | | | | | 13. Elektro-, Pneumatik-, Klemmenplan | | | | |
| 14. Kalibrierungsplan | | | | | | 14. Stück- und Ersatzteillisten | | | | |
| 15. Kalibrierungsprotokolle mit Zertifikaten der verwendeten Referenzen | | | | | | 15. Datenblätter | | | | |
| | | | | | | 16. Nutzung | | | | |
| 16. Wartung und Instandhaltung | | | | | | 17. Bedienungsanleitung/Prozessdaten | | | | |
| 17. Wartungsplan | | | | | | 18. Wartungsempfehlung und Sicherheitsbestimmungen | | | | |
| 18. Wartungsprotokolle | | | | | | 19. Betriebsanweisung (SOP) | | | | |
| 19. Dokumentenpflege / Aktualität | | | | | | 20. Dokumentenpflege / Aktualität | | | | |
| 21. Sonstiges Ordnerkennung | | | | | | 21. Sonstiges Ordnerkennung | | | | |
| Lieferant/ Hersteller | | | | | | | | | | |
| Adresse/ Kontakt Lieferant | | | | | | | | | | |
| Besonderheiten | | | | | | | | | | |

**Abb. 4.16** Checklisten für die Bestandsaufnahme bestehender Anlagen.

Aufwand eingesetzt werden kann. Als Ergebnis der Risikoklassifizierung erhält man am Ende, durchaus vergleichbar wie im Fall der prospektiven Qualifizierung, eine übersichtliche Qualifizierungsmatrix, aus der hervorgeht, wie viel und welche Systeme im Einzelnen betrachtet werden müssen, für welche dieser Systeme entsprechende Pläne erstellt, Aktionen durchgeführt und Berichte verfasst werden müssen. Die Qualifizierungsmatrix gibt das Mengengerüst für die anstehende Arbeit wieder und bildet damit auch die Grundlage für die Aufwandsabschätzung. Ein Beispiel für eine Qualifizierungsmatrix für die Qualifizierung bestehender Anlagen zeigt die Abb. 4.17.

#### 4.9.4.5 Schritt 5: Risikobewertung

Im nächsten Schritt steht für die in der Qualifizierungsmatrix aufgeführten Systeme die Durchführung einer Risikobewertung an. Dabei müssen nicht zwingend alle aufgeführten Systeme der Risikobewertung unterworfen werden. Sehr einfache, hinsichtlich Risiken überschaubare oder bereits anderweitig betrachtete Systeme können – mit Begründung – von dieser Betrachtung sicher ausgenommen werden.

Für alle Systeme, im Wesentlichen Maschinen, Apparate und auch Räumlichkeiten, die der Betrachtung unterworfen werden, macht es Sinn, aus technischer Sicht die Risikobewertung anhand sogenannter standardisierter „Keywords" durchzuführen. Diese Keywords decken das gesamte Spektrum der üblicherweise als qualitätskritisch einzustufender Eigenschaften ab und ermöglichen daher ein sehr systematisches und schnelles Vorgehen. Im Einzelnen zu betrachten sind Fragen zu produktberührten Materialien, Dichtungen bzw. Elastomeren, Schmiermitteln, Ölen, Fetten, Überlagerungsmedien, dauerhaft oder temporär offenen Stellen, zum Design allgemein, zur Einbindung in die Anlagenumgebung (Ver-, Entsorgung) und zu spezifischen Anlagenfunktionen und Parametern. Zu all diesen Themen ist bei den einzelnen Systemen zu hinterfragen, ob hier Risiken für die spätere Produktqualität zu erwarten sind oder nicht und ob ggf. entsprechende Maßnahmen notwendig sind, um diesen Risiken frühzeitig zu begegnen. Die Durchführung der Risikobewertung kann, wie in Abschnitt 4.7 „Die Risikoanalyse" bereits ausführlich beschrieben, auch hier sehr formalistisch nach Methoden der FMEA, vereinfacht in Form eines auszufüllenden Excel-Sheets oder völlig formlos erfolgen. Eine konkrete Vorschrift gibt es auch hierzu nicht. Wichtig ist lediglich, dass die Ergebnisse eindeutig und klar herausgestellt werden und die getroffenen Maßnahmen im Rahmen der weitergehenden Qualifizierung ihre Umsetzung finden.

In Bezug auf typische Maschinen und Apparate, die im verfahrenstechnischen Umfeld immer wieder auftauchen, hat es sich bewährt, solche Risikobewertungen anhand standardisierter Templates durchzuführen, um dadurch entsprechend Zeit und Kosten einzusparen. Dabei kann man auch durchaus den Gruppenansatz wählen, d. h. die Risikobewertung wird für einen typischen Vertreter eines entsprechenden Betriebsmittels durchgeführt und die Ergebnisse werden auf die anderen Betriebsmittel übertragen.

**Abb. 4.17** Muster Qualifizierungsmatrix für bestehende Anlagen.

| Ident. No. | Equipment | | Location | P | Resp. | Type of qualification | Time frame | Scheduled Activities (documents) | | | | | | |
|---|---|---|---|---|---|---|---|---|---|---|---|---|---|---|
| | Description Type | Supplier | | | | | | RC/RA | Design Review | IOQ protocol | IOQ report | Calibration | Maintenance | Exp.-report |
| | | | | | | | | Approved | Approved | Approved | Approved | | | Approved |
| XXA | | | | | gempex | retrospective | xx-yy | | | | | | | |
| XXB | | | | | gempex | retrospective | xx-yy | | | | | | | |
| XXC | | | | | gempex | retrospective | xx-yy | | | | | | | |

Typische Maßnahmen, die bei einer solchen Bewertung gerade bei bestehenden Anlagen in Frage kommen, sind z. B. der generelle Entscheid über die Verwendungsmöglichkeit eines entsprechenden Apparats oder einer Maschine. Es können daraus aber auch entsprechende Modifikationen an der Ausrüstung, zusätzlich notwendige Überprüfungen wie z. B. Materialprüfungen oder die Festlegung von zusätzlichen, im Rahmen der Qualifizierung zu überprüfenden qualitätskritischen Funktionen und Parameter resultieren. Bestehen im Rahmen der Risikobewertung große Unsicherheiten über die Nutzbarkeit eines entsprechenden Ausrüstungsgegenstands und gibt es keine Möglichkeit durch weitergehende Überprüfungen abzusichern, ob dieser Gegenstand wirklich ein Risiko birgt oder nicht, so muss im Extremfall dieser Gegenstand aus der weiteren Nutzung ausgeschlossen werden.

Grundsätzlich können die Ergebnisse der Risikobewertung zusätzlich durch die Ergebnisse aus dem Erfahrungsbericht abgesichert werden. Das heißt: Wenn Unsicherheiten in Bezug auf ein Ausrüstungsteil bestehen, so ist nachzuprüfen, ob zu diesem Gegenstand aus der Historie heraus bereits negative Erfahrungen vorliegen.

Grundsätzlich kann im Rahmen der Qualifizierung bestehender Anlagen die Risikobewertung gleichzeitig als eine Art Design-Review betrachtet werden, die zugleich die Designqualifizierung, die im Falle einer prospektiven Vorgehensweise die Designkriterien absichert, ersetzt.

#### 4.9.4.6 Schritt 6: As-built-Prüfung (IOQ)

Wie in einigen Regelwerken erwähnt, macht eine ausführliche IQ bzw. OQ im Falle bestehender Anlagen keinen Sinn. Dennoch kann man auf einige aus diesen Qualifizierungsaktivitäten folgenden Punkte nicht verzichten. So sollten auch und gerade bei bestehenden Anlagen mindestens die folgenden Prüfpunkte abgedeckt sein:

– Überprüfung auf Vorhandensein einer Mindest-Dokumentation, die im Vorfeld jedoch im Validierungsteam als solche definiert werden muss. Dabei sollten aus der Erfahrung heraus mindestens die folgenden Dokumente auch für eine schon länger existierende Anlage vorhanden sein: RI-Schemata, Ersatzteilspezifikationen, Elektro-, Mess- und Regelpläne, Bedien-, Reinigungs-, Wartungsanweisungen, ggf. Aufstellungspläne. Hierbei handelt es sich um jene Dokumente, die auch für den dauerhaften Betrieb und die Pflege einer technischen Anlage notwendig sind und die für den Fall, dass sie nicht vorliegen, im Rahmen der Qualifizierung eigentlich erstellt werden sollten.
– Überprüfung der RI-Schemata gegen die tatsächliche Vor-Ort-Situation, wobei eine solche Prüfung nicht allein das reine Abprüfen der Zeichnung beinhalten sollte, sondern zusätzlich Plausibilitätsprüfungen und/oder Umfeldprüfungen (Zugänglichkeit, Reinheit). Gerade im Fall der Plausibilitätsprüfungen ist es wichtig, an besonders kritischen Stellen der bestehenden Anlage zu hinterfragen, ob solche Stellen oder die entsprechenden technischen Ausführungen eventuell einen Einfluss auf die Produktqualität haben könnten. Als Beispiele

seien hier genannt: erkennbar schlecht ausgeführte Schweißnähte, nicht entleerbare Rohrleitungssäcke, Leitungen ohne Gefälle, nicht für den Hygienebereich designte Armaturen, wenn diese in Bereichen eingesetzt sind, in denen die Reinigung eine entsprechende Rolle spielt etc.
- Es sollten all jene kritischen Funktionen einer Funktionsprüfung unterworfen werden, die betriebsbedingt normalerweise nicht unbedingt ansprechen und damit ihre Funktion automatisch belegen. Zu erwähnen wären hier insbesondere Alarm- und Schaltfunktionen oder prozessbedingt neu festgelegte Grenzwertfunktionen (z. B. Füllstandskontrollen mit neuen Grenzwerten, Sicherheitsabschaltungen bei Überhitzung). Hinsichtlich aller weiterer qualitätskritischer Funktionen, die üblicherweise durch den Betrieb der Anlage belegt sind, muss in jedem Fall nochmals reflektiert werden, ob diese wirklich durch den vergangenen Betrieb der Anlage „ausgetestet" worden sind oder nicht. Im Falle von Unsicherheiten sind auch diese Funktionen erneut einer formalen Funktionsprüfung zu unterwerfen.
- Es sollte grundsätzlich der aktuelle Zustand in Bezug auf Kalibrierung und Wartung überprüft, ggf. entsprechend auf Stand gebracht werden.
- Auch die gesamte Kennzeichnung der Anlage hinsichtlich Identifikation, aber auch den Betriebszustand betreffend, sollte im Rahmen der Qualifizierung überprüft, ggf. verbessert und angepasst werden.

Grundsätzlich macht es bei bestehenden Anlagen Sinn, die Qualifizierung als kombinierte IOQ durchzuführen und hier auf Einzelpläne für eine IQ bzw. OQ zu verzichten. Es wäre jedoch prinzipiell auch kein Fehler, wenn IQ und OQ getrennt durchgeführt würden, dieses entscheidet im Einzelfall das Validierungsteam.

### 4.9.4.7 Schritt 7: Leistungsbewertung (PQ)

Für die Leistungsqualifizierung bzw. -bewertung einer bestehenden Anlage muss grundsätzlich dahin gehend unterschieden werden, ob das Zielprodukt, d. h. das Produkt, das zukünftig hergestellt und vertrieben werden soll, in der Anlage bereits hergestellt wurde oder nicht. Im ersteren Fall kann die Leistungsqualifizierung durch eine erfolgreiche retrospektive Verfahrensvalidierung abgedeckt werden. Hierzu sind mindestens 10–30 (abhängig von den behördlichen Anforderungen der EU bzw. USA) ausgewertete Produktionschargen erforderlich. Dies setzt allerdings voraus, dass sowohl die Anlage als auch das bzw. die Verfahren im betrachteten Zeitraum keine wesentlichen Änderungen erfahren haben. Zeigt die retrospektive Verfahrensvalidierung ein positives Ergebnis, so kann hieraus auf eine entsprechend zuverlässige Leistung der Anlage rückgeschlossen werden. Für sehr kritische Anlagenkomponenten, wie z. B. Sterilisationseinrichtungen (Autoklaven), kann diese Vorgehensweise allerdings nur bedingt angesetzt werden. Hier ist unabhängig von der retrospektiven Validierung eine prospektive Leistungsqualifizierung erforderlich.

Im Falle dass das Zielprodukt in der Anlage noch nicht hergestellt wurde, kann unter Umständen auf die Auswertung hergestellter Chargen des in der Anlage bisher gehandhabten Produkts zurückgegriffen werden, wenn dieses und das zugehörige Herstellverfahren mit dem Zielprodukt vergleichbar sind (z. B. geringfügig modifiziertes Produkt, welches in einen neuen Anwendungsbereich geht). In jedem Fall muss dieser Vorgehensweise eine Verfahrensrisikoanalyse vorgeschaltet werden, die sicherstellt, dass die betrachteten Parameter und kritischen Größen aussagekräftig genug für die Beurteilung der Leistungsfähigkeit der Anlage sind.

Wurde das Zielprodukt in der Anlage noch nicht hergestellt und ist es auch nicht vergleichbar mit einem in der Anlage bereits hergestellten Produkt, so müssen die für das neue Verfahren qualitätskritischen Leistungsparameter in jedem Fall im Rahmen einer formalen PQ bzw. der sich dann anschließenden prospektiven Validierung überprüft und wie üblich dokumentiert werden.

#### 4.9.4.8 Schritt 8: Erfahrungsbericht

Ein wesentlicher Vorteil einer bestehenden Anlage ist, dass bereits ausreichend Erfahrung vorliegt und Kenntnisse über „Stärken und Schwächen" der Anlage gegeben sind. Allerdings kämpft man an dieser Stelle sehr häufig mit dem Problem, dass diese Erfahrungswerte nicht ausreichend und umfassend dokumentiert sind. Ob die vorhandenen Daten für einen Erfahrungsbericht ausreichen oder nicht, muss im Einzelfall geprüft und vom Validierungsteam entschieden werden. Kann ein Erfahrungsbericht aufgrund mangelnder Informationen nicht erstellt werden, so muss der Umfang der Qualifizierungsaktivitäten entsprechend zur Absicherung der notwendigen Qualität erhöht werden.

Liegen entsprechende Daten vor, so sollte man diesen Vorteil in jedem Fall nutzen und eine Gesamtbewertung der Anlagenqualifikation basierend auf den historischen Daten vornehmen. Empfehlenswert ist dabei, dass Daten über einen Zeitraum von mindestens 2 Jahren für die Bewertung und den Bericht herangezogen werden, da bei kürzeren Zeiten meistens keine ausreichenden Erfahrungen mit Blick auf Kalibrierungs- und Wartungsaktivitäten vorliegen, die üblicherweise im Jahreszyklus durchgeführt werden.

Inhaltlich sollte ein Erfahrungsbericht mindestens Informationen über alle hergestellten Chargen, über mögliche Fehlchargen (OOS oder andere Ausfälle), Trendauswertungen zu kritischen Prozesskenngrößen, Informationen über Anlagenausfälle und Reparaturen, über durchgeführte Änderungen und Gründe für die Änderungen, Auswertungen von Wartungs- und Kalibrieraktivitäten sowie alle Informationen über sonstige Vorkommnisse, insbesondere zyklisch wiederkehrende Probleme enthalten.

Grundsätzlich sollte der Erfahrungsbericht mit einer Gesamtbewertung abschließen, in der eine Stellungnahme darüber zu finden ist, ob die Anlage aus der Erfahrung heraus als qualifiziert bezeichnet werden kann oder nicht.

#### 4.9.4.9 Schritt 9: RQ-Plan/-Bericht

Wie bei allen Qualifizierungsaktivitäten bedarf es auch bei der retrospektiven Qualifizierung bzw. der Qualifizierung bestehender Anlagen eines formalen Qualifizierungsplans, der entsprechenden Aufzeichnungen und des zugehörigen

Berichts. Dieser kann grundsätzlich analog zu den im Abschnitt 4.8 vorgestellten Plänen erstellt und behandelt werden, lediglich mit dem einen Unterschied, dass IQ und OQ in einem Plan zusammengefasst sind und der Prüfumfang auf die oben beschriebenen Prüfpunkte reduziert wird. Auch diese Pläne sollten so strukturiert sein, dass man die entsprechenden Beschreibungen zu Ziel, Verantwortlichkeit, Vorgehensweise, Akzeptanzkriterien, Systembeschreibung, ggf. zu erfüllende Vorleistungen und Verweise auf Referenzunterlagen vorfindet. Der Bericht sollte wie üblich mit einer entsprechenden Zusammenfassung, einem generellen Abweichungsbericht und einer Beurteilung der eventuell noch offenen Abweichungen enden.

### 4.9.5
**Kritische Aspekte bei Altanlagen**

Abschließend sollen noch einige besonders kritische Aspekte angesprochen werden, mit denen man üblicherweise bei der Qualifizierung bestehender Anlagen, insbesondere bei Altanlagen konfrontiert wird. Zu nennen ist hier zunächst das Thema: Öle, Fette bzw. Überlagerungsmittel. Oft ist nicht bekannt, welche Stoffe hier eingesetzt werden, Zertifikate sind nicht verfügbar und zum Teil auch nicht mehr zu beschaffen. Analysen sind aufwändig und oft auch nicht im eigenen Hause durchführbar.

Ein ähnliches Problem ist im Bereich der Dichtungen und Dichtungsmaterialien gegeben. Auch hier ist es oft nur schwer möglich herauszufinden, welche Dichtungen und Materialien eingesetzt sind. Eine Analyse bzw. Materialprüfung bringt aufgrund der häufig sehr vielfältigen Beimischungen sicher kein zufriedenstellendes Resultat. In beiden Fällen ist sicherlich im Rahmen einer Risikobetrachtung abzuschätzen, inwieweit Risiken für die spätere Produktqualität zu erwarten sind, wobei insbesondere zu betrachten ist, inwieweit diese Stoffe oder Materialien mit dem Produkt direkt in Kontakt kommen. Ist ein entsprechend hohes Risiko zu erwarten, bzw. kann dieses nicht zuverlässig ausgeschlossen werden, so bleibt in letzter Konsequenz nichts anderes übrig, als dass man diese Materialien und Stoffe in einer größeren Aktion gegen solche auswechselt, die bekannt und mit einem Zertifikat belegt sind. Ist das Risiko einigermaßen vertretbar oder ist der Produktkontakt so minimal, dass ein geringfügiges Risiko toleriert werden kann, so sollte mindestens ein Programm zum Austausch dieser Stoffe und Materialien aufgelegt werden, welches dann aber längerfristig im Rahmen der permanent laufenden Wartungsaktivitäten abgearbeitet werden kann.

Ein weiter gehendes, für die Qualifizierung nicht zu unterschätzendes Problem sind oft die nicht mehr zugänglichen und nicht mehr einsehbaren Stellen einer Anlage. Leitungen, die in Wänden, Decken und Böden verschwinden, die dergestalt isoliert sind, dass eine Prüfung nur nach Demontage der Isolierung möglich wäre, sind nur einige wenige Beispiele. Hier macht es zunächst Sinn, auf die Erfahrungen und damit auch auf den Erfahrungsbericht zurückzugreifen und zu argumentieren, dass aus der Vergangenheit heraus sich keine negativen Aspekte gezeigt haben, die einen entsprechenden Rückschluss auf diese Stellen zulassen.

Sind solche generellen Einschätzungen auf Basis der Ergebnisse des Erfahrungsberichts jedoch nicht möglich und handelt es sich um Stellen, die kritisch sein könnten oder Anlass für Beanstandungen hätten geben können, so bleibt auch in diesem Fall kein anderer Weg, als diese Stellen zugänglich zu machen und der direkten Prüfung zu unterwerfen – auch dann, wenn dies mit entsprechendem Aufwand verbunden ist.

Auch Materialoberflächen und deren Qualität (definierte Rauigkeit) stellen für die Qualifizierung bestehender Anlagen durchweg ein Problem dar, da die Qualität oft nicht gemessen und auch nach längerem Betrieb nicht mehr belegbar ist. Als Alternative bliebe hier lediglich noch die Durchführung einer erneuten Oberflächenrauigkeitsmessung, was vom Ergebnis her jedoch oft den Aufwand und die Vorgehensweise nicht rechtfertigt. Gerade im Wirkstoffbereich ist es oftmals nicht die auf 0,8 µm definierte Oberfläche, die letztendlich für den Reinigungserfolg ausschlaggebend ist. An dieser Stelle macht es Sinn, den Nachweis der Eignung der entsprechenden Oberflächengüte für den vorgesehenen Zweck in die Reinigungsvalidierung zu verlegen. Zeigt die Reinigungsvalidierung zufriedenstellende Ergebnisse, insbesondere mit Blick auf die Durchführung von „Swap-Tests" (Oberflächenwischtests), so ist dieses Ergebnis sicherlich aussagekräftig genug, um das Urteil fällen zu können, dass die Oberflächengüte für den vorgesehenen Zweck ausreicht.

### 4.9.6
**Abschließendes Fazit**

Es ist empfehlenswert, bei bestehenden Neu- oder Altanlagen grundsätzlich nicht von retrospektiver Qualifizierung, sondern eher von einer Qualifizierung bestehender Anlagen oder Bestandsqualifizierung zu reden. Zu unterschiedlich sind die einzelnen Fälle, um hier mit dem Ausdruck retrospektive Qualifizierung die genaue Anforderung zu treffen. Die Ausführungen haben gezeigt, dass bestehende Anlagen nicht nur Nachteile, sondern in Bezug auf die Qualifizierung durchaus auch gewisse Vorteile bieten, wobei dies grundsätzlich nicht darin enden sollte, dass man aufgrund der bereits betriebenen Anlage die Qualifizierungsaktivitäten zu drastisch senkt, bzw. auf diese am Ende ganz verzichtet. Vielmehr geht es bei bestehenden Anlagen um die Erfahrung und die Kenntnis, wobei ganz wesentlich Augenmaß und Zielorientierung mit Blick auf die anstehenden, noch durchzuführenden Qualifizierungsaktivitäten gefragt sind.

Es geht bei bestehenden Anlagen durchweg um die Beurteilung „bestehender" Zustände, also um die Beurteilung der Qualität der bereits vorhandenen Anlagen. Speziell bei der Qualifizierung bestehender Anlagen sind permanent vertretbare Kompromisse gefragt, wobei diese Kompromisse auch ständig eine gewisse Risikoabwägung erfordern. Das heißt: Bei allen Aktionen mit Blick auf bestehende Anlagen steht das Thema „Risikobewertung und Risikoanalyse" an erster Stelle und sollte gerade hier sehr stark beherzigt werden. Darauf aufbauend kann man, den neun oben beschriebenen Schritten folgend, eine vernünftige und im Aufwand vertretbare Bestandsqualifizierung durchführen.

## 4.10
**Gerätequalifizierung**

Schon der eigenständige Titel „Gerätequalifizierung" zeigt, dass es hier in der Betrachtung und ggf. in der Durchführung Unterschiede zu der bisher überwiegend besprochenen „Anlagenqualifizierung" geben muss. In der Tat unterscheidet sich ein Gerät in der vorliegend verwendeten Definition von einer Anlage dadurch, dass es sich um eine kompakte, in sich abgeschlossene, klar und eindeutig spezifizierbare technische Einheit handelt, während sich eine Anlage generell aus einer Vielzahl unterschiedlichster kleiner und großer, einfacher und komplizierter Bauteile und Einzelkomponenten zusammensetzt. Natürlich bestehen auch Geräte aus Einzelkomponenten, der Nutzer kauft das System jedoch als fertige, bereits voll umfänglich funktionierende Unit. Beispiele solcher Geräte könnten sein: typische Analysengeräte wie HPLC, GC, FID u. a., Stand-Alone-Waagen, Sicherheitswerkbänke, Trockenschränke, mobile Lüftungseinheiten (z. B. Laminar Flow Box), aber auch größere und komplexere Einrichtungen wie Autoklaven, Spülmaschinen oder typische, überwiegend im Fertigarzneimittelbereich eingesetzte Gefriertrockner, Granulatoren, Tablettierautomaten u. a.

All diesen Geräten ist eines zu eigen, man kann sie nahezu von der Stange kaufen, es handelt sich zu einem Großteil um Standardgeräte, Katalogware, die in großer Stückzahl hergestellt und vertrieben wird – individuelle Änderungswünsche vorerst ausgenommen. Und gerade hieraus ergibt sich auch der größte Unterschied im Vorgehen bei der Validierung bzw. Qualifizierung, d. h. es werden in diesem Zusammenhang immer wieder dieselben typischen Fragen gestellt: Muss ich für ein solches Gerät denn überhaupt ein Lastenheft schreiben? Sind Risikoanalysen und vollumfängliche DQ-, IQ-, OQ- und PQ – Prüfungen denn überhaupt notwendig? Reichen nicht die vom Lieferanten an einem Prototyp durchgeführten Tests oder gar die vom Gerät selbst ausgeführten Systemtests aus? Welche technischen Unterlagen benötige ich für ein solches Gerät?

Diese Aufzählung an typischen Fragen könnte noch beliebig fortgeführt werden, das zugrunde liegende Problem dürfte aber bereits klar geworden sein. Da solche Geräte üblicherweise vom Lieferanten als Standard vorgegeben bzw. verkauft werden, erwartet man ein höheres Maß an Sicherheit und Zuverlässigkeit im Vergleich zu einer individuell zusammengesetzten Anlage und daher auch deutlich weniger Aufwand bei der Qualifizierung. Ein Punkt ist dabei jedoch nicht zu diskutieren und wird heute auch von niemandem mehr hinterfragt – ob Qualifizierung überhaupt erforderlich ist. Auch Katalog-, also Standardware, muss zwingend einem schriftlichen Konzept folgend formal qualifiziert, d. h. den Phasen DQ, IQ, OQ und ggf. PQ und dem gesamten Lifecycle-Prozess unterworfen werden. Dies ist eine feste gesetzliche Forderung und Qualifizierungspläne und –berichte müssen auch zu diesen technischen Einrichtungen bei einer Inspektion vorgelegt werden können. Dennoch gibt es – wie bereits angesprochen – in der Tat einige Unterschiede und durchaus auch Möglichkeiten, den Aufwand bei der Gerätequalifizierung zu reduzieren. Im Folgenden soll auf diese Unterschiede und Möglichkeiten kurz eingegangen werden, dabei werden jedoch die Details zur DQ,

IQ, OQ und PQ, die durchaus dieselben wie bei der Anlagenqualifizierung sind, nicht mehr wiederholt.

### 4.10.1
### Validierungsmasterplan

Die erste berechtigte Frage, die sich stellt, wenn ein einzelnes, neues Gerät beschafft wird, ist die nach dem Validierungsmasterplan. Ist für diesen Fall ein eigener Validierungsmasterplan zu schreiben und was soll dieser enthalten? Für ein Gerät wie oben aufgeführt, macht dies ganz bestimmt keinen Sinn. Hier zeigt sich vielmehr, wie gut bzw. flexibel das Validierungskonzept eines Unternehmens ist, denn jetzt wäre es praktisch und angemessen, wenn ein solches Gerät einfach in einen bestehenden Validierungsmasterplan aufgenommen werden könnte. Dies ist auch eine weit verbreitete und gängige Methode, dass ein solches neu zu beschaffendes Gerät dann einfach in der entsprechenden Qualifizierungsmatrix gelistet und der zugehörige Validierungsmasterplan, der dann oft betriebs- oder einheitsspezifisch gehalten ist, revisioniert wird. Man könnte nun argumentieren und sagen, dass alle notwendigen Informationen die üblicherweise in einem Validierungsmasterplan stehen, ja auch direkt in den Qualifizierungsplan eingebunden hätten werden können und man einen übergeordneten Validierungsmasterplan daher erst gar nicht bräuchte. Dies ist zunächst auch richtig, jedoch bedarf es einer betriebs- oder einheitsweiten Übersicht, aus der hervorgeht, welche Einrichtungen und eben auch Geräte in einem bestimmten Bereich existieren, welche davon relevant und qualifiziert sind und welche nicht. Solch eine Übersicht schafft normalerweise der übergeordnete Validierungsmasterplan bzw. die zugehörige Matrix bzw. der Projektplan Qualifizierung (s. auch Abschnitt 4.6.2.3).

### 4.10.2
### Risikoanalyse

Ob ein Gerät relevant, genauer qualitätsrelevant ist oder nicht, wird üblicherweise in einer formalen Risikoanalyse festgelegt. Dort wird abhängig vom geplanten Einsatz über denkbare und auszuschließende Risiken für den Prozess und das Produkt nachgedacht. Wie in Abschnitt 4.7 ausführlich diskutiert und behandelt, erfolgt eine Risikoanalyse jedoch in mehreren Schritten und Stufen und wird am Ende bis auf die individuelle technische Komponente herunter gebrochen. Inwieweit aber macht es Sinn, eine detaillierte Risikobetrachtung für einen Flachbrettschreiber oder für ein einzelnes Labor-pH-Meter durchzuführen? Welche Risiken werden auf dieser Ebene diskutiert? Man kann sich natürlich fragen, was passiert, wenn das pH-Meter falsch misst, wenn die Elektrode in der falschen Lösung aufbewahrt wurde, wenn der Schreiberstift des Flachbrettschreibers eine zu breite Linie in Bezug auf die gewünschte Auflösung zeichnet. All dies sind berechtigte Fragen, die aber dem Grundwesen des Geräts folgend, bereits über die Routinequalifizierung bzw. über die Kalibrierung abgedeckt sein sollten. Manche Fragen – z. B. welche Auswirkung eine falsche pH-Messung generell hat – gehören auch eher in die übergeordnete Prozessrisikoanalyse als in eine Geräterisikoanalyse. Fazit: Es ist fraglich, ob es in allen Fällen Sinn macht, überhaupt eine Risikoanalyse für ein einzelnes Gerät durchzuführen. Dies muss sicher abhängig vom Gerät und seinem Einsatz entschieden werden. In jedem Fall aber sollte man bedenken, dass man gerade bei Geräten eine einmal durchgeführte Risikobetrachtung sicher als Standard hinterlegen kann, da mögliche Risiken bei dem einen Flachbrettschreiber sich wohl kaum von den Risiken eines anderen Flachbrettschreibers wesentlich unterscheiden dürften. Und hierin liegt sicher ein deutliches Potenzial für eine Aufwandsreduzierung.

### 4.10.3
**Lasten- und Pflichtenheft, DQ**

Wie eingangs angesprochen, handelt es sich bei Geräten oft um Katalogware, um Produkte von der Stange, bei denen der Hersteller die Spezifikation und Ausführung vorgibt, der spätere Nutzer nach seinen Prozessbedürfnissen und deren Vorgaben aus dem Katalog auswählt. Wichtig wäre daher also mehr, im Lastenheft – welches als solches formal auf alle Fälle existieren muss – die Prozessbedürfnisse, z. B. vorgegebene Umgebungsbedingungen oder Betriebs- und Messbereiche, zu dokumentieren und weniger die detaillierten Gerätespezifikationen, die ohnehin nur vom Katalogblatt abgeschrieben würden. Es ist dann völlig legal und weitaus sinnvoller, das Katalogblatt selbst oder den Internetausdruck dem Lastenheft ergänzend als Anlage beizufügen. So hat man zumindest die Möglichkeit, später nochmals mit dem konkreten Angebot oder bei Lieferung mit dem Gerät zu vergleichen, um sicher zu sein, dass man sich hier nicht auf eine alte Spezifikation gestützt hat. Dieser Vergleich, der sehr simpel anhand des dem Angebot beigefügten Katalogblattes ausgeführt werden kann (z. B. durch Abhaken der einzelnen auf dem Katalogblatt aufgelisteten Spezifikationskriterien), stellt dabei bereits die wesentliche Aktivität der Designqualifizierung dar. Bei solchen Standardgeräten macht es wenig bis keinen Sinn, hier weitergehende technische Dokumente, wie z. B. Verschaltungs- oder Elektropläne zu prüfen. Hier muss man sich dann definitiv auf den Standard, d. h. auf die Routine der vielfach hergestellten Geräte verlassen. Anders natürlich, wenn Sonderwünsche Sonderbauformen zur Folge haben. Spätestens in diesem Fall sind weitergehende, die Sonderwünsche umfassende Dokumente im Rahmen der DQ zu beleuchten. Das Spezifikationsblatt allein reicht dann nicht mehr aus, um sicherzustellen, dass Lieferung und Wunsch im Nachhinein übereinstimmen.

### 4.10.4
**Basisqualifizierung, IQ, OQ**

Bei Geräten hat die Erfahrung gelehrt, dass beginnend mit dem Formalismus es wesentlich geeigneter und auch einfacher erscheint, die einzelnen Qualifizierungsphasen DQ bis PQ in einem einzigen Qualifizierungsplan zusammenzufassen. Dies hat den Vorteil, dass man auch die Gerätebeschreibung, die Benennung der für die Qualifizierung Verantwortlichen und der an der Durchführung Beteiligten – die über die einzelnen Phasen üblicherweise kaum wechseln – an nur einer einzigen Stelle vornehmen muss. Auch dürfte sich der Dokumentationsumfang der einzelnen Phasen insgesamt in Grenzen halten, was ebenfalls die Erstellung eines einzigen Qualifizierungsdokumentes rechtfertigt.

Die DQ und Ihre Durchführung wurden bereits zuvor angesprochen. Natürlich muss man wie bei der DQ einer Anlage auch bei Geräten ein Änderungskontrollverfahren haben, welches es erlaubt, mögliche Änderungen während der Planungs- und Bestellphase entsprechend zu verfolgen und zu bewerten. Allerdings dürfte der Umfang von Änderungen doch deutlich begrenzt sein, da es sich ja um Standardgeräte handelt, die nicht wirklich maßgeblich verändert werden. Dokumentiert und begründet müsste eine Änderung – z. B. eine Spezifikationsänderung – aber sein.

Läuft die DQ schon reduzierter ab, so trifft dies erst recht für die IQ zu. Da es wenig Sinn macht, bei einem Gerät von der Stange den inneren Aufbau und alle Detailkomponenten auf Basis von irgendwelchen Bau- oder Elektroplänen zu prüfen, konzentriert sich der Nachweis der korrekten Installation maßgeblich auf die Spezifikation des Gerätes, Lieferumfang und ggf. Spezifikation mitgelieferter Zusatzteile, auf die Kennzeichnung und die mitgelieferten Handbücher, Zertifikate und Wartungs- bzw. Kalibrieranweisungen und – was gerade bei Geräten besonderes wichtig ist – auf eine korrekte Aufstellung am Arbeitsplatz sowie auf die Prüfung der korrekten Umgebungsbedingungen. Da all diese Prüfungen – anders als bei großen komplexen Anlagen – weniger auf Basis irgendwelcher technischer Planungs- und Erstellungsunterlagen gemacht werden können, findet man gerade im Bereich der Gerätequalifizierung überwiegend die selbst erstellten Tabellen, in denen dann zu dem jeweiligen Prüfpunkt der zugehörige Akzeptanzwert eingetragen und der Ist-Wert abgefragt wird. Man arbeitet sinnvollerweise hier mehr mit selbstgefertigten Checklisten.

Auch die Funktionsqualifizierung stellt teilweise einen Sonderfall dar, da diese oft – z. B. bei den analytischen Geräten und bei Messgeräten – allein über die Kalibrierung abgedeckt wird. Wo dies nicht der Fall ist, werden die notwendigen Funktionsprüfungen entweder im Rahmen der für solche Geräte üblichen IT-Validierung erfasst oder sie müssen aus der zugehörigen Bedienanleitung des Gerätes bzw. aus den Elektro- und Verschaltungsplänen abgeleitet und separat geprüft und im OQ-Teil des Qualifizierungsplanes dokumentiert werden.

### 4.10.5
**Leistungsqualifizierung, PQ**

Handelt es sich nicht gerade um lüftungstechnische Einrichtungen oder um typische pharmazeutische Apparaturen, die den in Abschnitt 4.8.8 bereits beschriebenen üblichen PQ-Vorgehensweisen unterliegen, so wird die PQ auch hier wieder über die Kalibrierung oder über Selbsttests des jeweiligen Gerätes abgedeckt. So ist es gerade im Laborbereich üblich und gängige Praxis, komplexere Analysengeräte regelmäßig mit sogenannten Standards (standardisierte Prüflösungen oder

-substanzen) zu testen. Oft handelt es sich hierbei sogar um implementierte Programmfeatures, die beim Einschalten des Gerätes den entsprechenden Test selbsttätig anfordern und ggf. sogar auslösen.

Ob dies aus GMP-Sicht dann auch ausreicht, ist wieder eine andere Frage. So erklärt die FDA auf ihrer Homepage klar und eindeutig, dass man z. B. dem eingebauten Kalibriermechanismen teilweise, aber nicht ganz vertrauen darf [119]. Eine Waage, die sich selbst kalibriert, muss dennoch regelmäßig (z. B. jährlich) mit einem entsprechend externen Standard gegenkalibriert werden und die eingebaute Kalibrierfunktion selbst muss hinsichtlich korrekter Funktion und Zuverlässigkeit ebenfalls in festgelegten Abständen im Rahmen der Qualifizierung getestet werden.

### 4.10.6
**Technische Dokumentation**

Eine weitere Besonderheit liegt noch in der Technischen Dokumentation, die bei Geräten sicher anders und kompakter aufgebaut ist, als bei typisch großen und komplexen Wirkstoffanlagen. Bei Geräten hat man es mit Handbüchern zu tun, mit Dokumenten, die wesentlich auf die Bedienung, die Wartung, die Kalibrierung und die Störungsbeseitigung ausgerichtet sind – im Prinzip also mit jenen Inhalten, die bei den größeren Anlagen üblicherweise in einer Vielzahl von Arbeitsanweisungen zu finden sind. Weniger mit Aufbau- und Installationsplänen, eher noch mit den zugehörigen Aufstellungsempfehlungen. Aus diesem Grund hat man bei Geräten eigentlich eher das Problem, dass man oft die entsprechenden Arbeitsanweisungen formal nicht vorliegen hat, weil die Inhalte ja schon in den Handbüchern beschrieben sind. Soweit mag dies auch zutreffen, aus GMP-Gesichtspunkten ist es jedoch mindestens erforderlich dann das Handbuch in das bestehende Arbeitsanweisungssystem zu integrieren – am einfachsten durch Vergabe einer entsprechenden Dokumentennummer – damit auch das Handbuch der vorgeschriebenen regelmäßigen Aktualitätsprüfung unterliegt. Neben den Handbüchern spielen – wie oben bereits angedeutet – insbesondere noch die Prüf- und Kalibrierzertifikate oder auch Prüfdokumente aus Werksabnahmeprüfungen eine entsprechende Rolle, die im Rahmen der formalen Qualifizierung auf Vollständigkeit (gemäß Vereinbarung bei der Bestellung) und Korrektheit geprüft werden müssen. Auch Apparatelogbücher dürfen gerade bei solchen Geräten unter keinen Umständen vergessen werden, da darin alle wiederkehrenden Prüfungen, Kalibrationen und ggf. Reparaturen oder Änderungen dokumentiert werden.

Zusammenfassend kann festgehalten werden, dass zwar auch bei Geräten die Einzelschritte des Validierungs-Lifecycles eingehalten und abgearbeitet werden müssen. Aufgrund der den Geräten üblicherweise zugrunde liegenden Standards und Erfahrungen kann aber mit einigem Geschick der Qualifizierungs- und Dokumentationsaufwand deutlich reduziert werden – und diese Möglichkeit sollte man auf alle Fälle nutzen.

## 4.11
## Kalibrierung und Wartung

### 4.11.1
### Bedeutung im Rahmen der Instandhaltung

Spricht man von Kalibrierung und Wartung, so spricht man streng genommen von zwei wesentlichen Kernthemen, die dem Hauptthema „Instandhaltung" zuzuordnen sind. Konkret ist nach DIN 31051 [120] die Instandhaltung der Überbegriff zu den Themen „Instandsetzung", „Wartung" und „Inspektion". Abbildung 4.18 verdeutlicht diese Zusammenhänge.

Während die Inspektion als routinemäßige Überprüfung der technischen Einrichtungen dazu dient, Fehler und Abweichungen frühzeitig zu erkennen und die Instandsetzung dann zum Tragen kommt, wenn eine technische Einrichtung defekt ist, zielt die Wartung ganz eindeutig auf die vorbeugend durchzuführenden Maßnahmen, die einem Ausfall einer technischen Einrichtung vorbeugen sollen. Die Kalibrierung muss in diesem Zusammenhang den vorbeugenden Maßnahmen zugerechnet werden.

Die Instandhaltung in ihrer Gesamtheit ist laut Norm definiert als: „Kombination aller technischen und administrativen Maßnahmen sowie Maßnahmen des Managements während des Lebenszyklus einer Betrachtungseinheit (hier eines Ausrüstungsgegenstands) zur Erhaltung des funktionsfähigen Zustands oder der Rückführung in diesen, sodass die geforderte Funktion erfüllt werden kann". Die Instandhaltung ist also ein wesentliches Element zur Sicherstellung von Zuverlässigkeit und Funktionalität von Anlagen und Geräten über deren gesamte Lebenszeit. Umfang, Art und Tiefe von Instandhaltungsmaßnahmen richten sich dabei im Allgemeinen nach den Anforderungen, die sich vom Produktionsprozess

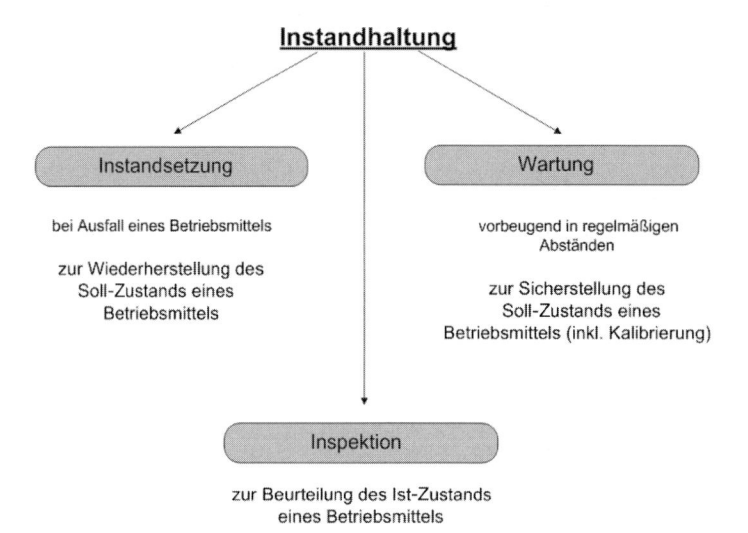

**Abb. 4.18** Der Begriff „Instandhaltung".

und den Bedürfnissen des jeweiligen Unternehmens ableiten. Aber auch die Art der Produkte und die geforderte Verfügbarkeit sowie weitere firmenspezifische Faktoren (z. B. personelle und finanzielle Ressourcen, leichte Zugänglichkeit etc.) sind wichtige, den Umfang der Instandhaltung bestimmende Parameter.

Fehlende, unsachgemäß oder falsch ausgeführte Instandhaltungsmaßnahmen können bekanntermaßen zu Ausfällen führen, die die Verfügbarkeit von technischen Anlagen deutlich einschränken und wesentlich höhere Kosten aufgrund von Leistungseinbußen und möglichen Sekundärschäden zur Folge haben als eine von Anfang an geplante und mit System durchgeführte richtige Instandhaltung. Ganz abgesehen von Imageschäden, die sich dann aufgrund von Lieferverzögerungen und -ausfällen ergeben oder gar Risiken für die Sicherheit der Mitarbeiter oder die Qualität der hergestellten Produkte. Gerade letzteres ist in einigen Unternehmen oft sogar der treibende Faktor, sich dem Thema „Instandhaltung" intensiv zu widmen. Die wesentlichen Ziele von Instandhaltungsmaßnahmen sieht die oben zitierte Norm in der:

– Erhöhung und optimalen Nutzung der Lebensdauer von Ausrüstungsgegenständen,
– Verbesserung der Betriebssicherheit,
– Erhöhung der Anlagenverfügbarkeit,
– Optimierung von Betriebsabläufen,
– Reduzierung von Störungen,
– vorausschauende Planung von Kosten etc.

Die Norm DIN EN 60300-3-14:2004-12 „Zuverlässigkeitsmanagement – Teil 3-14: Anwendungsleitfaden – Instandhaltung und Instandhaltungsunterstützung" [121] ist in diesem Zusammenhang sehr hilfreich, da für einen breiten Kreis von Anwendern und Betreibern vorgesehen und auch auf alle Anlagen und Geräte (einschließlich Hard- und Software im Falle computergestützter Systeme) der GMP-regulierten Industrie anwendbar. Diese Norm fordert beispielsweise einen gewissen Mindest-Instandhaltungsgrad, um die Erfüllung von Anforderungen an Funktionalität, Zuverlässigkeit, Leistungsfähigkeit, Wirtschaftlichkeit, Sicherheit sowie die Einhaltung von behördlichen Vorschriften sicherzustellen.

Wie oben bereits erwähnt ist ein Teil der Instandhaltung die Überprüfung von qualitätsrelevanten Messeinrichtungen, insbesondere deren Kalibrierung. Das Kalibrieren ist dabei nicht nur in der Metrologie ein Messprozess zur Feststellung und Dokumentation der Abweichung eines Messgeräts oder einer Maßverkörperung mit einem Normal höherer Ordnung, sondern auch in den Industriebereichen, in denen ein Qualitätssicherungssystem vorhanden sein muss, also auch in allen GMP-regulierten Bereichen. Ein sehr bekanntes Beispiel für das Kalibrieren (wenn vom Eichamt durchgeführt, dann gleichbedeutend mit Eichen) ist die Prüfung einer Waage durch Auflegen einer Normalmasse (Prüfgewicht). Unter Berücksichtigung systematischer Einflüsse (Messabweichung der Normalmasse, Luftdruck, Temperatur, Auftrieb) und zufälliger Einflüsse wird die Anzeige des Kalibriergegenstands „Waage" mit der Maßverkörperung Normalmasse und damit mit dem „Soll-Zustand" verglichen – um dies mit den Worten der Fachleute auszudrücken.

## 4.11.2
**Gesetzliche Anforderungen**

In unterschiedlichsten Gesetzen und Richtlinien werden heute konkret die vorbeugende Wartung (engl.: preventative maintenance) und die rückführbare Kalibrierung als Bestandteil der technischen Prüfung und Überwachung von Ausrüstungsgegenständen beschrieben und gefordert. Dies gilt insbesondere auch für den gesamten GxP-regulierten Bereich. Es genügt dabei nicht, Ausrüstungsgegenstände im Rahmen der Instandhaltung dann zu reparieren, wenn diese ausfallen, vielmehr ist hier das vorbeugende Programm angesprochen, welches einen Ausfall überhaupt verhindern soll. Daher ist es für die verantwortlichen Personen gar keine Frage mehr, ob vorbeugende Wartungsprogramme und Kalibriermaßnahmen umgesetzt werden müssen oder nicht. Es geht nur noch um die Frage, in welchem Umfang und wie effizient bzw. pragmatisch solche Programme gestaltet werden können. Dabei tritt das für die GxP-regulierte Industrie bereits bekannte Problem zu Tage, dass innerhalb der gesamten gesetzlichen, d. h. behördlichen Vorgaben nur die generelle Durchführung gefordert ist, aber keine detaillierten Anleitungen und Umsetzungsempfehlungen bereitgestellt werden. Hier bleibt den Firmen – wie üblich – nichts anderes übrig, als sich an die Empfehlungen in technischen Standards wie z. B. DIN oder von technischen Verbänden wie die der ISPE oder PDA anzulehnen, die u.a. für viele verschiedene Ausrüstungsgegenstände (z. B. Autoklaven, Abfülllinien, Behälter oder auch Armaturen) entsprechend detailliert ausgearbeitete Prüfvorschriften bereitgestellt haben.

Nachfolgend wird auf die wichtigsten im GxP-Umfeld vorhandenen nationalen und internationalen Gesetze und Richtlinien und deren Forderungen in Bezug auf Wartung und Kalibrierung bzw. Instandhaltung kurz eingegangen. Zu betrachten sind:

### 4.11.2.1 Forderungen aus dem Eichgesetz

Mit dem Eichgesetz soll wesentlich der Verbraucher geschützt und die Messsicherheit im Gesundheits-, Arbeits- und Umweltschutz gewährleistet werden. Es legt die Aufgaben der PTB (Physikalische Technische Bundesanstalt) auf diesen Gebieten fest. Die Schutzziele des Eichgesetzes werden durch präventive Maßnahmen (im Wesentlichen Bauartzulassung und Eichung von Messgeräten) oder durch repressive Maßnahmen (Überwachung geeichter Messgeräte und Kontrolle von Fertigpackungen) erreicht. Die Eichung ist ein amtlich, hoheitlicher Vorgang und kann nur von einer Eichbehörde oder einer entsprechend zugelassenen Fachstelle durchgeführt werden. Bei der Eichung wird primär auf die Einhaltung der Eichfehlergrenzen, die bei der Bauartzulassung festgelegt werden, geprüft. Im GxP-Umfeld spielen dieses Gesetz und seine Anforderungen sehr häufig im Bereich der Abfüllung eine verstärkte Rolle, wenn Waagen zur Abfüllung der Fertigproduktgebinde geeicht werden müssen.

#### 4.11.2.2 Forderungen aus der Eichordnung

Die Eichordnung enthält in insgesamt 23 ergänzenden Anlagen Einzelheiten über die speziellen Vorschriften und zulässigen Fehlergrenzen für die einzelnen Messgerätearten. Die technischen Bauanforderungen sind vorwiegend in PTB-Anforderungen und/oder weiter gehenden Normen enthalten. Auf diese Vorschriften verweist die Eichordnung, genauso wie auf die Richtlinien des Rats der Europäischen Gemeinschaften (EWG-Richtlinien) zu technischen Anforderungen und Fehlergrenzen für die betreffende Messgeräteart. Ein nach einer EWG-Richtlinie zugelassenes und geeichtes Messgerät kann in allen Mitgliedstaaten der Europäischen Gemeinschaft ohne weitere nationale Prüfung verwendet werden.

#### 4.11.2.3 Forderungen aus dem Arzneimittelgesetz, AMG

Hier wird in § 14, Absatz 6 „Entscheidung über die Herstellungserlaubnis" zwar nichts explizit bezüglich des Themas Wartung, Kalibrierung oder Instandhaltung ausgeführt, jedoch ist in der verallgemeinerten Form unter dem Absatz 6 beschrieben, dass die Herstellerlaubnis dann versagt wird, wenn „geeignete Räume und Einrichtungen für die beabsichtigte Herstellung, Prüfung und Lagerung der Arzneimittel nicht vorhanden sind". Aus der Formulierung „geeignet", lässt sich dann die Anforderung u. a. auch an die Kalibrierung und Wartung bzw. Instandhaltung ableiten, insbesondere, wenn man in die weiter gehend interpretierenden Verordnungen schaut.

#### 4.11.2.4 Forderungen aus der Arzneimittel- und Wirkstoffherstellungsverordnung, AMWHV

Innerhalb der AMWHV wird im § 5 „Betriebsräume und Ausrüstung" erstmals die Instandhaltung explizit erwähnt. Auch wenn Details, u. a. die Kalibrierung betreffend, noch fehlen, so folgt doch aus den dort (z. B. Abschnitt 4) verwendeten Formulierungen wie „Die Betriebsräume und ihre Ausrüstungen müssen gründlich zu reinigen sein und instandgehalten werden ...", dass die Einrichtung eines Instandhaltungskonzepts als feste gesetzliche Forderung zu sehen ist. Darüber hinaus beinhaltet auch der § 12 „Personal in leitender und in verantwortlicher Stellung" im Absatz 3 mit der Aussage „Kontrolle der Wartung ..." indirekt die Forderung nach einem Wartungskonzept.

#### 4.11.2.5 Forderungen aus dem EU-GMP-Leitfaden, Teil 1 „Mindestanforderungen an Arzneimittel"

Innerhalb des EU-GMP-Leitfadens werden dann sowohl die Instandhaltung und Wartung als auch erstmals die Kalibrierung explizit erwähnt und als zwingend vorgegeben. Konkret findet man in Kapitel 3 Grundsätzliches: „Räumlichkeiten und Ausrüstung müssen so angeordnet, ausgelegt, ausgeführt, nachgerüstet und instandgehalten sein, dass sie sich für die vorgesehenen Arbeitsgänge eignen. Sie müssen so ausgelegt und gestaltet sein, dass das Risiko von Fehlern minimal und eine gründliche Reinigung und Wartung möglich ist, um Kreuzkontamination, Staub- oder Schmutzansammlungen und ganz allgemein jeden die Qualität des Produkts beeinträchtigenden Effekt zu vermeiden." Weiter gehend findet sich im Absatz 41 zum Thema „Räumlichkeiten" die Aussage: „Die Mess-, Wäge-, Aufzeichnungs- und Kontrollausrüstung sollte kalibriert sein und in bestimmten Abständen mit geeigneten Methoden überprüft werden. Aufzeichnungen hierüber sollten aufbewahrt werden", wobei wie ganz am Anfang des Buchs bereits erläutert, das Wörtchen „sollte" hier als ein klares „muss" zu verstehen ist.

#### 4.11.2.6 Forderungen aus den US-cGMP-Regeln, 21CFR210/211

Auch innerhalb der amerikanischen Gesetzgebung und dort konkret in den „current" GMP-Regeln findet sich die Forderung nach Kalibrierung und Wartung. In Kapitel 67 „Equipment Cleaning and Maintenance" schreibt die FDA beispielsweise:

a) "Equipment and utensils shall be cleaned, maintained, and sanitized at appropriate intervals to prevent malfunctions or contamination that would alter the safety, identity, strength, quality, or purity of the drug product beyond the official or other established requirements." Und weiter:

b) "Written procedures shall be established and followed for cleaning and maintenance of equipment, including utensils, used in the manufacture, processing, packing, or holding of a drug product. ..."

Dabei ist anzumerken, dass zusätzlich zu der europäischen Forderung nach einer geeigneten Methode und der Aufbewahrung von Aufzeichnungen in den amerikanischen Regeln auch erstmals die Vorgabe gemacht wird, dass es ein schriftliches Programm (written procedures = Anweisungen) zur Durchführung der einzelnen Aktivitäten geben muss.

#### 4.11.2.7 Forderungen aus den GLP (Good Laboratory Practice)-Regeln

Auch hier ist beispielsweise im Anhang 1 zu § 19a Absatz 1 des Chemikaliengesetzes beschrieben, dass „Geräte, die zur Gewinnung von Daten und zur Kontrolle der für die Prüfung bedeutsamen Umweltbedingungen verwendet werden, zweckmäßig unterzubringen sind und eine geeignete Konstruktion sowie eine ausreichende Leistungsfähigkeit aufweisen müssen."

Die Leistungsfähigkeit kann aber grundsätzlich nur über die Kalibrierung nachgewiesen werden. Weiterhin wird beschrieben, dass „die bei einer Prüfung verwendeten Geräte in regelmäßigen Zeitabständen gemäß den Standardarbeitsanweisungen zu überprüfen, zu reinigen, zu warten und zu kalibrieren sind. Aufzeichnungen darüber sind ebenfalls aufzubewahren."

Man könnte die Reihe an Gesetzten, Regelwerken und Richtlinien, in denen auf Instandhaltungsmaßnahmen, insbesondere auf die Wartung und die Kalibrierung abgehoben wird, sicher noch beliebig fortsetzen. Ungeachtet dessen dürfte es wohl auch schon allein im Interesse des Betreibers selbst sein, durch Wartungs- und Kalibriermaßnahmen ein Maximum an Zuverlässigkeit und Verfügbarkeit zu erreichen. Von daher muss – wie bereits erwähnt – der Fokus nicht auf das „ob" oder „ob nicht", sondern mehr auf das „wie" und „wie ausführlich" bzw. „wie pragmatisch" gelenkt werden. Hierzu sollen nachfolgend neben einigen Basisinformationen auch einige nützliche Tipps gegeben werden.

### 4.11.3
### Wartung und Wartungskonzepte

Unter Wartung werden gemäß DIN 31051 ganz allgemein „Maßnahmen zur Verzögerung des Abbaus des vorhandenen Abnutzungsvorrats der Betrachtungseinheit" verstanden. Die Wartung sollte im Allgemeinen in regelmäßigen Abständen und von ausgebildetem Fachpersonal möglichst nach schriftlichen Weisungen durchgeführt werden. Ziel ist es, eine möglichst lange Lebensdauer und einen geringen Verschleiß der gewarteten Ausrüstungsgegenstände zu gewährleisten. Dabei ist die fachgerechte Wartung oft auch Thema bei Neubeschaffungen und wichtig für spätere Gewährleistungsansprüche, die oft dann nicht geltend gemacht werden können, wenn die Wartung nicht vorschriftsmäßig durchgeführt wurde.

Wartung umfasst typischerweise Aktivitäten wie z. B. Nachstellen, Schmieren, funktionserhaltendes Reinigen, Konservieren, Nachfüllen oder Ersetzen von Betriebsstoffen oder Verbrauchsmitteln (z. B. Kraftstoff, Schmierstoff oder Wasser) und/oder planmäßiges Austauschen von Verschleißteilen (z. B. Filter oder Dichtungen), wenn deren noch zu erwartende Lebensdauer offensichtlich oder gemäß Herstellerangabe kürzer ist als der bis zur nächsten Wartung verbleibende Zeitraum. Der Ersatz von bereits defekten Teilen gehört zur Instandsetzung und nicht mehr zur Wartung. Dennoch werden kleinere Defekte häufig im Zuge von regelmäßigen Wartungsarbeiten behoben (sogenannte kleine Instandsetzungen).

Wie im vorangegangenen Abschnitt bereits erwähnt, fordern die Regelwerke, dass die zur Herstellung und Prüfung von GMP-regulierten Produkten verwendeten technischen Ausrüstungsgegenstände nach bestimmten schriftlichen Weisungen gewartet werden sollen. Genauer noch wird gefordert, dass ein Wartungskonzept existieren muss, welches erlaubt, dass insbesondere kritische Ausrüstungsteile erfasst und in regelmäßigen Zeitabständen einer vorbeugenden Wartung unterzogen und die durchgeführten Maßnahmen dokumentiert werden (preventive maintenance). Die dafür notwendigen Anweisungen und Wartungspläne müssen demnach mindestens Festlegungen bezüglich der Wartungs- und Prüfpunkte, der Wartungsintervalle, der Verantwortlichkeiten, der Vorgehensweise (ggf. ein Querverweis zu detaillierteren Arbeitsanweisungen), der Prüf- und Auswertedokumentation sowie der Auswertung der Ergebnisse enthalten. Auf diese einzelnen, das Wartungskonzept bestimmenden Punkte soll nun näher eingegangen werden.

#### 4.11.3.1 Verantwortlichkeiten
Grundsätzlich müssen im ersten Schritt die Verantwortlichkeiten zum einen zwischen den internen Abteilungen (Technik, Produktion, Qualitätseinheit) und zum

anderen auch zu den externen Gewerken (Wartungsfirmen oder Hersteller bzw. Lieferant) klar und eindeutig geregelt sein. Speziell bei externen Gewerken erfolgt dies üblicherweise in den Wartungsverträgen. Dabei können musterhaft folgende Hauptaufgaben und Verantwortungsbereiche unterschieden werden, die in der Realität aber stark von der jeweiligen Firmenstruktur und den individuellen Festlegungen im jeweiligen Wartungskonzept abhängen:

– Verantwortlichkeiten des Wartungspersonals (intern oder extern)
  Das Wartungspersonal ist üblicherweise für die korrekte Durchführung der Wartungsarbeiten gemäß Vorgaben im Wartungsplan und für die korrekte Aufzeichnung der Ergebnisse in den Wartungsprotokollen unter besonderer Berücksichtigung der GMP-Anforderungen verantwortlich. Dabei müssen vor Beginn der Arbeiten z. B. die Verfügbarkeit und Zugänglichkeit des jeweiligen Ausrüstungsgegenstands, spezielle zu beachtende Schutzmaßnahmen, insbesondere aber die Kritikalität mit Blick auf GMP-Anforderungen in Absprache mit der Betriebstechnik oder der Produktion abgeklärt sein. Nach durchgeführter Wartung oder ggf. bei Abweichungen während der Wartung muss eine Bewertung und eine Rückmeldung der Ergebnisse an die Betriebstechnik bzw. an die Produktion erfolgen, idealerweise im Zusammenhang mit der Übergabe der ausgefüllten Wartungsprotokolle. Dass das Wartungspersonal mit Blick auf die GMP-relevanten Anforderungen nachweislich auch geschult, mindestens aber eingewiesen sein muss, sollte selbstverständlich sein. Dies gilt auch für das Thema „Gute Dokumentationspraxis" im Zusammenhang mit dem Ausfüllen der Wartungsprotokolle.

– Verantwortlichkeiten der Betriebstechnik
  Die Betriebstechnik (Betriebsingenieur) ist üblicherweise zuständig für die Erstellung bzw. Vorbereitung der ausrüstungsspezifischen Wartungsdokumentation (Wartungsplan, Wartungsprotokoll) in Abstimmung mit der Produktionsleitung und der Qualitätseinheit. Darüber hinaus gehört auch die Organisation (Terminüberwachung, weitere Unterstützung durch interne Ressourcen), Koordination und Überwachung der durchzuführenden Wartungsaktivitäten ebenso wie das Sicherstellen, dass die technischen Komponenten für die Wartung zugänglich und von der Produktion freigegeben sind (z. B. Ausrüstungsgegenstand ist gereinigt, keine Gerätebelegung durch Dritte), zum ausgewiesenen Aufgabenbereich. Am Ende der Wartungsarbeiten prüft die Betriebstechnik die Durchführungsprotokolle mit den darauf dokumentierten Wartungsergebnissen und archiviert diese unter Berücksichtigung der allgemeinen GMP-Vorgaben.

– Verantwortlichkeiten der Produktionsleitung
  Die Produktionsleitung stellt die Ausrüstungsgegenstände für die Wartungsdurchführung zur Verfügung und stellt dabei sicher, dass keine Gefahren von Produktionsseite für das technische Personal während der Wartung bestehen. Insbesondere stellt sie sicher, dass abhängig vom jeweiligen Betriebszustand (GMP-Status besteht oder ist aufgehoben) und der Art und dem Umfang der Wartungsmaßnahmen alle notwendigen Schutzvorkehrungen getroffen werden, die sicherstellen, dass durch die ausgeführten Arbeiten auch das in der An-

lage hergestellte Produkt hinsichtlich seiner Qualität nicht beeinträchtigt wird. Oft werden entsprechende Vorkehrungsmaßnahmen hierzu auf dem Arbeitserlaubnisschein vermerkt. Die Produktionsleitung ist in den meisten Fällen auch für die Prüfung und Genehmigung der ausrüstungsspezifischen Wartungspläne und Wartungsanweisungen mitverantwortlich.

– Verantwortlichkeiten der Qualitätseinheit
 Die Qualitätseinheit zeichnet insbesondere verantwortlich für ein Wartungskonzept, das die grundsätzlichen GMP-Anforderungen hinsichtlich Form und Handhabung erfüllt. Dies beinhaltet das grundsätzliche Vorhandensein von Wartungsplänen, Wartungsanweisungen und Wartungsprotokollen, das Einhalten vorgesehener Abläufe, die GMP-gerechte Dokumentation einschließlich der Handhabung von Aufzeichnungen und Rohdaten. Sie prüft, genehmigt und gibt die relevanten Dokumente sowie die Ergebnisse nach der Durchführung frei. Sie zeichnet verantwortlich für die Nachverfolgung entdeckter Mängel, die einen Einfluss auf die Produktqualität hatten oder gehabt haben könnten.

Sicher sind je nach Größe und Komplexität des jeweiligen Betriebs noch weitere verantwortliche Stellen zu benennen bzw. sind an den einzelnen Stellen beliebig weitere Gewerke und Einheiten beteiligt. Dennoch dürften die oben genannten Verantwortlichkeiten diejenigen sein, die bei einem GMP-konformen Wartungskonzept mindestens benannt und hinsichtlich des Aufgabenbereichs in den entsprechenden Anweisungen definiert sein müssen.

### 4.11.3.2 Vorgehensweise

Grundsätzlich muss nach GMP die Vorgehensweise bzw. der Ablauf im Rahmen eines bestehenden Wartungskonzepts detailliert festgelegt und in den relevanten Anweisungen beschrieben sein. Dabei spielt es keine Rolle, ob die Durchführung EDV-gestützt (z. B. über entsprechende Wartungs- oder Instandhaltungssoftware) oder nur „manuell" (z. B. über einfache Aufzeichnungen oder gepflegte Excel-Sheets) abläuft. Es muss geregelt sein, wie neue Geräte erfasst, Wartungsaktivitäten definiert werden, wer zum rechten Zeitpunkt auf welchem Wege die Wartungsaktivitäten initiiert, wie die Ergebnisse kontrolliert und der Erfolg der Wartungsarbeiten sichergestellt und dokumentiert wird. All dies einschließlich der für diese Einzeltätigkeiten verantwortlichen Personen muss sich in der übergeordneten, das Wartungskonzept beschreibenden Anweisung wiederfinden. Nicht selten war die mangelhafte oder gar fehlende Beschreibung ein essenzieller Mangelpunkt in GMP-Inspektionsberichten. Die Abb. 4.19 zeigt einen typischen Ablauf im Zusammenhang mit einem etablierten Wartungskonzept, einschließlich der notwendigen Einzelschnitte.

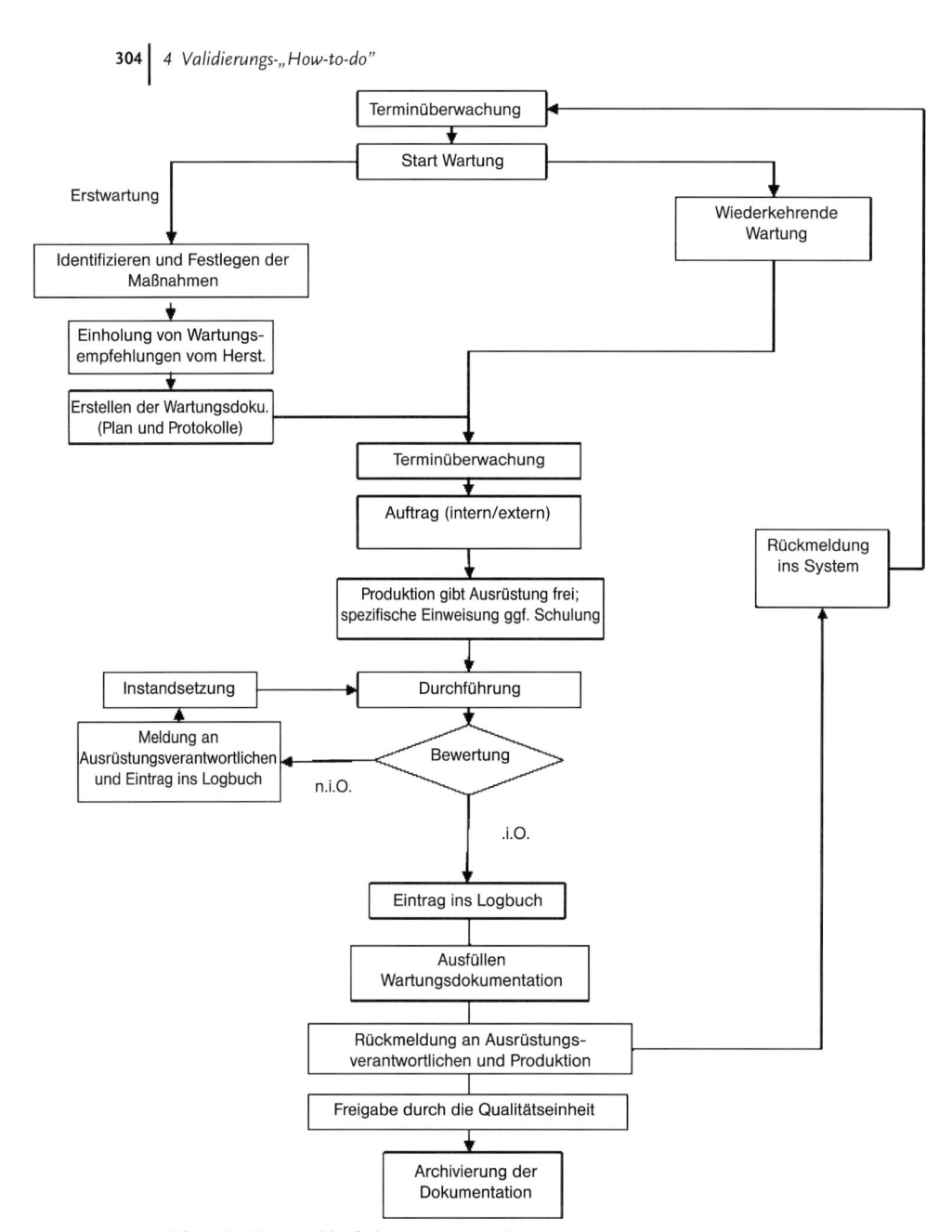

**Abb. 4.19** Muster Ablaufschema „Wartung".

#### 4.11.3.2.1 Erfassung neuer Ausrüstungsgegenstände

Im Rahmen einer Erstaufnahme müssen Festlegungen getroffen werden, welche Prüfungen bzw. vorbeugenden Wartungsaktivitäten für neu angeschaffte bzw. erweiterte oder umgebaute Ausrüstungsgegenstände durchgeführt werden müssen. Der Umfang richtet sich dabei nach den innerhalb einer Risikoanalyse erkannten Schwachpunkten und/oder den seitens der Hersteller vorgeschlagenen Empfehlungen. Alternativ kann auf Erfahrungen mit vergleichbaren Ausrüstungsgegenständen zurückgegriffen werden. Außerdem muss eine Entscheidung über die Zuständigkeit der Durchführung von Wartungsaktivitäten getroffen werden. Unter Beachtung firmeninterner Kapazitäten und technischer Möglichkeiten erfolgt die Festlegung, ob Wartungsaktivitäten durch interne Fachabteilungen oder durch externe Gewerke bzw. direkt durch den Hersteller der Ausrüstung ausgeführt werden. In Absprache mit der Produktion und der Qualitätseinheit und unter Berücksichtigung der Herstellervorgaben legt die Betriebstechnik dann die Prüf- bzw. Wartungsintervalle und die Kriterien für die einzelnen Wartungsaktivitäten fest. Die Kriterien, wann z. B. ein bestimmtes Bauteil ausgetauscht werden muss, orientieren sich üblicherweise an den firmeninternen Anforderungen basierend auf Erfahrungswerten und/oder den Empfehlungen seitens der Hersteller. Die Ergebnisse der Festlegungen werden abschließend in den dafür vorgesehenen Wartungsplänen bzw. Wartungsprotokollen niedergeschrieben.

#### 4.11.3.2.2 Terminüberwachung

Die Terminüberwachung der zyklisch wiederkehrenden Wartungsaktivitäten muss implementiert und instrumentalisiert sein. Die Art der Überwachung und welche Werkzeuge dazu verwendet werden ist dabei firmenspezifisch sehr unterschiedlich. Dies interessiert im Allgemeinen nicht. Einer Behörde ist nur wichtig, dass eine Überwachung erfolgt, dass das etablierte System funktioniert und dass sich im Unternehmen jemand dafür verantwortlich fühlt. Grundsätzlich muss bei der Terminüberwachung – ob manuell oder mittels EDV – gewährleistet sein, dass Termine rechtzeitig angekündigt und nicht verpasst werden, auch dann wenn z. B. die verantwortliche Person in Urlaub ist (Vertreterregelung). Ebenso muss geregelt sein, dass wenn innerhalb eines festgelegten Intervalls eine Instandsetzung notwendig wird – z. B. durch Ausfall eines Bauteils – auch dieses in der ausrüstungsspezifischen Wartungsdokumentation aufgezeichnet und bei Bedarf ein abgeänderter neuer Wartungstermin mit der Produktion festgelegt wird.

Mögliche Terminüberschreitungen sollten innerhalb der Anweisung schon im Vorfeld bedacht und geregelt sein. Eine intervallabhängige Toleranz wird dabei von Behördenseite durchaus akzeptiert. So haben sich als „State of the Art" Toleranzen bei einem jährlichen Wartungsintervall von höchstens 4 Wochen, bei einem halbjährlichen Intervall von höchstens 2 Wochen und bei einem monatlichen Intervall von höchstens 5 Tagen durchaus etabliert. Darüber hinausgehende Terminüberschreitungen sind nur in begründeten Fällen möglich und müssen durch die Produktionsleitung und Qualitätseinheit formal genehmigt werden. Ansonsten sind die betroffenen Ausrüstungsgegenstände für die GMP-Herstellung zu sperren und entsprechend zu kennzeichnen.

### 4.11.3.2.3 Durchführung der Wartung

Im Falle von externem Wartungspersonal sollten bereits mit der Einholung eines Angebots auch die Qualifikationsnachweise der für die Durchführung vorgesehenen Mitarbeiter und eine Auflistung der für den Auftrag vergleichbaren Referenzen angefordert werden, ggf. sollte durch das beauftragende Unternehmen eine formale Lieferantenbewertung erfolgen. Alle Personen, die Wartungsarbeiten im GMP-Umfeld durchführen, unabhängig ob firmeneigenes Personal oder externe Fachkräfte, müssen bezüglich der ausrüstungsspezifischen Eigenheiten eingewiesen bzw. geschult sein. Über die Schulungen sind dokumentierte Nachweise zu erstellen. Für internes Personal sollten die Schulungen mittels Schulungsplan koordiniert und sichergestellt werden. Die Verantwortung über die Einweisung sowohl des internen als auch des externen Personals muss geregelt sein und liegt in vielen Fällen im Verantwortungsbereich der Betriebstechnik.

Die für die Durchführung relevanten Wartungsaktivitäten einzelner Komponenten sind im ausrüstungsspezifischen Wartungsplan oder in den Durchführungsprotokollen beschrieben. Tabelle 4.6 zeigt einen Ausschnitt eines typischen Wartungsprotokolls.

Tab. 4.6   Ausschnitt einer Tabelle zur Beschreibung von Wartungsaktivitäten.

| Lfd.- Nr | Ausrüstungskomponenten | Beschreibung der Tätigkeit, ggf. der Anforderung | Prüfintervall | Art der Prüfung | Durchführender |
|---|---|---|---|---|---|
| 1 | Trommel | – Wechsel Trommellager<br>– Laufbahn kontrollieren und schmieren<br>– Getriebetrommel schmieren<br>– Trommellager prüfen | J | Ausbau | |
| 2 | Schaufel | Schrauben an Außenseite der Trommel lösen und Schaufeln in der Trommel gegenhalten, um zu verhindern, dass die Schaufel in die Trommel fällt; Wechsel nur bei ausgebauter Trommel möglich! | J | Sichtprüfung Ausbau | |
| 3 | Pumpenverschlauchung | – auf sichtbare Beschädigung prüfen<br>– bei Beschädigung austauschen<br>– Walkseite mit Talkum einreiben<br>– vor Demontage der Verschlauchung Anlage mit Wasser oder Reinigungsmedium spülen<br>– Schläuche nur in drucklosem Zustand wechseln | J | Sichtprüfung Ausbau | |

Die Art der Prüfung bzw. Aktivität ist dabei stark abhängig von der zu wartenden Ausrüstungskomponente bzw. vom Wartungsgegenstand. Dies können u. a. sein:
- Funktionskontrollen: werden überwiegend an in sich geschlossenen Funktionseinheiten innerhalb eines Ausrüstungsgegenstands (z. B. Ventilatoren, Pumpen usw.) durchgeführt, um die Funktion der Ausrüstung sicherzustellen.
- Austausch: Teile (z. B. Keilriemen), die einem starken Verschleiß durch hohe Beanspruchung unterliegen, bzw. Komponenten, welche Materialermüdungen aufweisen können, müssen regelmäßig getauscht werden.
- Sichtkontrolle/Inspektion: Eine Inspektion bezeichnet im Allgemeinen eine prüfende Tätigkeit im Sinne einer Kontrolle. Die Inspektion dient dabei der Feststellung des ordnungsgemäßen Zustands einer technischen Komponente oder einer gesamten Einrichtung.

Auf weitere individuelle Prüfungen und Aktivitäten, wie z. B. die rückführbare Durchführung der Kalibrierung, wird meist quer verwiesen oder sie sind in den ausrüstungsspezifischen Dokumenten beschrieben. Der Durchführende hat die Ergebnisse seiner Wartungstätigkeiten aufzuzeichnen und mit den Sollvorgaben zu vergleichen. Bei Abweichungen hat er sofort die Betriebstechnik, ggf. auch einen anderen Verantwortlichen (z. B. Produktion, Qualitätseinheit) zu informieren und auf weitere Weisungen zu warten.

### 4.11.3.2.4 Wartungsdokumentation

Die für die Durchführung der Wartung notwendigen ausrüstungsspezifischen Dokumente (Wartungsplan und Wartungsprotokoll) sollten – wie oben beschrieben – bereits bei der Ersterfassung des Ausrüstungsgegenstands erstellt und formal freigegeben werden. Von da an können sie für die zyklisch wiederkehrenden Wartungen als Master-Kopiervorlage zur Verfügung stehen. Anlage 20 und 21 zeigen das Beispiel eines einfachen und pragmatischen Ansatzes für einen Wartungsplan bzw. für ein Wartungsprotokoll.

Es sollte vom Verantwortlichen (Betriebstechnik) grundsätzlich darauf geachtet werden, dass Wartungsaktivitäten immer gemäß den Vorgaben in den ausrüstungsspezifischen und freigegebenen Wartungsdokumenten durchgeführt werden. Ausnahmen sind in begründeten Fällen formal genehmigen zu lassen. Nach Erledigung der Wartungsarbeiten sind die Ergebnisse im Wartungsprotokoll vom Durchführenden aufzuzeichnen und von der Betriebstechnik zu prüfen. Die Freigabe der Ergebnisse sollte dann idealerweise durch die Qualitätseinheit erfolgen. Mindestens aber sollte die Qualitätseinheit immer Kenntnis von möglicherweise festgestellten Abweichungen oder Unregelmäßigkeiten erhalten.

Für jeden Ausrüstungsgegenstand bzw. für definierte Anlageneinheiten gibt es in einem GMP-Betrieb ein spezifisches Logbuch (Geräte-, Raum- oder übergeordnetes GMP-Bereichs-Logbuch), welches vor Ort an der Anlage oder an zentraler Stelle ausliegt und in dem alle an der Ausrüstung durchgeführten Wartungs- und Instandsetzungsaktivitäten sauber belegt und dokumentiert werden müssen. Es sind Datum, Name des Durchführenden, Abteilung oder Firma und die durchgeführte Aktivität aufzuzeichnen. Der Durchführende hat diesen Eintrag mit seiner Unterschrift zu bestätigen.

#### 4.11.3.2.5 Rückmeldung und Abschluss der durchgeführten Wartung

Sind die Wartungsaktivitäten erfolgreich abgeschlossen und liegen alle zugehörigen Dokumente ausgefüllt und unterschrieben vor, so steht als letzte und wichtige Aktion der entsprechende Vermerk im terminüberwachenden System an. In diesem muss lückenlos nachvollziehbar sein, dass die Wartungsaktivitäten im vorgeschriebenen Zeitintervall regelmäßig und erfolgreich durchgeführt worden sind. Lassen Mängelfeststellungen während der Wartungsdurchführung vermuten, dass das Wartungsintervall zu groß gewählt ist, so muss dieses entsprechend verkürzt und der Grund der Änderung im System vermerkt werden. Ebenso besteht die grundsätzliche Möglichkeit, Wartungsintervalle zu verlängern, wenn ausreichend Datenmaterial vorliegt, welches bestätigt, dass eine Verlängerung als unkritisch anzusehen ist. Änderungen im Wartungsintervall müssen immer mit dem Produktionsverantwortlichen und ggf. mit der Qualitätseinheit abgesprochen werden.

### 4.11.4
### Wartungsinhalt und -umfang

Es ist schwierig, wenn nicht gar unmöglich, pauschal und allumfassend anzugeben, was in welchem Umfang wie und wie häufig gewartet werden muss. Zu unterschiedlich sind die technischen Einrichtungen und Anlagen, zu verschieden die Anforderungen, die sich aus den Prozessen und Verfahren ableiten. Während in dem einen Betrieb ein sehr umfangreiches, in kurzen Zeitzyklen durchzuführendes Wartungsprogramm angemessen ist, kann in einem anderen Betrieb ein sehr begrenztes, in großen Zeitabständen durchzuführendes Programm die Anforderungen ausreichend erfüllen. Als Grundsatz gelten jedoch, unabhängig von Art und Größe der Anlagen ganz generell für jeden GMP-Betrieb die folgenden Kernaussagen:
– Wartungsinhalt und -umfang werden nicht von Behördenseite und auch nicht von den GMP-Regeln vorgegeben. Gefordert wird einzig das Vorhandensein eines Wartungskonzepts und die Sicherstellung, dass die im Prozess eingesetzten technischen Ausrüstungsgegenstände in diesem Wartungskonzept erfasst und auf notwendige Wartungsaktivitäten geprüft werden. Sollte sich dabei herausstellen, dass es bei einem solchen Ausrüstungsgegenstand keine wirklich notwendige bzw. sinnvolle Maßnahme gibt, so ist auch keine festzulegen. Ein einfacher unkritischer Behälter muss nicht deshalb irgendeine Wartungsmaßnahme erfahren, nur weil er im GMP-Umfeld eingesetzt wird.
– Bei der Festlegung von Wartungsaktivitäten sollte man primär immer die Erfahrung des jeweiligen Herstellers nutzen. Es macht Sinn, für den Aufbau des Wartungskonzepts zunächst aus allen Herstellerunterlagen und Handbüchern jenen Teil zu extrahieren, der sich mit der Wartung des entsprechenden Ausrüstungsteils beschäftigt. Umgekehrt sollte auch bei jeder Neubestellung die

Anforderung von Wartungshinweisen bzw. Wartungsprogrammen ein fester Bestandteil des Bestellumfangs sein.
- Insbesondere bei kritischen Ausrüstungsgegenständen, die direkt mit dem GMP-relevanten Produkt in Berührung kommen und einen entsprechenden Einfluss auf die Produktqualität haben könnten, macht es in jedem Fall Sinn, wesentliche Wartungsmaßnahmen über die ohnehin durchzuführende „Anlagenrisikoanalyse" abzusichern. Das heißt: Es macht Sinn, in die entsprechende Risikoanalyse als festen Bestandteil die Abfrage nach kritischen Wartungselementen einzubauen (Was könnte im Falle eines Ausfalls oder eines Verschleißes die Qualität des Produkts nachhaltig und negativ beeinträchtigen?).
- So viel als nötig und so wenig als möglich ist auch und gerade im Bereich der Wartung sicher eine adäquate Forderung. Man sollte daher von der Möglichkeit Gebrauch machen, den Wartungsumfang abhängig von den aktuellen Erfahrungen immer wieder aufs Neue zu hinterfragen und ggf. anzupassen. Dies bezieht sich sowohl auf die Reduzierung von Maßnahmen bzw. Verlängerung von Intervallen als auch auf die Ergänzung von Maßnahmen bzw. Verkürzung von Intervallen, wenn Ausfälle dies ratsam erscheinen lassen.
- Eine Anpassung des Wartungsprogramms, wie zuvor beschrieben, ist aber nur möglich, wenn auch regelmäßig die aus den Wartungsaktivitäten resultierenden Ergebnisse sorgfältig aufgezeichnet und regelmäßig – möglichst statistisch oder als Trendanalyse – ausgewertet werden. Ein Blick auf die Historie mag zwar Zeit in Anspruch nehmen, spart aber im Endergebnis deutlich mehr Zeit und Aufwand ein.

### 4.11.5
**Kalibrierung im Rahmen der Wartung**

Eine regelmäßig wiederkehrende Wartungsaktivität, der im GMP-Umfeld besondere Aufmerksamkeit geschenkt wird, ist die Kalibrierung, genauer die Kalibrierung qualitätskritischer Messeinrichtungen. Dabei sind hier nicht nur jene Messeinrichtungen angesprochen, welche sich direkt in der Anlage oder in dem betrachteten, für die Produktion eingesetzten Gerät befinden, vielmehr gilt es, gemäß dem PIC/S-Leitfaden PI 006 das Augenmerk insbesondere zu richten auf:
- Mess- bzw. Prüfeinrichtungen, welche selbst zum Kalibrieren eingesetzt werden – die sogenannten Prüfmittel,
- Mess- bzw. Prüfeinrichtungen, welche insbesondere im Rahmen der OQ- bzw. PQ-Aktivitäten eingesetzt werden und für die keine entsprechenden Kalibriernachweise vorliegen,
- Mess- bzw. Prüfeinrichtungen, die innerhalb der installierten Ausrüstung verwendet werden.

Dabei sollen gemäß dem PIC/S-Dokument nach Möglichkeit auch schon Anforderungen an die Messeinrichtungen berücksichtigt werden, die erst in der Zukunft von Bedeutung sein könnten, was sicher nicht einfach zu erfüllen ist.

Im Falle der Definition „qualitätskritisch" sind hier all diejenigen Messeinrichtungen angesprochen, die z. B. verwendet werden um:

- kritische Schritte innerhalb des Produktionsprozesses mit Auswirkung auf die Produktqualität zu regeln und zu steuern (z. B. Reaktionstemperatur, Reaktionsdruck etc.),
- einen physikalischen oder chemischen Zustand anzuzeigen, der mit der Produktqualität in unmittelbarem Zusammenhang steht (z. B. Leitfähigkeit, pH-Wert etc.) und um
- nachzuweisen, dass ein für die Produktqualität kritischer Verfahrensschritt korrekt ablief (z. B. Temperaturaufzeichnung bei einem Sterilisationsprozess).

Sicher ist zur endgültigen Festlegung qualitätskritischer Messeinrichtungen auch immer die entsprechende Risikoanalyse zu bemühen, bei der ja gerade diese Feinheiten im Validierungsteam gemeinsam herausgearbeitet werden. Ein wichtiger Grund für eine Kalibrierung ist dabei nicht nur die gesetzliche und regulatorische Vorgabe, auch die Tatsache, dass korrekte und zuverlässige Messungen Voraussetzung für einen qualitativ hochwertigen Produktionsprozess und wichtiger Bestandteil der industriellen Qualitätssicherung sind, spielt hierbei eine wesentliche Rolle.

Bevor nun auf die Details einer „GMP-gerechten" Kalibrierung bzw. den zugehörigen Ablauf eingegangen wird, soll zunächst noch einmal die genaue Definition und der Unterschied zur Justierung betrachtet und erklärt werden.

So bedeutet Kalibrierung, dass die Abweichung der Anzeige einer Messeinrichtung vom richtigen Wert der Messgröße ermittelt wird. Dabei legt man der Messeinrichtung ein Objekt mit bekannten Maßen vor – ein sogenanntes Normal – und bestimmt die Abweichung der Anzeige vom bekannten Maß. Das Ergebnis und ggf. die zugehörige Messunsicherheit werden in einem Protokoll (Kalibrierschein oder Zertifikat) festgehalten.

Einfach gesprochen bedeutet Kalibrieren daher nur, dass das Messgerät auf Herz und Nieren getestet – also zunächst seine Messabweichung ermittelt wird.

Sind der Kalibrierer oder das Kalibrierlabor, in dessen Verantwortung die Kalibrierung abläuft, zusätzlich vom DKD (Deutscher Kalibrierdienst) akkreditiert oder ist das zur Kalibrierung verwendete Referenzmessgerät (Prüfmittel) selbst nach DKD-Vorgaben kalibriert, ist damit gleichzeitig eine weitere wichtige Anforderung erfüllt. Die kalibrierte Messeinrichtung wird in einer ununterbrochenen Kette von Kalibrierungen mit dem jeweiligen „nationalen Normal" für die entsprechende Messgröße gesichert verbunden. Man nennt diese Verbindung auch „Rückführung auf das nationale Normal".

Beim Kalibrieren wird also ein Messgerät überprüft und die Abweichung (Messtoleranzen) zu einem (bekannten) Standard oder Messaufbau bestimmt und protokolliert. Über die Protokollierung hinausgehende Handlungen finden bei der Kalibrierung nicht statt. Nach einer Kalibrierung dürfen unter keinen Umständen Änderungen an der Messeinrichtung vorgenommen werden, da ansonsten die Kalibrierung wertlos wird.

Kalibrieren kann dabei grundsätzlich nur der, der ein Normal höherer Ordnung (das Normal sollte den Faktor 3–10 besser sein als die zu kalibrierende Messeinrichtung) besitzt – also einen (bekannt richtigen) Standard zur Verfügung hat.

Anders als beim Kalibrieren wird beim Justieren die Anzeige einer Messeinrichtung korrigiert, also der gemessene bzw. angezeigte Wert (der sogenannte Ist-Wert) auf den richtigen Wert, den sogenannten Referenzwert, so gut als möglich eingestellt. Ziel ist es, am Ende der Justage eine möglichst korrekte Anzeige zu erhalten. Wichtig ist auch, dass nach jeder Justage unbedingt eine erneute Kalibrierung erfolgt, da die zuvor durchgeführte Kalibrierung durch den Eingriff wertlos geworden ist.

### 4.11.6
### Kalibrierung im GMP-Umfeld

Wie schon zuvor bei der Wartung beschrieben, sollten auch bei der Kalibrierung gemäß den gesetzlichen Vorgaben die zur Herstellung und Prüfung von GMP-geregelten Produkten verwendeten und als qualitätsrelevant eingestuften Messeinrichtungen „nach bestimmten schriftlichen Anweisungen" kalibriert werden. Diese Anweisungen müssen mindestens Festlegungen bezüglich der notwendigen Kalibrierpunkte, der Akzeptanzkriterien, der Verantwortlichkeiten, der Vorgehensweise, ggf. der notwendigen Referenzgeräte und der Kalibrierdokumentation enthalten. Insbesondere muss auch bei der Kalibrierung genau geregelt und schriftlich festgelegt sein, wie neue Messeinrichtungen erstmals erfasst, bewertet und dann ggf. in das Kalibrierprogramm aufgenommen werden; wie der „Erinnerungsdienst" abläuft und wie die ordnungsgemäße Durchführung, Dokumentation und Rückmeldung erfolgen. Auch hier gilt dies völlig unabhängig vom genutzten System (EDV-technisch gestützt oder manuell mit einfacher Excel-Liste verfolgt). In Abb. 4.20 sind die Einzelschnitte dargestellt, auf die nachfolgend näher eingegangen wird.

#### 4.11.6.1 Verantwortlichkeiten
Bezüglich der Verantwortlichkeiten gilt das Gleiche wie bei der Wartung bereits ausgeführt. Die Kalibrierung kann sowohl intern mit eigenen Fachabteilungen oder extern über entsprechende Dienstleister oder Kalibrierlaboratorien durchgeführt werden. Abstimmungen sind grundsätzlich mit der Betriebstechnik und der Produktion zu führen. Die Qualitätseinheit sollte mindestens Kenntnis über das Programm, den aktuellen Ablauf und darüber haben, ob die Messeinrichtungen den Anforderungen genügen oder ob gravierende Abweichungen, die Einfluss auf die Produktqualität haben könnten, vorliegen.

#### 4.11.6.2 Erfassung, Einstufung und Kennzeichnung
Die ersten Schritte im Rahmen des Gesamtprogramms sind üblicherweise die Erfassung bzw. Aufnahme der neuen Messeinrichtung in das Gesamtsystem. Neue bzw. neu zu bewertende Messeinrichtungen sollten grundsätzlich in einem Messstellenverzeichnis (Muster s. Anlage 22) hinterlegt, vor Ort gekennzeichnet und ggf. in einer eigenen Risikobetrachtung dahingehend klassifiziert werden, ob technisch, GMP-(Qualitäts-) oder gar nicht relevant. Wird ein Kalibrierprogramm

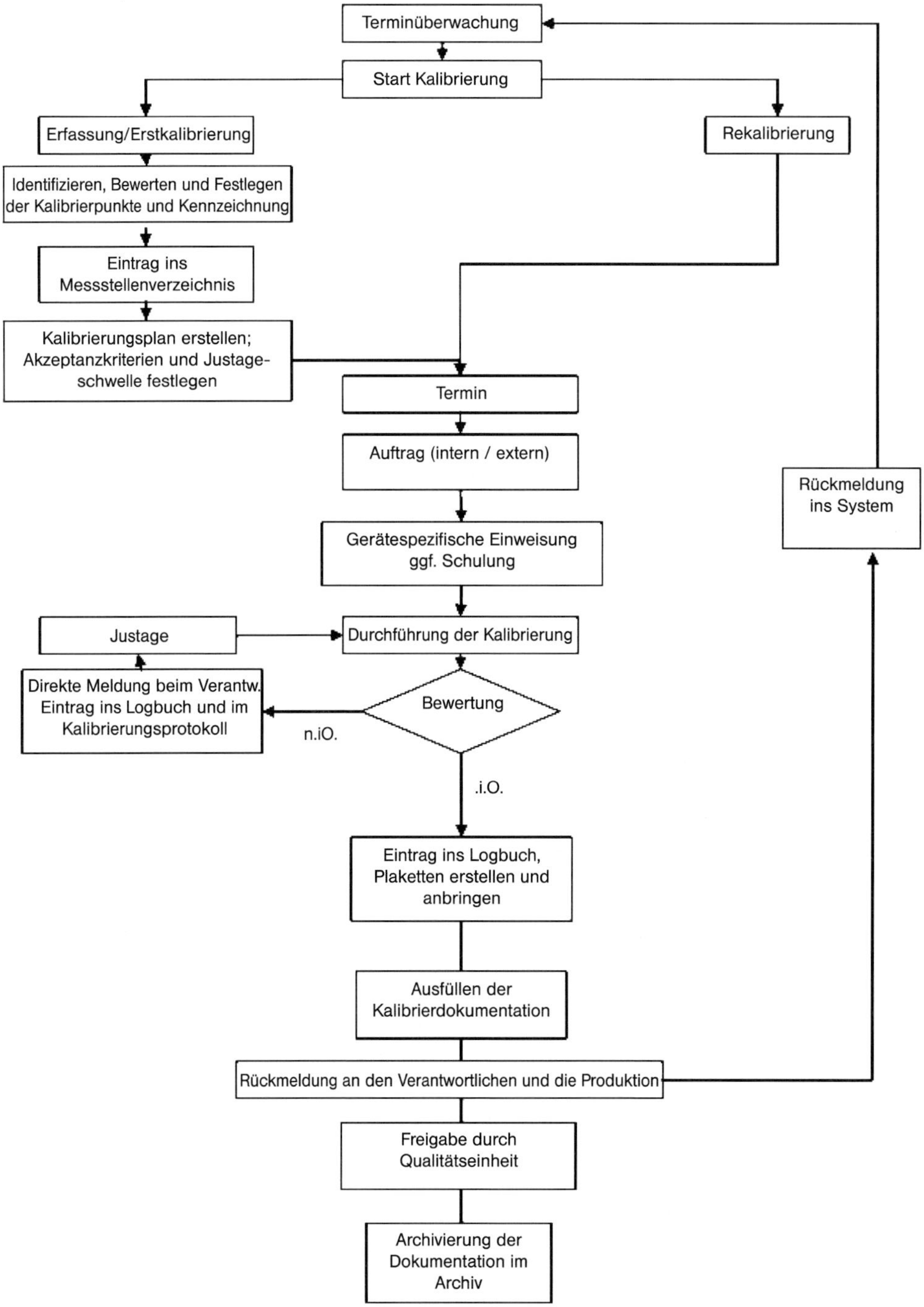

**Abb. 4.20** Muster Ablaufschema „Kalibrierung".

zugrunde gelegt, müssen zusätzlich die Vorgehensweise bei der Durchführung der Kalibrierung, die Kalibrier- und Prüfpunkte, die zugehörigen Akzeptanzkriterien sowie die Rekalibrierungsintervalle festgelegt werden.

Eine regelmäßig wiederkehrende Kalibrierung sollte eigentlich nur an den prozess- bzw. qualitätsrelevanten Messeinrichtungen (GMP-Relevanz) durchgeführt werden. Bei technisch relevanten Messeinrichtungen könnten z. B. die Erstkalibrierung oder eine herstellerinterne Vorkalibrierung durchaus ausreichend sein, was jedoch von Betriebsseite aus entschieden werden muss. Die GMP-relevanten Messeinrichtungen müssen dabei zwingend einer Terminüberwachung – egal ob manuell oder EDV-basierend geführt – zur Erinnerung an die regelmäßige Rekalibrierung unterworfen werden.

Die Kennzeichnung von Messeinrichtungen, insbesondere vor Ort, sollte mit einem System erfolgen, das eine dauerhafte Identifizierung gewährleistet, d. h. auch die notwendige Beständigkeit gegen äußere Einflüsse aufweist. Man sollte ein System mit einem Kennzeichnungscode einführen, nach dem jede Messstellennummer nur einmal in einem Unternehmen vorkommen kann. Hier kann unter Umständen ein alphanumerisches System gemäß DIN 19227 Blatt 1 helfen, bei dem auch die zu verwendeten Buchstaben eindeutig definiert sind, z. B. TICA$^+$ 45071:
- T = Temperatur (Erstbuchstabe),
- I = Anzeige (Buchstaben in nachrangiger Folge),
- C = Regelung,
- A$^+$ = Hoch-Alarm,
- 45071 = Apparate- oder fortlaufende Nummer.

Weiterhin hat sich im Laufe der Zeit speziell im Pharmaumfeld die verschiedenfarbige Kennzeichnung der unterschiedlichen Kritikalitätseinstufungen von Messeinrichtungen bewährt. Dadurch wird vor Ort an der Ausrüstung eindeutig und sofort sichtbar, welche Messeinrichtungen als GMP-kritisch eingestuft wurden und daher regelmäßig kalibriert werden müssen und welche nicht.

### 4.11.6.3 Festlegung der Kalibrier-Eckdaten

Die Festlegung der Kalibrierpunkte, des durchzuführenden Kalibrierverfahrens, des festzulegenden Rekalibrierungsintervalls, die auf die Prozesstoleranzen herunterzubrechenden Akzeptanzkriterien und ggf. notwendige Justageschwellen werden üblicherweise anhand von Erfahrungswerten oder nach standardisierten Festlegungen bei gleichen physikalischen Messgrößen vorgenommen. Es werden zwar in verschiedensten Normen Hilfestellungen angeboten (z. B. „Methoden zur Revision von Bestätigungsintervallen", nach DIN 10012 Teil 1), diese sind aber oft sehr theoretisch und mit einigem Aufwand verbunden.

Bei den Kalibrierintervallen hat es sich bewährt, bei „Standardmesseinrichtungen" wie Temperatur oder Druck zunächst ein Zeitintervall von einem Jahr festzulegen. Gleiches gilt für Durchflussmesseinrichtungen oder bestimmte Waagen. Bestimmte Messeinrichtungen, die in besonders kritischen Ausrüstungsgegenständen eingesetzt werden, wie z. B. in Autoklaven, können einen deutlich kürzeren Kalibrierzyklus erfahren (z. B. vierteljährlich).

Stark variable und empfindliche Messeinrichtungen wie pH- oder Leitwertmessungen werden dagegen wesentlich häufiger, oft unmittelbar vor Einsatz kalibriert. Bei Waagen ist die zusätzliche, zum Teil täglich vorgeschriebene Prüfung mittels Prüfgewicht zu beachten. Beim Festlegen der Kalibrierpunkte sollte darauf geachtet werden, dass diese sich vorwiegend am Arbeitsbereich der Messeinrichtung orientieren. Es sollten bei allen Kalibrierungen mindestens 3 Kalibrierpunkte (unterer, mittlerer und oberer Arbeitsbereich; s. Abb. 4.21) fixiert und immer gleich geprüft werden. Nur in Ausnahmefällen, wenn dieses Vorgehen durch die Bauart der Sensorik oder durch nicht vorhandene Referenzstandards (auf dem Markt erhältliche Referenzen) nicht zu umgehen ist, kann davon abgewichen werden.

Beispiel Temperaturmesseinrichtung:
– Messbereich: 0–350 °C
– Arbeitsbereich: 50–200 °C
– Kalibrierpunkte: 40/125/210 °C

Bei der Festlegung der Kalibrierpunkte sollte man schon von Anfang an darauf achten, dass der unterste Punkt als erstes, der oberste Punkt als zweites und der mittlere Punkt als letztes kalibriert wird. Dies gewährleistet innerhalb der Kalibrierung auch eine Überprüfung des Hysterese-Verhaltens.

Die Festlegung der Akzeptanzkriterien – hier die erlaubte Toleranz bzw. Abweichung – erfolgt üblicherweise durch die Produktion in Absprache mit der Technik und Qualitätseinheit. Hier fließen zum einen die Erfahrungswerte von physikalisch gleichen Messgrößen und technisch gleichen Messaufbauten und zum anderen die erlaubten Toleranzen aus dem eigentlichen Herstellprozess mit ein. Zudem hat sich seit geraumer Zeit im Pharmaumfeld auch die Festlegung von Justageschwellen etabliert. Es handelt sich hierbei um selbst vorgegebene Grenz-

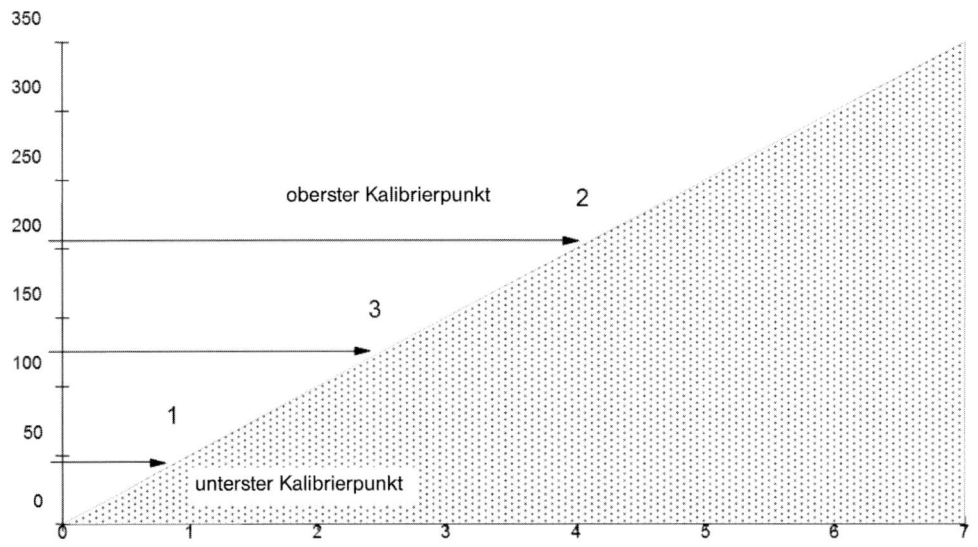

**Abb. 4.21** Grafische Veranschaulichung zur Festlegung von Kalibrierpunkten.

werte für festgestellte Abweichungen, die sich noch innerhalb der vorgegebenen Toleranz befinden, welche aber dann schon eine Justierung auslösen, um die ggf. nicht mehr optimal anzeigende Messeinrichtung bereits frühzeitig zu korrigieren.

Eine Justageschwelle ist idealerweise, sofern sie überhaupt Anwendung findet, auf einen prozentualen Wert eines Akzeptanzkriteriums (z. B. 70 oder 75 %) festzulegen. Dieses Instrumentarium kann die Entscheidungsfindung für eine möglicherweise durchzuführende Justage der eigentlich noch innerhalb der Akzeptanzkriterien befindlichen Kalibrierung, erleichtern. Eine Temperaturmesseinrichtung mit einer festgelegten Toleranz von +/− 2 K würde man demnach bei einer festgelegten Justageschwelle von 70 % genau dann korrigieren, wenn die Abweichung größer als +/−1,4 K, aber noch innerhalb der Toleranz ist.

Sollte die Justageschwelle auf einen prozentualen Wert festgelegt werden, so ist darauf zu achten, dass dieser einen sinnvollen und ablesbaren Wert ergibt. Ansonsten müsste dieser Wert bezüglich der Ablesegenauigkeit auf- bzw. abgerundet werden.

Bei der Festlegung der Akzeptanzkriterien, insbesondere bei der Fehlerberechnung, muss berücksichtigt werden, dass stets alle Bauteile und deren spezifische Ungenauigkeit mit in die Abschätzung einfließen. Das heißt: Im ungünstigsten Fall können sich bei fünf oder sogar sechs hintereinander geschalteten Bauteilen die Fehler aufsummieren und damit eine größere Unsicherheit bieten, als von Prozessseite aus toleriert werden kann. Nicht selten werden gerade im Bereich biotechnologischer Prozesse Genauigkeitsanforderungen an die Reaktionstemperatur von +/−1 °C gestellt, wobei eine typische PT 100-(Widerstandsthermometer)-Messkette mit all ihren Bauteilen oft nicht mehr als +/−1,8 °C an Genauigkeit garantiert.

Ein weiterer zu beachtender Punkt im Rahmen der Festlegung von Kriterien und Eckwerten ist die Skalierung z. B. eines vorhandenen Prozessschreibers oder die Ablesegenauigkeit einer Anzeige. Das minimale Akzeptanzkriterium sollte aus Sicht der Ablesegenauigkeit mindestens 1 Digit ± 1 Digit, also die letzte Anzeigenziffer mal 3 betragen. Eine in diesem Zusammenhang oft vorkommende Fehlinterpretation ist, dass die Auflösung einer Anzeige mit der Genauigkeit der Messeinrichtung gleichgesetzt wird. Zeigt eine Anzeige drei Stellen hinter dem Komma an, heißt es nicht unbedingt, dass auch so genau gemessen wird.

#### 4.11.6.4 Terminüberwachung

Die Terminüberwachung muss bei der Kalibrierung genauso wie bei der Instandhaltung bzw. Wartung implementiert und instrumentalisiert sein. Wie und mit welchen technischen Hilfsmitteln dies realisiert wird, ist von Firma zu Firma sehr unterschiedlich. Dies spielt aus GMP-Sicht auch nur eine untergeordnete Rolle. Wichtig ist nur, dass das gewählte System zuverlässig funktioniert und die Verantwortlichkeiten eindeutig geregelt sind. Anstehende Termine müssen rechtzeitig gemeldet werden und dürfen nicht in Vergessenheit geraten. Ferner muss es eine wirksame Vertreterregelung geben.

Mögliche, in letzter Konsequenz nie zu vermeidende Terminüberschreitungen und ihre Handhabung müssen von vornherein innerhalb einer Anweisung geregelt sein. Hierbei hat sich die gleiche Vorgehensweise wie bei der Wartung bewährt. So haben sich „State-of-the-Art"-Toleranzen bei einem Intervall von einem Jahr mit höchstens 4 Wochen, bei einem halbjährlichen Intervall von höchstens 2 Wochen und bei einem monatlichen Intervall von höchstens 5 Tagen absolut etabliert. Darüber hinausgehende Terminüberschreitungen sind in begründeten Fällen durch die Produktionsleitung und Qualitätseinheit zu genehmigen. Ansonsten sind die betroffenen Messeinrichtungen und ggf. die gesamte Ausrüstung für die GMP-Herstellung zu sperren und entsprechend zu kennzeichnen.

### 4.11.6.5 Kalibrierdokumentation

Schließlich sollte man sich auch eingehend Gedanken über die Art und den Umfang der erforderlichen Kalibrierdokumentation machen. Neben den das Kalibrierkonzept beschreibenden SOPs sollte es für jede individuelle Kalibriermethode (Kalibrierung von Temperatur, Druck, Feuchte etc.) eine eigene, die Methode beschreibende SOP geben. Diese sollte mindestens folgende Themen behandeln:
– Voraussetzungen für die Kalibrierung/vorbereitende Aktivitäten,
– verwendete Referenzen bzw. Standards,
– Zustands-, Sicherheits- und Funktionsprüfungen,
– Erfassung der Umgebungsbedingungen und Anpassung bzw. Abgleich der Standards,
– Aus- und Einbauanleitung für das zu kalibrierende Instrument,
– besondere Vorsichtsmaßnahmen,
– Durchführung der Kalibrierung mit Beschreibung der genauen Prozedur,
– Anleitung zur Durchführung der Fehlerbetrachtung,
– Anforderungen an die Inhalte von Kalibrierungsplan und -protokoll.

Neben dieser SOP spielen dann für die eigentliche Durchführung insbesondere Kalibrierungsplan und -protokoll eine sehr wichtige Rolle. Ein stark vereinfachtes, aber durchaus in der Praxis anwendbares Beispiel zeigt die Anlage 23. Gerade Kalibrierprotokolle können hinsichtlich des Aufbaus, Umfangs und Inhalts sehr stark variieren, insbesondere dann, wenn Kalibrierleistungen von unterschiedlichen Fachstellen oder von externen Dienstleistern erbracht werden. Es ist daher zu prüfen, ob mindestens die folgenden Inhaltspunkte gegeben sind:
– Beschreibung und Identifikation des Prüflings (Messinstruments),
– Datum der Kalibrierung,
– Beschreibung des Kalibrierverfahrens oder Verweis darauf,
– Kalibrierergebnisse vor und nach einer möglichen Justage,
– Angaben zu Referenz/Standard mit Nachweis der Rückführbarkeit (Kopie des entsprechenden Zertifikats),
– Aufzeichnungen zu den Umgebungsbedingungen,
– Aufzeichnungen aller Ergebniswerte (Ist-Werte) bei mehreren Anzeigen,
– Aufzeichnungen zu den möglichen Messfehlern,
– Abgleich (Differenzwerte) zwischen Ist- und Sollwerten bzw. Justageschwellenwerten,

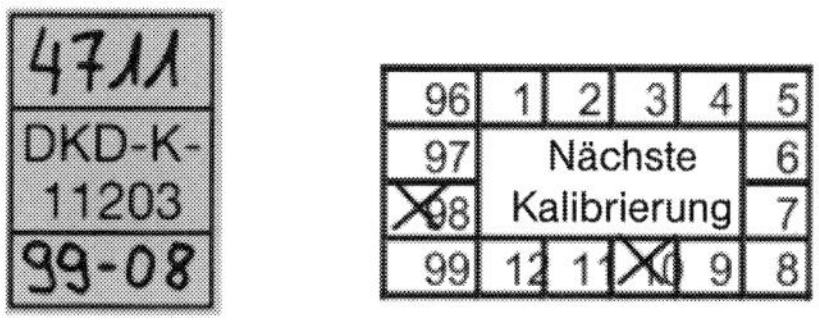

**Abb. 4.22** Musterbeispiele für Kalibrieretiketten.

- Identifikation der durchführenden Personen,
- Identifikation der Dokumente,
- ggf. Zusatzangaben zu Kalibrierzyklus, Prüfplakette etc.

Zur Dokumentation gehört auch das am Ende der Kalibrierung anzubringende Etikett. Gängige Praxis ist es heute, dass dieses mindestens das Datum der nächsten Kalibrierung anzeigt. Damit ist gewährleistet, dass man sofort den Kalibrierzustand bzw. den möglichen zeitlichen Überzug einer Kalibrierung ablesen kann. Unterstützt wird die Wirkung der Etiketten oft noch durch farbliche Unterscheidung, z. B. grün für technisch relevante und gelb für GMP-relevante (qualitätskritische) Messeinrichtungen. In einigen Fällen wird auch rot für gesperrte (defekte) Messeinrichtungen verwendet. Ein Beispiel zeigt die Abb. 4.22.

Schließlich sei noch ein kurzer Blick auf die nicht unwichtigen Zertifikate geworfen, welche grundsätzlich als Nachweis dafür vorliegen müssen, dass die verwendeten Referenzen bzw. Standards ihrerseits kalibriert, genauer auf „Normale" rückführbar kalibriert sind. Zu unterscheiden sind hier das „ISO-/Werkszertifikat" und das von einem DKD-akkreditierten Labor ausgestellte „DKD-Zertifikat". Der wesentliche Unterschied zwischen diesen beiden Kalibrierzertifikaten und dem dahinter stehenden Vorgang ist, dass

- der Eigner der kalibrierten Messeinrichtung bei der DKD-Kalibrierung sicher sein kann, dass alle Kriterien für eine norm- und fachgerechte Kalibrierung bei der Durchführung beachtet wurden,
- durch mehrfach durchgeführte Messungen eine statistische Messabweichung (Messungenauigkeit) errechnet wurde und
- prinzipiell ein überprüfter (akkreditierter) Dienstleister die Kalibrierung durchgeführt hat.

ISO- oder auch Werkskalibrierungen können im Gegensatz dazu prinzipiell von jeder Person durchgeführt werden, die in der Lage ist, ein Messgerät fachgerecht zu bedienen, ohne entsprechend überwacht zu sein. Das heißt: DKD-Kalibrierungen bieten für einen Anwender eine größtmögliche Sicherheit. Sie sind u. a. bei Gericht als verbindlich anzusehen und international anerkannt. Dies schließt menschliche Fehler und Irrtümer natürlich nicht aus.

### 4.11.6.6 Durchführung der Kalibrierung

Die Kalibrierung erfolgt in der Regel durch interne oder externe Fachstellen. Externe Fachstellen müssen entsprechend qualifiziert sein. Sie sollten zusammen mit dem Angebot normalerweise auch die Qualifikationsnachweise für die vorgesehenen Mitarbeiter vorlegen, ebenso wie eine Liste über alle Referenzen und

Standards mit Angabe der Einsatzbereiche und Genauigkeiten, welche die Firma vorhält. Gegebenenfalls sollte eine Lieferantenbewertung vorgeschaltet werden. Dabei ist es hilfreich, wenn der Kalibrierdienstleister oder das Kalibrierlabor dem DKD angeschlossen und nach DIN EN ISO 17025 akkreditiert ist.

Grundsätzlich muss bei allen Kalibriermaßnahmen die korrekte, reproduzierbare und rückführbare Durchführung gewährleistet sein. Hierzu gehört, dass alle Personen, die Kalibrierungen durchführen, unabhängig ob firmeneigenes Personal oder externe Fachkräfte, auf die ausrüstungs- oder messgerätespezifischen Themen und die entsprechenden SOPs eingewiesen bzw. geschult sind. Über diese Schulungen sind dokumentierte Nachweise zu führen.

Ferner muss vor Beginn der Kalibrierungsarbeiten der Durchführende sich über die Eignung seiner Referenzstandards vergewissern. Das bedeutet unter anderem, keinen Messstandard zu verwenden, dessen eigene Kalibrierung (Zertifizierung) abgelaufen ist. Dabei müssen die für eine Kalibrierung eingesetzten Kalibrierstandards durch eine ununterbrochene Kette von Kalibrierungen auf die entsprechenden nationalen oder internationalen Kalibrier-Normale (z. B. nach DKD) rückführbar sein (Abb. 4.23).

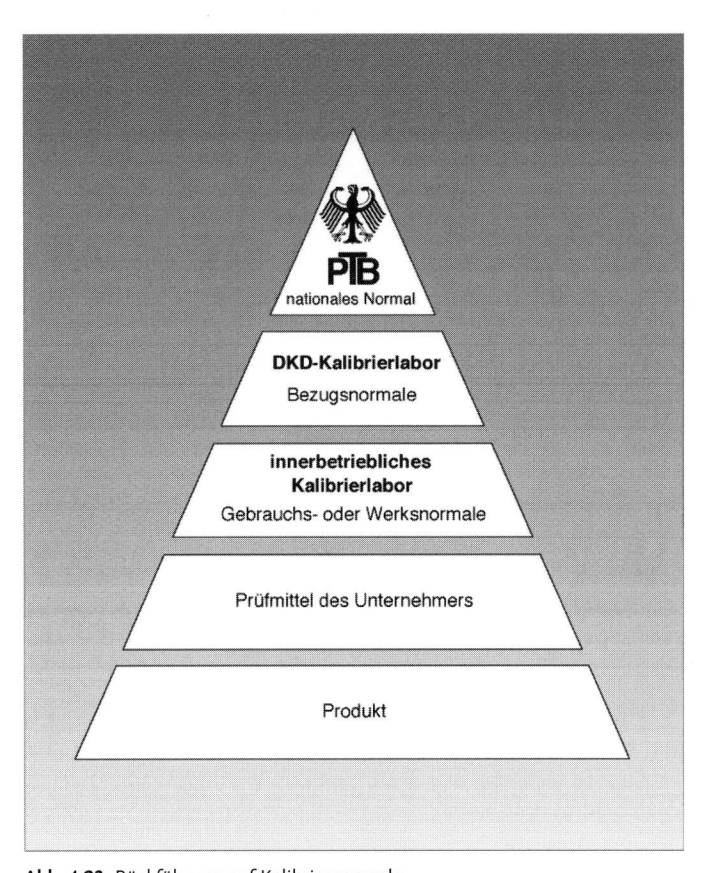

**Abb. 4.23** Rückführung auf Kalibriernormale.

„Ununterbrochen" bedeutet in diesem Zusammenhang, dass jedes Normal in der Kalibrier-Hierarchie in einer festen Beziehung zum nationalen Normal steht. Jedes Gebrauchsnormal wird regelmäßig mit dem Bezugsnormal derselben Stufe und dieses wiederum mit einem Bezugsnormal der nächst höheren Stufe verglichen. So entsteht eine geschlossene Kalibrierkette.

Sollten Kalibrierungen für Messgrößen notwendig sein, bei denen keine nationalen Normale existieren (z. B. Leitfähigkeit im Bereich von Wasser mit WFI-Qualität < 1 µS/cm), so sind diese Kalibrierungen mit etablierten Messverfahren nach Stand der Wissenschaft und Technik durchzuführen. Der benutzte Referenzstandard muss auf dem Protokoll mit Angaben über Hersteller, Typ, Serien- bzw. Zertifikat-Nummer und Genauigkeit angegeben sein. Grundsätzlich sind nach der Kalibrierung Kopien der Zertifikate der verwendeten Kalibrierstandards in die ausgefüllte Dokumentation zu integrieren.

Bei Beginn der eigentlichen Kalibriertätigkeiten muss die für die Durchführung erforderliche Dokumentation, insbesondere Kalibrierplan und -protokoll in aktueller Version zum Eintrag der Messergebnisse bereit liegen. Im Kalibrierprotokoll müssen die verwendeten Kalibrierverfahren dabei so detailliert beschrieben sein, dass sie jederzeit und vollständig nachvollziehbar sind. Sollten sich unvorhergesehen Änderungen innerhalb der Vorgehensweise bei der Kalibrierung ergeben, so müssen diese genau beschrieben und begründet werden. Zusätzliche Messbedingungen, wie z. B. die Temperatur bei temperaturabhängigen Messungen (Leitfähigkeit, pH-Messung, Feuchte oder Durchfluss), oder die Benutzung von Hilfsmitteln zur Kalibrierung (z. B. Wärmeleitpaste) müssen ebenfalls beschrieben und festgehalten werden.

Da ein Großteil von Kalibrierungen standardisiert und fast immer gleich abläuft, kann es unter Umständen hilfreich und sinnvoll sein, feste Formulierungen als Textblöcke vorzugeben, die die Durchführungsbeschreibungen einfacher und einheitlicher machen, z. B.:

– „Den Temperatursensor an der Anlage ausgebaut und zusammen mit dem Referenzfühler in einen Blockkalibrator eingesetzt. Den Blockkalibrator auf die jeweiligen Kalibrierpunkte eingestellt und nach der im Protokoll definierten Messzeit die Messwerte an den relevanten Anzeigen abgelesen." oder
– „Das Druck-Referenzmessgerät in unmittelbarer Nähe zum Messaufnehmer der Anlage adaptiert. Mit der Anlage dann den jeweiligen Prüfpunkt angefahren und nach der im Protokoll definierten Messzeit die Messwerte an den relevanten Anzeigen abgelesen."

Eine wichtige Bedingung bei allen Kalibrierungen ist, dass stets die gesamte Messkette, vom Messaufnehmer über ggf. vorhandene Messumformer bis hin zur Anzeige bzw. zum Schreiber kalibriert wird (Abb. 4.24). Dabei kann die Messkette auch ohne Fühler durch reine Sollwertvorgaben (Strom- oder Spannungssignale) für sich kalibriert werden. In diesem Fall muss dann aber auch noch der Fühler – wenn auch separat – einer Kalibrierung unterzogen werden. Alle Abweichungen von dieser Vorgehensweise, die in der Praxis durchaus vorkommt, müssen begründet und dokumentiert werden.

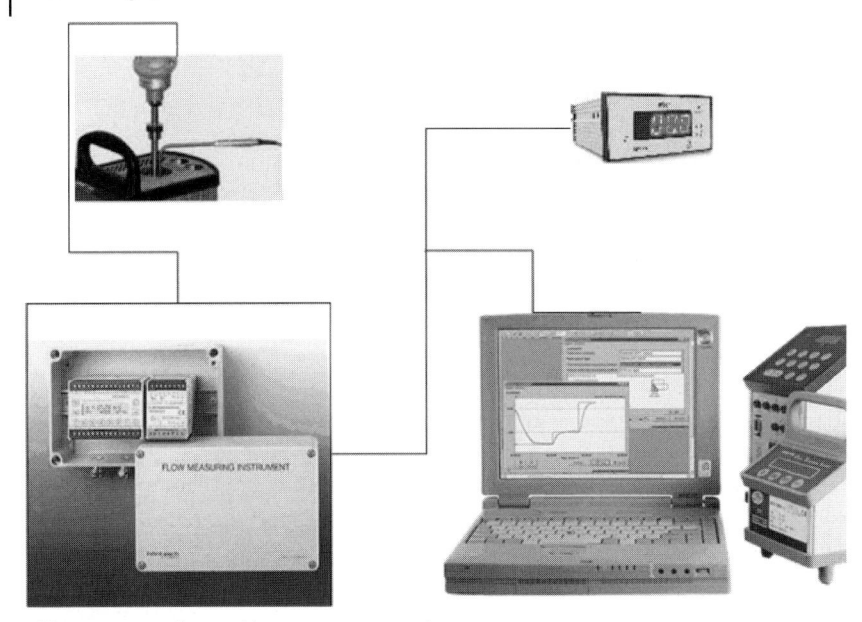

**Abb. 4.24** Beispiel zur Kalibrierung einer Messkette.

### 4.11.6.7 Datenerfassung und Auswertung

Bei einer Kalibrierung sollten immer alle Ist-Wert-Anzeigen und Schreiberausdrucke der zu kalibrierenden Messeinrichtung abgelesen bzw. erfasst und im Protokoll dokumentiert werden. Die Ausdrucke eines Schreibers müssen dem Kalibrierprotokoll als Rohdaten beigefügt werden. Sie sind als solche mit Inventar- und Messstellen-Nr. zu kennzeichnen, die Ablesezeitpunkte sind zu markieren und anhand der Skala am Schreiber auszuwerten. Alle zusätzlich aufgenommenen Rohdaten, z. B. Ergänzungen bezüglich der Umgebungsbedingungen, Vorraussetzungen für die Kalibrierung und/oder sonstige Informationen, sollten ebenfalls in den Protokollen möglichst vollständig vermerkt werden.

Bei Messeinrichtungen, die mehr Anzeigen besitzen als für die Kontrolle des Prozesses notwendig wäre, kann entschieden werden, ob alle oder nur ein Teil der Anzeigen relevant sind und somit während der Kalibrierung erfasst werden müssen. Diese Anzeigen sind in der Kalibrierungsdokumentation zu beschreiben und vor Ort zu kennzeichnen.

Die Umgebungsbedingungen wie Temperatur, relative Feuchte, Umgebungsdruck und Messzeit sollten zu Beginn jeder Kalibrierung neu aufgenommen und in dem dazugehörigen Protokoll verzeichnet werden. Dies kann z. B. mithilfe einer dafür geeigneten Wetterstation erfolgen.

Anhand der im Vorhinein definierten und im Messstellenverzeichnis aufgeführten Akzeptanzkriterien und der daraus abgeleiteten Justageschwellen muss nach der eigentlichen Durchführung der Kalibrierung eine Bewertung erfolgen. Folgende Fälle sind dabei denkbar:

– Liegt die Abweichung innerhalb des Akzeptanzkriteriums und der Justageschwelle, so kann die Kalibrierung als erfolgreich angesehen und abgeschlossen werden.
– Liegt die Abweichung außerhalb der Justageschwelle, jedoch innerhalb des Akzeptanzkriteriums, so muss in Absprache mit der im Betrieb verantwortlichen Person die weitere Vorgehensweise abgeklärt und im Kalibrierungsprotokoll beschrieben und begründet werden.
– Sollte die Abweichung außerhalb des Akzeptanzkriteriums liegen, sind umgehend Maßnahmen (ggf. Justage, neue Bauteile etc.) zur Beseitigung der Abweichung einzuleiten. Eine Rekalibrierung der defekten Messeinrichtung muss unmittelbar nach der Instandsetzung und vor der Verwendung innerhalb eines GMP-kritischen Prozesses durchgeführt werden. Insbesondere ist in diesem Fall neben dem Betrieb auch zwingend die Qualitätseinheit über die Abweichung zu informieren.

Die Entscheidung ob bei dem letzten Fall eine komplette Ausrüstung bis zur Instandsetzung der defekten Messeinrichtung für Produktionszwecke im GMP-Bereich gesperrt wird, liegt in der Verantwortung der entsprechenden Personen (z. B. Leitung Produktion und Leitung Qualitätseinheit). Zusätzlich muss gemäß dem internen Vorgehen bei „Abweichungen/Deviations" eine Bewertung der außerhalb des Akzeptanzkriteriums befindlichen Messeinrichtung erfolgen. Darüber hinaus sind von den verantwortlichen Personen die weitere Vorgehensweise und die notwendigen Maßnahmen bis hin zum ggf. notwendigen Produktrückruf festzulegen.

Sollte die Justage bzw. Reparatur einer defekten Messeinrichtung oder die darauf folgende notwendige Rekalibrierung nicht unmittelbar durchgeführt werden können, so ist die weitere Vorgehensweise ebenfalls von den verantwortlichen Personen festzulegen. Eine ggf. notwendige Sperrung und Kennzeichnung der Ausrüstung ist dabei gemäß einer internen Anweisung durchzuführen. Es kann z. B. die bereits beschriebene rote Plakette verwendet werden.

### 4.11.6.8 Abschluss der Kalibrierung

Nach einer Kalibrierung sind die durchgeführten Tätigkeiten zusätzlich in das entsprechende Logbuch der Messeinrichtung oder der kompletten Anlage einzutragen. Dabei sind Datum, Name des Durchführenden, Abteilung oder Firma und die durchgeführte Aktivität (z. B. welche Messstelle kalibriert wurde) zu dokumentieren. Der Ausführende hat diesen Eintrag mit seiner Unterschrift zu bestätigen.

Ebenso hat eine Rückmeldung an die verantwortliche Person (Betrieb oder Betriebstechnik) direkt nach Beendigung der Kalibrieraktivitäten zu erfolgen. Sollten Justageschwellen oder sogar Akzeptanzkriterien überschritten werden, so sind die verantwortlichen Personen (z. B. Leitung Produktion und/oder Qualitätseinheit) unmittelbar noch vor Beendigung der Arbeiten zu informieren.

Der im Betrieb für die Kalibrierung Verantwortliche hat die bei der Rückmeldung übergebene Dokumentation auf folgende Punkte und Fragen zu prüfen:

- Vollständigkeit (Sind alle Rohdaten, z. B. Schreiberausdrucke vorhanden?),
- Rückführbarkeit (Sind die Kopien der Zertifikate der eingesetzten Referenzgeräte mit abgelegt?),
- Korrektheit (GMP-gerechtes Ausfüllen der Dokumentation),
- Reproduzierbarkeit (Ist die Kalibrierung nachvollziehbar beschrieben und durchgeführt? Sind alle zusätzlichen Parameter dokumentiert?),
- Eindeutigkeit (Ist eine Identifikation der Dokumentation gewährleistet?).

Die für die Kalibrierung verantwortliche Person ist danach für die entsprechende Rückmeldung der ordnungsgemäßen Abarbeitung der Kalibrierung und deren Neuterminierung im überwachenden System (Excel-Liste oder EDV-System) zuständig.

#### 4.11.6.9 Funktionsprüfungen und Prüfungen nach Arzneibuch

Zusätzlich zu der „normalen" Kalibrierung gibt es gerade im Pharmaumfeld noch weitergehende Prüfungen, die keine Kalibrierung im eigentlichen normativen Sinne sind aber die durch das Arzneibuch vorgeschrieben werden. Es handelt sich hier um regelmäßig durchzuführende „Funktionsprüfungen" wie z. B. die Überprüfung der Drehzahl an einem Abriebtester oder die Funktionsüberprüfung einer Laborwaage mittels Prüfgewicht. Solche regelmäßig wiederkehrende Prüfungen könnten ebenfalls z. B. im Messstellenverzeichnis erfasst und in der Spalte „Status" als Funktionsprüfung gekennzeichnet werden. Weitere Praxis-Beispiele für solche Prüfungen wären u. a. die regelmäßige Überprüfung wichtiger Einstellpotentiometer bei Magnetrührern oder auch die Hubanzahl eines Zerfallstesters.

Auch hier ist ähnlich wie bei der Kalibrierung darauf zu achten, dass die Prüfungen korrekt und reproduzierbar durchgeführt und die Prüfabschnitte in der Dokumentation einzeln, sorgfältig und nachvollziehbar aufgeschrieben werden. Selbstverständlich müssen auch hier die eingesetzten Referenzgeräte selbst rückführbar kalibriert sein.

### 4.12
### Validierung von Herstellungsprozessen

#### 4.12.1
#### Validierung von Herstellungsprozessen – ein Überblick

Nachdem in den vorangegangenen Abschnitten die technische Anlagenqualifizierung im Vordergrund stand, soll nun zur Abrundung auch das Thema der Verfahrensvalidierung – zumindest im Überblick – kurz beleuchtet werden: Jenes Thema, welches von der regulatorischen Seite bisher am meisten Beachtung fand und in den entsprechenden Richtlinien und Empfehlungen am intensivsten beschrieben wird.

Unter der Validierung von Herstellungsprozessen (synonym Prozessvalidierung) versteht man den dokumentierten Nachweis der Eignung bestimmter Verfahren oder Verfahrensabschnitte, ein Produkt unter Einhaltung vorgegebener Prozessparametergrenzen in einer definierten gleichbleibenden Qualität herzustellen [122, 123].

Das Führen dieses Nachweises ist an eine Vielzahl verbindlicher Voraussetzungen gebunden, von denen ein Teil wiederum Validierungsaktivitäten sind. Diese werden an anderer Stelle in diesem Buch näher erklärt. Eine Übersicht ist in Abb. 4.25 dargestellt.

Im Rahmen der Arzneimittelentwicklung durchläuft ein Herstellungsprozess verschiedene Entwicklungsstufen und Produktionsmaßstäbe. Die Anforderung den Prozess zumindest in Teilen nach den Grundsätzen einer Guten Herstellungspraxis (GMP) zu führen, beginnt oft schon mit der Herstellung von Material für die pharmakologisch-toxikologischen Untersuchungen. Die Produktion wird in der Regel in einem Technikum realisiert. Der nächste Schritt, die Herstellung klinischer Prüfware, erfolgt zumeist ebenfalls im Technikum oder in einer Pilotanlage. Mit dem Eintritt in die klinische Prüfung Phase III wird bereits der Anspruch erhoben, das Arzneimittel in dem Maßstab herzustellen, der dem späteren Produktionsmaßstab entspricht. Dazu wird der Herstellungsprozess in der Regel in die Produktionsanlage übertragen, mit der nach der Zulassung auch die Marktversorgung sichergestellt werden soll.

Die regulatorische Anforderung validierte Prozesse einzusetzen, besteht von der Produktion klinischer Prüfware an [124, 125]. Die dafür notwendigen Aktivitäten sind grundsätzlich in zwei übergeordnete Abschnitte unterteilt: die Validierung kritischer Prozessschritte und den Beweis der Reproduzierbarkeit des Verfahrens. Der erfolgreiche Abschluss aller Validierungsaktivitäten muss für die Herstellung von Arzneimitteln zeitlich gesehen mit der Markteinführung erfolgen (Abb. 4.26). Für Wirkstoffe und biologisch hergestellte Wirkstoffe und Arzneimittel sollte der validierte Zustand der Herstellungsprozesse mit der Einreichung der Zulassungsunterlagen dokumentiert sein [126].

Idealerweise werden kritische Prozessschritte bereits in der Entwicklungsphase eines Prozesses erkannt, eine entsprechende Definition der Prozessparametergrenzen oder das bewusste Einführen von Fehlern oder Verunreinigungen mit dem Ziel, Fehlergrenzen zu ermitteln, ist also zum Zeitpunkt der Validierung bereits abgearbeitet. Innerhalb dieser Grenzen werden Akzeptanzkriterien für die Validierung festgelegt. Es handelt sich dabei um Wertebereiche, unter deren Einhaltung die Produktspezifikationen – das sind die festgeschriebenen physikalischen, chemischen und biologischen Eigenschaften eines Zwischen- oder Endprodukts – verbindlich erreicht werden. Ein Prozess gilt dann als erfolgreich validiert, wenn die Produktspezifikation unter Einhaltung aller für die Validierung festgelegten Akzeptanzkriterien reproduzierbar erfüllt wird [122].

Bereits für die Produktion klinischer Prüfware besteht die Anforderung Prozessrisiken, die sich auf die Sicherheit des Arzneimittels auswirken könnten, sicher auszuschließen. Prozessschritte, bei denen entsprechende Risiken auftreten, werden mittels Risikoanalyse identifiziert und sind zu validieren. Dazu zählen

# 324 | 4 Validierungs-„How-to-do"

**Voraussetzungen für eine erfolgreiche Prozessvalidierung**

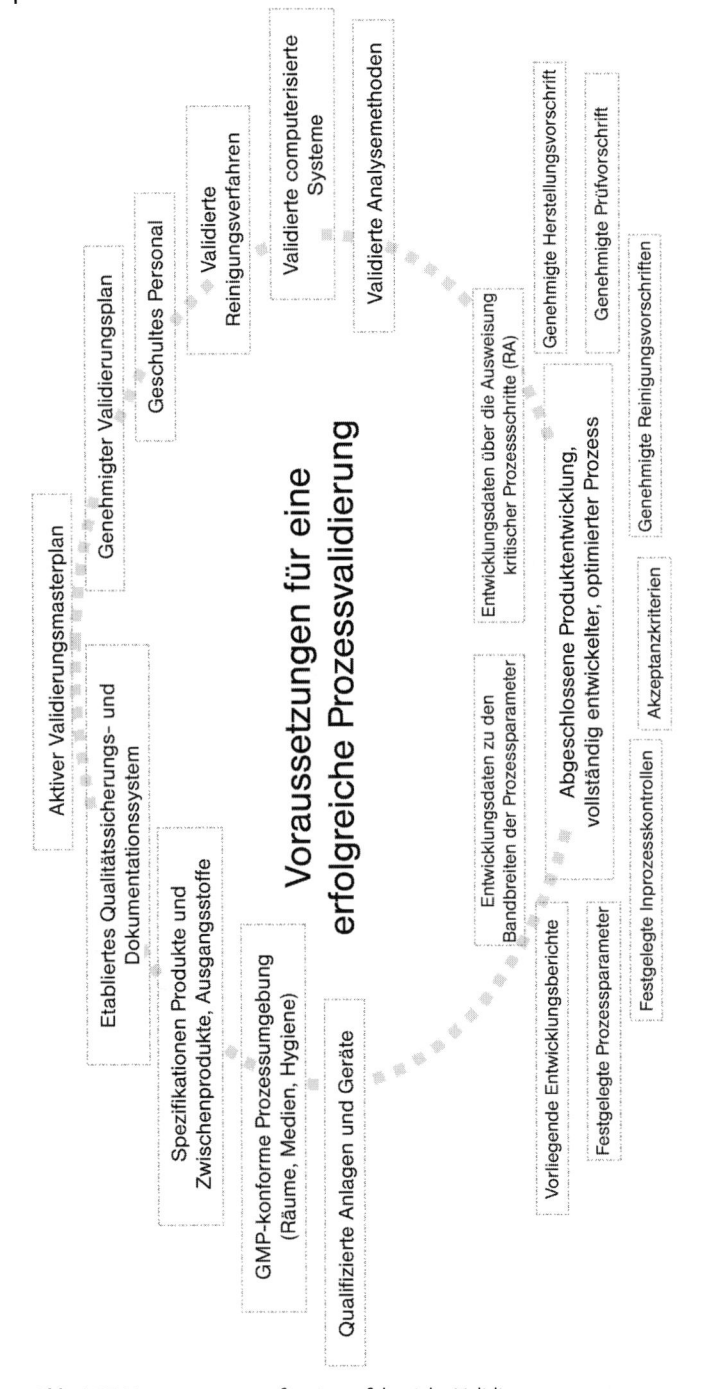

- Aktiver Validierungsmasterplan
- Genehmigter Validierungsplan
- Geschultes Personal
- Validierte Reinigungsverfahren
- Validierte computerisierte Systeme
- Validierte Analysemethoden
- Genehmigte Herstellungsvorschrift
- Genehmigte Prüfvorschrift
- Genehmigte Reinigungsvorschriften
- Akzeptanzkriterien
- Entwicklungsdaten über die Ausweisung kritischer Prozessschritte (RA)
- Abgeschlossene Produktentwicklung, vollständig entwickelter, optimierter Prozess
- Entwicklungsdaten zu den Bandbreiten der Prozessparameter
- Festgelegte Inprozesskontrollen
- Festgelegte Prozessparameter
- Vorliegende Entwicklungsberichte
- Qualifizierte Anlagen und Geräte
- GMP-konforme Prozessumgebung (Räume, Medien, Hygiene)
- Spezifikationen Produkte und Zwischenprodukte, Ausgangsstoffe
- Etabliertes Qualitätssicherungs- und Dokumentationssystem

**Abb. 4.25** Voraussetzungen für eine erfolgreiche Validierung.

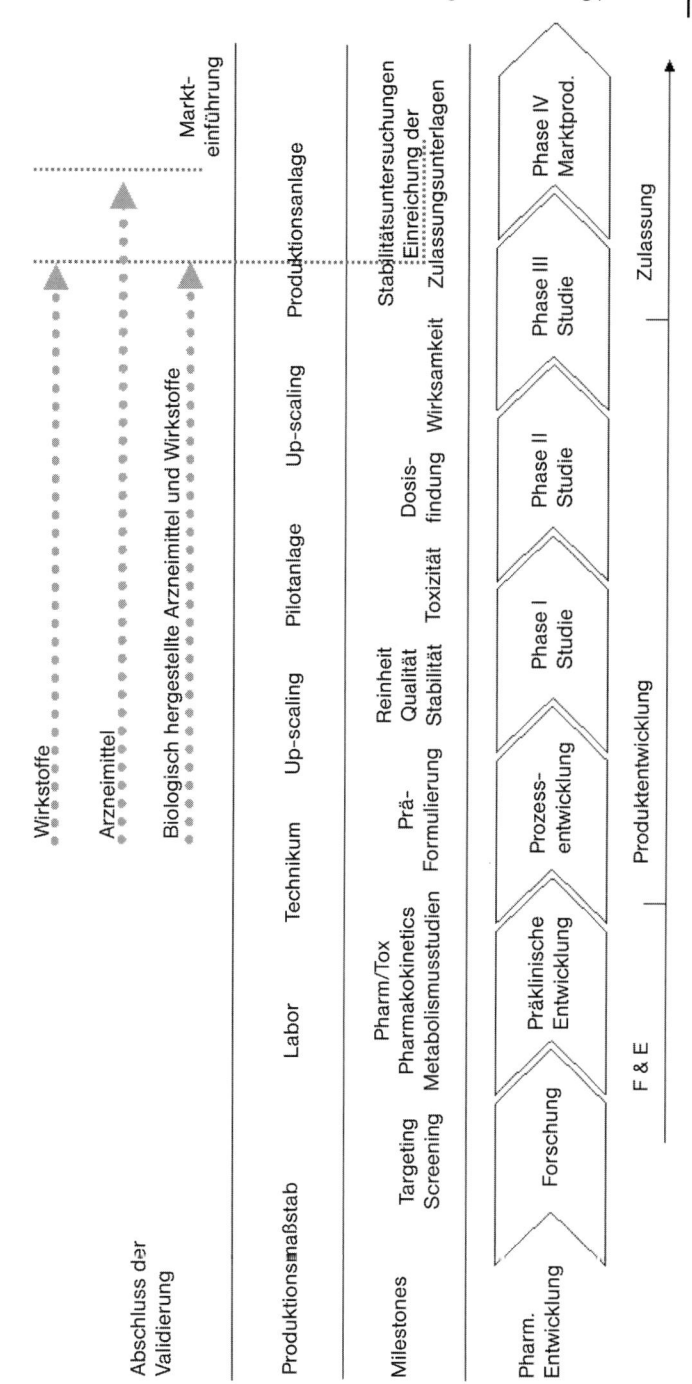

**Abb. 4.26** Zuordnung und Abschluss von Validierungsaktivitäten.

beispielsweise die Abreicherung oder Vermeidung von Kontaminationen bzw. von toxischen Nebenprodukten. Da sich die Produktionsmaßstäbe auf dem Weg zur Zulassung, wie beschrieben, mehrfach verändern, ist es ggf. erforderlich, die Risikoanalyse bei den jeweiligen Kapazitätserweiterungen mit Blick auf eventuell neu eingeführte kritische Prozessschritte zu erweitern. Idealerweise sind die notwendigen Kapazitätserhöhungen in der Entwicklung des Prozesses bereits berücksichtigt worden und können geplant und gut kontrolliert vorgenommen werden. Der Beweis der Reproduzierbarkeit wird in der Regel mit dem vollständig entwickelten Prozess im Produktionsmaßstab durchgeführt. Hier, wie auch bei den kritischen Prozessschritten leitet sich der Gesamtaufwand für die Validierung direkt aus den Festlegungen in der Risikoanalyse „Herstellungsverfahren" (s. auch Abschnitt 4.7.5.1) ab.

### 4.12.2
**Formalrechtliche Anforderungen an die Prozessvalidierung**

Die Anforderungen an die Qualität von Arzneimitteln und damit an ihre Herstellung sind in den Rechtsräumen der großen Pharmamärkte gesetzlich verbindlich geregelt. Ein umfassender Überblick über die rechtlichen Grundlagen wurde bereits in Abschnitt 2.3 gegeben. Die Prozessvalidierung gilt dabei als ein wesentlicher Bestandteil des Qualitätssicherungssystems eines pharmazeutischen Herstellers. Konkreter Bezug für den Europäischen Rechtsraum findet sich im Annex 15 des EU-GMP-Leitfadens (2003/94/EC – *„GMP principles for human medicinal products"*) [122] und in der „Note for Guidance on Process Validation" der EMEA (CPMP/QWP/848/96 vom März 2001) [124]. Als ebenso zutreffend werden hier die Dokumente der PIC (PE 009-II [127], PI 006-3 [128], PI 007-3 [129]) angesehen. Im US-amerikanischen und im asiatischen Raum bestehen ebenfalls entsprechende gesetzliche Vorgaben, die ihre Auslegung in einer Reihe spezifischer Richtlinien finden [123]. Abschließend sei erwähnt, dass für den Bereich der Herstellung von Wirkstoffen die Inhalte des Dokuments Q7A der ICH übergeordnete Anerkennung finden [130].

### 4.12.3
**Wertschöpfung durch Validierung**

Der Lebenszyklus eines Arzneimittels kann auch als Wertschöpfungskette betrachtet werden. Ein Fixpunkt in dieser Wertschöpfungskette ist die Zulassung. Während sich nach der Zulassung der Wert eines bestimmten Produkts zumeist an seinem Umsatz im Markt orientiert, definiert sich der Wert einer Arzneimittelentwicklung in der Regel durch die Qualität, mit der die einzelnen Entwicklungsaufgaben bearbeitet und dokumentiert werden. Die Validität des Herstellungsverfahrens spielt hierbei eine entscheidende Rolle. Per definitionem beschreibt sie den Beweis für die Eignung des Produktionsverfahrens und erhöht die Werthaltigkeit eines Entwicklungsprozesses.

Die erfolgreiche Prozessvalidierung ist der verbindliche Nachweis dafür, dass Entwicklungs- und Optimierungsphase für das avisierte Produkt zunächst abgeschlossen sind. Zusätzlich lassen sich validierte Prozesse durch das erarbeitete Know-how und die vorhandene Dokumentation leichter transferieren; spätere Validierungsaktivitäten an anderer Stelle sind aufgrund der gegebenen Datenbasis schnell und effizient abzuarbeiten [131]. Dies schafft Standortoptionen und verbessert damit die Flexibilität des pharmazeutischen Unternehmers. Geht man davon aus, dass eine erhebliche Anzahl pharmazeutischer Projekte vor der Zulassung den Eigentümer wechselt, bringt gerade der Qualitätsbeweis, über ein teilweise oder vollständig validiertes Verfahren zu verfügen, einen besonderen Wertzuwachs.

Im Gegensatz dazu wird ein Verfahren seinen Wert teilweise einbüßen, wenn die Zulassung aufgrund ungenügender oder fehlender Validierung des Herstellungsprozesses nicht erreicht oder verzögert wird. Ein Aspekt, dem normalerweise im Rahmen einer „Due-Dilligence"-Prüfung eine hohe Bedeutung zukommt.

### 4.12.4
**Voraussetzungen für die Prozessvalidierung**

Die Prozessvalidierung ist die abschließende Aktivität zur Komplettierung eines Datensatzes für eine Arzneimittelzulassung. Alle anderen verbindlich geforderten Qualifizierungs- und Validierungsaktivitäten liegen zeitlich gesehen früher. Dies ist auch grundsätzlich einsichtig, da bei der Beweisführung für einen validen Prozess nur geprüfte, in sich valide Begleitverfahren die Verlässlichkeit der Gesamtaussage unterstützen können. Aus dieser Sicht sind alle weiteren Validierungsaktivitäten vor oder mit der Prozessvalidierung selbst abzuschließen [122, 126]. Sie können als Voraussetzung für diese angesehen werden. Angesprochen sind hierbei die Qualifizierung von Räumen, Anlagen und Geräten (s. Abschnitt 4.8), die Validierung von Reinigungsverfahren, die Validierung analytischer Methoden und die Validierung computerisierter Systeme (s. Abschnitt 4.13). Eine zeitliche Einordnung dieser Aufgaben ist in Abb. 4.27 gezeigt.

Validierungsaktivitäten sind aber nur ein Teil der Voraussetzungen für eine erfolgreiche Prozessvalidierung. Ein weiterer wichtiger Aspekt ist der vollständige, formal dokumentierte Abschluss der Prozessentwicklung. Die Pharmaindustrie steht heute unter einem immensen Zeitdruck. Ein häufig daraus resultierender Fehler ist, dass die Prozessvalidierung begonnen wird, bevor die eigentliche Entwicklungs- und die Optimierungsphase des betrachteten Prozesses abgeschlossen sind. Die einzelnen Phasen, die in ihrer Gesamtheit den Lebenszyklus eines Prozesses beschreiben, sind in Abb. 4.28 gezeigt.

Innerhalb der Validierung werden grundsätzlich keine Entwicklungs- oder Optimierungsarbeiten abgehandelt. Wird dies nicht berücksichtigt, besteht das Risiko, dass die Prozessvalidierung aufgrund nicht erwarteter Ergebnisse – diese sind im formalen Sinne als Abweichungen von den Akzeptanzkriterien zu bewerten – nicht erfolgreich beendet werden kann.

# 328 | 4 Validierungs-„How-to-do"

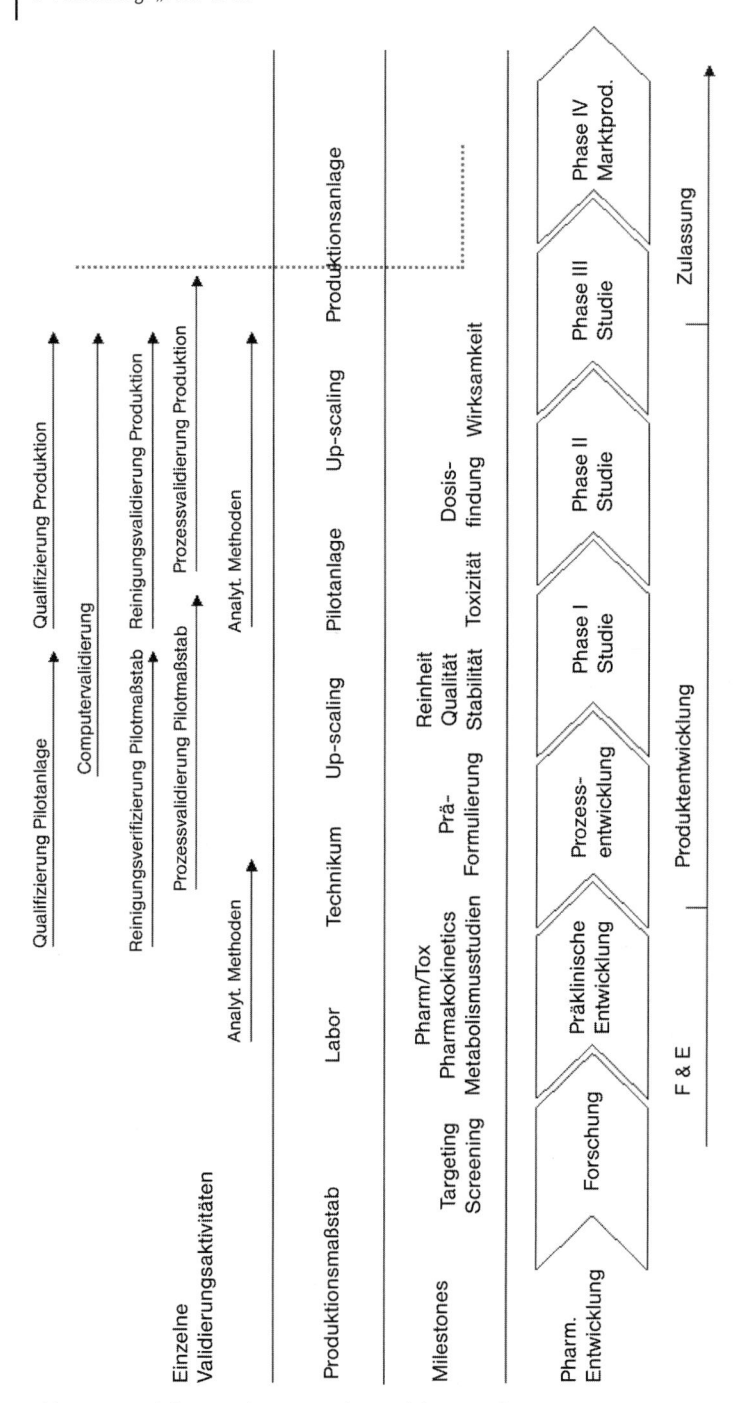

**Abb. 4.27** Zeitliche Zuordnung einzelner Validierungsaktivitäten.

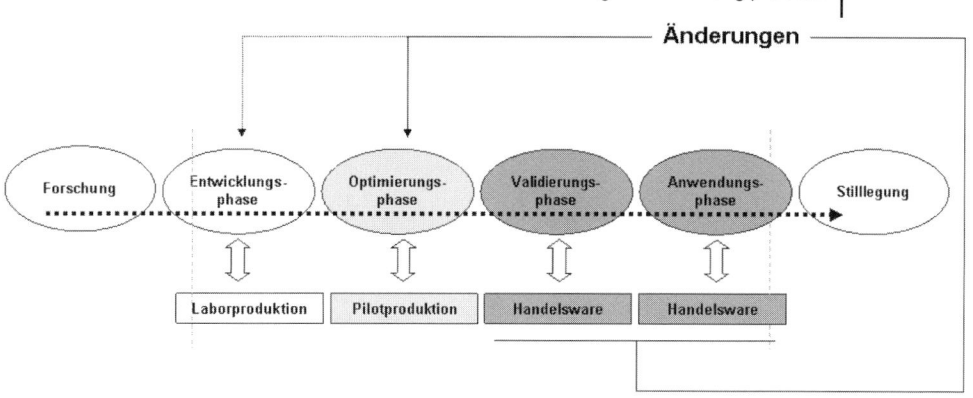

**Abb. 4.28** Lebenszyklus eines Prozesses.

Eine Prozessentwicklung ist dann abgeschlossen, wenn die gesamte Prozessführung lückenlos festgeschrieben ist. Alle Einzelparameter sind definiert; für den Routineprozess wurden akzeptable Bandbreiten (PAR, „proven acceptable range") festgelegt. Diese Anforderung gilt für Prozessparameter, wie auch für Inprozesskontrollen und Spezifikationen. Es ist wichtig zu beachten, dass die Festlegung dieser Wertebereiche Teil der Prozessentwicklung ist. Ebenso verhält es sich mit der Charakterisierung kritischer Prozessschritte. Auch hier wird relevantes Prozesswissen im Rahmen der Entwicklung erarbeitet, sodass in der Validierung ausschließlich bereits bekannte Sachverhalte „bewiesen" werden.

Ein geeignetes Werkzeug, um nicht abgeschlossene Entwicklungs- oder Optimierungsaktivitäten zu erkennen, ist eine Risikoanalyse. Diese stellt den Übergang zur eigentlichen Durchführung der Prozessvalidierung dar. In dieser Risikoanalyse ist es wichtig, die Frage zu stellen, ob ein definierter Prozessschritt oder -parameter in Bezug auf die Qualität des resultierenden Prozesszwischenprodukts ausreichend charakterisiert ist. Ergibt sich aus dieser Frage ein Bedarf für weitere Aktivitäten, sollten diese der Prozessentwicklung zugeschlagen, abgearbeitet und vollständig beschrieben werden. Erst wenn hier alle Informationsbedürfnisse befriedigt sind, kann die Risikoanalyse erneut unter dem Fokus des eigentlichen Validierungsanspruchs aufgenommen werden. Es ist empfehlenswert, den Abschluss der Entwicklung und die Optimierung eines Verfahrens eindeutig (formal) zu belegen. Als Standarddokument dient dafür in der Regel ein „abschließender Entwicklungsbericht".

Für den weiteren Ablauf ist es essenziell, wichtige Informationen so zur Verfügung zu stellen, dass sie dem Validierungsteam zugänglich sind. Üblicherweise werden hierzu Berichte, Beschreibungen, Anweisungen, technische Dokumentationen, Präsentationen und Übersichten herangezogen. Einem Dokument, dem Prozessfließbild, kommt in diesem Zusammenhang eine besondere Bedeutung zu. Es ist idealerweise normgerecht erstellt und liegt aktuell vor, um als Grundlage für die Strukturierung der weiteren Aktivitäten im Validierungsteam und als Basis für die Diskussion in der Risikoanalyse zu dienen.

## 4.12.5
**Prozessvalidierung – Planung**

Die Planung der Prozessvalidierung wird als Bestandteil der übergeordneten Validierungsplanung im Validierungsmasterplan beschrieben. Ein Teil davon ist das Validierungskonzept, das die einzelnen Aktivitäten bei der Abarbeitung, u. a. der Prozessvalidierung in der Form von Anweisungen regelt. Eine Übersicht über konkrete Einzelaktivitäten, versehen mit Zeit- und Ressourcenangaben, wird in einem Projektplan niedergelegt. Details zu den hier genannten Planungswerkzeugen finden sich in Abschnitt 4.6.

Verantwortlich für die Prozessvalidierung ist aufseiten des Arzneimittelherstellers die „Sachkundige Person" („Qualified Person"), bei den Wirkstoffherstellern der Herstellungsleiter. Sie delegieren ihre Aufgaben, nicht aber ihre Verantwortung, üblicherweise an einen Validierungskoordinator. Dieser steuert bzw. bearbeitet die notwendigen Aktivitäten unter Einbeziehung eines Validierungsteams. An dieses Team wird der Anspruch gestellt, dass es über ausreichendes Wissen verfügt, um die Validierungsaufgaben qualitätsorientiert und richtlinienkonform abzuarbeiten. Die Mitglieder des Validierungsteams werden vom Validierungskoordinator nach diesem Grundsatz benannt. Eine Minimalbesetzung für eine Prozessvalidierung besteht aus jeweils mindestens einem mit dem Prozess vertrauten und erfahrenen Vertreter aus der Produktion, der Qualitätskontrolle, der Qualitätssicherung und der Technik.

Daneben beinhaltet die Validierungsplanung auch die Verbindlichkeit, einen übergeordneten Zeitplan für die Durchführung der Validierungsaktivitäten anzugeben. Dieser sollte mit großer Sorgfalt erstellt werden. Hinter den einzelnen Validierungsaktivitäten steht ein erheblicher Zeitaufwand, der im Rahmen der Planung zumeist unterschätzt wird.

## 4.12.6
**Prozessvalidierung – Aktivitäten**

Die erste Tätigkeit des Validierungsteams ist die Festlegung einer sinnvollen Untergliederung des Prozesses in einzelne Teilabschnitte. Diese werden anschließend im Rahmen der im Validierungskonzept formalisierten Vorgehensweise abgearbeitet und dokumentiert. Als feste Bestandteile der Abarbeitung und somit als Kernstück jeder Prozessvalidierung sind die Risikoanalyse und die Durchführung der Validierung selbst anzusehen. Aus der Sicht einer richtlinienkonformen Dokumentation müssen im Rahmen dieser Schritte mindestens die schriftliche Niederlegung der Risikoanalyse, ein Validierungsplan und ein Validierungsbericht entstehen. Diese Dokumente sind Teil der gelenkten Dokumentation des pharmazeutischen Unternehmers, sie durchlaufen das in der Pharmaindustrie formalisierte Verfahren der Erstellung, Prüfung und Freigabe und können bei gegebenem Anlass einer Revision unterliegen [125]. Ein Überblick über die Aktivitäten und die damit verbundene Dokumentation, wie sie auch in den nachfolgenden Abschnitten im Detail beschrieben werden, ist in Abb. 4.29 gezeigt.

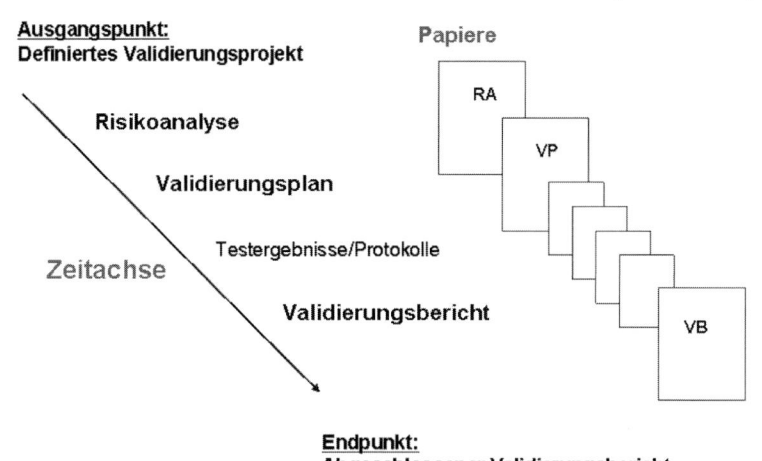

**Abb. 4.29** Generelle Struktur und Ablauf einer Validierung.

## 4.12.7
**Prozessvalidierung – Risikoanalyse**

Die verschiedenen Methoden zur Durchführung einer Risikoanalyse und die konkrete Vorgehensweise bei einer Prozessrisikoanalyse sind an anderer Stelle in diesem Buch im Detail beschrieben. Grundsätzlich eignen sich für die Prozessvalidierung Risikoanalysen nach FMEA [132, 133] oder HACCP. Beide Methoden sind auch in zutreffenden Richtlinien als Standards zitiert [134]. Bei klassisch pharmazeutischen Prozessen empfiehlt es sich, der FMEA-Methode den Vorzug einzuräumen. Die freie Risikoanalyse ist ebenso anerkannt, jedoch muss deren Methodik in jedem Fall konkret beschrieben bzw. nachvollziehbar vorgegeben sein. Das Validierungsteam sollte vor der Durchführung der Risikoanalyse zur Vorgehensweise geschult und die Schulung nachweislich dokumentiert worden sein.

Die Prozessrisikoanalyse erfüllt immer den Anspruch, eine Detailrisikoanalyse zu sein. Da die pharmazeutischen Herstellungsprozesse sehr komplex sein können und langwierige, umfangreiche Prozesse ggf. viele einzelne Prozessschritte enthalten, kommt der Erhaltung der Übersichtlichkeit eine hohe Bedeutung zu. Um diese zu bewahren, ist es erforderlich, den Prozess in sinnvolle Abschnitte zu gliedern. Eine entsprechende Unterteilung wird durch das Validierungsteam vorgenommen. Als Grundlage dazu dienen verfügbare Prozessübersichten, beispielsweise das oben angesprochene Prozessfließbild. Empfehlenswert für die Unterteilung eines betrachteten Prozesses ist es, Prozessabschnitte so festzulegen, dass an deren Ende ein definiertes Zwischenprodukt steht, das als ein solches durch Spezifikationen charakterisiert ist. Wird bei der Prozessentwicklung darauf geachtet, eine ausreichende Anzahl solcher Zwischenprodukte einzuführen, ist es eine logische Konsequenz, sie zur Definition sinnvoller Prozessabschnitte heranzuziehen. Der so getroffenen Unterteilung folgt die geforderte Dokumentation entweder in einem der Planungswerkzeuge oder in den relevanten Risikoanalysen selbst [128]. Jeder Prozessabschnitt unterliegt einer Risikoanalyse, insgesamt wird der Prozess vollständig abgedeckt. Unabhängig von Methode, Risikodiskussion und -bewertung spielt die Dokumentation dabei eine große Rolle. Sie ist so zu erstellen, dass die Ergebnisse jeder einzelnen Detaildiskussion abgebildet werden. Es folgt ein Beispiel für eine anforderungsgerechte Gliederung einer Prozessrisikoanalyse:

– Verantwortlichkeiten,
– Festlegung des Validierungsteams,
– Festlegung der Methoden,
– Referenzdokumente,
– Definition von Standards, Begriffsdefinitionen,
– Definition des Umfangs,
– Untergliederung des Umfangs,
– ggf. Bewertungshilfen,
– Auflistung der Einzelrisiken,
– Besprechung und Bewertung der Einzelrisiken,
– Zusammenfassung der Ergebnisse.

Jede dieser Risikoanalysen schließt auf der Dokumentenebene mit einer Zusammenfassung der Ergebnisse ab. Hierin werden die Einzelpunkte, die verbindlich in die Prozessvalidierung eingehen müssen, konkret aufgelistet.

Das Kernstück der Risikoanalyse ist die Detaildiskussion möglicher Risiken. Dies ist ein sehr aufwändiger Vorgang, der je nach Komplexität des betrachteten Prozesses einen erheblichen Zeitbedarf in Anspruch nehmen kann. Um die Diskussion effektiv zu gestalten, ist es wichtig, die zu betrachtenden Risiken konsequent auf den gegebenen Rahmen der Prozessvalidierung einzuschränken. Daher werden ausschließlich Prozessrisiken und ggf. direkt mit dem Prozess verbundene Produktrisiken betrachtet. Übergeordnete Risiken sind in diesem Zusammenhang:

– mögliche Abweichungen vom festgelegten, reproduzierbaren Prozess,
– mögliche chemische, physikalische und mikrobiologische Kontaminationen und
– mögliche Abweichungen von den vorgegebenen Spezifikationen.

Ihre Detaildiskussion wird ausschließlich auf den Produktionsprozess und die mit ihm verbundenen qualitätsrelevanten Schnittstellen oder Nebenprozesse projiziert [122, 126]. Es folgen Beispiele für solche logistischen oder Schnittstellen und Nebenprozesse, die im Sinne der Vollständigkeit in die Prozessvalidierung einzubeziehen sind:

– Anlagentechnik,
– Ausgangs-, Roh- und Hilfsstoffe,
– Verbrauchsmaterialien,
– Lagerung und Transport,
– Personal und Umgebung,
– Medien,

- Reinigungsverfahren,
- Sterilisationsverfahren,
- analytische Verfahren,
- IT-Systeme.

Das Ziel der Risikodiskussion ist es, Risiken zu identifizieren und mittels geeigneter Maßnahmen zu vermeiden. In der Regel werden darunter organisatorische oder technische Lösungen verstanden. Überall dort, wo bei qualitätsrelevanten Schritten solche Maßnahmen nicht anwendbar sind, greift die Validierung als Beweisführung für die Einhaltung der vorgegebenen Prozessführung. Der validierte Zustand eines Systems (z. B. einer Anlage, einer Anlagensteuerung, eines Prozessabschnitts, eines Reinigungsverfahrens, einer Analysenmethode oder eines computerisierten Systems) ist im pharmazeutischen Hintergrund als oberster Qualitätsbeweis anzusehen. Befinden sich Schnittstellen oder Nebenprozesse im validierten Zustand, so werden diese im Rahmen der Prozessrisikoanalyse nicht mehr weiter hinterfragt.

### 4.12.8
**Prospektive Prozessvalidierung –
Vorgehensweise bei der Durchführung der Validierungsaktivitäten**

Die Festlegung, welche Prozessabschnitte der Validierung unterliegen, wurde bereits in der Risikoanalyse getroffen und wird aus dieser übernommen. Die verschiedenen Methoden der Validierung sind in Abschnitt 3.2.3 dieses Buchs beschrieben. Inhaltlich sind dabei die prospektive und die begleitende Validierung eines Prozesses gleichzusetzen. Sie unterscheiden sich nur in der Zeitschiene: Bei der prospektiven Prozessvalidierung, die den Standard in der pharmazeutischen Herstellung darstellt, werden die Validierungsaktivitäten vor der Vermarktung des Produkts vollständig abgeschlossen; bei der begleitenden Prozessvalidierung gehen die Aktivitäten mit dem Vertrieb der ersten Marktchargen einher [122, 126]. Das Dokumentationsformat ist für beide Vorgehensweisen gleich. Im Folgenden sind einige beispielhafte Situationen aufgelistet, aus denen sich die Notwendigkeit für eine begleitende Validierung ergeben kann:
- Produkt mit veränderter Wirkstoffkonzentration,
- Produkt mit veränderter Tablettenform,
- Produkte mit eingeschränkter Verfügbarkeit der Ausgangsstoffe,
- Produkte mit konkreten Produktionsbeschränkungen.

Die Entscheidung, die zu einer begleitenden Validierung führt, ist zu dokumentieren.

Werden vollständig gleichartig verlaufende Prozesse oder Prozessabschnitte im Rahmen einer Validierung betrachtet, so können diese zusammengefasst werden. Grundsätzlich handelt es sich dabei um eine Bildung von Gruppen. Aus jeder Gruppe ist der jeweilig am schwersten zu kontrollierende Prozess auszuwählen und zu validieren. Dieses Vorgehen wird „Bracketing" genannt. Es muss sinnvoll begründet und im Validierungsplan dokumentiert werden.

Eine grundsätzlich akzeptierte Art der Validierungsprüfung ist das sogenannte „Herausfordern" (der sogenannte „Challenge"-Test) eines bestimmten Prozessabschnitts. Dabei werden Maßnahmen, die im Rahmen der Entwicklung des Prozesses zu dem Zweck eingeführt wurden, bekannte bzw. wahrscheinliche Fehler (beispielsweise eine Abweichung oder Verunreinigung) zu verhindern, dadurch überprüft, dass der bekannte oder wahrscheinliche Fehler wissentlich in den Prozess eingeführt wird [134]. Dem gleichzusetzen ist das beabsichtigte „Anfahren" von den im Rahmen der Entwicklung festgelegten Prozessgrenzen. Als Akzeptanzkriterien gelten jeweils die im Standardprozess definierten Prozessparameter, Inprozesskontrollen und Spezifikationen oder spezifische, innerhalb der Validierung zusätzlich gemessene Werte.

Eine neue Entwicklung im Bereich der Prozessanalytik zielt darauf ab, die klassischen Ansätze in der Verfahrensvalidierung abzulösen. Die Einführung von modernen „Prozessanalysetechnologien" („process analytical technologies", PAT) soll dafür sorgen, dass der pharmazeutische Hersteller durch umfangreiche, dauerhaft im Prozess etablierte Kontrollen eine kontinuierliche Prozess- und Qualitätsüberwachung der Spezifikationen und Inprozesskontrollen für das Arzneimittel realisiert [132, 135]. Die Idee dahinter ist den Prozess intensiv zu charakterisieren und ihn dadurch bereits am Ende der Entwicklung sehr gut zu kennen. Die Kenntnis relevanter Prozessverlaufswerte und ihrer Abhängigkeit untereinander soll dazu führen, den Prozess innerhalb vordefinierter Verlaufskurven zu steuern, welche immer die Verrechnung mehrerer relevanter Parameter beschreiben. Der vorgesehene Prozessverlauf wird damit mehrdimensional beschrieben; für den Prozess ergibt sich ein sogenannter „Design Space", eine flexible Bandbreite von Prozesswerten, innerhalb derer sich der Prozess bewegen darf. Die Nutzung von PAT verändert die Ausrichtung der Prozessvalidierung und die Wertigkeit der einzelnen Aktivitäten. Die in der Entwicklung untersuchten gegenseitigen Einflüsse oder Beziehungen der mittels PAT gemessenen Werte aufeinander sind unter Beweis zu stellen. Dies erhöht die Wertigkeit der Betrachtung kritischer Prozessschritte und kann mit den genannten konventionellen Vorgehensweisen abgearbeitet werden.

Die Prozessvalidierung führt in Bezug auf ein betrachtetes Verfahren immer zwei Beweise:

1. Schwer kontrollierbare, für die Qualität des Produkts kritische Prozessschritte folgen sicher einem vordefinierten und bekannten Prozessablauf.
2. Der Gesamtprozess ist in sich uneingeschränkt reproduzierbar und führt in gleichbleibender Qualität zu einem spezifikationsgerechten Produkt.

Der erste Beweis kann in der Umsetzung eine Vielzahl unterschiedlicher Vorgehensweisen beinhalten. Als Standard ist eine vermehrte Probennahme oder der Einsatz zusätzlicher Messsonden anzusehen. Ebenso üblich ist die Belastung eines Prozessablaufs in Form der oben bereits genannten „Challenge"-Tests. Die Ergebnisse müssen dabei immer vordefinierten Akzeptanzkriterien genügen. Zugrunde gelegt wird dabei die Auswertung eines repräsentativen, ggf. statistisch abgesicherten Datenbestands [131, 136]. Die Verwendung von Modellsystemen zur Durchführung eines Tests ist grundsätzlich möglich („Scale-down"-Modelle), muss aber eindeutig und nachvollziehbar begründet sein. Die Auslagerung be-

**Tab. 4.7** Validierung kritischer Prozessschritte (Beispiele).

| Kritische Prüfsituation, kritischer Prozessschritt | Maßnahmen |
| --- | --- |
| Mischen | vermehrte Probennahme |
| Durchfrieren | Temperaturmessung im Produkt |
| Waschen | Nachweis der Abreicherung einer definierten Verunreinigung |
| Abweichung von Messparametern (Größe, Temperatur) | zusätzliche Messpunkte |
| Haltezeiten | Nachweis der Einhaltung der Spezifikation bei bewusstem Anfahren der Grenzwerte |
| Auftreten von Nebenprodukten | spezifische Untersuchungen |
| Erkennung/Beseitigung von Fehlern | Einbau des spezifischen Fehlers in den Prozess |

sonders komplizierter oder risikobehafteter Testdurchläufe zu einem geeigneten (externen) Dienstleister ist ebenso üblich. Einige Beispiele, wie für eine konkrete Prozesssituation bzw. einen kritischen pharmazeutischen Prozessschritt eine Validierung durchgeführt werden kann, sind in Tab. 4.7 beschrieben.

Der zweite Beweis, der Nachweis der Reproduzierbarkeit des Prozesses, gilt als die klassische Validierungsaktivität in der pharmazeutischen Industrie. Er wird dadurch geleistet, dass eine aussagekräftige Anzahl an direkt aufeinanderfolgenden Prozessdurchläufen innerhalb der vordefinierten Akzeptanzkriterien geführt wird und in spezifikationsgerechten Zwischen- und Endprodukten resultiert. Beide Nachweise zusammen definieren einen validierten Prozess.

### 4.12.9
**Prospektive Prozessvalidierung – Kritische Prozessschritte**

Die Entwicklung eines Prozesses zur Herstellung eines Arzneimittels umfasst die Phasen der klinischen Prüfungen. Ab der Anwendung am Menschen (ab klinischen Studien der Phase I) besteht die verbindliche Verpflichtung, die Herstellung unter GMP-Bedingungen zu realisieren. In diesem Entwicklungsabschnitt weist der Herstellungsprozess noch keine zur Marktversorgung geeigneten Dimensionen auf. Die Produktion wird im Technikum oder in Pilotanlagen durchgeführt. Entsprechend sind durch die erforderliche Kapazitätserhöhung Änderungen im Prozess Bestandteil der weiteren Entwicklung. Eine Verpflichtung zur Validierung besteht zu diesem Zeitpunkt nicht in dem Maße, wie sie später für die Marktproduktion anzuwenden ist. Die Reproduzierbarkeit des Verfahrens (die Konsistenz) ist zu diesem Zeitpunkt der Prozessentwicklung noch nicht Gegenstand der Betrachtung. Im Vordergrund steht die Sicherheit des Prozesses. Die Validierungs-

aktivitäten beziehen sich ausschließlich auf einzelne Prozessschritte, die einen kritischen Einfluss auf die Qualität des Wirkstoffs oder des Arzneimittels haben können, und die bei nicht ausreichender Kontrolle zu einer Abweichung in den Spezifikationen führen. Entsprechendes Prozesswissen, welche Prozessschritte diese Einstufung erhalten, ist aus früheren Schritten der Prozessentwicklung verfügbar. Die folgende Liste zeigt Beispiele für Prozessschritte, die generell auch in der frühen klinischen Entwicklung eines Arzneimittels bereits als validierungspflichtig angesehen werden:
– Produktsterilisation,
– Sterilproduktion,
– Abreicherung von toxischen Verunreinigungen,
– Abreicherung von toxischen Nebenprodukten,
– Abwesenheit von Viren.

Im Einzelfall trifft immer das Validierungsteam die Festlegung, welche Prozessschritte im Sinne der Produktsicherheit als kritisch anzusehen sind und definiert die zu erreichenden Akzeptanzkriterien. Diese müssen sich entweder verbindlich aus der Prozessentwicklung entnehmen lassen (beispielsweise Werte, die aus der Austestung der Prozessgrenzen resultieren) oder werden direkt aus bekannten Prozesswerten (Produktionsparameter, Inprozesskontrollen, Zwischen- und Endproduktspezifikationen) extrapoliert. Bei der Betrachtung kritischer Prozessschritte handelt es sich um eine fortlaufende Validierungsaktivität. Sie geht mit den Phasen der klinischen Entwicklung einher und begleitet Änderungen im Prozessablauf. Als Basis dient idealerweise jeweils eine Neuauflage relevanter Abschnitte der Risikoanalyse. Diese ist beispielsweise bei jeder Kapazitätserhöhung bis hin zur Marktproduktion nachzuführen. Bereits getroffene Entscheidungen des Validierungsteams sind vor dem Hintergrund einer eventuell veränderten Prozessführung zu überprüfen. Auch die Voraussetzungen für die einzelnen Validierungsaktivitäten (s. Abschnitt 4.12.4) entsprechen in dieser Projektphase erfahrungsgemäß noch nicht vollständig den regulatorischen Anforderungen. Nach strengen Maßstäben sind Einschränkungen auf dieser Ebene generell als Abweichung anzusehen, als solche zu bewerten und zu dokumentieren.

Die Etablierung eines Prozesses mit einer Kapazität, bei der für das resultierende Produkt die Marktversorgung sichergestellt ist, wird zumeist für die oder während der klinischen Prüfung der Phase III realisiert und geht mit der Vorbereitung der Arzneimittelzulassung einher. Eine umfassende Validierung des endgültigen Produktionsprozesses ist sicherzustellen, zu dokumentieren und in die Zulassungsunterlagen für das Arzneimittel einzubinden. Dazu sind die einzelnen bereits abgeleisteten Nachweise für kritische oder schwer zu kontrollierende Prozessschritte zusammenzustellen, gegebenenfalls mit Prozesswissen aus der Prozessentwicklung zu hinterlegen und darauf zu überprüfen, ob sie den Gesamtprozess vollständig abdecken. Dies kann durch ein erneutes Nachhalten und Ergänzen der Risikoanalyse sichergestellt und formalisiert werden. Es folgt eine Auflistung von Beispielen für Prozessschritte, die in einem pharmazeutischen Produktionsprozess als generell validierungspflichtig angesehen werden:

- Nachweis der Ausbeute,
- Nachweise der Spezifikation,
- Verdünnungen,
- Konzentration,
- Filtrierung,
- Waschschritte,
- Abreicherung von Verunreinigungen,
- Abreicherung von Nebenprodukten.

Für diese generell validierungspflichtigen Prozessschritte werden detaillierte Festlegungen vom Validierungsteam getroffen. Diese sind sorgfältig und mit Bedacht auf Vollständigkeit vorzunehmen, da mögliche Defizite die Akzeptanz der Validierung durch die regulierende Behörde im Rahmen der Zulassung in Frage stellen können.

### 4.12.10
**Prospektive Prozessvalidierung – Konsistenz**

Die Fähigkeit in einem geeigneten Maßstab für die Marktversorgung zu produzieren und dabei alle kritischen Prozessschritte ausreichend zu kennen oder zu kontrollieren, ist nur dann werthaltig, wenn die Produktion auch reproduzierbar ausgeführt werden kann. Der Nachweis dafür ist die konsistente Einhaltung vordefinierter Akzeptanzkriterien in mindestens drei aufeinanderfolgenden Produktionschargen. Als Akzeptanzkriterien werden in der Regel die Spezifikationen der Zwischen- und Endprodukte, die Inprozesskontrollen und qualitätsrelevante Prozessparameter vom Validierungsteam festgelegt.

Für die Durchführung der Validierungsläufe ist die fehlerfreie Einhaltung aller für die Validierung notwendigen Voraussetzungen zu gewährleisten und im Validierungsbericht zu dokumentieren. Die Validierungschargen müssen unter realistischen Produktionsbedingungen hergestellt werden. Dabei gilt die Herstellung im Handelsmaßstab, der Einsatz der Routineproduktionsausrüstung und die Umsetzung durch die Produktionsmitarbeiter bzw. -teams, die im Produktionsalltag den Prozess führen, als verbindlich. Reale Variationen im Prozessumfeld, wie beispielsweise das Einbringen von Hilfs- und Ausgangsstoffen verschiedener, qualifizierter Zulieferer oder die Produktion in verschiedenen Arbeitsschichten, sind zu berücksichtigen. Alle regulatorisch geforderten Rahmenbedingungen für die Prozessvalidierung sind in dieser Projektphase vollständig und ohne Abweichungen einzuhalten.

### 4.12.11
**Prospektive Prozessvalidierung – Dokumente**

Die konkrete Planung und Auswertung der Prozessvalidierung ist grundsätzlich schriftlich niederzulegen. Die weiter oben bereits angesprochenen Dokumentationsstandards, der Validierungsplan und der Validierungsbericht, sind zwei ineinandergreifende, in ihren Inhalten und Ihrer Gliederung aufeinander abgestimmte

Dokumente. Dabei existieren keine Vorgaben, wie einzelne Validierungsaktivitäten zusammenzufassen sind. Plan und Bericht können eine einzelne Beweisführung, einzelne Abschnitte der Validierung oder den Gesamtaufwand in einem Dokument abbilden. Grundsätzlich empfehlenswert ist eine klare und eindeutige Gliederung. Bei der Erstellung der Dokumente ist zu beachten, dass regulatorische Anforderungen in Bezug auf die aufgelisteten Inhalte existieren [122]. Die folgenden Auflistungen zeigen eine mögliche richtlinienkonforme Gliederung für diese Dokumente und geben einen Überblick über die verbindlichen Inhalte.

a. Gliederung und Inhalte eines Validierungsplans
   - Verantwortlichkeiten,
   - Festlegung des Validierungsteams,
   - Spezifikationen des Produkts,
   - Festlegung der Validierungschargen,
   - Prozessablauf und Inprozesskontrollen,
   - qualitätsrelevante Parameter,
   - Verweis auf die aktuelle Herstellvorschrift,
   - Angabe zu den verwendeten Rohstoffqualitäten,
   - Angabe zu den eingesetzten Anlagen und Geräten,
   - Angabe zum Qualifizierungsstatus der eingesetzten Anlagen und Geräte,
   - Verweis auf die Risikoanalyse bzw. Definition kritischer/qualitätsrelevanter Prozessschritte,
   - Prüfungen und Prüfpläne,
   - Akzeptanzkriterien,
   - Angaben zum Musterzug,
   - Angaben zu Prüfmethoden,
   - Angaben zur Methodenvalidierung,
   - Angaben zur Versuchsauswertung,
   - Zeitplan,
   - Ressourcenplan,
   - Vorgehen bei Änderungen/Abweichungen,
   - Referenzdokumente.

b. Gliederung und Inhalte eines Validierungsberichts
   - Zusammenfassung der Ergebnisse,
   - kurze Beschreibung der Validierungsaktivität,
   - Verantwortlichkeiten,
   - Anpassungen zum Validierungsplan,
   - Auflistung/Einbindung/Querverweis auf die Dokumentation und Chargenprotokolle zu den Validierungschargen,
   - Angabe zur Vollständigkeit der Dokumentation,
   - Wiederholung der Akzeptanzkriterien,
   - Ergebnisse analytischer Verfahren
      - Inprozesskontrollen,
      - Spezifikationen,
      - Validierungsaktivitäten,
   - Sammlung der Rohdaten,

- Auflistung von Abweichungen
  - zum Prozess,
  - zum Validierungsplan,
  - zur Standarddokumentation,
- Besonderheiten,
- Auflistung der Ergebnisse aus Sicht des Validierungsanspruchs,
- Bewertung der Ergebnisse,
- Festlegung von Folgemaßnahmen.

Das Kernstück des Validierungsberichts ist die Bewertung der Ergebnisse, die auch in der Zusammenfassung festgehalten werden. Ein formaler Anspruch besteht in Bezug auf die Darstellung des Abgleichs zwischen Akzeptanzkriterium und erzieltem Wert. Dieser Abgleich sollte (beispielsweise tabellarisch) entweder bei den Rohdaten oder im Validierungsbericht niedergelegt sein [122].

Der erfolgreiche Abschluss der Validierung erfolgt erst mit der Unterschrift des Freigebenden auf dem relevanten Validierungsbericht. Ohne diesen formalen Akt bzw. davor gilt die Validierung als nicht abgeschlossen und wird von Behördenseite nicht anerkannt [122, 128]. Jede Art von Zwischenbericht (vorläufiger Bericht oder Prognose) kann sinnvoll sein, ist aber regulatorisch nicht belastbar und ohne Bedeutung.

### 4.12.12
**Retrospektive Prozessvalidierung**

Die Verpflichtung zur Validierung des Produktionsprozesses besteht grundsätzlich, unabhängig davon, ob sich das resultierende Produkt bereits im Verkehr befindet [122, 126]. Wird eine Prozessvalidierung auf ein laufendes Verfahren aufgesetzt, wird diese Vorgehensweise als retrospektive Validierung bezeichnet. Relevanter Bezugspunkt für diese Einstufung ist die bereits erfolgte Zulassung des Arzneimittels.

Anders als bei der prospektiven Validierung wird hierbei hauptsächlich die Dokumentation bereits erfolgter Produktionschargen betrachtet. Folgende Dokumente können in diesem Zusammenhang herangezogen werden:
- Spezifikationsnachweise von Ausgangsstoffen,
- Dokumentation: Qualifizierung/Validierung (soweit vorhanden),
- Herstellungsanweisungen,
- Chargenprotokolle,
- Auswertungen von Inprozesskontrollen,
- Spezifikationsdatenblätter,
  Dokumentation des Umgebungsmonitorings,
- Dokumentation: Kalibrierung/Wartung,
- Gerätelogbücher.

Diese Art der Validierung ist grundsätzlich nur möglich, wenn ein umfangreicher und ausreichend detaillierter Datenbestand verfügbar ist. Dabei geht man von einer Anzahl von 10–30 dokumentierten Chargen aus (amerikanische Behörden fordern die Betrachtung von minimal 20 Produktionschargen), in deren

Verlauf der Prozess keinen wesentlichen Änderungen unterzogen worden sein darf [122, 126]. Die in diesem Abschnitt beschriebenen Voraussetzungen für eine Validierung müssen auch im Falle einer retrospektiven Validierung berücksichtigt werden. Dabei hervorzuheben ist die vollständige Dokumentation aus einem funktionierenden Änderungskontrollsystem, die den entsprechenden Produktionszeitraum lückenlos abdecken muss. Qualifizierte, kalibrierte Prozessausrüstung und validierte Verfahren (Reinigung, analytische Methoden, IT-Systeme) sind obligatorisch. Bestehen hierzu Defizite, müssen diese vor der Durchführung abgearbeitet werden. Lassen sich die Voraussetzungen nicht für alle betrachteten Validierungschargen bestätigen, ist die Eignung der aus den betroffenen Chargen gewonnenen Daten anhand der verfügbaren Information und Dokumentation abzuschätzen und zu bewerten.

Grundsätzlich sind auch bei der retrospektiven Prozessvalidierung kritische Prozessschritte zu überprüfen und die Konsistenz des Verfahrens zu beweisen. Sie baut ebenso wie die prospektive Validierung auf einer Risikoanalyse auf, die die Inhalte der Prozessvalidierung vorgibt. Auf der Basis der bestehenden Produktionserfahrung mit dem Prozess, kann die Risikoanalyse auf bekannte Risiken und Prozessfehler fokussieren, darf aber kritische Fehlermöglichkeiten nicht generell ausschließen. Können aus der verfügbaren Dokumentation nicht ausreichend Daten für die in der Validierung geforderte Beweisführung gewonnen werden, kann ggf. die Analyse von Rückstellmustern oder die Ergänzung der Validierungsaktivitäten durch prospektive Zyklen Abhilfe schaffen.

Die zur retrospektiven Validierung herangezogenen Akzeptanzkriterien sind durch die in der Prozesshistorie festgelegten Prozessparameter, Inprozesskontrollen und Spezifikationen weitestgehend definiert. Zusätzliche Werte müssen dort benannt werden, wo die bestehenden Maßnahmen keine ausreichende Aussagekraft für den zu beweisenden Sachverhalt ergeben.

Die retrospektive Validierung folgt grundsätzlich ebenso wie die prospektive Validierung dem oben bereits beschriebenen, durch ein Risikoanalysedokument, einen Validierungsplan und einen Validierungsbericht gekennzeichneten Dokumentationsschema. Die weiter oben gezeigten Gliederungen für die relevanten Dokumente können durch einfache Modifikationen an die hier beschriebene Validierungsart angepasst werden.

### 4.12.13
**Prozessvalidierung – Revalidierung**

Die Revalidierung ist ein zyklischer Prozess, der den Nachweis erbringt, dass ein Produktionsprozess sich noch im validierten Zustand befindet [122, 126]. Sind keine kritischen Änderungen am Prozess vollzogen worden, reicht eine Auswertung der Produktionsdaten über den relevanten Zeitraum aus. Diese können beispielsweise in Form einer Trendanalyse erfasst und bewertet werden.

Konkrete Inhalte einer Revalidierung definieren sich wiederum über eine Risikoanalyse. Dabei ist es üblich, den formalisierten Dokumentationsaufwand (Risikoanalyse, Revalidierungsplan und -bericht) für einen fehlerfrei laufenden Prozess in Bezug auf den Umfang der Einzeldokumente deutlich zu reduzieren und die Aktivitäten weitgehend einzuschränken. Dies kann auch dadurch erreicht werden, dass der für eine Revalidierung erforderliche Dokumentationsaufwand und die notwendigen Aktivitäten bereits in den Dokumenten zur Erstvalidierung festgelegt und mit den entsprechenden Akzeptanzkriterien benannt werden.

Die regulatorischen Anforderungen schreiben eine periodische Abarbeitung der Revalidierung fest. Zwei bis fünf Jahre gelten hier als allgemein akzeptierter Standard. Daneben besteht die Verpflichtung zur Revalidierung grundsätzlich nach qualitätskritischen Änderungen des Produktionsprozesses [137]. Beispiele hierfür sind

– Änderungen bei den Ausgangsstoffen,
– Änderungen in der Produktzusammensetzung,
– Änderungen in der Prozessführung,
– Änderungen an der Ausrüstung,
– Änderungen bei den Primärpackmitteln sowie
– ein Wechsel der Herstellungsstätte,
– Qualitätsprobleme nach Korrekturmaßnahmen und
– die Erweiterung der Akzeptanzkriterien.

## 4.13
**Validierung computerisierter Systeme**

### 4.13.1
**Begriffe und Definitionen nach GAMP 4.0**

Es wäre sicher anmaßend und verkehrt behaupten zu wollen, dass man in einem Buch, welches vorrangig auf die Qualifizierung technischer Anlagen ausgerichtet ist, auch das Thema „IT-Validierung" erschöpfend und abschließend behandeln könnte. Dies ist bei einem solch komplexen und umfangreichen Fachgebiet sicher nicht möglich. Dennoch – da technische Anlagen über die zunehmende Automatisierung und Anlagensteuerung heute sehr eng mit dem Thema IT und IT-Validierung verbunden sind, soll der Vollständigkeit halber und auch zur Abgrenzung gegenüber der Anlagenqualifizierung dieser Themenkomplex zumindest aufgegriffen und dahingehend behandelt werden, dass wesentliche Unterschiede herausgearbeitet und notwendige Aktivitäten im Automatisierungsbereich angesprochen werden. Der Schwerpunkt wird dabei auf die Validierung gesteuerter Anlagen, insbesondere auf das Thema Prozessleitsysteme gelegt.

Beschäftigt man sich näher mit der IT-Validierung, so taucht man hier zunächst in eine ganz neue Begriffswelt ein. Dabei dürfte sicher schon aufgefallen sein, dass hier der Begriff „Validierung" im Vordergrund steht, obwohl es sich ja durchaus um technische Systeme handelt, die nach all den vorangegangenen Abschnitten ja eigentlich „qualifiziert" werden. Und in der Tat ist es so, dass sich das IT-Thema ganz eigenständig und parallel zu der Anlagenqualifizierung und Verfahrensvalidierung entwickelt hat und dass Vorgehensweise und auch Begrifflichkeiten durch die entsprechende IT-Fachwelt maßgeblich geprägt wurden, selbstverständlich unter Berücksichtigung der gesetzlich vorgegebenen Mindestanforderungen.

So ist es heute ein fest etablierter und allgemein anerkannter Standard, von der Validierung im Allgemeinen und der Qualifizierung der Hardware und der Validierung der Software im Besonderen zu sprechen. Auch der Begriff „IT-System" wird in dem schon als „IT-Validierungsbibel" zu bezeichnenden Good Automated Manufacturing Practice Guide – kurz GAMP [138] – deutlicher gefasst und entsprechend differenziert. So spricht man im Falle eines typischen PCs, also einem System, welches sich aus der entsprechenden Hardware (z. B. Prozessor, Grafikkarte, Mainboard, Bildschirm, Tastatur), der Systemsoftware (z. B. Betriebssystem, Basiskommunikationssoftware, Datenbanksoftware) und der Anwendersoftware (z. B. Schreib- und Rechenprogramme, individuelle Software) zusammensetzt, von einem „Computersystem". Zum „computerisierten System" wird dieser PC dann, wenn über ihn eine technische Einrichtung mit entsprechenden Funktionen angesteuert wird. Typisches Beispiel wäre eine an einem PC unmittelbar angeschlossene Waage oder ein, über einen PC gesteuerter Rührkesselreaktor. Vom „computergestützten System" spricht man schließlich dann, wenn das computerisierte System zusätzlich über ein IT-Netzwerk in die IT-Landschaft des entsprechenden Unternehmens eingebunden wird.

Im Falle der heute üblichen Anlagensteuerungen, die schon lange nicht mehr „stand alone" ausgeführt werden, sondern immer häufiger an übergeordneten Visualisierungssystemen und an weitergehenden Datenerfassungs- oder gar ERP-Systemen hängen, hat man es also eindeutig mit einem computergestützten System zu tun, das vollumfänglich den Anforderungen der Validierung unterliegt. Eine entsprechende, auf die geltenden gesetzlichen Anforderungen gestützte Aussage findet man beispielsweise im GAMP in Kapitel 8, in dem ausgeführt wird, dass „... computerisierte und damit auch computergestützte Systeme, die in der Herstellung pharmazeutischer Produkte eingesetzt werden und die einen Einfluss auf die Qualität der Produkte haben könnten, den GMP-Regeln unterliegen." Und weiter „... dass der pharmazeutische Hersteller dabei sicherzustellen hat, dass solche Systeme in Übereinstimmung mit den GMP-Anforderungen betrieben werden", was bedeutet, dass solche Systeme u. a. „validiert sein müssen."

Die wesentlichen gesetzlichen Grundlagen zur IT-Validierung finden sich dabei die USA betreffend u. a. im Kapitel 68 des 21 CFR 210/211, d. h. in den cGMP-Regeln selbst, im FDA Guide to Inspection of Computerized Systems in Drug Processing vom Februar 1983 sowie als spezifische technische Anforderungen in dem mittlerweile als Part 11 weltweit bekannten Abschnitt 21 CFR 11, der sich intensiv mit „electronik records" und „electronic signatures" – heute weitläufig als „ERES" bezeichnet – beschäftigt.

In der Europäischen Union finden sich die entsprechenden Verpflichtungen im Annex 11 zu den „EU Rules Governing Medicinal Products in the European Union, Vol. 4, Good Manufacturing Practices". Die PIC/S hat ihre Empfehlungen und Standards in dem gleichwertig nummerierten Werk PI 011, „Good Practices for Computerised Systems in regulated GxP Environments" herausgegeben.

Sicher könnte hier jetzt noch eine ganze Reihe weiterer Regelwerke und Richtlinien zu diesem Thema aufgeführt werden. Da heute jedoch die Thematik weitgehend über den auch von Behördenseite akzeptierten GAMP 4.0 abgedeckt wird, der weitaus ausführlicher als alle Regelwerke ist, soll auf diese Auflistung an dieser Stelle zunächst verzichtet werden. Es soll lediglich darauf hingewiesen werden, dass hier bereits der GAMP 5.0 diskutiert wird und – bei Fertigstellung des Buches – als Entwurf bereits vorlag.

Wird im weiteren Verlauf von IT-Systemen und der IT-Validierung gesprochen, so sind damit übergeordnet immer Computersysteme, computerisierte Systeme, computergestützte Systeme, aber auch einzelne Softwarepakete gemeint. In den vorhergehenden Kapiteln wurde der Einfachheit halber von Computervalidierung und von computerisierten Systemen gesprochen.

### 4.13.2
**Vorgehen nach dem V-Modell**

Bezüglich der Umsetzung der Validierungsanforderungen wird im GAMP 4.0 in Kapitel 8 ferner ausgeführt, „.... dass der pharmazeutische Unternehmer ein formales System für die Validierung computerisierter Systeme eingerichtet haben sollte" und weiter „.... dass sich Tiefe und Umfang der Validierung maßgeblich nach der Komplexität und dem Einflussgrad, welches das System auf die Produktqualität hat, richten."

Damit wird zunächst sehr viel Spielraum für die Umsetzung eingeräumt, was ganz analog zur technischen Anlagenqualifizierung auf der einen Seite vorteilig sein kann, da der Verantwortliche in seinen Aktionen in gewissem Rahmen frei ist, auf der anderen Seite aber wieder das alt bekannte Problem aufwirft, nämlich die Fragen: Wie mache ich es konkret, wie setze ich die Anforderungen um und was sind die Mindestanforderungen (how to do)?

Hier findet man, zumindest den Ablauf und die einzelnen Schritte der Validierung betreffend, mit dem GAMP 4.0 allerdings eine weitergehende und sehr gute Hilfe in der Darstellung des bereits in Abschnitt 4.3 erwähnten V-Modells. Dies gibt den Validierungs- respektive Qualifizierungslebenszyklus ganz analog zu der verfahrenstechnischen Validierung und Qualifizierung wider, jedoch mit dem recht intelligenten Unterschied, dass durch eine V-förmige Darstellung Entwicklungsschritte und Qualifizierungs- bzw. Validierungsschritte direkt gegenübergestellt werden. Hintergrund ist, dass die Entwicklung – mit den dazu notwendigen Einzelaktivitäten – im „Top-down-", die Prüfung und Validierung im „Bottom-up"-Verfahren erfolgt.

Obwohl die grundsätzlichen Schritte die gleichen sind wie im Falle der verfahrenstechnischen Qualifizierung bzw. Validierung, gibt es bei computerisierten Systemen doch einige wesentliche Unterschiede, die es zu beachten gilt, und die an dem in etwas abgewandelter Form in Abb. 4.30 dargestellten V-Modell kurz erläutert werden sollen. Bei diesem Modell wurde u. a. der Versuch unternommen, deutlich zwischen den üblichen ingenieurtechnischen Aktivitäten, die auf der linken Seite stehen, und den gesamten Qualifizierungs- und Validie-

## 4 Validierungs-„How-to-do"

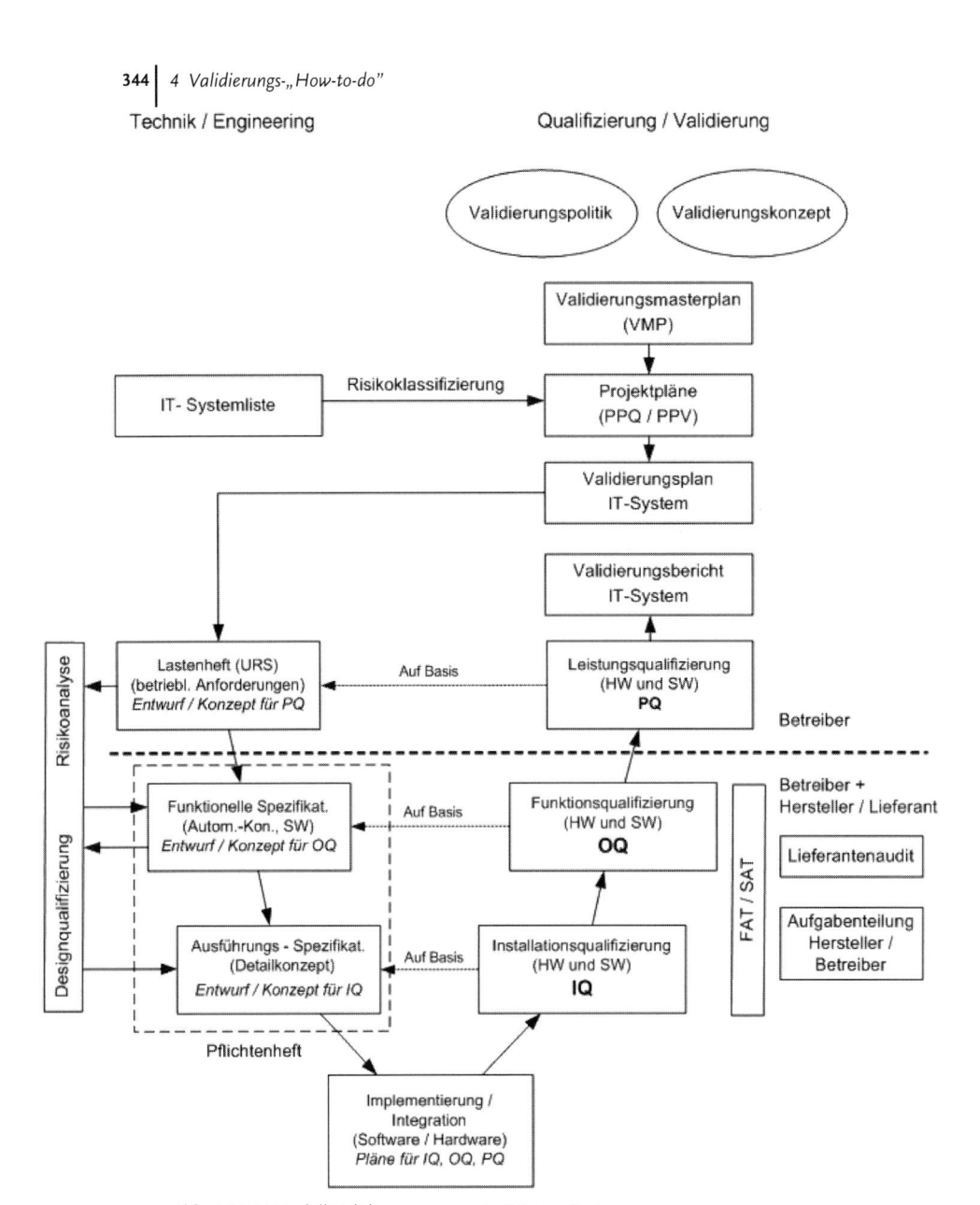

**Abb. 4.30** V-Modell-Validierung computerisierter Systeme.

rungsaktivitäten (einschließlich Validierungskonzept, Validierungsmasterplan u. a.), die auf der rechten Seite dargestellt sind, zu unterscheiden. Im Falle der Designqualifizierung ist dies allerdings nur begrenzt bzw. nicht möglich (Vergleiche auch die lineare Darstellung des Validierungsablaufs in Abschnitt 5.1.

Folgt man der Darstellung, so beginnt ein IT-Validierungsprojekt üblicherweise mit der Validierungspolitik, dem Validierungskonzept und dem Validierungsmasterplan, wobei sich hier zunächst kein Unterschied gegenüber der Qualifizierung verfahrenstechnischer Komponenten abzeichnet. Allerdings tritt in der Realität immer wieder das Grundproblem auf, dass mit „IT" und „Nicht-IT" zwei Welten aufeinandertreffen, die jeweils für sich diese übergeordneten Dokumente erstellen, die dann sehr häufig im Gesamtprojekt nicht abgestimmt und harmonisiert werden. Dabei ist es zwar grundsätzlich möglich und auch sinnvoll, mehrere Validierungsmasterpläne zu haben, und es ist heute auch weit verbreitet, dass gerade das Thema der IT-Validierung in einem eigenen Validierungsmasterplan behandelt wird, jedoch muss das Gesamtvalidierungskonzept, insbesondere die Bedeutung und die Inhalte des entsprechenden Validierungsmasterplans übergeordnet festgelegt und gemeinsam mit allen Facheinheiten abgestimmt sein. IT-Validierungsprojekte dürfen kein Eigenleben innerhalb eines Gesamtvalidierungsprojektes entwickeln und ein IT-Validierungsmasterplan darf keine andere Bedeutung haben als ein übergeordneter Projekt-Validierungsmasterplan.

Im weiteren Verlauf des V-Modells tritt an die Stelle einer Maschinen- und Apparateliste jetzt die Erstellung einer IT-System- bzw. einer IT-Inventarliste. Hindergrund ist auch hier, dass man zunächst den gesamten denkbaren Umfang solcher Systemen erfassen und dann bewerten muss, was unter GMP fällt und in welchem Umfang validierungspflichtig ist. Das Spektrum möglicher und validierungspflichtiger IT-Systeme ist groß und reicht von einem sehr komplexen und umfangreichen ERP-System über die gesteuerte Anlage, automatisierte Laborgeräte bis hin zu individueller Software oder spezifischen Makro-Anwendungen.

Hier kommt der erste ganz wesentliche Unterschied gegenüber den verfahrenstechnischen Komponenten zum Tragen, nämlich der Einsatz von Software. Hat man es auf der verfahrenstechnischen Seite mit Systemen zu tun, die klar in Folge und als Ganzes einer DQ, IQ und OQ unterworfen werden können, so ist im Falle von IT-Systemen die Schwierigkeit gegeben, dass man es mit zwei ganz unterschiedlichen Hauptkomponenten zu tun hat – der Software und der IT-Hardware, die jeweils für sich geprüft und qualifiziert bzw. validiert werden müssen. Das System splittet sich also auf, und zu einer IT-Hardware können durchaus mehrere Softwarepakete verschiedener Lieferanten gehören. Auch die Tatsache, dass die Art der Software ganz unterschiedlich sein kann und von einem weit verbreiteten Standard, über einfache auf Bausteinen basierte Konfigurationssysteme bis hin zu individuell programmierten Eigenlösungen reicht, lässt die Komplexität des Themas deutlich werden.

Um nicht in einer unendlichen Flut von Validierungsaktivitäten zu versinken, hat auch hier der GAMP speziell für das Thema Software eine weitere Hilfestellung in Form einer Software-Kategorisierungstabelle herausgebracht. Nach dieser wird entschieden, ob eine bestimmte Software lediglich erfasst und verwaltet oder vollumfänglich validiert werden muss. Tabelle 4.8 zeigt die Kategorientabelle in vereinfachter Form. Eine vergleichbare Hilfestellung bietet der GAMP in Bezug auf die IT-Hardware, wobei hier allerdings nur zwei mögliche Kategorien angeboten werden. Auf eine weitere Detaillierung diesbezüglich wird an dieser Stelle verzichtet, da es nicht Sinn ist, die Inhalte des GAMP-Leitfadens in diesem Buch zu wiederholen. Tatsache ist, dass das Ergebnis der Kategorisierung und Bewer-

**Tab. 4.8** Software-Kategorien nach GAMP 4.0.

| Kategorie | Software | Aktion |
|---|---|---|
| 1 | Betriebssystem (Windows) | dokumentierte SW-Version |
| 2 | Firmware (Maschinen und Regler) | dokumentierte Konfiguration |
| 3 | Standard-Software (Word, Exel) | Validierung der Anwendung (z. B. Makros) |
| 4 | konfigurierbare Software (SAP) | Lieferantenaudit, Validierung Anwendung und Code |
| 5 | spezielle und individuelle Software | Lieferantenaudit, Validierung Gesamtsystem |

tung letztendlich den gesamten Validierungsumfang bestimmt und daher mindestens in entsprechenden Übersichtslisten (hier z. B. die bekannten und schon angesprochenen Projektpläne Qualifizierung und Validierung, PPQ und PPV) oder spätestens im Validierungsplan Eingang finden muss. Ein übergeordneter Validierungsplan wird auch hier entweder für mehrere oder für jedes einzelne IT-System separat erstellt. Dies hängt letztendlich vom Gesamtkonzept ab.

Die sich an die IT-Liste anschließende Erstellung von Lasten- und Pflichtenheft, wobei sich das Pflichtenheft aus der funktionalen Spezifikation und der Detailspezifikation zusammensetzt, sowie die Durchführung von Risikoanalysen und der Abgleich von Lasten- und Pflichtenheft im Rahmen der Designqualifizierung sind dann wieder analog zum üblichen Validierungsablauf zu sehen. Allerdings ist zu beachten, dass sich hinter all diesen Aktionen dann immer mindestens zwei, genau betrachtet sogar drei verschiedene Komponenten verbergen, die auch streng genommen jeweils für sich betrachtet werden müssen. So hat man es bei einem geregelten Rührkesselreaktor zum Beispiel mit dem Rührkessel selbst als verfahrenstechnischer Komponente zu tun, mit dem zugehörigen Steuerungssystem und der darin enthaltenen Software. Diese Komponenten gilt es ganz klar abzugrenzen, um im späteren Qualifizierungs- bzw. Validierungsablauf keine Überlappungen – oder schlimmer noch – Lücken zu haben. Auf die Möglichkeit zur Abgrenzung wird in Abschnitt 4.13.4 noch näher eingegangen.

Aus dem Ablaufdiagramm wird ersichtlich, dass mit der Erstellung der funktionalen und der Detailspezifikation auch der Zeitpunkt zur prinzipiellen Ausarbeitung der OQ- bzw. der IQ-Pläne gegeben ist, da im Rahmen der IQ die Detailspezifikationen und im Rahmen der OQ die funktionalen Spezifikationen abgeprüft werden. Diese Vorgehensweise ist insbesondere dann angezeigt, wenn die Ausarbeitung der Spezifikationen und die Erstellung der Qualifizierungspläne, mindestens aber der Testspezifikationen in einer Hand liegen. Dies gilt beispielsweise für den Hersteller und Errichter eines Prozessleitsystems, da dieser die weitergehenden Spezifikationen basierend auf den betrieblichen Anforderungen ausarbeitet und anhand selbst erstellter SAT- bzw. FAT-Testprozeduren später dann auch abprüft. Prinzipiell besteht kein Unterschied zu der üblichen Vorgehensweise bei verfahrenstechnischen Komponenten außer der Tatsache, dass bei IT-Systemen die SAT- und FAT-Testspezifikationen wesentlich komplexer und umfangreicher sind, und daher IQ- und OQ-Aktivitäten weitaus häufiger – eigentlich überwiegend – in die Hände des Systemerrichters gegeben werden.

An die Ausarbeitung der Spezifikation und der IQ- und OQ-Entwürfe schließt sich die Errichtung des Systems an. In diesem Fall kommt zur Erstellung der Software und der Herstellung der Hardware noch der besonders kritische Schritt der Zusammenführung beider Komponenten, die Systemintegration, weshalb IT-Systemvalidierungen u. a. als festen Bestandteil ausführliche Integrationstests enthalten. Die Systemintegration erfolgt überwiegend beim Hersteller, der die erfolgreiche Durchführung dieses Schrittes dann im Rahmen des FATs überprüft. Gerade bei Prozessleitsystemen – um bei dem vorherigen Beispiel zu bleiben – erfolgt dies sehr häufig in einem Testumfeld, bei dem mithilfe anderer rechnergestützter Systeme das Realumfeld beim späteren Betreiber simuliert wird. Diese sehr komplexen und umfangreichen Prüfungen und Tests sind bereits erster Bestandteil der Qualifizierung und werden abhängig von den getroffenen vertraglichen Vereinbarungen sehr häufig vom Kunden direkt mitverfolgt. Im Rahmen des SATs, wenn das Prozessleitsystem im Realumfeld installiert ist, werden die FAT-Testprozeduren bis zu einem gewissen Prozentsatz abhängig von der jeweiligen Kritikalität wiederholt. Eine 100 %-ige Wiederholung ist dabei keine Seltenheit. Diese Vorgehensweise gilt prinzipiell, kann aber von System zu System in der Ausführung variieren und sieht bei einem ERP-System im Detail sicher nochmals anders aus als bei einer Laborverwaltungssoftware oder bei einem voll automatisierten Laborgerät.

Ist das System errichtet und vor Ort installiert, schließen sich die im „Bottomup"-Verfahren dargestellten, formalen IQ- und OQ-Tests an, die bei solchen Systemen sehr häufig in Zusammenarbeit zwischen Systemerrichter und Betreiber durchgeführt werden und die auf den Daten des bereits durchgeführten SAT und FAT aufbauen. Bei einer solchen Gemeinschaftsarbeit ist es dann unerlässlich, eine klare und schriftliche Abgrenzung der einzelnen Aktivitäten und Verantwortungen zwischen Hersteller und Betreiber als Teil der Validierungsumfangsdefiniton vorzunehmen. Ein Beispiel für eine typische Verantwortungsabgrenzungsmatrix im Zusammenhang mit der Validierung eines Prozessleitsystems ist in Anlage 24 beigefügt.

Ebenso wie die klare und eindeutige Aufgaben- und Verantwortungsabgrenzung ist die Sicherstellung der Qualität des Systemlieferanten von großer Bedeutung. Anders als bei den rein verfahrenstechnischen Komponenten ist das Risiko von Qualitätsmängeln gerade bei IT-Systemen aufgrund der damit einhergehenden sehr komplexen Software besonders hoch. Hat der Hersteller hier kein geeignetes Qualitätssicherungssystem etabliert und keine festen Entwicklungsstandards und –richtlinien definiert, so sind Probleme bei der späteren Inbetriebnahme und insbesondere bei der Validierung vorprogrammiert. Handelt es sich nicht gerade um ein Standardgerät (z. B. softwaretechnisch unterstütztes Laborgerät) und wird das

IT-System individuell hergestellt bzw. angepasst (customized), so sollte ein entsprechendes Lieferantenaudit mit besonderem Blick auf das angesprochene Qualitätssicherungssystem auf alle Fälle durchgeführt und schriftlich festgehalten werden. Unter anderem ist dies auch ein fester Bestandteil der GAMP-Empfehlungen.

Nach Abschluss von IQ und OQ steht bekanntermaßen die PQ an, jener Teil der Qualifizierung, bei dem sich verständlicherweise die IT-Welt besonders schwer tut, weniger wegen der Durchführung als der genauen und klaren Abgrenzung, wobei dies in der unterschiedlichen Entwicklungshistorie begründet ist. Manche sehen gerade bei solchen Systemen, die prozesstechnische Anlagen regeln und steuern, in der PQ berechtigterweise die Leistungsprüfung der gesamten verfahrenstechnischen Einrichtung einschließlich Steuerung. Damit kollidiert aber die vonseiten des IT-Systems kommende PQ mit der PQ oder gar der Prozessvalidierung des Betriebs. Der einfachste Weg zur Lösung wäre hier dann ggf. der Querverweis von der IT-Seite auf den entsprechenden PQ-Plan des Betreibers, was letztlich auch häufig gemacht wird. Eine andere Alternative – abhängig vom betrachteten IT-System – besteht in einer anders gearteten Definition der PQ, z. B. dahingehend, dass die Leistungsfähigkeit des IT-Systems und nicht des gesteuerten Prozesses geprüft wird, z. B. die Prüfung von Zugriffsschutzmechanismen oder Datentransferbelastungen. Unabhängig wie man dieses Schnittstellenproblem angeht, man sollte sich dieser Überschneidung bewusst sein und das Thema schon ganz zu Beginn des Projektes im Rahmen der Konzeptfestlegung behandeln (z. B. Festlegung in den Verfahrensanweisungen zur Beschreibung der IT-Systemvalidierung mit klarer Begriffsdefinition).

Am Ende des V-Modells steht die Erstellung des abschließenden Validierungsberichtes, der wie gewohnt alle durchgeführten Aktivitäten und Ergebnisse übersichtlich und kurz zusammenfasst und auf alle Fälle ein Statement über die Validität des Systems, die Bewertung ggf. offener Mängelpunkte und Festlegungen zu möglicherweise notwendigen Revalidierungszyklen enthalten muss.

### 4.13.3
### DQ, IQ und OQ am Beispiel PLS

Wurde im vorangegangenen Abschnitt der allgemeine Ablauf der IT-Validierung basierend auf dem V-Modell behandelt, so soll jetzt noch kurz auf die Inhalte der Qualifizierung, speziell der DQ, IQ und OQ und hier am Beispiel eines Prozessleitsystems eingegangen werden. Eine übergeordnete Behandlung wäre aufgrund der Vielzahl unterschiedlicher IT-Systeme kaum möglich.

#### 4.13.3.1  Festlegung der Anforderungen – DQ
Prinzipiell sind die Kerninhalte und die übergeordneten Prüfpunkte einer DQ, IQ, oder OQ bei einem IT-System dieselben wie bei einem verfahrenstechnischen Ausrüstungsteil. Geprüft bzw. nachgewiesen werden das ordnungsgemäße und den GMP-Anforderungen genügende Design (hier Gestaltung des Systems hinsichtlich Aufbau und Funktionalität), die Übereinstimmung von Lasten- und

Pflichtenheft, die korrekte Übertragung der Anforderungen in die zur Errichtung benötigten Ausführungsdokumente (hier z. B. Verdrahtungspläne, Schaltschrankpläne, Funktionspläne), die korrekte und spezifikationsgerechte Errichtung und Installation sowie die ordnungsgemäße Funktion unter Berücksichtigung der vorgegebenen betrieblichen Anforderungen.

Soweit ist zunächst kein wesentlicher Unterschied zu der „normalen" Qualifizierung erkennbar. Der Unterschied zeigt sich erst, wenn man in die Details, insbesondere in die der Anforderungen und Spezifikationen geht, die sich bei dem hier ausgewählten PLS sicher anders darstellen als bei einem verfahrenstechnischen Apparat. Ein wesentlicher Unterschied ist zum Beispiel darin begründet, dass es sich hier um Systeme mit besonderen Bedienansprüchen handelt, die zusätzlich mit einer Fülle von Daten umgehen, die entsprechend erfasst, verarbeitet, aufgezeichnet und aufbewahrt werden müssen und auf die auch nicht jeder unkontrolliert Zugriff erhalten soll.

Allein dies begründet schon einen ganz anderen Aufbau eines Lastenheftes. Neben allgemeinen Anforderungen (Für welche Produkte, Anlagen und für welchen Zweck soll das System eingesetzt werden?) und den die Hardware beschreibenden Spezifikationsanforderungen (Anzahl und Auswahl der PCs und Bedienstationen) müssen jetzt auch verstärkt die Bedien- und Datenhandhabungsanforderungen genau betrachtet, diskutiert und im Lastenheft festgelegt werden. Dies schließt die Anforderungen an die Einbindung in bestehende Netzwerke mit ein. So sind beispielsweise zur Erstellung eines entsprechenden Bedienkonzeptes für ein PLS folgende typischen Fragen zu beantworten:
– Fragen zum Netzwerk:
  – Welche Daten und Informationen sollen von welchen Personen/Netzwerkteilnehmern wahrgenommen werden können (z. B. Prozessverfolgung durch Management)?
  – Welche Eingriffe und Eingaben sollen von welchen Personen/Netzwerkteilnehmern vorgenommen werden können (z. B. Remote-Steuerungen)?
  – Wie sollen Personen/Netzwerkteilnehmer identifiziert werden?
  – Welche Sicherheitseinrichtungen zum Schutz vor unerlaubtem Zugriff über das Netzwerk sollen vorgesehen werden?
  – Welche Daten sollen am Ort der Entstehung vorliegen und welche sollen zum Zweck der Archivierung an andere Orte transferiert werden?
– Fragen zur Ein-/Ausgabe und zu manuellen Eingriffen:
  – Welche Daten sollen von wem auf welcher Sicherheitsstufe eingegeben werden?
  – Welche Ausgabedaten werden in welcher Form (elektronische Listen, Charts, Ausdrucke) erwartet und wer soll darauf zugreifen dürfen?
  – Wie soll bei Ein- und Ausgabefehlern verfahren werden (Warnanzeigen, Aufzeichnung)?
  – Mit welchen hard- und softwaretechnischen Maßnahmen können Ein- und Ausgabefehler reduziert werden (Plausibilitätsabfragen)?
  – Welche Ansprüche werden an die Verfügbarkeit der Daten gestellt (Zeitraum, Art und Ort der Archivierung und Verfügbarkeit)?

- Welche Prozessabläufe sollen in welchem Umfang automatisiert ablaufen (Schrittfolgesteuerungen, Rezeptsteuerungen)?
- Wer soll in welchen Fällen und in welchem Ausmaß manuell in gesteuerte Abläufe eingreifen dürfen und wie soll der Eingriff dokumentiert werden?
- Fragen zur Prozessdokumentation/Batchrecord:
  - Inwieweit soll die Chargendokumentation über das System erfolgen? Welche Werte werden automatisch, welche manuell aufgezeichnet?
  - Welche aufgezeichneten Prozesswerte sind qualitätsrelevant und bedürfen einer zusätzlichen Absicherung (z. B. Redundanzen, double check)?
  - Welche Werte werden in das System als Vorgabewerte eingegeben und welche werden vom System selbst über einen entsprechenden Algorithmus erzeugt (z. B. automatische Berechnung von Ausbeutewerten über die Rezeptur)?
  - Für welche Abläufe ist die Überprüfung der Genauigkeit der Zeitanzeige anhand einer geeigneten Referenz (zeitkritische Funktionen) erforderlich?
  - Auf welche Art und Weise und in welchem Umfang soll die manuelle Eingabe von Daten und Informationen zu Chargendokumentationszwecken möglich sein (z. B. zusätzliche Angaben zu Störungen, Abweichungen)?
  - Wie und in welchem Ausmaß sollen bzw. müssen Mitarbeiter elektronisch unterschreiben?
  - Wie und in welchem Umfang sollen die Aufzeichnungen im System verbleiben?
- Fragen zum Alarm- und Sicherheitskonzept:
  - Welche Abläufe sollen alarmgesichert sein und welche Alarmfunktionen sollen dafür vorgesehen werden?
  - Wer soll in welchem Ausmaß Grenzwerte für qualitätsrelevante Funktionen einstellen bzw. verändern dürfen?
  - Wie soll die Aufzeichnung solcher Veränderungen erfolgen?
  - Wie dauerhaft und wo sollen aufgelaufene Alarme dokumentiert werden?
  - Welche Alarme sind im Chargenprotokoll zu vermerken?
  - Welche Anforderungen werden an die Datenspeicherung bei Systemausfall gestellt?
  - In welcher Zeit müssen die Daten ggf. wieder verfügbar gemacht werden?
  - Welche Anforderungen werden generell an eine Systemherstellung im Falle eines Ausfalls gestellt?
  - In welchen Soll-Zustand soll die Anlage bei Systemausfall gehen?
  - Welche Anforderungen werden an eine Handfahrweise bei Systemausfall gestellt?
  - Wie werden Konfigurationsgrößen (z. B. Regelparameter, Grenzwerteinstellungen) gesichert und dokumentiert?
- Fragen zur Datenarchivierung:
  - Welche Daten sollen in welchem Zeitabstand aufgezeichnet und wie lange archiviert werden?
  - Auf welchen Datenträgern sollen die Daten archiviert werden?
  - Welche Anforderungen werden an die Wiederherstellung/Sichtbarmachung der Daten gestellt?

Diese Liste an Fragen erhebt sicher keinen Anspruch auf Vollständigkeit, zeigt aber dennoch, wie komplex das gesamte Thema wird, wenn es um Daten- und Informationsverarbeitung geht. Es macht daher Sinn, gerade bei der Erarbeitung eines entsprechenden Lastenheftes darauf zu achten, die Anforderungen möglichst genau und vollumfänglich zu erfassen und zu beschreiben, insbesondere, weil die Festlegungen später die wesentliche Grundlage der Qualifizierung darstellen. Eine entsprechende Checkliste oder ein Fragenkatalog wie oben dargestellt, können hier sehr nützlich sein. Auch eine gewisse Systematik bei der Erstellung ist mit Blick auf Vollständigkeit sinnvoll, z. B. indem man beachtet, dass allen IT-Systemen die Schritte: Dateneingabe, Datenverarbeitung, Datenanzeige, Datenarchivierung, Datenausgabe und Datensicherung gemeinsam sind. Für jeden dieser Schritte sind die Anforderungen detailliert festzulegen.

Sind die Anforderungen erfasst und im Lastenheft dokumentiert, so werden sie vom Systemerrichter in die entsprechenden Ausführungsdokumente übersetzt, die jetzt allerdings nicht mehr in einfach überschaubaren Fließbildern, Konstruktionszeichnungen oder Übersichtsplänen resultieren. Verdrahtungspläne, Wirkschaltpläne, Funktionspläne, Modul- bzw. Softwarelisten, Quellcodes u. a. sind jetzt eher angesagt, was zur Folge hat, dass man für die Durchführung der DQ, d. h. für die Überprüfung des korrekten Übertrags der Anforderungen in diese Ausführungsdokumente entsprechende Fachspezialisten, im Falle des beispielhaft genannten PLS z. B. Mess- und Regeltechniker oder Prozessleitelektroniker benötigt. Nur diese sind in der Lage, Vollständigkeit und Richtigkeit entsprechend zu prüfen und zu bestätigen.

#### 4.13.3.2 Nachweis der korrekten Umsetzung – IQ, OQ

Bei der sich an die Planung anschließenden Errichtung und Installation von IT-Systemen – und hier beispielhaft des PLS – sind dann im weiteren Verlauf anders als im Falle verfahrenstechnischer Maschinen und Apparate mindestens zwei Entstehungslinien zu beachten: die Herstellung und der Aufbau der Hardware sowie die Generierung und die Bereitstellung der zugehörigen Software. Entsprechend sind auch die Pläne für die Installations- und Funktionsqualifizierung anders als für verfahrenstechnische Einrichtungen zu gestalten. Diese müssen sowohl die Hardware als auch die Softwareseite gleichermaßen berücksichtigen. Ferner muss – wie bereits zu Beginn des Kapitels angedeutet – der Zusammenführung von Soft- und Hardware in Form von Integrationstests entsprechend Rechnung getragen werden. Nachfolgend sollen – ohne dabei zu sehr in die Details zu gehen und wiederum am Beispiel PLS – typische IQ- und OQ-Prüfungen kurz besprochen werden. Beabsichtigt ist, den durch die Softwarekomponente hervorgerufenen Unterschied gegenüber der „normalen" Qualifizierung herauszustellen.

Üblicherweise beginnt die Installationsqualifizierung beim Hersteller, der bei sich im Werk die für das PLS notwendigen Einzelkomponenten bezieht und nach entsprechenden Werkseingangsprüfungen in das zu erstellende System verbaut. Ebenso erfolgt beim Hersteller die Installation der Betriebs- und Anwendersoft-

ware einschließlich der notwendigen Konfiguration. Dementsprechend umfassen die beim Hersteller und vor Ort durchzuführenden IQ-Prüfungen mindestens:
- Hardwaretests mit Prüfung
    - Lieferumfang und Spezifikationen auf Basis Systemlayouts, Komponentenlisten
    - Schrankausführung (Baugruppenträger, I/O-Komponenten, Steckplätze und Kennzeichnung)
    - Bezeichnung und Beschriftung von Monitoren, Terminals, Bedienstationen, Tastaturen, Serverstationen
    - Vollständigkeit und Aktualität der Dokumentation der Unterlieferanten,
- Softwareintegrationstests mit Prüfung
    - korrekte Installation der Softwarekomponenten mit Blick auf Typ und Version
    - Vollständigkeit der zugehörigen Lizenzen
    - Softwarereserven,
- Systemmontagetests (Installationstests) mit Prüfung
    - korrekte Aufstellung von Schränken, Geräten und Peripherieeinrichtungen
    - korrekte Spannungsversorgung, Redundanzen, Polung, Blitzschutz, Erdung
    - korrekte Systemverkabelung (Verlegung, Beschriftung)
    - EMV-Konzept mit zugehörigem Zertifikat,
- Systemintegrationstests (Desastertest) mit Prüfung
    - Spannungsausfall (z. B. Verhalten Zentralbaugruppen)
    - Redundanzumschaltung
    - Störtests in Bezug auf den Ausfall von Einzelkomponenten
    - Zugriffsberechtigungen einschließlich Zugriffsebenen.

Sind die Prüfungen im Zusammenhang mit der IQ bei IT-Systemen zwar schon etwas umfangreicher, noch aber überschaubar, so wird es im Bereich der OQ deutlich komplexer, da jetzt die Funktionalität und damit der Anspruch an eine korrekt arbeitende Software mit ins Spiel kommt. Auch hier beginnt die eigentliche Arbeit, d. h. die Qualifizierung, schon beim Hersteller, der die Funktionalität des Systems teils mit zugekauften Standardkomponenten (Standardsoftware) und teils mit selbst erstellten bzw. programmierten oder konfigurierten Komponenten realisiert und daher Teile der Funktionsprüfung bzw. -qualifizierung zwingend bei sich durchführen muss. Die Detailtiefe der Funktionsprüfung hängt dabei – wie eingangs schon erwähnt – maßgeblich von der Art und Bearbeitung der Software ab. Reicht bei einer typischen Standardsoftware (z. B. bekanntes und verbreitetes Betriebssystem) die einfache Versionserfassung und die Prüfung hinsichtlich korrekter Installation, so müssen bei einer konfigurierten Software die konfigurierten Funktionen überprüft und die Konfigurationseinstellungen hinterlegt werden. Bei einer frei programmierten Software wird dagegen – neben der Einhaltung grundsätzlicher Programmierstandards und -richtlinien – die gesamte Bandbreite der Softwarevalidierung gefordert.

Speziell bei Prozessleitsystemen hat man es unter Umständen mit einer Kombination aus allen drei genannten Kategorien zu tun. Zum einen werden Standardsoftwarekomponenten eingesetzt, die lediglich in Bezug auf Version und

Installation geprüft werden müssen. Die eigentliche Anwendersoftware dagegen wird durch entsprechende Konfiguration an die Kundenbedürfnisse und den vorgesehenen Einsatz angepasst. Hierbei handelt es sich zumeist um eine Art Baukastensystem, bei welchem ausgehend von den kleinsten Einheiten, den sogenannten Funktionsbausteinen, durch entsprechende Kombination größere Funktionseinheiten zum Steuern und Regeln verfahrenstechnischer Anlagen entstehen, die dann im Rahmen sogenannter Modultests auf korrekte Funktion überprüft werden müssen. Die Funktionsbausteine selbst liegen heute schon weitgehend standardisiert in Bausteinbibliotheken vor, sodass diese nur dann einer Funktionsprüfung zu unterziehen sind, wenn ein Kundenprojekt eine spezielle Anpassung oder gar die Neugenerierung eines Funktionsbausteins erforderlich macht. Dies setzt allerdings voraus, dass der Standardisierungsprozess der Bibliotheksfunktionsbausteine ausreichend dokumentiert und hinterlegt ist.

Aber auch programmierte Softwareteile können bei einem PLS zum Einsatz kommen, insbesondere dann, wenn die gesamte Chargendokumentation hierüber abgewickelt wird und der Kunde seine spezifischen Anforderungen an Datenaufzeichnung und Datenausgabe realisiert haben möchte. In diesem Fall sind mindestens für die über eine Risikoanalyse zu identifizierenden kritischen Funktionen spezifische Softwaretests erforderlich, die in eigenen Testspezifikationen ausführlich zu beschreiben sind. Bei den Tests selbst sind dann noch die sogenannten „Blackboxtests" und „Whiteboxtests" zu unterscheiden. Der erstere Fall kommt zur Anwendung, wenn durch einen Satz von Eingabegrößen und bekannten Ausgabegrößen die korrekte Funktionsweise des Programmcodes sichergestellt werden kann. Ein Beispiel wäre die zuvor erwähnte Berechnung der Ausbeute über die eingesetzten Rohstoffmengen. Hier können Zahlenwerte vorgegeben und die Ergebnisse gegen Handberechnungen geprüft werden. Anders wenn es beispielsweise um die zufällige Erzeugung eindeutiger, sich nicht wiederholender Chargennummern geht. In diesem Falle könnte die Zuverlässigkeit nicht durch einfaches und wiederholtes Testen sichergestellt werden. Es wäre nicht begründbar, mit wie viel Wiederholungen die Zuverlässigkeit nachgewiesen werden muss. In diesem Fall bleibt dem Qualifizierer bzw. Validierer nichts anderes übrig, als einen Blick in den Software-Quellcode zu werfen und basierend auf Programmierrationalen herauszufinden, ob dieser die Zuverlässigkeit der Funktion garantiert. Dass auch dies bei der heutigen Komplexität der Programmiersprachen nur bedingt die Sicherheit gibt, die man sich gerne wünscht, braucht man den Fachleuten sicher nicht zu sagen.

Mit diesen Ausführungen wird klar, dass Umfang und Vielfalt der im Rahmen einer OQ durchzuführenden Prüfungen bei einem IT System sicher anders zu werten sind, als bei einem verfahrenstechnischen System. Für ein PLS können beispielsweise als typische OQ-Prüfungen aufgeführt werden:

– Einschalttests für Clientrechner, Server, Bussysteme mit Prüfung
  – Rechnerboot,
  – Desktop Layout,
  – Applikationsprüfungen (Start, Durchführung, Beendigung),

- Modultests für angepasste Funktionsbausteine (FUBs) mit
  - Sichtkontrolle (Prüfung Messstelle hinsichtlich FUB-Name, Messbereich, Dimension, Grenzwerte, Vollständigkeit und Richtigkeit, Verbindung zu anderen FUBs),
  - Funktionskontrolle,
- Eingabe-/Ausgabe- Peripherietests (im Prüffeld) mit Prüfung
  - korrekte Ein- und Ausgänge,
  - Einstellung der Slave-Adressen,
  - Einstellungen Baudrate, Busprofil etc.,
- Integrationstests mit Prüfung
  - statische Bildanteile (Bildname, Inhalt, Symbolik),
  - dynamische Bildanteile (Verbindungen, Sprungmarken),
  - Mess- und Regelfunktionen (Einzelsteuerebene),
  - Ablaufsteuerungen (Bedienung und Beobachtung, Automatisierungsfunktionen),
  - Rezeptursteuerungen (z. B. Grundfunktionen mit Testrezept),
- Sonderapplikationen
  - z. B. Softwaretests als Blackbox- oder Whiteboxtest.

Diese Prüfungen laufen zumeist voll umfänglich in einem Prüfumfeld bei dem Hersteller ab, bei dem das spätere Realumfeld mithilfe beigestellter und angeschlossener Rechner simuliert wird. Insbesondere im Rahmen des Integrationstests wird das System auf volle Funktionsfähigkeit für den späteren Einsatz getestet. Abhängig von Vereinbarungen und hausinternen Regelungen beim Hersteller wird der Integrationstest ganz oder in Teilen im Beisein vom Kunden wiederholt und offiziell als FAT dokumentiert. Wird das System ausgeliefert, wird auf der gleichen oder geringfügig erweiterten Basis dieser Test auf der Baustelle wiederholt, um in Bezug auf ordnungsgemäße Funktionalität die größtmögliche Sicherheit zu haben und auch Fehler durch Demontage und Remontage ausschließen zu können. Prinzipiell wäre an dieser Stelle die Qualifizierung für den Lieferanten und die Qualifizierung des gelieferten Systems – hier das PLS – abgeschlossen.

### 4.13.4
**Abgrenzung automatisierter Systeme**

Im vorhergehenden Abschnitt wurde auf die Besonderheiten der IT-Validierung im Zusammenhang mit DQ, IQ, OQ und der Softwarevalidierung – dargestellt am Beispiel eines PLS – abgehoben. Die Ausführungen haben sich dabei zunächst rein auf das „Computersystem" im Sinne der GAMP-Definitionen bezogen. Dem aufmerksamen Leser wird jedoch sicher nicht entgangen sein, dass mindestens ein sehr wichtiger Aspekt bei der Validierung eines PLS gefehlt hat, nämlich der Nachweis des korrekten Anschlusses des Systems ins Feld und der Nachweis der korrekten Feldfunktionen.

Die Tatsache, dass das PLS für sich allein und in Bezug auf die aufgespielte und konfigurierte Software ordnungsgemäß funktioniert, dass alle eingehenden elektrischen Signalgrößen richtig erfasst, verarbeitet und an anderer Stelle wieder

korrekt ausgegeben werden, lässt jedoch noch keine Aussage darüber zu, ob auch im Feld, d. h. in der tatsächlichen Produktionsumgebung, ein über das PLS angesteuertes Ventil auch richtig reagiert, der Rührreaktor richtig aufgeheizt oder abgekühlt und die Vakuumkolonne unter das vorgeschriebene Vakuum gesetzt wird. Zur Kerninstallation kommen noch die Feldinstallation, die Schalt- und Verteilerschränke, Bussysteme, Verkabelungen, Sensoren und Aktoren, kurz alles, was aus dem „Computersystem" ein „computerisiertes System" macht. Damit kommen auch automatisch weitere Installations- und Funktionsprüfungen hinzu, die im Rahmen einer IQ und OQ des Gesamtsystems berücksichtigt werden müssen. Als Beispiele solcher weiterer Prüfungen können hier typischerweise aufgezählt werden:
– Prüfung der Umgebungsbedingungen
  – Betriebsumgebung mit Blick auf Temperatur, Feuchte, elektromagnetische Störgrößen,
– Prüfung der korrekten Installation der Feldgeräte, Feldmontage
  – Mess-, Regel- und Schalteinrichtungen anhand von Messstellenlisten, Wirkschaltplänen, R & I-Schemata, Kabelpläne,
– I/O-Prüfungen
  – Loop checks, d. h. Prüfung der Regelkreise auf Basis von Signalsimulationen, hier jedoch im Feld,
– Funktionsprüfungen
  – Überprüfung der Einzelsteuerfunktionen, Grundsteuerfunktionen, Ablaufsteuerungen und Rezeptsteuerungen im Rahmen einer konkreten Wasserfahrt,
– Prüfung systemspezifischer Verfahrensanweisungen (SOPs)
  – d. h. Prüfung der Anwendbarkeit und Korrektheit von SOPs, die üblicherweise für den Betrieb eines solchen computerisierten Systems benötigt werden,
– Prüfung des Systemverhaltens in Ausnahmefällen
  – z. B. Belastungstests, Alarmmanagement, Energieausfall.

Aber auch die Überprüfung des Systemlieferanten selbst – hier also der PLS-Lieferant – in Form von Lieferantenaudits und die Überprüfung seines Liefer- und Dokumentationsumfangs sind wichtige Elemente einer vollständigen Systemvalidierung. Speziell die Dokumentation betreffend sind dabei nicht nur Bedienanleitungen, Installations-, Verschaltungs- und Verdrahtungspläne zu berücksichtigen. Auch weitere, u. a. vom GAMP empfohlene Anleitungen (SOPs) sollten zumindest zu den folgenden Themen vorhanden sein:
– Anlauf, Wiederanlauf des Systems nach Abschaltung,
– Zugriffsschutz/Zugriffskontrolle,
  Change Control (sofern nicht im betrieblichen Change Control aufgehängt),
– Daten Backup, Archivierung und Datenrückspielung,
– Instandhaltung, Wartung (Systempflege mit Blick auf SW-Patches, neue Releases),
– Desasterplan.

Die Anwendbarkeit und Zuverlässigkeit der in diesen Dokumenten beschriebenen Prozeduren muss dann noch im Rahmen des oben bereits gelisteten Prüfpunktes

„SOP-Prüfung" sichergestellt werden. Erst dann, nach erfolgreichem Abschluss all dieser Prüfungen, kann das Gesamtsystem – das computerisierte System – als vollumfänglich qualifiziert bzw. validiert bezeichnet werden.

Vergleicht man nun diese hier beschriebenen zusätzlichen Prüfpunkte mit jenen, die in Abschnitt 4.8.7 im Zusammenhang mit der OQ von verfahrenstechnischen Einrichtungen genannt wurden, so wird man auf alle Fälle eine gewisse Redundanz feststellen. Und in der Tat ist dies auch ein sehr häufig in der Praxis diskutierter Punkt, die Abgrenzung der Systeme bzw. die Frage, ob solche Funktionsprüfungen nun generell im Zusammenhang mit der PLS-Validierung oder eher im Rahmen der OQ des Ausrüstungsteils abgearbeitet werden sollen. Gehört die Prüfung der korrekten Funktion einer Dosiereinrichtung in den Prüfumfang der Dosiereinrichtung oder wird dies im Rahmen der PLS Validierung betrachtet?

Prinzipiell spielt es zumindest aus regulatorischer Sicht keine Rolle, welchem System die entsprechende Prüfung zugeordnet wird, solange man die Prüfung als solche nicht vergisst. Sie kann also sowohl im OQ-Plan der Dosiereinrichtung als auch im OQ-Plan des PLS auftauchen. Bewährt hat es sich, diese Prüfungen den technischen Systemen direkt zuzuordnen, da im Rahmen von Inspektionen meist systembezogen – also z. B. das Dosiersystem – geprüft wird. In diesem Falle hätte man dann alle Prüfungen und notwendigen Informationen und Daten in einem Dokument zusammen. Im anderen Fall müsste man in Bezug auf den Prüfpunkt dann auf den Validierungsplan des PLS verweisen. Einzige Ausnahme wäre dann gegeben, wenn ein PLS neu eingeführt wird und alle anderen Komponenten bereits qualifiziert sind. Dann macht es Sinn, nicht nochmals alle für die Ausrüstung je erstellten Qualifizierungspläne anzugreifen und zu ändern, sondern die gesamten anstehenden IQ- und OQ-Prüfungen in der Dokumentation zum Prozessleitsystem abzuhandeln. Aber wie immer ist dies eine Ermessenssache, die am Ende jeder Einzelne für sich, ausgerichtet an seinen spezifischen Randbedingen entscheiden muss. Ein Patentrezept gibt es hierfür nicht.

### 4.13.5
**Part 11 und seine Bedeutung für die Validierung**

Das Thema „Validierung von IT-Systemen" ist heute unausweichlich mit dem Begriff „Part 11" verbunden und jeder, der sich damit auseinandersetzt wird automatisch mit Fragen nach „Part 11-Compliance", nach Erfüllung der Anforderungen für „ERES" und nach dem Vorliegen entsprechender „White Papers" konfrontiert. Manchmal erscheint es gerade so, als wäre die Part 11-Compliance, d. h. die Übereinstimmung mit den Anforderungen eines „Teil 11" weitaus wichtiger und in der Bedeutung noch höher als die eigentliche Validierung zu sehen. Jeder Hersteller von IT-Systemen wirbt damit, jeder IT-Dienstleister bietet seine Unterstützung zur Erlangung der entsprechenden Compliance an. Ein wahrer Boom oder fast schon eine „Part 11-Hysterie" zeichnet sich hier ab. Doch was hat es wirklich damit auf sich, was bedeutet Part 11?

Part 11 steht als Abkürzung für die im Kapitel 21 des US Code of Federal Register Teil 11 (kurz: 21 CFR 11) hinterlegten Anforderungen an IT-Systeme, die im pharmazeutisch regulierten Umfeld für elektronische Aufzeichnungen (electronic records) eingesetzt und ggf. im Zusammenhang mit elektronischen Unterschriften (electronic signatures) – kurz ERES (Electronic Record, Electronic Signature) – genutzt werden. Die Begründung für solche Systeme liegt sicher in dem gerechtfertigten Bemühen der Industrie, von der Fülle an Papier weg zu kommen und die Innovation der neuzeitlich entwickelten IT-Systeme zu nutzen. Diesem Bestreben hat die amerikanische Behörde FDA dahingehend Rechnung getragen, indem sie sagt, dass eine Nutzung, d. h. elektronische Aufzeichnungen und elektronische Unterschriften grundsätzlich möglich sein sollte, dass es aber Vorkehrungen und Maßnahmen geben muss, die sicherstellen, dass die mit solchen Systemen erfassten Daten und die hinterlegten Unterschriften gerade bei einem so heiklen Thema wie der Arzneimittelsicherheit ausreichend abgesichert und für die Behörden verlässlich sind. Und genau das ist es, mit was sich der Part 11 inhaltlich beschäftigt. Prinzipiell hat dieses Regelwerk zunächst nichts mit dem Thema Validierung selbst zu tun. Vielmehr enthält es Anweisungen und Vorgaben zur technischen Ausführung und zu notwendigen Maßnahmen, die berücksichtigt werden müssen, wenn man ein IT-System für elektronische Aufzeichnungen und ggf. im Zusammenhang mit elektronischen Unterschriften nutzt. Der Part 11 enthält also die technischen Grundvoraussetzungen, die prinzipiell erfüllt sein müssen, bevor man an die Validierung denkt. Die Validierung selbst muss dann im Umfang und in der Tiefe jene technischen Vorgaben berücksichtigen und die Funktionalität entsprechend nachweisen. Von daher ist es natürlich richtig zu sagen, dass die Bedeutung des Part 11 insoweit höher zu sehen ist, dass eben technische Maßnahmen zunächst einmal umgesetzt sein müssen, bevor man sie im Rahmen von Qualifizierungs- oder Validierungsmaßnahmen nachweisen kann. Thematisch sind Part 11 und Validierung aber zwei völlig unterschiedliche Sachgebiete.

Bevor man sich inhaltlich mit den Anforderungen auseinandersetzt, muss klar sein, wann von „electronic record" und wann von „electronic signature" die Rede ist. Hier gibt es aber im Part 11 eine klare und eindeutige Definition. Demnach sind electronic records jegliche Kombination von Text, Grafikelementen, Audio oder Bilddaten oder andere Informationen dargestellt in digitaler Form, die mit einem Computer erstellt, verändert, gepflegt, archiviert zurückgespielt oder verteilt werden. Electronic signature bedeutet gemäß Festlegungen im Part 11 eine Übersetzung irgend eines Symbols oder einer Serie von Symbolen – erzeugt, akzeptiert oder autorisiert durch eine damit legal verbundene Person, gleichbedeutend mit deren individueller handschriftlichen Unterschrift.

Entsprechend dieser Definitionen würde dann aber so ziemlich alles, was im täglichen Ablauf in einem pharmazeutischen Unternehmen mithilfe eines Computers bearbeitet wird zumindest als electronic record unter die Anforderungen des Part 11 fallen, was so natürlich weder sinnvoll noch richtig ist. Unter die Anwendung des Part 11 fallen gemäß Aussagen der FDA nur jene Aufzeichnungen und Dokumente, die im Rahmen sogenannter „Predicate Rules" (dt. „übergeordnete Regelungen") gesetzlich vorgegeben bzw. reguliert sind. Werden also, wie in den vorangegangenen Abschnitten beschrieben, mithilfe eines Prozessleitsystems z. B. auch die Aufzeichnungen für die Chargendokumentation bzw. die Chargendokumentation selbst durchgeführt, so handelt es sich hier eindeutig um ein IT-System, welches den Anforderungen des Part 11 unterliegt, da die Chargendokumentation klar in den cGMP-Regeln der FDA, im 21 CFR 210/211 geregelt ist und es sich hierbei um eine predicate rule handelt. Wird im PLS noch miterfasst und mitprotokolliert – z. B. durch Aufzeichnung einer bestimmten an das Login geknüpften Personalnummer – welche Person einen bestimmten Vorgang ausgelöst hat, dann hat man zusätzlich die Vorgaben des Part 11 zum Thema electronic signature zu beachten.

Anders beispielsweise, wenn IT-Systeme lediglich dem Erzeugen bestimmter Dokumente dienen, diese jedoch dort nicht weiter verwaltet oder aufbewahrt werden, d. h. ihnen keine entsprechende Qualitätsrelevanz zukommt. Ein PC, der genutzt wird, um mithilfe eines entsprechenden Schreibprogramms eine Verfahrensanweisung zu erstellen, die anschließend ausgedruckt und von Hand unterzeichnet und in einem Ordner in Papierform abgelegt wird, wäre ein solches Beispiel, das keine Qualitätsrelevanz im Sinne von GMP besitzt. In diesem Falle wäre das System als hochwertige Schreibmaschine zu betrachten, die keinerlei weiteren Anforderungen unterliegt. Dies würde sich dann sofort ändern, wenn die Dokumente im System verbleiben würden und andere Personen sich auf die Aktualität im System verlassen würden. Dann wäre die Qualitätsrelevanz in vollem Umfang, die Gültigkeit der GMP-Regeln und damit die Gültigkeit der Part 11-Anforderungen sofort gegeben.

Hat man es nun mit einem IT-System zu tun, das den Part 11-Anforderungen unterliegt, so gilt es, entsprechende systemtechnische oder organisatorische Voraussetzungen zu schaffen, von denen nachfolgend nur einige wichtige hier kurz aufgelistet werden sollen, um nicht den gesamten Part 11 inhaltlich zu wiederholen. So gilt beispielsweise:

– Es muss ein eindeutig abgegrenzter Zugriff für autorisierte Personen existieren.
– Das System muss mit solchen Autorisierungsprüfungen ausgestattet sein, die sicherstellen, dass nur die autorisierten Personen auf ihrer Zugriffsebene den entsprechenden Zugriff erhalten.
– Es muss Aufzeichnungen mit Datums- und Zeitstempel geben, die Aussagen darüber ermöglichen, wann welche Person auf welche Daten zugegriffen hat, um diese zu erstellen, zu modifizieren oder zu löschen.
– Das Unterschreiben einer elektronischen Aufzeichnung muss mindestens enthalten: Name des Unterzeichners, Datum und Uhrzeit der Unterschrift, Bedeutung der Unterschrift.
– Jede elektronische Unterschrift muss eindeutig für eine Person sein.
– Elektronische Unterschriften, die nicht auf biometrischen Systemen beruhen, müssen mindestens zwei eindeutige Identifizierungskomponenten (z. B. User-ID und Passwort) enthalten.
– Bei mehreren Unterschriften in Folge, muss die erste Unterschrift unter Nutzung aller Identifikationskomponenten, die nachfolgenden unter Nutzung mindestens einer Identifikationskomponente geleistet werden.

- Passwörter müssen regelmäßig nach entsprechenden Vorgaben geändert werden.
- Es muss Sicherheitseinrichtungen geben, die verhindern, dass mehrere Personen unter gleichem User-ID und Passwort arbeiten (z. B. zeitgesteuertes Log-off).

Aus der Aufzählung wird ersichtlich, dass es sich hier um wichtige sicherheitstechnische Vorgaben handelt, die – wie bereits angesprochen – sowohl technisch als auch organisatorisch realisiert werden müssen. Ein Part 11 konformes IT-System ist demnach ein System, was zumindest aus technischer Sicht alle Anforderungen in Bezug auf elektronische Aufzeichnungen und elektronische Unterschriften nach Maßgabe des 21 CFR 11 erfüllt. Hersteller solcher Systeme haben es sich mittlerweile zu eigen gemacht, die Erfüllung der Anforderungen schriftlich darzulegen, indem in einer Tabelle die Part 11-Anforderungen den technischen Realisierungen des Systems gegenübergestellt werden. Diese Listen und Darlegungen werden dann dem Kunden als sogenanntes „Whitepaper" überreicht, damit er sich von der Part 11-Konformität selbst überzeugen kann.

Für die Validierung bedeutet dies in Konsequenz, dass insbesondere die zur Sicherung des Systems bzw. der darin gehandhabten Daten installierten technischen Vorkehrungen mithilfe geeigneter Testfälle überprüft und die Funktionalität und Zuverlässigkeit nachgewiesen, eben validiert werden müssen. Der Part 11 hat damit also eindeutig Auswirkungen auf den Inhalt und den Umfang der Validierung. Das IT-System selbst muss daher zunächst alle technischen Voraussetzungen erfüllen – also Part 11-konform sein – und dann zusätzlich validiert werden. Erst dann sind alle gesetzlichen Vorgaben hinreichend erfüllt.

# 5
# Integrierte Anlagenqualifizierung

## 5.1
### GEP kontra GMP

In Abschnitt 3.4 wurde der sehr einfach erscheinende formale Ablauf der Validierung dargestellt, ausgerichtet auf die wenigen zentralen Elemente, die heute zwingend vorgeschrieben sind und die bei einem Validierungsprojekt auf jeden Fall beachtet werden müssen, da sie immer Gegenstand von Inspektionen sind. Es sind dies: die Erstellung eines Validierungsmasterplans, ggf. die Erstellung von Projektplänen, die das Ergebnis der Risikoanalysen enthalten, die Ausarbeitung einzelner Qualifizierungs- und Validierungspläne, die Freigabe, Durchführung und die Berichtserstellung. Im weiteren Verlauf wurde dann deutlich, dass dies nur eine sehr vereinfachte Betrachtung sein kann, da in Kombination mit den meist zeitgleich laufenden Ingenieursaktivitäten doch noch viele andere Aktionen erforderlich werden und insbesondere zunehmend Schnittstellen zwischen den Qualifizierungs- und Ingenieurtätigkeiten beachtet werden müssen. Der in Abb. 4.1 dargestellte Ablauf zeigt schon eher die Komplexität eines realen Validierungsprojekts, wobei in Abschnitt 4.1 zusätzlich der Versuch unternommen wurde anhand dieses Ablaufs auf die Anforderungen eines „idealen" Validierungsprojekts, bereits unter Berücksichtigung von Schnittstellen mit anderen Disziplinen, einzugehen. Aber auch dieses Ablaufschema bildet nur sehr vage die Realität ab, zumal gerade die durch das Thema „Risikoanalyse" ausgelöste Wechselwirkung zwischen Qualifizierung und Ingenieurtechnik nur sehr vereinfacht dargestellt ist.

Ein erweitertes Ablaufschema, was speziell auf die Bedeutung der Risikoanalyse und deren „Filterwirkung" eingeht, ist in Abb. 5.1 dargestellt. Es verdeutlicht u. a. auch den Unterschied zwischen den im Rahmen einer „Good Engineering Praxis" (GEP) und den im Rahmen der Qualifizierung (GMP) zu erbringenden Leistungen. Nicht selten hat man es nämlich gerade im Bereich der Qualifizierung mit Diskussionen zwischen Ingenieuren und Qualifizierern – eigentlich auch Ingenieuren – zu tun, die sich nicht einig darüber sind, ob ein gewisser Test nun in den Bereich der routinemäßig durchzuführenden Abnahmeprüfungen oder zu den Qualifizierungsaktivitäten zählt oder – ein ebenfalls oft geäußerter Vorwurf – ob die Qualifizierer nicht wieder über das Ziel hinausschießen und gar Prüfungen

## 5 Integrierte Anlagenqualifizierung

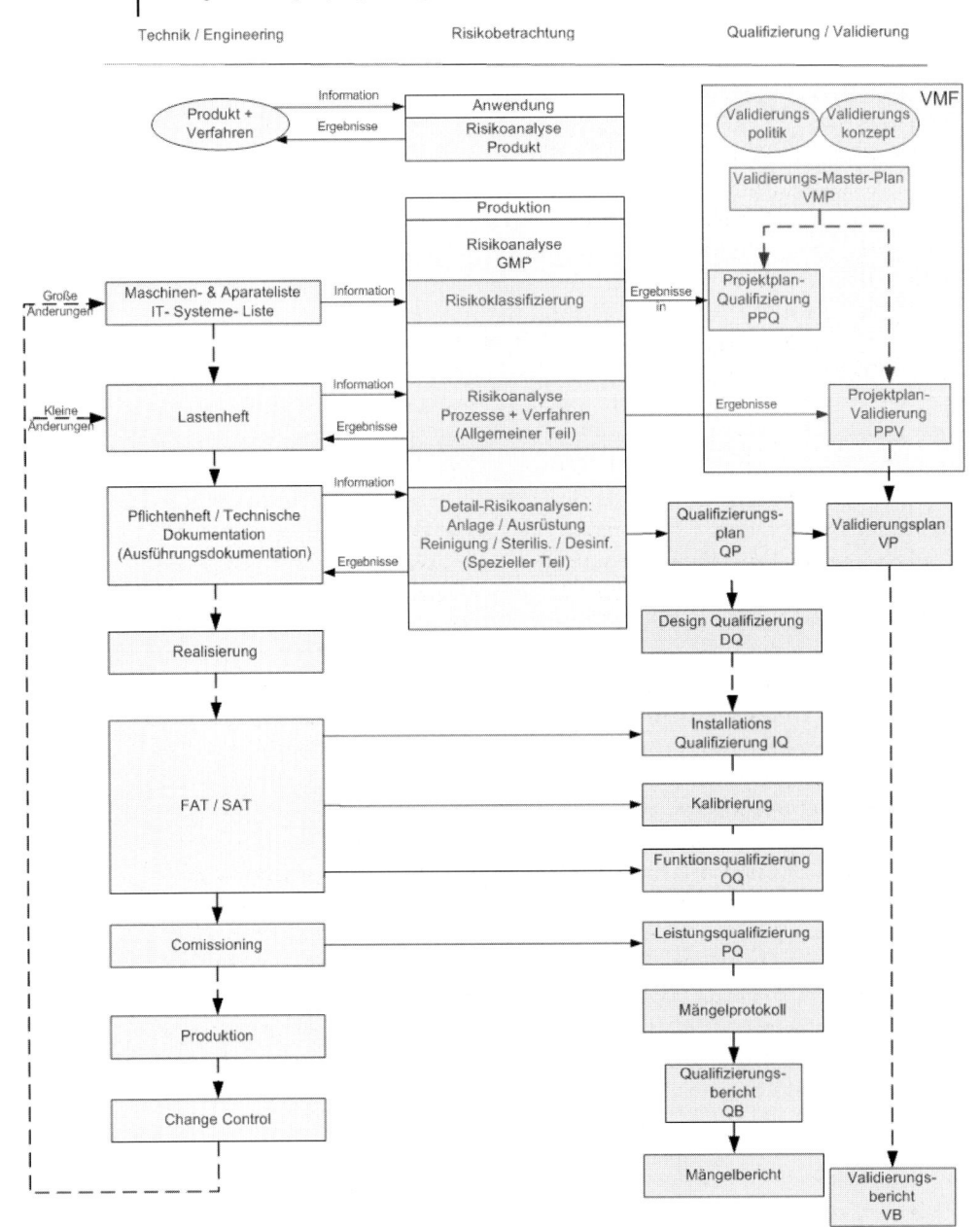

**Abb. 5.1** Ablauf GEP vs. GMP.

der Ingenieurtechnik wiederholen. Diese Diskussionen sind nicht selten und rühren von der sehr engen Verzahnung der beiden Disziplinen her bzw. beruhen oftmals auch auf nicht klar festgelegten oder nicht verstandenen Definitionen und Abgrenzungen.

Gemäß der offiziellen Definition ist klar, dass die Qualifizierung im engeren Sinne nichts mit dem Prüfen und damit nichts mit den üblichen Ingenieursaktivitäten zu tun hat, sondern mit einem formalen und dokumentierten Nachweis, der belegt, dass bestimmte kritische Einrichtungen gemäß Vorgabe installiert sind und funktionieren (s. Abschnitt 3.2). Dabei liegt eindeutig die Betonung auf „kritischen Einrichtungen", weshalb der Vorwurf, dass oftmals zu viel gemacht wird, nicht immer ganz unbegründet ist.

Die Festlegung, was kritisch ist und was überhaupt in den Aktionsbereich der Qualifizierer fällt, wird letztendlich mithilfe der Risikoanalyse entschieden (s. Abschnitt 4.7). Wie bereits im entsprechenden Kapitel behandelt, kann eine solche Risikoanalyse niemals in einem Schritt und damit abschließend durchgeführt werden. Vielmehr hat man es heute mit einem mehrstufigen Vorgehen zu tun, bei dem in einem iterativen Prozess je nach Projektfortschritt die Risikoanalyse als kritisches Auswahlinstrument auf unterschiedlichen Stufen zunehmend detaillierter angewandt wird. Wie Abb. 5.1 zeigt, steht an oberster Stelle – zunächst unberührt vom Thema „Qualifizierung und Validierung" – die Produktrisikoanalyse, in deren Rahmen überhaupt die Produktanforderungen, konkret die Spezifikationen, festgelegt werden. Diese ist beispielsweise bei medizintechnischen Produkten fest vorgeschrieben und u. a. in der Norm ISO 14971 [139] detailliert abgehandelt. In Bezug auf die dann in Betracht kommende Anlage wird zunächst sehr grob mithilfe der Risikoklassifizierung begonnen, zwischen GMP-relevanten und nicht GMP-relevanten Komponenten zu unterscheiden – ein erster wichtiger Schritt, der viel Nachfolgearbeit sparen kann, wenn er richtig und konzentriert ausgeführt wird. Erst dann folgen im weiteren Verlauf basierend auf dem Lastenheft die prozess- und verfahrensorientierten Risikoanalysen, deren Ergebnisse maßgeblich die Validierung beeinflussen und schließlich die sehr detaillierten, oft schon anhand der Ausführungspläne ausgeführten Detailrisikoanalysen, die maßgeblich die technische Ausführung der Komponenten bestimmen.

Das Ablaufschema zeigt detailliert und eindrucksvoll, dass die Grenze bzw. der Unterschied zwischen GEP und GMP, zwischen Ingenieurstechnik und Qualifizierung/Validierung, ganz eindeutig durch die Ergebnisse der Risikoanalysen vorgegeben wird. Was das Ablaufschema jedoch nicht wiedergibt, was aber ebenfalls ein sehr wichtiges Kriterium in Bezug auf die Abwicklung von Qualifizierungsprojekten darstellt, ist der zeitliche Ablauf. Wann muss wer mit welcher Aktivität beginnen, damit alle notwendigen Informationen zum rechten Zeitpunkt an der richtigen Stelle vorliegen, damit keine wesentlichen und ggf. qualitätskritischen Festlegungen und Entscheidungen versäumt werden und das Gesamtprojekt möglichst optimal ohne aufwändige Nachbesserungen abgewickelt werden kann? Wie müssen die einzelnen Aktivitäten der Ingenieure und der Qualifizierer ineinandergreifen? Wer muss wem zu welchem Zeitpunkt welche Informationen weiterleiten? Welche Dokumente müssen zu welchem Zeitpunkt vorliegen?

Zugegeben, all diese Fragen werden umso spannender, je größer und komplexer das Projekt ist. Werden die Zusammenhänge und Abläufe bei der Beschaffung und Installation eines neuen Rührkesselreaktors, vielleicht auch noch bei einer neuen Reinstdampf-Unit problemlos überschaut, so hört es spätestens beim Umbau bzw. der Erweiterung einer Produktionsanlage und erst recht beim Neubau einer Wirkstoffanlage auf grüner Wiese für einen zweistelligen Millionenbetrag auf. Hier ist entweder von Anfang an ein sehr klares und strukturiertes Konzept erforderlich oder man läuft Gefahr, dass man den Überblick verliert, den Projektverlauf ständig ändern und zusätzliche Zeitverzögerungen und damit zusätzliche Kosten in Kauf nehmen muss. Im schlimmsten Fall steht man vor dem Problem, bei einer bereits fertig gestellten Anlage nachbessern zu müssen.

Dass Zeit heute gerade im pharmazeutischen Umfeld eine entscheidende Rolle spielt, zeigt sich u. a. an der zunehmenden Anzahl sogenannter „Fast-track"-Projekte – Projekte, bei denen die Anlagen in immer kürzeren Zeiten errichtet und in Betrieb gehen müssen. Niemand kann es sich mehr erlauben, unnötig lange Verzögerungen z. B. durch angehängte Qualifizierungsarbeiten in Kauf zu nehmen. Dies wissen die großen Firmen und investieren nicht wenig in die Analyse der Prozess-, insbesondere der Qualifizierungsabläufe, um diese möglichst integriert in die Ingenieursaktivitäten so frühzeitig zu starten, dass maximal ein oder zwei Monate nach mechanischer Fertigstellung die Anlage ihrem Bestimmungszweck, der Produktion des vorgesehenen Produkts, folgen kann.

Integrierte Anlagenqualifizierung ist das Schlüsselwort, wenn es um den Neubau größerer Wirkstoffproduktionsanlagen und das Thema „Zeit- und Kosteneinsparung" geht. Integriert bedeutet hierbei: Ingenieure und Qualifizierer Hand in Hand und alle notwendigen Aktivitäten, Informationen und Dokumente zur rechten Zeit am rechten Ort.

Der Begriff „integriert" idealisiert aber auch, weil es hier vornehmlich um Schnittstellenprobleme und damit um den steten Kampf der Abstimmung und Absprache geht. Integriert bedeutet weiter: orientiert an einem idealen Ablauf mit dem Versuch das Optimale zu erreichen, aber nicht mit dem Anspruch auf Perfektionismus. Ein solch idealer Ablauf ohne Anspruch auf Perfektionismus, aber mit dem Wunsch, eine Orientierungsgrundlage für all diejenigen zu bieten, die mit solch komplexen Projekten zu tun haben, wird nachfolgend dargestellt.

## 5.2
## Idealisierter Ablauf

### 5.2.1
### Die Hauptprojektphasen

Grundsätzlich sind bei umfangreichen und komplexen Bauvorhaben im Bereich der Ingenieurtechnik die folgenden wesentlichen Planungs- und Projektphasen zu unterscheiden (s. a. Tab. 5.1):

**Tab. 5.1** Hauptprojektphasen.

| Phase | Inhalt |
|---|---|
| 1 | Planungsphase mit:<br>– Aufgabenstellung<br>– Projektdefinition<br>– Projektkonzeption |
| 2 | Ausarbeitungsphase:<br>– Detailkonzeption<br>– Behörden-Engineering<br>– Ausarbeitung von Anfrageunterlagen |
| 3 | Durchführungsphase:<br>– Detailplanung<br>– Beschaffung<br>– Anlagenerrichtung |

- Phase 1: die Planungsphase bzw. Konzeptplanung (engl.: Conceptual Design). Dies ist der erste wesentliche Schritt im Ablauf eines Projekts, bei dem die grundsätzliche Aufgabenstellung beschrieben, das Projekt in seinem Umfang definiert und ein erstes Projektkonzept ausgearbeitet wird.
- Phase 2: die Ausarbeitungsphase bzw. Detailkonzeption (engl.: Basic Engineering). In dieser Phase erfolgt die Detailkonzeption, oft kombiniert mit dem zugehörigen Behörden-Engineering sowie die Ausarbeitung der Anfrageunterlagen.
- Phase 3: die Durchführungsphase (engl.: EPC – Engineering Procurement and Construction). In dieser letzten Phase erfolgen im Wesentlichen die Detailplanung, die Beschaffung und die eigentliche Anlagenerrichtung und Inbetriebnahme.

Nachfolgend werden zu den einzelnen Hauptphasen die jeweiligen Einzelschritte und Aufgaben im Bereich des Engineerings sowie die zeitgleich dazu auszuführenden Aufgaben im Bereich der Qualifizierung erläutert. Es werden die in beiden Disziplinen entstehenden Dokumente angesprochen.

### 5.2.2
**Planungsphase**

In der Planungsphase wird vom Engineering zunächst der eigentliche Auftrag definiert. Auslöser für einen Auftrag können dabei sein: anstehende Kapazitätserweiterungen, Prozessoptimierungen, die Einführung neuer Produkte, Korrekturmaßnahmen etc. Der Auftrag selbst erfolgt im Allgemeinen entweder durch den Betriebsleiter, den Produktverantwortlichen oder einen ggf. schon benannten Projektleiter. Der Umfang des Auftrags wird in der Aufgabenstellung zusammengefasst, wobei diese zu diesem Zeitpunkt mindestens Angaben enthält zu: projektspezifischen Anforderungen, den Projektzielen und Prioritäten, zu besonderen Randbedingungen (GMP) sowie zum eigentlichen Leistungsumfang.

Die Aufgabenstellung ist die Basis für die weiter gehende Projektdefinition und wird meist vom Projektingenieur erstellt. Ist die Aufgabenstellung fixiert, wird im Allgemeinen das Projektteam definiert. Im Projektteam erfolgt die weiter gehende Bearbeitung der Aufgabenstellung, die in der Projektdefinition zusammengefasst wird. Diese beinhaltet neben der formalen und offiziellen Benennung des Projektteams (namentliche Festlegung) auch die Festlegung der Bearbeitungsform mit Angaben zur vorgesehenen Aufgabenteilung, die Festlegung der Projektorganisation – vornehmlich in einem Projektorganigramm – sowie die erstmalige Ausarbeitung eines ersten Übersichtsterminplans. Der Projektdefinition folgt im weiteren Schritt die Projektkonzeption. Die Projektkonzeption beinhaltet die Erfassung und Auswertung aller relevanten Projektinformationen, die Ausarbeitung eines ersten Verfahrens- und Anlagenkonzepts (Conceptual Design), wobei zu diesem Zeitpunkt oft auch die ersten sicherheitsrelevanten Aspekte (Sicherheitsbetrachtung Stufe 1) mit Blick auf Anlage, Arbeiter und Umwelt mit einfließen. Auf der Stufe der Projektkonzeption werden auch Varianten und Alternativen diskutiert und verschiedene Studien zur Machbarkeit, zum Standort und zu Kostenalternativen erstellt.

Auf Basis des Conceptual Designs bzw. der Machbarkeitsstudien (Feasibility Studies) werden Kosten und Termine geprüft und als erster wichtiger Meilenstein den Entscheidungsträgern vorgelegt. Es erfolgt eine erste Zwischenbewertung mit Festlegung der weiteren Vorgehensweise und der Bewilligung weiterer Planungsgelder. Auf dieser Stufe beruht der Entscheid zur weiteren Bearbeitung. Die in der Planungsphase entstehenden Dokumente existieren zumeist in einem ersten Entwurf und umfassen typischerweise Grundfließbild, Verfahrensfließbild, Rohrleitungs- und Instrumentenfließbilder, Lagepläne, Maschinen- und Apparateaufstellungen, Maschinen- und Apparatelisten, verfahrenstechnische Datenblätter, Listen zu Energieverbrauchern, erste Unit-Konzepte und Informationen zum Automatisierungskonzept (Abb. 5.2).

Idealerweise würde die Qualifizierung bereits sehr früh, zum Zeitpunkt der Aufgabenstellung, einsetzen. Konkret würde man an dieser Stelle mit der GMP-Einstufung beginnen, d. h. mit
– den ersten Festlegungen, abhängig von Produktverwendung und Herstellung, in Bezug auf zutreffende GMP-Regelwerke,
– Festlegungen zum Startpunkt von GMP und der Validierung, dem eigentlichen Umfang mit Blick auf die weiter gehend zu betrachtenden Anlagenteile und Verfahrensschritte und
– der Festlegung genereller Risiken, ausgehend von physikalischen, chemischen und mikrobiologischen potenziellen Kontaminationsquellen.

In der GMP-Einstufung würden ferner die wesentlichen GMP-Topics (z. B. Reinigungsvalidierung, Kreuzkontamination), Besonderheiten (z. B. spezielle Anforderungen an Wasserqualitäten) und die GMP-Relevanz ganz allgemein angesprochen werden. Zeitgleich mit dem Projektteam würde man auch das Validierungsteam einberufen, das oftmals nur eine Erweiterung des Projektteams

**Engineering**      Qualifizierung      **Dokumente**

- Auftrag
- Aufgabenstellung
- Projektteam
- Projektdefinition
- Projektkonzeption
- Kosten / Termine
- EzB

**im Entwurf (E):**

Grundfließbild

Verfahrensfließbild

RI-Fließbilder (E)

Lagepläne (E)

M+A-Aufstellung (E)

M+A-Liste (E)

Datenblätter VT

Energieverbraucher (E)

Unit-Konzepte

Automatisierungskonz.

**Abb. 5.2** Planungsphase Engineering.

darstellt und zusätzlich Funktionen wie Herstellungsleiter, Leiter Qualitätseinheit und – bei umfangreichen Projekten – den Validierungskoordinator einschließt. Der Projektdefinition würde das Validierungskonzept gegenüberstehen, in dem die formale Benennung des Validierungsteams, die Festlegung der Bearbeitungsform, die Festlegung der Dokumentation in Bezug auf Inhalt und Layout sowie die Festlegung erster Termine in einem Übersichtsterminplan erfolgt. In einem GMP-Grundkonzept würde man analog zur Projektkonzeption die ersten grundlegenden Einstufungen von Gebäuden und Räumlichkeiten sowie von Anlagen und Hilfseinrichtungen in Bezug auf die speziellen Anforderungen an Reinheit, Reinigbarkeit und qualitätsrelevante Spezifikationen vornehmen. Auch auf der Qualifizierungsseite wird am Ende der Planungsphase mit der Freigabe des Validierungskonzepts ein wichtiger Meilenstein erreicht. Das Validierungskonzept sollte formal mit Unterschrift freigegeben werden, wobei weiter gehende Überarbeitungen und Revisionen nicht ausgeschlossen sind. Die wesentlichen qualifizierungsrelevanten Unterlagen, die zu diesem Zeitpunkt entstehen, sind die GMP-Einstufung, der Validierungsmasterplan mit den zugehörigen, das Validierungskonzept beschreibenden Validierungs-SOPs, die GMP-Anforderungsliste mit den wesentlichen Einstufungen, der erste Entwurf eines GMP-Lastenhefts sowie der erste Entwurf eines Zeitplans mit dem Schwerpunkt „Qualifizierungsaktivitäten" (Abb. 5.3).

| Engineering | Qualifizierung | Dokumente |
|---|---|---|
| Auftrag | | |
| Aufgabenstellung | GMP - Einstufung | GMP - Studie |
| Projektteam | Validierungsteam | Validierungsmasterplan |
| Projektdefinition | Validierungskonzept | Validierungs-SOPs |
| Projektkonzeption | GMP - Grundkonzept | GMP - Anforderungsliste |
| Kosten / Termine | | GMP - Lastenheft (E) |
| | | Zeitplan (E) |
| EzB | FVK | |

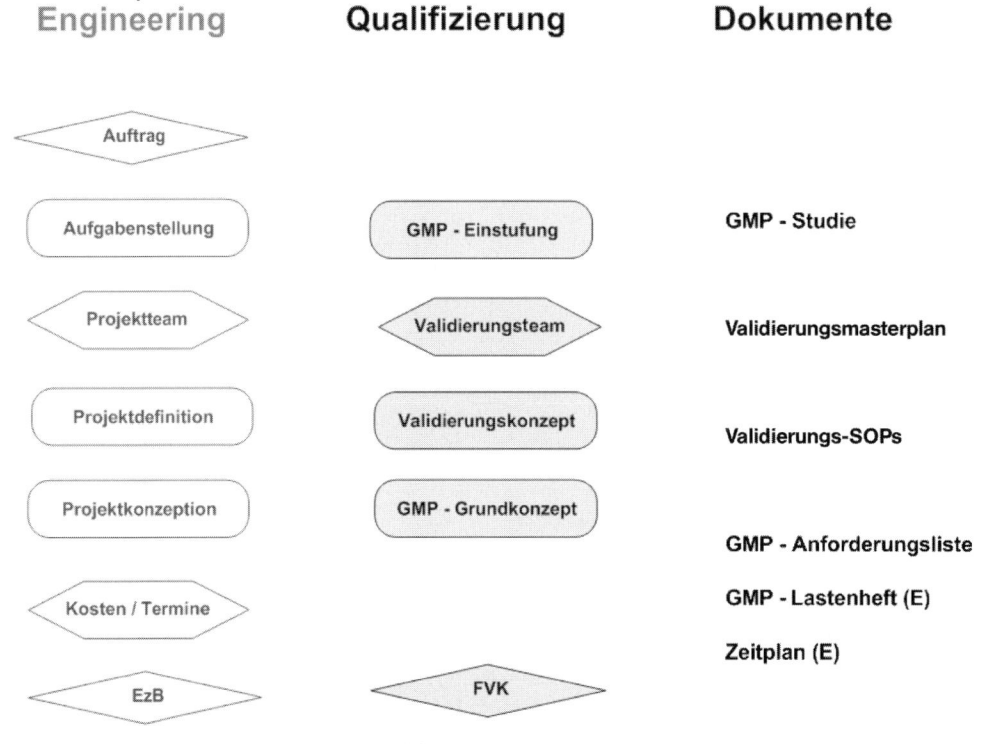

**Abb. 5.3** Planungsphase Qualifizierung.

### 5.2.3
### Ausarbeitungsphase

Nach Freigabe zur weitergehenden Ausarbeitung erfolgt auf Seite des Engineerings die Festlegung und Definition der Aufgabenstellung für die einzelnen Gewerke. Dies sind im Allgemeinen Bau- bzw. Gebäudetechnik, die Maschinen- und Apparatetechnik (M+A), die Rohrleitungstechnik sowie die Prozessleittechnik (PLT). Mit der Fachkonzeption wird die eigentliche Ausarbeitung begonnen. Es entstehen Bauentwurfspläne, Maschinen- und Apparatespezifikationen und Aufstellungspläne, es werden Grundkonzepte für die Rohrleitungsführung und die Prozessleittechnik entwickelt. In dieser Phase entstehen dann auch die ersten 3D-Modelle. Im Rahmen der weiter gehenden Ausarbeitung von Rohrleitungs- und Instrumentenfließbildern erfolgt – sofern erforderlich – dann auch die Sicherheitsbetrachtung Stufe 2 bzw. eine weiter gehende Sicherheitsanalyse, wenn das Gefährdungspotenzial dies erfordert.

Handelt es sich um genehmigungspflichtige Anlagen, so erfolgt der entsprechende Behördenantrag (Behörden-Engineering), der die Erstellung der Genehmigungsunterlagen, die notwendigen Behördenbesprechungen und ggf. Offenlegung von Unterlagen mit Erörterungsterminen etc. umfasst. Für terminkritische

Gewerke (sogenannte „Long Term Items") werden die ersten Anfrageunterlagen für Detailplanungsleistungen für die Ausrüstung selbst und den Zukauf von Kontraktor-Leistungen ausgearbeitet. Mit diesen Unterlagen, die wesentlicher Bestandteil des sogenannten Basic Designs sind, liegen dann alle notwendigen Informationen für eine nächste genauere Projektkostenschätzung vor, auf deren Basis dann die eigentliche Projektgenehmigung erfolgt. Die entstehenden Dokumente sind die zum Teil weiterentwickelten Entwurfsdokumente, die sich nun auf der Stufe Freigabe zur Planung befinden, sowie weiter gehende Detailinformationen enthaltende Unterlagen. Konkret sind dies RI-Fließbilder, Anlagenpläne, M+A-Aufstellungszeichnungen, M+A-Listen, technische Blätter, Projektmedienschlüssel, Funktionspläne für die Prozessleittechnik, Protokolle der Sicherheitsbetrachtung Stufe 2, sofern erforderlich Ex-Notizen (Explosionsschutz) etc. (Abb. 5.4).

Auf der Qualifizierungsseite ist dies der Zeitpunkt, basierend auf dem Entwurf des Lastenhefts, mit der Risikoanalyse für Verfahren (Herstellung, Reinigung) und Prozessabläufe zu beginnen. Hier wird nun erstmalig das Projekt mit Blick auf kritische, die Produktqualität möglicherweise negativ beeinträchtigende Faktoren analysiert. Üblicherweise leiten sich aus der Risikoanalyse bauliche Maßnahmen (Änderung in den Planungsunterlagen), spätere Qualifizierungs- bzw. Validierungsmaßnahmen oder, sofern durch technische Lösungen nicht zu beherrschen, organisatorische Maßnahmen für den am Ende stehenden Betrieb ab.

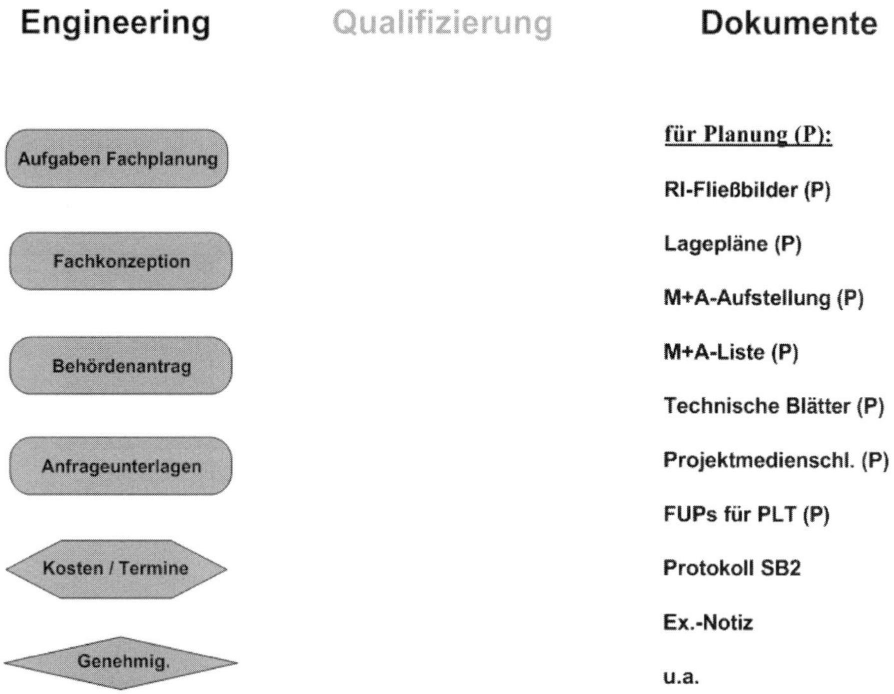

**Engineering**  **Qualifizierung**  **Dokumente**

Aufgaben Fachplanung

Fachkonzeption

Behördenantrag

Anfrageunterlagen

Kosten / Termine

Genehmig.

**für Planung (P):**

RI-Fließbilder (P)

Lagepläne (P)

M+A-Aufstellung (P)

M+A-Liste (P)

Technische Blätter (P)

Projektmedienschl. (P)

FUPs für PLT (P)

Protokoll SB2

Ex.-Notiz

u.a.

**Abb. 5.4** Ausarbeitungsphase Engineering.

Die Ergebnisse der Risikoanalyse gehen im Wesentlichen in das Lastenheft bzw. in die Projektpläne Qualifizierung und Validierung ein. Zusammengefasst kann dies als GMP-Detailkonzept betrachtet werden, welches wesentliche GMP-Anforderungen an Gebäude und Räumlichkeiten, an Ausrüstungsgegenstände und an PLT-Einrichtungen umfasst und den Qualifizierungs- bzw. Validierungsumfang durch Auflistung aller Qualifizierungssysteme, der relevanten Validierungstitel und der zu kalibrierenden Messeinrichtungen definiert.

Auch aus GMP-Sicht gibt es die Möglichkeit, Konzepte mit Behörden im Vorfeld abzusprechen und sich für die weitere Vorgehensweise abzusichern. Der Zeitpunkt hierfür ist nach Abschluss des GMP-Detailkonzepts gegeben. Ebenso ist der Zeitpunkt gegeben, das für die Technik relevante Change-Control-System auf Basis des formal verabschiedeten Lastenhefts und der Qualifizierungs- und Validierungslisten zu starten. Änderungen an dem jetzt fixierten Anlagendesign oder am Qualifizierungs- und Validierungsumfang, insbesondere Änderungen gegenüber dem Lastenheft sollten von nun an formal erfasst, bewertet und über ihre weitere Handhabung entschieden werden. Ein wesentlicher Meilenstein am Ende der Ausarbeitungsphase ist die Freigabe des Validierungsumfangs (Scope of Validation). Dieser ist u. a. wesentliche Basis für eine vernünftige Kostenschätzung für alle anstehenden Qualifizierungs- und Validierungsmaßnahmen. Die Freigabe des Validierungsumfangs schließt jedoch nicht aus, dass es auch nachträglich noch zu Änderungen kommen kann, die dann jedoch über das angesprochene Change-Control-Prozedere gehandhabt werden müssen.

Wesentliche Kerndokumente aus der Ausarbeitungsphase sind die Risikoanalysen, das fertig gestellte und als erste Version freigegebene GMP-Lastenheft, die Projektpläne „Qualifizierung" und „Validierung", die Liste aller zu kalibrierenden qualitätskritischen Messeinrichtungen sowie, sofern schon vorhanden, erste bearbeitete Change-Control-Anträge. All diese Dokumente werden sinnvollerweise in einem Ordner, dem sogenannten Validation Master File (VMF) zusammengestellt und bilden vonseiten der Qualifizierung damit eine wesentliche Grundlage, mit der es möglich ist weitergehende Anfragen zu starten, wenn im Rahmen einer Kontraktor-Auswahl Unternehmen für den Teil „EPC" (Engineering, Procurement and Construction) gesucht werden (Abb. 5.5).

### 5.2.4
**Durchführungsphase**

Im Rahmen der Detailplanung (Detail Engineering) erfolgt nun die weiter gehende Bearbeitung (Vertiefung, Ergänzung, Revision) von Planungsdokumenten. Insbesondere werden im Rahmen der Fachplanung jetzt detaillierte technische Spezifikationen u. a. für die Anfrage und Beschaffung von einzelnen Ausrüstungsgegenständen erarbeitet. Im weiteren Sinne handelt es sich hierbei um das „Lastenheft der Projektierung". Auf die Anfragen der Projektierung bzw. Fachstellen antwortet der Lieferant bzw. Hersteller im Allgemeinen mit einem Pflichtenheft. Nach Prüfung und Abgleich von Pflichten- und Lastenheft erstellt der Lieferant bzw. Hersteller auf Basis des freigegebenen Pflichtenhefts seine Ausführungsdokumente

5.2 Idealisierter Ablauf | 371

| Engineering | Qualifizierung | Dokumente |
|---|---|---|
| Aufgaben Fachplanung | Risikoanalyse | **Risikoanalysen** |
| Fachkonzeption | GMP-Detailkonzept | GMP-Lastenheft |
|  |  | **Projektplan Qual.** |
| Behördenantrag | Behördenkontakt? | **Projektplan Val.** |
|  |  | **Liste Kalibrierung** |
| Anfrageunterlagen | Change Control |  |
| Kosten / Termine |  | VMF |
| Genehmig. | FSV |  |

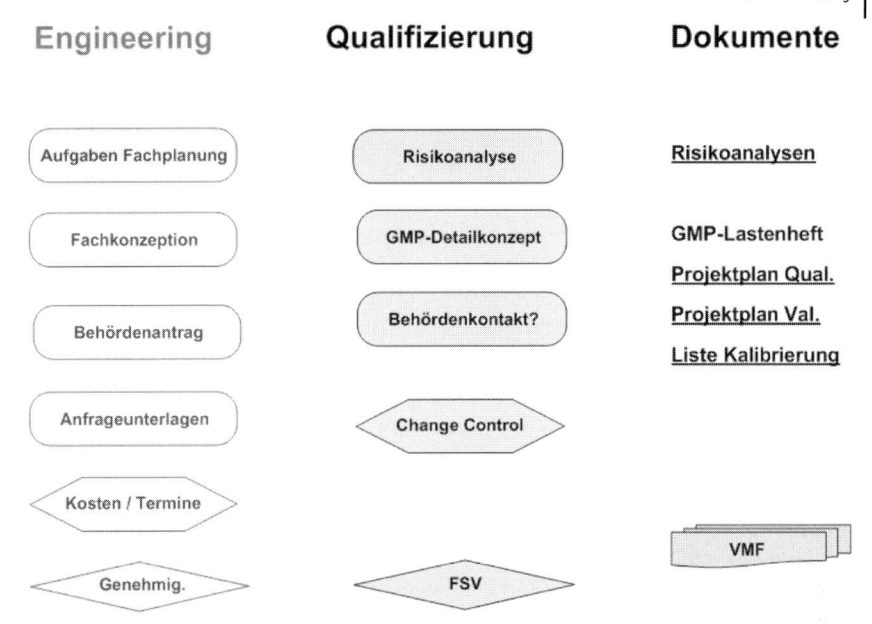

**Abb. 5.5** Ausarbeitungsphase Qualifizierung.

(Fertigungszeichnungen) und realisiert den Auftrag, d. h. er stellt das technische Gewerk entsprechend den Vorgaben her. Es folgen die Lieferung der Einzelkomponenten auf die Baustelle, die Baudurchführung, die Montage, die Aufstellung und der Anschluss.

Die Phase der Anlagenerrichtung endet üblicherweise mit der sogenannten „Mechanischen Fertigstellung" als ein wesentlicher Meilenstein des Gesamtprojekts. Je nach Projektkonstellation und Kontrakt kann es sich hierbei um jenen Punkt handeln, an dem die Anlage bereits formal an den Betrieb übergeben wird. Dies gilt nicht für Anlagen, die schlüsselfertig als sogenannte „Turn-Key"-Anlagen geliefert werden. Hier folgt im nächsten Schritt die Inbetriebnahmevorbereitung, die sogenannte „Pre-Comissioning"-Phase. In ihrem Rahmen werden alle notwendigen Vorkehrungen für das erstmalige Anfahren der Anlage getroffen, z. B. die Erarbeitung von Betreiberkonzepten, die Erstellung der Betriebsanleitungen und Sicherheitsbetriebsanweisungen, die Schulung von Mitarbeitern, die Grundeinstellung der Prozessleittechnischen Einrichtungen, das Durchstellen von Betriebsmitteln, das Sicherstellen von Entsorgungswegen und die Bereitstellung von Einsatzstoffen. Sind diese Vorbereitungen erfolgreich abgeschlossen, so kann die Anlage in Betrieb genommen werden. Mit der Inbetriebnahme ist das Projekt für die Ingenieurtechnik üblicherweise abgeschlossen. Es folgen dann die ersten Produktfahrten, in deren Rahmen auch die Validierungsaktivitäten durchgeführt werden.

Die Dokumente, die in der Ausarbeitungsphase auf technischer Seite entstehen, sind jetzt ausgearbeitet und soweit detailliert, dass sie der Ausführung bzw. Montage zugrunde gelegt werden können. Im Einzelnen sind dies die fertig gestellten

Rohrleitungs- und Instrumentenfließbilder, die Maschinen- und Apparateaufstellungspläne, die Maschinen- und Apparatelisten, die technischen Blätter, die Isometrien, Wirkschaltpläne, Kabelpläne, Revisionspläne, Konstruktionszeichnungen etc. Am Abschluss des gesamten Projekts steht die für den Betreiber wichtige Zusammenstellung der technischen Abschlussdokumentation (Abb. 5.6). Dabei werden alle Dokumente berücksichtigt, die für den späteren Betrieb und die Aufrechterhaltung des technisch einwandfreien Anlagenzustands erforderlich sind. Unterlagen, die ausschließlich für die Errichtung der Anlage erforderlich waren, im weiteren Verlauf aber keine Rolle mehr spielen, werden auf technischer Seite archiviert.

Auf der Qualifizierungsseite beginnt mit der Detailplanung die Designqualifizierung. Diese beinhaltet u. a. die Prüfung der GMP-Relevanz, d. h. die Prüfung auf korrekte Abgrenzung der GMP-relevanten Systeme, die Durchführung des Design Reviews (Risikobetrachtung der Ausrüstung), die Sicherstellung eines ordnungsgemäßen Übertrags der Anforderungen in die Ausführungsdokumente sowie die konsequente Verfolgung von Änderungen während der Planung mithilfe des Change-Control-Prozederes. Die Durchführung der Designqualifizierung erfolgt grundsätzlich nach Vorgaben im freigegebenen DQ-Plan. Dabei werden DQ-Pläne sinnvollerweise für einzelne Gewerke bzw. Units erstellt, entsprechend der Bearbeitung in der Fachplanung. Ebenfalls sollte in der Phase der Detailplanung

**Engineering**  **Qualifizierung**  **Dokumente**

- Projektierung
- Fachplanung
- Herstellung/Lieferung
- Errichtung/Montage
- MF
- V-IBN
- IBN

**für Ausführung, Montage:**
RI-Fließbilder
M+A-Aufstellung
M+A-Liste
Technische Blätter
Isometrien
Wirkschaltpläne
Kabelpläne
Revisionspläne
Konstruktionszeichnungen
u.a.

Abschluss-Dok.

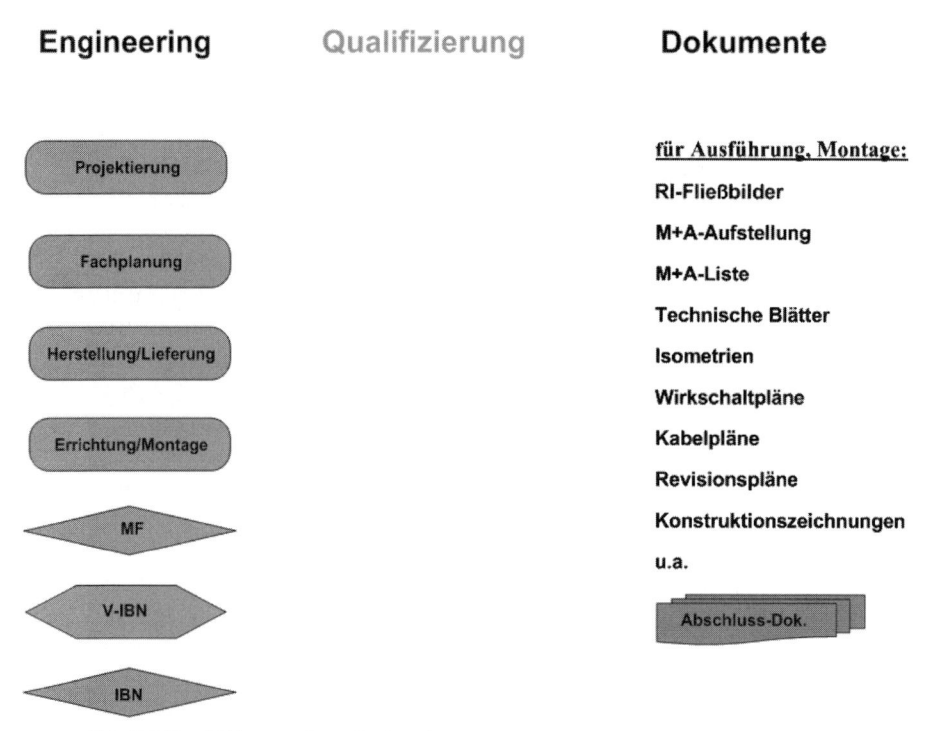

**Abb. 5.6** Durchführungsphase Engineering.

bereits auch mit der IQ-, OQ- und PQ-Planung begonnen werden. Das heißt: Noch während der Detailplanung müssten die IQ- und OQ-Protokolle so weit vorbereitet werden, dass der für GMP erforderliche Prüf- und Dokumentationsaufwand auch mit den entsprechenden Lieferanten bzw. Herstellern abgeklärt und in die Bestellunterlagen miteingearbeitet werden kann. Eventuell macht es Sinn, dem jeweiligen Lieferanten bzw. Hersteller eigene Qualifizierungspläne oder Templates bereits zu diesem Zeitpunkt an die Hand zu geben.

Es folgen die sogenannten Factory Acceptance Tests (FAT), d. h. die beim Hersteller durchgeführten Fertigungsprüfungen, die eigentlich der Technik zuzurechnen sind, hier aber als wesentlicher Bestandteil der Qualifizierung auf die Qualifizierungs-Seite genommen wurden. Die Factory Acceptance Tests beinhalten im Wesentlichen zuvor mit dem Lieferanten bzw. Hersteller vereinbarten Prüfungen wie: Fertigungstoleranzprüfungen, Prüfungen auf Maßhaltigkeit, Ausführung und Funktionalität. Für all diese Prüfungen und Tests, die üblicherweise in den Montagehallen der Hersteller durchgeführt werden, müssen Protokolle mit allen zugehörigen Rohdaten vorliegen. Sie sind wesentlicher Bestandteil der Qualifizierungsdokumentation, auf die dann referenziert wird oder die explizit in die Qualifizierungsdokumentation miteingebunden werden.

Der Errichtung und Montage der einzelnen Anlagenteile bzw. -abschnitte folgt die Installationsqualifizierung. Diese sollte erst dann begonnen werden, wenn der entsprechende Anlagenabschnitt oder das Ausrüstungsteil vom Montageingenieur freigegeben wurde. Im Rahmen der IQ wird dann formal auf Basis der freigegebenen IQ-Pläne der Nachweis erbracht, dass das technische Gewerk vollständig und eindeutig gekennzeichnet ist, dass Spezifikation, Fertigungsgüte, Aufbau, Anschluss und Einbindung in die Gesamtunterlage den vorgegebenen Design- und Installationskriterien entsprechen und dass alle mitgelieferten Unterlagen vollständig und aktuell sind. Entdeckte Mängel werden mithilfe einer Mängelliste formal erfasst und verfolgt.

Von technischer Seite erfolgt der Site Acceptance Test (SAT), der alle Prüfungen umfasst, die üblicherweise vor Ort im Rahmen der mechanischen Fertigstellung durchgeführt werden. Hierbei kann es sich durchaus um Prüfungen handeln, die sowohl der IQ- als auch der späteren OQ-Phase zuzurechnen sind, in jedem Fall aber als Bestandteil der Gesamtqualifizierungsdokumentation berücksichtigt werden müssen. Spätestens an dieser Stelle müssen auch alle qualitätskritischen Messeinrichtungen für die nachfolgende OQ kalibriert werden.

Schließlich folgt im Rahmen der gesamten Inbetriebnahme die Funktions- bzw. Leistungsqualifizierung, die die Prüfung aller mechanischen Funktionen, aller wesentlichen Mess-, Regel-, Steuer- und Alarmfunktionen sowie alle prozessrelevanten Funktionen (Betriebsparameter) und Leistungsparameter umfasst. Das Austesten von Betriebsparametergrenzen und die Überprüfung von Leistungsparametern sind dabei die Schlüsselaufgaben. Erst wenn alle Qualifizierungsaktivitäten erfolgreich abgeschlossen sind und die zugehörigen Dokumente formal freigegeben vorliegen, kann die Anlage nach erfolgter Inbetriebnahme für die Validierung freigegeben werden.

# 5 Integrierte Anlagenqualifizierung

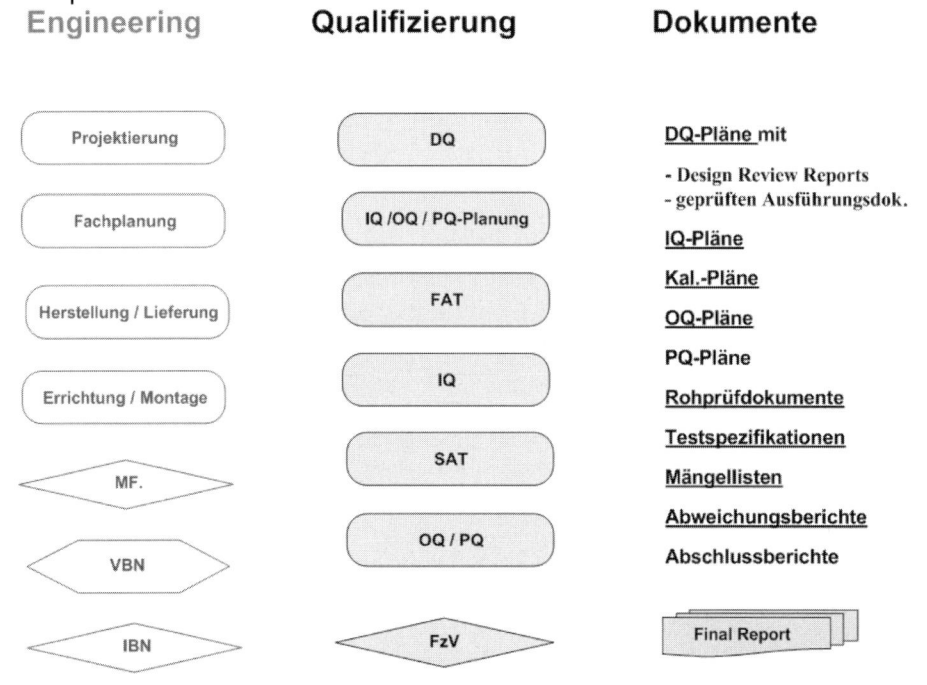

**Engineering**     **Qualifizierung**     **Dokumente**

| Engineering | Qualifizierung | Dokumente |
|---|---|---|
| Projektierung | DQ | DQ-Pläne mit<br>- Design Review Reports<br>- geprüften Ausführungsdok. |
| Fachplanung | IQ /OQ / PQ-Planung | IQ-Pläne |
|  |  | Kal.-Pläne |
| Herstellung / Lieferung | FAT | OQ-Pläne |
|  |  | PQ-Pläne |
| Errichtung / Montage | IQ | Rohprüfdokumente |
|  |  | Testspezifikationen |
| MF. | SAT | Mängellisten |
|  |  | Abweichungsberichte |
| VBN | OQ / PQ | Abschlussberichte |
| IBN | FzV | Final Report |

**Abb. 5.7** Durchführungsphase Qualifizierung.

Die jetzt vorliegenden Dokumente der Qualifizierung sind jene, die bei Audits eine maßgebliche Rolle spielen. Es sind dies die DQ-Pläne mit den Berichten zum durchgeführten Design Review sowie die geprüften Ausführungsdokumente, die IQ-Pläne, die Kalibrierungspläne, die OQ-Pläne, die PQ-Pläne, die zugehörigen Rohprüfdokumente und Testspezifikationen, die Mängellisten mit zugehörigen Abweichungsberichten sowie zu allen Aktivitäten die jeweils zugehörigen Abschlussberichte (Abb. 5.7). Die Gesamtqualifizierung schließt ab mit einem Final Report, der ein Gesamtstatement zum Qualifikationszustand der Anlage abgibt.

## 5.2.5
**Übersicht Phasen der Qualifizierung**

Abbildung 5.8 zeigt die drei wesentlichen Phasen eines Ingenieurtechnischen Projekts, bezogen auf die Qualifizierungsaktivitäten in der Gesamtübersicht. Es zeigt die Phase der Planung, die mit der Freigabe des Validierungskonzepts als wesentlichem Meilenstein endet (FVK = Freigabe Validierungskonzept), die Phase der Ausarbeitung, die mit der Freigabe des „Scope of Validation" (FSV = Freigabe Scope of Validation) ihren Abschluss findet und die letzte Phase der Durchführung, die das Gesamtprojekt mit der Freigabe zur Validierung (FzV = Freigabe zur Validierung) abschließt. In der obersten Ebene der drei Phasen lassen sich die unterschiedlichen Detailstufen einer Risikobetrachtung unterscheiden:

- die anfänglich durchgeführte Ersteinschätzung im Rahmen der GMP-Einstufung,
- die detaillierter durchgeführte Risikoanalyse schwerpunktmäßig für Verfahren und Prozesse sowie
- die sehr detaillierte Betrachtung der einzelnen Anlagenteile im Rahmen des Enhanced Design Reviews.

Auch im konzeptionellen Bereich lassen sich anhand dieses Bildes sehr schön die einzelnen Phasen des formalen Validierungskonzepts, des detaillierten IQ-, OQ-, PQ-Konzepts, des GMP-Grundkonzepts auf Basis eines ersten Lastenheftentwurfs und das GMP-Detailkonzept auf Basis des fertig ausgearbeiteten Lastenhefts unterscheiden.

Auch wenn dieser so dargestellte Ablauf ein idealisierter Ablauf ist, so wurde er doch mit recht gutem Erfolg im Rahmen mehrerer Großprojekte praktiziert, denen allen zu eigen war, dass die am Ende des Projekts grundsätzlich immer anhängende Qualifizierungszeit in keinem Fall den Zeitraum von 1–1½ Monate überschritt. Dies zeigt, dass ein klares und sauberes Konzept, insbesondere aber die frühzeitige Integration von notwendigen Qualifizierungsmaßnahmen erheblich Zeit und Kosten in positivem Sinne beeinflussen können.

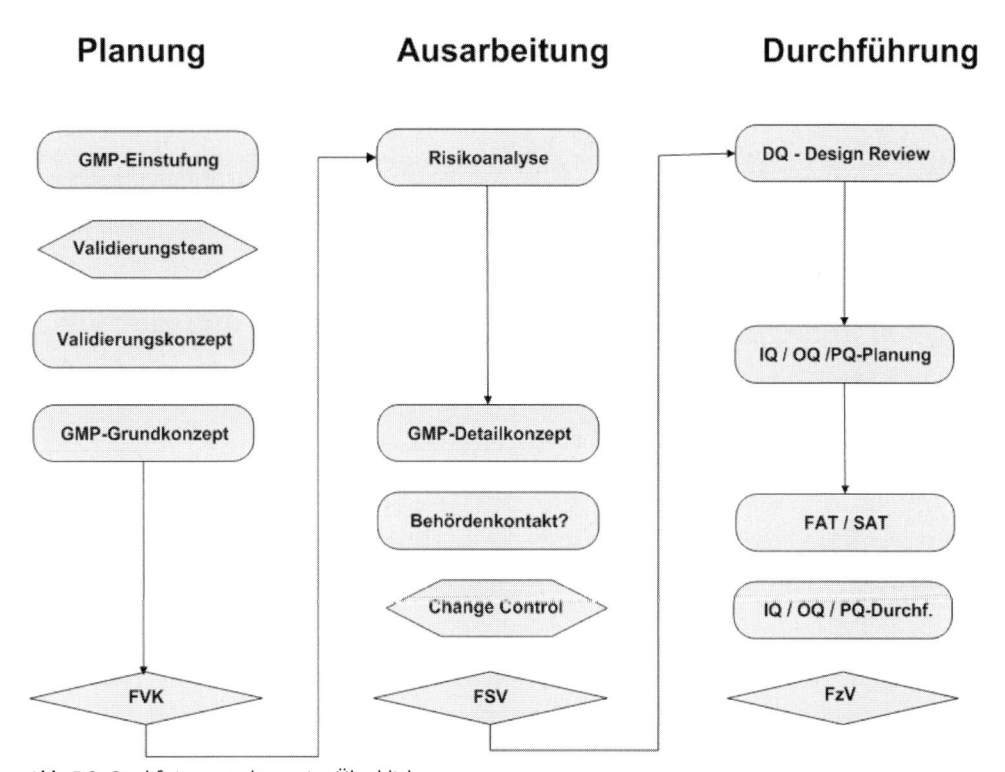

**Abb. 5.8** Qualifizierungsphasen im Überblick.

# 6
# Outsourcing von Validierungsaktivitäten

Leistung aus einer Hand, das Rundum-Sorglospaket, nur ein Verantwortlicher – kompetent muss er sein, günstig, möglichst alle Aktivitäten in die ohnehin schon notwendigen Arbeitsschritte integrieren und natürlich ein Fachspezialist. Zudem sind Unabhängigkeit und Neutralität gefragt, und das hauseigene Qualifizierungssystem muss natürlich auch verstanden werden, damit im Nachhinein kein unübersichtlicher Dokumenten-Mix entsteht. Das sind, auf den Kern gebracht, die Forderungen, die heute vonseiten des pharmazeutischen Herstellers an einen externen Dienstleister gestellt werden, der Qualifizierungsleistungen anbietet, wenn es also um das Outsourcing von Qualifizierungsdienstleistungen geht. Nicht selten kommt aber bei Neu- oder Umbauprojekten gerade zum Projektende das böse Erwachen, wenn viele Dokumente fehlen, Unterschriften nicht geleistet wurden, man die Dokumente eben nicht in das eigene System integrieren kann, das eigentliche Verständnis für den gerade so notwendigen Formalismus fehlt oder gar der Anlagenteil als formal qualifiziert bestätigt wurde, aber nichts funktioniert. Nicht ohne Grund schreitet der Betreiber dann letztendlich ein und nimmt die Qualifizierung selbst in die Hand. Liegt es nun tatsächlich an der Unfähigkeit des Dienstleisters oder war es einfach die falsche Wahl? Wer wäre denn der optimale Dienstleister bzw. lässt sich diese Frage so überhaupt stellen?

## 6.1
**Die Anbieter**

Schlägt man heute Fachzeitschriften auf, wirft einen Blick ins Internet oder läuft über Fachmessen, so wird man von der Fülle der Anbieter für Qualifizierungsdienstleistungen fast erschlagen. Das Geschäft mit Qualifizierung und Validierung scheint zu boomen. Wer aber sind die Anbieter? Da gibt es zunächst die Consultants bzw. die Seminaranbieter. Sie offerieren im Wesentlichen die Beratung, wenn es um das Grundverständnis und die Einführung von Qualifizierungs- und Validierungskonzepten geht und schulen im Bereich der Durchführung. Allgemeine Grundlagen, aber auch sehr spezifische Themen wie zum Beispiel die Validierung computerisierter Systeme stehen auf ihrem Programm.

*GMP-Qualifizierung – Validierung.* Edited by Ralf Gengenbach
Copyright © 2008 WILEY-VCH Verlag GmbH & Co. KGaA, Weinheim
ISBN: 978-3-527-30794-4

Auch der Erfahrungsaustausch mit Behörden und Industrievertretern wird im Rahmen von Kongressen und Workshops geboten. Und zu guter Letzt kann man auch noch sein entsprechendes Ausbildungszertifikat erwerben.

Neben den Consultants treten gerade bei Neubau- oder Umbauprojekten die Generalplaner oder Generalunternehmer auf, die häufig mit der kompletten Dienstleistung aus einer Hand werben. Nicht nur die Abwicklung nach Guter Ingenieurpraxis – von der Machbarkeitsstudie bis zur Realisierung – sondern auch die integrierte Qualifizierung, beginnend mit dem Validierungsmasterplan bis hin zur Begleitung bei der Prozessvalidierung stehen auf dem Programm. Und mancher Anbieter übernimmt auch noch das Facility Management, sodass seine Aufgabe – getreu dem Life-Cycle-Gedanken – erst dann aufhört, wenn die Anlage wieder stillgelegt wird.

Im Zusammenhang damit treten auch immer mehr die Lieferanten von Maschinen, Apparaten und Einzelkomponenten in den Vordergrund. Hatte man im Zulieferbereich bisher vorrangig die Qualität der eigen hergestellten Produkte im Fokus, so hat man mittlerweile gelernt, dass dies allein nicht mehr ausreicht. Wer heute seine Maschinen, Apparate oder Teilanlagen in die pharmazeutische Industrie verkaufen will, hat neben dem eigentlichen Produkt auch eine ganze Menge Papier mitzuliefern. Dabei ist die umfassende Dokumentation wie sie aus Qualitätsnormen oder der Maschinenrichtlinie gefordert wird, schon lange nicht mehr ausreichend. Qualifizierte Komponenten mit den zugehörigen Qualifizierungsplänen, -protokollen und -berichten sind gefragt. Und bei komplexen Teilanlagen, wie beispielsweise Wasser- oder Lüftungsanlagen, reicht die Qualifizierung durchaus bis zur Leistungsprüfung, das heißt dicht an die Verfahrensvalidierung.

Wird nicht neu oder umgebaut, sondern stehen Requalifizierung und Revalidierung im laufenden Betrieb an, dann sind die Qualifizierungsdienstleister gefragt, die ausreichend ausgebildetes und erfahrenes Personal zur Verfügung stellen müssen; diese sollen dann integriert in den Produktionsbetrieb die entsprechenden Aktivitäten nach gegebenem Konzept des Anlagenbetreibers ausführen. Anstehende Inspektionen oder Anlagen-shut-down sind oft Auslöser für einen solch kurzfristigen Bedarf. Hinter den Qualifizierungsdienstleistern wiederum verbergen sich vom Personaldienstleister über kleinere Ingenieurbüros bis hin zu den Generalunternehmern und auch Consultants eigentlich alle Anbieter, sodass heute bereits in Bezug auf Qualifizierung und Validierung fast jeder alles anbietet. Genau dies aber macht die Wahl des richtigen Dienstleisters so schwer und stellt den Betreiber vor die Frage: Wer ist der Richtige für was?

## 6.2
### Die Anforderungen an die Anbieter

Um diese Frage beantworten zu können, muss man auf alle Fälle das Grundprinzip und die Grundforderungen von Qualifizierung und Validierung klar verstanden haben, und welche Aufgaben damit verbunden sind. In den Regelwerken wird

Qualifizierung und Validierung – vereinfacht ausgedrückt – definiert als „Dokumentierte Beweisführung (engl.: documented evidence) dafür, dass etwas so ist, wie es nach Vorgabe sein soll". Folgende wesentlichen Kernaussagen stecken dabei in diesem so harmlos klingenden Satz, die an dieser Stelle aufgrund der Bedeutung nochmals kurz wiederholt werden sollen:

- Gesprochen wird von Beweisführung und nicht von Prüfung, d. h. es wird davon ausgegangen, dass im Rahmen vorhergehender Prüfungen bereits ein positives Ergebnis ermittelt wurde und es soll nun nochmals der Nachweis als zusätzliche Sicherheit erbracht werden. Dies kann basierend auf den Ergebnissen der Prüfungen selbst erfolgen, beispielsweise dann, wenn die Prüfergebnisse keinen anderen Schluss zulassen. Eine Anlage kann z. B. als dicht betrachtet werden, wenn im Rahmen der Inbetriebnahmevorbereitung die Dichtigkeitsprüfung dieses Ergebnis geliefert hat. Im Rahmen der Qualifizierung ist dann lediglich der Nachweis zu erbringen, dass die Dichtigkeitsprüfungen vollständig gemacht wurden und die Ergebnisse in jedem Fall akzeptabel waren. Es können aber auch eine zusätzliche Worst-case-Betrachtung oder zusätzliche Experimente erforderlich werden. (Die Ergebnisse der Probenahme am Auslauf eines Homogenisators sagen noch nichts über seine Leistungsfähigkeit aus, wenn das Produkt bereits homogen eingefüllt wurde. Im Rahmen der Qualifizierung beziehungsweise Validierung ist hier unter Umständen ein Versuch mit einem Marker erforderlich, der zuvor dem Produkt zugegeben wird um einen inhomogenen Zustand zu simulieren).
- Die Vorgaben bzw. Akzeptanzkriterien müssen erfüllt sein. Diese Forderung bestätigt noch einmal mehr, dass Qualifizierung oder Validierung nichts mit Prüfung zu tun hat, denn Akzeptanzkriterien liegen nur dann vor, wenn diese im Rahmen vorhergehender Tests bereits ermittelt wurden. Im Falle der Verfahrensvalidierung stützt man sich hier auf Laborergebnisse, die überwiegend in Entwicklungsberichten dokumentiert sind. Bei der Qualifizierung bilden sämtliche Prüfungen, die im Rahmen einer Guten Ingenieurpraxis durchgeführt werden, die Basis, d. h. von der Dokumentenprüfung über Wareneingangsprüfung, Montageprüfung bis hin zu den im Rahmen der Inbetriebnahmevorbereitung und Inbetriebnahme selbst durchzuführenden Prüfungen.
- Dokumentierte Beweisführung: Hier ist die Rede von den Qualifizierungs- und Validierungsplänen, -protokollen und -berichten. Dabei handelt es sich eindeutig um zusätzliche, für eine GMP-Anlage spezifische Dokumente, die später insbesondere für den Betreiber wichtig werden, da er anhand dieser Dokumente gegenüber Kunden und Inspektoren den qualifizierten Zustand und die Validität des Verfahrens nachweisen muss. Eine bereits mehrfach angesprochene Besonderheit dieser Dokumente ist, dass sie entsprechend den regulatorischen Anforderungen zwingend vom Produktverantwortlichen und dem Verantwortlichen der Qualitätseinheit mitunterschrieben bzw. freigegeben werden müssen. Die inhaltliche Struktur gerade der Pläne ist heute weitgehend standardisiert und erfordert mindestens die Beschreibung von Verantwortlichkeiten, Vorgehensweisen, Hilfsmitteln, Akzeptanzkriterien, Aufzeichnungen u. a., wobei sehr häufig in Bezug auf Details auf die Testspezifikationen verwiesen wird,

die entweder neu in Standard-Arbeitsanweisungen (SOPs) beschrieben werden oder die bereits vonseiten des Zulieferers vorliegen.

Aus diesen, bereits in den vorangegangenen Kapiteln ausführlich beschriebenen Sachverhalten wird klar, dass Qualifizierung und Validierung mit Sicherheit eine zusätzliche und notwendige, regulatorisch geforderte Leistung darstellen, die nicht die vorangehenden Prüfungen, z. B. FAT und SAT ersetzt, sich aber sehr stark auf diese und ihre Ergebnisse stützt. Im Grundaufbau werden durch Auflistung der nachzuweisenden Spezifikationspunkte und Erläuterung der Vorgehensweise in den Qualifizierungs- und Validierungsplänen zunächst die Vollständigkeit und der korrekte Ablauf sichergestellt. Die Details betreffend kann dann aber auf alles, was hierfür dienlich und nützlich ist, verwiesen werden (z. B. auf Laborjournale, Versuchsbeschreibungen, Testspezifikationen, Technische Zeichnungen).

Wer Dienstleistungen im Bereich der Qualifizierung und Validierung anbietet, muss sich dieser Grundsätze bewusst sein. Er muss das Wesen und die Bedeutung von Qualifizierungs- und Validierungsplänen vollumfänglich verstanden haben und auch die Art und Weise, wie andere Prüf- und Testdokumente damit im Zusammenhang stehen und ggf. eingebunden werden. Dies ist auf alle Fälle als Mindestvoraussetzung zu sehen.

## 6.3
**Die Stärken und Schwächen der Anbieter**

Zurück zu den Anbietern und der Frage, was nun durch wen geleistet werden kann. Hier ist zunächst zu bedenken, dass sich Qualifizierung und Validierung in der Praxis nicht ganz so einfach darstellen, wie man zunächst glauben mag. Die Tücke steckt vielmehr im Detail, wenn es z. B. darum geht,
– ob man so einfach einen Qualifizierungsplan bei Änderungen revidieren kann und wie man mit den bisherigen Ergebnissen dann verfährt,
– wie man den Masterplan handhabt, wenn ein Erweiterungsprojekt hinzukommt oder
– wenn Mängel an einem bereits fertig qualifizierten Anlagenteil auftauchen, die Gesamtqualifizierung aber noch nicht abgeschlossen ist.

Ein guter, vor allem aber in der praktischen Umsetzung und auch in Inspektionen erfahrener Consultant ist an dieser Stelle gefragt, der auf bereits erprobte Konzepte zurückgreifen und diese an die Kundenbedürfnisse anpassen kann. Wichtig ist, dass ein solches System auch dann noch gelebt werden kann, wenn die Anlage bereits in Betrieb genommen wurde und im Laufe der Zeit Änderungen eine Requalifizierung oder Revalidierung notwendig machen.

Die Tatsache, dass ein solches Konzept auch die Reinigung, das Herstellverfahren und die Analytik abdecken muss, macht es notwendig, dass der Consultant mit der gesamten Thematik vertraut ist. Ein Komponentenlieferant oder ein Ingenieurunternehmen kann diese Anforderungen unter Umständen nicht immer erfüllen.

Das für Planung und Bau zuständige Ingenieurunternehmen ist aber spätestens dann gefragt, wenn es bei Neu- und Umbauten um die integrierte Qualifizierung geht. Grundvoraussetzung sind klar strukturierte, definierte und gelebte Projektphasen entsprechend einer Guten Ingenieurpraxis. Die Festlegung eines Workflows und die Ausdeutung von Haltepunkten und kritischen Schnittstellen zwischen Qualifizierer und Ingenieurunternehmen gehören zu den vordringlichsten Aufgaben am Start eines jeden Neu- oder Umbauprojektes. Hat das Ingenieurunternehmen ein eigenes Qualifizierungsteam, so ist sicher die Grundlage für ein reibungsloses Hand in Hand arbeiten gegeben, abhängig von den bereits gemachten Erfahrungen und der hausinternen Koordination. Kritisch zu sehen ist in diesem Falle lediglich die Unabhängigkeit des Qualifizierungsteams. Ein gewisser Interessenskonflikt lässt sich bei dieser Konstellation dann nicht mit letzter Sicherheit ausschließen.

Unschlagbar wenn es um die Detailfragen hinsichtlich Spezifikationen und Funktionalitäten geht, ist sicher der Lieferant der jeweiligen Anlagenkomponente. Keiner kennt die Details und die kritischen Punkte besser als er und keiner kann besser die erforderlichen Testspezifikationen erstellen und eventuell auftretende Mängel beseitigen. Auch ist er der Einzige, der zum richtigen Zeitpunkt die richtigen Tests durchführen wird. Ein externer Qualifizierer wäre hier sicher fehl am Platz. Maximal die Begleitung der Tests, wie bei den Fabrikabnahmen (FAT) üblich, macht wegen der Unabhängigkeit Sinn. Der Qualifizierer ist erst dann wieder gefragt, wenn es um die Einbindung der Testdokumentation in das Gesamtsystem geht. Dies kann der Komponentenlieferant im Normalfall nicht leisten, denn dann müsste er ja auch alle Testdokumente der anderen Komponentenlieferanten mit berücksichtigen.

Gerade das Sammeln, Prüfen, Zuordnen und Verwalten der unendlichen Vielzahl unterschiedlicher Testdokumente, Zertifikate, Pläne, Protokolle und Berichte ist im Kontext mit einer erfolgreichen Qualifizierung und Validierung ein nicht zu unterschätzender Faktor und Aufwand, der nicht nebenher erledigt werden kann, sondern als Minimum einen oder mehrere „Kümmerer" benötigt. Hier ist der reine Qualifizierungsdienstleister gefragt, der die notwendige personelle und fachliche Unterstützung bieten kann. Der Vorteil ist sicher in der Unabhängigkeit und der Tatsache zu sehen, dass diese Personen sich ausschließlich auf formale Aspekte konzentrieren können, die gerade später, im Falle von Audits und Inspektionen, von ausschlaggebender Bedeutung sind. Wichtig ist die Erfahrung mit unterschiedlichsten Qualifizierungs- und Validierungskonzepten, um flexibel auf das jeweilige Kundensystem eingehen zu können. Erhöhte Anforderungen ergeben sich auch durch die Tatsache, dass es sich hier um Generalisten handeln muss, die sich fachlich in unterschiedlichsten Themenfeldern auskennen.

## 6.4
### Die Abgrenzungsmatrix

Welches ist nun die optimale Vorgehensweise bzw. der geeignete Dienstleister? In Abb. 6.1 wird der Versuch unternommen, für den typischen Fall eines Neu- oder Umbauprojektes die Leistungsabgrenzung der einzelnen Anbieter grafisch dar-

## Typische GMP-Aktivitäten in einem Neubauprojekt

|  | Konzept | VMP | URS | RA | DQ | IQ | OQ | PQ | V |
|---|---|---|---|---|---|---|---|---|---|
| Betreiber | R | R | R | R | R | R | R/E | R/E | R/E |
| GMP Dienstleister | C | C/E | C/E | C/E | E | E | W | W | W |
| Planer | - | I | W | W | A | - | - | - | - |
| Kontraktor EPC | - | I | I | I | A | A | A | W | - |
| Lieferant | - | (I) | (I) | (I) | A | A | A | W | - |

R: Responsible
A: Assistance
C: Consulting
E: Execution
W: Witness
I: Information
(): in Teilen

☐ Schwerpunkt Betreiber   ☐ Schwerpunkt Engineering

**Abb. 6.1** Abgrenzungsmatrix: GMP-Dienstleister.

zustellen, wie es in Bezug auf Qualifizierungs- und Validierungsdienstleistungen durchaus Sinn machen könnte und wie es im Rahmen verschiedener großer und kleiner abgewickelter Projekte durch den Autor selbst mehrfach und erfolgreich praktiziert wurde.

Grundsätzlich liegt die Hauptverantwortung in Bezug auf Qualifizierung und Validierung stets beim Betreiber der Anlage (Produktverantwortlicher), unabhängig davon, wer die Dienstleistung erbringt. Er hat nach den Regeln der Guten Herstellungspraxis (GMP) die Sorge dafür zu tragen, dass diese Aktivitäten vollständig und ordnungsgemäß ausgeführt werden. Für die Einführung eines geeigneten Konzeptes oder die Optimierung eines bereits existierenden Konzeptes zieht der Anlagenbetreiber wie oben beschrieben einen erfahrenen Consultant zu Rate. Dieser steht idealerweise auch dann zur Verfügung, wenn es um die Erstellung des projektspezifischen Validierungsmasterplans, die Erstellung des Lastenheftes (URS = User Requirement Specification) oder die Durchführung von Risikoanalysen geht. All dies sind übergeordnete Themen, die stark auf der Seite des Betreibers liegen, und normalerweise schon in sehr frühem Stadium behandelt werden müssen, noch bevor der eigentliche Planer bzw. Kontraktor ausgewählt ist, zumal diese Unterlagen gerade für die Anfrage und Auswahl des Planers bzw. Kontraktors wichtig sind. Dieser erhält, wie auch in Teilen die Lieferanten, den Validierungsmasterplan üblicherweise rein zur Information, manchmal nur Ausschnitte davon.

Die Mitwirkung des Planers bzw. Kontraktors ist erstmals gefragt, wenn es im Rahmen der beginnenden Planung um die erste Überarbeitung bzw. Anpassung von Lastenheft und Risikoanalyse geht, wo er an entsprechenden Durchsprachen teilnimmt. Die Hauptaktivitäten von Planer, Kontraktor und auch von Komponentenlieferanten sind bei der Unterstützung der Design-, Installations- und Funktionsqualifizierung zu sehen. Hier werden von den beteiligten Parteien wesentlich die relevanten Planungsdokumente erzeugt und auf Konformität mit den Anforderungen aus dem Lastenheft überprüft. Ebenso werden die individuellen Testspezifikationen erstellt, auf die später in den eigentlichen DQ-, IQ- und OQ-Protokollen verwiesen wird. Schließlich sind auch die Durchführung der individuellen Abnahmetests beim Lieferanten und vor Ort sowie Eingangs-, Montage- und Inbetriebnahmevorbereitungstests im Verantwortungsbereich der Komponentenlieferanten und des Kontraktors, zumal hiermit auch Garantieleistungen verbunden sind.

Die Erstellung der eigentlichen, übergeordneten DQ-, IQ- und OQ-Protokolle sowie die Einbindung aller Einzeldokumente und Testergebnisse und die Durchführung übergeordneter Qualifizierungsaktivitäten (z. B. Vollständigkeitsprüfung der Dokumentation, As-built-Prüfungen) übernimmt sinnvollerweise der Consultant beziehungsweise GMP-Dienstleister, da er den Überblick über das Gesamtsystem hat und auch entsprechend unabhängig mit Blick auf den Anlagenerrichter und die Lieferanten ist. Dieser kann den Betreiber darüber hinaus aktiv bei der noch anstehenden Verfahrensvalidierung (Herstell-, Reinigungs-, Analysenverfahren) unterstützen, indem er ihn kompetent berät oder gar die Pläne für die Durchführung erstellt. Kontraktor und Lieferanten können hier, zumindest was die gerätespezifischen Leistungskriterien betrifft, oft noch einen hilfreichen Beitrag leisten, gerade dann wenn in der Anfangsphase die Anlage von Betreiberseite noch nicht sicher beherrscht wird.

## 6.5
### Der optimale Qualifizierer

Den optimalen Qualifizierer gibt es nicht. Jeder der oben beschriebenen Anbieter macht in seinem Umfeld für die von ihm vorgesehenen Aufgaben Sinn und muss seinen Teil zur Qualifizierung beitragen, um letztendlich ein vertretbares und brauchbares Gesamtergebnis zu erhalten. Ausschlaggebend sind die Fähigkeiten des Einzelnen und die Weitsicht, diese an der richtigen Stelle im Projekt einzusetzen. Grundsätzlich könnte der oben beschriebene Ablauf als ideal bezeichnet werden, d. h. dass der GMP-Dienstleister als temporär verlängerter Arm der Qualitätsabteilung des Betreibers alle übergeordneten Aktivitäten übernimmt und dafür sorgt, dass die im Verantwortungsbereich der einzelnen Gewerke liegenden Detailaktivitäten ordnungsgemäß ausgeführt und am Ende zu einem für Audits und Inspektionen zwingend erforderlichen, repräsentativen Ganzen zusammengefügt werden. Zumindest wurde mit dieser Vorgehensweise bereits in einer Vielzahl abgewickelter Projekte sehr positive Erfahrung gesammelt. Natürlich kann auch jeder alles anbieten – ein Bäcker kann grundsätzlich auch Wurst verkaufen, wenn er einen Metzger einstellt – es ist alles eine Frage der Kernkompetenz.

Abschließend sei zu diesem Thema aber nochmals darauf hingewiesen, dass es gesetzlich bedingt klare Grenzen in Bezug auf die Verantwortung des späteren Betreibers und die Möglichkeit der Mitwirkung Dritter gibt. Die Verantwortung eines Validierungsmasterplans, die Durchführung einer Risikoanalyse u. a. wird immer auf der Seite des Betreibers liegen. Hier kann er maximal beratende Unterstützung hinzuziehen. Abbildung 6.2 soll die Grenzen der Verantwortung und Aufgaben zwischen Nutzer und Zulieferer am Beispiel des V-Modells noch einmal veranschaulichen.

**Mögliche Unterstützung durch Systemlieferanten**

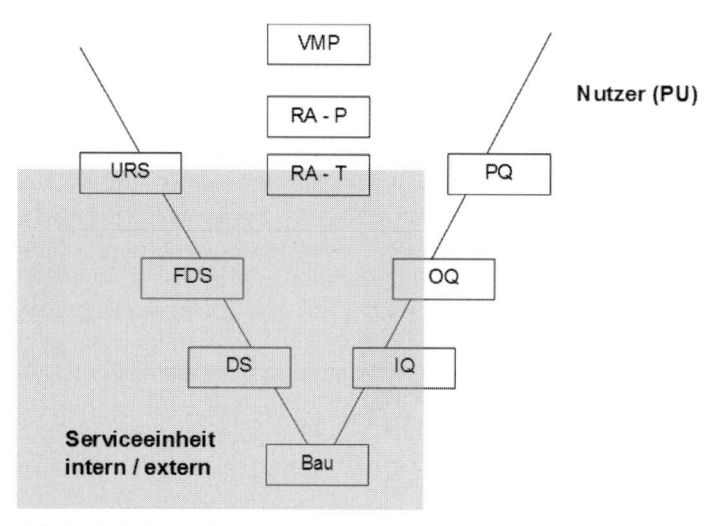

Abb. 6.2 Aufgaben und Verantwortungsabgrenzung Betreiber – Lieferant.

# 7
# Change Control

## 7.1
### Erhalt des validierten Zustandes

Wer sich bis hier durch das Buch durchgearbeitet und erst recht, wer sich durch die Umsetzung im Betrieb durchgekämpft hat, wird zunächst einmal tief durchatmen und glücklich sein, dass er den Hauptteil der Arbeit bewältigt und hinter sich gebracht hat – aber eben erst den Hauptteil. Viele, die sich zum ersten Mal mit dem Thema Validierung und Qualifizierung beschäftigen, sind nicht selten überrascht, wenn sie erfahren, dass Validierung kein „once through" – d. h. keine Einmalaktion ist, dass Requalifizierungen und Revalidierungen, also wiederkehrende Aktivitäten gefordert sind, und dass das weitere Arbeiten im pharmazeutischen Umfeld dadurch maßgeblich beeinträchtigt, ja manchmal schon behindert wird.

Bereits die im Jahre 1980 von der FIP herausgebrachte Validierungsrichtlinie (s. Abschnitt 3.1) befasste sich mit dem Thema „Erhalt des validierten Zustandes" und mit der „formalen Änderungskontrolle". Es wurde schon damals gefordert, dass Revalidierungen grundsätzlich erforderlich sind bei:

– Änderungen der Zusammensetzung, des Verfahrens oder der Ansatzgröße,
– prozessbeeinflussenden Änderungen an Einrichtungen,
– Einsatz neuer Einrichtungen,
– Änderungen von Prozessparametern,
– nach größeren Revisionen an Maschinen und Apparaten,
– bei Änderungen der Kontrollmethoden, sofern die Ergebnisse der Inprozess- und Endkontrollen hierzu Anlass geben und diese Änderungen formal erfasst und bewertet werden müssen.

Eine routinemäßige Revalidierung wurde zu diesem Zeitpunkt noch nicht explizit angesprochen.

Heute ist dieser Punkt in den GMP-relevanten Richtlinien und Regelwerken fest verankert. Im Anhang 15, Abs. 44 zum EU GMP Leitfaden findet man beispielsweise die Aussage:

*„Alle Änderungen, die die Produktqualität oder die Reproduzierbarkeit des Prozesses beeinflussen könnten, sollten formal beantragt, dokumentiert und genehmigt werden. Die wahrscheinlichen Auswirkungen der Änderung der Einrichtungen, Anlagen und*

*Ausrüstung auf das Produkt sollten bewertet werden. Dies schließt eine Risikoanalyse ein. Der Bedarf und das Ausmaß einer Requalifizierung oder Revalidierung sollten bestimmt werden".*

Und Abs. 45 desselben Anhangs lässt mit der Aussage:

„*Einrichtungen, Anlagen, Ausrüstung und Prozesse einschließlich der Reinigung sollten in bestimmten Zeitabständen bewertet werden, um zu gewährleisten, dass sie sich weiterhin in einem validierten Zustand befinden."*

erahnen, dass Revalidierungen auch zyklisch ohne Änderung erforderlich werden könnten. Und in der Tat ist es auch heute gefordert und gängige Praxis, wie in Abschnitt 4.8.9 bereits erwähnt, im jeweiligen Qualifizierungs- oder auch im Validierungsbericht Stellung zur Kritikalität eines Systems oder Prozessschritts zu nehmen und dazu, ob unabhängig von Änderungen zyklische Requalifizierungen bzw. Revalidierungen notwendig sind oder nicht.

Im Folgenden soll aber vorrangig auf die durch Änderungen ausgelösten Requalifizierungen bzw. Revalidierungen und hierbei auf das zugehörige Änderungskontrollverfahren (Change Control) eingegangen werden.

## 7.2
**Abweichung oder Änderung**

Bevor man sich mit dem formalen Prozess einer Änderungskontrolle befasst, muss man sich überhaupt erst mal im Klaren darüber sein, was unter einer Änderung genau zu verstehen ist. Manche mögen denken – das ist doch eindeutig – doch das ist weit gefehlt.

Üblicherweise wird heute im pharmazeutischen Umfeld zwischen einer „Abweichung" und einer „Änderung" unterschieden, wobei alle unvorhergesehenen und zuvor nicht geplanten Veränderungen gegenüber vorgegebenen Spezifikationsgrößen, Zuständen und/oder Abläufen als Abweichung definiert werden, als etwas Unvorhergesehenes, das im Betriebsalltag nun mal nicht zu vermeiden ist, während bei Änderungen das Charakteristikum der Planung, also die willentliche und gezielte Veränderung zugrunde liegt.

Bei Abweichungen redet man demnach über nicht richtig eingewogene Mengen zum Beispiel an Rohstoffen, falsch eingestellte oder sich einstellende Prozesstemperaturen, von Ausbeuten, die außerhalb vorgegebener Grenzen liegen, über defekte Regelungen, ausgefallene Pumpen, falsch ausgefüllte Protokolle, kurzum über alles, was schief läuft. Bei Änderungen hingegen diskutiert man optimierte Prozessparameter, neue Rezepturen, verbesserte Rohrleitungsführungen, modernere Maschinen und Apparate, neue Rohstofflieferanten, optimierte Dokumentation und erweiterte Datenaufzeichnung – also Veränderungen, die in Richtung eines optimierten Prozesses zielen. Soweit eindeutig und doch eigentlich klar?

Was aber, wenn eine Abweichung eine Änderung zur Folge hat, wenn eine defekte Pumpe gegen eine funktionierende, allerdings geringfügig größer dimensionierte Pumpe ausgetauscht wird, da eine andere gerade nicht greifbar ist? Was, wenn im Rahmen der Wartung – ein durchaus geplanter Vorgang – eine angegriffene Regelarmatur ausfindig gemacht wird und gegen eine neueren Typs ausgewechselt wird, da es den alten Typ nicht mehr gibt? Was, wenn ein Reinigungsvorgang nicht das gewünschte Ergebnis liefert und ein Reinigungsschritt – was laut Reinigungsprotokoll durchaus erlaubt ist – ein weiteres Mal ausgeführt wird? Handelt es sich nun um eine Abweichung oder um eine Änderung?

Dass es dann doch nicht mehr ganz so einfach mit der Unterscheidung der Begriffsdefinitionen ist, erkennt man schon daran, dass es genau für solche Fälle in den Unternehmen dann wieder ganz eigene und zum Teil auch eigenwillige Definitionen wie „geplante Abweichung", „ungeplante Änderung" oder noch andere gibt.

Warum aber macht man sich überhaupt Gedanken über eine solche Begriffsdefinition bzw. warum versucht man hier überhaupt zu unterscheiden? Klar geworden ist, dass es sich um Vorgänge handelt, die einmal gezielt beeinflusst werden können und einmal nicht. Damit ergibt sich aber ein aus GMP-Sicht ganz wichtiges Unterscheidungskriterium: Handelt es sich um eine eindeutig vorherbestimmbare Veränderung, so kann man diese in Bezug auf die damit möglicherweise verbundenen Risiken für Prozess und Produkt beurteilen und bewerten und entscheiden, ob man die Veränderung durchführt oder nicht. Handelt es sich um ein nicht beeinflussbares Ereignis – also um eine Abweichung – so hat man nur noch die Möglichkeit, Risiken für Prozess und Produkt im Nachhinein abzuschätzen und im Extremfall die Ausmusterung des bereits hergestellten Produktes anzuordnen.

Die Tatsache, ob Abweichung oder Änderung bestimmt also lediglich die Möglichkeit, Veränderungen und eventuell vorangehende notwendige Qualitätssicherungsmaßnahmen überhaupt festlegen zu können oder nicht. Ein Änderungskontrollverfahren ist aber genau darauf ausgelegt, auch vorab zu bestimmen, ob eine Veränderung qualitätskritisch ist oder nicht und dementsprechend durchgeführt wird oder nicht. Aus diesem Grund ist das Änderungskontrollverfahren allein auf „geplante Änderungen" ausgerichtet, während „nicht geplante Abweichungen" üblicherweise direkt in der Herstellungsdokumentation und in dem dazu gehörigen abschließenden Abweichungsbericht behandelt werden müssen.

Geplante Änderungen können und müssen formal und systematisch erfasst, bewertet und abhängig vom Ergebnis weiter behandelt und umgesetzt werden. Nachfolgend wird auf den formalen Ablauf eines solchen Änderungskontrollverfahrens näher eingegangen.

## 7.3
## Formaler Ablauf Change Control

Abbildung 7.1 zeigt den grundlegenden Ablauf eines Änderungskontrollverfahrens in sehr vereinfachter Darstellung. Je nach Organisation einer Firma kann bei Berücksichtigung der einzelnen Fachabteilungen und Verantwortlichkeiten das Diagramm beliebig kompliziert werden. Hier soll jedoch zunächst auf die wesentlichen, mit einem Änderungsverfahren verbundenen Mindestmaßnah-

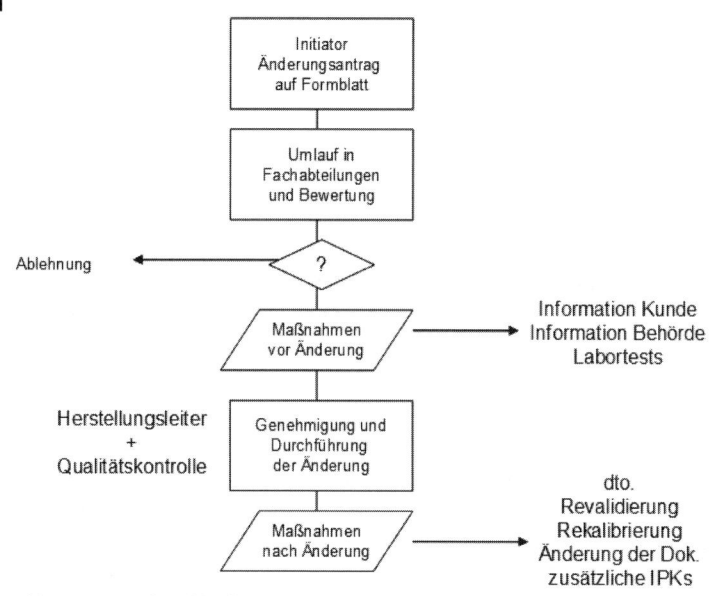

**Abb. 7.1** Formaler Ablauf Change Control.

men eingegangen werden, die in jedem Fall zu berücksichtigen sind und die auch regulatorisch gefordert werden.

Im ersten Schritt muss der Initiator einer Änderung diese formal, d. h. schriftlich in einem Formblatt erfassen. Er muss die beabsichtigte Änderung hinreichend detailliert beschreiben und sollte dabei auch zwingend den Grund für die Änderung angeben. In den meisten Fällen wird dies der Wunsch nach einer Verbesserung oder Optimierung des jeweiligen Prozesses sein. Ferner sollte auch angegeben werden, zu welchem Zeitpunkt die Umsetzung der Änderung geplant ist. Abhängig von der Art der Änderung besteht durchaus auch die Möglichkeit, schon zu diesem frühen Zeitpunkt durch den Initiator selbst eine erste Bewertung zur Kritikalität der Änderung und dementsprechend notwendige und sinnvolle Qualitätssicherungsmaßnahmen vorschlagen zu lassen. Der Initiator oder Antragsteller ist dann auch die erste Person, die einen solchen Antrag formal verifizieren, d. h. unterschreiben muss.

Im nächsten Schritt geht es nun um die offizielle Diskussion und um die Bewertung der geplanten Änderung und ggf. auch schon um die Bewertung der dazu vom Initiator vorgeschlagenen Qualitätssicherungsmaßnahmen durch die betroffenen Fachexperten. Entweder wird der Antrag hierzu in einem ausgewählten Gremium diskutiert, welches sich aus den entsprechenden Fachexperten zusammensetzt und sich regelmäßig zu diesen Punkten trifft, oder aber – was heute weit mehr verbreitet ist – der Antrag wird bei den entsprechenden Fachabteilungen in den Umlauf gegeben. Dabei muss nicht immer jede Fachabteilung an der Bewertung zwingend beteiligt sein. Es reicht aus jene Abteilungen zu involvieren, die abhängig von Art und Auswirkung der Änderung thematisch betroffen sind. Oft wird dies direkt auf dem entsprechenden Änderungsantragsformular schon vom Antragsteller festgelegt und entsprechend – z. B. in einer Umlaufmatrix kenntlich gemacht.

Unabhängig davon, wie und auf welchem Wege die Abstimmung erfolgt, muss die Festlegung eventuell notwendiger Maßnahmen sowie die Genehmigung oder Ablehnung auf einer Risikobetrachtung basieren, was aus dem in Abschnitt 7.1 zitierten Statement des Annex 15 des EU GMP-Leitfadens eindeutig hervorgeht. Wie formal diese Risikobetrachtung dann wieder gehandhabt wird, ob FMEA oder einfache Betrachtung der Themenfelder „Risiko, Ursache, Auswirkung etc." liegt im Ermessen der Firma und wird sich nach der dort allgemein etablierten Risikoanalysenmethode richten.

Kommt das Gremium zu dem Schluss, dass die geplante Änderungsmaßnahme ein unvertretbares Risiko mit Blick auf den Prozess und/oder das Produkt darstellt, so muss ein solcher Antrag logischerweise abgelehnt oder ggf. eine andere Änderung vorgeschlagen werden. Die Entscheidung hierüber wird auf dem Änderungsantragsformular dokumentiert, der Änderungsantrag selbst sollte auf alle Fälle, auch wenn die Änderung nicht zum Tragen kommt, wie alle GMP-relevanten Dokumente und gemäß der hierfür festgelegten Archivierungsvorgaben (Ort und Dauer), aufbewahrt werden.

Wird der Änderungsantrag von den Fachexperten allgemein akzeptiert und die Änderung als solche frei gegeben, so sind im Rahmen der Antragsstellung und -bearbeitung nun im Weiteren alle mit der Änderung verbundenen Qualitätssicherungsmaßnahmen festzuhalten. Hierbei ist zu unterscheiden zwischen solchen Maßnahmen, die vor der Änderung und solchen, die nach der Änderung ergriffen werden müssen. Typische Beispiele für Maßnahmen, die vor der Änderung relevant sein können, sind:

– Information des Kunden, der das hergestellte Produkt bezieht,
– Information der Behörde, wenn es sich um regulatorisch relevante Änderungen handelt,
– zusätzliche Entwicklungs- (Labor-) und Validierungsmaßnahmen im Falle geplanter Verfahrensänderungen,
– Durchführung von Lieferantenaudits und -bewertungen bei Wechsel eines Rohstofflieferanten.

Beispiele für Maßnahmen nach Umsetzung einer Änderung sind:
– Anpassung der Technischen bzw. Betreiberdokumentation (Anweisungen, Herstellungsdokumentation, technisch relevante Pläne, Wartungsanweisungen u. a.),
– Requalifizierungen, Kalibrierungen und Revalidierungen,
– Schulung bzw. Einweisung des Betriebspersonals,
– Anpassung regulatorisch relevanter Dokumente (z. B. ASMF, CEP),
– Information an Kunden und Behörden über die erfolgreiche Umsetzung,
– ggf. Vereinbarung Kunden-/Behördenaudit,
– zusätzliche Inprozess- und Endproduktkontrollen.

Diese Aufzählungen sind nur ein kleiner Ausschnitt dessen und stellen auch nur die Überbegriffe zu dem dar, was alles als zusätzliche Maßnahme zur geplanten Änderung erforderlich werden kann. Diese vereinbarten Maßnahmen sind auf alle Fälle auch schriftlich in dem Änderungsantrag festzuhalten, zusammen mit Angabe der für die Maßnahme verantwortlichen Person oder Einheit und ggf. dem Realisierungsdatum der Maßnahme.

Sind die geplante Änderung und die zugehörigen Maßnahmen geprüft, diskutiert, bewertet, allseits akzeptiert und formal mit Unterschrift freigegeben, so kann mit der Umsetzung, d. h. mit der Realisierung der Maßnahmen vor Änderung, der Änderung selbst und der Maßnahmen nach Änderung begonnen werden. Der gesamte Änderungsantrag und die Änderung selbst werden damit abgeschlossen, dass alle durchgeführten Aktionen im Ergebnis nochmals geprüft, die korrekte Abarbeitung der einzelnen Punkte schriftlich – zumeist im selben Formblatt – bestätigt und der gesamte Vorgang offiziell mit Unterschrift beendet wird. Ein typisches Beispiel für ein sehr einfach gestaltetes Änderungskontrollformblatt, das alle beschriebenen Angaben enthält, findet sich in Anlage 25.

## 7.4
**Startzeitpunkt und Arten Change Control**

Bisher wurde über geplante Änderungen allgemein, über die Definition, die Erfassung, die Bewertung, kurz über den Ablauf eines Änderungskontrollverfahrens gesprochen, ohne dabei auf den genauen Zeitpunkt einzugehen, d. h. auf die Frage, ab wann denn eigentlich mit dem Änderungskontrollverfahren begonnen werden muss. Um dies beantworten zu können, muss man sich übergeordnet mit dem Lebenszyklus einer pharmazeutischen Anlage auseinandersetzen. Der Lebenszyklus beginnt üblicherweise mit der Idee für ein bestimmtes Produkt oder eine Produktgruppe und setzt sich fort mit der Planung und dem Bau der Anlage, der Inbetriebnahme, der Produktion bis hin zur Stilllegung, wenn das Produkt nicht mehr interessant, ausgelaufen oder die Anlage veraltet ist.

In Abschnitt 4.3 wurde bei der Darstellung eines solchen Lifecycle-Modells bereits darauf hingewiesen, dass Change Control schon bei der Planung und dem Bau einer solchen Anlage eine wichtige Rolle spielt, und in der Tat findet man in dem von der PIC/S herausgegebenen Dokument PI 006 zur Qualifizierung bzw. Validierung in Kapitel 5.3.1 hierzu die Aussage [140]: *„During the design stage, an effective Change Management procedure should be in place. All changes to the original design criteria should be documented and after that, appropriate modifications made to Equipment Specifications, Plant Functional Specifications and Piping & Instrument Diagrams (P&IDs)"*. Ein so früher Beginn ist sicher auch sinnvoll und gerechtfertigt, denn wer kennt nicht die unzähligen Änderungen, die es im Verlauf eines Projektes in Bezug auf den ursprünglichen Planungszustand gibt. Und wer kennt nicht die Probleme, die gerade durch schnelle „Zuruf-Änderungen" ausgelöst werden. Schnell mal die Spezifikation einer Dichtung geändert, da das ursprünglich geforderte Material für die entsprechende Abmessung nicht verfügbar ist, oder dort noch schnell einen Leitungsbogen oder einen zusätzlichen Abzweig eingebaut, weil einem vor Ort auffällt, dass dies für den späteren Betrieb vielleicht hilfreich sein könnte. Doch was, wenn das Dichtungsmaterial dann nicht geeignet ist und das Produkt eventuell sogar kontaminiert? Was wenn der Rohrbogen oder Abzweig nicht wirklich gut gereinigt werden kann, weil dies im Design nicht hinreichend berücksichtigt wurde? Alles Fälle, die in der Praxis mehr als oft vorkommen und ein formales Änderungskontrollverfahren in dieser frühen Planungsphase sicher rechtfertigen.

Allerdings gibt es gute Gründe, dieses Änderungskontrollverfahren abweichend von dem später im Betrieb genutzten Änderungskontrollverfahren zu gestalten und zu handhaben. So ist es Fakt, dass zum Zeitpunkt der Planung und dem Bau der Anlage ja noch kein Produkt hergestellt und noch nicht an den Kunden geliefert wird. Dieser erhält seine erste Charge frühestens mit oder nach den offiziellen Validierungsläufen, weshalb er zum Beispiel von den frühen Änderungen sicher noch keine Kenntnis haben muss. Gleiches gilt normalerweise auch für das Thema der Behördeninformation. Eine Ausnahme wäre nur gegeben, wenn der Kunde selbst in dem Projekt involviert wäre oder Änderungen Einfluss auf Behördendokumente – zum Beispiel auf die Anlagenbeschreibung in einem Drug Master File – hätten. Auch können sich Änderungen in dieser frühen Phase – die Produkt- und Prozessentwicklung als abgeschlossen vorausgesetzt – allenfalls auf technische Änderungen bzw. auf Änderungen am Design der Anlage beziehen. Änderungen zum Beispiel an Rohstoffen, an Herstell- und Prüfverfahren stehen zu diesem Zeitpunkt noch nicht an. Das bedeutet, dass bei einem in der Planungsphase angesetzten Änderungskontrollverfahren bei Weitem nicht so viele Fachstellen involviert und informiert sein müssen wie in der späteren Betriebsphase, und man auch noch nicht so viele unterschiedliche Arten von Änderungen berücksichtigen muss. Man kann den Umlauf solcher Änderungsanträge im Allgemeinen auf den Produktionsleiter, den Leiter der Qualitätseinheit und auf die Technischen Einheiten beschränken und das Dokument entsprechend einfacher gestalten.

Der Zeitpunkt, wann von dem frühen, d. h. dem technischen Änderungskontrollverfahren auf das betriebliche Änderungskontrollverfahren umgestellt wird, ist dann wieder von Fall zu Fall verschieden und eng verknüpft mit der Kontraktform des ingenieurtechnischen Projektes. Erfolgt beispielsweise die Inbetriebnahme, das sogenannte Commissioning, durch den späteren Betreiber, so wird sicher ein sinnvoller Übergang nach Abschluss der IQ-Phase gegeben sein, da die OQ dann bereits unter (kaufmännischer) Verantwortung des Betreibers läuft, der ab diesem Punkt sein Change-Control-Verfahren anwenden wird. In diesen Fällen wird das technische Change Control oft auch als Change Control DQ bis IQ bezeichnet. Handelt es sich um ein „Turn-key"-Projekt, also um eine schlüsselfertige Übergabe, bei der der spätere Betreiber die Anlage produktionsfähig erhält, so wird der Übergang zum betrieblichen Change Control sicher später, u. U. sogar erst nach Abschluss der Validierungsfahrten liegen. Ein betriebliches, alle Arten von Änderungen und alle relevanten Fachabteilungen umfassendes Änderungskontrollverfahren muss aber spätestens dann etabliert und in Kraft sein, wenn Anlage und Verfahren in qualifiziertem und validiertem Zustand vorliegen und dieser Zustand quasi „eingefroren" werden muss. Das ist üblicherweise nach Abschluss der Verfahrensvalidierung der Fall, Reinigungs- und Methodenvalidierung eingeschlossen.

Man kann also abschließend festhalten, dass der gesamte Lebenszyklus einer pharmazeutischen Anlage von einem Änderungskontrollsystem begleitet wird, welches in der frühen Phase „Planung und Bau" als vereinfachtes „Technisches Change Control" und während des späteren Betriebs der Anlage als umfassendes „Betriebliches Change Control" bezeichnet und gehandhabt wird.

## 7.5
### Qualitätskritische Änderungen

Keine Anlage, kein Prozess und kein Produkt ist je wirklich „eingefroren". Eine Anlage lebt und erfährt über ihre Lebensdauer Tausende und Abertausende von kleinen und großen Änderungen. Ein Prozess wird ständig optimiert, auf Wirtschaftlichkeit ausgerichtet. Ein Produkt wird, wo nötig und möglich, in der Qualität fortlaufend verbessert und auf neue Anwendungsmöglichkeiten geprüft. So vielfältig wie die Gründe für Änderungen sind, so vielfältig und unterschiedlich sind die Änderungen selbst. Hier wird ein neuer Rohstoff ausgewählt, dort ein anderer Lieferant. Die Dosierung am Hauptprozess wird optimiert, die Nachrührzeit verkürzt. Daten werden nicht mehr von Hand aufgeschrieben, sondern vom zentralen Leitsystem erfasst. Die durchschnittliche Lagerzeit des Endproduktes erhöht sich von ursprünglich 3 auf nunmehr 6 Monate. Allerdings wird auch die Beschilderung im Produktionsbereich geändert, offene Kabeltrassen werden geschlossen ausgeführt, der Boden in der Abfüllung mit einer fugenfreien Beschichtung versehen. Alles typische Änderungen, die im alltäglichen Betrieb ablaufen. Nur – müssen all diese auch wirklich in einem Änderungskontrollsystem erfasst und beurteilt werden? Muss man tatsächlich den Wechsel eines korrodierten Spritzschutzbleches gegen ein korrosionsbeständiges Edelstahlblech nach diesem komplexen Schema behandeln? Wenn ja – wie geht man mit dieser unendlichen Fülle an Änderungen und den daraus entstehenden Papierbergen um und wenn nicht, wo genau und wie zieht man die Grenze?

Genau dies sind die zentralen Fragen, mit denen man sich dann auseinandersetzen muss, wenn man versucht, das Change-Control-Verfahren in die Praxis umzusetzen, und genau hier kommt man auch schnell an die Grenzen der Machbarkeit und nicht selten scheitert ein etabliertes Verfahren an dem Punkt der mangelnden Differenzierung von Änderungen.

Natürlich macht es keinen Sinn und wäre es auch wenig zielführend, wenn man restlos alle im Betriebsalltag anfallenden Änderungen undifferenziert nach dieser Methode handhaben würde. Hier ist es wichtig, sich noch einmal den Sinn des Änderungskontrollverfahrens vor Augen zu halten, nämlich den Erhalt des validierten Zustandes und den Schutz des Produktes mit Blick auf eine reproduzierbare Qualität. Kurz gefasst, ein gutes und effizientes Änderungskontrollsystem sollte auf die Erfassung und Bewertung von qualitätskritischen Änderungen ausgerichtet sein. Bleibt natürlich die Frage, was qualitätskritische Änderungen sind und wie man diese gegen nicht qualitätskritische Änderungen abgrenzt. Zugegeben, hier handelt es sich um keine leichte Übung. Manche Firmen haben in diesem Zusammenhang versucht, entsprechend den Empfehlungen des EU GMP-Leitfadens eine Unterscheidung nach „minor" und „major" Changes vorzunehmen und diese Klassifizierung mit Beispielen zu hinterlegen. Aber auch dies ist alles andere als einfach.

Das Mindeste, was man in jedem Fall sofort tun sollte und auch tun kann, ist eine übergeordnete Kategorisierung von Änderungen. Beispielsweise lassen sich Änderungen grundlegend unterscheiden nach Änderungen an:
– Gebäude, Räumlichkeiten und Einrichtungen,
– Ausrüstung, einschließlich Versorgungseinrichtungen,
– Herstell-, Reinigungsverfahren und Analysenmethoden,
– Spezifikationen und Rezepturen,
– Steuerung, Überwachung und Aufzeichnung (IT-Systeme/Dokumentation).

Änderungen, die dann in einen dieser Bereiche fallen, müssen weitergehend darauf geprüft werden, ob sie entweder einen Einfluss auf den Qualifizierungs- oder Validierungsstatus haben, oder ob sie ggf. zu einer Beeinträchtigung der Produktqualität führen könnten. Ist einer der beiden Punkte zutreffend, so ist die geplante Änderung in jedem Fall in einem Änderungsformular zu erfassen und dem vorgesehenen Laufweg entsprechend zu behandeln. Können die beiden obigen Aussagen mit einem klaren „Nein" beantwortet werden, so ist hierfür im Allgemeinen kein formales Änderungskontrollverfahren erforderlich. Zu guter Letzt bleiben dann noch jene Fälle, bei denen eine gewisse Unsicherheit besteht, und hier sollte man immer zugunsten eines formalen Änderungskontrollverfahrens entscheiden, um letztendlich nicht ungewollt die Qualität des Produktes zu gefährden.

Neben der Entscheidung, ob eine Änderung formal verfolgt werden muss oder nicht, steht oft auch noch die Entscheidung an, ob eine qualitätsrelevante Änderung, die formal erfasst und verfolgt wird, auch dem Kunden oder ggf. der Behörde mitgeteilt werden muss, was einen deutlichen Zusatzaufwand mit sich bringt. Hier wurde aber bereits von Behördenseite das Entscheidungsproblem erkannt und dahingehend eine Hilfe geschaffen, als es hier eine eigene EU-Richtlinie [141] gibt, welche nach sogenannten Type I- und Type II-Variations unterscheidet, und auch auf die Wirkstoffherstellung anzuwenden ist. Dabei wird unter einer „Variation" im Gegensatz zu einem „Change" immer eine Änderung mit regulatorischer Konsequenz verstanden.

## 7.6
**Change Control in der Praxis**

Alle Theorie ist grau. Erst in der Praxis zeigt sich, ob ein bestimmtes Werkzeug – hier das Change-Control-Verfahren – anwendbar, gut und nutzbringend ist. Der Autor möchte zwar nicht anmaßend sein, doch mit Blick auf all die bisher gemachten Erfahrungen kann sicher festgehalten werden, dass es wohl kaum ein Change-Control-Verfahren gibt, das in der praktischen Umsetzung wirklich vollkommen und hundertprozentig zuverlässig funktioniert, d. h. alle wirklich relevanten Änderungen erfasst und alle notwendigen Maßnahmen definiert und zur Umsetzung bringt. Zu komplex ist ein pharmazeutischer Betrieb, zu vielfältig die täglichen Anforderungen und zu umfangreich auch die Änderungen. Aber es gibt Systeme, die besser und solche, die weniger gut funktionieren. Auch gibt es Systeme, die ein hohes Maß an Flexibilität bieten, während andere wiederum kaum noch Spielraum für eventuell notwendige Veränderungen lassen. Es kommt also darauf an, wie ein solches Change-Control-Verfahren im Detail gestaltet, wie Formulare aufgebaut und Abläufe definiert werden. Es kommt darauf an, wie pragmatisch man an die Sache herangeht.

Ein grundsätzlicher Problempunkt, die Festlegung, wann man von einer Änderung spricht, und ob eine solche Änderung qualitätskritisch ist oder nicht, wurde bereits in den vorangegangenen Kapiteln angesprochen. Jetzt soll zusätzlich noch auf andere typische Problempunkte und Fehler eingegangen werden, die es in der Praxis zu vermeiden gilt.

Da ist zunächst das Änderungsantragsformular (Change Request), auf dem der Wunsch einer Änderung dokumentiert und in den Umlauf zur Bewertung gebracht wird. Schon hier unterscheiden sich die einzelnen Systeme gewaltig in der Umsetzung. Werden in der einen Firma hierfür gerade 2 oder 3 Seiten benötigt, so findet man an anderer Stelle Formulare, die zum Teil 10 und mehr Seiten umfassen. Wenn für eine einfache Prozessoptimierung, die zwar erfassungspflichtig, nicht aber dramatisch in ihrer Auswirkung sein wird, 10 und mehr Seiten auszufüllen sind, ist es kaum vorstellbar, dass man hier noch die Bereitschaft zeigt, dies auch tatsächlich oder gar gerne zu tun. Und in der Tat findet man oft die Situation, dass umso weniger Änderungen erfasst und bewertet werden, je komplizierter das System ist. Die tatsächlichen Probleme ergeben sich dann oft im Rahmen von Inspektionen, wenn festgestellt wird, dass wichtige Änderungen nicht umfassend dokumentiert und bewertet sind. Es muss also ein erklärtes Ziel sein, das Änderungsantragsformular so einfach als möglich zu gestalten. Die wesentlichen Punkte, die enthalten sein müssen, wurden bereits in Abschnitt 7.3 behandelt, ein Beispiel ist in Anlage 25 beigefügt. Im Normalfall sollten 3 Seiten für ein solches Formular absolut ausreichend sein. Schon ab 5 Seiten wird ein solches Formular überstrapaziert und nicht mehr handhabbar.

Ein anderes Problem stellt die Zahl der auf dem Formular erforderlichen Unterschriften dar. Menschen neigen dazu, gerade wenn es um wesentliche Verantwortungen geht, diese von sich selbst fern zu halten und dann auf möglichst viele Köpfe zu verteilen und hier, wenn möglich, auf die „oberen" Köpfe, d. h. auf die Leiter der einzelnen Abteilungen. „Die Technik soll schließlich auch mit ins Boot" – so der O-Ton, den man nicht selten zu hören bekommt. Gerade diese Personen sind aber oft nur sehr schwer erreichbar und gehen oft unter in einem Berg zu leistender Unterschriften, sodass diese Änderungsantragsformulare nicht selten allein 4–6 Wochen zirkulieren, bis die Änderung überhaupt zur Kenntnis genommen und unterschrieben wird. Meist geht dann auch erst die Diskussion los, sodass die Freigabe einer Änderung nicht selten einen Zeitraum von einem halben Jahr und mehr benötigt. Die Frage, wie praktikabel das Ganze dann noch ist, wie flexibel ein Betrieb, ist dann sicher mehr als berechtigt. Wenige Unterschriften und diese von solchen Personen, die auch tatsächlich mitreden, also fachlich beurteilen können, ist hier das erklärte Ziel. Es hat sich bewährt, an dieser Stelle mit einer „Umlaufmatrix" zu arbeiten, in der abhängig von der Änderung bzw. der Klassifizierung der Änderung nur eingeschränkt Abteilungen und Fachbereiche in den Umlauf einbezogen werden. Diese Umlaufmatrix sollte Bestandteil der Change-Control-Anweisung sein.

Ebenso sollte ein vorgedachter Maßnahmenkatalog in der Anweisung enthalten sein, da viele Maßnahmen, die vor oder nach einer Änderung zum Tragen kommen, einzig von der Kategorie der Änderung abhängen und damit schon bekannt sind, und sich auch immer wiederholen. So werden bei Änderungen im technischen Bereich als notwendige Maßnahmen sicher immer Requalifizierungen, Rekalibrierungen, Anpassung der Technischen und Wartungsdokumentation und die Anpassung von Arbeitsanweisungen zu diskutieren sein. Änderungen an Spezifikationen oder Rohstoffen werden immer zusätzliche Inprozesskontrollen, Revalidierung, Anpassung der Herstellungsdokumentation und Information von Kunden und ggf. Behörden nach sich ziehen. Ein solcher Maßnahmenkatalog, aufgebaut als Checkliste, hilft Diskussionen zu vermeiden und damit schneller zur Bewertung und ggf. Freigabe der Änderung zu kommen.

Ein anderer heißer Diskussionspunkt rankt sich um die Frage, ob zentrale oder dezentrale Handhabung der Änderungskontrolle. Im Falle einer zentralen Handhabung werden alle Änderungsanträge und Formulare an einer zentralen Stelle verwaltet, die u. a. auch für eine zentrale Nummernvergabe verantwortlich ist. Der Vorteil dieser Variante ist sicher darin zu sehen, dass es nur eine Anlaufstelle gibt, wenn es um die Nachverfolgung von Änderungen geht, und dass dort dann alle Änderungen chronologisch und vollständig erfasst sein sollten. Der große Nachteil besteht in einer eingeschränkten Flexibilität und ggf. dem Mehrbedarf an Personal, da jede Facheinheit, jede Abteilung sich bei jeder Änderung immer wieder an diese Zentralstelle wenden und auch eine entsprechende Nummer beantragen muss. Dies geht –zumindest in größeren Betrieben – nicht ohne dass eine Person für diese Aufgabe benannt und abgestellt wird. Beim dezentralen Verfahren sind die Facheinheiten bzw. Abteilungen jede für sich für die Änderungsverfolgung zuständig und verantwortlich. Jede Einheit vergibt für sich chronologisch Nummern für die anstehenden und zu bewertenden Änderungen. Eine Abteilung Technik kann so zum Beispiel ein „technisches Änderungskontrollverfahren" einführen und ggf. auch individuell an die fachspezifischen Anforderungen anpassen. Der Vorteil ist sicher in einer deutlich höheren Flexibilität – aufgrund der individuell anpassbaren Formulare und Nummernsysteme – und einer schnelleren Abwicklung von Änderungen zu sehen. Der Nachteil besteht auf der anderen Seite darin, dass am Ende natürlich die Änderungen aller Facheinheiten und Abteilungen zu mindest bei der Qualitätseinheit zusammengeführt werden müssen, damit spätestens für den im pharmazeutischen Umfeld geforderten Qualitätsjahresbericht eine gesamtheitliche Bewertung vorgenommen werden kann. Auch muss – zum Beispiel im Rahmen der regelmäßigen Selbstinspektionen – die Funktionalität des Änderungskontrollverfahrens in den einzelnen Abteilungen überprüft und sichergestellt werden. Ein Aufwand, der aber sicher noch vertretbar ist.

Im Zeitalter der EDV dürfte abschließend sicher auch die Frage berechtigt sein, inwieweit es Sinn macht und möglich ist, ein solches Änderungskontrollverfahren IT-gestützt zu betreiben und zu verwalten. Eine zentrale Datenbank und die – zum Beispiel webbasierte Vergabe von Änderungsnummern mit zentralem Abruf der entsprechenden Änderungsantragsformulare ist sicher die flexibelste und in Zukunft auch die dominierende Variante, die neben der bequemen und schnellen Handhabung auch den Vorteil einer zentralen Verwaltung bietet und damit die schnelle Recherche und Nachverfolgung von Änderungen ermöglicht. Solche Systeme gehen heute sogar schon so weit, dass der gesamte Genehmigungsablauf als gerichteter Prozess (Workflow) mit entsprechenden Rechten und Rollenverteilungen softwaretechnisch abgebildet wird. Prüfung, Genehmigung und Freigabe erfolgen quasi per Knopfdruck am Bildschirm. Einschränkung: Ein solches System muss dann selbstverständlich unter Berücksichtigung aller entsprechenden Anforderungen an elektronische Aufzeichnungen und Unterschriften (Part 11 – Anforderungen) voll umfänglich validiert sein.

Abschließend sei also nochmals darauf hingewiesen, dass es das optimale und alle Anforderungen erfüllende Change-Control-Verfahren so nicht gibt, weshalb auch hier ein solches nicht explizit vorgestellt werden kann. Jedes Verfahren muss den individuellen Anforderungen des jeweiligen Betriebs – und natürlich auch dem jeweiligen Budget – gerecht werden. Es sollte aber gerade an dieser Stelle, wo es um den Erhalt dessen geht, was zuvor mit viel Mühe und Anstrengung aufgebaut wurde – den Erhalt des validierten Zustandes und des GMP-Systems – auch ausreichend Enthusiasmus aufgebracht werden, um ein möglichst gutes, flexibles und für alle „lebbares" Change-Control-Verfahren zu etablieren, das behördliche und betriebliche Anforderungen gleichermaßen erfüllt.

# 8
# Der Validierungsingenieur als neuer Beruf

Seit der Einführung des Begriffes GMP im Jahre 1962 durch die FDA ist die Zahl der damit in Verbindung stehenden Regelwerke und auch die Zahl der regulierten Bereiche und Themen kontinuierlich angewachsen und damit auch die Arbeit und der Aufwand in den regulierten Betrieben selbst. Diese müssen zunehmend mehr Zeit und Personal aufwenden, um die gestellten Anforderungen umzusetzen und der ansteigenden Flut an Dokumenten Herr zu werden. Auf Platz 1 mit Blick auf den Aufwand dürfte hier sicher das Thema Qualifizierung und Validierung zu finden sein. Dabei ist es nicht nur die Erstqualifizierung und –validierung, die entsprechende Ressourcen fordert. Vielmehr sind es die über den Validierungs-Lifecycle festgelegten Requalifizierungs- und Revalidierungsmaßnahmen, die hier zu einer entsprechenden Personalpolitik zwingen. Wen also wundert es, dass es in verschiedenen Firmen auf einmal ganze Abteilungen nur für dieses Thema gibt, dass externe Firmen sich darauf spezialisiert haben, diese Dienstleistung vorrangig anzubieten und dass sich das Thema oder zumindest Teile davon auch zunehmend mehr in den Lehrplänen der Hochschulen wiederfindet?

Mit dem Anwachsen der Arbeit wächst auch der Bedarf nach entsprechend qualifiziertem Personal. Ein Blick in die Stellenanzeigen im Internet, in Tageszeitungen und auf die Aushänge der Hochschulen lässt schnell erkennen, dass allerorts verstärkt „Validierungsingenieure", „IT-Validierungsingenieure", „Senior-Validierungsingenieure" u. a. gesucht werden, wobei sich dies sowohl auf weibliche als auch auf männliche Anwärter bezieht. Es scheint, als habe sich hier eine ganz neue Berufssparte etabliert. Und in der Tat werden neben den üblichen „Skills" auch jede Menge Anforderungen an den Bewerber gestellt, die im Zusammenhang mit der Qualifizierungs- und Validierungstätigkeit zu sehen sind. Ob es sich hierbei um Erfahrungen mit der Erstellung entsprechender Pläne, Erfahrungen im Bereich Risikoanalysen oder um Erfahrungen mit der Durchführung der Qualifizierungs- oder Validierungstätigkeiten selbst handelt. Gesucht wird hier eindeutig der Validierungsexperte. Bleibt nur die Frage: Gibt es denn einen Validierungsexperten? Gibt es hier das neue Berufsbild eines Validierungsingenieurs oder würde es gar Sinn machen ein solches anzustreben?

Sicher alles berechtigte Fragen, die vom Autor mit einem klaren „Nein" beantwortet werden. Derzeit gibt es weder das Berufsbild eines Validierungsingenieurs noch würde ein solches wirklich Sinn machen. Basierend auf vielen Jahren Erfah-

*GMP-Qualifizierung – Validierung.* Edited by Ralf Gengenbach
Copyright © 2008 WILEY-VCH Verlag GmbH & Co. KGaA, Weinheim
ISBN: 978-3-527-30794-4

rung auch gerade im Umgang mit Personen, die in diesem Umfeld tätig oder in dieses hineingewachsen sind, haben gezeigt und gelehrt, dass es für den reinen „Validierungsingenieur" als solchen keinen Bedarf gibt. Dies mag zunächst verwundern und provokativ klingen, lässt sich aber im Folgenden schnell aufklären. Personen, die heute im Bereich Qualifizierung und Validierung arbeiten, haben es mit einer Fülle unterschiedlichster Aufgaben und damit auch mit einer Fülle unterschiedlichster Technologien und Anforderungen zu tun. Wird heute eine Wasseranlage qualifiziert, so kann es morgen schon eine Lüftungsanlage, eine Reinraumkabine, ein Sprühtrockner oder ein Bioreaktor sein. Steht heute noch das Erstellen des Qualifizierungsplans im Vordergrund, so steht morgen die Moderation einer Risikoanalyse oder die Durchführung einer Reinigungsvalidierung auf dem Plan. Man muss kein Insider sein, um hier sehr schnell zu begreifen, dass es sich bei einem „Validierungsingenieur" in Wahrheit um einen Tausendsassa handeln müsste, der sich blind mit allen Technologien auskennt, der selbstsicher im Auftreten ist, jegliche rhetorischen und Moderationsfähigkeiten mitbringt und am Ende auch noch den entsprechend hinterlegten Prozess versteht und Produkte einschätzen kann. Und in der Tat ist auch dies genau die Schwierigkeit. Nicht die formalen Anforderungen bei der Erstellung von Qualifizierungs- und Validierungsdokumenten und auch nicht die damit im Zusammenhang stehenden Abläufe sind die Herausforderung. Allein das Verständnis für Prozess, Verfahren und Technologie. Wer einen Grundprozess nicht versteht, wer keinen Einblick in oder keine Erfahrung mit der Technik hat, kann auch mit dem besten Verständnis für den Formalismus keinen guten Qualifizierungs- oder Validierungsplan schreiben. Was es also in diesem Bereich bedarf, sind Ingenieure, Techniker und Naturwissenschaftler der Spitzenklasse, die eine sehr gut fundierte Grundausbildung im technischen und naturwissenschaftlichen Umfeld mitbringen, die die entsprechend nötigen persönlichen Skills im Auftreten und in der Kommunikation besitzen, und die Fähigkeit und Bereitschaft haben, auch mal über den Tellerrand ihrer studierten Wissenschaft hinauszusehen. Gefragt sind Personen mit einer gut fundierten Grundlage und der Bereitschaft, darauf aufbauend stetig dazuzulernen.

Entsprechend muss auch der Appell an die Ausbildungsstätten und Hochschulen gerichtet werden, der fundierten naturwissenschaftlichen und technischen Ausbildung den Vorrang vor einer zu breit ausgerichteten Ausbildung einzuräumen. Lernende sollen sich intensiv mit der Technik, der Physik und der Chemie auseinandersetzen, um hier das notwendige Rüstzeug für den weiteren Wissensaufbau zu erlangen. Wissen um Regelwerke, GMP, Qualifizierung und Validierung kann sicher sinnvoll in Form von Rahmenveranstaltungen ergänzt werden. In letzter Konsequenz aber muss dieses Zusatzwissen dann berufsbegleitend oder durch ergänzende Seminare und Literatur erworben werden, was umso einfacher geht, je besser das oben beschriebene Grundwissen ist. Grundwissen ist die Pflicht, GMP und Validierung die Kür.

In diesem Zusammenhang hofft der Autor mit dem vorliegenden Werk zumindest ein kleines Mosaiksteinchen für den weiteren Wissensaufbau GMP- bzw. Validierungsbegeisterter beigesteuert zu haben.

# 9
# Literatur

1. Deutsches Museum München, Museumsinsel 1, 80538 München, Bereich Naturwissenschaften, Pharmazie
2. VFA, Verband forschender Arzneimittelhersteller e.V., unter http://www.vfa.de, Beitrag „In Labors und Kliniken: Wie entsteht ein neues Arzneimittel?", August 2006
3. EC The Rules Governing Medicinal Products in the European Union, Volume 10, Clinical trials, July 2006
4. EC The Rules Governing Medicinal Products in the European Union, Volume 9, Pharmacovigilance, June 2004, for Human Use, April 2007
5. In Europa: EC The Rules Governing Medicinal Products in the European Union, Volume 1 bis Volume 3
6. ICH, International Conference on Harmonisation, Guidelines for Quality (Q), Safety (S), Efficacy (E) und Multidisciplinary (M); http://www.ich.org
7. ICH, International Conference on Harmonisation, M4, The Common Technical Document, July 2003
8. Certification Procedure of the EDQM – The European Directorate for the Quality of Medicines
9. EG-Leitfaden einer Guten Herstellungspraxis für Arzneimittel, III/2244/87, Rev. 3, Jan. 1989, in Kraft seit 1.1.1992
10. Gesetz über den Verkehr mit Arzneimitteln (Deutsches Arzneimittelgesetz, AMG), § 4 (15), aktuelle Fassung unter Berücksichtigung der wesentlichen Änderungen durch die 14. Novelle AMG, 2005
11. WHO, World Health Organisation, im Internet unter http://www.who.int, WHO sites "Medicines", Area of Work: "Quality Assurance of Medicines"
12. Begriffsdefinitionen s. Bundesgesundheitsblatt 3/92, 1992
13. ICH Q7A, GMP for APIs, Chapter 19, "APIs for use in Clinical Trials"
14. Dritte Verordnung zur Änderung der Betriebsverordnung für pharmazeutische Unternehmer vom 10.August 2004, § 5 Herstellung, Abs. 3
15. Arzneimittel- und Wirkstoffherstellungsverordnung – AMWHV, November 2006, Abschnitt 3, § 3 Herstellung, Abs. 5
16. E. Rivera Martinez, FDA, "GMPs for Bulk Pharmaceutical Chemicals", DIA Symposium, 17.–19. Oktober 1994
17. FDA, "Guide to Inspections of Bulk Pharmaceutical Chemicals", Mai 1994, Seite 3
18. FDA, History of the Center of Drug Evaluation and Research (CDER), www.fda.gov/cder/about/history/default.htm
19. Upton Sinclair, „The Jungle", 1906
20. Good Manufacturing Practices for Pharmaceutical Products, Annex 1 in WHO Expert Committee on Specifications for Pharmaceutical Preparations, 32nd Report, technical Report Series, No. 823, English Version, Geneva 1992, ISBN 92 4 1208236

21 EG-Leitfaden einer Guten Herstellungspraxis für Arzneimittel, Kommission der Europäischen Gemeinschaft, in Pharm. Ind. 52, 853 (1990)

22 FDA, Pharmaceutical cGMPs for the 21st Century – A Risk-Based Approach, Final Report, September 2004 (unter: http://www.fda.gov/cder/gmp/gmp2004/GMP_finalreport2004.htm)

23 s. Organisationsstruktur der WHO im Internet: http://www.who.int/about/structure/en/index.html

24 Übersicht zu den Aktivitäten der WHO im Bereich Medizinprodukte: http://www.who.int/medicines/about/en/

25 WHO, Draft requirements for good manufacturing practice in the manufacture and quality control of drugs and pharmaceutical specialities, 21. World Health Assembly, 1968

26 Good Manufacturing Practices for pharmaceutical products. In: WHO Expert Committee on Specifications for Pharmaceutical Preparations. Twenty-second report. Geneva, World Health Organization, 1992 Annex 1 (WHO Technical Report Series, No. 823)

27 Good manufacturing practices for pharmaceutical products: main principles. In: WHO Expert Committee on Specifications for Pharmaceutical Preparations. Thirty-seventh report. Geneva, World Health Organization, 2003, Annex 4 (WHO Technical Report Series, No. 908)

28 Good manufacturing practices for pharmaceutical products, Part Three, section 18. In: WHO Expert Committee on Specifications for Pharmaceutical Preparations. Thirty-second report. Geneva, World Health Organization, 1992: 72–79 (WHO Technical Report Series, No. 823)

29 Good manufacturing practices: supplementary guidelines for the manufacture of pharmaceutical excipients. In: WHO Expert Committee on Specifications for Pharmaceutical Preparations. Thirty-fifth report. Geneva, World Health Organization, 1999, Annex 5 (WHO Technical Report Series, No. 885)

30 Guide to good storage practices for pharmaceuticals in WHO Expert Committee on Specifications for Pharmaceutical Preparations. Thirty-seventh report. Geneva, World Health Organization, 2003, Annex 9 (WHO Technical Report Series, No. 908)

31 Validation of analytical procedures used in the examination of pharmaceutical materials, In: WHO Expert Committee on Specifications for Pharmaceutical Preparations. Thirty-second report. Geneva, World Health Organization, 1992: Annex 5 (WHO Technical Report series, No. 823)

32 Quality assurance of pharmaceuticals. A compendium of guidelines and related materials. Volume 2. Good manufacturing practices and inspections. Geneva. World Health Organization, 1999

33 Richtlinie 89/341/EWG des Rates vom 3. Mai 1989 zur Änderung der Richtlinien 65/65/EWG, 75/318/EWG und 75/319/EWG zur Angleichung der Rechts- und Verwaltungsvorschriften über Arzneispezialitäten

34 Richtlinie 2001/83/EC des Europäischen Parlaments und des Rates vom 6. November 2001 zur Schaffung eines Gemeinschaftskodexes für Humanarzneimittel

35 Richtlinie 91/356/EWG der Kommission vom 13. Juni 1991 zur Festlegung der Grundsätze und Leitlinien der Guten Herstellungspraxis für zur Anwendung beim Menschen bestimmte Arzneimittel

36 Directive 2001/83/EC of the European Parliament and of the Council of 6 November 2001 on the Community code relating to medicinal products for human use

37 Directive 2001/82/EC of the European Parliament and of the Council of 6 November 2001 on the Community code relating to veterinary medicinal products

38 Commission Directive 2003/94/EC, of 8 October 2003, laying down the principles and guidelines of good manufacturing practice in respect of

medicinal products for human use and investigational medicinal products for human use
39 Commission Directive 91/412/EEC of 23 July 1991 laying down the principles and guidelines of good manufacturing practice for veterinary medicinal products
40 Note for guidance on quality of water for pharmaceutical use, EMEA, CPMP/QWP/158/01, Revision 01, London, May 2002
41 Note for guidance on process validation, EMEA, CPMP/QWP/848/96, London, March 2001
42 Pharm. Ind. 58, Nr. 11 (1996), Häusler – GMP-Anforderungen in der Qualitätskontrolle
43 The Good Manufacturing Practice for Pharmaceutical Products in Korea (KGMP), Korea Food and Drug Administration, 2000.3
44 Good Manufacturing Practice for Pharmaceutical Products, State Drug Administartion, 1998
45 FDA, Guide to Inspection of Bulk Pharmaceutical Chemicals, May 1994, Seite 3
46 Gesetz über den Verkehr mit Arzneimitteln (Arzneimittelgesetz – AMG), in der Fassung vom 24. August 1976 (BGBl. I S. 2445, 2448), zuletzt geändert durch Artikel 1 Nr. 31 des Gesetzes vom 11. April 1990 (BGBl. I S. 717)
47 Gesetz über den Verkehr mit Arzneimitteln (Arzneimittelgesetz – AMG) in der Fassung der Bekanntmachung vom 19. Oktober 1994 (BGBL. I S. 3018), geändert durch Ges. v. 2. August 1994 (BGBl. I S. 1963)
48 Betriebsverordnung für die Hersteller von Wirkstoffen für Arzneimittel (WirkstoffBetrV), Entwurf vom 26. Oktober 1994
49 CEFIC/EFPIA, Good manufacturing practices for Active ingredient manufacturers, April 1996
50 s. Homepage der internationalen IPEC unter www.ipec.org
51 Good Manufacturing Practices Guide for Pharmaceutical Excipients, the International Pharmaceutical Excipients Council IPEC together with the Pharmaceutical Quality Group PQG 2006
52 s. Internetseite der FDA unter http://www.cfsan.fda.gov/~dms/fdconfus.html, letztes update vom August 2000
53 EFfCI, GMP Guide for Cosmetic Ingredients, draft version 2, September 2004, Den Haag
54 Lebensmittel- und Futtermittelgesetzbuch in der Fassung der Bekanntmachung vom 26. April 2006 (BGBl. S. 945), in Kraft seit 01.09.2005
55 s. Homepage der FAO unter: http://www.fao.org/ – Selected key programmes
56 Homepage unter www.aibonline.com
57 FDA, Freedom of Information Act, Warning Letters, http://www.fda.gov/foi/warning.htm
58 WHO Expert Committee on Specifications for Pharmaceutical Preparations 34th Report; WHO Technical Report Series No. 863, Geneva, Switzerland, 1996, 155–177
59 Alistair, Davidson The value of the certificate of pharmaceutical product in registration of medicinal products, Drug Information Journal, Jan.-March 2002
60 J. Lingnau, Allgemeine Grundsätze der Validierung, Vortrag anlässlich des CONCEPT-Symposions Validierung im Rahmen europäischer Richtlinien, 15./16. Oktober 1990, Frankfurt/Main
61 FIP-Richtlinie in Sucker, Heinz, Praxis der Validierung unter besonderer Berücksichtigung der FIP-Richtlinien für die gute Validierungspraxis, Paperback APV, Wissenschaftliche Verlagsgesellschaft, 1983
62 J. Lingnau, Allgemeine Grundsätze der Validierung, Vortrag anlässlich des CONCEPT-Symposions Validierung im Rahmen europäischer Richtlinien, 15./16. Oktober 1990, Frankfurt/Main Absatz 2.2
63 PharmBetrV – Pharma Betriebsverordnung
64 AMG – Arzneimittelgesetz

65 WHO, Good Manufacturing Practices for Pharmaceutical Products, Technical Report Series, No. 823, English Version, Kap. 18 (1992)
66 PIC (Pharmaceutical Inspection Convention), Richtlinie für die Herstellung pharmazeutischer Wirkstoffe, Juni 1987 (PH 2/87)
67 Guide to Inspection of Bulk Pharmaceutical Chemicals, Office of Regulatory Affairs and Center for Drug Evaluation and Research, Rockville, MD, Sept. 1991, Revised May 1994
68 FDA, Guidance for Industry, Manufacturing, Processing, or Holding Active Pharmaceutical Ingredients, draft guidance, March 1998
69 ICH Q7A, Good Manufacturing Practice Guidance for Active Pharmaceutical Ingredients, issued by FDA, August 2001
70 E. R. Martinez, An FDA Perspective on BPC GMPs, Control and Validation, Pharm. Eng., May/June 1994
71 WHO, Ergänzende Richtlinie für pharmazeutische Hilfsstoffe in WHO Technical Report Series no. 885, Annex 5, 1999
72 IPEC, Good Manufacturing Practices Guide for Bulk Pharmaceutical Excipients (BPE), the International Pharmaceutical Excipient Council, rev. Ausgabe 2006
73 FDA, Guideline on General Principles of Process Validation, Center for Drug Evaluation and Research, Center for Biologics Evaluation and Research, and Center for Devices and Radiological Health, Rockville, MD, May 1987, Reprinted May 1990
74 J. Lingnau, Allgemeine Grundsätze der Validierung, Vortrag anlässlich des CONCEPT-Symposions Validierung im Rahmen europäischer Richtlinien, 15./16. Oktober 1990, Frankfurt/Main Absatz 2.5
75 Sucker, Heinz, Praxis der Validierung unter besonderer Berücksichtigung der FIP-Richtlinien für die gute Validierungspraxis, Paperback APV, Wissenschaftliche Verlagsgesellschaft, 1983
76 US Food and Drug Administration, Guideline on General Principles of Process Validation, Mai 1987
77 US Food and Drug Administration, Validation Documentation Inspection Guide, CDER, 1993, never approved and never officially published
78 US Food and Drug Administration, Sec. 490.100 Process Validation Requirements for Drug Products and Active Pharmaceutical Ingredients Subject to Pre-Market Approval (CPG 7132c.08), ORA, 1993, rev. 2004
79 WHO, Guidelines on the validation of manufacturing processes, WHO Technical Report Series, No. 863, 1996 neu aufgelegt in Technical Report Series, No. 937, 2006
80 PIC/S, Recommendations on Validation Master Plan, Installation Qualification, Non-Sterile Process Validation, Cleaning Validation, PI 006-3, September 2007
81 ZLG, Zentralstelle der Länder für Gesundheitsschutz bei Arzneimitteln und Medizinprodukten, Aide-Mémoire 07121104, Inspektion von Qualifizierung und Validierung in pharmazeutischer Herstellung und Qualitätskontrolle, 2004
82 J. Sawyer, R.W. Stotz, Validation Requirements for BPC's, Pharm. Eng., Vol. 48, September/October 1992
83 Eudralex, Vol 4, Annex 15, Qualification and Validation, 1. Sept. 2001
84 International Conference on Harmonization, ICH Q9, Risk Management, Nov. 2005
85 FDA, Guide to Inspections of Bulk Pharmaceutical Cehmicals, CDER, Mai 1994, in Part I, general Guidance
86 FDA, Guide to Inspections of Bulk Pharmaceutical Cehmicals, CDER, Mai 1994
87 International Conference on Harmonization, ICH Q7A, Good Manufacturing Practice Guide for Active Pharmaceutical Ingredients, Nov. 2000
88 FDA Consumer, Clearing up Cosmetic Confusion, Mai–Juni 1998, Rev. Aug. 2000, Internet http://www.cfsan.fda.gov/~dms/fdconfus.html [Januar 2007]
89 DIN EN ISO 10628, Fließschemata für verfahrenstechnische

Anlagen, Deutsche Fassung EN ISO 10628:2000
90 FDA, Guide to Inspections of Bulk Pharmaceutical Cehmicals, CDER, Mai 1994, page 3, General Guidance – Bulk GMPs
91 ISPE, International Society for Pharmaceutical Engineering, Commissioning and Qualification, Baseline Guide Vol. 5, 1st edition, März 2001
92 FDA, Guide to Inspections of Bulk Pharmaceutical Cehmicals, CDER, Mai 1994, page 3, General Guidance – Bulk GMPs, Absatz 2
93 ICH, International Conference on Harmonization, Good Manufacturing Practice Guide for Active Pharmaceutical Ingredients, Q7A, Seite 3, Tabelle 1
94 AMWHV, Arzneimittel- und Wirkstoffherstellungsverordnung, § 13, Abs. 5, November 2006
95 PIC/S, Recommendations on Validation Master Plan, Installation Qualification and Operational Qualification, Non-sterile Process Validation, Cleaning Validation, PI 006-3, September 2007, Kapitel 4
96 ZLG, Zentralstelle der Länder für Gesundheitsschutz bei Arzneimitteln und Medizinprodukten, Aide-Mémoire 07121104, Inspektion von Qualifizierung und Validierung in pharmazeutischer Herstellung und Qualitätskontrolle, 2004, Kapitel 3.5 Dokumentation
97 EN ISO 14971:2000, Medizinprodukte – Anwendung des Risikomanagements auf Medizinprodukte, Deutsche Fassung
98 IVSS, Internationale Vereinigung für Soziale Sicherheit, Gefahrenermittlung, Gefahrenbewertung, 1997
99 IVSS, Internationale Vereinigung für Soziale Sicherheit, Das PAAG-Verfahren, ISSA Prevention Series No. 2002, IVSS-Sektion Chemie, Heidelberg, 3. Auflage 2000
100 [IVSS, Das PAAG-Verfahren, Heidelberg, 3. Auflage 2000
101 GMP Berater, Loseblattsammlung, Verlag Maas & Peither, 1. Auflage, 2000
102 Abgeleitet aus Mass & Peither mit geringer Modifikation
103 Codex Alimentarius, Food Hygiene, Basic Texts, 2nd edition, http://www.fao.org/DOCREP/005/Y1579E/Y1579E00.HTM [Februar 2007]
104 EC, The Rules Governing Medicinal Products in the European Union, Volume 4, Annex 15
105 Anthony G. Lord, FDA Inspektor, "Bulk Pharmaceutical Chemicals", Feb. 13, 1996 Vienna Seminar
106 WHO Supplementary Guidelines on Good Manufacturing Practice: Validation, inTechnical Report Series, No. 937, 2006
107 FDA homepage http://www.fda.gov/cder/gmp/ [Februar 2007]
108 I SPE, International Society for Pharmaceutical Engineering, Commissioning and Qualification, Baseline Guide Vol. 5, 1st edition, März 2001
109 ICH, International Conference on Harmonization, Quality Risk Management, Q9, November 2005
110 ICH, International Conference on Harmonization, Pharmaceutical Development, Q8, November 2007
111 VDI 2519, Vorgehensweise bei der Erstellung von Lasten-/Pflichtenheften, Blatt 1, Dezember 2001
112 EMEA, Quality of Water for Pharmaceutical Use, CPMP/QWP/158/01 Rev. 1, Juni 2000
113 ZLG. Inspektion von Qualifizierung und Validierung in pharmazeutischer Herstellung und Qualitätskontrolle, Aide-Mémoire 07121104, August 2004, Kapitel 4.2.1 Designqualifizierung (DQ)
114 EC The Rules Governing Medicinal Products in the European Community, Volume 4, Annex 15, Qualification And Validation, Juli 2001
115 DIN 58 950, Dampfsterilisatoren für pharmazeutische Sterilgüter, Teil 3, Geräteanforderungen in der Fassung vom November 1992
116 W. Storhas, Bioreaktoren und periphere Einrichtungen, Vieweg, 1994, S. 182 – Beurteilung von Undichtigkeiten
117 PIC/S, PI 006-03, Recommendations on Validation Master Plan, Installation and Operational Qualification,

Non-Sterile Process Validation, Cleaning Validation, September 2007, Kap. 2.3.4
118 APIC, Active Pharmaceutical Ingredient Committee, Guidance on Qualification of existing facilities, systems, equipment and utilities, Nov. 2004
119 FDA, http://www.fda.gov/cder/guidance/cGMPs/equipment.htm
120 DIN 31051, Grundlagen der Instandhaltung, 2003-06
121 DIN EN 60300-3-14, Zuverlässigkeitsmanagement, Teil 3–14: Anwendungsleitfaden – Instandhaltung und Instandhaltungsunterstützung (IEC 60300-3-14:2004); Deutsche Fassung EN 60300-3-14:2004
122 EU-GMP-Leitfaden (2003/94/EC – "GMP principles for human medicinal products"), Annex 15
123 FDA Guideline on General Principles of Process Validation, May 1987
124 EMEA Leitfaden CPMP/QWP/848/96 – "Note for Guidance on Process Validation" (March 2001)
125 EU-GMP-Leitfaden (2003/94/EC – "GMP principles for human medicinal products"), Part 1 "Basic Requirements for Medicinal Products"
126 EU-GMP-Leitfaden (2003/94/EC – "GMP principles for human medicinal products"), Part 2 "Basic Requirements for Active Substances used as Starting Material"
127 PIC/S Scheme PE 009-II "PIC/S GMP Guide for Active Pharmaceutical Ingredients", Okt. 2007
128 PIC/S Scheme PI 006-03 "Recommendation on the Validation Masterplan Installation and operational Qualification Non-steril Process Validation, Cleaning Validation", Sept. 2007
129 PIC/S Scheme PI 007-03 "Recommendation on the Validation of Aseptic Processes", Sept. 2007
130 ICH Quality guideline Q7A "Good Manufacturing Practice Guide for Active Pharmaceutical Ingredients" (November 2000)
131 K. G. Chapman, Proposed Validation Standards VS-1 Journal of Validation Technology, page 502-521, Vol. 6 No2, Febr. 2000
132 A. S. Rathore, G. Sofer, Process Validation in Manufacturing of Biopharmaceuticals, Taylor & Francis, Boca Raton, USA 2005
133 ICH Quality guideline Q9: "Quality Risk Management" (November 2005)
134 Aide-Mémoire der ZLG, Inspektion von Qualifizierung und Validierung in der pharmazeutischen Herstellung
135 ICH Quality guideline 8 "Pharmaceutical Development" (November 2005)
136 G. R. Bandurek, Using Design of Experiments in Validation, BioPham International, May 1, 2005
137 GMP-/FDA gerechte Validierung, Hrsg. Concept Heidelberg, ECV, Heidelberg 2002
138 ISPE, Good Automated Manufacturing Practice guide, GAMP 4.0
139 ISO 14971:2000, Medizinprodukte – Anwendung des Risikomanagements auf Medizinprodukte; Deutsche Fassung EN ISO 14971:2001/A1:2003
140 PIC/S, Validation Master Plan, Installation and Operational Qualification, Non/Sterile Process Validation, Cleaning Validation, PI 006/3, September 2007
141 Eudralex, The Rules Governing Medicinal Products in the European Union, Volume 2C, Notice to Applicants, Regulatory Guidelines, Guideline on Dossier requirements for Type IA and Type IB Notifications Revision 1 (July 2006)

# 10
# Verzeichnisse und Anlagen

## 10.1
### Abbildungen

| | |
|---|---|
| Abbildung 1.1 | Maßnahmen zur Arzneimittelsicherheit |
| Abbildung 2.1 | Probleme rund um GMP |
| Abbildung 2.2 | Anwendungsbereich von GMP |
| Abbildung 2.3 | Entwicklungsschritte eines Arzneimittels |
| Abbildung 2.4 | Startpunkt von GMP in der Herstellung |
| Abbildung 2.5 | Startpunkt von GMP nach ICH Q7A |
| Abbildung 2.6 | Geltungsbereich von GMP – qualitativ |
| Abbildung 2.7 | GMP Grundregeln und Ergänzungen |
| Abbildung 2.8 | GMP-Aktivitäten innerhalb der WHO |
| Abbildung 2.9 | Organisation der ICH |
| Abbildung 2.10 | GMP-Grundregeln, Übersicht |
| Abbildung 2.11 | Hierarchische Einbindung der GMP-Regeln |
| Abbildung 2.12 | Angriffspunkte der GMP-Regeln |
| Abbildung 3.1 | Entwicklung Validierungsanforderungen |
| Abbildung 3.2 | Elemente der Validierung |
| Abbildung 3.3 | Schritte und Dokumente der Validierung |
| Abbildung 3.4 | Laufweg der Validierungsdokumente |
| Abbildung 4.1 | Ablauf eines Validierungsprojektes |
| Abbildung 4.2 | Abgrenzung Umfang GMP-Betrachtung |
| Abbildung 4.3 | Übersicht Validierungsdokumentation |
| Abbildung 4.4 | Phasen der Risikoanalyse |
| Abbildung 4.5 | FMEA Ablaufschema |
| Abbildung 4.6 | Ablauf einer HACCP Risikoanalyse |
| Abbildung 4.7 | Verfahrensfließbild Musterprozess |
| Abbildung 4.8 | Kontaminationsrisiko Kugelhahn |
| Abbildung 4.9 | Vorgehensweise bei der Festlegung technischer Spezifikationen |
| Abbildung 4.10 | Mess- und Arbeitsbereich einer Anlage/Anlagenkomponente |
| Abbildung 4.11 | Lasten- und Pflichtenheftabgleich schematisch |
| Abbildung 4.12 | Aufbau OQ-Prüfplan |

*GMP-Qualifizierung – Validierung.* Edited by Ralf Gengenbach
Copyright © 2008 WILEY-VCH Verlag GmbH & Co. KGaA, Weinheim
ISBN: 978-3-527-30794-4

| | |
|---|---|
| Abbildung 4.13 | PQ Trockenschrank – T-Verteilung auf Platte |
| Abbildung 4.14 | PQ Trockenschrank – T-Verteilung von Platte zu Platte |
| Abbildung 4.15 | Struktur der Qualifizierungsberichte |
| Abbildung 4.16 | Checkliste Bestandsaufnahme |
| Abbildung 4.17 | Muster Qualifizierungsmatrix |
| Abbildung 4.18 | Der Begriff Instandhaltung |
| Abbildung 4.19 | Ablaufschema Wartung |
| Abbildung 4.20 | Ablaufschema Kalibrierung |
| Abbildung 4.21 | Festlegung Kalibrierpunkte |
| Abbildung 4.22 | Kalibrieretiketten |
| Abbildung 4.23 | Rückführbarkeitsnormale |
| Abbildung 4.24 | Kalibrierung einer Messkette |
| Abbildung 4.25 | Voraussetzungen für eine erfolgreiche Validierung |
| Abbildung 4.26 | Zuordnung und Abschluss von Validierungsaktivitäten |
| Abbildung 4.27 | Zeitliche Zuordnung einzelner Validierungsaktivitäten |
| Abbildung 4.28 | Lebenszyklus eines Prozesses |
| Abbildung 4.29 | Generelle Struktur und Ablauf einer Validierung |
| Abbildung 4.30 | V-Modell Validierung computerisierter Systeme |
| Abbildung 5.1 | Ablauf GEP vs GMP |
| Abbildung 5.2 | Planungsphase Engineering |
| Abbildung 5.3 | Planungsphase Qualifizierung |
| Abbildung 5.4 | Ausarbeitungsphase Engineering |
| Abbildung 5.5 | Ausarbeitungsphase Qualifizierung |
| Abbildung 5.6 | Durchführungsphase Engineering |
| Abbildung 5.7 | Durchführungsphase Qualifizierung |
| Abbildung 5.8 | Qualifizierungsphasen im Überblick |
| Abbildung 6.1 | Abgrenzungsmatrix GMP-Dienstleister |
| Abbildung 6.2 | Aufgaben und Verantwortungsabgrenzung Betreiber – Lieferant |
| Abbildung 7.1 | Formaler Ablauf Change Control |

## 10.2

### Anlage 1: GMP-Studie

| FIRMA | Neubau/Umbau | Datum: |
| --- | --- | --- |
| | | Rev. 0 – Entwurf 1 |
| | GMP-Studie | Seite 1 von 7 |

## Gesprächsleitfaden

| erstellt: | Datum: | geprüft: | Datum: |
| --- | --- | --- | --- |
| Betriebsleiter: | Datum: | Qualitätsmanagement: | Datum: |

### INHALTSVERZEICHNIS

1 AUSGANGSSITUATION .................................................................................................................. 2

2 GMP-EINSTUFUNG, REGELWERKE ............................................................................................ 2

3 PRODUKT- UND REINHEITSANFORDERUNGEN .................................................................... 3

4 ANLAGE UND VERFAHREN .......................................................................................................... 4

5 GEBÄUDE UND RÄUMLICHKEITEN ........................................................................................... 6
   *Offene oder geschlossene Bauweise?* ................................................................................................ 6
   *Klassifizierung der Gebäude/Räumlichkeiten?* ................................................................................ 6
   *Anforderungen an Material- und Personalfluss* ............................................................................... 6
   *Hygienekonzept* .................................................................................................................................. 6

6 DOKUMENTATION ......................................................................................................................... 7
   *QM-System* ......................................................................................................................................... 7
   *Betriebsdokumentation* ..................................................................................................................... 7
   *Hygienemasterplan* ............................................................................................................................ 7
   *Schulung* ............................................................................................................................................. 7

7 WEITERE VORGEHENSWEISE .................................................................................................... 7

8 ZUSAMMENFASSUNG .................................................................................................................... 7

9 ANLAGEN ........................................................................................................................................... 7

Projekt XY, GMP-Studie, Stand: Jan. 2007

## GMP-Studie

| FIRMA | Neubau/Umbau | Datum: |
|---|---|---|
| | | Rev. 0 – Entwurf 1 |
| | GMP-Studie | Seite 2 von 7 |

## 1 Ausgangssituation

Allgemeine Infos zum Betrieb, den Anlagen, den Produkten, der Organisation, ……

Infos zum relevanten Produkt, Anlage, Anwendungsbereichen

Zielsetzung GMP

## 2 GMP-Einstufung, Regelwerke

*Welche GMP-Regularien werden in Bezug auf*
- *das Produkt (Hilfsstoffe/Wirkstoffe/Pharma),*
- *seine Anwendung (oral, parenteral, topisch),*
- *seine Herstellung (steril, nicht steril),*
- *seine Vermarktung/Vertriebsbereich (Europa/USA/weltweit?),*
- *besondere Anforderungen (Mikrobiologie,…..) und den*
- *den regulatorischen Fokus (RP/FDA) zugrunde gelegt?*

z. B
- *ICH Q7A, Good Manufacturing Practice Guide for Active Pharmaceutical Ingredients*
- *WHO – Good Manufacturing Practices for Active Pharmaceutical Ingredients*
- *PIC – International harmonized GMP – Guide for API's*
- *FDA – Current Good Manufacturing Practices, 21 CFR Parts 210/211*
- *PharmBetrV.*
- *…*

- *Monographien gemäß Ph. Eur., USP, JP, BP, …*
- *Produktbroschüren*
- *…………*

*Welche der nachfolgenden Personen sind an der GMP Studie beteiligt (Namen, Abt.)?*

z. B.
- *Herstellungsleiter*
- *Qualitätskontrollleiter*
- *Betriebsbetreuung*
- *Marketing Qualitätsmanagement*
- *………….*
- *Gempex*

GMP-Studie

| FIRMA | Neubau/Umbau | Datum: |
|---|---|---|
| | | Rev. 0 – Entwurf 1 |
| | GMP-Studie | Seite 3 von 7 |

## 3 Produkt- und Reinheitsanforderungen

Spezifikationskriterien (Was und wo festgelegt? Wer prüft?)

### Chemische Verunreinigungen
*Wie wahrscheinlich und kritisch ist eine chemische Kontamination durch:*
- *andere Produkte (Mehrzweckanlagen, Anlagen in der nahen Umgebung),*
- *Rohstoffe (Reinheit der Rohstoffe, Spezifikationen) und*
- *Nebenprodukte oder Abbauprodukte (Produkthaltbarkeit, verlässliche Synthese Aufarbeitungsschritte, Verunreinigungsprofil)?*

### Physikalische Verunreinigungen (Partikel)
*Wie wahrscheinlich und kritisch sind Kontaminationen durch:*
- *die Anlage (Wahl der Werkstoffe, Filterplatten, Dichtungen, Korrosion, etc.)*
- *die Umgebung (offene Prozessschritte, Überlagerungen, Be- und Entlüftungen) und das*
- *Personal (Direkter Produktkontakt)?*

### Mikrobielle Kontaminationen
*Wie wahrscheinlich und kritisch ist eine mikrobielle Kontamination durch:*
- *Rohstoffe (Wasser o .ä),*
- *Personal und Umwelt (Offene Prozessschritte) und*
- *Produkt (Neigung zur Verkeimung)?*

Anforderungen an die Abwesenheit von **Pyrogenen** werden nicht gestellt.
- *Wie kritisch und wahrscheinlich ist eine Kontamination durch Endotoxine?*

Zusammenfassend können die Ergebnisse wie folgt dargestellt werden:

| Art der Verunreinig. | Ursache/Quelle | Einstufung | Bemerkung |
|---|---|---|---|
| chemisch | Verfahren | | |
| | Kreuzkontamination | | |
| | Zerfalls-/Nebenprodukt | | |
| physikalisch | Mensch/Umgebung | | |
| | Anlage | | |
| mikrobiell | Mensch/Umgebung | | |
| | Medien (Wasser) | | |
| | Produkt (Nährboden) | | |
| Pyrogene | tote Mikroorganismen | | |

Projekt XY, GMP-Studie, Stand: Jan. 2007

## GMP-Studie

| FIRMA | Neubau/Umbau | Datum: |
|---|---|---|
| | | Rev. 0 – Entwurf 1 |
| | GMP-Studie | Seite 4 von 7 |

Einstufung: - = unkritisch, + = kritisch, ++ = sehr kritisch

## 4 Anlage und Verfahren

Verfahrensbeschreibung, Blockfließbild

**GMP-Startpunkt**
- *Wo soll die GMP Betrachtung starten und warum?*

**GMP-Umfang**
- *Existieren Prozess- und/oder Anlagenbereiche, die nicht unter die GMP-Betrachtung fallen?*

**Existieren unterschiedliche GMP-Anforderungen?**
- *z. B. verursacht durch die Tatsache, dass spezielle Reinigungsschritte existieren, die eine einfachere Betrachtung am Prozessbeginn erlauben?*

**Chargendefinition**
- *Batch oder Kontiprozess? Wie ist die Charge definiert und ist es eine homogene Charge?*

**Einsatz-/Rohstoffe**
- *Existieren spezielle Anforderungen an die Einsatz- und Rohstoffe?*
- *Haltbarkeit, Vermischung verschiedener Chargen, Lagerbedingungen, Beprobung*

**Existieren spezielle Anforderungen an die Hilfsmedien?**
- *Wasser, Dampf, Stickstoff, Druckluft?*
- *Wo kommen diese Medien im Prozess zum Einsatz?*

**Existieren außergewöhnliche Anforderungen an die Materialien?**
- *Korrosionsprobleme, Dichtungen, Schmiermittel?*

**Gibt es kritische offene Produktionsschritte?**
- *Filtrationsschritte, Einfüllung, Abfüllung?*

**Gibt es Gefahren durch Kreuzkontamination?**
- *Dedicated Anlage, Verbindungen zu anderen Anlagen*

**Klassifizierung der Anlage**

Projekt XY, GMP-Studie, Stand: Jan. 2007

## GMP-Studie

| **FIRMA** | Neubau/Umbau | Datum: |
|---|---|---|
|  |  | Rev. 0 – Entwurf 1 |
|  | GMP-Studie | Seite 5 von 7 |

*Existieren spezielle Anforderungen an die Reinigung, Sterilisation o. ä.? Können Unterschiede gemacht werden hinsichtlich Anforderungen an die Reinigbarkeit der einzelnen Anlagenteile?*

**Abfüllung**
Alte und neue Abfüllung, Zustand, Besonderheiten?

**Kennzeichnung**
Was wird wie gekennzeichnet?

**Automatisierung**
Automatisierungsgrad, Bedienkonzepte, allg. GMP-Relevanz

**Wartung**
Existiert ein Wartungskonzept?

**Betriebslabor**
IPC, welche Prüfungen, Freigabe

---

Projekt XY, GMP-Studie, Stand: Jan. 2007

GMP-Studie

| FIRMA | Neubau/Umbau | Datum: |
|---|---|---|
| | | Rev. 0 – Entwurf 1 |
| | GMP-Studie | Seite 6 von 7 |

## 5 Gebäude und Räumlichkeiten

**Offene oder geschlossene Bauweise?**
Anforderungen an die Umgebungsbedingungen

Übliche Maßnahmen (Good Housekeeping Practice)

**Klassifizierung der Gebäude/Räumlichkeiten?**
Allgemeine Einteilung nach Schutzgruppen/Reinraumbereiche sofern erforderlich.

**Anforderungen an Material- und Personalfluss**

*Existieren spezielle Bereiche, in denen der Material- und Personalfluss von Interesse ist, wenn ja wo?*

**Hygienekonzept**

Kleiderordnung

Persönliche Hygiene

Pest Control

## GMP-Studie

| FIRMA | Neubau/Umbau | Datum: |
|---|---|---|
| | | Rev. 0 – Entwurf 1 |
| | GMP-Studie | Seite 7 von 7 |

## 6 Dokumentation

**QM-System**
QMH, SOPs – was gibt es schon, was wird angestrebt (integrierte Systeme)?

**Betriebsdokumentation**
AA, VA, BA – welche grundsätzlichen Anweisungen werden benötigt?

**Hygienemasterplan**
Wo ist das Hygienekonzept beschrieben, welche Hygienezonen wird es geben?

**Schulung**
Welcher generelle Schulungsbedarf besteht?

## 7 Weitere Vorgehensweise
Was sind die wichtigsten nächsten Schritte?

## 8 Zusammenfassung
Bei Bedarf

## 9 Anlagen
Beliebig ergänzende Anlagen als zusätzliche Infoquelle

414 | 10 Verzeichnisse und Anlagen

## Anlage 2: Projektzeitplan

**Terminplan**

Anlage xy

| Musterfirma | JOB-Nr.: | | | | | | |
|---|---|---|---|---|---|---|---|
| | Bau-Nr.: | | | | | | |
| Logo | Briefzeichen: | | | Ge | | | |
| | Projekt: | Rev. | 1 | bearbeitet | geprüft | | |
| | | | 11.02.2000 | | | | |
| | | | Tag | | | | |
| | Jahr: | '99 | 2000 | | | | 2001 |
| | Monat: | Nov. Dez. | Jan. Feb. März April Mai Juni Juli Aug. Sept. Okt. Nov. Dez. | | | | Jan. Feb. März April Mai Juni Juli Aug. Sept. Okt. Nov. |

**Verfahrensübergabe**
- Entwicklungsberichte
- Labordaten
- Kritische Verfahrenspunkte

**Konzeptplanung IP**
- Aufgabenstellung klären
- Projektteam/Ablauforg. festlegen
- Verfahrensbearbeitung; Grundkonzept
- Verfahrensbeschreibung
- Stoffdaten/Spezifikationen
- Verfahrenstechnische Daten
- GMP-Einstufung
- Grundfließbild
- Verfahrensfließbild
- RI-Fließbilder (Entwurf)
- Aufstellungspläne (Entwurf)
- Automatisierungskonzept (Entwurf)
- Reinigungskonzept (Entwurf)
- Sicherheits-/Umweltbetrachtungen
- GMP-Lastenheft (Entwurf)

**Konzeptplanung Validierung**
- Validierungsteam benennen
- Validierungskonzept erarbeiten
- Validierungs-SOPs
- Risikoanalyse
- Projektplan Qualifizierung
- Projektplan Validierung
- Liste kritischer Messeinrichtungen
- Zeit-/ und Kapazitätsplanung
- Masterplan/Masterordner freigeben

**Detailkonzeptionsplanung**
- GMP-Lastenheft freigeben
- Verfahrensbearbeitung/Detailkonzept
- RI-Fließbilder
- Aufstellungspläne
- M-A-Listen
- Technische Blätter für M+A
- Projektmedienschlüssel
- Funktionsbeschreibung PLT
- Automatisierungskonzept
- Reinigungskonzept
- Sicherheitsdurchsprache 2
- Behördengespräche/-genehmigungen

**Designqualifizierung**
- DQ-Plan freigeben
- Übertrag Lasten-/Pflichtenheft
- Übertrag in Ausführungszeichnungen
- DQ-Bericht freigeben

## Projektzeitplan

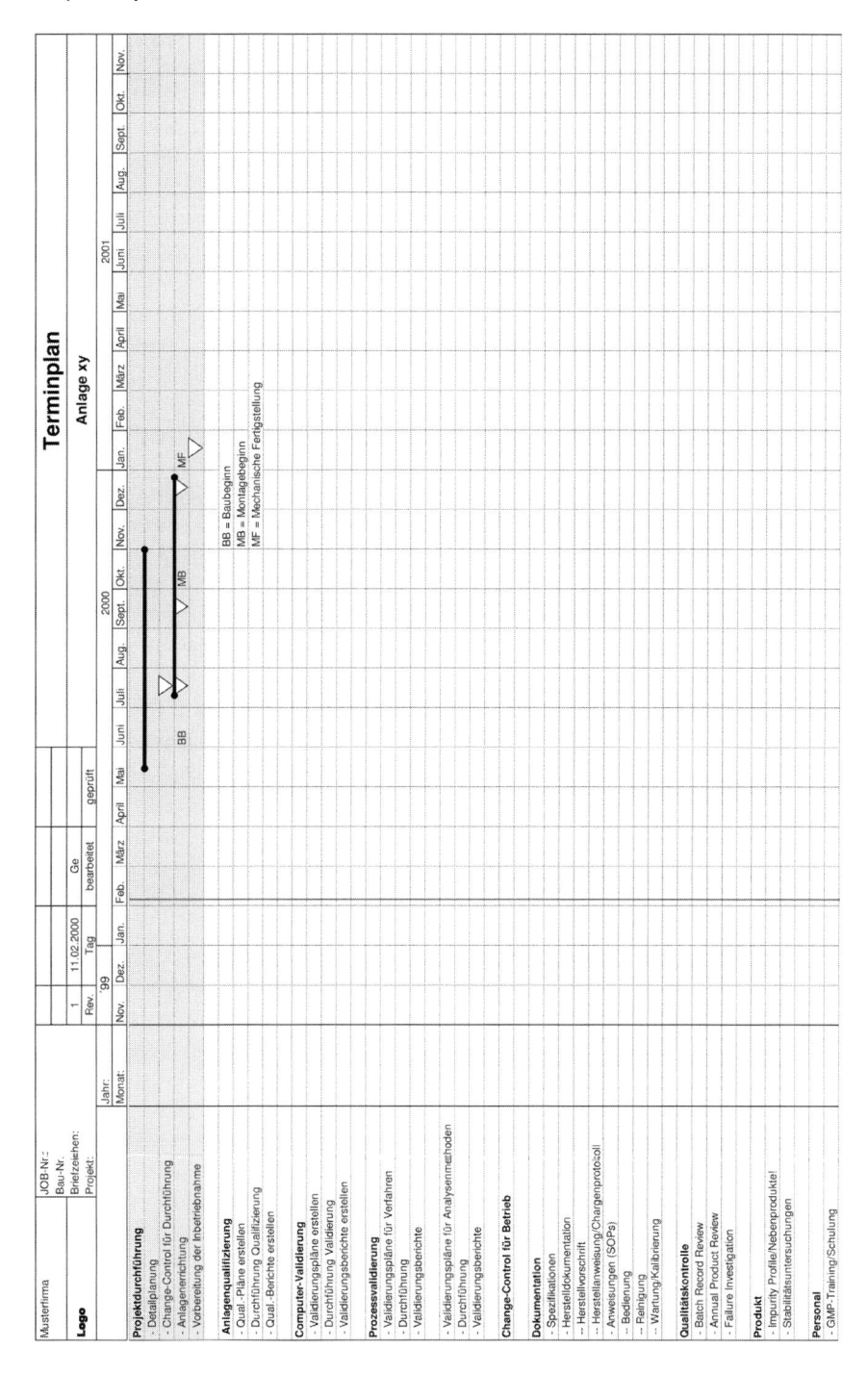

**Terminplan – Anlage xy**

| Musterfirma | JOB-Nr.: | | | | |
|---|---|---|---|---|---|
| | Bau-Nr.: | | | | |
| **Logo** | Briefzeichen: | 1 | 11.02.2000 | Ge | |
| | Projekt: | Rev. | Tag | bearbeitet | geprüft |

| | Jahr: | '99 | | | | | 2000 | | | | | | | | | 2001 | | | | | | | |
|---|---|---|---|---|---|---|---|---|---|---|---|---|---|---|---|---|---|---|---|---|---|---|---|
| | Monat: | Nov. | Dez. | Jan. | Feb. | März | April | Mai | Juni | Juli | Aug. | Sept. | Okt. | Nov. | Dez. | Jan. | Feb. | März | April | Mai | Juni | Juli | Aug. | Sept. | Okt. | Nov. |
| **Projektdurchführung** | | | | | | | | | | | | | | | | | | | | | | | | | | |
| – Detailplanung | | | | | | | | | | | | | | | | | | | | | | | | | | |
| – Change-Control für Durchführung | | | | | | | | | ▽ | | ▽ | ▽ | | | | | | | | | | | | | | |
| – Anlagenerrichtung | | | | | | | | BB | | | | MB | | | | MF | | | | | | | | | | |
| – Vorbereitung der Inbetriebnahme | | | | | | | | | | | | | | | | | | | | | | | | | | |
| **Anlagenqualifizierung** | | | | | | | | | | | | | | | | | | | | | | | | | | |
| – Qual.-Pläne erstellen | | | | | | | | | | | | | | | | | | | | | | | | | | |
| – Durchführung Qualifizierung | | | | | | | | | | | | | | | | | | | | | | | | | | |
| – Qual.-Berichte erstellen | | | | | | | | | | | | | | | | | | | | | | | | | | |
| **Computer-Validierung** | | | | | | | | | | | | | | | | | | | | | | | | | | |
| – Validierungspläne für Verfahren | | | | | | | | | | | | | | | | | | | | | | | | | | |
| – Durchführung Validierung | | | | | | | | | | | | | | | | | | | | | | | | | | |
| – Validierungsberichte erstellen | | | | | | | | | | | | | | | | | | | | | | | | | | |
| **Prozessvalidierung** | | | | | | | | | | | | | | | | | | | | | | | | | | |
| – Validierungspläne für Verfahren | | | | | | | | | | | | | | | | | | | | | | | | | | |
| – Durchführung | | | | | | | | | | | | | | | | | | | | | | | | | | |
| – Validierungsberichte | | | | | | | | | | | | | | | | | | | | | | | | | | |
| – Validierungspläne für Analysenmethoden | | | | | | | | | | | | | | | | | | | | | | | | | | |
| – Durchführung | | | | | | | | | | | | | | | | | | | | | | | | | | |
| – Validierungsberichte | | | | | | | | | | | | | | | | | | | | | | | | | | |
| **Change-Control für Betrieb** | | | | | | | | | | | | | | | | | | | | | | | | | | |
| **Dokumentation** | | | | | | | | | | | | | | | | | | | | | | | | | | |
| – Spezifikationen | | | | | | | | | | | | | | | | | | | | | | | | | | |
| – Herstelldokumentation | | | | | | | | | | | | | | | | | | | | | | | | | | |
| – Herstellvorschrift | | | | | | | | | | | | | | | | | | | | | | | | | | |
| – Herstellanweisung/Chargenprotokoll | | | | | | | | | | | | | | | | | | | | | | | | | | |
| – Anweisungen (SOPs) | | | | | | | | | | | | | | | | | | | | | | | | | | |
| – Bedienung | | | | | | | | | | | | | | | | | | | | | | | | | | |
| – Reinigung | | | | | | | | | | | | | | | | | | | | | | | | | | |
| – Wartung/Kalibrierung | | | | | | | | | | | | | | | | | | | | | | | | | | |
| **Qualitätskontrolle** | | | | | | | | | | | | | | | | | | | | | | | | | | |
| – Batch Record Review | | | | | | | | | | | | | | | | | | | | | | | | | | |
| – Annual Product Review | | | | | | | | | | | | | | | | | | | | | | | | | | |
| – Failure Investigation | | | | | | | | | | | | | | | | | | | | | | | | | | |
| **Produkt** | | | | | | | | | | | | | | | | | | | | | | | | | | |
| – Impurity Profile/Nebenprodukte | | | | | | | | | | | | | | | | | | | | | | | | | | |
| – Stabilitätsuntersuchungen | | | | | | | | | | | | | | | | | | | | | | | | | | |
| **Personal** | | | | | | | | | | | | | | | | | | | | | | | | | | |
| – GMP-Training/Schulung | | | | | | | | | | | | | | | | | | | | | | | | | | |

BB = Baubeginn
MB = Montagebeginn
MF = Mechanische Fertigstellung

## Anlage 3: Validierungsmasterplan

Muster Firma AG  **LOGO**

|  | Validierung | Revision 0 |
|---|---|---|
| Einheit | Masterplan | Seite 1 von 4 |

**MP 00 / 01**
laufende Nummer

Projekt:   Neue GMP-Anlage in
           für Produkt XY

---

### Validierungskernteam

|  | Name | Code | Telefon |
|---|---|---|---|
| Betriebsleiter |  |  |  |
| Qualitätseinheit |  |  |  |
| Betriebstechnik |  |  |  |
| Verfahrensgeber |  |  |  |
| Koordinator |  |  |  |
|  |  |  |  |

---

### Erweitertes Team

|  | Name | Code | Telefon |
|---|---|---|---|
| R & D |  |  |  |
| Projektierung |  |  |  |
| Qualitätskontrolle |  |  |  |
| Qualifizierung |  |  |  |
| PLT-Technik |  |  |  |
|  |  |  |  |
|  |  |  |  |
|  |  |  |  |
|  |  |  |  |

## Validierungsmasterplan

Muster Firma AG **LOGO**

|  |  | Validierung | Revision 0 |
|---|---|---|---|
| Einheit |  | Masterplan | Seite 2 von 4 |

### Projektkurzbeschreibung
Kurze Beschreibung von Projekt, Hintergründen, Ziel, Größe und Umfang etc.

### GMP-Relevanz
Kurze Beschreibung/Begründung der GMP-Relevanz

### GMP-Startpunkt
Benennung des GMP-Startpunkts und Begründung

### Anlass der Qualifizierung/Validierung
Insbesondere im Falle bestehender Anlagen und/oder bestehender Verfahren

### Bemerkungen
Weiter gehende Bemerkungen, falls erforderlich

## Validierungsmasterplan

| Muster Firma AG | | **LOGO** | |
|---|---|---|---|
| | Validierung | Revision 0 | |
| Einheit | Masterplan | Seite 3 von 4 | |

### Qualifizierung

Die Qualifizierung erfolgt für die Anlage/den Anlagenteil:

|  | prospektiv | retrospektiv |
|---|---|---|
| Anlagenabschnitt A (neu) | ☒ | ☐ |
| Anlagenabschnitt B (bestehend) | ☐ | ☒ |
| Anlagenabschnitt C (neu) | ☒ | ☐ |
|  | ☐ | ☐ |
|  | ☐ | ☐ |
|  | ☐ | ☐ |
|  | ☐ | ☐ |

Qualifizierungskonzept beschrieben in SOP-Nr.: ..........

### Validierung

Die Validierung betrifft die Stufen/Prozessschritte:

|  | Anzahl Chargen | prospektiv | retrospektiv | begleitend |
|---|---|---|---|---|
| Produkt A | 3 | ☒ | ☐ | ☐ |
| Produkt B | 3 | ☒ | ☐ | ☐ |
| Produkt C | 3 | ☒ | ☐ | ☐ |
| Produkt D | 20 | ☐ | ☒ | ☐ |
|  |  | ☐ | ☐ | ☐ |
|  |  | ☐ | ☐ | ☐ |

Validierungskonzept beschrieben in SOP-Nr.: .....................

## Validierungsmasterplan

Muster Firma AG  **LOGO**

|  | Validierung | Revision 0 |
|---|---|---|
| Einheit | Masterplan | Seite 4 von 4 |

### Übergeordnete Akzeptanzkriterien

Folgende übergeordneten Akzeptanzkriterien müssen erfüllt sein:

- Die Qualifizierungsaktivitäten müssen entsprechend der Sequenz DQ, IQ, OQ und PQ abgearbeitet werden. Nachfolgende Aktivitäten dürfen nur durchgeführt werden, wenn die vorhergehende Aktivität soweit abgeschlossen ist, dass evtl. noch offene Mängelpunkte die Nachfolgeaktivität nicht beeinträchtigen.

- Die Qualifizierung muss vollständig und zufriedenstellend abgeschlossen sein, bevor die Validierung gestartet wird.

- Anweisungen für Bedienung und Herstellungsvorschriften müssen für die Validierung vorliegen und offiziell freigegeben sein.

- ...

- ...

### Detaillierte Parameter und Akzeptanzkriterien

Die kritischen Parameter und die Akzeptanzkriterien sind in den entsprechenden Prüfplänen bzw. separaten Listen definiert.

Sonstiges:

### Autorisierung

Der Masterplan wurde durch das Validierungsteam geprüft und genehmigt.

Für das Validierungsteam:

Datum, Unterschrift Projektleiter            Datum, Unterschrift Qualitätsmanagement

10 Verzeichnisse und Anlagen

**Anlage 4: Projektplan Qualifizierung**

| Firma | | Qualifizierung<br>Projektplan | | | LOGO<br>Seite 1 von 1 |
|---|---|---|---|---|---|
| | | | | | PPQ 00 / 00 |

Projekt: XY

| Arbeitspaket/Teilprojekt | | zuständig | Termin | erledigt | laufende Nummer<br>Ablage/Dokumentation |
|---|---|---|---|---|---|
| Prozessanlagen | 00/00-000 | | | | |
| Hilfseinrichtungen/Energien | 00/00-500 | | | | |
| Räumlichkeiten | 00/00-600 | | | | |

Der Projektplan wurde durch das Validierungsteam geprüft und genehmigt.

Datum, Unterschrift Betriebsleiter          Datum, Unterschrift Qualitätssicherung

## Projektplan Qualifizierung

| Firma | LOGO | Qualifizierung<br>Projektplan | | Seite 2 von 1 |
|---|---|---|---|---|

**PPQ 00 / 00**

**Projekt:** XY

| Arbeitspaket/Teilprojekt | zuständig | Termin | erledigt | Ablage/Dokumentation |
|---|---|---|---|---|
| | | | | laufende Nummer |

## Anlage 5: Projektplan Validierung

**Firma** — LOGO

Validierung
Projektplan

Seite 1 von 1

**PPV 00 / 00**

laufende Nummer

**Projekt:** ................

| Arbeitspaket/Teilprojekt | zuständig | Termin | erledigt | Ablage/Dokumentation |
|---|---|---|---|---|
| **Prozessvalidierung** 00/00-000 | | | | |
| **Reinigungsvalidierung** 00/00-100 | | | | |
| **Validierung analytischer Methoden** 00/00-300 | | | | |

Der Projektplan wurde durch das Validierungsteam geprüft und genehmigt.

Datum, Unterschrift
Betriebsleiter

Datum, Unterschrift Qualitätssicherung

## Anlage 6: Qualifizierungsmatrix

## QUALIFIZIERUNGSMATRIX Anlage XY

| Syst. | ID.-Nr. | Gegenstand | IQ | OQ | PQ | Kal. | Abw. | Bericht |
|---|---|---|---|---|---|---|---|---|
| | | **STAMMSAMMLUNG** | | | | | | |
| 0 | A01 | Tiefkühlschrank | x | x | x | x | | |
| 1 | A02 | Reserve-Tiefkühlschrank | x | x | x | x | | |
| 2 | A03 | Reserve-Tiefkühlschrank | x | x | x | x | | |
| | | **VORKULTUR** | | | | | | |
| 100 | S001 | Sicherheitswerkbank Kl. II | | | | | | |
| 101 | S002 | Rund-Schüttler | | | | | | |
| 102 | S003 | Temperierhaube + Ministat | | | | | | |
| 103 | S004 | Tiefkühlschrank –20°C/Kühlschrank 4°C | | | | | | |
| 104 | S005 | Spektralphotometer | x | | | x | | |
| 105 | S006 | Mikroskop | x | | | | | |
| 107 | S007 | pH-Meter (WTW 521) | x | | | x | | |
| 108 | S008 | Magnetrührer IKAMAG-RET-G | | | | | | |
| 109 | S009 | Animpfsystem (2 l) | | | | | | |
| 110 | S010 | Vakuumpumpe | | | | | | |
| | | **FERMENTATION** | | | | | | |
| 200 | F001 | Fermentationsanlage | | | | | | |
| 201 | S011 | Probenahmesystem | | | | | | |
| 202 | B001 | Feeding-Ansatzbehälter | | | | | | |
| 203 | W001 | Waage 60 kg (Dosiereinheit) | | | | | | |
| 204 | P001 | Zahnradpumpe (Dosiereinheit) | | | | | | |
| 205 | S012 | Zugabeflasche (5 l) | | | | | | |
| 206 | F001 | Fahrbare LF-Kabine | | | | | | |
| 207 | M001 | Magnetrührer MAXI-M1 | | | | | | |
| 208 | F002 | Fermentationsanlage | | | | | | |
| 209 | V001 | Vakuumanlage | | | | | | |
| 210 | B002 | Fass M48 (50 l) | | | | | | |
| | | **GROBREINIGUNG** | | | | | | |

## Anlage 7: Formblatt Risikoanalyse nach FMEA

**Formblatt für Risikoanalyse nach FMEA**

| Nr. | Arbeitsschritt | Fehlerart | Fehlerursache | Relevanz | Fehlerfolge | bestehende Maßnahme | A | B | E | RPZ | Nr. | weitere Maßnahme | A | B | E | neue RPZ | Termin | Verantwortlich | Anmerkung |
|---|---|---|---|---|---|---|---|---|---|---|---|---|---|---|---|---|---|---|---|
| A | Allgemeine Voraussetzungen | | | | | | | | | | | | | | | | | | |
| 0 | Roh-, Hilfsstoffe und Wasser | | | | | | | | | | | | | | | | | | |
| 1 | Stammhaltung | | | | | | | | | | | | | | | | | | |
| 2 | Vorbereitung Vorkultur I | | | | | | | | | | | | | | | | | | |
| 3 | Vorkultur I | | | | | | | | | | | | | | | | | | |
| 4 | Vorbereitung Vorkultur II | | | | | | | | | | | | | | | | | | |
| 5 | Vorkultur II | | | | | | | | | | | | | | | | | | |
| 6 | Vorbereitung der Hauptkultur | | | | | | | | | | | | | | | | | | |
| 7 | Hauptkultur | | | | | | | | | | | | | | | | | | |
| 8 | Zellernte | | | | | | | | | | | | | | | | | | |
| 9 | Zellaufschluss | | | | | | | | | | | | | | | | | | |

## Anlage 8: Formblatt Risikoanalyse HACCP, Teil 1

**gempex GMP C&E** — Risikoanalyse nach HACCP (Blatt 1)

Rev: 0
Stand: 31.12.2004
Seite 1 von 1

| Lfd. Nr. | Vorgang / Teilschritt Anlagenkomponente/ Einsatzstoff/Produkt | mögliche Gefährdung | Auswirkungen / Folgen / Wahrscheinlichkeit des Auftretens | CP [1] | CCP [2] | Wartung [3] | Bemerkungen / Maßnahmen |
|---|---|---|---|---|---|---|---|
| 1.1 | Sterilisation | - Produktschädigung durch zu hohe Temperatur bzw. zu lange Temperatureinwirkung | - Produkt ist nachweislich bis 180 °C hitzestabil über mindestens 3 Stunden; keinerlei nachteilige Effekte zu erwarten | | | | ⇑ keine Weiterverfolgung |
| 1.2 | | - unzureichende Abtötung von Mikroorganismen | - nicht gewünschtes Keimwachstum in den nachfolgenden Prozessschritten<br>- Überschreitung der geforderten Endproduktspezifikation von < 102 KBE (Kolonie bildende Einheiten)<br>- negative Auswirkung mit Blick auf die weitere Verwendung (Verkeimung könnte bis zum Endverbraucher gelangen)<br>- Wahrscheinlichkeit des Auftretens gegeben, würde jedoch anhand der Parameteraufzeichnungen erkannt werden | X | | | ⇑ generell kritischer Punkt im Verfahren, Absicherung über Aufzeichnung und Alarmierung der Sterilisationsparameter Druck und Temperatur<br>⇑ kein kritischer Kontrollpunkt, da nicht der letzte Schritt im Verfahren, bei dem die Keimbelastung kontrolliert (einreguliert) wird |
| 2.1 | Waschen auf Filterwalze | - partikuläre Verunreinigung des Produkts | - unwahrscheinlich, da Filterwalze vollständig eingehaust ist; allerhöchstens möglich durch Beschichtung der Einhausung, wenn diese beschädigt ist<br>- Partikel größer 5 μm würden im letzten Prozesssieb zurückgehalten werden, kleinere Partikel würden ins Endprodukt gelangen | | | X | ⇑ regelmäßige Kontrolle der Einhausung auf sichtbare Beschädigungen im Rahmen der Routinewartungen<br>⇑ ggf. Austausch gegen eine unbeschichtete Einhausung, wenn Befunde dazu Anlass geben |
| 2.2 | | - unzureichender Wascheffekt durch Abweichung von den vorgegebenen Parametern | - die Effizienz des Waschschrittes wird bestimmt durch das Mengenverhältnis Wasser/Produkt, die Gleichverteilung des Produkts auf der Walze und die Rotationsgeschwindigkeit der Walze<br>- Abweichungen insbesondere von der Gleichverteilung sind denkbar, dadurch erhöhter Anteil an Nebenkomponente A möglich<br>- Kommentar s. oben | X | 1 | X | ⇑ Waschwasser- und Produktmengen werden ebenso wie die Rotationsgeschwindigkeit überwacht, aufgezeichnet, Abweichungen alarmiert, die Messeinrichtungen regelmäßig kalibriert<br>⇑ Gleichverteilung des Produkts auf der Walze kann derzeit nicht kontrolliert werden, Absicherung über die Validierung |
| 3.1 | Sprühtrocknung | - Produktschädigung durch zu hohe Temperatur bzw. zu lange Temperatureinwirkung | - Sprühtrocknung erfolgt bei > 200 °C bei sehr hohen Verweilzeiten, daher unwahrscheinlich, dass MOs überleben | | | | ⇑ keine Weiterverfolgung |
| 3.2 | | - unzureichende Abtötung von Mikroorganismen | - überlebende MOs würden jedoch zur Abweichung in der Endproduktspezifikation führen | | 2 | | ⇑ Überwachung, Aufzeichnung und Alarmierung der Prozessparameter, Messung der Temperatur mit redundanten, unabhängigen Fühlern |

[1] Control Point, wird nicht weiterverfolgt
[2] Critical Control Point, (CCP), Weiterverfolgung in Blatt 2
[3] Wartung enthält alle routinemäßig durchgeführten Arbeiten einschl. Kalibrierung

## Anlage 9: Formblatt Risikoanalyse HACCP, Teil 2

**gempex** GMP C&E — Risikoanalyse nach HACCP (Blatt 2) — Rev: 0, Stand: 31.12.2004, Seite 1 von 1

### Weiterverfolgung der CCPs

| Nr. | Vorgang/Teilschritt Anlagenkomponente/Einsatzstoff/Produkt | Gefährdung | CCP*[3] | Lenkungsbedingungen/Grenzen | Überwachung | Überprüfungen | Maßnahmen bei Überschreiten der Grenzen oder Abweichungen | zuständig/Verantwortung |
|---|---|---|---|---|---|---|---|---|
| 2.2 | Waschen auf der Filterwalze | unzureichender Wascheffekt durch Abweichung von den vorgegebenen Parametern | 1 | Produkt: 50–55 m3/h Wasser: 100–110 m3/h Verhältnis: W:P = 2 ± 0,1 Walze: 2 rpm ± 0,2 usw. | automatische Aufzeichnung der Parameter über das PLS mit zusätzlicher Alarmierung | regelmäßiges Review der Schreiberausdrucke tägliche Probenahme an unterschiedlichen Stellen der Walze und Korrelation mit Endproduktkontrolle | Aufzeichnung als Abweichung in der Chargendokumentation; zusätzliche Probenahmen im Endprodukt und Prüfung auf Nebenkomponente A; Revalidierung speziell mit Blick auf die Gleichverteilung | Betriebsleiter |
| 3.2 | Sprühtrocknung | unzureichende Abtötung von Mikroorganismen | 2 | Temperatur: T ≥ 200 °C Luftstrom: 100 m3/h Düsendruck: 8 bar usw. | automatische Aufzeichnung der Parameter über das PLS mit zusätzlicher Alarmierung | tägliche Probenahme und Untersuchung auf lebensfähige Keime | sofortiger Stopp der Food Produktion (ggf. Verwendung als Technische Ware); Neustart erst nach Fehlerbeseitigung | Betriebsleiter, Qualitätseinheit |
|  |  |  |  |  |  |  |  |  |
|  |  |  |  |  |  |  |  |  |
|  |  |  |  |  |  |  |  |  |
|  |  |  |  |  |  |  |  |  |

*[3] Nummernvergabe wie in Risikoanalyse

## Anlage 10: Formblatt tabellarische Risikoanalyse, Variante 1

**LOGO**

**GMP-Risikoanalyse**
**Räumlichkeiten / Versorgungssysteme / Produktionsausrüstung**

Version: 01
Stand: 25.03.08
Seite: 1 von 1

| Lfd. Nr. | Vorgang/Parameter/ Komponente | Risiko/Abweichung | Diskussion/Beurteilung | Einstufung 1) unkritisch | Einstufung 1) GMP-kritisch | Einstufung 1) sonstig kritisch | Einstufung 2) unwahrscheinlich | Einstufung 2) wahrscheinlich | Einstufung 2) sehr wahrscheinl. | Qualifizierung 3) 100 %-Kontrolle | Qualifizierung 3) Stichproben | Qualifizierung 3) keine spez. Kontr | Wartung | Maßnahmen 4) |
|---|---|---|---|---|---|---|---|---|---|---|---|---|---|---|

**Konstruktive Risiken für Rührkesselreaktoren**

| Lfd. Nr. | Vorgang/Parameter/ Komponente | Risiko/Abweichung | Diskussion/Beurteilung | | | | | | | | | | | Maßnahmen |
|---|---|---|---|---|---|---|---|---|---|---|---|---|---|---|
| 1 | Dichtungen | Kontamination des Produktraumes mit Dichtungsmaterial | Sämtliche Dichtungen bestehen aus PTFE. (Einsatz spezieller totraumarmer Dichtungsformen?) | | | | | | | | | | | FDA-Konformitätsbescheinigung über Dichtungswerkstoffe mitanfordern |
| 2 | Rührerwelle | Kontamination des Produktraumes mit Vorgängerprodukt | Bei größeren Wellendurchmessern werden oft Hohlwellen verwendet, bei denen während der Reinigung eventuelle Produktanbackungen nicht beseitigt werden. → entfällt hier, da Vollwellen aus StEm verwendet | | | | | | | | | | | keine |
| 3 | Stutzen | Produktkontamination mit Vorgängerprodukt aufgrund von Toträumen und fehlendem Gefälle | Speziell bei seitlich angeordneten Stutzen muss ein Gefälle bzw. schräger Stutzeneinbau sichergestellt sein, bei unumgänglichem waagerechten Einbau ist der Stutzen konisch auszuführen. → entfällt hier, da keine seitlichen Zuläufe (für Produktraum) | | | | | | | | | | | keine |
| 4 | | | | | | | | | | | | | | |
| 5 | | | | | | | | | | | | | | |
| 6 | | | | | | | | | | | | | | |

1) Bewertung des Risikos: im Falle eines Eintretens hinsichtlich GMP oder nach anderen Gesichtspunkten (z. B. Ex-Schutz)
2) Wahrscheinlichkeit eines Eintretens einer Abweichung
3) bisheriger Prüfumfang zum Entdecken einer Abweichung
4) beschlossene Maßnahmen (Aufnahme in Qualifizierung und Wartung)

## Anlage 11: Formblatt tabellarische Risikoanalyse, Variante 2

| | Produktion XY<br>Risikoanalyse nach GMP | | Revision:<br>Datum: 14.12.99<br>Seite: 1 von 24 |
|---|---|---|---|
| **Prozessschritt** | **Rohstoffeingang, -prüfung und -lagerung** | | |
| **Parameter** | **Risiko** | **Maßnahmen** | **Diskussion/Erläuterungen/Bemerkungen** |
| Rohstoff-Qualität: Stickstoff technisch | Kontamination des Produkts, Rückkontamination der Stickstoffleitung | Partikelfilter und Schauglas vor der Entnahmestelle<br><br>Drucküberwachung mit Druckabfallmelder/Dokumentation von Abweichungen | Stickstoff soll aus dem Werksnetz entnommen werden; die Überwachungsmaßnahmen sollen im übergeordneten Betrieb installiert werden. |
| Rohstoffqualität: Wasser | Salzbelastung | entionisiertes Trinkwasser verwenden | Damit bei der späteren Weiterverarbeitung keine Ausfällungen auftreten, müssen Ca- und Mg-Ionen entfernt werden. |
| | Keimbelastung | Wasser vor der Entnahmestelle über 0,2 µm-Partikelfilter filtrieren und die Qualität mikrobiologisch nach einem festgelegten Probenahmeplan regelmäßig überprüfen; ebenso in festgelegten Zeitabständen regelmäßig das Filter wechseln. | xy ist eine stark alkalische Lösung mit pH ca. 11. Dadurch ist das Produkt ausreichend gegen Bakterien und Hefen geschützt. Trotzdem empfiehlt sich die Vorbehandlung des entionisierten Wassers mit einem Polizeifilter. |
| | Pyrogengehalt | keine | Der Pyrogengehalt ist nicht spezifiziert. |

**Anlage 12: Formblatt freie Risikoanalyse**

## Abfüllung

Ziel: Portionierung, Abpackung, ggf. Homogenisierung

Das aus dem Trockner ankommende Produkt wird nach Siebung auf die gewünschte Nutzfraktion (mind. 90 % < 120 µm) in den Mischer R001 geleitet. Von dort gelangt das Produkt über ein Vibrationssieb, das evtl. vorhandene größere Partikel abtrennen soll, in die Abfüllvorrichtung A 001. Hier wird das Produkt in die auf einer Waage stehenden Gebinde abgefüllt, die (an dieser Stelle noch offen) manuell über eine Rollenbahn zur Folienschweißmaschine gebracht werden. Das abgepackte Produkt wird ohne größere Lagerzeit zur zentralen Lagerstelle weitertransportiert.

### Prozessparameter

| | |
|---|---|
| Produkt-Austragsmenge: | abhängig von der Leistung des Trockners |
| Packgewicht : | 15 kg ± 20 g |
| | 25 kg ± 40 g |
| Produkttemperatur: | Mischer- / Umgebungstemperatur ≈ 40 °C |
| Homogenisierzeit: | max. 5 min |
| Armdrehzahl: | $n = 5 \text{ min}^{-1}$ |
| Abfüllraumzuluftmenge: | $V = 2000 \text{ m}^3/\text{h}$ |
| Partikelkonzentration: (Abfüllraum) | $N = 3530000 \text{ 1/m}^3$ (0,5 µm Partikel) |
| | $N = 24700 \text{ 1/m}^3$ (5 µm Partikel) |

### Risikobetrachtung

Homogenität der Produktcharge?

Feststoffkontamination?

Mikrobielle Kontamination?

Partikuläre Kontamination aus der Umgebung?

Kontamination durch Druckluft?

Genauigkeit der Auswaage?

**Formblatt freie Risikoanalyse**

## Abfüllung

Ergebnis der Risikobetrachtung – Einfluss der Prozessparameter

### Homogenität der Produktcharge

Die Homogenität der Produktcharge hinsichtlich Partikelgröße wird durch Siebung auf die entsprechende Nutzfraktion erreicht. Diese wird noch vor dem Mischer durchgeführt und durch Probenahme (IPK) kontrolliert. Da mehrere Lösungsansätze im Mischer gesammelt werden, ist eine Homogenisierung im Mischer erforderlich.

Der Betrieb des Mischers kann zusätzlich dann erforderlich werden, wenn Produkt im Randbereich oder am Auslass haften bleibt (Handling-Probleme). Deshalb muss der Einfluss des Mischvorganges auf die Produktqualität (Agglomeratgröße) validiert werden. Zu untersuchende Einflussgrößen sind die Mischzeiten und -drehzahlen.

### Feststoffkontamination

Eine erste Siebung findet vor dem Mischer statt. Sie dient im Wesentlichen dem Einstellen der Nutzfraktion, hält aber auch gleichzeitig entsprechende Feststoffverunreinigungen zurück. Ein weiteres Sieb ist hinter dem Mischer angebracht. Dieses hat schwerpunktmäßig die Aufgabe, Feststoffverunreinigungen zurückzuhalten. Als kritisch ist in diesem Zusammenhang der Mischer zu sehen, da dessen Beschichtung ggf. nicht beständig ist, Ablösungen nicht sicher ausgeschlossen werden können. Eine regelmäßige Begutachtung des Austrages aus dem Sieb ist daher empfehlenswert. Ebenso müssen die Siebe von Zeit zu Zeit auf Unversehrtheit geprüft werden, da diese bei Beschädigung selbst zur Kontaminationsquelle werden könnten!

### Mikrobielle Kontamination

Nach dem Trocknen liegt das Produkt mit einer Restfeuchte < 1,5 % vor. Es ist von seiner Beschaffenheit unanfällig gegen Verkeimung, ohne jeglichen Nährstoffanteil für Keime und auch nicht hygroskopisch. Das heißt, dass selbst bei Umgebungstemperatur (bei der direkten Abfüllung) kein Risiko einer Verkeimung gegeben ist.

**Formblatt freie Risikoanalyse**

## Abfüllung

Ergebnis der Risikobetrachtung – Einfluss der Prozessparameter

### Zusammenfassung

Die Abfüllung beinhaltet nach derzeitigem Vorgehen mit Ausnahme der Wägung beim Befüllen der Gebinde keinen kritischen Prozessparameter. Mikrobiologie spielt keine Rolle. Allein partikuläre Verunreinigungen durch Equipment und Umgebung müssen durch geeignete Einrichtungen, Überwachungen und Anforderungen an das Personal (Verhalten, Kleidung, Schulung) ausgeschlossen werden. Folgende Maßnahmen sind zu treffen:

→ Einfluss Betrieb Mischer auf Produktqualität prüfen

→ Validierung der Homogenisierung.

→ Regelmäßige Inspektion von Mischer und Sieben.

→ Regelmäßige Überprüfung Raumluftqualität, Überdruck und Türverriegelungsfunktion

→ Erstellen einer Arbeitsanweisung „pest-control"

→ Anlegen eines Raumbuches für Dokumentation von Reinigungs-, Wartungsvorgängen

→ Kleiderordnung für Personal

→ Ausweisung des Raumes im Hygieneplan

Folgende Messeinrichtungen sind qualitätsrelevant und müssen kalibriert werden:

|  |  | Wertebereich |  | Genauigkeit |
|---|---|---|---|---|
| Abfüllwaage | 15 kg | Sollgewicht | 15,00 kg | ± 20 g |
| Abfüllwaage | 25 kg | Sollgewicht | 25,00 kg | ± 40 g |

10 Verzeichnisse und Anlagen

## Anlage 13: Bewertungsblatt Reinigung

### RB001: Bewertungsblatt Reinigung

Ausgabe: xx.xx.2007
Seite 1 von 1
Version: 01

---

Titel: Reinigung Gerät XY

**Kurzbeschreibung Reinigungsablauf**

**Eingesetzte Medien und Reinigungsmittel**

| Name | Wirksamkeit gegeben? | Materialverträglichkeit gegeben? | Selbst Kontaminationsquelle? |
|---|---|---|---|
|  |  |  |  |
|  |  |  |  |
|  |  |  |  |
|  |  |  |  |

**Reinigungsparameter**

| Parameter | Vorgabewert | Arbeitsbereich | Bemerkung | q/nq |
|---|---|---|---|---|
|  |  |  |  |  |
|  |  |  |  |  |
|  |  |  |  |  |
|  |  |  |  |  |

q = qualitätsrelevant; nq = nicht qualitätsrelevant

**Nachweis Reinigungserfolg Routinebetrieb**

Visuell ☐      Eindampfrückstand ☐      Analytischer Nachweis ☐      Swab-Test ☐

**Diskussion und Beurteilung des Reinigungsverfahrens**

| Das Reinigungsverfahren wird validiert: | ja ☐ | nein ☐ |
|---|---|---|

Die für die Validierung benötigten kritischen Stellen sind festgelegt in: Zeichnung-Nr. XXXX

| Ersteller | Validierung | Leiter Produktion | Leiter QM |
|---|---|---|---|
| Datum | Datum | Datum | Datum |
| Unterschrift | Unterschrift | Unterschrift | Unterschrift |

Dokumentgültigkeit gemäß Deckblatt

## Anlage 14: GMP-Anforderungsliste

**GMP-Anforderungsliste**

Projekttitel:
Nr.:

| Revision | Datum | bearbeitet |
|---|---|---|
|  |  |  |
|  |  |  |

### Spezifikation des Anlagenbauteils

| Pos.-Nr. Bezeichnung | Verwendungsart (d=dedicated / m=multiproduct) | Auslegungsdaten und Dimensionierung | qualitätskritische Kenngrößen mit "*" kennzeichnen |
|---|---|---|---|
| **A 0000** Fassabfüllanlage (produktberührte Teile) | m | Unit |  |
| **A 0000** | d | Unit |  |
| **B 4711** Behälter | m | 16 m³ Ø 2600 x 4000 mm pe=6/-1 bar |  |
| **C 4711** Reaktor | m | Ø 219,1 x 1300 mm pe=10/-1 bar |  |
|  |  |  |  |

### Anforderungen an Containment

| | primär | | sekundär |
|---|---|---|---|
| Dichtigkeit (0=keine Anf., 1=offen, 2=geschlossen, 3=geschlossen dicht) | Reinigbarkeit (0=keine Anf., 1=gut reinigbar, 2=CIP-fähig, 3=SIP-fähig) | Aufstellung/ Anschluss (0=keine Anf., 1=zugänglich, 2=entleerbar, 3=Aseptik-Anbindung) | Umgebung (0=keine Anf., 1=kontrolliert, 2=konditioniert) |
| 1 | 2 | 2 | 2 |
| 0 | 0 | 1 | 0 |
| 2 | 2 | 2 | 0 |
| 1 | 1 | 2 | 1 |
|  |  |  |  |

### Bemerkungen

qualitätsrelevante Spezifikationen: Werkstoffe / Oberflächengüte / Nachbehandlung / Dichtungsmaterialien / Überlagerungsmedien

- 1.4571 / PTFE; 0,8 µm Rohr, 1,6 µm Schweißnaht; ohne; PTFE; ohne
- keine Anforderung; keine Anforderung; ohne; keine Anforderung; keine Anforderung
- 1.4541; keine Anforderung; ohne; Spiraldichtung¹⁾; ohne
- 1.4541; keine Anforderung; ohne; Spiraldichtung¹⁾; ohne

### Prüf- und Abnahmedokumentation für

| Werkstoffe 2.1 nach DIN EN 10204 | Werkstoffe 3.1 nach DIN EN 10204 | Oberflächengüte (Oberflächenmessprotokolle) | Dichtungsmaterialien nach 21 CFR 177.2600, FDA | Überlagerungsmedien (Lebensmitteltauglichkeit) | Fertigungsprüfung beim Hersteller | Sonstige (anzugeben über Fußnote) |
|---|---|---|---|---|---|---|
| x | - | x | - | - | x | - |
| - | - | - | - | - | - | - |
| - | x | - | - | - | - | - |
| - | x | - | - | - | - | - |

Einarbeitung der Anforderungen in Technische Dokumentation im Rahmen der DQ geprüft:

## Anlage 15: IQ-Plan Deckblatt

SOP-Template

| **gempex®** THE GMP EXPERT | Qualifizierung von Anlagen Installationsqualifizierung (IQ) | Anhang 2 zu SOP 02 Seite: 1 von 1 Gültig ab: August 2005 |
|---|---|---|

**IQ 04/** ____
laufende Nummer

**Anlage / Anlagenteil:**
**(R & I-Nr.)**
**Verwendungszweck:**

---

Die Installationsqualifizierung erfolgte ☐ beim Hersteller ☐ vor Ort

| **Durchzuführende Prüfungen und Anforderungen sind zu vereinbaren** | | **Anforderung erfüllt** |
|---|---|---|
| ☐ Prüfung auf Vollständigkeit der technischen Dokumentation | ☐ nach … ☐ nach Vereinbarung | ☐ |
| ☐ Prüfung auf Übereinstimmung der Lieferung mit den zuvor schriftlich festgelegten Anforderungen | ☐ nach *Lastenheft* ☐ nach *R & I-Schemata* ☐ nach *Herstellerbescheinigung* ☐ nach Vereinbarung | ☐ |
| ☐ Prüfung auf Vollständigkeit und korrekte Kennzeichnung aller Bauteile ☐ Prüfung auf ordnungsgemäße Installation von Bauteilen, Ver- und Entsorgungsanschlüssen | ☐ nach *R & I-Schemata* ☐ nach *Aufstellungsplänen* ☐ nach *Messstellenverzeichnis* ☐ nach Vereinbarung | ☐ |
| ☐ Prüfung auf ordnungsgemäße Dokumentation der Schweißnahtprüfung | ☐ nach … ☐ nach Vereinbarung | ☐ |
| ☐ Prüfung auf Gesamtzustand ☐ Prüfung auf gute Zugänglichkeit für Wartung und Reparatur | ☐ visuell ☐ nach Vereinbarung | ☐ |
| ☐ Prüfung auf Ausschluss von Kreuzkontamination | ☐ auf Plausibilität ☐ nach Vereinbarung | ☐ |

Weiterer Prüfumfang nur nach gesonderter Vereinbarung

---

**Erstellt durch:** **Freigegeben durch:**

_____ _____ _____
Datum, Unterschrift Ersteller   Datum, Unterschrift *Herstellungsleiter*   Datum, Unterschrift *Qualitätseinheit*

**Für die ordnungsgemäße** **Geprüft:**
**Durchführung:**

_____ _____ _____
Datum, Unterschrift Hersteller*/*Technik*   Datum, Unterschrift *Herstellungsleiter*   Datum, Unterschrift *Qualitätseinheit*

\* nur bei IQ durch den Hersteller   Erläuterungen zu den Prüfungen auf den Folgeseiten

## Anlage 16: OQ-Plan Deckblatt

SOP-Template

| gempex® THE GMP EXPERT | Qualifizierung von Anlagen Funktionsqualifizierung (OQ) | Anhang 3 zu SOP 02 Seite: 1 von 1 Gültig ab: August 2005 |
|---|---|---|

**OQ 05/** _____
laufende Nummer

**Anlage/Anlagenteil:** _____ **Verwendungszweck:** _____

Die Funktionsqualifizierung erfolgte   ☐ beim Hersteller   ☐ vor Ort

Die Installationsqualifizierung wurde durchgeführt   ☐ Anforderungen erfüllt

**Durchzuführende Prüfungen und Anforderungen sind zu vereinbaren**    **Anforderung erfüllt**

| | | |
|---|---|---|
| ☐ Prüfung auf Dichtheit | ☐ visuell<br>☐ Druckabfallmethode<br>☐ sonstige Methode: … | ☐ |
| ☐ Prüfung mechanisch bewegter Teile<br>(Verdichter, Motoren, Pumpen, Rührwerke einschl.<br>deren Dreh- und Förderrichtung) | ☐ nach *R & I-Schema*<br>☐ nach …<br>☐ nach Vereinbarung | ☐ |
| ☐ Prüfung handbetätigter Stellglieder<br>(Schalter, Ventile, Schieber, Hähne) | ☐ nach *R&I-Schemata*<br>☐ nach Vereinbarung | ☐ |
| ☐ Prüfung der Regel- und Schaltkreise einschließlich der<br>Sicherheitsstellung bei Energieausfall | ☐ nach *R & I-Schemata*<br>☐ nach *EMSR-Verzeichnis*<br>☐ nach *Funktionsplänen* | ☐ |
| ☐ Prüfung von Schrittfolge- und/oder Programmablauf-<br>steuerungen | ☐ nach *Funktionsprüfprokoll*<br>☐ nach *R & I-Schemata*<br>☐ nach Vereinbarung | ☐ |
| ☐ Prüfung von Schalt- und Alarmfunktionen | ☐ nach *Funktionsprüfprokoll*<br>☐ nach *R & I-Schemata* | ☐ |
| ☐ Prüfung von Mess-, Anzeige- und Registriereinrichtungen | ☐ nach *Funktionsprüfprokoll*<br>☐ nach *R & I-Schemata* | ☐ |
| ☐ Prüfung von Betriebsparametern | ☐ nach *Funktionsprüfprokoll*<br>☐ nach *R & I-Schemata* | ☐ |

Weiterer Prüfumfang nur nach gesonderter Vereinbarung.

**Erstellt durch:**      **Freigegeben durch:**

_____    _____    _____
Datum, Unterschrift Ersteller    Datum, Unterschrift *Herstellungsleiter*    Datum, Unterschrift *Qualitätseinheit*

**Für die ordnungsgemäße Durchführung:**      **Geprüft:**

_____    _____    _____
Datum, Unterschrift Hersteller* / *Technik*    Datum, Unterschrift *Herstellungsleiter*    Datum, Unterschrift *Qualitätseinheit*

## Anlage 17: OQ-Plan Funktionsprüfprotokoll

SOP-Template

| gempex® THE GMP EXPERT | Qualifizierung von Anlagen<br>Funktionsqualifizierung (OQ) | Funktionsprüfprotokoll<br>Seite: 1 von 3<br>Gültig ab: **August 2005** |
|---|---|---|

**OQ 04/** _____
laufende Nummer

**Anlage/Anlagenteil:**
**(R & I-Nr.)**
**Verwendungszweck:**

---

Funktionsprüfprotokoll zur Durchführung freigegeben:

| erstellt: | Name, gempex | Datum: | Geprüft und freigegeben: | Name, Abteilung | Datum: |
|---|---|---|---|---|---|

**Inhaltsverzeichnis**

1  Zweck/Anwendungsbereich .................................................................. 2
2  Vorgehensweise .................................................................................... 2
3  Startbedingungen .................................................................................. 2
4  Funktionsprüfungen ............................................................................... 2
4.1  Gesamtablauf ....................................................................................... 3

Bemerkungen: _____
_____
_____

Bearbeitung / Durchführung: _____  (Datum, Unterschrift)

Geprüft: _____  (Datum, Unterschrift)

## OQ-Plan Funktionsprüfprotokoll

SOP-Template

| gempex® THE GMP EXPERT | Qualifizierung von Anlagen Funktionsqualifizierung (OQ) | Funktionsprüfprotokoll<br>Seite: 2 von 3<br>Gültig ab: **August 2005** |
|---|---|---|

### 1 Zweck/Anwendungsbereich

Auf Grundlage dieses Funktionsprüfprotokolls werden die betrieblichen Parameter und Funktionen, die mit den in der Risikoanalyse als qualitätskritisch eingestuften Messeinrichtungen verbunden sind, unter möglichst praxisnahen Betriebsbedingungen geprüft.

### 2 Vorgehensweise

Das Funktionsprüfprotokoll wurde auf Basis der folgenden Unterlagen erstellt:
- ...

Die Überprüfung der einzelnen Funktionen sollte unter möglichst realen Bedingungen durchgeführt werden, d. h. dass die zur Überprüfung notwendigen Betriebszustände tatsächlich gefahren werden.

(...) Die Prüfung erfolgt mit Originalprodukt. Es wird hierbei der „Arbeitsbereich Prozess" zugrunde gelegt und die Qualifizierung der qualitätskritischen Messstellen hat nur für diesen Bereich Gültigkeit.

In Fällen, in denen die Herstellung eines Betriebszustandes nur schwer möglich ist (z. B. Alarmtests) kann die Funktion auch ersatzweise durch Simulation des Betriebszustandes getestet werden.

### 3 Startbedingungen

Die mechanischen Prüfungen im Rahmen der Montage, die Kalibrierung der qualitätskritischen Messinstrumente sowie die Funktionsprüfung des Prozessleitsystems müssen abgeschlossen und in Prüfberichten oder Checklisten dokumentiert sein. Offene Punkte aus vorangegangenen Qualifizierungsaktivitäten dürfen die Funktionsprüfungen nicht negativ beeinflussen.

Des Weiteren müssen folgende Starbedingungen erfüllt sein:

### 4 Funktionsprüfungen

(...) Eine vollständige Überprüfung des funktionellen Ablaufes ist nur durch eine Produktfahrt gemäß der freigegebenen Herstellungsvorschrift möglich.

Bemerkungen: _____

_____

_____

Bearbeitung / Durchführung: _____ (Datum, Unterschrift)

Geprüft: _____ (Datum, Unterschrift)

## OQ-Plan Funktionsprüfprotokoll

SOP-Template

| gempex®<br>THE GMP EXPERT | Qualifizierung von Anlagen<br>Funktionsqualifizierung (OQ) | Funktionsprüfprotokoll<br>Seite: 3 von 3<br>Gültig ab: **August 2005** |
|---|---|---|

### 4.1 Gesamtablauf

Das Gesamtverhalten, die qualitätskritischen Parameter sowie die für den Gesamtablauf wichtigen Mess- und Regelfunktionen werden durch Fahren der Vorgabewerte für die jeweilige Betriebsfunktion überprüft.

Folgende Betriebsfunktionen werden getestet:
- *Evakuien/Inertisieren*
- *Befüllen flüssig/fest*
- *Rühren*
- *Heizen/Kühlen*
- *Destillation*
- *...*

|   | Vorgabewert: | Ist-Wert: | Datum, Kürzel |
|---|---|---|---|
| *Die nachfolgenden Inhalte sind als Beispiele zu sehen und individuell anzupassen.* | | | |
| **Evakuieren/Inertisieren** | | | |
| - *Höchstvakuum der Vakuumpumpe einstellen* | ... mbar | .......... | .......... |
| - *Vakuum mit N2 brechen* | Normaldruck | .......... | .......... |
| **Befüllen fest/flüssig** | | | |
| - *Rührwerk R100 einschalten* | erledigt | .......... | .......... |
| - *Wasser über folgende Durchflussmessgeräte zudosieren:* | | | |
| F101 (FQIS+) | 100 kg ± 1 kg | .......... | .......... |
| F102 ((FQIS+)) | 100 kg ± 1 kg | .......... | .......... |
| F103 ((FQIS+)) | 100 kg ± 1 kg | .......... | .......... |
| - *Befüllen fest (Ersatzmedium: NaCl) über Saugförderer H100* | 50 kg ± 1 kg | .......... | .......... |

Bemerkungen: _____

_____

_____

Bearbeitung / Durchführung: _____ (Datum, Unterschrift)

Geprüft: _____ (Datum, Unterschrift)

## Anlage 18: PQ-Plan Deckblatt

SOP-Template

| gempex® THE GMP EXPERT | Qualifizierung von Anlagen Leistungsqualifizierung (PQ) | Anhang 4 zu SOP 02 Seite: 1 von 1 Gültig ab: August 2005 |
|---|---|---|

**PQ 05/**
laufende Nummer

**Anlage/Anlagenteil:**     **Verwendungszweck:**

| | | |
|---|---|---|
| Die Leistungsqualifizierung erfolgte | ☐ beim Hersteller | ☐ vor Ort |
| Die Funktionsqualifizierung wurde durchgeführt | ☐ Anforderungen erfüllt | |

| Durchzuführende Prüfungen und Anforderungen sind zu vereinbaren | | Anforderung erfüllt |
|---|---|---|
| ☐ Prüfung auf Erfassung aller kritischen Leistungskriterien | ☐ nach Verfahrensbeschreibung<br>☐ nach Herstelldokumentation<br>☐ nach Vereinbarung | ☐ |
| ☐ Prüfung der Anforderungen an die kritischen Leistungskriterien (Grenzwerte) | ☐ nach Verfahrensbeschreibung<br>☐ nach Herstelldokumentation<br>☐ nach Vereinbarung | ☐ |
| ☐ Prüfung der für die PQ eingesetzten Hilfseinrichtungen (Mess- und Prüfeinrichtungen) | ☐ Plausibilitätsprüfung<br>☐ andere | ☐ |
| ☐ Prüfung der Vorgehensweise bei der PQ | ☐ nach Arbeitsanweisung<br>☐ nach Prüfplan<br>☐ andere | ☐ |
| ☐ Prüfung der Ergebnisse der PQ (allgemeine Auswertung, Statistik) | ☐ Plausibilitätsprüfung<br>☐ nach separatem Prüfplan<br>☐ andere | ☐ |
| ☐ Prüfung der festgelegten Requalifizierungszyklen | ☐ Plausibilitätsprüfung<br>☐ nach gesetzlichen Vorgaben | ☐ |

Weiterer Prüfumfang nur nach gesonderter Vereinbarung.

**Erstellt durch:**     **Freigegeben durch:**

_____  _____  _____
Datum, Unterschrift Ersteller    Datum, Unterschrift *Herstellungsleiter*    Datum, Unterschrift *Qualitätseinheit*

**Für die ordnungsgemäße Durchführung:**     **Geprüft:**

_____  _____  _____
Datum, Unterschrift Hersteller* / *Technik*    Datum, Unterschrift *Herstellungsleiter*    Datum, Unterschrift *Qualitätseinheit*

## Anlage 19: Qualifizierungsbericht

| CE | Qualifizierung von Anlagen | Bericht |
|---|---|---|
|  | Qualifizierungsbericht | Seite 1 von 1 |

**QB** ........... / ...........
laufende Nummer

**Anlage / Anlagenteil:**

**Verwendungszweck:**

Die Ergebnisse der
- ☐ Designqualifizierung
- ☐ Installationsqualifizierung
- ☐ Funktionsqualifizierung
- ☐ Leistungsqualifizeirung
- ☐ Kalibrierung
- ☐ retrospektiven Qualifizierung von Altanlagen

liegen vor.

Die erforderliche Dokumentation für Bedienung, Reinigung und Wartung ist vorhanden und das Personal wurde eingewiesen.

    ja ☐      nein ☐    siehe Bemerkungen

**Gesamtbeurteilung:** Die technische Qualifikation ist gegeben, die im Rahmen der Qualifikation festgestellten Mängel wurden behoben.

    Ja ☐      nein ☐    siehe Bemerkungen

Eine periodische Requalifizierung ist erforderlich:

    Ja ☐      nein ☐    siehe Bemerkungen

Zyklus der periodischen Requalifizierung: .....................

**Bemerkungen:**

Für das Validierungsteam:

_____      _____
Datum, Unterschrift Projektleiter      Datum, Unterschrift Qualitätseinheit

## Anlage 20: Wartungsplan Musterformular

|  | **WARTUNGSPLAN** | Dokumenten-Nr.: |
|---|---|---|
|  |  | Inventar-Nr.: |
|  | Gerät/Ausrüstung: | Version: 01 |
|  |  | Datum: |

Protokoll-Nr.: _____

Ausrüstung: _____

_____

Inventar-Nr.: _____

Gebäude/Raum-Nr.: _____

Geräteverantwortlicher: _____

**Übersicht der zu wartenden Ausrüstungskomponenten:**

| Lfd. Nr.: | Ausrüstungskomponente | Kurzbeschreibung der Tätigkeit | Prüfintervall | Art der Prüfung | Durchführender |
|---|---|---|---|---|---|
|  |  |  |  |  |  |
|  |  |  |  |  |  |
|  |  |  |  |  |  |
|  |  |  |  |  |  |

|  | Name/Titel | Abteilung/Firma | Datum | Unterschrift |
|---|---|---|---|---|
| Erstellt: |  | gempex |  |  |
| Geprüft: |  | Technik |  |  |
| Geprüft: |  | Produktion |  |  |
| Gültig ab / für: | | | | |
| Ersetzt Ausgabe: entfällt | | | Vom: entfällt | |
| Freigabe: | | Qualitätseinheit | | |

## Anlage 21: Wartungsplan Wartungsprotokoll

**WARTUNGSPROTOKOLL**

Bezeichnung der Ausrüstung:
Hersteller:
Typ:
Inventar-Nr.:

Dokument-Nr.:
Datum:
Seite: 2 von 2

| Lfd. Nr. | Ausrüstungs-komponenten | Beschreibung der Tätigkeit ggf. der Anforderung | Prüf-intervall | Art der Prüfung | Durch-führender | Wartungs-ergebnis (i. O/n. i. O) | Bemerkungen allgemein | Zeitauf-wand (h) | Logbuch-eintrag | Signum und Datum vom Durchführenden und Prüfer |
|---|---|---|---|---|---|---|---|---|---|---|
| **Coater** | | | | | | | | | | |
| 2. | Schaufel | Schrauben an Außenseite der Trommel lösen und Schaufeln in der Trommel gegenhalten, um zu verhindern, dass die Schaufel in die Trommel fällt. Wechsel (nur bei ausgebauter Trommel möglich) | J | SK | ME | | | | | Durchführender:<br>Geprüft von: |
| | | – auf Beschädigung prüfen<br>– ggf. Austausch<br>– Walkstelle mit Talkum einreiben | J | AU | | | | | ☐ | |
| 3. | Pumpenver-schlauchung | vor Demontage der Verschlauchung Anlage mit Wasser oder Reinigungsmedium spülen; Schläuche nur bei ausgeschaltetem Pumpenantrieb im drucklosen Zustand wechseln | J | SK | ME | | | | | Durchführender:<br>Geprüft von: |
| | | – auf Beschädigung und Risse prüfen<br>– ggf. Austausch | J | AU | | | | | ☐ | |
| 4. | Dichtung (aufblasbar) Frontwandtür | – Hauptschalter ausschalten und gegen Wiedereinschalten sichern<br>– Dichtung vorsichtig aus Nut aushebeln (mit einem weichen Instrument wie z. B. Kunststoff-Montierhebel)<br>– Dichtungsnut, Anschlussventil, Dichtung reinigen<br>– Anschlussventil vorsichtig in Ventilbohrung einfahren<br>– aufblasbare Dichtung manuell in Dichtungsnut einlegen<br>– Hauptschalter wieder einschalten und Frontür schließen | M | SK | ME | | | | | Durchführender:<br>Geprüft von: |
| | | | | AU | | | | | ☐ | |
| | | Vor Ausbau der Dichtung muss die Maschine mit einem WIP-Prozess gereinigt werden. Ein Drucktest der Dichtung darf <u>nur</u> unter Betriebsbedingungen erfolgen. | | | | | | | | |

| Art der Prüfung | | Prüfintervall | | durchführende Abteilung oder Stelle | |
|---|---|---|---|---|---|
| FU | Funktionskontrolle | B | Betriebsstunden | GV | Geräteverantwortlicher | EX | externe Firma |
| AU | Austausch | W | wöchentlich | ME | Abteilung Mechanik | | Sicherheit und Umwelt |
| SK | Sichtkontrolle | M | monatlich | EL | Abteilung Elektrotechnik | | |
| KA | Kalibrierung | J | jährlich | SA | sonstige Abteilung | | |

## Anlage 22: Messstellenverzeichnis Musterformular

**Messstellenverzeichnis**

&lt;Name&gt;
Typ
Maschinen-Nr.:

Doku-Nr.:
Version:
Datum:
Seite: 1 von 1

Anlagen-Nr.:
Kostenstelle:
Anlagen-Nr.:

Gebäude:
Etage:
Raum:

| Nr. | Messstellen-Bezeichnung | Messstellen-Nr. | Relevanz | Status | Messbereich | qualitätsrelevante Prüfpunkte | Akzeptanzkriterium | Elektroplan | Komp.-Ident.-Nr. | Kalibrierungsdokumentation |
|---|---|---|---|---|---|---|---|---|---|---|
| 1 | Luftmenge | FI 001 | GMP | KA | 0–540 m³/h | 100/200/300/400/500 m³/h | ± 10 % | Bl. 7 | | |
| 2 | Reinigungszeit Abluftfilter | KS 002 | Nein | | | | | | | |
| 3 | Sprühpumpenzeit | KS 003 | Nein | | | | | | | |
| 4 | Prozesszeit | KI 004 | Nein | | | | | | | |
| 5 | Zerstäuberluftdruck 1 | PI 005 | GMP | KA | 0–10 bar | 1/2/3 bar | ± 0,25 bar | | | |
| 6 | Zerstäuberluftdruck 2 | PI 006 | GMP | KA | 0–10 bar | 1/2/3 bar | ± 0,25 bar | | | |
| 7 | Druck Behälterdichtung | PI 007 | Nein | | | | | | | |
| 8 | Druck Ausblasung dF-Leitung | PI 008 | Nein | | | | | | | |
| 9 | Druck Filterreinigung | PI 009 | Nein | | | | | | | |
| 10 | Druckluftversorgung | PIC 010 | Nein | | | | | | | |
| 11 | DP-Zuluftfilter | PDI 011 | Techn. | | | | | | | |
| 12 | DP-Abluftfilter | PDI 012 | Techn. | | | | | | | |
| 13 | DP-Produkt und Lochboden | PDI 013 | Techn. | | | | | | | |
| 14 | Drehzahl Ultracoater | S 014 | GMP | FU | ------ | 1–11 Skalenteile | ± 5 % v. l. Messr. | Bl. 1 | | |
| 15 | Drehzahl Beschickung | S 015 | Nein | | | | | | | |
| 16 | Zulufttemperatur | TIC 016 | GMP | KA | 0–200 °C | 20/40/60/80 °C | ± 2,0 °C | Bl. 5 | | |
| 17 | Ablufttemperatur | TI 017 | GMP | KA | 0–200 °C | 10/30/50/70 °C | ± 2,0 °C | Bl. 5 | | |

| Erstellt von : | Datum | Unterschrift | Geprüft von Technik | Datum | Unterschrift |
|---|---|---|---|---|---|
| | | | | | |

## Anlage 23: Kalibrierungsplan Musterformular

| | **KALIBRIERUNGSPLAN** | Dokumenten-Nr.: |
| --- | --- | --- |
| | | Inventar-Nr.: |
| | Gerät/Ausrüstung: | Version: |
| | | Datum: |

Protokoll-Nr.: _____

Durchführender (Name/Firma): _____

Gerät: _____

Inventar-Nr.: _____

Gebäude-/Raum-Nr.: _____

Ausrüstungsverantwortlicher: _____

**Übersicht der zu kalibrierenden Messstellen am Ausrüstungsgegenstand:**

| Protokoll Nr. | Messstellen-Nr. | Beschreibung | Kalibrierpunkte | Justageschwelle | Akzeptanzkriterium |
| --- | --- | --- | --- | --- | --- |
| | | | | | |
| | | | | | |

Die für die Kalibrierung verwendeten Messeinrichtungen werden regelmäßig kalibriert und sind rückführbar auf die nationalen Normale der Physikalisch Technischen Bundesanstalt (PTB) Deutschlands oder auf andere nationale Normale.

Wo keine nationalen Normale existieren, entspricht das Messverfahren den derzeit gültigen technischen Regeln und Normen.

Alle erforderlichen Messdaten sind auf den nachfolgenden Seiten dieser Kalibrierdokumentation aufgelistet.

| | Name/Titel | Abteilung/Firma | Datum | Unterschrift |
| --- | --- | --- | --- | --- |
| Erstellt: | | gempex | | |
| Geprüft: | | Technik | | |
| Geprüft: | | Produktion | | |
| Gültig ab/für: | | | | |
| Ersetzt Ausgabe: entfällt | | | Vom: entfällt | |
| Freigabe: | | Qualitätseinheit | | |

## Kalibrierungsplan Musterformular

### KALIBRIERUNGSPROTOKOLL

| | |
|---|---|
| Dokumenten-Nr.: | |
| Inventar-Nr.: | |

| Gerät/Ausrüstung: | Version: |
|---|---|
| | Datum: |

| Messstellen-Nr. | Beschreibung | Protokoll-Nr. |
|---|---|---|
| | | |

**Kalibrierverfahren**

**Verwendete Referenzmessgeräte:** (Kopie der Zertifikate der Referenzgeräte liegt bei)

| Hersteller/Modell | Geräteart | Zertifikat-Nr. |
|---|---|---|
| | | |
| | | |

**Umgebungsbedingungen:**  Temperatur: _____ °C   Feuchte: _____ %rF
Druck: _____ hPa   Messzeit: _____ min

**Justageschwelle:** _____ (Justageschwelle liegt bei 70 % des AK)

**Akzeptanzkriterium:** _____ (zulässige Abweichung von der Referenz)

**Messergebnisse:**

| Nr. | Soll-Wert in: | Ist-Wert Referenz in: | Ist-Wert-Prüfling/Messeinrichtung (Beschreibung Anzeige oder Schreiber) Anzeige in: | | | Abweichung von Ist-Wert Referenz Anzeige in: | | |
|---|---|---|---|---|---|---|---|---|
| | | | | | | | | |
| | | | | | | | | |
| | | | | | | | | |

☐ Messwerte innerhalb des Akzeptanzkriteriums und der Justageschwelle
☐ Messwerte innerhalb des Akzeptanzkriteriums, außerhalb der Justageschwelle (QS benachrichtigen, Bewertung)
☐ Messwerte außerhalb des Akzeptanzkriteriums (Justage oder Reparatur notwendig)

**Nächste Kalibrierung am:**   Datum: _____ (Monat/Jahr)

**Logbucheintrag erfolgt und Kal.-Etiketten eingeklebt:** Ja ☐   Nein ☐ (wenn nein, QS benachrichtigen)

**Bemerkungen/Bewertung durch Qualitätseinheit:**

| | Name/Titel | Abteilung/Firma | Datum | Unterschrift |
|---|---|---|---|---|
| Durchgeführt: | | gempex | | |
| Geprüft: | | Produktion | | |
| Freigabe: | | Qualitätseinheit | | |

## Anlage 24: Verantwortungsabgrenzung PLS-Validierung

Aufgabenverteilung zwischen Hersteller/Lieferant (H) und Anforderer (A)

|   |   | H | A |
|---|---|---|---|
| 1. | **Generelle Vorgaben/Konzept** | | |
|  | Validierungskonzept (unternehmensspezifisch) | ☐ | ☒ |
|  | SOP-„Validierung computergestützter Systeme" (einheitsspezifisch) | ☐ | ☒ |
|  | *Masterplan + Projektplan (bezogen auf Gesamt- oder Teilprojekt)* | ☐ | ☒ |
| 2. | **Betriebliche Spezifikationen (User Requirement Specifications)** | | |
|  | Risikoanalyse (produktqualitätsrelevante Risiken) | ☐ | ☒ |
|  | Betriebliches Lastenheft (betriebliche Anforderungen, Maßnahmen aus der Risikoanalyse) | ☐ | ☒ |
|  | Schulungs-, Anwenderdokumentationskonzept (z. B. SOP-Liste, Schulungsplan) | ☐ | ☒ |
|  | *Testkonzept für PQ (Entwurf PQ-Plan)* | ☐ | ☒ |
| 3. | **Funktionelle Spezifikationen (Functional Specifications)** | | |
|  | PLT Lastenheft (Technische Spezifikation, Automatisierungskonzept, Systemauswahl) | ☐ | ☒ |
|  | Ausschreibung/Bestellkonzept | ☐ | ☒ |
|  | Change Control System für Projektierungsphase | ☐ | ☒ |
|  | Auswahl Systemhersteller, (Audit Systemhersteller oder Fragekatalog) | ☐ | ☒ |
|  | *Testkonzept für OQ (Entwurf OQ-Plan)* | ☐ | ☒ |
| 4. | **Ausführungsspezifikationen HW/SW (Design Specifications)** | | |
|  | Pflichtenheft (Grobentwurf –> Detailentwürfe/Abstimmung) | ☒ | ☐ |
|  | Hard- und Software Detailentwürfe (hier nur Betriebssystem und Firmware) | ☒ | ☐ |
|  | Konzepte für Zugangs-, Überwachungskontrolle, Back-up, Recovery/Desasterplan | ☒ | ☐ |
|  | Realisierung Zugangs-, Überwachungskontrolle, Back-up, Recovery/Desasterplan | ☒ | ☐ |
|  | Change Control System für Planungs- und Errichtungsphase | ☒ | ☐ |
|  | *Testkonzept für DQ (Entwurf DQ-Plan) + Durchführung*   optional | ☒ | ☒ |
|  | *Testkonzept für IQ (Entwurf IQ-Plan)*   optional | ☒ | ☒ |
| 5. | **Implementierung, Integration HW/SW (Realisierung)** | | |
|  | Programmierung/Konfiguration SW/HW-Module | ☐ | ☒ |
|  | SW/HW-Modultests (nur für angepasste Lösungen) | ☐ | ☒ |
|  | Integration SW/HW-Betriebssystem/Firmware | ☒ | ☐ |
|  | Integration SW/HW-Module | ☐ | ☒ |
|  | Integrationstests Betriebssystem/Firmware | ☒ | ☐ |
|  | Integrationstests Module | ☐ | ☒ |
|  | Fertigstellung Anwenderdokumentation/SOPs gemäß 5.4   optional | ☒ | ☐ |
|  | Funktionsendprüfung (Factory Acceptance Tests) | ☒ | ☐ |
|  | *Endfassung IQ-, OQ-, PQ-Pläne*   optional | ☒ | ☒ |
| 6. | **Installation** | | |
|  | Montage komplettes Leitsystem (SW/HW) | ☒ | ☐ |
|  | Feldmontage | ☐ | ☒ |
|  | Inbetriebnahme und Test des Leitsystems | ☒ | ☐ |
|  | Loop Checks | ☐ | ☒ |
|  | *Abschlussbericht für IQ*   optional | ☒ | ☒ |
| 7. | **Vorbereitung zur Inbetriebnahme (Wasserfahrt)** | | |
|  | Test der Grundfunktionen, Verriegelungen, Ablaufsteuerungen, ... | ☐ | ☒ |
|  | Test des Verhaltens in Ausnahmesituationen | ☐ | ☒ |
|  | Test der Zugriffsregelungen/-überwachungen | ☐ | ☒ |
|  | Wasserfahrt (Site Acceptance Test) | ☐ | ☒ |
|  | Verifizierung der Anwenderdokumentation (SOPs)   optional | ☒ | ☒ |
|  | Einweisung, Schulung des Betriebspersonals | ☒ | ☐ |
|  | *Abschlussbericht für OQ*   optional | ☒ | ☒ |
| 8. | **Inbetriebnahme (Produktion)** | | |
|  | Herstellung erster Testchargen | ☐ | ☒ |
|  | Test auf Einhaltung aller relevanter Betriebsparameter | ☐ | ☒ |
|  | *Abschlussbericht für PQ* | ☐ | ☒ |
| 9. | **Systempflege** | | |
|  | Change Control System für laufenden Betrieb | ☐ | ☒ |
|  | System-Logbuch, Dokumentenpflege, Wartung | ☐ | ☒ |

## Anlage 25: Change Control Formblatt

| | **CHANGE-CONTROL-VERFAHREN** | Dokumenten-Nr.: |
|---|---|---|
| | | Lfd.-CC-Antrags-Nr. |
| | **Änderungsantrag:** <br> (ist vom Antragsteller auszufüllen) | Seite: 1 von 2 <br> Datum: |

**1. Bezeichnung der Änderung:**

**2. Änderungsgrund:**

**3. Beschreibung der geplanten Änderung:**

**4. Change-Control-Teambesprechung notwendig?**  ja ☐  nein ☐

**5. Änderung geplant ab wann:** _____  **Endtermin:** _____

**6. Risikobewertung:** Schriftliche Ausarbeitung gemäß nachfolgender Untergliederung:

**Risiko/Fehlermöglichkeit:**

**Beurteilung:**

**Schwere:**

**Maßnahmen:**

Falls erforderlich ist eine detaillierte Risikoanalyse gemäß SOP XY durchzuführen und als Anhang beizufügen.

**7. Einstufung der geplanten Änderung:** keine ☐  gering ☐  mittel ☐  groß ☐

Mögliche Informationspflicht der geplanten Änderung an den Sponsor/Auftraggeber:

    A) Nicht informationspflichtige Änderungen ☐
    B) Informationspflichtige Änderungen ☐  Änderung im Herstellprozess
                                                                                    ☐  Sonstiges:

**Bemerkungen/Begründung:**

| Genehmigung der geplanten Änderung und des ausgefüllten Antrages: | |
|---|---|
| Erstellt: <br><br> (Datum / Unterschrift) | Geprüft: <br><br> (Datum / Unterschrift) |
| Genehmigt Produktionsleiter: <br><br> (Datum / Unterschrift) | Genehmigt Kontrollleiter: <br><br> (Datum / Unterschrift) |

## Change Control Formblatt

| | **CHANGE-CONTROL-VERFAHREN** | Dokumenten-Nr.: |
| --- | --- | --- |
| | | Lfd.-CC-Antrags-Nr. |
| | **Aktivitätenliste:** | Seite: 2 von 2 |
| | (Eintragung Aktivitäten, Zuständigkeit & Ausführungsdatum) | Datum: |

**Technische/Bauliche/Organisatorische Maßnahmen**

| Maßnahmen | Zuständig (Name) | Ausführung bis | Erledigt (Datum/Sign.) |
| --- | --- | --- | --- |
| | | | |
| | | | |
| | | | |

**Notwendige Validierungs-/Qualifizierungsmaßnahmen**

Nach Durchführung der Änderung zu ergreifende Validierungs- und Qualifizierungsaktivitäten

Keine: ☐   Funktionstests: ☐ zu testen sind:

Revalidierung: ☐

Requalifizierung: ☐

Beschreibung der Maßnahmen:

**Prüfung der durchgeführten Änderungen und Maßnahmen**

Alle definierten Maßnahmen wurden durchgeführt und entsprechen der geplanten Änderung: ja ☐   nein ☐
Falls nein, Begründung:

Die einzelnen Prüfergebnisse entsprechen den definierten Akzeptanzkriterien:   ja ☐   nein ☐
Falls nein, Begründung und Beschreibung des weiteren Vorgehens :

| Abschließende Genehmigung der durchgeführten Aktivitäten | |
| --- | --- |
| Geprüft und Genehmigt: HL | Geprüft und Genehmigt QK: |
| (Datum / Unterschrift) | (Datum / Unterschrift) |

## Change Control Formblatt

| | ÄNDERUNGSÜBERWACHUNG<br>(Change Control) | Dokument Nr. |
|---|---|---|

### 1. Beschreibung

**Änderungsgegenstand**

**Beschreibung der Änderung/Gründe**

☐ siehe Anlage

**Betroffene Produkte**

☐ siehe Anlage

**Mögliche Auswirkungen auf die Produktqualität**

☐ siehe Anlage

| Klassifizierung der Änderung: | Klasse 0 ☐ | Klasse 1 ☐ | Klasse 2 ☐ | Bemerkung: | |
|---|---|---|---|---|---|
| Initiator | Einh./Tel. | Kosten (Schätzung) | Termin | Datum | Unterschrift |

### 2. Planung der Maßnahmen/Umlauf

| | Einzubeziehende Einheiten: | Maßnahmen erforderlich | | Datum | Unterschrift |
|---|---|---|---|---|---|
| | | **vor** Änderung | **nach** Änderung | | |
| ☐ | Vertrieb | ☐ ja ☐ nein | ☐ ja ☐ nein | | |
| ☐ | Produktion | ☐ ja ☐ nein | ☐ ja ☐ nein | | |
| ☐ | Abfüllung | ☐ ja ☐ nein | ☐ ja ☐ nein | | |
| ☐ | Versand | ☐ ja ☐ nein | ☐ ja ☐ nein | | |
| ☐ | Logistik | ☐ ja ☐ nein | ☐ ja ☐ nein | | |
| ☐ | Qualitätssicherung | ☐ ja ☐ nein | ☐ ja ☐ nein | | |
| ☐ | Technik | ☐ ja ☐ nein | ☐ ja ☐ nein | | |
| ☐ | Validierung | ☐ ja ☐ nein | ☐ ja ☐ nein | | |
| ☐ | Regulatorische Angelegenheiten | ☐ ja ☐ nein | ☐ ja ☐ nein | | |
| ☐ | | ☐ ja ☐ nein | ☐ ja ☐ nein | | |
| ☐ | | ☐ ja ☐ nein | ☐ ja ☐ nein | | |

### 3. Durchführung und Abschluss

| Maßnahmen **vor** Änderung abgeschl. | Datum | Unterschrift | Änderung durchgeführt | Datum | Unterschrift |
|---|---|---|---|---|---|
| ☐ ja (Initiator) | | | ☐ ja (Initiator) | | |
| Maßnahmen **nach** Änderung abgeschl. | Datum | Unterschrift | Änderung abgeschlossen | Datum | Unterschrift |
| ☐ ja (Initiator) | | | ☐ ja (Qualitätssicherung) | | |

## 10.3
## Glossar

**Aktiver Pharmazeutischer Bestandteil** Wirkstoff, engl.: Active Pharmaceutical Ingredient (API); jede Substanz, die dafür gedacht ist, eine pharmakologische Wirkung in einem medizinischen Produkt hervorzurufen.

**Anlage** Gesamtheit aller Bauteile und Anlagenkomponenten, die in ihrer Verknüpfung basierend auf einem gegebenen Verfahren in der Lage ist, ein oder mehrere Produkte in gewünschter Spezifikation und Menge herzustellen. Die Anlage im vorliegenden Sinne umfasst sowohl die prozessrelevanten Anlagenkomponenten als auch die Hilfseinrichtungen zur Erzeugung bzw. Bereitstellung der notwendigen Hilfsmedien (z. B. Luft, Wasser, Dampf).

**Anlagenabschnitt** Definierter Teil einer Anlage, dessen Abgrenzung sich basierend auf verfahrenstechnischen Betrachtungen ergibt. Ein Anlagenabschnitt umfasst ein oder mehrere Unit Operations (Grundverfahren) und ist einer bestimmten Verfahrensstufe zugeordnet.

**Anlagenkomponente** Apparat oder Maschine mit den für die Funktionalität notwendigen Verrohrungen und Anschlüssen. Eine verfahrenstechnische Anlage setzt sich aus einer Vielzahl von Anlagenkomponenten zusammen.

**Anwender/Betreiber** Die für die spätere Produktherstellung verantwortliche Person. Synonym gelten die Begriffe Herstellleiter, Herstellungsleiter bzw. Betriebsleiter.

**Arbeitsanweisung** engl.: Standard Operating Procedure (SOP) – autorisierte Dokumente, die Vorgehensweisen und Leistungen beschreiben, die sich nicht zwangsläufig auf ein spezielles Produkt oder eine spezielle Substanz beziehen.

**Arbeitsbereich Anlage** Spanne zwischen unterem und oberem Grenzwert einer Messwerterfassung, innerhalb der bei einer Mehrproduktanlage mehrere Prozesse gefahren werden können, d. h. innerhalb der die Anlage betrieben wird. Der Arbeitsbereich Anlage gibt die Werte für die Auswahl und Dimensionierung der Apparate, Rohrleitungen etc. vor. Die Fahrweise eines einzelnen Prozesses richtet sich allein nach dem Arbeitsbereich Prozess.

**Arbeitsbereich Prozess** Spanne zwischen unterem und oberem Grenzwert um den Sollwert, innerhalb der man sich während des Prozesses bewegen darf, ohne dass nach GMP eine Abweichung dokumentiert werden muss.

**Aseptik** Das Arbeiten unter aseptischen Bedingungen. Ursprünglich das Vermeiden von Sepsis (Blutvergiftung), heute die Vermeidung mikrobieller Verunreinigungen sowohl im medizinischen Bereich, z. B. bei Operationen, als auch bei der Herstellung steriler Produkte.

**Ausgangsstoffe** Alle im Herstellungsprozess eingesetzten Stoffe, die der Herstellung der Endprodukte dienen, außer Packmittel.

**Ausgetesteter Bereich** Spanne zwischen unterem und oberem Grenzwert um den Sollwert, die z. B. im Rahmen der Verfahrensentwicklung ausgetestet wurde und innerhalb der Kenntnisse über das Prozess- und Produktverhalten vorliegt (positiv als auch negativ). Der ausgetestete Bereich beinhaltet den Arbeitsbereich. Wurde Produkt hergestellt, bei dem man sich außerhalb des Prozessarbeitsbereiches, aber innerhalb des ausgetesteten Bereiches befand, so ist dies im Sinne von GMP eine Abweichung und muss begründet, beurteilt und aufgezeichnet werden.

**Ausrüstung** Gesamtheit aller für einen Herstellungsprozess benötigten Anlagenkomponenten einschließlich Geräte (z. B. Laborgeräte), Maschinen und Kleinteilen (z. B. Probenahmevorrichtungen, Laborhilfsmittel u. a.).

**Bauteil** Einzelnes, typisiertes technisches Teil, welches als Basiselement zur Errichtung einer Anlage von einem ausgewählten Lieferanten bezogen wird. Die Anlage besteht aus beliebig vielen Bauteilen (z. B. Armaturen, Rohrleitungen, Flansche, Behälter etc.).

**Betriebseinrichtung/Betriebsmittel** Überbegriff für einen Apparat, eine Maschine, ein Anlagenteil oder sonstiges Teilelement der Gesamtanlage. Speziell der Begriff Betriebsmittel wird auch häufig im Zusammenhang mit speziellen Substanzen wie, Öle, Fette u .a. verwendet, die benötigt werden, um den Apparat, die Maschine oder das Anlagenteil bestimmungsgemäß betreiben zu können.

**Change Control** Formales System, durch welches qualifizierte Vertreter entsprechender Fachbereiche aktuelle oder beabsichtigte Änderungen auf ihre Auswirkungen hinsichtlich eines spezifizierten Status bewerten. Ziel ist es, diejenigen Vorkehrungen festzulegen, die für den Nachweis und die Dokumentation der Einhaltung des spezifizierten Zustandes erforderlich sind, und die vor oder nach der vorgesehenen Änderung getroffen werden müssen.

**Charge** In einem Arbeitsgang oder einem bestimmten Teil eines fortlaufenden Prozesses hergestellte definierte Menge von Material, die als homogen innerhalb vorgegebener Spezifikationen angesehen werden kann. Eine Charge ist nach GMP eindeutig rückverfolgbar.

**CIP – Cleaning In Place** Dt.: Reinigung im zusammengebauten Zustand. CIP ist die innere Reinigung von Anlagen, ohne diese zu zerlegen oder an ihnen wesentliche Veränderungen gegenüber dem Betriebszustand vorzunehmen (VDMA 24 431).

**CIP-fähige Anlagen** Im zusammengebauten Zustand reinigbaren Anlagen, d. h diese Anlagen müssen derart konstruiert, aufgebaut und angeschlossen sein, dass eine effiziente und reproduzierbare Reinigung jederzeit möglich ist, ohne die Anlage hierzu demontieren zu müssen.

**CIP-System/-Anlage** Ausschließlich für den Reinigungsprozess benötigte Anlagenkomponenten, die die Reinigungsmittel (z. B. Säuren, Laugen, Lösemittel, Detergenzien u. a.) vorhalten, sie zu den zu reinigenden Prozessanlagen befördern und mit ihnen die Verunreinigungen unter Ausnutzung chemischer, mechanischer und thermischer Effekte entfernen und aus der Prozessanlage abführen. Sie arbeiten überwiegend vollautomatisch, abgestimmt auf den in der zu reinigenden Anlage ablaufenden Prozess.

**Designqualifizierung (DQ)** Dokumentierter Nachweis, dass GMP-relevante Aspekte bei der Planung berücksichtigt und in die entsprechenden technischen Ausführungszeichnungen übernommen wurden. Die DQ ist die Voraussetzung für die sich anschließende IQ.

**Desinfizieren** Das Abtöten von Krankheitserregern bzw. irreversible Inaktivierung von Viren an kontaminierten Objekten und somit die Unterbrechung von Infektionsketten.

**Einsatzstoffe** Diejenigen Ausgangsstoffe, die an der Herstellung des Endproduktes direkt (umgesetztes Edukt) beteiligt sind und ganz oder in Teilen im Endprodukt wieder in Erscheinung treten (molekular).

**Endotoxine** Zellbestandteile gramnegativer Bakterien, die bei parenteraler Verabreichung pyrogen (fiebererregend) wirken können.

**FDA – Food and Drug Administration** US-amerikanische Überwachungs- und Zulassungsbehörde, die u. a. auch Inspektionen zur Überprüfung der GMP-Konformität durchführt (s. auch www.fda.gov).

**Funktionsqualifizierung (OQ)** Dokumentierte Beweisführung, dass Maschinen, Anlagen und Hilfssysteme wie geplant arbeiten und ihre ordnungsgemäße Funktion über die gesamte Spannweite prozesskritischer Parameter gewährleistet ist.

**Gefahr** Eine Gefahr ist dadurch gekennzeichnet, dass aus gewissen gegenwärtigen Zuständen nach dem Gesetz der Kausalität gewisse andere schadenbringende Zustände und Ereignisse erwachsen werden.[1] Demzufolge versteht man unter einer Gefahr ein erhöhtes Maß an Wahrscheinlichkeit, dass die konkrete Situation jederzeit in einen Schaden umschlagen kann. Der Begriff der Gefahr wird sehr häufig mit der Schädigung von Mensch und schutzwürdigen Gütern in Verbindung gebracht (s. Begriffsdefinitionen im Polizei- bzw. Ordnungsrecht). Verstärkt wird die Bedeutung der Wahrscheinlichkeit durch Wortzusätze wie

---

1) Aus einem Urteil des Bundesverwaltungsgerichtes, BVerwG 6 CN 5.02, 20.08.2003.

„Akute Gefahr" (Gefahrenlage, bei der der Schadenseintritt sofort und fast mit Gewissheit zu erwarten ist) oder „Gegenwärtige Gefahr" (Gefahrenzustand, bei dem die Einwirkung des schädigenden Ereignisses begonnen hat oder unmittelbar bevorsteht).

**Gefährdung** Möglichkeit einer Schädigung, die ein Schutzgut durch die von einer Gefahrenquelle ausgehenden Einwirkungen erleiden kann. Beispiele für entsprechende Begriffsinhalte: „Gefährdung kann sich für Mensch oder Sachgut ergeben, wenn ein technisches System genutzt wird und sich Mensch und Sachgut in seinem Wirkungsbereich befinden".

**GMP – Good Manufacturing Practice** Überbegriff für ein bzw. mehrere Regelwerke, die beim Umgang mit und bei der Herstellung von bestimmten Produkten (Lebensmittel, Pharmaka, Kosmetika etc.) beachtet werden müssen.

**H1** Kategorisierung von Schmierstoffen mit gelegentlichem Produktkontakt.

**H2** Kategorisierung von Schmierstoffen ohne Produktkontakt.

**Hersteller/Errichter** Hier die verantwortlichen Hersteller bzw. Errichter von Maschinen und/oder Apparaten oder Teilen davon. Synonym gilt der Begriff Lieferant, sofern dieser das jeweilige Teil auch selbst herstellt und nicht nur als Unterlieferant auftritt.

**Herstellung** Alle mit der Herstellung eines pharmazeutischen Wirkstoffs verbundenen Arbeiten: vom Materialeingang über die Verarbeitung und Verpackung bis zur Freigabe.

**Herstellungsanweisung** Beschreibt die Herstellung arbeitsplatzbezogen so detailliert wie nötig; kann durch Arbeitsanweisungen ergänzt werden.

**Herstellungsvorschrift** Beschreibt die Herstellung produktbezogen, allgemein und behördenorientiert.

**Hilfsstoffe** Diejenigen Stoffe, die bei der Herstellung des Endproduktes unterstützende Funktionen übernehmen, z. B. als Lösungsmittel, zur Inertisierung oder zur Apparatereinigung.

**Hygienestandard/Hygienedesign** Branchenspezifische Festlegung von Maßnahmen zur Verringerung des mikrobiellen Kontaminationsrisikos.

**Installationsqualifizierung (IQ)** Dokumentierter Nachweis, dass technische Einrichtungen entsprechend den Vorgaben hergestellt, installiert und angeschlossen wurden und mit allen für den Betrieb und den Unterhalt notwendigen Dokumenten ausgestattet sind.

**IPK Inprozesskontrolle**   Vom Hersteller festgelegte Kontrollen und Prüfungen, die im Verlauf der Herstellung eines Produktes (z. B. pharmazeutischer Wirkstoff) über Probenahmestellen durchgeführt werden.

**Justieren, Abgleichen**   Bedeutet im Bereich der Messtechnik: ein Messgerät (auch eine Maßverkörperung) so einstellen oder abgleichen, dass die Messabweichungen möglichst klein werden bzw. die Beträge der Messabweichungen die Fehlergrenzen nicht überschreiten. Das Justieren erfordert also einen Eingriff, der das Messgerät oder die Maßverkörperung meist bleibend verändert.

**Kalibrieren, Einmessen**   Bedeutet im Bereich der Messtechnik: die Messabweichungen am fertigen Messgerät feststellen. Beim Kalibrieren erfolgt kein technischer Eingriff am Messgerät. Bei anzeigenden Messgeräten wird durch das Kalibrieren die Messabweichung zwischen der Anzeige und dem richtigen oder als richtig geltenden Wert festgestellt (festgestellte systematische Abweichung, s. DIN 1319 Teil 3/08.83 Abschnitt 8.2.2). Bei Maßverkörperungen wird durch das Kalibrieren die Messabweichung zwischen der Aufschrift und dem richtigen Wert festgestellt. Bei übertragenden Messgeräten wird durch das Kalibrieren die Messabweichung festgestellt zwischen dem Wert des Ausgangssignals und dem Wert, den dieses Signal bei idealem Übertragungsverhalten und gegebenem Eingangswert haben müsste.

**Kontamination**   Verunreinigungen, die am „Reinen Arbeitsplatz" einen schädigenden Einfluss auf das zu behandelnde Objekt, Produkt oder den Menschen haben.

**Kritisch**   Ein Stoff, Verfahrensschritt, Verfahrensbedingungen oder irgendein anderer relevanter Parameter wird als kritisch eingestuft, wenn Abweichungen von den vorbestimmten Kriterien direkt die Qualitätseigenschaften des fertigen Wirkstoffes in einer nachteiligen Art und Weise beeinflussen (ICH Q7A).

**Lastenheft**   Enthält alle wesentlichen Anforderungen, die von betrieblicher Seite an das Design und die Ausführung einer Anlage gestellt werden. Es beschreibt die Anforderungen aus Anwendersicht einschließlich aller wichtiger, einzuhaltender Randbedingungen. Es beschreibt das „Was" und „Wofür" (s. auch Pflichtenheft).

**Leistungsqualifizierung (PQ)**   Dokumentierte Beweisführung, dass Maschinen, Anlagen und Hilfssysteme geeignet sind, ein Produkt oder eine Produktgruppe zuverlässig innerhalb festgelegter Grenzen und Spannweiten herzustellen.

**Manuelle Reinigung**   Bei der manuellen Reinigung muss die Anlage bzw. der Apparat zerlegt werden. Die Reinigung erfolgt mithilfe von Bürsten, Lappen, Schläuchen und Strahlreinigern. Der Zeitaufwand und die Sorgfalt bei der Reinigung liegen im Ermessen der zuständigen Person.

**Messbereich** Der Messbereich einer Messeinrichtung orientiert sich am Arbeitsbereich der Anlage, wird aber normalerweise um einiges größer gewählt.

**Mikrobielle Anforderung** Einhaltung festgelegter Grenzwerte hinsichtlich wachstumsfähiger Mikroorganismen, (z. B. keimarm), wobei dies nicht zwingend eine aseptische Zubereitung oder Sterilisierung bedeuten muss.

**Molchreinigung** Spezielles Verfahren der Rohrreinigung, bei der ein Passkörper, der durch eine Reinigungsflüssigkeit angetrieben wird, durch die zu reinigenden Rohrleitungen geschoben wird (mechanischer Reinigungseffekt).

**NSF** National Sanitary Foundation.

**Oral** Spezielle Darreichungsform, bei der die Medikamente über den Mund aufgenommen werden.

**Parenteral** Spezielle Darreichungsform, bei der die Medikamente unter Umgehung des Magen-Darm-Traktes (z. B. intravenös) aufgenommen werden.

**Partikel** Partikel sind Teilchen in festem oder flüssigem Aggregatzustand mit festen physikalischen Grenzen (z. B. Staubteilchen, Nebeltröpfchen, Mikroorganismen).

**Pflichtenheft** Enthält konkrete Lösungen bzw. Ausführungsvorschläge des Ausführenden (Hersteller/Ersteller) und beschreibt das „Wie" und „Womit". Das Pflichtenheft ist quasi die Antwort auf das Lastenheft.

**Pharmacovigilance** Pharmazeutische Wissenschaft zur Langzeituntersuchung von auf dem Markt befindlichen Arzneimitteln hinsichtlich unerwünschter Nebenwirkungen. Nebenwirkungen aller Art zu bereits erhältlichen Arzneimitteln werden hierzu von Ärzten und/oder Apothekern an dafür eingerichtete Zentralstellen weitergemeldet, die diese Informationen systematisch sammeln, bewerten und aufarbeiten. Die Pharmacovigilance-Studie wird oft auch als Klinik-Studie IV bezeichnet.

**Pivotal intermediate** Dt.: entscheidendes/wichtiges Zwischenprodukt, ein Zwischenprodukt, das auf mehr als einem Wege hergestellt werden kann und in der Kette zur Herstellung eines Wirkstoffes eingesetzt wird. Üblich bei Herstellprozessen, die Zwischenprodukte von unterschiedlichen Quellen beziehen, und bei denen die Zwischenprodukte nicht als kommerziell erhältliches Produkt gelten. Diese Produkte erfordern zusätzliche Kontrollen um sicherzustellen, dass Verunreinigungen nicht in unzulässigem Maße enthalten sind.

**Primäres Containment** Anlagenkomponente oder Bauteil, von denen das Produkt unmittelbar umschlossen wird und direkt in Berührung kommt (z. B. Produktvorlage).

**Prüfvorschrift** Beschreibung für die Prüfung von Materialien und Produkten.

**Pyrogene** Stoffe, die bei parenteraler Verabreichung Fieber erzeugen können (griech.: pyros = Feuer).

**Qualifizierung** Dokumentierter Nachweis, dass eine Anlage oder allgemein eine technische Einrichtung entsprechend den in einem Lastenheft festgelegten Anforderungen gebaut und installiert wurde und in Übereinstimmung mit den betrieblichen Anforderungen im gesamten Arbeitsbereich zuverlässig funktioniert. Entsprechend den unterschiedlichen Stufen unterscheidet man die Designqualifizierung (DQ = Design Qualification), Installationsqualifizierung (IQ = Installation Qualification), Funktionsqualifizierung (OQ = Operational Qualification) und Leistungsqualifizierung (PQ = Performance Qualification). Synonym wird häufig auch von der Technischen Qualifizierung gesprochen.

**Qualitätskontrolle** Maßnahmen, die gewährleisten, dass der Ausstoß von Chargen pharmazeutischer Wirkstoffe mit den festgelegten Spezifikationen bezüglich Identität, Stärke, Reinheit und anderen Merkmalen übereinstimmt.

**Quarantäne** Status von Stoffen, Materialien oder Produkten, die nicht zur Verwendung freigegeben sind.

**Risiko** Wird im Allgemeinen definiert als das Produkt aus Schadensausmaß (Maß der Auswirkungen eines negativen, ungewollten Ereignisses) und Eintrittswahrscheinlichkeit. Der Begriff Risiko ist damit an die folgenden drei Bedingungen geknüpft: ein ungewolltes oder unerwartetes Ereignis, eine negative Auswirkung mit einem sich daraus ergebenden Schaden und eine gewisse Wahrscheinlichkeit, mit der dieses Ereignis eintritt.

**Risikoanalyse** Strukturierte Vorgehensweise zur objektiven Bewertung eines Risikos, d. h. die Festlegung eines Produktes aus Schadensausmaß und Eintrittswahrscheinlichkeit.

**Rohstoff** Jeder bei der Herstellung eines pharmazeutischen Wirkstoffs verwendete Stoff.

**Sanitisieren** Reinigung mit nachfolgender Desinfektion.

**Sekundäres Containment** Zusätzliche Einhausung, Raum oder Umgebung um das primäre Containment. Reinräume stellen im Allgemeinen ein sekundäres Containment zum Schutz des Produktes dar, wenn mit diesem an der entsprechenden Stelle offen umgegangen wird und die grundsätzliche Gefahr einer unbeabsichtigten Kontamination besteht.

**Setpoint (SP)**  Wert, der im späteren Betrieb, dem PLS/Regelung als Sollwert vorgegeben wird.

**SIP – Sterilization in Place**  Innere Sterilisation von Anlagen ohne diese zu zerlegen oder an ihnen wesentliche Veränderungen gegenüber dem Betriebszustand vorzunehmen. SIP wird als automatische Sterilisation nach durchgeführter Reinigung definiert. Dies ist ein Verfahren, welches immer im Anschluss an eine CIP-Reinigung durchgeführt wird, um eventuell vorhandene Mikroorganismen zu inaktivieren. Die Sterilisation kann dabei mit chemischen Mitteln durchgeführt werden (z. B. $H_2O_2$) oder mit Dampf/Heißwasser. Üblich sind Temperaturen > 122° C (an der kältesten Stelle). In der Molkereitechnik betragen die Sterilisationstemperaturen im Allgemeinen ca. 145° C.

**Sollwert**  Wert, der im späteren Betrieb dem Prozessleitsystem bzw. der Regelung als Sollwert vorgegeben wird.

**SOP (Standard Operating Procedure)**  Die Standardarbeitsanweisung ist eine verbindliche, schriftliche Regel über das was, wann, wie und durch wen zu tun ist. Ein in pharmazeutischen Betrieben wichtiges Dokument, das sich ständig wiederholende Arbeitsvorgänge schriftlich fixiert, um Fehler z. B. bei wechselndem Personal auszuschließen. Standardarbeitsanweisungen sind dokumentierte Verfahrensanweisungen über die Durchführung derjenigen Untersuchungen oder Tätigkeiten, die in der Regel in Prüfplänen oder Prüfrichtlinien nicht in entsprechender Ausführlichkeit beschrieben sind.

**Spezifikation**  Festgelegte Anforderungen an die physikalischen, chemischen und gegebenenfalls biologischen Merkmale von Rohstoffen, Verpackungsmaterial, Zwischenprodukten oder pharmazeutischen Wirkstoffen.

**Standard, „üblicher"**  Bedeutet, dass keine Anforderungen vonseiten GMP bestehen; die Ausführung richtet sich allein nach den Anforderungen, die sich aus dem Verfahren sowie der Arbeits- und Umweltsicherheit ergeben.

**Steril**  Frei von vermehrungsfähigen Mikroorganismen und aktiven Viren. Sterilisieren ist das Abtöten von Mikroorganismen und die Inaktivierung von Viren durch physikalische, mechanische, thermische und chemische Verfahren.

**Technisches Blatt**  Standardisierte Formblätter, in die konkrete Spezifikationen für unterschiedliche Anlagenteile eingetragen werden und die dann als Ausschreibungsgrundlage dienen. Es gibt Technische Blätter für Behälter, Pumpen, Filter etc. Die Einzelblätter legen aber auch mitzuliefernde technische Unterlagen, Oberflächenbehandlungen, Versandvorschriften usw. fest. Ein

„Technisches Blatt" setzt sich somit aus einer Vielzahl einzelner Blätter zusammen.

**Topisch**  Spezielle Darreichungsform, bei der das Medikament über die Haut aufgenommen wird (z. B. Brandsalben).

**Umgebung**  Unmittelbarer Bereich außerhalb der Anlage (z. B. Produktionshalle), mit dem das Produkt nur in Berührung kommt, wenn die Anlage geöffnet wird.

**USDA**  United States Department of Agriculture.

**Validierung**  Dokumentierte Beweisführung in Übereinstimmung mit den Regeln der Guten Herstellungspraxis, dass Prozesse reproduzierbar zu Produkten der gewünschten Qualität führen. Der Begriff Validierung steht dabei häufig als Überbegriff für die Validierung von Herstellverfahren, Reinigungsverfahren, analytischen Methoden und für die Qualifizierung der Technischen Ausrüstung.

**Verfallsdatum**  Vom Hersteller in unverschlüsselter Form angegebenes Datum, das aufgrund der Haltbarkeit des pharmazeutischen Wirkstoffs festgelegt wird, und über das hinaus der Wirkstoff nicht ohne umfassende Nachprüfung verwendet werden soll.

**Verpackungsmaterial**  Jedes für die Verpackung eines pharmazeutischen Wirkstoffs verwendete Material.

**Verschmutzung**  Alle Substanzen, die eine Anlage berühren und eine qualitätsbeeinträchtigende Wirkung auf das Produkt ausüben, gelten als Verschmutzung. Hierzu zählen Edukte, Nebenprodukte, Zerfallsprodukte, Zwischenprodukte sowie mikrobiologisches Wachstum.

**Zwischenprodukt**  Jeder Stoff oder jedes Stoffgemisch, die noch einen oder mehrere Verarbeitungsprozesse durchlaufen müssen, um ein pharmazeutischer Wirkstoff zu werden.

# Index

## a

aktive pharmazeutische Bestandteile, *siehe* Wirkstoffe
Anlagen
– Anforderungen 107ff.
– Designanforderungen 116f.
– Klassifizierung 116f.
– Produktionsanlage 14
– Risikoanalyse 176ff.
Anlagenqualifizierung, *siehe* Qualifizierung der technischen Ausrüstung
API (Active Pharmaceutical Ingredient), *siehe* Wirkstoffe
APIC (Active Pharmaceutical Ingredient Committee) 63, 277ff.
Arbeitsanweisungen 5
Arzneimittel
– Darreichungsform 2, 13
– Entwicklungsstufen 12ff.
– Nebenwirkung 13
– oral 15
– Parenteralia 15
Arzneimittel und Wirkstoffherstellungsverordnung (AMWHV) 46, 53, 64, 68, 121, 299
Arzneimittelgesetz (AMG) 10, 45f., 53, 68, 299
Arzneimittelherstellung 2, 171
Arzneimittelsicherheit 2f., 67
– Maßnahmen 3
Arzneimittelzulassung 4, 13
Arzneimittelprodukteigenschaften 51f.
– Efficiacy (E) 52
– Multidisciplinary (M) 52
– Quality (Q) 52
– Safety (S) 52
ASMF (Active Substance Master File) 4f., 66, 389
Auditierung 231f.
– Behördenaudits 63f., 254
– GMP–Compliance- 64
– Hersteller- 231
– Lieferanten- 389
– Selbst- (interne Audits) 61f., 275
Ausgangsstoffe (starting materials), *siehe* Rohstoffe

## b

Basic Engineering Phase 215
Behördenantrag (Behörden-Engineering) 368
Betreiberanforderungen 189f., 198ff.
Betreiberanforderungsspezifikation, *siehe* Lastenheft
Betriebsparametergrenzen 264, 373
Blockfließbild 111f., 200
BPC (Bulk Pharmaceutical Chemical) 16ff.
BPCC (Bulk Pharmaceutical Chemicals Committee) 45

## c

CDER (Center for Drug Evaluation and Research) 24
CEFIC (Europäischer Verband der chemischen Industrie) 44f., 59
CEP (Certificate of Suitability to the Monographs of the European Pharmacopoeia), *siehe* GMP-Zertifikate
CFR (Code of Federal Regulation) 25, 33, 35f.
Change Control (Änderungskontrollverfahren) 75, 82, 98, 128f., 215, 222, 385ff.
– Änderungskontrollsystem 391f.
– Änderungsmanagement 75
– Arten 390ff
– bestehende Anlagen 281
– betriebliches 215, 237, 392
– Erhalt des validierten Zustandes 385f.
– formaler Ablauf 387ff.

- Formblätter (Change Request, CR) 228, 388f., 394f., 441ff.
- major Changes 392
- minor Changes 392
- qualitätskritische Änderungen 392
- Startzeitpunkt 390ff.
- technisches 215, 237, 392
- Variation 393

Chargen
- -definition 102f.
- -dokumentation 58
- Großgebinde 114
- Homogenität 112f.
- -protokolle 164
- Rückverfolgbarkeit 56, 112f.

CIP (Cleaning in Place) 59, 116f., 187
- -Design 194, 206
- -Reinigung 206

Code of Practice for Feed Additives and Premixtures 50
Commissioning, *siehe* Inbetriebnahme
Common Technical Document (CTD-Format) 4
Computervalidierung 61, 72f., 91, 121, 262, 341ff.
- Abgrenzung automatisierter Systeme 354ff.
- DQ 348ff.
- GAMP 342f., 345ff.
- IQ 351ff.
- IT-Validierung 61, 73, 77, 209, 342ff.
- OQ 351ff.
- Part 11-Compliance 356ff.
- Prozessleitsystem (PLS) 348ff.
- V-Modell 343ff.

Conceptual Design 366
Containment
- primäres 185, 192f.
- sekundäres 185, 192

CPG (Compliance Policy Guide) 39, 79
CPGM (Compliance Program Guidance Manuals) 38f.
CPP (Certificate of Pharmaceutical Products), *siehe* GMP-Zertifikate
Critical Control Points (CCPs) 49, 150ff.
- HCCP, *siehe* Risikoanalyse

### d

Daten
- Basisdaten (body of data) 4
- Qualitätsdaten (quality data) 4
- sicherheitsrelevante (safety data) 4
- Validierungsdaten 4
- Wirksamkeit betreffende (efficiacy data) 4

Datenermittlung 14, 320f.
- Phase F&E 14
- Präklinik 14

Designkriterien 185, 191, 221f., 286
Designqualifizierung (Design Qualification) 72, 82, 84, 183, 198, 218, 221ff.
- Bericht 228f.
- Dokumente 222ff.
- DQ-Matrix 223f., 226ff.
- DQ-Plan Erstellung 222ff.
- Durchführung 225
- Freigabe 225
- Lastenheftabgleich 229f.
- Pflichtenheftabgleich 229f.
- Voraussetzungen 221f.

Design-Review 177, 221ff.
- Enhanced 160, 177, 375

Direct Impact Systems 110
DKD (Deutscher Kalibrierdienst) 310, 317f.
- -akkreditiertes Labor 317
- -Kalibrierung 317
- Vorgaben 310

dokumentierte Beweisführung (documented evidence) 378f.
Dossier 4
- Zulassungs- 4, 46, 66
Drug Master File (DMF) 4, 65f.
Due-Dilligence-Prüfung, *siehe* Wertschöpfung

### e

EFPIA (Europäischer Verband der Pharmazeutischen Industrie) 44f., 51, 60
EFfCI (European Federation for Cosmetic Ingredients) 48
EFTA (European Free Trade Association) 51
EHEDG (European Hygienic Engineering and Design Group) 59f.
Eichgesetz 298
Eichordnung 299
EMEA (European Medicines Evaluation Agency) 34, 210
Enhanced Design-Review 160, 177, 375
Entwicklungsbericht (development report) 14, 163, 329
EPC (Engineering, Procurement and Construction) 370
ERP-System (Enterprise Ressource Planning) 342, 345, 347

## f

Facility Management 378
FAO (Food and Agriculture Organization) 49, 149
FAT, *siehe* Qualifizierung der technischen Ausrüstung
FDA (Food and Drug Administration) 9, 17f., 24f., 35f., 76ff.
– Guide to Inspection of Bulk Pharmaceutical Chemicals 17, 20, 99, 108f., 111, 159, 270
FD&C (Federal Food, Drug and Cosmetic Act) 24
Fertigarzneimittel (drug product) 10, 13
– -hersteller 15, 46, 67
FOI (Freedom of Information) 40
Funktionsprüfungen, *siehe* Kalibrierung
Funktionsqualifizierung (Operational Qualification) 73, 78, 82, 84, 183, 218, 251ff.
– Ausführungsdokumente 253, 259
– Betriebsparametergrenzen 264, 373
– Black-box-Test 256
– Durchführung 255ff.
– Kalibrierung 252
– loop checks 256
– Plan 252ff.
– Plan Deckblatt 435
– Plan Funktionsprüfprotokoll 436ff.
– Protokoll 254ff.
– Prüfplan 255
– Testplan 254, 259, 261f.
– Voraussetzungen 251ff.
– Zertifikate 252

## g

Galenik 13
GAMP (Good Automated Manufacturing Practice Guide), *siehe* Computervalidierung
GAP-Analyse 111
GCP (Good Clinical Practices) 3, 5
Gebäude, *siehe* Qualifizierung der technischen Ausrüstung
Gebäudeanforderungen 118ff.
GEP (Good Engineering Practice) 110, 114, 160, 361ff.
Gerätequalifizierung 291ff.
– Basisqualifizierung 293
– Lastenheft (DQ) 293
– Leistungsqualifizierung (PQ) 294
– Pflichtenheft (DQ) 293
– Risikoanalyse 292f.
– technische Dokumentation 295
– Validierungsmasterplan 292

GLP (Good Laboratory Practices) 3, 5, 300f.
GMP (Good Manufacturing Practice) 3, 5, 7ff.
– Anforderungen 14f., 17f., 21, 53, 59, 99ff.
– Anforderungsliste 433
– Betrieb 58
– -Compliance 166
– Dokumente 100, 120
– Einstufung 98ff.
– Entwicklungsschritte 12ff.
– für Hilfsstoffe 46f.
– für Kosmetika 47ff.
– für Lebensmittel 49
– für Lebensmittelzusatzstoffe 49
– Geltungsbereich 10ff.
– -gerecht 187, 190f.
– Inhalte 55ff.
– Inspektionen, *siehe* Inspektionen
– Kernforderungen 55ff.
– Konzepte 18
– Projektzeitplan 414f.
– -Standards 65
– Startmaterialien 11, 18f., 107
– Startpunkt 18f., 99, 107ff.
– Studie 407ff.
– -Technologie 191
– Umfang 109ff.
– Verfahrensstufe 15ff.
– Zertifikat 5, 64ff.
GMP-Regelwerke 7f., 22ff.
– Asien 40
– c-GMP-Regeln (laufend aktualisiert) 36, 43, 63, 68f., 186, 300
– Code of Federal Regulation (CFR) 35f.
– EG-GMP-Leitfaden 25
– EMEA (European Medicines Agency) 34, 210
– Ergänzungen 22, 25
– EU 31ff.
– FDA additional guidelines 37ff.
– Grundregeln 22
– historische Entwicklung 22ff.
– ICH-Leitfaden Q7A, *siehe* ICH
– Pharmaceutical Inspection Convention (PIC) 28ff.
– Pharmaceutical Inspection Co-operation Scheme (PIC/S) 28ff.
– QUAD-Regulation 25
– USA 35ff.
– Verbindlichkeit 53ff.
– WHO 25ff.
– Wirkstoffe in den USA 42f.

– Wirkstoffe in der BRD   43ff.
GMP+   50
Grundfließbild   164
GSP (Good Science Practices)   3, 5
GxP (Qualitätssicherungssystem)   3f., 9, 230f.

## h

HACCP, *siehe* Risikoanalyse
Herstellungsbereich   178
Herstellungsverfahren   10, 102f., 162ff.
– Risikoanalyse   162ff.
– Validierung   14, 72f., 77, 91
Herstellungsvorschrift   163
Hilfsmedien (utilities)   114
Hilfsstoffe (excipient)   8, 11ff.
HTP (Health Technology and Pharmaceutical Department of WHO)   26
Hygiene   49ff.
– -anforderungen   59, 192
– -design   221, 231, 248
– konzept   149, 178

## i

ICH (International Conference on Harmonization)   51ff.
– Entscheidungsmatrix   19
– -GMP–Leitfaden Q7A   14, 18f., 52f., 55, 63f., 68, 99, 111
– -Q9-Leitfaden   181f.
IKW (Industrieverband für Kosmetik und Waschmittel)   48
Inbetriebnahme (Commissioning)   250ff.
– Turn-key-Akt   250
– Turn-key-Projekt   237, 391
– -vorbereitung (Pre-Commissioning)   250, 371
Indirect Impact Systems   110
Inprozesskontrollen   167
Inspektionen   61ff.
– Behördenaudits   63, 254
– FDA-   63
– Inspektionsschwerpunkte   58f.
– Kundenaudits   62f.
– Leitfäden   63
– Pharmaceutical Inspection Convention (PIC)   28ff.
– Pharmaceutical Inspection Co-operation Scheme (PIC/S)   28ff.
– Selbst- (interne Audits)   61f., 275
– Third Party Audit   62f.
– ZLG   213
Instandhaltung   296ff.
– Ausrüstungsgegenstände   305

– Forderungen aus Regelwerken   298ff.
– gesetzliche Anforderungen   298
– Instandhaltungsmaßnahmen   297
– Terminüberwachung   305
– Verantwortlichkeiten   301ff.
– Vorgehensweise   303
Integrierte Anlagenqualifizierung   362ff.
– Ablauf   364ff.
– Ausarbeitungsphase Engineering   368ff.
– Ausarbeitungsphase Qualifizierung   371
– Detailplanung (Detail-Engineering)   370, 372
– Durchführungsphase Engineering   372f.
– Durchführungsphase Qualifizierung   373f.
– GEP kontra GMP   361ff.
– Planungsphase Engineering   365ff.
– Projektphasen   364ff.
– Qualifizierungsphasen   374ff.
Intermediate, *siehe* Zwischenprodukt
IPEC (International Pharmaceutical Excipient Council)   47, 59, 69
IPK (In-Prozess Kontrolle)   166
IQ (Installation Qualification)   72, 77f., 82, 84, 183, 218, 237ff.
– Ausführunsdokumente   240f.
– Checklisten   239f., 245
– Durchführung   242ff.
– Fremdqualifizierungen   241
– -Plan   238ff.
– -Plan Deckblatt   434
– -Protokoll   244
– -Prüfunterlagen   245, 247
– Voraussetzung   237f.
ISPE (International Society of Pharmaceutical Engineering)   59f., 110, 298
– -Baseline "Commissioning and Qualification"   159f.
– GAMP (Good Automated Manufacturing Practice)   61
– -Guidelines   60
– Horizontal Baseline Handbooks   60
– Vertical Baseline Handbooks   60

## j

JPMA (Japanese Pharmaceutical Manufacturing Association)   51

## k

Kalibrierung   184, 259, 296ff.
– Ablauf   311ff.
– Abschluss   321f.
– Auswertung   320f.
– Datenerfassung   320f.

- DKD   315, 317f.
- Dokumentation   316f.
- Durchführung   318ff.
- Funktionsprüfungen   322
- Kalibriereckdaten   313f.
- Kalibrieretiketten   317
- Kalibriernormale   318
- Kalibrierungsplan   448f.
- Kalibrierzyklus   313
- Messkette   319f.
- Rekalibrierung   388
- Terminüberwachung   315f.
- Verantwortlichkeiten   311

Kick-off-Gespräch   223
klinische Phasen   12
- Dosisfindung   12f.
- Langzeitstudie   12f.
- präklinische Entwicklung   325
- therapeutische Wirkung   12f.
- Wirkungsweise   12f.

Kontaminationen   2, 10, 14, 56, 103f., 172ff.
- chemische   2,103f., 106, 149, 172, 409
- Endotoxine   106f.
- Kreuz-   14, 106, 115f., 179f., 210, 248f., 263
- mikrobielle   2, 104f., 106, 149, 172, 409
- physikalische   2, 104, 106, 149, 172, 409
- Pyrogene   106, 409

Kontrollparameter   166

## l

Laborversuche   167
Lastenheft   184, 192, 198ff.
- bestehende Anlagen   281
- Betreiber-   198ff.
- betriebliches   190
- Dokumentation   211f., 214
- Einzelsysteme   212ff.
- -entwurf   215
- Inhalt   199ff.
- IT-   209

Lebensmittelbedarfsgegenständegesetz (LMBG)   49
Lebensmittelhygieneverordnung (LMHV)   49
Leistungsqualifizierung (Performance Qualification)   73, 77f., 82, 184, 218   265ff.
- Akzeptanzkriterien   271
- Checkliste   269
- Leistungskriterien   269f.
- -Plan   268ff.
- -Plan Deckblatt   439

Lieferantenqualifizierungssystem   94

Life-Cycle
- -Modell   378, 390
- -Prozess   76, 82, 87, 291, 295, 297

Long Term Items   369

## m

M+A (Maschinen- und Apparatetechnik)   368f.
- Aufstellung   371f.
- -Liste   371f.

Machbarkeitsstudien (Feasibility Studies)   366
Molecular Modelling   2
MRA (Mutual Recognition Agreements), *siehe* GMP-Zertifikate

## n

Normen   60, 189
- -DIN   164, 188, 241, 244, 297, 301, 313, 318
- -ISO   188, 203, 244, 317, 363
- Qualitätsnormen   64

## o

Outsourcing von Qualifizierungsdienstleistungen   377f., 381
- optimaler Qualifizierer   383f.

Outsourcing von Validierungsaktivitäten   377ff.
- Abgrenzungsmatrix   381ff.
- Anbieter   377ff.
- Anforderungen   378ff.
- Qualifizierungsdienstleistungen   377ff.
- Verantwortungsabgrenzung   384

## p

PDA (Parenteral Drug Association)   59, 298
Pflichtenheft   190, 218ff.
PharmBetrV (Betriebsverordnung für pharmazeutische Unternehmen)   14, 68
PhRMA (Pharmaceutical Research Manufacturing Association)   44, 51, 58
P&IDs (Piping and Instrument Diagrams)   390
PLS   260, 348ff.
- Verantwortungsabgrenzung   444
PLT (Prozessleittechnik)   368, 370f.
PPQ (Projektpläne Qualifizierung)   344f.
PPV (Projektpläne Validierung)   345
Produkt
- -anforderungen   103ff.
- -applikation   102
- charakterisierung   101

- Darreichungsform 171
- -eigenschaften 116
- -entwicklung 325
- -gruppen 102
- -jahresbericht (Product Quality Review) 164
- pharmazeutisches 185
- -qualität 9f., 109, 160, 163, 165, 197
- -reinheit 103ff.
- -schutz 191
- -spezifikationen 14, 78, 104f., 112, 116, 166, 171f.
- Verwendungszweck 101

Produktionsmaßstab 14f., 102
- Labor 14f.
- Mehrproduktanlagen 172
- Monoanlage 103
- Technikum-Anlage (Pilot-Anlage) 14, 160

Produktionsschritte 115
Prozessanalysetechnologien (process analytical technologies, PAT) 334f.
- Design Space 334

Prozess
- -ausrüstung 185f.
- -design 162
- -entwicklung 325
- -fließbild 111f., 331
- -kritische Parameter 170
- Lebenszyklus 327, 329
- -leitsystem, *siehe* PLS
- -optimierung 2, 14
- PAR (proven acceptable range) 329
- -parameter 165ff.
- Reproduzierbarkeit 56
- -risikoanalyse 264, 331ff.
- schritte 115, 335ff.

Prozessvalidierung 322ff.
- Bracketing 333
- Challenge-Test 334
- Dokumente 337ff.
- formalrechtliche Anforderungen 326
- kritische Prozessschritte 335ff.
- Planung 330f.
- prospektive 333ff.
- retrospektive 339f.
- Revalidierung 340f.
- Risikoanalyse 331ff.
- Scale-down-Modelle 334
- Voraussetzungen 324, 327ff.
- Wertschöpfung 326f.

Prüfvorschriften 171
PTB (Physikalische Technische Bundesanstalt) 298

## q

Qualifizierung bestehender Anlagen 275ff.
- Altanlagen 289f.
- Bestandsaufnahme 282f.
- Einschränkungen 278ff.
- Erfahrungsbericht 288
- GMP-Studie 281f.
- Projektmasterplan 280ff.
- Qualifizierungsablauf 280ff.
- Qualifizierungsbericht 440
- regulatorische Anforderungen 276ff.
- retrospektive Anlagenqualifizierung 275f., 290
- Risikoklassifzierung 282

Qualifizierung der technischen Ausrüstung 72f., 183ff.
- Abnahmeprüfungen, 233, 230f., 235f.
- Anforderungen 185ff.
- As-built-Prüfung (IOQ) 286f., 383
- bestehende Anlagen, *siehe* Qualifizierung bestehender Anlagen
- dedicated 192
- Dichtigkeit 193f.
- DQ, *siehe* Designqualifizierung
- Entleerbarkeit 195f.
- FAT (Factory Acceptance Tests) 230ff.
- Installation 230ff.
- integrierte Anlagen, *siehe* integrierte Anlagenqualifizierung
- IQ, *siehe* Installationsqualifizierung
- multipurpose 192
- OQ, *siehe* Funktionsqualifizierung
- PQ, *siehe* Leistungsqualifizierung
- prospektive 72f., 183ff.
- Qualifizierungsbericht 440
- Realisierung 230ff.
- Reinigbarkeit 194f.
- SAT (Site Acceptance Tests) 233, 235ff.
- Umgebungsbedingungen 196ff.

Qualifizierungsabläufe 236, 238
Qualifizierungsabschlussbericht 272ff.
- Mängelliste 273
- Struktur 273ff.

Qualifizierungsdokumentation 215, 232
- FAT-Dokumente 231f.

Qualifizierungsingenieur 227
Qualifizierungskonzepte 377, 381
Qualifizierungsmatrix 284f., 423
Qualifizierungspläne 184, 218, 237
- Projektplan 420f.

Qualifizierungsschritte 184
Qualitätsmanagement (QM) System 3, 5, 120

Qualitätssicherungsmethode 67, 69, 121, 388
Qualitätssicherungssystem, *siehe* GxP
Qualitätsüberwachung 230

**r**

Regelparameter 163, 165
Reinheitsanforderungen 103ff.
– Anlage 173f.
– Reinheitsprofil 2
Reinigung
– Bewertungsblatt 432
– Risikoanalyse 169ff.
Reinigungsschritte 16, 103, 109, 171, 174f.
Reinigungsvalidierung 173, 176
Reinigungsverfahren 116, 170f., 173ff.
– Validierung 14, 72f., 77, 91
Requalifizierung 274, 378, 380, 385f.
Revalidierung 75f., 79, 93, 378, 380, 385f.
RI
– -Fließbilder (Rohrleitungs- und Instrumentenfließbilder) 107, 171, 222, 244
– -Prüfungen 247, 248
– -Schema 236, 237, 240, 242f., 248, 257, 260
Risikoanalyse 49f., 112, 138ff.
– Abschluss 181
– Anlage 176ff.
– Bewertung 157f.
– Codex Alimentarius 49, 149
– Durchführung 159ff.
– FMEA (Fehlermöglichkeits- und Einflussanalyse) 140ff.
– FMECA (Failure Mode Effects and Criticality Analysis) 141
– Forderungen aus den Regelwerken 158f.
– Formblätter von Risikoanalysen 424ff.
– formale Voraussetzungen 161f.
– freie Risikoanalyse 141, 156
– FTA (Fault Tree Analysis) 141
– HACCP (Hazard Analysis, Critical Control Points) 49f., 96, 112, 140f., 148ff.
– HAZOP (Hazard and Operability Studies) 140
– Herstellungsverfahren 162ff.
– Ishikawa Methode 141
– IVSS 140f.
– Kepner-Tregoe-Analyse 141
– Phasen 141ff.
– Preliminary Hazard Analysis (PHA) 141
– Process Mapping 141
– Reinigung 169
– Risk Ranking and Filtering 141
– RPZ (Risikoprioritätenzahl) 144f., 157

– Taguchi Variation Risk Management 141
– worst-case 172
Risikobetrachtung 99, 111
Risikobewertung
– Keywords 284
– standardisierte Templates 284
Risikomanagement nach ICH Q9 181f.
Rohstoffe (raw materials) 16, 113f.
Rückverfolgbarkeit 56, 112f.

**s**

SAT, *siehe* Qualifizierung der technischen Ausrüstung
Scale-up 14, 80
SDA (State Drug Administration) 41
SIP (Steaming in Place) 116
– -fähig (Sterildesign) 195, 206
SOP, *siehe* Validierungskonzept
Spezifikation 188f.
– Qualitätsrelevante 197
– technische 189f., 216ff.
Spezifikationsanforderungen 166, 210, 212
Spezifikationsblatt (Katalogblatt) 213
SPS (speicherprogrammierbare Steuerung) 260
Steuerparameter 163, 165
Synthese
– chemische 109, 117
– -schritte 15
– -verfahren 20

**t**

technische Regelwerke 60f.
Toxizität 12
Turn-key-Projekt, *siehe* Inbetriebnahme

**u**

Unit Operations 200, 204
URS (User Requirement Specification), *siehe* Lastenheft

**v**

Validierung 14, 58, 67ff.
– Akzeptanzkriterien 71, 87
– Analysenverfahren 72f., 91
– Berichte 71, 84, 86, 125
– computerisierter Systeme, *siehe* Computervalidierung
– Dokumentation 72, 125, 128, 137
– FSV (Freigabe Scope of Validation) 374
– FzV (Freigabe zur Validierung) 374
– Herstellungsverfahren 14, 72f., 77, 91
– IT-, *siehe* Computervalidierung
– Life-Cycle 76, 82, 87, 291, 295

- PLS- 348ff.
- Projektplan 422
- Rechtsgrundlagen 67ff.
- Reinigungsverfahren 14, 72f., 77, 91
- Revalidierung 75, 79, 93, 380
- Verfahrens- 14, 80, 82, 87, 90f., 159
- Worst-case- 78, 80, 83

Validierungsablauf 79f., 84f., 94ff.
Validierungsanforderungen 77ff.
- FDA-Anforderungen 77ff.
- nationale Anforderungen 83
- PIC/S-Anforderungen 81ff.
- WHO-Anforderungen 80f.

Validierungselemente 72f., 79
Validierungsingenieur 398f.
Validierungskonzept 89ff.
- FVK (Freigabe Validierungskonzept) 374
- SOP (Standard Operation Procedure) 129, 137, 252, 277f., 318, 355

Validierungskoordinator (Validation Officer) 81, 85, 87, 124f., 367
Validierungsmasterplan (VMP) 82f., 126f., 416ff.
- Aufbau 127ff.
- Pflege 137
- PIC/C-Dokument PI 006 126ff.
- projektspezifischer 133ff.
- Qualifizierung 135ff.
- Validierung 135ff.
- Validierungsmasterordner 127ff.

Validierungsmethoden 73ff.
- begleitende Validierung 74, 80, 275
- prospektive Validierung 74, 80, 275f.
- retrospektive Validierung 74, 80, 275f., 287

Validierungsplan (validation protocol) 71, 77, 81ff.
Validierungspolitik 128, 137
Validierungsteam 85, 87, 96, 100, 123ff.
Validierungsverantwortlicher 96, 123
VDI-Richtlinie
- 2083 203
- 2519 198f., 218

Verfahrensanweisungen (VA) 5, 82, 91, 96, 125, 175
Verfahrensentwicklung 14, 163
Verfahrensfließbild 116, 164, 174
Verfahrensschritte 121, 163ff.

Verfahrensstufe 14, 103
Verfahrensvalidierung 163, 183
Verunreinigungen, *siehe* Kontaminationen
VfA (Verband forschender Arznimittelhersteller) 44, 59
VMF (Validation Master File) 370
Vor-Ort-Abnahmeprüfung, *siehe* Qualifizierung der technischen Ausrüstung

**W**

Wartung 296ff.
- Dokumentation 307f.
- Durchführung 306f.
- Inhalt 308f.
- Intervall 305
- Kalibrierung 309ff.
- Konzepte 301, 303f.
- Plan 445ff.
- Protokolle 302f., 305ff.
- Umfang 308f.
- vorbeugende (preventative maintenance) 298, 301

Wertschöpfung 326f.
WHO (World Health Organization) 26ff.
Wirkstoff 8, 11ff.
- -hersteller 15f.
- -herstellungsschritt 19
- in den USA 42f.
- in der BRD 43ff.
- -Startmaterialien (API starting materials) 18f., 107

Wirkstoffbetriebsverordnung (WirkBetrV) 45
Wirkstoffsuchforschung 2, 12
Wirksubstanz 12, 14

**Z**

Zertifikat, *siehe* GMP-Zertifikat
ZLG (Zentralstelle der Länder für Gesundheitsschutz bei Arzneimitteln und Medizinprodukten) 83f., 277
- Inspektionsleitfaden 213

Zwischenprodukt 16f.
- endgültiges (Final-Intermediate) 17
- entscheidendes (Pivotal-Intermediate) 16
- Herstellungsschritt 19
- Schlüssel- (Key-Intermediate) 17f., 21, 107ff.